电子信息学科基础课程系列教材

通信原理
（第2版）

龙光利　主编

侯宝生　王战备　副主编

清华大学出版社

北　京

内 容 简 介

本书主要阐述各种现代模拟通信和数字通信的基本原理、方法及传输性能,在重点论述传统通信技术基本理论的基础上,力求充分反映国内外通信技术的最新发展。

全书共 10 章,包括绪论、随机过程、信道、模拟调制系统、信源编码、数字基带传输系统、数字频带传输系统、数字信号的最佳接收、同步原理及差错控制编码,每章均附有思考题、习题和小测验。

本书可作为高等学校通信工程、电子信息工程、电子信息科学技术等专业本科教材,也可供通信工程技术人员和科研人员用作参考书。

图书在版编目(CIP)数据

通信原理/龙光利主编. —2 版. —北京:清华大学出版社,2020.10
电子信息学科基础课程系列教材
ISBN 978-7-302-56062-3

Ⅰ. ①通⋯ Ⅱ. ①龙⋯ Ⅲ. ①通信原理—高等学校—教材 Ⅳ. ①TN911

中国版本图书馆 CIP 数据核字(2020)第 126961 号

责任编辑:刘向威
封面设计:常雪影
责任校对:李建庄
责任印制:沈 露

出版发行:清华大学出版社
    网 址:http://www.tup.com.cn,http://www.wqbook.com
    地 址:北京清华大学学研大厦 A 座 邮 编:100084
    社 总 机:010-62770175 邮 购:010-83470235
    投稿与读者服务:010-62776969,c-service@tup.tsinghua.edu.cn
    质量反馈:010-62772015,zhiliang@tup.tsinghua.edu.cn
    课件下载:http://www.tup.com.cn,010-83470236
印 装 者:三河市龙大印装有限公司
经 销:全国新华书店
开 本:185mm×260mm 印 张:32 字 数:741 千字
版 次:2012 年 7 月第 1 版 2020 年 10 月第 2 版 印 次:2020 年 10 月第 1 次印刷
印 数:1～1500
定 价:89.90 元

产品编号:081307-01

随着通信技术、计算机技术的飞速发展,信息科学技术已成为国际社会和经济发展的强大推动力。学习和掌握现代通信理论和技术是信息社会每位成员,尤其是未来通信行业从业者的迫切需要。

为了满足电子信息类专业学生对"通信原理"课程的学习需求,2012年,笔者组织编写了《通信原理》教材,由清华大学出版社出版,先后被数十所高校选用为通信工程、电子信息工程、电子信息科学技术等专业"通信原理"课程教材或教学参考书,2015年获得陕西高校优秀教材二等奖。为了适应当前通信技术的发展和教学需求,笔者吸取数十所院校教师的反馈意见,对《通信原理》进行修订并出版第2版,修订过程中着重考虑以下几点。

(1) 加强基本理论、核心内容行业应用背景的阐述。

(2) 建立通信系统整体概念,加强理论与实际的联系。

(3) 加强有关章节之间的融合与贯通,公式推导删繁就简。

(4) 改进图表曲线绘制,更好地统一名词和符号。

(5) 增添和更新部分例题和习题,帮助学生加深对重点或难点内容的理解,使其知识结构更具有综合性、多样性、对比性和应用性。

为了帮助读者掌握基本理论和分析方法,本书每章都列举了一定数量的例题,并附有大量的思考题和习题,每章后还附有小测验,便于读者自行测试。

全书共分10章,第1~3章是基础部分,第4章是模拟通信,第5章是信源编码,第6~10章是数字通信部分。

第1章绪论,介绍常用通信术语及通信发展简史、通信系统的组成和分类、数字通信系统的主要功能特点和通信方式、信息量和平均信息量的运算,以及通信系统的主要性能指标。

第2章随机过程,概述随机过程的概念及属性、随机过程的统计特性和数字特征、平稳随机过程的定义和统计特性、高斯过程的定义及统计特性,介绍窄带随机过程的定义、表达式和统计特性,阐述正弦波加窄带高斯过程的统计特性和平稳随机过程通过线性系统后输出过程的数学期望、自相关函数、功率谱密度及输出过程的分布,概述白噪声和带限白噪声。

第3章信道,概述信道的定义及分类、常用恒参信道和随参信道举例、调制信道和编码信道的数学模型、恒参信道的特性及其对信号传输的影响、随参信道特性对信号传输的影响、信道的加性噪声及信道容量。

第 4 章模拟调制系统,讨论调制的目的、定义和分类,介绍幅度调制系统的分析模型,概述 AM、DSB、SSB、VSB 信号的波形、时域、频域表示及调制和解调方法,阐述各种幅度调制系统的抗噪声性能及门限效应、角度调制原理、调频系统的抗噪声性能,各种模拟调制系统的性能比较,介绍频分复用的原理、复合调制及多级调制的概念。

第 5 章信源编码,概述抽样定理、脉冲振幅调制(PAM)原理、模拟信号量化的基本原理、脉冲编码调制(PCM)原理及抗噪声性能、增量调制(ΔM)原理及抗噪声性能、时分复用和数字复接。相比第 1 版增添了有关矢量量化和压缩编码的基本内容。

第 6 章数字基带传输系统,讨论数字基带信号,讲解数字基带信号的表达式与频谱特性、基带传输常用码型、基带脉冲传输与码间干扰、无码间干扰的基带传输特性、部分响应系统、无码间干扰基带系统抗噪声性能、眼图与时域均衡。

第 7 章数字频带传输系统,概述 2ASK、2FSK、2PSK、2DPSK 调制、解调原理,频谱特性,介绍二进制数字调制系统的抗噪声性能及比较,讲解 MASK、MFSK、MDPSK 调制、解调原理及抗噪声性能,介绍 QAM、GMSK、GFSK 调制与解调。

第 8 章数字信号的最佳接收,讨论数字信号接收的统计描述及最佳接收准则、二进制确知信号的最佳接收、二进制随相信号的最佳接收、普通接收机与最佳接收机的性能比较、匹配滤波器的原理及其在最佳接收中的应用、最佳数字基带传输系统。

第 9 章同步原理,概述同步的定义、分类及意义,介绍载波同步、码元同步、群同步、网同步的方法及性能。

第 10 章差错控制编码,主要介绍差错控制方式和编码分类、最小码距与纠检错能力、几种常用的简单编码及线性分组码的生成、监督和纠错,讲解循环码的生成多项式、生成矩阵、编码和译码,论述卷积码的矩阵、多项式和图形描述方法,讲解 Turbo 码和网格编码调制。

书末附有误差函数表、贝塞尔函数值表、帕塞瓦尔定理、部分习题及小测验参考答案和参考文献,便于读者查阅。

本书由龙光利主持修订编写并定稿,龙光利修订编写第 1、2、4、7、8 章,侯宝生修订编写第 3、9、10 章,王战备修订编写第 5、6 章内容。本书在修订编写过程中还得到了陕西理工大学的支持和其他同事的帮助,同时也得到了清华大学出版社的大力支持,在此一并表示感谢。

由于作者水平有限,书中难免存在不妥之处,恳请读者批评指正。

编　者

2020 年 7 月

目录

目录

目录

目录

目录

目录

目录

第 1 章

绪论

通信技术和通信产业是 20 世纪 80 年代以来发展最快的领域,不论在国际上还是在国内都是如此,只是在层次和内涵上会由于发展水平不同而有所不同,这是人类进入信息社会的重要标志之一。预计到 21 世纪中期,人类将进入通信的理想境界——个人通信时代。到那时,任何人(whoever)能在任何时间(whenever)、任何地点(wherever)以任何方式(whatever)与任何人(whoever)进行通信。为了实现这个通信的理想境界,需要众多的人为加速通信技术的发展而贡献自己的聪明才智。

本书将讨论信息传输、交换的基本原理,侧重信息传输原理。为了使读者在学习各章内容之前对通信和通信系统有一个初步的了解与认识,本章将简要介绍常用术语、通信系统的组成和分类、通信方式、信息度量以及评价通信系统性能的指标,并对通信发展简史及发展趋势进行概述。

1.1 常用通信术语

1. 通信

通信(communication)指克服距离上的障碍交换和传递消息(或者是进行信息的时空转移)。

实现通信的方式很多,可分为**非电通信**和**电通信**两大类。

非电通信:如手势、语言、旌旗、烽火台、消息树、金鼓、驿马传令及书信等。

电通信:如电报、电话、广播、电视、遥控、遥测、互联网、数据和计算机通信等。

目前的通信越来越依赖于"电"来传递消息,即"电通信"。电通信迅速、准确、可靠且不受时间、地点、距离的限制,因而近两百年来得到了迅速的发展和广泛的应用。当今,在自然科学领域涉及"通信"这一术语时,一般均是指"电通信"。广义来讲,光通信也属于电通信,因为光也是一种电磁波。本书讨论的通信均指电通信。

2. 消息

消息(message)是信息的物理表现形式,即有待于传输的文字、符号、数据、语音、活动图片等。

消息有多种形式,可分为两大类,一类称为**连续消息**,另一类称为**离散消息**。**连续消息**是指消息的状态连续变化或是不可数的,如语音、音乐、温度、活动图片等。**离散消息**则是指消息的状态是可数的或离散的,如文字、符号、计算机数据等。

3. 信息

信息(information)是消息的内涵,即消息中所包含的受信者原来不知而待知的有效内容。

4. 信号

信号(signal)是与消息一一对应的电量,它是消息的传输载体,即把消息寄托在电信号的某一参量上(如连续波的幅度、频率或相位及脉冲波的幅度、宽度或位置)。

按信号参量的取值方式不同,信号可分为两类,即**模拟信号**和**数字信号**。

凡参量是取值连续的或取无穷多个值的,且直接与消息相对应的信号,均称为**模拟信号**(analog signal),如电话机送出的语音信号、电视摄像机输出的图像信号等。模拟信号有时也称**连续信号**,这个连续是指信号的某一参量可以连续变化,或者说在某一取值范围内可以取无穷多个值,而不一定在时间上连续。

凡参量只能取有限个值,并且常常不直接与消息相对应的信号,均称为**数字信号**(digital signal),如电报信号、计算机输入/输出信号、PCM 信号等。数字信号有时也称**离散信号**,这个离散是指信号的某一参量是离散变化的,而不一定在时间上离散。

5. 通信系统

实现信息传递所需的一切技术设备和传输媒质的总和称为通信系统(communication system)。根据信道中传输的是模拟信号还是数字信号,可相应地把通信系统分为**模拟通信系统**和**数字通信系统**。

1.2　通信系统

1.2.1　通信系统的一般模型

通信是从一地向另一地传递和交换信息。基于点与点之间的通信系统的模型可用图 1.1 来描述。

图 1.1　通信系统的一般模型

1. 信息源

信息源可简称信源,是消息的产生地,其作用是把各种消息转换成原始电信号,称为消息信号或基带信号。例如,电话机、摄像机和电传机、计算机等各种终端设备就是信源。前两者属于**模拟信源**,输出的是模拟信号;后两者是**数字信源**,输出离散的数字信号。

2. 发送设备

发送设备的基本功能是将信源和信道匹配起来,即将信源产生的消息信号变换成适合在信道中传输的信号。变换方式是多种多样的,例如在需要频谱搬移的场合,调制是最常见的变换方式。对数字通信系统来说,发送设备中的信息处理常常又可分为信源编码与信道编码等。

3. 信道

信道是指传输信号的物理媒质。例如，**无线信道**，可以是大气（自由空间）；**有线信道**，可以是明线、电缆或光纤。有线信道和无线信道均有多种物理媒质。媒质的固有特性及引入的干扰与噪声直接关系到通信的质量，根据研究对象不同，需要对实际的物理媒质建立不同的数学模型，以反映传输媒质对信号的影响。

4. 噪声源

噪声源不是人为加入的设备，而是通信系统中各种设备以及信道中所固有的，并且是人们所不希望的。噪声的来源是多样的，它可分为**内部噪声**和**外部噪声**，而且外部噪声往往是从信道引入的。因此，为了分析方便，通常把噪声源视为各处噪声的集中表现而抽象加入信道。

5. 接收设备

接收设备的基本功能是完成信号的反变换，即进行解调、译码、解码等。接收设备的任务是从带有干扰的接收信号中正确恢复出相应的原始基带信号来，对于多路复用信号还包括解除多路复用，实现正确分路。此外，它还要尽可能减小在传输过程中噪声与干扰所带来的影响。

6. 信宿

信宿也称受信者，是信息的归宿点，其作用是将复原的原始信号转换成相应的消息。

1.2.2 通信系统分类

1. 按通信业务和用途分类

按通信业务和用途分类，通信系统可分为**常规通信**和**控制通信**等。

常规通信又分为**话务通信**和**非话务通信**。话务通信在电信领域中一直占主导地位，它属于人与人之间的通信。近年来，非话务通信发展迅速，主要是分组数据业务、计算机通信、数据库检索、电子信箱、电子数据交换、传真存储转发、可视图文及会议电视、图像通信等。由于话务通信最为发达，因而其他通信系统常常借助于公共的话务通信系统进行实现，未来的综合业务数字通信网中各种用途的消息都能在一个统一的通信网中传输。

控制通信可以实现遥测、遥控、遥信和遥调等**控制通信业务**。

2. 按调制方式分类

根据是否采用调制过程，可将通信系统分为**基带传输**和**频带（带通）传输**。**基带传输**

是指将未经调制的信号直接传送,如音频市内电话。**频带(带通)传输**是指对各种信号进行调制后再传输。

调制方式有很多,例如表1.1即列出了一些常见的调制方式。

表 1.1　常见的调制方式

调制方式				用途
连续波调制（正弦载波调制）	模拟调制	线性调制	常规双边带调制（AM）	广播
			抑制载波双边带调幅（DSB）	立体声广播
			单边带调幅（SSB）	载波通信、无线电台、数据传输
			残留边带调幅（VSB）	电视广播、数传、传真
		非线性调制	频率调制（FM）	微波中继、卫星通信、广播
			相位调制（PM）	中间调制方式
	数字调制		幅度键控（ASK）	数据传输
			频率键控（FSK）	数据传输
			相位键控（PSK、DPSK、QPSK 等）	数据传输、数字微波、空间通信
			其他高效数字调制（QAM、MSK 等）	数字微波、空间通信
脉冲调制	脉冲模拟调制		脉幅调制（PAM）	中间调制方式、遥测
			脉宽调制（PDM、PWM）	中间调制方式
			脉位调制（PPM）	遥测、光纤传输
	脉冲数字调制		脉码调制（PCM）	市话、卫星、空间通信
			增量调制（DM）	军用、民用电话
			差分脉码调制（DPCM）	电视电话、图像编码
			其他语音编码方式（ADPCM、APC、LPC）	中低速数字电话

注：ADPCM——自适应差分脉码调制；APC——自适应预测编码；LPC——线性预测编码。

3. 按信号特征分类

按照信道中所传输的是模拟信号还是数字信号,可相应地把通信系统分为**模拟通信系统**和**数字通信系统**。

4. 按传输媒质分类

按传输媒质分,通信系统可分为**有线通信系统**和**无线通信系统**两大类。**有线通信系统**是用导线(如架空明线、同轴电缆、光导纤维、波导等)作为传输媒质完成通信的,如市内电话、有线电视、海底电缆通信等。**无线通信系统**是依靠电磁波在空间传播达到传递消息的目的的,如短波电离层传播、微波视距传播、卫星中继等。

5. 按工作波段分类

按通信设备的工作频率不同,通信系统可分为长波通信系统、中波通信系统、短波通信系统、远红外线通信系统等。表1.2列出了通信使用的频段、常用的传输媒质及主要用途。

表 1.2　通信频段与常用传输媒质

频率范围	波　长	符　号	传输媒质	用　　途
3Hz～30kHz	10^4～10^8 m	甚低频 VLF（超长波）	有线线对；长波无线电	音频、电话、数据终端长距离导航、时标、水下通信
30～300kHz	10^3～10^4 m	低频 LF（长波）	有线线对；长波无线电	导航、信标、电力线通信
300kHz～3MHz	10^2～10^3 m	中频 MF（中波）	同轴电缆；短波无线电	调幅广播、移动陆地通信、业余无线电
3～30MHz	10～10^2 m	高频 HF（短波）	同轴电缆；短波无线电	移动无线电话、短波广播、定点军用通信、业余无线电
30～300MHz	1～10m	甚高频 VHF（超短波）	同轴电缆；米波无线电	电视、调频广播、空中管制、车辆、通信、导航
300MHz～3GHz	10～100cm	特高频 UHF	波导；分米波无线电	微波接力、卫星和空间通信、雷达
3～30GHz	1～10cm	超高频 SHF	波导；厘米波无线电	微波接力、卫星和空间通信、雷达
30～300GHz	1～10mm	极高频 EHF	波导；毫米波无线电	雷达、微波接力、射电天文学
10^7～10^8 GHz	3×10^{-5}～3×10^{-4} cm	紫外线、可见光、红外线	光纤；激光空间传播	光通信

工作波长和频率的换算公式为

$$\lambda = \frac{c}{f\sqrt{\varepsilon_r}} = \frac{3\times10^8\,(\mathrm{m/s})}{f\sqrt{\varepsilon_r}\,(\mathrm{Hz})} \tag{1-1}$$

式中，λ 为工作波长，f 为工作频率，c 为光速，ε_r 为相对介电常数(真空为1)。

6. 按信号复用方式分类

传输多路信号采用的复用方式主要为**频分复用**、**时分复用**和**码分复用**。**频分复用**是用频谱搬移的方法使不同信号占据不同的频率范围；**时分复用**是用脉冲调制的方法使不同信号占据不同的时间区间；**码分复用**是用正交的脉冲序列分别携带不同信号。传统的模拟通信系统都采用频分复用方式，随着数字通信的发展，时分复用通信系统的应用愈来愈广泛，码分复用主要用于空间通信的扩频通信和移动系统中。此外，还有波分复用、空分复用。

1.2.3　模拟通信系统模型

模拟通信系统是利用模拟信号来传递信息的通信系统。

信源发出的原始电信号称为基带信号，**基带**的含义是指信号的频谱从零频附近开始，如语音信号频谱为 300～3400Hz，图像信号频谱为 0～6MHz。基带信号具有频率很低的频谱分量，一般不宜直接传输，需要把基带信号变换成频带适合在信道中传输的信号,并可在接收端进行反变换。完成这种变换和反变换作用的通常是**调制器**和**解调器**。经过调制以后的信号称为**已调信号**,又称**带通信号**或**频带信号**。

已调信号有如下所述 3 个基本特征:

(1) 携带有信息;

(2) 适合在信道中传输;

(3) 信号的频谱具有带通形式,且中心频率远离零频,因而已调信号又称频带信号(或称为带通信号)。

消息从发送端到接收端的传递过程中有**两种变换**,一种是连续消息与基带信号的变换,另一种是基带信号与频带信号之间的变换。

除此之外,实际的模拟通信系统中可能还有滤波、放大、天线辐射、控制等过程。由于调制与解调两种变换对信号的变化起决定性作用,而其他过程对信号不会发生质的变化,只是对信号进行了放大或改善了信号特性,因而被认为是理想的而不予讨论。模拟通信系统模型如图 1.2 所示。

图 1.2　模拟通信系统模型

1.2.4　数字通信系统模型

数字通信系统是利用数字信号来传递信息的通信系统,模型如图 1.3 所示。数字通信涉及的技术问题很多,其中主要有信源编码/译码、信道编码/译码、数字调制/解调、数字复接、同步以及加密等。

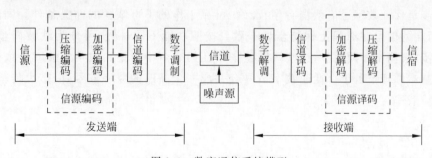

图 1.3　数字通信系统模型

1. 信源编码与译码

信源编码(source coding)的作用是数据压缩和模数转换。

数据压缩即设法减少码元数目和降低码元速率。码元速率直接影响传输所占的带宽,传输带宽直接反映通信的有效性。

模数转换——当信息源给出的是模拟信号时,信源编码器会将其转换成数字信号实现模数转换,以实现模拟信号的数字化传输。

信源译码是信源编码的逆过程。

2. 信道编码与译码

信道编码(channel coding)的作用是进行差错控制。数字信号在信道中传输时,由于存在噪声、衰落以及人为干扰等,将会出现差错。为了减少差错,信道编码器对传输的信息码元按一定的规则加入保护成分(监督元),组成所谓**"抗干扰编码"**,然后接收端的信道译码器会按一定规则进行解码,从解码过程中发现错误或纠正错误,从而提高通信系统抗干扰能力,实现可靠通信。

3. 加密与解密

在需要实现保密通信的场合,为了保证所传信息的安全,人为将被传输的数字序列扰乱,即加上密码,这种处理过程叫加密(encryption)。在接收端利用与发送端相同的密码复制品对收到的数字序列进行解密,恢复原信息,这个过程即称为解密(decryption)。

4. 数字调制与解调

数字调制就是把数字基带信号的频谱搬移到高频处,形成适合在信道中传输的频带信号。基本的数字调制方式有振幅键控(ASK)、频移键控(FSK)、绝对相移键控(PSK)、相对(差分)相移键控(DPSK)等。对这些信号可以采用相干解调或非相干解调将其还原为数字基带信号。对高斯噪声下的信号检测,一般用相关器接收机或匹配滤波器实现。数字调制是本课程的重点内容之一。

5. 同步与数字复接

同步是保证数字通信系统有序、准确、可靠工作的不可缺少的前提条件。**同步是使收、发两端的信号在时间上保持步调一致**。按照功能不同,同步可分为**载波同步**、**码元(位)同步**、**群同步**和**网同步**,这些问题将集中在第 9 章中讨论。**数字复接**就是依据时分复用的基本原理把若干个低速数字信号合并成一个高速的数字信号,以扩大传输容量,提高传输效率。

6. 讨论

(1) 图 1.3 所示是数字通信系统的一般模型,实际的数字通信系统不一定包括图中的所有环节。如在某些有线信道中,若传输距离不太远且通信容量不太大,数字基带信号则无须调制,可以直接传送,称为数字信号的基带传输,其模型中就不包括调制与解调环节。

(2) 模拟信号经过数字化后可以在数字通信系统中传输,数字电话系统就是以数字方式传输模拟语音信号的例子。

（3）数字信号也可以在模拟通信系统中传输。如计算机数据可以通过模拟电话线路传输，但这时必须使用调制解调器（modem）将数字基带信号进行正弦调制，以适应模拟信道的传输特性。可见，模拟通信与数字通信的区别仅在于信道中传输的信号种类。

1.2.5　数字通信的主要特点

目前，无论是模拟通信还是数字通信，在不同的通信业务中都得到了广泛的应用。但是，数字通信的发展速度已明显超过模拟通信，成为当代通信技术的主流。与模拟通信相比，数字通信更能适应现代社会对通信技术越来越高的要求。

1. 数字通信的优点

（1）抗干扰能力强，可消除噪声积累。

（2）差错可控，传输性能好。数字通信可以采用信道编码技术使误码率降低，提高传输的可靠性。

（3）易于与各种数字终端接口连接，用现代计算技术对信号进行处理、加工、变换、存储，从而形成智能网。

（4）易于集成化，从而使通信设备微型化。

（5）易于加密处理，且保密强度高。

2. 数字通信的缺点

（1）频带利用率不高。数字通信的许多优点都是用比模拟通信占据更宽的系统频带为代价而换取的，以电话为例，一路模拟电话通常只占据 4kHz 带宽，但一路接近同样语音质量的数字电话可能要占据 20～60kHz 的带宽，因此数字通信的频带利用率不高。

（2）对同步要求高，系统设备比较复杂。

不过，随着新的宽带传输信道（如光导纤维）的采用以及窄带调制技术和超大规模集成电路的发展，数字通信的这些缺点已经弱化。随着微电子技术和计算机技术的迅猛发展和广泛应用，数字通信在今后的通信方式中必将逐步取代模拟通信而占主导地位。

1.3　通信方式

1. 按消息传递的方向与时间关系分

对于点与点之间的通信，按消息传递的方向与时间关系，通信方式可分为**单工**、**半双工**及**全双工通信** 3 种。

单工通信是指消息只能单方向传输的工作方式，只占用一个信道，如图 1.4 所示。广播、遥测、遥控、无线寻呼等就是单工通信方式的应用实例。

半双工通信是指通信双方都能收发消息，但不能同时进行收和发的工作方式，如图 1.5 所示。例如，使用同一载频的对讲机、收发报机以及问询、检索、科学计算等数据通信都是半双工通信方式。

图 1.4 单工通信方式示意图

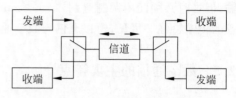

图 1.5 半双工通信方式示意图

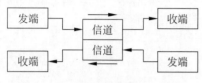

图 1.6 全双工通信方式示意图

全双工通信是指通信双方可同时进行收发消息的工作方式。一般情况下,全双工通信系统的信道必须是双向信道,如图 1.6 所示。普通电话、手机都是最常见的全双工通信方式应用实例,计算机之间的高速数据通信也是采用这种方式。

2. 按数字码元序列分

在数字通信中,按数字码元排列的顺序不同,通信方式可分为**串行传输**和**并行传输**。

串行传输是数字码元序列以串行方式一个接一个地在一条信道上传输,如图 1.7 所示。串行传输的优点是只需一条通信信道,节省线路铺设费用;缺点是速度慢,需要外加码组或字符同步措施。一般的远距离数字通信都采用这种传输方式。

并行传输是将代表信息的数字序列以成组的方式在两条或两条以上的并行信道上同时传输,如图 1.8 所示。并行传输的优点是节省传输时间,但需要传输信道多,设备复杂,成本高,故较少采用,一般适用于计算机和其他高速数字系统,特别适用于设备之间的近距离通信。

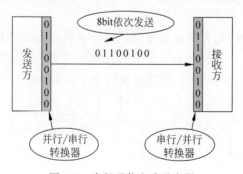

图 1.7 串行通信方式示意图

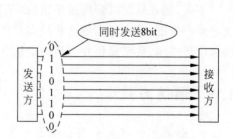

图 1.8 并行通信方式示意图

3. 按网络形式划分

按网络形式划分,通信方式可分为**点点通信**(又名**专线通信**、**直通通信**)、**分支通信**和**交换通信**,示意图如图 1.9 所示。

点点通信是通信网络中最简单的一种形式,终端与终端之间的线路是专用的;在**分**

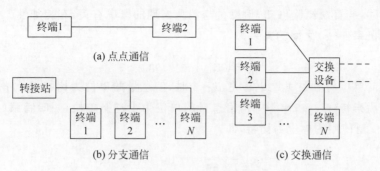

图 1.9 按网络形式划分的通信方式

支通信中,所有终端经过同一信道与转接站相互连接,此时,各终端之间不能直通信息,而必须经过转接站转接,此种方式只在数字通信系统中出现;**交换通信**是终端之间通过交换设备灵活地进行线路交换的一种方式,即把要求通信的两终端之间的线路接通(自动接通),或者通过程序控制实现消息交换——通过交换设备先把发送过来的含有消息的信号贮存起来,然后再转发给接收方,这种转发可以是实时的,也可以是延时的。

分支通信和交换通信均属通信网的范畴,通信网中有具体的线路交换与消息交换的规定、协议等,它既有信息控制问题,也有网同步问题等,由于通信网的基础是点与点之间的通信,所以本书将重点放在点与点之间的通信上。

1.4 信息及其度量

1. 信息和离散信息的信息量

信息量就是对消息中所描述信息不确定性的定量描述。

例如从常识的角度来理解 3 条消息:①太阳从东方升起;②太阳比往日大两倍;③太阳将从西方升起。

第 1 条几乎没有带来任何信息,第 2 条带来了大量信息,第 3 条带来的信息多于第 2条。究其原因,第 1 条消息所述事件是一个**必然事件**,人们不足为奇;第 3 条消息所述事件**几乎不可能发生**,使人感到惊奇和意外,也就是说,它带来更多的信息。因此,信息含量是与惊奇这一因素相关联的,这是不确定性或不可预测性的结果。**越是不可预测的事件,越会使人感到惊奇,带来的信息越多**。

根据概率论知识,事件的不确定性可用事件出现的概率来描述,可能性越小,概率越小;反之概率越大。因此,消息中包含的信息量与消息发生的概率密切相关,消息出现的概率越小,消息中包含的信息量就越大。假设 $P(x)$ 是一个消息发生的概率,I 是从该消息获悉的信息量,根据上述规律,I 与 $P(x)$ 之间的关系可描述如下。

(1) **信息量是概率的函数**,即 $I = f[P(x)]$。

(2) $P(x)$ 越小,I 越大;反之 I 越小,且 $P(x) \rightarrow 1$ 时,$I \rightarrow 0$;$P(x) \rightarrow 0$ 时,$I \rightarrow \infty$。

(3) 若干个互相独立的事件构成的消息所含信息量等于各独立事件所含信息量之和,也就是说,**信息具有相加性**,即 $I[P(x_1)P(x_2)\cdots] = I[P(x_1)] + I[P(x_2)] + \cdots$。

综上所述,从直观经验可知,信息量与消息出现的概率有关,有相加性。**信息量 I 与消息出现的概率 $P(x)$ 之间的关系为**

$$I = \log_a^{\frac{1}{P(x)}} = -\log_a^{P(x)} \tag{1-2}$$

信息量的单位与对数底数 a 有关,$a = 2$ 时,信息量的单位为**比特**(bit);$a = e$ 时,信息量的单位为**奈特**(nit);$a = 10$ 时,信息量的单位为十进制单位,叫**哈特莱**(或**笛特**——det)。目前广泛使用的单位为**比特**,即

$$I = \log_2 \frac{1}{P(x)} = -\mathrm{lb}P(x) \quad (\text{bit}) \tag{1-3}$$

【例 1-1】 二进制信源(0,1)每一符号等概率独立发送,求传送二进制波形之一的信息量。

【解】 由于每一波形出现的概率为 $P = 1/2$,故其信息量为 $I = \log_2 \frac{1}{P} = \mathrm{lb}2 = 1(\text{bit})$。

推论: 发送等概率的二进制波形之一的信息量为 1bit。

【例 1-2】 四进制离散信源(0,1,2,3)每一符号等概率独立发送,求传送每一波形的信息量。

【解】 由于每一波形出现的概率为 $P = 1/4$,故其信息量为 $I = \log_2 \frac{1}{P} = \mathrm{lb}4 = 2(\text{bit})$。

讨论: 四进制的每一波形所含的信息量,恰好是二进制每一波形包含信息量的 2 倍。这是由于每一个四进制波形需要两个二进制波形组合而成。

推论: $M(M = 2^k)$ 进制的每一波形所含的信息量,恰好是二进制每一波形包含信息量的 k 倍。

【例 1-3】 二进制离散信源(0,1),若 0 出现概率为 1/3,求出现 1 的信息量。

【解】 由于全概率为 1,因此出现"1"的概率为 2/3,故其信息量为 $I = \mathrm{lb}\frac{3}{2} = 0.585(\text{bit})$。

以上是单一符号出现时的信息量。对于由一串符号构成的消息,则可根据信息相加性概念计算整个消息的信息量,但当消息很长时,也可用平均信息量的概念来计算。

2. 离散信源的平均信息量

离散信源的平均信息量指信源中每个符号所含信息量的统计平均值。

设离散信源的概率场为 $\begin{bmatrix} x_1 & x_2 & \cdots & x_n \\ P(x_1) & P(x_2) & \cdots & P(x_n) \end{bmatrix}$,且有 $\sum\limits_{i=1}^{n} P(x_i) = 1$,则 $x_1, x_2, \cdots, x_n$ 所包含的信息量分别为 $-\mathrm{lb}P(x_1), -\mathrm{lb}P(x_2), \cdots, -\mathrm{lb}P(x_n)$。因此,信源的平均信息量为

$$H(x) = -\sum_{i=1}^{n} P(x_i)\mathrm{lb}P(x_i) \quad (\text{bit/符号}) \tag{1-4}$$

由于 H 同热力学中的熵形式一样,故通常又称它为**信息源的熵**,其单位为 **bit/符号**。熵即为了衡量热力体系中不能利用的热能,用温度除热能所得的商。

显然,当信源中每个符号等概率独立出现时,信源的熵获得最大值。此时,若信源中有 M 个符号,则信息源的最大熵为

$$H_{\max} = -\sum_{i=1}^{M} \frac{1}{M} \text{lb} \frac{1}{M} = \text{lb}M \quad (\text{bit}/\text{符号}) \tag{1-5}$$

【例 1-4】 一离散信源由符号 0、1、2、3 组成,它们出现的概率依次分别为 3/8、1/4、1/4、1/8,且每个符号的出现都是独立的。试求消息 201020130213001203210100321010023102002010312032100120210 的信息量。

【解】 此消息中,0 出现 23 次,1 出现 14 次,2 出现 13 次,3 出现 7 次,共有 57 个符号,故该消息的信息量为 $I = 23\text{lb}8/3 + 14\text{lb}4 + 13\text{lb}4 + 7\text{lb}8 = 108(\text{bit})$。

每个符号的算术平均信息量为 $\bar{I} = \dfrac{I}{\text{符号数}} = \dfrac{108}{57} = 1.89(\text{bit}/\text{符号})$,若用熵的概念来

计算,则有 $H = -\dfrac{3}{8}\text{lb}\dfrac{3}{8} - \dfrac{1}{4}\text{lb}\dfrac{1}{4} - \dfrac{1}{4}\text{lb}\dfrac{1}{4} - \dfrac{1}{8}\text{lb}\dfrac{1}{8} = 1.906(\text{bit}/\text{符号})$,该消息的信息

量为 $I = 57 \times 1.906 = 108.64(\text{bit})$。

以上两种结果略有差别,原因在于它们求取平均结果的方法不同。前一种按算数平均的方法,结果可能存在误差。这种误差将随着消息序列中符号数的增加而减小。当消息序列较长时,用熵的概念计算更为方便。

推论:设某信源的熵为 $H(x)$,则当该信源发送 m 个符号(构成一条消息)时,所发送的总信息量为

$$I = m \cdot H(x) \quad (\text{bit}) \tag{1-6}$$

3. 连续消息的信息量

连续消息的信息量可用概率密度来描述。

设 $f(x)$ 为连续消息出现的概率密度,则连续消息的信息量为

$$I_1 = -\log_a^{f(x)} \tag{1-7}$$

当 $a = 2$ 时,I_1 的单位为比特。

连续消息的平均信息量(相对熵)为

$$H_1 = -\int_{-\infty}^{\infty} f(x)\log_a^{f(x)} \mathrm{d}x \tag{1-8}$$

1.5 通信系统的主要性能指标

一般通信系统的性能指标归纳起来有以下几个方面。

(1) **有效性**——在给定信道内所传输的信息内容的多少,或者说是传输的"速度"问题。

(2) **可靠性**——接收信息的准确程度,也就是传输的"质量"问题。

(3) **适应性**——通信系统使用时的环境条件。

(4) **经济性**——系统的成本问题。

（5）**保密性**——系统对所传信号的加密措施，这点对军用系统显得更加重要。

（6）**标准性**——系统的接口、各种结构及协议是否合乎国家、国际标准。

（7）**维修性**——系统是否维修方便。

（8）**工艺性**——通信系统的各种工艺要求。

通信的任务是快速、准确地传递信息。因此，**评价一个通信系统优劣的主要性能指标是系统的有效性和可靠性**。这也是通信技术讨论的重点，至于其他指标，如工艺性、经济性、适应性等不属于本书研究范围。

通信系统的有效性和可靠性既相互矛盾又相对统一，通常还可以进行互换。

模拟通信系统的有效性可用有效传输频带来度量，可靠性用接收端最终输出信噪比（或均方误差）来度量。同样的消息用不同的调制方式，则需要不同的频带宽度。不同调制方式在同样信道信噪比下所得到的最终解调后的信噪比是不同的。如调频信号抗干扰能力比调幅信号好，但调频信号所需传输频带却宽于调幅信号。

数字通信系统的有效性可用传输速率和频带利用率来衡量，可靠性可用差错率来衡量。

1. 传输速率

（1）**码元传输速率** R_B：简称码元速率，又称符号速率、传码率、波特率、调制速率等。它表示单位时间内传输码元的数目，单位是波特（baud），记为 B。例如，若 1s 内传 2400 个码元，则传码率为 2400B。

若已知码元速率 R_B，则 t 秒内传送的码元总数为

$$N = R_B \cdot t \tag{1-9}$$

数字信号有多进制和二进制之分，但码元速率与进制数无关，只与传输的码元长度 T 有关，关系为

$$R_B = 1/T \quad \text{(B)} \tag{1-10}$$

在给出码元速率时，通常有必要说明码元的进制。由于 M 进制的一个码元可以用 $\text{lb}M$ 个二进制码元去表示，因而在保证信息速率不变的情况下，M 进制的码元速率 R_{B_M} 与二进制的码元速率 R_{B_2} 之间的转换关系为

$$R_{B_2} = R_{B_M} \log_2 M \tag{1-11}$$

（2）**信息传输速率** R_b：简称传信率，又称比特率等。它表示单位时间内传递的信息量或比特数，单位是比特/秒，可记为 bit/s 或 b/s。

若已知比特率 R_b，则 t 秒内传送的总信息量为

$$I = R_b \cdot t \tag{1-12}$$

每个码元或符号通常都含有一定比特数的信息量，因此码元速率和信息速率有确定的关系，即

$$R_b = R_B \cdot H \quad \text{(bit/s)} \tag{1-13}$$

式中，H 为信源中每个符号所含的平均信息量（熵）。等概率传输时，熵有最大值 $\text{lb}M$（M 为符号的进制数），信息速率也达到最大，即

$$R_b = R_B \log_2 M \quad (\text{bit/s}) \tag{1-14}$$

或

$$R_B = R_b / \log_2 M \quad (\text{B}) \tag{1-15}$$

式(1-15)的物理意义为 $R_B \leqslant R_b$，码元为二进制($M=2$)时，$R_B = R_b$（数值相同，单位不同）；R_b 一定时，增加进制数 M，可以降低 R_B，从而减小信号带宽，节约频带资源，提高系统频带利用率；R_B 一定时（即带宽一定），增加进制数 M，可以增大 R_b，从而在相同的带宽中传输更多的信息量。因此，**从传输的有效性方面考虑，多进制比二进制好，但从传输的可靠性方面考虑，二进制比多进制好**。例如码元速率为 1200B，码元为八进制($M=8$)时，信息速率为 3600bit/s；码元为二进制($M=2$)时，信息速率为 1200bit/s。可见，二进制的码元速率和信息速率在数量上相等，有时简称它们为数码率。

（3）**频带利用率** η：比较不同通信系统的有效性时，单看它们的传输速率是不够的，还应看在这样的传输速率下所占信道的频带宽度。所以，**真正衡量数字通信系统传输效率的应当是单位频带内的码元速率**，即

$$\eta = R_B / B \quad (\text{B/Hz}) \tag{1-16}$$

数字信号的传输带宽 B 取决于码元速率 R_B，而码元速率和信息速率 R_b 有着确定的关系。为了比较不同系统的传输效率，又可定义频带利用率为

$$\eta = R_b / B \quad (\text{bit/(s·Hz)}) \tag{1-17}$$

2. 差错率

衡量数字通信系统可靠性的指标是差错率，常用**误码率**和**误信率**表示。

误码率（码元差错率） P_e：是指发生差错的码元数在传输的总码元数中所占的比例，更确切地说，误码率是码元在传输系统中被传错的概率，即

$$P_e = \frac{\text{错误码元数}}{\text{传输总码元数}} \tag{1-18}$$

误信率（信息差错率） P_b：是指发生差错的比特数在传输的总比特数中所占的比例，即

$$P_b = \frac{\text{错误比特数}}{\text{传输总比特数}} \tag{1-19}$$

显然，**码元为二进制时** $P_b = P_e$，**为 M 进制时** $P_b < P_e$。

可以证明：当考虑一个特定的错误码元可以有 $M-1$ 种不同的错误样式，且这些错误样式以等概率出现时，**误信率 P_b 和误码率 P_e 的关系**为

$$P_b = \frac{M}{2(M-1)} P_e \tag{1-20}$$

在某些通信系统中，如采用格雷码的多相制系统中，错误码元中仅发生 1bit 错误的概率最大，这时误信率 P_b 和误码率 P_e 的关系为

$$P_b \approx P_e / \log_2 M \tag{1-21}$$

为什么 $M>2$ 进制时 $P_b < P_e$？这里以八进制为例来解释。等概率独立传输时，每个八进制的码元需要用 3 个二进制码元表示，即每个八进制的码元含有 3bit 信息量。若

考察一个八进制码元中仅发生 1bit(即一个二进制码元)错误的情形,则当 000 错为 001、010 或 100 时,仅有 1bit 信息量错误,故误信率小于误码率。

【例 1-5】 设某四进制数字传输系统每个码元的持续时间(宽度)为 833×10^{-6}s,连续工作 1h 后,接收端收到 6 个错码,且错误码元中仅发生 1bit 的错误。求:①该系统的码元速率和信息速率;②该系统的误码率和误信率。

【解】 ① 码元速率:$R_B=\dfrac{1}{T}=\dfrac{1}{833\times10^{-6}}=1200(B)$

信息速率:$R_b=R_B\log_2 M=1200\times\text{lb}4=2400(\text{bit/s})$

② 1h 传送的码元数:$N=R_B\cdot t=1200\times3600=4.32\times10^6(个)$

误码率:$P_e=\dfrac{N_e}{N}=\dfrac{6}{4.32\times10^6}=1.39\times10^{-6}$

若每个错误码元中仅发生 1bit 的错误,则误信率:$P_b\approx\dfrac{P_e}{\log_2 M}=\dfrac{1.39\times10^{-6}}{\text{lb}4}=6.94\times10^{-7}$,或者先算出 1h 内传送的信息量,即 $I=R_b\cdot t=2400\times3600=8.64\times10^6(\text{bit})$,然后由误信率定义式来计算,即 $P_b=\dfrac{错误接收的比特数}{传输的总比特数}=\dfrac{6\times1}{8.64\times10^{-6}}=6.94\times10^{-7}$。

1.6 通信发展简史及发展趋势

1.6.1 通信发展简史

通信的发展经历了也正经历着由模拟到数字、由系统到网络、由窄带到宽带、由人工到智能、由单业务到多业务的过程。从 18 世纪至今,通信的发展大致经历了如下大事。

1799 年,Volta 发明电池。

1834 年,Gauss 和 Weber 发明电磁电报机。

1837 年,Wheatstone 和 Morse 发明有线电报。

1844 年,第一条电报线在美国华盛顿和巴尔迪摩间运行。

1864 年,Maxwell 预言电磁波的存在。

1871 年,伦敦成立电报工程师协会,1889 年改名为电子工程师协会(IEE)。

1876 年,Bell 发明有线电话。

1887 年,Hertz 用实验证明电磁波的存在。

1893 年,Strowger 发明步进制电话交换机。

1897 年,Marconi 发明无线电报通信。

1906 年,De Forest 发明电子三极管放大器。

1918 年,调幅无线电广播商用,超外差接收机问世。

1928 年,Nyquist 提出抽样定理。

1936 年,发明调频技术,商业电视开始广播。

1937 年，Alec Reeves 提出脉冲编码调制（PCM）。

1938 年，黑白电视广播系统商用。

1938—1945 年，"二战"期间雷达和微波系统研制成功，调频技术广泛用于军事。

1942 年，Wiener 提出最佳线性滤波器理论。

1943 年，North 提出匹配滤波器理论。

1947 年，Brattain、Bardeen 和 Shockley 发明了晶体管，Rice 提出了噪声的统计理论，Kotelnikov 提出了信号的几何表示理论。

1948—1950 年，信息论与编码，Shannon 发表信息论的奠基论文，Hamming 和 Golay 设计出纠错码。

1948—1951 年，发明晶体管器件。

1950 年，贝尔实验室研制出 PCM 数字通信设备，时分复用（TDM）技术应用于电话。

1953 年，NTSC 彩色电视制式在美国研制成功。

1956 年，第一条跨洋电缆提供 36 个话路。

1957 年，第一颗人造卫星 Sputnik I 在苏联发射成功。

1958 年，Townes 和 Schawlow 发现了激光，Kilby 和 Noyce 发明了集成电路。

1960 年 7 月 8 日，美国科学家 Maiman 发明了红宝石激光器，从此人们便可获得性质和电磁波相似而频率稳定的光源。

1961 年，集成电路开始商业生产，立体声调频广播在美国开播。

1962 年 7 月 10 日，贝尔实验室与美国国家航空航天局（NASA）合作，成功发射世界上第一颗有源通信卫星"电星一号"（Telstar I），开启了现代通信时代，使全球用户都能够使用实时电话及数据通信业务，并观看越洋电视节目转播。

1963 年，美国电子工程师协会（AIEE）和无线电工程师协会（IRE）合并为电气与电子工程师协会（IEEE）。

1964 年，程控电话交换机 NO.1 ESS 投入运营。

1966 年，有线电视系统投入使用，K. C. Kao 与 Hockham 提出光纤。

1971 年，Intel 公司生产出第一块单片微处理器 4004。

1972 年，Motorola 公司开发蜂窝电话，第一次跨大西洋的卫星电视实况广播。

1977 年，光纤通信系统投入商用。

1978 年，模拟蜂窝移动通信系统投入商用。

1988—1989 年，安装跨太平洋和大西洋的光缆用于光通信。

1991 年，GSM 移动通信系统投入商用。

1995 年，窄带 CDMA 移动通信系统在香港投入商用。

1998 年，美国开通数字电视业务。

1999 年，ITU 决定下一代移动通信系统（WCDMA、CDMA 2000、TD-SCDMA）。

1990—2000 年，数字通信系统：数字式调谐接收机、直接序列扩频系统、ISDN、HDTV、数字寻呼、掌上电脑、数字蜂窝等。

1.6.2 通信发展趋势

现代通信总的发展趋势仍然是数字化、综合化、智能化、移动化、宽带化和个人化。

1. 数字化

迄今全球通信的数字化还远未实现,特别反映在所谓的"最后1公里"的用户线路上。由于各类 HDSL(High-Bitrate Digital Subscriber Line,高比特率数字用户线),特别是 ADSL(Asymmetrical Digital Subscriber Line,非对称数字用户线)和 VDSL(Very High-bitrate Data Subscriber Loop,甚高比特率数字用户线)的应用,这"最后1公里"数字化的进程可能会加快步伐,但是全球超过 7 亿条的双绞用户线占了全部用户线的90%,不可能全采用 ADSL 和 VDSL 这类短期解决办法,还是要实现光纤到路边(Fiber to The Curb,FTTC)和光纤到家(Fiber to The Home,FTTH)。

2. 综合化

业务的综合是最先要实现的目标。"三网(电信网、计算机网、电视网)合一"已经提出了好多年,但是这种融合的进程仍然很缓慢。20 世纪 90 年代,人们把希望寄托于综合业务数字网(Integrated Service Digital Network,ISDN),法国、日本、美国、英国、德国、韩国及新加坡等开通以 64kbit/s 为基础的窄带综合业务数字网(N-ISDN),在普通的一对电话铜线上开放 2B+D(即 2×64kbit/s$+1\times16$kbit/s)的业务。发达国家 ISDN 的通道在所有电话网中的比例达 3% 左右。Internet 和 IP(Internet Protocol)网络的迅速发展极大地冲击了 ISDN 的势头,最终电信业不得不放弃 ISDN,寻找更合适的途径。

综合化的内容还包括用户终端的综合、网络设备的综合、通信系统的综合等,特别是对于军事无线通信设备,人们正在研发软件无线电,它是实现设备综合化的最主要途径。

3. 智能化

智能网是近年来迅速发展的新通信技术,其基本设计思想是:改变传统的网络结构,在网络的单元之间重新分配功能,把交换机的交换逻辑与业务逻辑功能分开,分别由不同的网元来完成。智能网最终将实现通信网经营者和业务提供者能自行编程,使电信经营公司、业务提供者和用户三者均可参与业务生成过程,从而更经济、更有效、更全面地为用户提供各种电信业务。目前,出现在电信领域里的软交换技术是一种新的交换技术,它有赖于智能网的发展和应用。

除了业务智能化和上述交换智能化外,智能化还体现在比如设备的智能化、运行维护管理的智能化等其他许多方面。应该指出的是,目前智能化的目标还不是很明确,而智能化的进程是无止境的。我国的智能网还处于起步阶段,要走的路也很长。

4. 移动化

20 世纪 80 年代以来,世界上移动电话业务发展非常迅速。20 世纪 80 年代后期,全世界使用无线电话终端的用户数年增长率为 40%,远远超过同期有线用户数的年增长率。移动电话已由模拟转向数字、进而转向 3G\4G\5G(3G——3rd generation,)高速多媒体发展,包括 GSM(Global System for Mobile Communications)和 CDMA(Code Division Multiple Access)制式的数字移动电话正在世界范围内高速发展。在移动电话发展的同时,各种个人通信技术也得到了很大发展,包括中低轨道卫星提供的移动卫星在内的各种移动通信手段综合在一起,形成了一个庞大的移动通信网。除语音外,各种无线分组数据网和无线计算机局域网也得到了很大的发展。

5. 宽带化

为了满足日益增长的高速数据传输、高速文件传送、电视会议、可视电话、宽带可视图文、高清晰度电视及多媒体通信等对宽带通信的业务需要,各国纷纷研究和开发宽带综合网。宽带综合网是一种全数字化的高速、宽带、具有综合业务能力的智能化通信网络,其显著特点是在信息数据传输上突破了速度、容量和时间空间的限制。宽带通信网络可分为宽带骨干网络和宽带接入网络两个层面。IP 与 MPLS(Multi-Protocol Label Switching,多协议标签交换)的结合、光纤接入技术以及宽带无线接入技术将成为未来宽带通信网络的主流技术。

6. 个人化

个人通信就是要求在任何时间、任何地点与任何人进行任何业务(语音、数字、视频、活动图像等)的通信。个人通信对属于某个人的终端提供灵活的移动性,将电信服务从终端转向个人。实现个人通信,除了发展 No.7 公共信令系统和智能网技术外,还要解决用户的位置登记、跟踪交换、自动识别、号码转换、大容量数据库及超小型无线终端等问题,尤其要大量发展陆地移动通信系统、卫星移动通信系统等无线接入系统。只有将各种移动通信系统结合在一起,将固定网与移动网结合在一起,把有线接入与无线接入结合在一起,才能形成通用个人通信网(Universal Personal Telecommunications,UPT)。个人通信将是跨世纪的新型通信技术与计算机技术相结合的产物。

1.7 小结

通信的目的是传递消息中所包含的信息。消息是信息的物理表现,信息是消息的物理内涵。信号是与消息相对应的电量,也是消息的物理载体。根据携带消息的信号参量是连续取值还是离散取值,信号分为模拟信号和数字信号。

通信系统一般模型主要由信息源、发送设备、信道、噪声源、接收设备和受信者组成。模拟通信系统主要由模拟信息源、调制器、信道、噪声源、解调器和受信者组成。数字通信系统主要由信息源、信源编码器、加密器、信道编码器、数字调制器、信道、噪声源、数字解调器、信道译码器、解密器、信源译码器、受信者、同步与数字复接电路组成。数字通信已成为当前通信技术的主流。与模拟通信系统相比,数字通信系统具有抗干扰能力强、可消除噪声积累、差错可控、易于与各种数字终端连接、易于集成化、易于加密处理等优点,缺点是占用带宽大、同步要求高。

通信系统有不同的分类方法。按通信业务和用途不同可分为常规通信和控制通信等。根据是否采用调制可分为基带传输和频带(带通)传输。按照信道中所传输的是模拟信号还是数字信号,可相应地把通信系统分成模拟通信系统和数字通信系统。按传输媒质分,通信系统可分为有线通信系统和无线通信系统两大类。

按通信设备的工作频率不同,通信可分为长波通信、中波通信、短波通信、远红外线通信等。按信号复用方式分类,传输多路信号有 3 种复用方式,即频分复用、时分复用和码分复用。通信方式也有多种分类方法。对于点与点之间的通信,按消息传递的方向与时间关系,通信方式可分为单工、半双工及全双工通信 3 种。在数字通信中,按数字信号代码排列的顺序可分为串行传输和并行传输,按通信的网络形式不同可分为点点通信、分支通信和交换通信。

信息是对消息中所描述信息不确定性(发生的概率)的定量描述。二进制信息量 I 与消息出现的概率 $P(x)$ 之间的关系为 $I = -\mathrm{lb}P(x)$,单位是 bit。信源中每个符号所含信息量的统计平均值是平均信息量,也称为信源的熵。等概率发送时,信源的熵有最大值。

通信的任务是快速、准确地传递信息。因此,评价通信系统优劣的主要的性能指标是系统的有效性和可靠性,这两个性能相互矛盾而又相对统一,通常还可以进行互换。模拟通信系统的有效性可用有效传输频带来度量,可靠性用接收端最终输出信噪比(或均方误差)来度量。数字通信系统的有效性可用传输速率和频带利用率来衡量,可靠性可用差错率来衡量。

通信的发展经历了也正经历着由模拟到数字、由系统到网络、由窄带到宽带、由人工到智能、由单业务到多业务的过程。现代通信总的发展趋势仍然是数字化、综合化、智能化、移动化、宽带化和个人化。

思考题 1

1. 你在日常生活中,接触过哪些通信系统?

2. 何为模拟信号? 何为数字信号? 两者的区别是什么?

3. 数字通信系统的模型的组成及各部分作用是什么? 数字通信系统的优缺点有哪些?

4. 基带信号和已调信号有什么区别? 常见的调制方式有哪些?

5. 通信波段是如何划分的? 其符号和传输媒质是什么?

6. 通信方式是如何划分的?

7. 离散信源的信息量和平均信息量是如何度量的?

8. 模拟通信系统和数字通信系统的主要性能指标是什么?

9. 比特率和波特率有什么区别？比特率、波特率和进制数的关系怎样？

10. 误信率、误码率和进制数的关系怎样？为什么 $M>2$ 进制时 $P_b<P_e$？

11. 通信发展的简史和主要发展趋势是怎样的？

习题 1

1. 国际莫尔斯电码用点和划的序列发送英文字母，划用持续 3 单位的电流脉冲表示，点用持续 1 个单位的电流脉冲表示；且划出现的概率是点出现概率的 1/3。

（1）计算点和划的信息量。

（2）计算点和划的平均信息量。

2. 某信源符号集由 A、B、C、D、E 和 F 组成，设每个符号独立出现，其概率分别为 1/4、1/4、1/16、1/8、1/16、1/4，试求该信源输出符号的平均信息量。

3. 设有一个字母 A、B、C、D 组成的字，传输每一个字母用二进制码元编码，00 代替 A，01 代替 B，10 代替 C，11 代替 D，每个码元宽度为 5ms。

（1）不同字母等可能出现时，试计算传输的平均信息速率。

（2）若每个字母出现的可能性分别为 $P_A=1/5$、$P_B=1/4$、$P_C=1/4$、$P_D=3/10$，试计算传输的平均信息速率。

4. 某信源符号集由 A、B、C、D 和 E 组成，设每个符号均独立出现，其概率分别为 1/4、1/8、1/8、3/16、5/16，信息源以 1000B 速率传送信息。

（1）求传送 1h 的信息量。

（2）求传送 1h 可能达到的最大信息量。

5. 设 A 系统以 2000bit/s 的速率传输 2PSK 调制信号的带宽为 2000Hz，B 系统以 2000bit/s 的比特率传输 4PSK 调制信号的带宽为 1000Hz，试问哪个系统更有效？

6. 经长期测定，某系统误码率 $P_e=10^{-5}$，系统码元速率为 1200B，问在多长时间内可能收到 360 个错误码元？

7. 已知某四进制数字传输系统的传信率为 2400bit/s，接收端在半小时内共收到 216 个错误码元，试计算该系统的误码率 P_e。

8. 设一信源的输出由 256 个不同符号组成，其中 16 个出现的概率为 1/32，其余 240 个出现的概率为 1/480。信息源每秒发送 1000 个符号，且每个符号彼此独立。

（1）试计算该信息源发送信息的平均速率。

（2）试计算该信息源最大可能的信息速率。

小测验 1

一、填空题

1. 消息是信息的_____，信息是消息的_____。

2. 根据是否采用调制，可将通信系统分为_____和_____。

3. 对于点与点之间的通信,按消息传递的方向与时间关系,通信方式可分为_____、_____及_____通信 3 种。

4. 出现概率越_____的消息,其所含的信息量越大;出现概率越_____的消息,其所含的信息量越小。

5. 码元速率相同时,八进制的信息速率是二进制的_____倍(等概率时)。

6. 设每秒传送 N 个 M 进制的码元,则信息传输速率为_____。

7. 评价一个通信系统优劣的主要性能指标是系统的_____和_____。

8. 模拟通信系统的有效性可用_____度量,可靠性用接收端_____来度量。

9. 数字通信系统的有效性可用_____来衡量,可靠性可用_____来衡量。

10. 现代通信总的发展趋势仍然是_____、_____、_____、_____和_____。

二、简答题

1. 绘制数字通信系统的一般模型,并简要说明模型中各方框的作用。

2. 什么是数字通信?数字通信有哪些优缺点?

3. 什么是信源的熵?最大信源的熵的条件是什么?

4. 什么是码元速率?什么是信息速率?它们的单位是什么?它们之间的关系如何?

5. 什么是误码率?什么是误信率?它们之间的关系如何?

三、计算题

1. 某独立发送的二进制信源,每符号出现概率为 1/4,求该信源的平均信息量。

2. 设在 $125\mu s$ 内传输 256 个二进制码元,则码元传输速率是多少?若该信源在 2s 内有 3 个码元产生错误,则误码率为多少?

3. 一个离散信源每毫秒发出 4 种符号中的一个,各相互独立符号出现的概率分别为 1/8、1/8、1/4、1/2,求该信源的平均信息量和平均信息速率。

4. 已知某离散信源的输出有 5 种状态,其统计特性为

$$\begin{pmatrix} x_1 & x_2 & x_3 & x_4 & x_5 \\ \dfrac{1}{2} & \dfrac{1}{4} & \dfrac{1}{8} & \dfrac{1}{16} & \dfrac{1}{16} \end{pmatrix}$$

为了在二进制数字调制系统中传输该离散信源信息,需对该离散信源进行二进制编码,采用编码位数最小的固定长度的二进制码对该信源进行编码。

(1)试计算该离散信源的平均信息量和最大平均信息量。

(2)试给出一种编码方案。

(3)假设该离散信源传送 10^6 个符号,采用 2ASK 方式传输已编码的二进制信号,通信系统的信道带宽为 10kHz,则无码间干扰传输完离散信源信息所需的最小时间为多少?

第 2 章　随机过程

在通信系统的分析中,随机过程是非常重要的数学工具之一。信息与不确定性有关,如果一个待接收的信号或消息事先已经确知,它就不可能载有任何信息,因此载有信息的信号必须是不可预测的,或者说带有某种随机性,干扰信息信号的噪声更是不可预测的。在移动通信中,电磁波的传播路径不断变化,接收信号也是随机变化的,所以信源、噪声以及信号传输特性都可使用随机过程来描述。

本章讨论的内容主要包括随机过程的基本概念、统计特性及其数字特征,平稳随机过程的定义、各态历经性、相关函数和功率谱密度,高斯过程的定义、性质及其一维概率密度和分布函数,随机过程通过线性系统、输出和输入的关系,窄带随机过程的表达式和统计特性,正弦波加窄带高斯过程的统计特性,高斯白噪声及其通过理想低通信道和理想带通信道等。这些内容对于设计和分析通信系统以及评估其性能都是十分有用的。

2.1 随机过程的基本概念及特性

2.1.1 随机过程

1. 随机过程的定义

自然界中事物的变化过程大致可以分为两类。一类是具有确定的形式,或者说具有必然的变化规律,用数学语言来说,其可以用一个或几个时间 t 的确定函数来描述,这类过程称为**确定性过程**。例如,电容器通过电阻放电时,电容两端的电位差随时间的变化就是一个确定性函数。而另一类变化过程没有确定的变化形式,也就是说,每次对它进行测量,结果没有一个确定的变化规律,用数学语言来说,这类变化过程不可能用一个或几个时间 t 的确定函数来描述,这类过程称为**随机过程**(random process)。

设有 n 台性能完全相同的接收机,在相同的工作环境和测试条件下记录各台接收机的输出噪声波形(这也可以理解为对一台接收机在一段时间内持续地进行 n 次观测),测试结果将表明,即使设备和测试条件相同,记录的 n 条曲线中也找不到两个完全相同的波形,如图 2.1 所示。这就是说,接收机输出的噪声电压随时间的变化是不可预知的,因而它是一个随机过程。

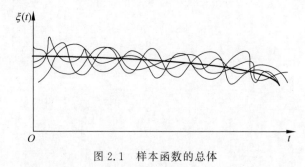

图 2.1 样本函数的总体

测试结果中的每一个记录,即图 2.1 中的每一个波形,都是一个确定的时间函数 $x_i(t)$,称为**样本函数**(sample function)或随机过程的一次**实现**(realization)。所有可能出现的结果的总体 $\{x_1(t),x_2(t),\cdots,x_n(t),\cdots\}$ 构成一随机过程,记作 $\xi(t)$。简言之,**随机过程是所有样本函数的集合**(assemble)。

2. 随机过程的基本特征(属性)

(1) 随机过程是一个时间函数。

(2) 在给定的任一时刻 t_1,全体样本在 t_1 时刻的取值 $\xi(t_1)$ 是一个不含 t 变化的随机变量。因此,又可以把随机过程看作是在时间进程中处于不同时刻的随机变量的集合。

2.1.2 随机过程的统计特性

1. 一维分布函数和一维概率密度函数

设 $\xi(t)$ 表示一个随机过程,在任意给定的时刻 $t_1 \in T$,其取值 $\xi(t_1)$ 是一个一维随机变量,而随机变量的统计特性可以用**分布函数**(distribution function)或概率密度(probability density)函数来描述。

随机变量 $\xi(t_1)$ 小于或等于某一数值 x_1 的概率称为随机过程 $\xi(t)$ 的一维(one dimensional)分布函数,简记为 $F_1(x_1,t_1)$,且

$$F_1(x_1,t_1) = P[\xi(t_1) \leqslant x_1] \tag{2-1}$$

如果一维分布函数 $F_1(x_1,t_1)$ 对 x_1 的偏导数 $f_1(x_1,t_1)$ 存在,则称 $f_1(x_1,t_1)$ 为 $\xi(t)$ 的一维概率密度函数。即有

$$\frac{\partial F_1(x_1,t_1)}{\partial x_1} = f_1(x_1,t_1) \tag{2-2}$$

显然,随机过程的一维分布函数或一维概率密度函数仅仅描述了随机过程在各个孤立时刻的统计特性,而没有说明随机过程在不同时刻的取值之间的内在联系,为此需要进一步引入二维分布函数和二维概率密度函数。

2. 二维分布函数和二维概率密度函数

任给两个时刻 $t_1,t_2 \in T$,随机变量 $\xi(t_1)$ 和 $\xi(t_2)$ 构成一个二元随机变量 $\{\xi(t_1),\xi(t_2)\}$,$\xi(t_1) \leqslant x_1$ 和 $\xi(t_2) \leqslant x_2$ 同时成立的概率为

$$F_2(x_1,x_2;t_1,t_2) = P\{\xi(t_1) \leqslant x_1,\xi(t_2) \leqslant x_2\} \tag{2-3}$$

即 $F_2(x_1,x_2;t_1,t_2)$ 为随机过程 $\xi(t)$ 的**二维分布函数**。

如果存在

$$\frac{\partial^2 F_2(x_1,x_2;t_1,t_2)}{\partial x_1 \cdot \partial x_2} = f_2(x_1,x_2;t_1,t_2) \tag{2-4}$$

则称 $f_2(x_1, x_2; t_1, t_2)$ 为 $\xi(t)$ 的**二维概率密度函数**。

3. n 维分布函数和 n 维概率密度函数

任给 $t_1, t_2, \cdots, t_n \in T$，则 $\xi(t)$ 的 n **维分布函数**定义为

$$F_n(x_1, x_2, \cdots, x_n; t_1, t_2, \cdots, t_n) = P\{\xi(t_1) \leqslant x_1, \xi(t_2) \leqslant x_2, \cdots, \xi(t_n) \leqslant x_n\}$$

$$(2\text{-}5)$$

如果存在

$$\frac{\partial^n F_n(x_1, x_2, \cdots, x_n; t_1, t_2, \cdots, t_n)}{\partial x_1 \cdot \partial x_2 \cdots \cdot \partial x_n} = f_n(x_1, x_2, \cdots, x_n; t_1, t_2, \cdots, t_n) \quad (2\text{-}6)$$

则称 $f_n(x_1, x_2, \cdots, x_n; t_1, t_2, \cdots, t_n)$ 为 $\xi(t)$ 的 n **维概率密度函数**。

显然，n 越大，对随机过程统计特性的描述就越充分，但问题的复杂性也随之增加。

2.1.3 随机过程的数字特征

分布函数或概率密度函数虽然能够较全面地描述随机过程的统计特性，但在实际工作中，有时不易或不需求出分布函数和概率密度函数，而用随机过程的数字特征来描述随机过程的统计特性，更简单直观。

1. 数学期望(均值或统计平均)

设随机过程 $\xi(t)$ 在任意给定时刻 t_1 的取值 $\xi(t_1)$ 是一个随机变量，其概率密度函数为 $f_1(x_1, t_1)$，**则** $\xi(t_1)$ **的数学期望**(mathematic expectation)**为** $E[\xi(t_1)] = \int_{-\infty}^{\infty} x_1 f_1(x_1, t_1) \mathrm{d}x_1$。

注意：这里 t_1 是任取的，所以可以把 t_1 直接写为 t，x_1 可写为 x，这时上式就变为随机过程在任意时刻的数学期望，又称均值，记作 $a(t)$，于是有

$$a(t) = E[\xi(t)] = \int_{-\infty}^{\infty} x f_1(x, t) \mathrm{d}x \qquad (2\text{-}7)$$

$a(t)$ 是时间 t 的确定函数，表示随机过程(n 个样本函数曲线)的摆动中心。
数学期望的性质：
(1) 设 C 是常数，则有 $E(C) = C$。
(2) 设 X 是一个随机变量，C 是常数，则有 $E(CX) = C E(X)$。
(3) 设 X 和 Y 是任意两个随机变量，则有 $E(X+Y) = E(X) + E(Y)$。
(4) 设 X 和 Y 是任意两个相互独立的随机变量，则有 $E(XY) = E(X)E(Y)$
此性质可推广到任意有限个相互独立的随机变量之积的情况。

2. 方差

随机过程的方差(variance)定义为

$$D[\xi(t)] = E\{[\xi(t) - a(t)]^2\} \qquad (2\text{-}8)$$

方差常记为 $\sigma^2(t)$，把任意时刻 t_1 直接写成 t，则有

$$D[\xi(t)] = E[\xi^2(t) - 2a(t)\xi(t) + a^2(t)]$$
$$= E[\xi^2(t)] - 2a(t)E[\xi(t)] + a^2(t) = E[\xi^2(t)] - a^2(t)$$

所以，方差等于均方值与均值平方之差，它表示随机过程在 t 时刻对于均值 $a(t)$ 的**偏离程度**。

3. 相 关 函 数

均值和方差都只与随机过程的一维概率密度函数有关，因而它们描述了随机过程在各个孤立时刻的特征。为了描述随机过程在两个不同时刻状态之间的联系，还需利用二维概率密度引入新的数字特征。

衡量随机过程在任意两个时刻获得的随机变量之间的关联程度时，常用**协方差函数**（covariance function）$B(t_1, t_2)$ 和**相关函数**（correlation function）$R(t_1, t_2)$ 来表示。

1）协方差函数

随机过程 $\xi(t)$ 的协方差函数定义为

$$B(t_1, t_2) = E\{[\xi(t_1) - a(t_1)][\xi(t_2) - a(t_2)]\}$$
$$= \int_{-\infty}^{\infty}\int_{-\infty}^{\infty} [x_1 - a(t_1)][x_2 - a(t_2)]f_2(x_1, x_2; t_1, t_2)\mathrm{d}x_1\mathrm{d}x_2 \qquad (2\text{-}9)$$

式中，t_1 与 t_2 为任取的两个时刻；$a(t_1)$ 与 $a(t_2)$ 为在 t_1 及 t_2 时刻得到的数学期望；$f_2(x_1, x_2; t_1, t_2)$ 为二维概率密度函数。

2）相关函数

随机过程 $\xi(t)$ 的相关函数定义为

$$R(t_1, t_2) = E[\xi(t_1)\xi(t_2)] = \int_{-\infty}^{\infty}\int_{-\infty}^{\infty} x_1 x_2 f_2(x_1, x_2; t_1, t_2)\mathrm{d}x_1\mathrm{d}x_2 \qquad (2\text{-}10)$$

式中，t_1 与 t_2 是任取的两个时刻；$f_2(x_1, x_2; t_1, t_2)$ 为二维概率密度函数。

3）协方差函数和相关函数的关系

由随机过程的协方差函数和相关函数的定义可以看出，$R(t_1, t_2)$ 与 $B(t_1, t_2)$ 之间有着确定的关系，即

$$B(t_1, t_2) = R(t_1, t_2) - a(t_1)a(t_2) \qquad (2\text{-}11)$$

若 $a(t_1) = 0$ 或 $a(t_2) = 0$，则 $B(t_1, t_2) = R(t_1, t_2)$。

若 $t_2 > t_1$，并令 $t_2 = t_1 + \tau$，则 $R(t_1, t_2)$ 可表示为 $R(t_1, t_1 + \tau)$。这说明，**相关函数的确定依赖于起始时刻 t_1 及 t_2 与 t_1 之间的时间间隔 τ，即相关函数是 t_1 和 τ 的函数**。

由于 $B(t_1, t_2)$ 和 $R(t_1, t_2)$ 可以衡量同一过程的相关程度，因此，它们又常分别称为**自协方差函数**和**自相关函数**。

4）互协方差函数及互相关函数

对于两个或更多个随机过程，可定义互协方差函数及互相关函数。

设 $\xi(t)$ 和 $\eta(t)$ 分别表示两个随机过程，则它们的**互协方差函数**定义为

$$B_{\xi\eta}(t_1, t_2) = E\{[\xi(t_1) - a_{\xi}(t_1)][\eta(t_2) - a_{\eta}(t_2)]\} \tag{2-12}$$

互相关函数定义为

$$R_{\xi\eta}(t_1, t_2) = E[\xi(t_1)\eta(t_2)] \tag{2-13}$$

2.2 平稳随机过程

平稳随机过程(stationary random process)是一种特殊而且应用广泛的随机过程,它在通信领域占有重要地位。

2.2.1 平稳随机过程的定义

1. 狭义平稳随机过程

狭义平稳随机过程指随机过程的统计特性(n 维分布函数和 n 维概率密度函数)**不随时间的推移而变化**。即对于任意正整数 n 和任意实数 $t_1, t_2, \cdots, t_n, \tau$,随机过程$\{\xi(t), t \in T\}$的 n 维概率密度函数满足

$$f_n(x_1, x_2, \cdots, x_n; t_1, t_2, \cdots, t_n) = f_n(x_1, x_2, \cdots, x_n; t_1 + \tau, t_2 + \tau, \cdots, t_n + \tau)$$

$$\tag{2-14}$$

则称该随机过程 $\xi(t)$ 是严格意义的平稳随机过程,简称**严(强)平稳随机过程**,或称**狭义平稳随机过程**。

该定义表明,当取样点在时间轴上做任意平移时,随机过程的所有有限维分布函数是不变的,具体到它的一维分布,则与时间 t 无关,而二维分布只与时间间隔 τ 有关,即有

$$f_1(x_1, t_1) = f_1(x_1) \tag{2-15}$$

$$f_2(x_1, x_2; t_1, t_2) = f_2(x_1, x_2; \tau) \tag{2-16}$$

式(2-15)和式(2-16)可由式(2-14)分别令 $n=1$ 和 $n=2$,并取 $\tau = -t_1$ 得证。

2. 广义平稳随机过程

随机过程 $\xi(t)$ 的均值和方差与时间 t 无关,而其相关函数只与时间间隔 τ 有关;即满足

$$E[\xi(t)] = \int_{-\infty}^{\infty} x_1 f_1(x_1) \mathrm{d}x_1 = a \quad (a \text{ 为常数}) \tag{2-17}$$

$$R(t_1, t_2) = E[\xi(t_1)\xi(t_1 + \tau)] = \int_{-\infty}^{\infty}\int_{-\infty}^{\infty} x_1 x_2 f_2(x_1, x_2; \tau) \mathrm{d}x_1 \mathrm{d}x_2 = R(\tau)$$

$$\tag{2-18}$$

则称随机过程 $\xi(t)$ 为**广义平稳随机过程**或**宽(弱)平稳随机过程**。

如式(2-17),平稳随机过程 $\xi(t)$ 的均值为一常数,这表示平稳随机过程的各样本函数围绕着一水平线起伏。同样,可以证明平稳随机过程的方差 $\sigma^2(t) = \sigma^2 =$ 常数,表示它的起伏偏离数学期望的程度也是常数。

3. 狭义平稳随机过程和广义平稳随机过程的关系

因为广义平稳随机过程的定义只涉及与一维、二维概率密度有关的数字特征,所以一个狭义平稳随机过程只要均方值 $E[\xi^2(t)]$ 有界,则它必定是广义平稳随机过程,但反过来一般不成立。

通信系统中所遇到的信号及噪声大多数可视为平稳随机过程。本书后文讨论的随机过程除特殊说明外,均假定是平稳的,且均指**广义平稳随机过程**,简称**平稳过程**。

2.2.2 各态历经性

随机过程的数字特征(均值、相关函数)是对随机过程的所有样本函数的统计平均,但在实际中常常很难测得大量的样本,这样自然会存在这样一个问题:能否从一次实验而得到的一个样本函数 $x(t)$ 来决定平稳过程的数字特征呢?回答是肯定的。

平稳过程在满足一定条件的情况下具有一个有趣而又非常有用的特性,称为**各态历经性**,又称**遍历性**。具有各态历经性的过程的数字特征(均为统计平均)完全可由随机过程中的任一样本的时间平均值来代替。

1. 各态历经性的条件

假设 $x(t)$ 是平稳过程 $\xi(t)$ 的任一样本,由于它是时间函数,可以求得它的时间平均值。其时间均值和时间相关函数分别定义为

$$\bar{a} = \overline{x(t)} = \lim_{T \to \infty} \frac{1}{T} \int_{-T/2}^{T/2} x(t) \mathrm{d}t \tag{2-19}$$

$$\overline{R(\tau)} = \overline{x(t)x(t+\tau)} = \lim_{T \to \infty} \frac{1}{T} \int_{-T/2}^{T/2} x(t)x(t+\tau) \mathrm{d}t \tag{2-20}$$

如果平稳随机过程以概率 1 使右式成立,即

$$\begin{cases} a = \bar{a} \\ R(\tau) = \overline{R(\tau)} \end{cases} \tag{2-21}$$

则称该平稳随机过程具有各态历经性。

2. 各态历经的含义

随机过程中的任一样本都经历了随机过程的所有可能状态。因此,在求解各种统计平均(均值或自相关函数等)时,无须做无限多次的考察,只要获得一次考察,用一个样本的"时间平均"值代替过程的"统计平均"值即可,从而使测量和计算的问题大为简化。

注意:具有各态历经性的随机过程必定是平稳随机过程,但平稳随机过程不一定是各态历经的。在通信系统中所遇到的随机信号和噪声一般均能满足各态历经条件。

2.2.3 平稳随机过程的自相关函数

对于平稳随机过程而言,它的自相关函数是特别重要的一个函数。其一,平稳随机过程的统计特性,如数字特征等,可通过自相关函数来描述;其二,自相关函数与平稳随机过程的谱特性有着内在的联系,因此有必要了解平稳随机过程的自相关函数的性质。

设 $\xi(t)$ 为平稳随机过程,则它的自相关函数为

$$R(\tau) = E[\xi(t)\xi(t+\tau)] \tag{2-22}$$

其具有下列主要性质。

(1) $R(0) = E[\xi^2(t)] = S$。[$\xi(t)$ 的平均功率] $\hspace{2cm}$ (2-23)

(2) $R(\infty) = E^2[\xi(t)]$。[$\xi(t)$ 的直流功率] $\hspace{2cm}$ (2-24)

这里利用了当 $\tau \to \infty$ 时 $\xi(t)$ 与 $\xi(t+\tau)$ 没有依赖关系的性质,即统计独立性,且认为 $\xi(t)$ 中不含周期分量。

(3) $R(\tau) = R(-\tau)$。[τ 的偶函数] $\hspace{3cm}$ (2-25)

这一点可由定义式(2-22)得证。

(4) $|R(\tau)| \leqslant R(0)$。[$R(\tau)$ 的上界] $\hspace{3cm}$ (2-26)

即自相关函数 $R(\tau)$ 在 $\tau = 0$ 时有最大值。基于非负式 $E[\xi(t) \pm \xi(t+\tau)]^2 \geqslant 0$ 即可得证,即

$$E[\xi^2(t) + \xi^2(t+\tau) \pm 2\xi(t)\xi(t+\tau)] \geqslant 0$$
$$\Rightarrow E[\xi^2(t)] + E[\xi^2(t+\tau)] \pm 2E[\xi(t)\xi(t+\tau)] \geqslant 0$$
$$\Rightarrow 2R(0) \pm 2R(\tau) \geqslant 0$$
$$\Rightarrow |R(\tau)| \leqslant R(0)$$

(5) $R(0) - R(\infty) = \sigma^2$。[方差,$\xi(t)$ 的交流功率] $\hspace{2cm}$ (2-27)

当均值为 0 时,有 $R(0) = \sigma^2$。

2.2.4 平稳随机过程的功率谱密度

1. 维纳-欣钦关系

随机过程的频谱特性是用它的功率谱密度来描述的。随机过程 $\xi(t)$ 不存在傅里叶变换,因为任何随机过程或随机信号的时间波形没有确知的规律,即信号的有关参量(振幅、极性、出现时间等)都是不可预知的,所以无法求其傅里叶变换,也就是说随机过程没有确定的频谱函数。但是,随机过程的任一样本是一个确定的功率型信号,而任意确定功率型信号 $f(t)$ 的功率谱密度为

$$P_f(f) = \lim_{T \to \infty} \frac{|F_T(f)|^2}{T} \tag{2-28}$$

式中,$F_T(f)$ 是 $f(t)$ 的截短函数 $f_T(t)$(见图 2.2)所对应的频谱函数。

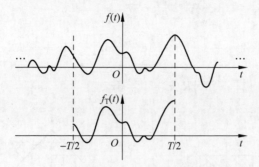

图 2.2 功率信号 $f(t)$ 及其截短函数

假设 $\xi(t)$ 的功率谱密度为 $P_\xi(f)$,$\xi(t)$ 的某一样本截短函数为 $\xi_T(t)$,且 $\xi_T(t) \Leftrightarrow F_T(f)$。

$f(t)$ 可以看成是平稳随机过程 $\xi(t)$ 的任一样本,因而每一样本的功率谱密度也可用式(2-28)来表示。

由于 $\xi(t)$ 是无穷多个样本的集合,哪一个样本出现是不能预知的,因此,某一样本的功率谱密度不能作为过程的功率谱密度。**过程的功率谱密度应看作是任一样本的功率谱的统计平均**,即

$$P_\xi(f) = E[P_f(f)] = \lim_{T \to \infty} \frac{E[|F_T(f)|^2]}{T} \tag{2-29}$$

$\xi(t)$ 的**平均功率** S 则可表示成 $S = \dfrac{1}{2\pi} \displaystyle\int_{-\infty}^{\infty} P_\xi(\omega) \mathrm{d}\omega = \int_{-\infty}^{\infty} P_\xi(f) \mathrm{d}f = \int_{-\infty}^{\infty} \lim_{T \to \infty} \frac{E|F_T(f)|^2}{T}$

因为 $|F_T(f)|^2 = F_T(f) F_T^*(f)$,则有

$$\begin{aligned}
\frac{E[|F_T(f)|^2]}{T} &= E\left\{ \frac{1}{T} \int_{-T/2}^{T/2} \xi_T(t) \mathrm{e}^{-\mathrm{j}2\pi ft} \mathrm{d}t \int_{-T/2}^{T/2} \xi_T(t') \mathrm{e}^{\mathrm{j}2\pi ft'} \mathrm{d}t' \right\} \\
&= \frac{1}{T} \int_{-T/2}^{T/2} \int_{-T/2}^{T/2} E[\xi_T(t) \xi_T(t')] \mathrm{e}^{-\mathrm{j}2\pi ft} \mathrm{e}^{\mathrm{j}2\pi ft'} \mathrm{d}t \mathrm{d}t' \\
&= \frac{1}{T} \int_{-T/2}^{T/2} \int_{-T/2}^{T/2} R(t - t') \mathrm{e}^{-\mathrm{j}2\pi f(t-t')} \mathrm{d}t' \mathrm{d}t
\end{aligned}$$

利用二重积分换元法,即

$$\iint\limits_{D} f(x,y) \mathrm{d}x \mathrm{d}y = \iint\limits_{D_1} f(u,v) \frac{\partial(x,y)}{\partial(u,v)} \mathrm{d}u \mathrm{d}v$$

其中,

$$\frac{\partial(x,y)}{\partial(u,v)} = \begin{vmatrix} \dfrac{\partial x}{\partial u} & \dfrac{\partial y}{\partial u} \\ \dfrac{\partial x}{\partial v} & \dfrac{\partial y}{\partial v} \end{vmatrix}$$

且称为**雅可比式**。

令 $\tau = t - t'$,$k = t + t'$,则 $t = (k+\tau)/2$,$t' = (k-\tau)/2$,$\dfrac{\partial(t,t')}{\partial(\tau,k)} = \dfrac{1}{2}$,于是,积分域 D 变为

D_1，如图 2.3 所示，则有

$$\frac{E\big[\,|\,F_T(f)\,|^{\,2}\,\big]}{T} = \frac{1}{T} \times 2 \times \frac{1}{2} \left[\int_{-T}^{0} R(\tau)\mathrm{e}^{-\mathrm{j}2\pi f\tau}\,\mathrm{d}\tau \int_{0}^{T+\tau}\mathrm{d}k + \int_{0}^{T} R(\tau)\mathrm{e}^{-\mathrm{j}2\pi f\tau}\,\mathrm{d}\tau \int_{-T+\tau}^{0}\mathrm{d}k \right]$$

$$= \int_{-T}^{T} \left(1 - \frac{|\tau|}{T} \right) R(\tau)\mathrm{e}^{-\mathrm{j}2\pi f\tau}\,\mathrm{d}\tau$$

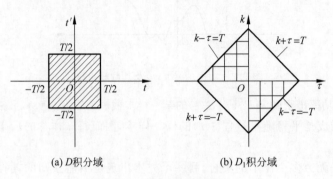

(a) D积分域　　　　　　(b) D_1积分域

图 2.3　积分域 D 变为 D_1

故有

$$P_\xi(f) = \lim_{T\to\infty} \frac{E\big[\,|\,F_T(\omega)\,|^{\,2}\,\big]}{T} = \int_{-\infty}^{\infty} R(\tau)\mathrm{e}^{-\mathrm{j}2\pi f\tau}\,\mathrm{d}\tau$$

即

$$P_\xi(f) \Leftrightarrow R(\tau)$$

所以，平稳随机过程的功率谱密度 $P_\xi(f)$ 与其自相关函数 $R(\tau)$ 是一对傅里叶变换关系，即

$$\begin{cases} P_\xi(f) = \displaystyle\int_{-\infty}^{\infty} R(\tau)\mathrm{e}^{-\mathrm{j}2\pi f\tau}\,\mathrm{d}\tau \\[2mm] R(\tau) = \displaystyle\int_{-\infty}^{\infty} P_\xi(f)\mathrm{e}^{\mathrm{j}2\pi f\tau}\,\mathrm{d}f \end{cases} \tag{2-30}$$

或

$$\begin{cases} P_\xi(\omega) = \displaystyle\int_{-\infty}^{\infty} R(\tau)\mathrm{e}^{-\mathrm{j}\omega\tau}\,\mathrm{d}\tau \\[2mm] R(\tau) = \dfrac{1}{2\pi}\displaystyle\int_{-\infty}^{\infty} P_\xi(\omega)\mathrm{e}^{\mathrm{j}\omega\tau}\,\mathrm{d}\omega \end{cases} \tag{2-31}$$

简记为 $R(\tau) \Leftrightarrow P_\xi(f)$。

　　式(2-30)或式(2-31)称为**维纳-欣钦**（Wiener-Khinchine）**关系**（**定理**），在平稳随机过程的理论和应用中是一个非常重要的工具。它是结合频域和时域两种分析方法的基本关系式。

2. 功率谱密度的性质

　　根据维纳-辛钦关系式及自相关函数 $R(\tau)$ 的性质，可推演出功率谱密度 $P_\xi(f)$ 有如下性质。

（1）非负性。

$$P_\xi(f) \geqslant 0 \tag{2-32}$$

（2）偶函数。

$$P_\xi(-f) = P_\xi(f) \tag{2-33}$$

因此，可定义单边谱密度 $P_{\xi_1}(f)$ 为

$$P_{\xi_1}(f) = \begin{cases} 2P_\xi(f), & f \geqslant 0 \\ 0, & f < 0 \end{cases} \tag{2-34}$$

（3）对功率谱密度进行积分，可得平稳过程的总功率为

$$S = \int_{-\infty}^{\infty} P_\xi(f) \mathrm{d}f = R(0) \tag{2-35}$$

式(2-35)从频域的角度给出了过程平均功率的计算公式。

注意：$R(0) = E[\xi^2(t)]$ 是时域计算法。

（4）**各态历经过程任一样本函数的功率谱密度等于过程的功率谱密度。也就是说，每一样本函数的谱特性都能很好地表现整个过程的谱特性。**

【证】 因为各态历经过程的自相关函数等于任一样本的自相关函数，即 $R(\tau) = \overline{R(\tau)}$，两边取傅里叶变换，设 $R(\tau) \Leftrightarrow P_\xi(f)$，$\overline{R(\tau)} \Leftrightarrow P_f(f)$，则有 $F[R(\tau)] = F[\overline{R(\tau)}]$，即 $P_\xi(f) = P_f(f)$，从而得证。

【例 2-1】 某随机相位余弦波 $\xi(t) = A\cos(\omega_c t + \theta)$，其中，$A$ 和 ω_c 均为常数，θ 是在 $(0, 2\pi)$ 内均匀分布的随机变量。

（1）求 $\xi(t)$ 的自相关函数与功率谱密度。

（2）讨论 $\xi(t)$ 是否具有各态历经性。

【解】 （1）先考察 $\xi(t)$ 是否广义平稳。

$\xi(t)$ 的数学期望为

$$\begin{aligned}
a(t) = E[\xi(t)] &= \int_0^{2\pi} A\cos(\omega_c t + \theta) \frac{1}{2\pi} \mathrm{d}\theta \\
&= \frac{A}{2\pi} \int_0^{2\pi} (\cos\omega_c t \cos\theta - \sin\omega_c t \sin\theta) \mathrm{d}\theta \\
&= \frac{A}{2\pi} \left[\left(\cos\omega_c t \int_0^{2\pi} \cos\theta \mathrm{d}\theta \right) - \left(\sin\omega_c t \int_0^{2\pi} \sin\theta \mathrm{d}\theta \right) \right] = 0 \text{（常数）}
\end{aligned}$$

$\xi(t)$ 的自相关函数为

$$\begin{aligned}
R(t_1, t_2) &= E[\xi(t_1)\xi(t_2)] \\
&= E[A\cos(\omega_c t_1 + \theta) \cdot A\cos(\omega_c t_2 + \theta)] \\
&= \frac{A^2}{2} E[\cos\omega_c(t_2 - t_1) + \cos\omega_c(t_2 + t_1) + 2\theta] \\
&= \frac{A^2}{2}\cos\omega_c(t_2 - t_1) + \frac{A^2}{2} \int_0^{2\pi} [\cos\omega_c(t_2 + t_1) + 2\theta] \frac{1}{2\pi} \mathrm{d}\theta \\
&= \frac{A^2}{2}\cos\omega_c(t_2 - t_1) + 0 = \frac{A^2}{2}\cos\omega_c\tau
\end{aligned}$$

可见，$\xi(t)$ 的数学期望为常数，自相关函数只与时间间隔 τ 有关，所以 $\xi(t)$ 为广义平稳随机过程。根据平稳随机过程的相关函数与功率谱密度是一对傅里叶变换，即有

$$R(\tau) \Leftrightarrow P_\xi(\omega)$$

由于

$$\cos\omega_c \tau \Leftrightarrow \pi[\delta(\omega - \omega_c) + \delta(\omega + \omega_c)]$$

因此，功率谱密度为

$$P_\xi(\omega) = \frac{\pi A^2}{2}[\delta(\omega - \omega_c) + \delta(\omega + \omega_c)]$$

而平均功率为

$$S = R(0) = \frac{1}{2\pi}\int_{-\infty}^{\infty} P_\xi(\omega)\mathrm{d}\omega = \frac{A^2}{2}$$

（2）**求 $\xi(t)$ 的时间平均**。根据式(2-19)所示的时间平均定义式可得

$$\bar{a} = \lim_{T\to\infty}\frac{1}{T}\int_{-T/2}^{T/2} A\cos(\omega_c t + \theta)\mathrm{d}t = 0$$

$$\overline{R(\tau)} = \lim_{T\to\infty}\frac{1}{T}\int_{-T/2}^{T/2} A\cos(\omega_c t + \theta) \cdot A\cos[\omega_c(t+\tau)+\theta]\mathrm{d}t$$

$$= \lim_{T\to\infty}\frac{A^2}{2T}\left\{\int_{-T/2}^{T/2}\cos\omega_c\tau\,\mathrm{d}t + \int_{-T/2}^{T/2}\cos(2\omega_c t + \omega_c\tau + 2\theta)\mathrm{d}t\right\} = \frac{A^2}{2}\cos\omega_c\tau$$

注意：此题中周期 $T = \dfrac{2\pi}{\omega_c}$。

比较统计平均与时间平均，得 $a = \bar{a}$，$R(\tau) = \overline{R(\tau)}$，因此随机相位余弦波是各态历经的。

2.3　高斯过程

高斯过程(Gauss process)也称正态随机过程(normal random process)，是通信领域中最重要，也是最常见的一种过程。例如，通信信道中的噪声通常是一种高斯过程。因此，在信道的建模中常用高斯模型。

2.3.1　高斯过程的定义及性质

1. 定义

若随机过程 $\xi(t)$ 的任意 n 维($n=1,2,\cdots$)分布都是正态分布，则称它为高斯过程(或正态过程)。其 n 维正态概率密度函数为

$$f_n(x_1, x_2, \cdots, x_n; t_1, t_2, \cdots, t_n)$$

$$= \frac{1}{(2\pi)^{n/2}\sigma_1\sigma_2\cdots\sigma_n |\mathbf{B}|^{1/2}}\exp\left[\frac{-1}{2|B|}\sum_{j=1}^{n}\sum_{k=1}^{n}|\mathbf{B}|_{jk}\left(\frac{x_j - a_j}{\sigma_j}\right)\left(\frac{x_k - a_k}{\sigma_k}\right)\right] \tag{2-36}$$

式中，$a_k = E[\xi(t_k)]$，$\sigma_k^2 = E[\xi(t_k) - a_k]^2$；$|\boldsymbol{B}|$ 为归一化协方差矩阵行列式，即

$$|\boldsymbol{B}| = \begin{vmatrix} 1 & b_{12} & \cdots & b_{1n} \\ b_{21} & 1 & \cdots & b_{2n} \\ \vdots & \vdots & \ddots & \vdots \\ b_{n1} & b_{n2} & \cdots & 1 \end{vmatrix} \tag{2-37}$$

$|\boldsymbol{B}|_{jk}$ 为行列式 $|B|$ 中元素 b_{jk} 的代数余子式，b_{jk} 为归一化协方差函数，即

$$b_{jk} = \frac{E\{[\xi(t_j) - a_j][\xi(t_k) - a_k]\}}{\sigma_j \sigma_k} \tag{2-38}$$

2. 高斯过程的重要性质

（1）**对于高斯过程，只需要研究它的数字特征**，因为由高斯过程的定义式可以看出，高斯过程的 n 维分布只依赖各个随机变量的均值、方差和归一化协方差。

（2）**广义平稳的高斯过程也是狭义平稳的**。因为，若高斯过程是广义平稳的，即其均值与时间无关，协方差函数只与时间间隔有关，而与时间起点无关，则它的 n 维分布也与时间起点无关，故它也是狭义平稳的。

（3）**若干个高斯过程之和的过程仍是高斯过程**。

（4）**如果高斯过程在不同时刻的取值是不相关的，那么它们也是统计独立的**。如果高斯过程在不同时刻的取值是不相关的，即对所有 $j \neq k$，有 $b_{jk} = 0$，则其概率密度函数可以简化为

$$f_n(x_1, x_2, \cdots, x_n; t_1, t_2, \cdots, t_n) = \prod_{k=1}^{n} \frac{1}{\sqrt{2\pi}\sigma_k} \exp\left[-\frac{(x_k - a_k)^2}{2\sigma_k^2}\right]$$

$$= f(x_1, t_1) f(x_2, t_2) \cdots f(x_n, t_n) \tag{2-39}$$

也就是说，如果高斯过程在不同时刻的取值是不相关的，那么它们也是统计独立的。

（5）**高斯过程经过线性变换（或线性系统）后的过程仍是高斯过程**。也可以说，若线性系统的输入为高斯过程，则系统输出也是高斯过程。

2.3.2 高斯过程的一维概率密度函数

1. 高斯过程的一维概率密度函数

高斯过程在任一时刻的取值是一个正态分布的随机变量，也称为高斯随机变量，其一维概率密度函数为

$$f(x) = \frac{1}{\sqrt{2\pi}\sigma} \exp\left(-\frac{(x-a)^2}{2\sigma^2}\right) \tag{2-40}$$

式中，a 为高斯随机变量的数学期望；σ^2 为方差。$f(x)$ 的曲线如图 2.4 所示。

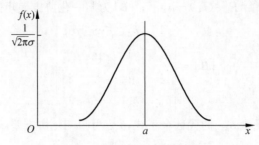

图 2.4　正态分布的概率密度

2. 高斯过程的一维概率密度函数 $f(x)$ 的特性

(1) $f(x)$ 对称于直线 $x=a$，即

$$f(a+x)=f(a-x) \tag{2-41}$$

(2) $\int_{-\infty}^{\infty} f(x)\mathrm{d}x = 1 \tag{2-42}$

且有

$$\int_{-\infty}^{a} f(x)\mathrm{d}x = \int_{a}^{\infty} f(x)\mathrm{d}x = \frac{1}{2} \tag{2-43}$$

(3) a 表示分布中心，σ 表示集中程度，$f(x)$ 是非单调函数，图形将随着 σ 的减小而变高和变窄。

(4) 当 $a=0$，$\sigma=1$ 时，$f(x)$ 称为标准正态分布的密度函数，即

$$f(x)=\frac{1}{\sqrt{2\pi}}\exp\left(-\frac{x^2}{2}\right) \tag{2-44}$$

2.3.3　高斯过程的一维分布函数

1. 正态分布函数

当需要求高斯随机变量 ξ 小于或等于任意取值 x 的概率 $P(\xi\leqslant x)$ 时，还要用到正态分布函数，其是**一维概率密度函数的积分**，即

$$F(x)=P(\xi\leqslant x)=\int_{-\infty}^{x} f(z)\mathrm{d}z = \int_{-\infty}^{x} \frac{1}{\sqrt{2\pi}\sigma}\exp\left[-\frac{(z-a)^2}{2\sigma^2}\right]\mathrm{d}z \tag{2-45}$$

这个积分无法用闭合形式计算，所以要设法把这个积分式和可以在数学手册上查出积分值的特殊函数联系起来。

2. 误差函数和互补误差函数

1) 误差函数

误差函数定义式为

$$\mathrm{erf}(x) = \frac{2}{\sqrt{\pi}} \int_0^x \mathrm{e}^{-t^2} \mathrm{d}t \tag{2-46}$$

误差函数具有如下性质。

(1) 它是自变量的递增函数。

(2) 具有极值：$\mathrm{erf}(0) = 0, \mathrm{erf}(\infty) = 1$。

(3) 它是奇函数：$\mathrm{erf}(-x) = -\mathrm{erf}(x)$。

2) 互补误差函数

$1 - \mathrm{erf}(x)$ 称为互补误差函数，记为 $\mathrm{erfc}(x)$，即

$$\mathrm{erfc}(x) = 1 - \mathrm{erf}(x) = \frac{2}{\sqrt{\pi}} \int_x^\infty \mathrm{e}^{-t^2} \mathrm{d}t \tag{2-47}$$

互补误差函数具有如下性质。

(1) 它是自变量的递减函数。

(2) 具有极值：$\mathrm{erfc}(0) = 1, \mathrm{erfc}(\infty) = 0$。

(3) 它是非奇非偶函数：$\mathrm{erfc}(-x) = 2 - \mathrm{erfc}(x)$。

(4) 近似公式：当 x 很大时（实际应用中只要 $x > 2$），互补误差函数可近似为

$$\mathrm{erfc}(x) \approx \frac{1}{x\sqrt{\pi}} \mathrm{e}^{-x^2} \tag{2-48}$$

3. 概率积分函数和 Q 函数

1) 概率积分函数

概率积分函数定义为

$$\phi(x) = \int_{-\infty}^x f(t) \mathrm{d}t = \frac{1}{\sqrt{2\pi}} \int_{-\infty}^x \mathrm{e}^{-\frac{t^2}{2}} \mathrm{d}t, \quad x \geqslant 0 \tag{2-49}$$

其中，$f(t)$ 为标准正态分布的密度函数。

概率积分函数具有如下性质。

(1) 具有极值：$\Phi(-\infty) = 0$；$\Phi(\infty) = 1$；$\Phi(0) = 1/2$。

(2) $\Phi(-x) = 1 - \Phi(x)$。

2) Q 函数

Q 函数经常用于表示高斯曲线尾部下的面积，其定义为

$$Q(x) = 1 - \Phi(x) = \int_x^\infty f(t) \mathrm{d}t = \frac{1}{\sqrt{2\pi}} \int_x^\infty \mathrm{e}^{t^2/2} \mathrm{d}t, \quad x \geqslant 0 \tag{2-50}$$

Q 函数具有如下性质。

(1) $Q(0) = 1/2$；$Q(\infty) = 0$；$Q(-\infty) = 1$。

(2) $Q(-x) = 1 - Q(x), x > 0$。

(3) 当 x 很大时（实际应用中只要 $x > 2$ 即可）近似有

$$Q(x) \approx \frac{1}{x\sqrt{2\pi}} \mathrm{e}^{-\frac{x^2}{2}} \tag{2-51}$$

4. 概率积分函数、Q 函数和互补误差函数的关系

$$Q(x) = \frac{1}{2}\operatorname{erfc}\left(\frac{x}{\sqrt{2}}\right) \tag{2-52}$$

$$\operatorname{erfc}(x) = 2Q(\sqrt{2}\,x) = 2\left[1 - \Phi(\sqrt{2}\,x)\right] \tag{2-53}$$

5. 正态分布函数 $F(x)$ 的表示方法

1) 用概率积分函数表示

若令新积分变量 $t = (z-a)/\sigma$，就有 $\mathrm{d}z = \sigma\mathrm{d}t$，则有

$$F(x) = \Phi\left(\frac{x-a}{\sigma}\right) \tag{2-54}$$

2) 用误差函数表示

若进行变量代换，令新积分变量 $t = (z-a)/\sqrt{2}\sigma$，就有 $\mathrm{d}z = \sqrt{2}\sigma\mathrm{d}t$，则不难得到

$$F(x) = \frac{1}{2} \cdot \frac{2}{\sqrt{\pi}}\int_{-\infty}^{(x-a)/\sqrt{2}\sigma} \mathrm{e}^{-t^2}\mathrm{d}t = \frac{1}{2} + \frac{1}{2}\operatorname{erf}\left(\frac{x-a}{\sqrt{2}\sigma}\right) \tag{2-55}$$

3) 用互补误差函数表示

$F(x)$ 也可用互补误差函数 $\operatorname{erfc}(x)$ 表示，即

$$F(x) = 1 - \frac{1}{2}\operatorname{erfc}\left(\frac{x-a}{\sqrt{2}\sigma}\right) \tag{2-56}$$

用误差函数或互补误差函数表示 $F(x)$ 的好处是，它简明的特性有助于今后分析通信系统的抗噪声性能。

2.4 平稳随机过程通过线性系统

通信过程主要是信号通过系统传输的过程。在分析通信系统时，往往需要了解随机过程通过线性系统后的情况。本节讨论的问题是，若输入过程是平稳的，输出过程是否也平稳？输入信号与输出信号的统计关系如何？如何求输出过程的均值与自相关函数？

2.4.1 随机过程通过线性系统后的输出

对于随机信号通过线性系统的分析，完全是建立在确知信号通过线性系统的原理基础之上的，这里只考虑平稳随机过程通过线性时不变(time-invariant)系统的情况。

线性系统的响应 $v_o(t)$ 等于输入信号 $v_i(t)$ 与系统的单位冲激响应 $h(t)$ 的卷积，即

$$v_o(t) = v_i(t) * h(t) = \int_{-\infty}^{\infty} v_i(\tau)h(t-\tau)\mathrm{d}\tau \tag{2-57}$$

或

$$v_o(t) = h(t) * v_i(t) = \int_{-\infty}^{\infty} h(\tau)v_i(t-\tau)\mathrm{d}\tau \tag{2-58}$$

对应的傅里叶变换关系为

$$V_o(f) = H(f)V_i(f) \tag{2-59}$$

如果把 $v_i(t)$ 看作是输入随机过程的一个样本,则 $v_o(t)$ 可看作是输出随机过程的一个样本。那么,当该线性系统的输入端加入一个随机过程 $\xi_i(t)$ 时,对于 $\xi_i(t)$ 的每个样本 $[v_{i,n}(t), n=1,2,\cdots]$,系统的输出都有一个样本 $[v_{o,n}(t), n=1,2,\cdots]$ 与其相对应,显然,它们之间满足式(2-58),而所有 $[v_{o,n}(t), n=1,2,\cdots]$ 的集合构成输出过程 $\xi_o(t)$,因此,就整个过程而言,便有

$$\xi_o(t) = \int_{-\infty}^{\infty} h(\tau)\xi_i(t-\tau)d\tau \tag{2-60}$$

2.4.2 线性系统输出过程的平稳性

假定输入 $\xi_i(t)$ 是平稳随机过程,其均值为 a,自相关函数为 $R_i(\tau)$,功率谱密度为 $P_i(f)$,现在来分析系统的输出过程 $\xi_o(t)$ 的统计特性,即它的均值、自相关函数、功率谱以及概率分布。

1. 输出过程 $\xi_o(t)$ 的均值

对式(2-60)两边取统计平均,有

$$E[\xi_o(t)] = E\left[\int_{-\infty}^{\infty} h(\tau)\xi_i(t-\tau)d\tau\right] = \int_{-\infty}^{\infty} h(\tau)E[\xi_i(t-\tau)]d\tau = a\int_{-\infty}^{\infty} h(\tau)d\tau$$

设输入过程是平稳的,则有 $E[\xi_i(t-\tau)] = E[\xi_i(t)] = a$(常数),所以 $E[\xi_o(t)] = a\int_{-\infty}^{\infty} h(\tau)d\tau$。

又因为 $H(f) = \int_{-\infty}^{\infty} h(t)e^{-j2\pi ft}dt$,可求得 $H(0) = \int_{-\infty}^{\infty} h(t)dt$,故

$$E[\xi_o(t)] = aH(0) \tag{2-61}$$

由此可见,输出过程的均值等于输入过程的均值与直流传递函数 $H(0)$ 的乘积,且 $E[\xi_o(t)]$ 与 t 无关。

2. 输出过程 $\xi_o(t)$ 的自相关函数

根据自相关函数的定义式有

$$R_o(t_1, t_1+\tau) = E[\xi_o(t_1)\xi_o(t_1+\tau)]$$

$$= E\left[\int_{-\infty}^{\infty} h(\alpha)\xi_i(t_1-\alpha)d\alpha \int_{-\infty}^{\infty} h(\beta)\xi_i(t_1+\tau-\beta)d\beta\right]$$

$$= \int_{-\infty}^{\infty}\int_{-\infty}^{\infty} h(\alpha)h(\beta)E[\xi_i(t_1-\alpha)\xi_i(t_1+\tau-\beta)]d\alpha d\beta$$

根据输入过程的平稳性,有

$$E[\xi_i(t_1-\alpha)\xi_i(t_1+\tau-\beta)] = R_i(\tau+\alpha-\beta) \tag{2-62}$$

于是有

$$R_o(t_1, t_1 + \tau) = \int_{-\infty}^{\infty} \int_{-\infty}^{\infty} h(\alpha) h(\beta) R_i(\tau + \alpha - \beta) \mathrm{d}\alpha \mathrm{d}\beta = R_o(\tau) \qquad (2\text{-}63)$$

可见,$\xi_o(t)$ 的自相关函数只依赖于时间间隔 τ,而与时间起点 t_1 无关。

输出过程的数学期望和自相关函数表明,若线性系统的输入过程是平稳的,那么输出过程也是平稳的。

2.4.3 系统输入和输出功率谱密度的关系

对 $\xi_o(t)$ 的自相关函数进行傅里叶变换,有

$$P_o(f) = \int_{-\infty}^{\infty} R_o(\tau) \mathrm{e}^{-\mathrm{j}2\pi f \tau} \mathrm{d}\tau = \int_{-\infty}^{\infty} \left[\int_{-\infty}^{\infty} \int_{-\infty}^{\infty} h(\alpha) h(\beta) R_i(\tau + \alpha - \beta) \mathrm{d}\alpha \mathrm{d}\beta \right] \mathrm{e}^{-\mathrm{j}2\pi f \tau} \mathrm{d}\tau$$

令 $\tau' = \tau + \alpha - \beta$,代入上式,得

$$P_o(f) = \int_{-\infty}^{\infty} h(\alpha) \mathrm{e}^{\mathrm{j}2\pi f \alpha} \mathrm{d}\alpha \int_{-\infty}^{\infty} h(\beta) \mathrm{e}^{-\mathrm{j}2\pi f \beta} \mathrm{d}\beta \int_{-\infty}^{\infty} R_i(\tau') \mathrm{e}^{-\mathrm{j}2\pi f \tau'} \mathrm{d}\tau'$$

即

$$P_o(f) = H^*(f) H(f) P_i(f) = |H(f)|^2 P_i(f) \qquad (2\text{-}64)$$

可见,**系统输出功率谱密度是输入功率谱密度 $P_i(f)$ 与系统功率传输函数 $|H(f)|^2$ 的乘积**。

这是一个十分有用的公式,要得到输出过程的自相关函数 $R_o(\tau)$,比较简单的方法就是先计算出功率谱密度 $P_o(f)$,然后求其反变换,这比直接计算 $R_o(\tau)$ 要简便得多。

2.4.4 输出过程 $\xi_o(t)$ 的概率分布

从原理上看,在已知输入过程分布的情况下,通过式(2-60),即 $\xi_o(t) = \int_{-\infty}^{\infty} h(\tau) \xi_i(t - \tau) \mathrm{d}\tau$,可以确定输出过程的分布。其中,一个十分有用的情形是,**如果线性系统的输入过程是高斯型的,则系统的输出过程也是高斯型的**。这是因为从积分原理来看,式(2-60)可表示为一个和式的极限,即

$$\xi_o(t) = \lim_{\Delta \tau_k \to 0} \sum_{k=0}^{\infty} \xi_i(t - \tau_k) h(\tau_k) \Delta \tau_k$$

由于 $\xi_i(t)$ 已假设是高斯型的,所以在任一时刻,每项 $\xi_i(t - \tau_k) h(\tau_k) \Delta \tau_k$ 都是一个高斯随机变量。因此,输出过程在任一时刻得到的每一随机变量都是无限多个高斯随机变量之和。由概率论得知,这个"和"的随机变量也是高斯随机变量。这就证明,高斯过程经过线性系统后,其输出过程仍为高斯过程。更一般地说,就是**高斯过程经线性变换后的过程仍为高斯过程**。

但要注意,由于线性系统的介入,与输入高斯过程相比,输出过程的数字特征已经改变了。

2.5 窄带随机过程

2.5.1 窄带随机过程的定义及表达式

1. 窄带随机过程的定义

所谓窄带系统,是指其频带宽度 Δf 远远小于中心频率 f_c,且 f_c 远离零频率的系统。

实际中,大多数通信系统都是窄带型的,通过窄带系统的信号或噪声必是窄带的,如果这时的信号或噪声又是随机的,则称它们为窄带随机过程。即,**若随机过程 $\xi(t)$ 的谱密度集中在中心频率 f_c 附近相对窄的频带范围 Δf 内,即满足 $\Delta f \ll f_c$ 的条件,且 f_c 远离零频率,则称 $\xi(t)$ 为窄带随机过程。**

如用示波器观察一个样本波形,则图 2.5(a)为窄带随机过程的频谱密度,图 2.5(b)为一个频率近似为 f_c 的包络和相位随机缓变的正弦波。

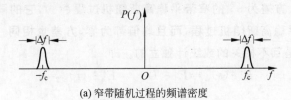

(a) 窄带随机过程的频谱密度

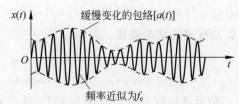

(b) 频率近似 f_c 的包络和相位随机缓变的正弦波

图 2.5 窄带随机过程的频谱密度和波形示意图

2. 窄带随机过程的表达式

1) 包络相位形式

$$\xi(t) = a_\xi(t)\cos[\omega_c t + \varphi_\xi(t)], \quad a_\xi(t) \geqslant 0 \qquad (2\text{-}65)$$

式中,$a_\xi(t)$ 及 $\varphi_\xi(t)$ 分别是窄带随机过程 $\xi(t)$ 的**随机包络函数**和**随机相位函数**;ω_c 是正弦波的中心角频率。显然,$a_\xi(t)$ 和 $\varphi_\xi(t)$ 的变化相对于载波 $\cos\omega_c t$ 的变化要缓慢得多。

2) 正交形式

将窄带随机过程包络相位形式的表达式展开,即

$$\xi(t) = a_\xi(t)\cos\left[\omega_c t + \varphi_\xi(t)\right] = a_\xi(t)\cos\varphi_\xi(t)\cos\omega_c t - a_\xi(t)\sin\varphi_\xi(t)\sin\omega_c t$$

令

$$\xi_c(t) = a_\xi(t)\cos\varphi_\xi(t) \tag{2-66}$$

$$\xi_s(t) = a_\xi(t)\sin\varphi_\xi(t) \tag{2-67}$$

则

$$\xi(t) = \xi_c(t)\cos\omega_c t - \xi_s(t)\sin\omega_c t \tag{2-68}$$

式(2-68)即为窄带随机过程 $\xi(t)$ 的正交形式表达式。其中，$\xi_c(t)$ 及 $\xi_s(t)$ 分别称为 $\xi(t)$ 的同相分量和正交分量。

2.5.2 窄带随机过程同相分量和正交分量的统计特性

由窄带随机过程的表达式可以看出，$\xi(t)$ 的统计特性可由 $a_\xi(t)$、$\varphi_\xi(t)$ 或 $\xi_c(t)$、$\xi_s(t)$ 的统计特性确定。反之，如果已知 $\xi(t)$ 的统计特性，则可确定 $a_\xi(t)$、$\varphi_\xi(t)$ 以及 $\xi_c(t)$、$\xi_s(t)$ 的统计特性。

一个均值为零、方差为 σ_ξ^2 的窄带平稳高斯随机过程 $\xi(t)$，它的同相分量 $\xi_c(t)$ 和正交分量 $\xi_s(t)$ 也是平稳高斯随机过程，而且均值都为零，方差也相同。此外，在同一时刻上得到的 ξ_c 和 ξ_s 是互不相关的或统计独立的。即

$$E[\xi(t)] = E[\xi_c(t)] = E[\xi_s(t)] = 0 \tag{2-69}$$

$$\sigma_\xi^2 = \sigma_{\xi_c}^2 = \sigma_{\xi_s}^2 \tag{2-70}$$

$$R_{\xi_c\xi_s}(0) = R_{\xi_s\xi_c}(0) = 0 \quad (\text{可简记为 } R_{cs}(0) = R_{sc}(0) = 0) \tag{2-71}$$

【证明】 (1) 求 $\xi(t)$ 正交形式的数学期望。因为 $\xi(t) = \xi_c(t)\cos\omega_c t - \xi_s(t)\sin\omega_c t$，则其数学期望为

$$E[\xi(t)] = E[\xi_c(t)]\cos\omega_c t - E[\xi_s(t)]\sin\omega_c t \tag{2-72}$$

因为 $\xi(t)$ 是平稳的，且已假定其均值为零，也就是说，对于任意的时间 t，有 $E[\xi(t)] = 0$，故

$$E[\xi_c(t)] = 0, \quad E[\xi_s(t)] = 0 \tag{2-73}$$

(2) 求 $\xi(t)$ 正交形式的自相关函数。由自相关函数的定义式可得

$$
\begin{aligned}
R_\xi(t, t+\tau) &= E[\xi(t)\xi(t+\tau)] \\
&= R_c(t, t+\tau)\cos\omega_c t\cos\omega_c(t+\tau) - R_{cs}(t, t+\tau)\cos\omega_c t\sin\omega_c(t+\tau) - \\
&\quad R_{sc}(t, t+\tau)\sin\omega_c t\cos\omega_c(t+\tau) + R_s(t, t+\tau)\sin\omega_c t\sin\omega_c(t+\tau)
\end{aligned}
\tag{2-74}
$$

其中，$R_c(t,t+\tau) = E[\xi_c(t)\xi_c(t+\tau)]$；$R_{cs}(t,t+\tau) = E[\xi_c(t)\xi_s(t+\tau)]$；$R_{sc}(t,t+\tau) = E[\xi_s(t)\xi_c(t+\tau)]$；$R_s(t,t+\tau) = E[\xi_s(t)\xi_s(t+\tau)]$。

因为 $\xi(t)$ 是平稳的，故有 $R_\xi(t,t+\tau) = R(\tau)$，这就要求式(2-74)的右边也与 t 无关，而仅与时间间隔 τ 有关。若令 $t=0$，则式(2-74)仍应成立，变为

$$R_\xi(\tau) = R_c(t, t+\tau)\cos\omega_c\tau - R_{cs}(t, t+\tau)\sin\omega_c\tau \tag{2-75}$$

因与时间 t 无关，所以以下两式自然成立。

$$R_c(t, t+\tau) = R_c(\tau)$$

$$R_{cs}(t, t+\tau) = R_{cs}(\tau)$$

所以，式(2-75)可变为

$$R_\xi(\tau) = R_c(\tau)\cos\omega_c\tau - R_{cs}(\tau)\sin\omega_c\tau \tag{2-76}$$

再令 $t = \pi/(2\omega_c)$（或 $\omega_c t = \pi/2$），同理可求得

$$R_\xi(\tau) = R_s(\tau)\cos\omega_c\tau + R_{sc}(\tau)\sin\omega_c\tau \tag{2-77}$$

其中，$R_s(t, t+\tau) = R_s(\tau)$；$R_{sc}(t, t+\tau) = R_{sc}(\tau)$。

由以上数学期望和自相关函数分析可知，**如果窄带过程 $\xi(t)$ 是平稳的，则 $\xi_c(t)$ 与 $\xi_s(t)$ 也必将是平稳的。**

进一步分析，式(2-76)和式(2-77)要同时成立，应有

$$R_c(\tau) = R_s(\tau) \tag{2-78}$$

$$R_{cs}(\tau) = -R_{sc}(\tau) \tag{2-79}$$

式(2-78)表明，同相分量 $\xi_c(t)$ 和正交分量 $\xi_s(t)$ 具有相同的自相关函数。

根据互相关函数的性质，应有 $R_{cs}(\tau) = R_{sc}(-\tau)$，代入式(2-79)，可得

$$R_{sc}(\tau) = -R_{sc}(-\tau) \tag{2-80}$$

式(2-80)表明 $R_{sc}(\tau)$ 是 τ 的奇函数，所以

$$R_{sc}(0) = 0 \tag{2-81}$$

同理可得

$$R_{cs}(0) = 0 \tag{2-82}$$

将(2-81)和(2-82)代入式(2-76)和式(2-77)，即得

$$R_\xi(0) = R_c(0) = R_s(0) \tag{2-83}$$

即得

$$\sigma_\xi^2 = \sigma_c^2 = \sigma_s^2 \tag{2-84}$$

表明 $\xi(t)$、$\xi_c(t)$ 和 $\xi_s(t)$ 具有相同的平均功率或方差（因为均值为 0）。

另外，因为 $\xi(t)$ 是平稳的，过程的特性与变量 t 无关，故由正交表达式(2-68)可得：取 $t = t_1 = 0$ 时，$\xi(t_1) = \xi_c(t_1)$；取 $t = t_2 = \pi/(2\omega_c)$ 时，$\xi(t_2) = -\xi_s(t_2)$。

因为 $\xi(t)$ 是高斯过程，所以 $\xi_c(t_1)$、$\xi_s(t_2)$ 也是高斯随机变量，从而可知 $\xi_c(t)$、$\xi_s(t)$ 也是高斯随机过程。根据式(2-82)（即 $R_{cs}(0) = 0$）可知 $\xi_c(t)$ 与 $\xi_s(t)$ 在 $\tau = 0$ 处互不相关，又由于它们是高斯型的，因此 $\xi_c(t)$ 与 $\xi_s(t)$ 也是统计独立的。

综上所述可以得到一个重要结论（即同相分量和正交分量的统计特性）：一个均值为零的窄带平稳高斯随机过程 $\xi(t)$，它的同相分量 $\xi_c(t)$ 和正交分量 $\xi_s(t)$ 也是平稳高斯随机过程，而且均值为零，方差也相同。此外，在同一时刻上得到的 ξ_c 和 ξ_s 是互不相关的或统计独立的。

2.5.3　窄带随机过程包络和相位的统计特性

由 2.5.2 小节的分析可知，ξ_c 和 ξ_s 的二维联合概率密度函数为

$$f(\xi_c,\xi_s) = f(\xi_c)f(\xi_s) = \frac{1}{2\pi\sigma_\xi^2}\exp\left(-\frac{\xi_c^2+\xi_s^2}{2\sigma_\xi^2}\right) \tag{2-85}$$

设 a_ξ、ϕ_ξ 的联合概率密度函数为 $f(a_\xi,\phi_\xi)$，则利用概率论知识，有

$$f(a_\xi,\phi_\xi) = f(\xi_c,\xi_s)\left|\frac{\partial(\xi_c,\xi_s)}{\partial(a_\xi,\phi_\xi)}\right|$$

根据式(2-66)和式(2-67)在 t 时刻随机变量之间的关系，即 $\xi_c = a_\xi\cos\varphi_\xi$，$\xi_s = a_\xi\sin\varphi_\xi$ 可以求得

$$\left|\frac{\partial(\xi_c,\xi_s)}{\partial(a_\xi,\phi_\xi)}\right| = \left|\begin{array}{cc}\dfrac{\partial\xi_c}{\partial a} & \dfrac{\partial\xi_s}{\partial a_\xi}\\[2mm] \dfrac{\partial\xi_c}{\partial\phi_\xi} & \dfrac{\partial\xi_s}{\partial\phi_\xi}\end{array}\right| = \left|\begin{array}{cc}\cos\phi_\xi & \sin\phi_\xi\\ -a_\xi\sin\phi_\xi & a_\xi\cos\phi_\xi\end{array}\right| = a_\xi$$

于是有

$$f(a_\xi,\phi_\xi) = a_\xi f(\xi_c,\xi_s) = \frac{a_\xi}{2\pi\sigma_\xi^2}\exp\left[-\frac{(a_\xi\cos\phi_\xi)^2+(a_\xi\sin\phi_\xi)^2}{2\sigma_\xi^2}\right] = \frac{a_\xi}{2\pi\sigma_\xi^2}\exp\left[-\frac{a_\xi^2}{2\sigma_\xi^2}\right] \tag{2-86}$$

注意：这里 $a_\xi \geqslant 0$，而 ϕ_ξ 在 $(0,2\pi)$ 区间内取值。

再利用概率论中的边际分布知识将 $f(a_\xi,\phi_\xi)$ 对 ϕ_ξ 积分，可求得包络 a_ξ 的一维概率密度函数为

$$f(a_\xi) = \int_{-\infty}^{\infty} f(a_\xi,\phi_\xi)\mathrm{d}\phi_\xi = \frac{a_\xi}{2\pi\sigma_\xi^2}\int_0^{2\pi}\exp\left[-\frac{a_\xi^2}{2\sigma_\xi^2}\right]\mathrm{d}\phi = \frac{a_\xi}{\sigma_\xi^2}\exp\left[-\frac{a_\xi^2}{2\sigma_\xi^2}\right], \quad a_\xi \geqslant 0 \tag{2-87}$$

可见，a_ξ 服从瑞利分布。

同理，$f(a_\xi,\phi_\xi)$ 对 a_ξ 积分可求得相位 ϕ_ξ 的一维概率密度函数为

$$f(\phi_\xi) = \int_0^{\infty} f(a_\xi,\phi_\xi)\mathrm{d}a_\xi = \frac{1}{2\pi}\left[\int_0^{\infty}\frac{a_\xi}{\sigma_\xi^2}\exp\left(-\frac{a_\xi^2}{2\sigma_\xi^2}\right)\mathrm{d}a_\xi\right] = \frac{1}{2\pi} \quad 0 \leqslant \phi_\xi \leqslant 2\pi \tag{2-88}$$

可见，ϕ_ξ 服从均匀分布。

综上所述，又得到另一个重要结论(即窄带随机过程包络和相位的统计特性)：一个均值为零，方差为 σ_ξ^2 的窄带平稳高斯过程 $\xi(t)$，其包络 $a_\xi(t)$ 的一维分布是瑞利分布，相位 $\phi_\xi(t)$ 的一维分布是均匀分布，并且就一维分布而言，$a_\xi(t)$ 与 $\phi_\xi(t)$ 是统计独立的。即有

$$f(a_\xi,\varphi_\xi) = f(a_\xi)f(\varphi_\xi) \tag{2-89}$$

2.6 正弦波加窄带高斯过程

2.6.1 正弦波加窄带高斯过程的表达式

信号经过信道传输后总会受到噪声的干扰,为了减少噪声的影响,接收机前端通常设置一个带通滤波器,以滤除信号频带以外的噪声。因此,带通滤波器的输出是信号与窄带噪声的混合波形。

最常见的是正弦波加窄带高斯噪声的合成波,这是通信系统中常会遇到的一种情况,所以有必要了解合成信号的包络和相位的统计特性。

设正弦波加窄带高斯噪声的合成信号为

$$r(t) = A\cos(\omega_c t + \theta) + n(t) \tag{2-90}$$

式中,$n(t) = n_c(t)\cos\omega_c t - n_s(t)\sin\omega_c t$ 为窄带高斯噪声,其均值为零,方差为 σ_n^2;θ 为正弦波的随机相位,均匀分布在 $0 \sim 2\pi$ 区间内;A 和 ω_c 为确知振幅和角频率。于是有

$$r(t) = [A\cos\theta + n_c(t)]\cos\omega_c t - [A\sin\theta + n_s(t)]\sin\omega_c t$$

$$= z_c(t)\cos\omega_c t - z_s(t)\sin\omega_c t = z(t)\cos[\omega_c t + \varphi(t)] \tag{2-91}$$

其中

$$z_c(t) = A\cos\theta + n_c(t) \tag{2-92}$$

$$z_s(t) = A\sin\theta + n_s(t) \tag{2-93}$$

合成信号 $r(t)$ 的包络和相位分别为

$$z(t) = \sqrt{z_c^2(t) + z_s^2(t)}, \quad z \geqslant 0 \tag{2-94}$$

$$\phi(t) = \arctan\frac{z_s(t)}{z_c(t)}, \quad 0 \leqslant \phi \leqslant 2\pi \tag{2-95}$$

于是有 $z_c = z\cos\phi, z_s = z\sin\phi$。

2.6.2 正弦波加窄带高斯过程的统计特性

1. 包络的概率密度函数 $f(z)$

利用 2.5 节的结论,如果 θ 值已给定,则 z_c、z_s 是相互独立的高斯随机变量,且有

$$E[z_c] = A\cos\theta$$

$$E[z_s] = A\sin\theta$$

$$\sigma_c^2 = \sigma_s^2 = \sigma_n^2$$

所以,在给定相位 θ 的条件下,z_c 和 z_s 的联合概率密度函数为

$$f(z_c, z_s/\theta) = \frac{1}{2\pi\sigma_n^2}\exp\left\{-\frac{1}{2\sigma_n^2}\left[(z_c - A\cos\theta)^2 + (z_s - A\sin\theta)^2\right]\right\}$$

利用 2.6.1 小节相似的方法,根据 z_c、z_s 与 z、φ 之间的随机变量关系 $z_c = z\cos\varphi$,$z_s = z\sin\varphi$,可以求得在给定相位 θ 的条件下,z 和 ϕ 的联合概率密度函数为

$$f(z,\phi/\theta) = f(z_c,z_s/\theta)\frac{\partial(z_c,z_s)}{\partial(z,\phi)} = f(z_c,z_s/\theta)\begin{vmatrix} \dfrac{\partial z_c}{\partial z} & \dfrac{\partial z_s}{\partial z} \\[2mm] \dfrac{\partial z_c}{\partial \phi} & \dfrac{\partial z_s}{\partial \phi} \end{vmatrix} = zf(z_c,z_s/\theta)$$

$$= \frac{z}{2\pi\sigma_n^2}\exp\left\{-\frac{1}{2\sigma_n^2}\left[z^2 + A^2 - 2Az\cos(\theta - \phi)\right]\right\}$$

然后求给定条件下的边际分布,即以相位 θ 为条件的包络 z 的概率密度为

$$f(z/\theta) = \int_0^{2\pi} f(z,\phi/\theta)\mathrm{d}\phi = \frac{z}{2\pi\sigma_n^2}\int_0^{2\pi}\exp\left\{-\frac{1}{2\sigma_n^2}\left[z^2 + A^2 - 2Az\cos(\theta - \phi)\right]\right\}\mathrm{d}\phi$$

$$= \frac{z}{2\pi\sigma_n^2}\exp\left(-\frac{z^2 + A^2}{2\sigma_n^2}\right)\int_0^{2\pi}\exp\left[\frac{Az}{\sigma_n^2}\cos(\theta - \phi)\right]\mathrm{d}\phi$$

令

$$\frac{1}{2\pi}\int_0^{2\pi}\exp[x\cos\theta]\mathrm{d}\theta = I_0(x) \tag{2-96}$$

则有

$$\frac{1}{2\pi}\int_0^{2\pi}\exp\left[\frac{Az}{\sigma_n^2}\cos(\theta - \phi)\right]\mathrm{d}\phi = I_0\left(\frac{Az}{\sigma_n^2}\right)$$

式中,$I_0(x) = \dfrac{1}{2\pi}\displaystyle\int_0^{2\pi}\exp[x\cos\theta]\mathrm{d}\theta$ 称为**零阶修正贝塞尔函数**。当 $x \geqslant 0$ 时,$I_0(x)$ 是单调上升函数,且 $I_0(0) = 1$,因此

$$f(z/\theta) = \frac{z}{\sigma_n^2}\exp\left[-\frac{1}{2\sigma_n^2}(z^2 + A^2)\right]I_0\left(\frac{Az}{\sigma_n^2}\right)$$

可见 $f(z/\theta)$ 与 θ 无关,故**正弦波加窄带高斯过程包络的概率密度函数**为

$$f(z) = \frac{z}{\sigma_n^2}\exp\left[-\frac{1}{2\sigma_n^2}(z^2 + A^2)\right]I_0\left(\frac{Az}{\sigma_n^2}\right), \quad z \geqslant 0 \tag{2-97}$$

这个概率密度函数称为**广义瑞利分布**,也称**莱斯(Rice)密度函数**。

式(2-97)存在如下两种极限情况。

(1) **当信号很小**,$A \to 0$,即信号功率与噪声功率之比 $\dfrac{A^2}{2\sigma_n^2} = r \to 0$ 时,相当于 x 值很小,于是有 $I_0(x) = 1$,这时合成波 $r(t)$ 中只存在窄带高斯噪声,式(2-97)近似为式(2-87),即由莱斯分布退化为瑞利分布。

(2) **当信噪比 r 很大时**,有 $I_0(x) \approx \dfrac{\mathrm{e}^x}{\sqrt{2\pi x}}$,这时**在 $z \approx A$ 附近**,$f(z)$ 近似于高斯分布,即

$$f(z) = \frac{1}{\sqrt{2\pi}\sigma}\exp\left[-\frac{(z - A)^2}{2\sigma_n^2}\right]$$

由此可见,正弦波加窄带高斯噪声的合成波包络分布 $f(z)$ 与信噪比有关,小信噪比时,它接近于瑞利分布;大信噪比时,它接近于高斯分布;在一般情况下它是莱斯分布。

图 2.6 所示为取不同的 r 值时 $f(z)$ 的曲线。

2. 正弦波加窄带高斯噪声的相位的统计特性

关于信号加噪声的合成波的相位分布 $f(\phi)$,由于比较复杂,这里不做演算。不难推想,$f(\phi)$ 也与信噪比有关。

小信噪比时,$f(\phi)$ 接近于均匀分布,反映这时以窄带高斯噪声为主的情况;大信噪比时,$f(\phi)$ 主要集中在有用信号相位附近。

图 2.7 所示为取不同的 r 值时 $f(\phi)$ 的曲线。

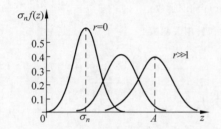

图 2.6 正弦波加窄带高斯过程的包络分布

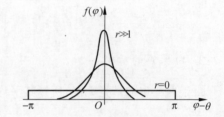

图 2.7 正弦波加窄带高斯过程的相位分布

2.7 高斯白噪声和带限白噪声

在分析通信系统的抗噪声性能时,常用高斯白噪声作为通信信道中的噪声模型,这是因为通信系统中常见的热噪声近似为白噪声,且热噪声的取值恰好服从高斯分布。另外,实际信道或滤波器的带宽存在一定限制,白噪声通过后,其结果是带限噪声,若其谱密度在通带范围内,则仍具有白色特性,称为**带限白噪声**(band-limited white noise),又可分为低通白噪声和带通白噪声。

2.7.1 白噪声

1. 白噪声的定义

凡功率谱密度在整个频率范围内都均匀分布的噪声称为白噪声。 它是一个理想的宽带随机过程,即双边功率谱密度为

$$P_n(f) = \frac{n_0}{2} \quad (\text{W/Hz}) \quad (-\infty < f < +\infty) \tag{2-98}$$

或单边功率谱密度为

$$P_n(f) = n_0 \quad (\text{W/Hz}) \quad (0 < f < +\infty) \tag{2-99}$$

式中，n_0 为正常数，单位是 W/Hz(瓦/赫兹)。

白噪声的自相关函数与功率谱密度也是一对傅里叶变换关系，即

$$R(\tau) = \frac{n_0}{2}\delta(\tau) \tag{2-100}$$

这说明白噪声只有在 $\tau = 0$ 时才**相关**，而它在任意两个时刻上($\tau \neq 0$)的随机变量都是**互不相关**的。图 2.8 所示为白噪声的功率谱密度和自相关函数的曲线。

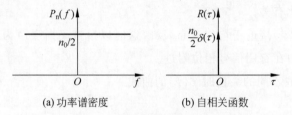

(a) 功率谱密度　　　　(b) 自相关函数

图 2.8　白噪声的功率谱密度和自相关函数

2. 白噪声的功率

由于白噪声的带宽无限，所以其平均功率为无穷大，即

$$R(0) = \int_{-\infty}^{\infty} \frac{n_0}{2} \mathrm{d}f = \infty$$

或

$$R(0) = \frac{n_0}{2}\delta(0) = \infty \tag{2-101}$$

真正"白"的噪声是不存在的，它只是构造的一种理想化的噪声形式。实际中，只要噪声的功率谱均匀分布的频率范围远远大于通信系统的工作频带，就可以把它视为白噪声。**如果白噪声取值的概率分布服从高斯分布，则称之为高斯白噪声。** 高斯白噪声在任意两个不同时刻上的随机变量之间不仅是互不相关的，而且还是统计独立的。

2.7.2　低通白噪声

如果白噪声通过理想矩形的低通滤波器或理想低通信道，则输出的噪声称为**低通白噪声**。假设理想低通滤波器具有模为 1、截止频率为 $|f| \leqslant f_H$ 的传输特性，则低通白噪声对应的功率谱密度为

$$P_n(f) = \begin{cases} \dfrac{n_0}{2}, & |f| \leqslant f_H \\ 0, & \text{其他} \end{cases} \tag{2-102}$$

其自相关函数为

$$R(\tau) = \int_{-f_H}^{f_H} \frac{n_0}{2} \mathrm{e}^{\mathrm{j}2\pi f\tau} \mathrm{d}f = n_0 f_H \frac{\sin 2\pi f_H \tau}{2\pi f_H \tau} = n_0 f_H \mathrm{Sa}(2\pi f_H \tau) \tag{2-103}$$

对应的曲线如图 2.9 所示。

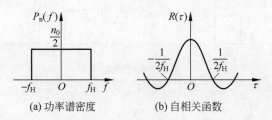

(a) 功率谱密度　　　　　　(b) 自相关函数

图 2.9　低通白噪声的功率谱密度和自相关函数

由图 2.9(a)可见,白噪声的功率谱密度被限制在 $|f| \leqslant f_H$,即在该频率区上有 $P_n(f) = n_0/2$,而在该区间外 $P_n(f) = 0$。

由图 2.9(b)可看到,低通白噪声只有在 $\tau = k/(2f_H)$ $(k=1,2,3,\cdots)$ 上得到的随机变量才不相关。也就是说,如果对带限白噪声按抽样定理抽样,则各抽样值是互不相关的随机变量。

2.7.3　带通白噪声

如果白噪声通过理想矩形的带通滤波器或理想带通信道,则其输出的噪声称为**带通白噪声**。设理想带通滤波器的传输特性为

$$
H(f) = \begin{cases} 1, & f_c - \dfrac{B}{2} \leqslant |f| \leqslant f_c + \dfrac{B}{2} \\ 0, & 其他 \end{cases}
$$

式中,f_c 为中心频率;B 为通带宽度。则其输出噪声的功率谱密度为

$$
P_n(f) = \begin{cases} \dfrac{n_0}{2}, & f_c - \dfrac{B}{2} \leqslant |f| \leqslant f_c + \dfrac{B}{2} \\ 0, & 其他 \end{cases} \tag{2-104}
$$

自相关函数为

$$
R(\tau) = \int_{-\infty}^{\infty} P_n(f) e^{j2\pi f\tau} \, df = \int_{-f_c - \frac{B}{2}}^{-f_c + \frac{B}{2}} \frac{n_0}{2} e^{j2\pi f\tau} \, df + \int_{f_c - \frac{B}{2}}^{f_c + \frac{B}{2}} \frac{n_0}{2} e^{j2\pi f\tau} \, df
$$

$$
= n_0 B \frac{\sin \pi B\tau}{\pi B\tau} \cos 2\pi f_c \tau \tag{2-105}
$$

或

$$
R(\tau) = n_0 B \, \mathrm{Sa}(\pi B\tau) \cos \omega_c \tau
$$

带通白噪声的功率谱密度和自相关函数曲线如图 2.10 所示。

通常,带通滤波器的 $B \ll f_c$,因此称为**窄带**(narrowband)**滤波器**,相应地把带通白噪声称为**窄带高斯白噪声**。窄带高斯白噪声的表达式和统计特性与 2.5 节所描述的一般窄带随机过程相同,即

$$
n(t) = n_c(t) \cos \omega_c t - n_s(t) \sin \omega_c t \tag{2-106}
$$

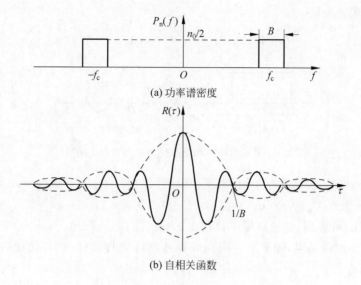

(a) 功率谱密度

(b) 自相关函数

图 2.10　带通白噪声的功率谱密度和自相关函数

$$E[n(t)] = E[n_c(t)] = E[n_s(t)] = 0 \qquad (2\text{-}107)$$

$$\sigma_n^2 = \sigma_c^2 = \sigma_s^2 \qquad (2\text{-}108)$$

式(2-107)表明,$n_s(t)$、$n_c(t)$ 与 $n(t)$ 具有相同的平均功率(因为均值为0),根据图2.10
所示的功率谱密度曲线容易求出 $n(t)$ 的平均功率为

$$N = n_0 B \qquad (2\text{-}109)$$

　　注意:B 是理想矩形带通滤波器的带宽,而对于实际的滤波器,B 应是噪声等效
带宽。

2.8　小结

　　通信过程中的信号和噪声都可看作随时间变化的随机过程。随机过程是所有样本
函数的集合,具有随机变量和时间函数的特点。随机过程的统计特性可由其分布函数或
概率密度函数描述,它有一维,二维,…,n 维之分,n 越大,对随机过程统计特性的描述就
越充分,但问题的复杂性也随之增加。分布函数或概率密度函数虽然能够较全面地描述
随机过程的统计特性,但在实际工作中,有时不易或不需求出分布函数和概率密度函数,
而用随机过程的数字特征(即均值、方差、相关函数)来描述随机过程的统计特性,更简单
直观。

　　平稳随机过程有狭义和广义之分。若一个随机过程的统计特性与时间起点无关,则
称其为狭义平稳随机过程;若随机过程的均值是常数,且自相关函数 $R(t_1, t_1 + \tau) = R(\tau)$,
则称该过程为广义平稳随机过程;若一个过程是狭义平稳的,则它必是宽平稳的,但反之
不一定成立。若一个过程的时间平均等于对应的统计平均,则该过程是各态历经性的;
若一个过程是各态历经的,则它也是平稳的,但反之不一定成立。广义平稳过程的自相

关函数 $R(\tau)$ 是时间差 τ 的偶函数,且 $R(0)$ 等于总平均功率,是 $R(\tau)$ 的最大值。功率谱密度函数 $P_\xi(f)$ 和自相关函数 $R(\tau)$ 是一对傅里叶变换关系(维纳-辛钦定理),这对变换确定了时域和频域的转换关系。

高斯过程的概率分布服从正态分布,其完全统计描述只需要它的数字特征。一维概率分布只取决于均值和方差,二维概率分布主要取决于相关函数。正态分布函数可由误差函数 $\mathrm{erf}(x)$、互补误差函数 $\mathrm{erfc}(x)$、概率积分函数 $\Phi(x)$ 和 Q 函数 $Q(x)$ 表示。

平稳随机过程 $\xi_i(t)$ 通过线性系统后,其输出过程 $\xi_o(t)$ 也是平稳的。系统输出功率谱密度是输入功率谱密度 $P_i(f)$ 与系统功率传输函数 $|H(f)|^2$ 的乘积。高斯过程经过线性变换后的过程仍为高斯过程。

若随机过程 $\xi(t)$ 的谱密度集中在中心频率 f_c 附近相对窄的频带范围 Δf 内,即满足 $\Delta f \ll f_c$ 的条件,且 f_c 远离零频率,则称该 $\xi(t)$ 为窄带随机过程。一个均值为零、方差为 σ_ξ^2 的窄带平稳高斯随机过程 $\xi(t)$ 的同相分量 $\xi_c(t)$ 和正交分量 $\xi_s(t)$ 也是平稳高斯过程,而且均值都为零,方差也相同;此外,在同一时刻上得到的 ξ_c 和 ξ_s 是互不相关的或统计独立的。一个均值为零、方差为 σ_ξ^2 的窄带平稳高斯过程 $\xi(t)$ 的包络 $a_\xi(t)$ 的一维分布是瑞利分布,相位 $\phi_\xi(t)$ 的一维分布是均匀分布,并且就一维分布而言,$a_\xi(t)$ 与 $\varphi_\xi(t)$ 是统计独立的。

正弦波加窄带高斯噪声的合成波包络分布 $f(z)$ 与信噪比有关。小信噪比时,它接近于瑞利分布;大信噪比时,它接近于高斯分布;在一般情况下它是莱斯分布。

凡功率谱密度在整个频率范围内都均匀分布的噪声都称为白噪声。如果白噪声通过理想矩形低通(lowpass)滤波器或理想低通信道,则输出的噪声称为低通白噪声。如果白噪声通过理想矩形带通(bandpass)滤波器或理想带通信道,则其输出的噪声称为带通白噪声。

综上可得出结论:独立必不相关,不相关未必独立;正交必不相关,不相关未必正交;相关必不独立,不独立未必相关;相关必不正交,不正交未必相关。

思考题 2

1. 什么是随机过程?它具有什么属性?

2. 随机过程 $\xi(t)$ 是否存在傅里叶变换?随机过程的统计特性和数字特征分别是什么?

3. 何谓狭义平稳?何谓广义平稳?它们之间的关系如何?如何判定一个随机过程 $\xi(t)$ 是否广义平稳?

4. 平稳过程的自相关函数有哪些性质?它与功率谱密度的关系如何?功率谱密度有哪几种求法?

5. 如何判定一个平稳过程是否各态历经?

6. 什么是高斯过程?其主要性质有哪些?

7. 随机过程通过线性系统时,输出与输入功率谱密度的关系如何?

8. 什么是窄带随机过程? 窄带高斯过程的包络和相位分别服从什么分布? 窄带高斯过程的同相分量和正交分量的统计特性如何?

9. 正弦波加窄带高斯噪声的合成包络服从什么分布?

10. 什么是白噪声? 其频谱和自相关函数有什么特点? 白噪声通过理想低通或理想带通滤波器后的情况如何?

11. 独立、相关、正交有何关系? 随机过程 $\xi(t)$(归一化)平均功率有哪几种求法?

习题 2

1. 设一个随机变量 $\xi(t)$、可表示成 $\xi(t)=2\cos(2\pi t+\theta)$,式中,$\theta$ 是一个离散随机变量,且 $P(\theta=0)=1/2,P(\theta=\pi/2)=1/2$,试求 $E_\xi(1)$ 及 $R_\xi(0,1)$。

2. 设随机变量 $Y(t)=X_1\cos\omega_0 t-X_2\sin\omega_0 t$,若 X_1 与 X_2 是彼此独立且均值为 0、方差为 σ^2 的高斯随机变量,试求(1)$E[Y(t)]$、$E[Y^2(t)]$;(2)$Y(t)$ 的一维概率密度函数 $f(y)$;(3)$R(t_1,t_2)$ 和 $B(t_1,t_2)$。

3. 已知 $X(t)$ 和 $Y(t)$ 是统计独立的平稳随机过程,且它们的均值分别为 a_x 和 a_y,自相关函数分别为 $R_x(\tau)$ 和 $R_y(\tau)$。

(1) 试求乘积 $z(t)=X(t)Y(t)$ 的自相关函数。

(2) 试求和 $Z(t)=X(t)+Y(t)$ 的自相关函数。

4. 已知随机过程 $z(t)=m(t)\cos(\omega_c t+\theta)$,其中,$m(t)$ 是广义平稳过程,且其自相关函数为

$$R_m(\tau)=\begin{cases}1+\tau, & -1<\tau<0 \\ 1-\tau, & 0\leqslant\tau<1 \\ 0, & \text{其他}\end{cases}$$

随机变量 θ 在 $(0,2\pi)$ 区间上服从均匀分布,它与 $m(t)$ 彼此统计独立。

(1) 证明 $z(t)$ 是广义平稳的。

(2) 试绘制自相关函数 $R_z(\tau)$ 的波形。

(3) 试求功率谱密度 $P_z(f)$ 及功率 S。

5. 一个均值为 a、自相关函数为 $R_x(\tau)$ 的平稳随机过程 $X(t)$ 通过一个线性系统后的输出过程为 $Y(t)=X(t)+X(t-T)$(T 为延迟时间)。

(1) 试绘制该线性系统的框图。

(2) 试求 $Y(t)$ 的自相关函数和功率谱密度。

6. 一个中心频率为 f_c、带宽为 B 的理想带通滤波器传输函数如图 2.11 所示。假设输入是均值为零、功率谱密度为 $n_0/2$ 的高斯白噪声。

(1) 试求滤波器输出噪声的自相关函数。

(2) 试求滤波器输出噪声的平均功率。

(3) 试求输出噪声的一维概率密度函数。

7. 一个 RC 低通滤波器如图 2.12 所示,假设输入是均值为 0、功率谱密度为 $n_0/2$ 的

高斯白噪声。

（1）试求输出噪声的功率谱密度和自相关函数。

（2）试求输出噪声的一维概率密度函数。

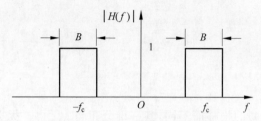

图 2.11　理想带通滤波器传输函数

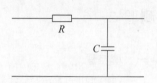

图 2.12　RC 低通滤波器

8. 随机过程 $X(t) = A\cos(\omega_c t + \theta)$，式中，$A$、$\omega_c$、$\theta$ 是相互独立的随机变量，A 的均值为 2，方差为 4；θ 在区间 $(-\pi, \pi)$ 上均匀分布；ω_c 在区间 $(-5, 5)$ 上均匀分布。

（1）随机过程 $X(t)$ 是否平稳？是否各态历经？

（2）求出过程的自相关函数。

9. 设有一个随机二进制矩形脉冲波形，它的每个脉冲持续时间为 T_b，脉冲幅度取 ± 1 的概率相等。现假设任一间隔 T_b 内波形取值与任何别的间隔内取值统计无关，且具有宽平稳性。

（1）试证自相关函数 $R_\xi(\tau) = \begin{cases} 1 - |\tau|/T_b, & |\tau| \leqslant T_b \\ 0, & |\tau| > T_b \end{cases}$。

（2）试证功率谱密度 $P_\xi(\omega) = T_b [\mathrm{Sa}(\pi f T_b)]^2$。

10. 图 2.13 所示为单个输入、两个输出的线性过滤器，若输入过程 $\eta(t)$ 是平稳的，试求 $\xi_1(t)$ 与 $\xi_2(t)$ 的互功率谱密度表达式。

11. 设平稳随机过程 $X(t)$ 的功率谱密度为 $P_x(\omega)$，其自相关函数为 $R_x(\tau)$。试求功率谱密度 $\frac{1}{2}[P_x(\omega + \omega_0) + P_x(\omega - \omega_0)]$ 所对应过程的相关函数（其中，ω_0 为正数）。

12. $X(t)$ 是功率谱密度为 $P_x(f)$ 的平稳随机过程，该过程通过图 2.14 所示的系统。

（1）输出过程 $Y(t)$ 是否平稳？

（2）求 $Y(t)$ 的功率谱密度。

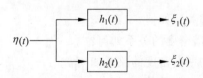

图 2.13　单个输入两个输出的线性过滤器

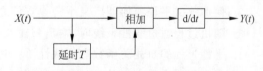

图 2.14　系统示意图

13. 设 $X(t)$ 是平稳随机过程，其自相关函数在区间 $(-1, 1)$ 上为 $R_s(\tau) = (1 - |\tau|)$，是周期为 2 的周期函数。试求 $X(t)$ 的功率谱密度 $P_s(\omega)$，并用图形表示。

14. 设 $x_1(t)$ 和 $x_2(t)$ 为零均值且互不相关的平稳过程，经过线性时不变系统，其输

出分别为 $z_1(t)$ 和 $z_2(t)$,试证明 $z_1(t)$ 和 $z_2(t)$ 也是互不相关的。

15. 一正弦波加窄带高斯过程为 $r(t)=A\cos(\omega_c t+\theta)+n(t)$。

(1) 求 $r(t)$ 通过能够理想地提取包络的平方律检波器后得到的一维分布密度函数。

(2) 若 $A=0$,重做(1)。

小测验 2

一、填空题

1. 平稳随机过程的统计特性不随时间的推移而不同,其一维分布与_____无关,二维分布只与_____有关。

2. 一个均值为零、方差为 σ^2 的窄带平稳高斯过程,同相分量和正交分量是_____过程,均值为_____,方差为_____。

3. 均值为零、方差为 σ^2 的窄带平稳高斯过程,其包络的一维分布是_____,其相位的一维分布是_____。

4. 白噪声在_____上随机变量之间不相关。

5. 高斯过程通过线性系统以后是_____过程。

6. 正弦波加窄带高斯噪声的合成波包络分布 $f(z)$ 与信噪比有关。小信噪比时,它接近于_____;大信噪比时,它接近于_____;在一般情况下它是_____。

7. 设 X 是 $a=0$、$\sigma=1$ 的高斯随机变量,则随机变量 $Y=cX+d$（c、d 均为常数）的概率密度函数 $f(y)$ 为_____。

8. 双边谱密度为 $\frac{1}{2}[P_x(\omega+\omega_0)+P_x(\omega-\omega_0)]$ 的平稳过程,其自相关函数为_____（其中,ω_0 为正常数）。

9. 双边功率谱密度为 $n_0/2$ 高斯白噪声,通过中心频率为 f_c、带宽为 $B（B\ll f_c）$ 的理想带通滤波器,其输出包络 $V(t)$ 的一维概率密度函数为_____。

10. 当线性系统的单位冲激响应 $h(t)$ 的输入端加入一个随机过程 $\xi_i(t)$ 时,输出过程 $\xi_o(t)$ 为_____。

二、简答题

1. 什么是随机过程? 它具有什么属性?

2. 何谓狭义平稳? 何谓广义平稳? 它们之间的关系如何?

3. 随机过程通过线性系统时,输出与输入功率谱密度的关系如何?

4. 平稳过程的自相关函数有哪些性质? 它与功率谱密度的关系如何?

5. 窄带高斯白噪声中的"窄带""高斯""白"的含义各是什么?

三、计算题

1. 随机过程 $\xi(t)$ 的功率谱密度如图 2.15 所示。

(1) 试求自相关函数 $R(\tau)$。

(2) 试求直流功率。

(3) 试求交流功率。

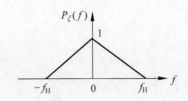

图 2.15　随机过程 $\xi(t)$ 的功率谱密度

2. 已知 $s_m(t)=m(t)\cos(\omega_c t+\theta)$ 是一幅度调制信号，其中 ω_c 为常数；$m(t)$ 是零均值平稳随机基带信号，$m(t)$ 的自相关函数和功率谱密度分别为 $R_m(\tau)$ 和 $P_m(f)$；相位 θ 为在 $[-\pi,+\pi]$ 区间服从均匀分布的随机变量，并且 $m(t)$ 与 θ 相互独立。

(1) 试证明 $s_m(t)$ 是广义平稳随机过程。

(2) 试求 $s_m(t)$ 的功率谱密度 $P_s(f)$。

3. 设一个随机相位的正弦波为 $\xi(t)=A\cos(\omega_c t+\theta)$，其中，$A$ 和 ω_c 均为常数；θ 是一个在 $(0,2\pi)$ 区间内均匀分布的随机变量。

(1) 试求 $\xi(t)$ 的均值和方差。

(2) 试求 $\xi(t)$ 的自相关函数和功率谱密度。

4. 已知噪声 $n(t)$ 的自相关函数为 $R_n(\tau)=\dfrac{k}{2}e^{-k|\tau|}$，（$k$ 为常数）。

(1) 试求其功率密度 $P_n(f)$ 及功率 N。

(2) 试绘制 $R_n(\tau)$ 及 $P_n(f)$ 的图形。

5. 设信道噪声具有均匀的双边功率谱密度 $n_0/2$，接收滤波器的传输特性为

$$H(f)=\begin{cases}k, & f_c-\dfrac{B}{2}\leqslant |f|\leqslant f_c+\dfrac{B}{2} \\ 0, & \text{其他}\end{cases}$$

(1) 求滤波器的输出噪声功率谱密度和平均噪声功率。

(2) 求滤波器输入噪声的自相关函数和输出噪声的自相关函数。

第3章 信道

信道是通信系统必不可少的组成部分,任何一个通信系统均可视为由发送设备、信道与接收设备三大部分组成。信道通常是指以传输媒质为基础的信号通道,而信号在信道中传输遇到噪声又是不可避免的,即信道允许信号通过的同时又给信号以限制和损害。因而,对信道和噪声的研究乃是研究通信问题的基础。在通信中,信道的种类是很多的,而信道噪声更是多种多样的。

本章主要讨论信道的定义、分类和模型,介绍恒参信道的特性及其对信号传输的影响、随参信道的特性及其对信号传输的影响、信道噪声的统计特性、信道容量和香农公式等内容。

3.1 信道的定义及数学模型

3.1.1 信道的定义及组成

1. 信道的定义

信道(channel)是连接发送端编码器输出端和接收端解调器输入端的通信设备,或者说,信道是指以传输媒质为基础的信号通道。如果信道仅是指信号的传输媒质,这种信道称为**狭义信道**;如果信道不仅是传输媒质,还包括通信系统中的一些转换装置,这种信道称为**广义信道**。

狭义信道按照传输媒质的特性可分为有线信道和无线信道两类。有线信道包括明线、对称电缆、同轴电缆及光缆等。而无线信道有地波传播、短波电离层反射、超短波或微波视距中继、人造卫星中继以及各种散射信道等。**狭义信道**是广义信道十分重要的组成部分,通信效果的好坏,在很大程度上取决于狭义信道的特性。

广义信道除了包括传输媒质外,还包括通信系统中有关的变换装置(如发送设备、接收设备、馈线与天线、调制器等)。它的引入主要是从研究信息传输的角度出发,使通信系统的一些基本问题研究起来比较方便。广义信道按照包括的功能可以分为调制信道、编码信道等。

在研究信道讨论通信的一般原理时,采用广义信道;在研究信道的一般特性时,基于狭义信道。为了叙述方便,本书后文把广义信道简称为信道。

2. 信道的组成

调制信道和编码信道的组成如图 3.1 所示。

所谓**调制信道**,是指图 3.1 中调制器输出端到解调器输入端的部分。从调制和解调的角度来看,调制器输出端到解调器输入端的所有变换装置及传输媒质,不论其过程如何,只是对已调信号进行某种变换,只需要关心变换的最终结果,而无须关心其详细物理过程。因此,研究调制和解调时,采用广义信道是方便的。

所谓**编码信道**,是指图 3.1 中编码器输出端到译码器输入端的部分。这样定义是因

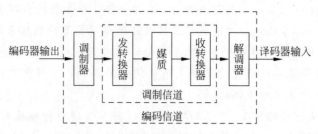

图 3.1　调制信道和编码信道

为从编译码的角度看来,编码器的输出是某一数字序列,而译码器的输入同样也是某一数字序列,但它们可能是不同的数字序列。因此,从编码器输出端到译码器输入端可以用一个对数字序列进行变换的方框来加以概括。

调制信道和编码信道是通信系统中常用的两种广义信道,如果研究的对象和关心的问题不同,还可以定义其他形式的广义信道。

3.1.2　信道的数学模型

信道的数学模型用来表征实际物理信道的特性,对通信系统的分析和设计十分有用。为了分析信道的一般特性及其对信号传输的影响,可以在信道定义的基础上引入调制信道与编码信道的数学模型。

1. 调制信道模型

调制信道是为研究调制与解调问题所建立的一种广义信道,它所关心的是调制信道输入信号的形式和已调信号通过调制信道后的最终结果,对于调制信道内部的变换过程并不关心。因此,**调制信道可以用具有一定输入、输出关系的方框来表示**。

对调制信道进行大量的考察之后,可以发现它们具有如下共性。

(1) 有一对(或多对)输入端和一对(或多对)输出端。

(2) 绝大多数信道都是线性的,即满足线性叠加原理。

(3) 信号通过信道具有固定的或时变的延迟时间。

(4) 信号通过信道具有固定的或时变的损耗。

(5) 即使没有信号输入,在信道的输出端仍有一定的功率输出(噪声)。

根据上述共性,可以**用一个二对端(或多对端)的时变线性网络来表示调制信道**,这个网络称为调制信道模型,如图 3.2 所示。

最基本的调制信道是二对端的信道,其输入端信号 $e_i(t)$ 与输出端信号 $e_o(t)$ 的关系可以表示为

$$e_o(t) = f[e_i(t)] + n(t) \tag{3-1}$$

式中,$e_i(t)$ 为信道输入端信号;$e_o(t)$ 为信道输出端信号;$n(t)$ 为信道噪声(或称信道干扰);$f[e_i(t)]$ 为表示信道对信号影响(变换)的某种函数关系。

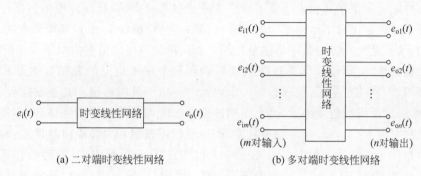

(a) 二对端时变线性网络　　　　(b) 多对端时变线性网络

图 3.2　调制信道模型

　　这里 $n(t)$ 与 $e_i(t)$ 无依赖关系,或者说,$n(t)$ 独立于 $e_i(t)$。由于信道中的噪声 $n(t)$ 是叠加在信号上的,而且无论有无信号,噪声 $n(t)$ 是始终存在的。因此通常称它为**加性** (additive)**噪声**或**加性干扰**。$f[e_i(t)]$ 中的 f 表示网络对输入信号产生影响的某种函数。显然,只要 f 不满足无失真传输条件(即满足失真传输条件),网络就会使 $e_i(t)$ 发生畸变。作为数学上的一种简化,不妨令 $f[e_i(t)]=k(t)e_i(t)$。其中,$k(t)$ 依赖于网络特性,它对 $e_i(t)$ 来说是一种**乘性**(multiplicative)**干扰**。因此,式(3-1)可以写成

$$e_o(t)=k(t)e_i(t)+n(t) \tag{3-2}$$

　　由以上分析可见,信道对信号的影响可归结到两点:一是乘性干扰 $k(t)$,二是加性干扰 $n(t)$。如果了解了 $k(t)$ 与 $n(t)$ 的特性,就能搞清楚信道对信号的具体影响。信道的不同特性反映在信道模型上仅为 $k(t)$ 及 $n(t)$ 不同。

　　通常乘性干扰 $k(t)$ 是一个复杂的函数,它可能包括各种线性失真、非线性失真、交调失真、衰落等。同时,由于信道的迟延特性和损耗特性随时间随机变化,故 $k(t)$ 往往只能用随机过程来描述。一般说来,它是时间 t 的函数,即表示信道的特性是随时间变化的。随时间变化的信道称为时变(time-variant)信道。因此,根据乘性干扰 $k(t)$ 的时变特性不同,信道可以分为两大类:一类是 $k(t)$ 基本不随时间变化,即信道对信号的影响是固定的或变化极为缓慢的,这类信道称为**恒定参量信道**,简称**恒参信道**;另一类是 $k(t)$ 随时间随机快速变化,这类信道称为**随机参量信道**,简称**随参信道**。通常将架空明线、电缆、光导纤维、超短波及微波视距传播、卫星中继等视为恒参信道,而将短波电离层反射信道、各种散射信道、超短波移动通信信道等视为随参信道。

2. 编码信道模型

　　编码信道包括调制信道、调制器和解调器,它与调制信道模型有明显的不同,是一种数字信道或离散信道。调制信道对信号的影响是通过 $k(t)$ 及 $n(t)$ 使已调制信号发生模拟性的变化;而编码信道对信号的影响则是**一种数字序列的变换**,即把一种数字序列变**成另一种数字序列**。因此,有时把调制信道看成是一种模拟信道,把编码信道则看成是一种数字信道。

　　编码信道的输入是离散的时间信号,输出也是离散时间信号,信道将输入数字序列

变成另一种输出数字序列。由于信道噪声或其他因素的影响,将导致输出数字序列发生错误,因此输入、输出数字序列之间的关系可以用一组**转移**(transfer)**概率**来表征。

例如,最常见的二进制数字传输系统的一种简单的编码信道模型如图 3.3 所示。

这个模型是"简单的",因为这里假设解调器每个输出码元的差错发生是相互独立的。或者说,这种信道是无记忆的,即一个码元的差错与其前后码元是否发生差错无关。不过,从编码和译码的角度来看,这个影响已反映在解调器的输出数字序列中,即输出数字将以某种概率发生差错,调制信道越差,即特性越不理想和加性噪声越严重,将发生错误的概率越严重。在这个模型里,$P(0/0)$、$P(1/0)$、$P(0/1)$ 及 $P(1/1)$ 称为信道转移概率,其中,$P(0/0)$ 与 $P(1/1)$ 是正确转移的概率;而 $P(1/0)$ 与 $P(0/1)$ 是**错误转移概率**。对于如图 3.3 所示的编码信道模型,根据无记忆编码信道的性质可得

$$P(0/0) = 1 - P(1/0) \tag{3-3}$$

$$P(1/1) = 1 - P(0/1) \tag{3-4}$$

转移概率完全由编码信道的特性所决定。一个特定的编码信道有确定的转移概率。但应该指出,转移概率一般需要对特定的编码信道做大量的统计分析才能得到。基于无记忆二进制编码信道模型,容易推出无记忆多进制的模型,设编码信道输入 M 元符号,即 $X = \{x_0, x_1, \cdots, x_{M-1}\}$,编码信道输出 N 元符号为 $Y = \{y_0, y_1, \cdots, y_{N-1}\}$,如果信道是无记忆的,则表征信道输入、输出特性的转移概率为

$$P(y_j/x_i) = P(Y = y_j/X = x_i) \tag{3-5}$$

式(3-5)表示发送 x_i 条件下接收出现 y_j 的概率,即将 x_i 转移为 y_j 的概率。

图 3.4 为无记忆四进制编码信道模型示例。

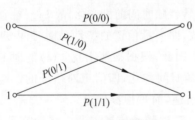

图 3.3 二进制编码信道模型

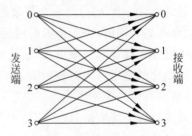

图 3.4 四进制编码信道模型

需要指出,如果编码信道是有记忆的,即信道中码元发生差错的事件是非独立事件,则编码信道模型会比图 3.3 或图 3.4 所示的模型复杂得多,信道转移概率表达式也会变得很复杂。这里不做进一步讨论。

3.2 恒参信道及其传输特性

由于编码信道包含调制信道,且它的特性也紧密地依赖于调制信道,故在建立了编码信道和调制信道的一般概念之后,有必要对调制信道做进一步的讨论。

3.2.1 恒参信道举例

恒参信道的信道特性不随时间变化或变化很缓慢。由架空明线、对称电缆、同轴电缆、中长波地波传播、超短波及微波视距传播、人造卫星中继、光导纤维以及光波视距传播等传输媒质构成的广义信道都属于恒参信道。为了分析它们的一般特性及其对信号传输的影响,这里先简要介绍几种有代表性的恒参信道的例子。

1. 明线

明线是指平行而相互绝缘的架空裸线线路,通常采用铜线、铝线或钢线(铁线)。对铜线和铝线来说,长距传输的最高允许频率为 150kHz 左右,可复用 16 个话路;短距传输时,有时传输频率可达 300kHz 左右,可再增开 12 个话路。与电缆相比,它的优点是传输损耗低。但明线信道易受天气变化和环境的影响,对外界噪声干扰较敏感,而且很难沿一条路径架设大量的成百对线路,故目前已逐渐被电缆所代替。

2. 对称电缆

对称电缆是在同一保护套内有许多对相互绝缘的双导线组成的传输媒质。为了减小各线对之间的相互干扰,每一对线都拧成扭绞状,称为双绞线,如图 3.5 所示。双绞线采用的导线越粗,通信距离就越远,但导线的价格也越高。双绞线线芯直径为 0.4~1.4mm,故其传输损耗比较大,但其传输特性比较稳定。双绞线通常有非屏蔽(UTP)和屏蔽(STP)两种类型。

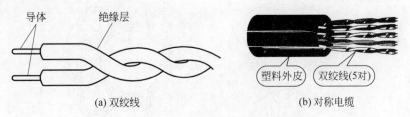

图 3.5 双绞线与对称电缆

对称电缆主要用于市话中继线路和用户线路,许多局域网(如以太网、令牌网)中也采用高等级的 UTP 电缆进行连接。STP 电缆的特性与 UTP 的特性相同,由于加入了屏蔽措施,对噪声有更好的屏蔽作用,但是其价格要昂贵一些。

3. 同轴电缆

同轴电缆由内外两根同心圆柱形导体构成,外导体是一个圆柱形的导体,内导体是金属线,它们之间填充绝缘体。

实际应用中,同轴电缆的外导体是接地的,对外界干扰具有较好的屏蔽作用,所以同轴电缆的抗电磁干扰性能较好,有线电视网络中大量采用这种结构的同轴电缆。为了增大容量,也可以将几根同轴电缆封装在一个大的保护套内,构成多芯同轴电缆,还可以另外装入一些二芯绞线对或四芯线组,作为传输控制信号用。图3.6所示为单根同轴电缆的结构示意图。图中,同轴电缆由同轴的两个导体构成,外导体是一个圆柱形的空管(在可弯曲的同轴电缆中,它可以由金属丝编织而成),内导体是金属线(芯线),它们之间填充介质,可能是塑料,也可能是空气。在采用空气绝缘的情况下,内导体依靠有一定间距的绝缘来定位。

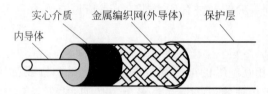

图 3.6   单根同轴电缆的基本结构示意

为了增大容量,也可以将几根同轴电缆封装在一个大的保护套内,构成多芯同轴电缆,如图3.7所示,其中还装入一些二芯扭绞线对或四芯线组,作为传输控制信号之用。同轴线的外导体是接地的,由于它起屏蔽作用,故外界噪声很少进入其内部。

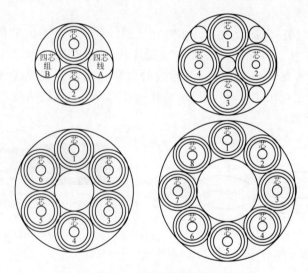

图 3.7   多芯同轴电缆

以上简要介绍了3种有线电信道,表3.1列出了它们的工作频率范围、通话路数及传输距离等参数。

表 3.1   3 种有线电信道的性能

线 路 类 型	通 话 路 数	频率范围/kHz	传输距离/km
明线	1+3	0.3~27	300
明线	1+3+12	0.3~150	120
对称电缆	24	12~108	35
对称电缆	60	12~252	12~18

续表

线路类型	通话路数	频率范围/kHz	传输距离/km
小同轴电缆	300	60～1300	8
小同轴电缆	960	60～4100	4
中同轴电缆	1800	300～9000	6
中同轴电缆	2700	300～12 000	4.5
中同轴电缆	10 800	300～60 000	1.5

小同轴电缆的标准尺寸：外导体的内径为 4.4mm，内导体的外径为 1.2mm。

中同轴电缆的标准尺寸：外导体的内径为 9.5mm，内导体的外径为 2.6mm。

小同轴电缆和中同轴电缆这两种同轴电缆的特性阻抗近似为 75Ω。

4. 光纤信道

传输光信号的有线信道称为光导纤维，简称光纤。以光纤为传输媒质、以光波为载波的光纤信道，可望提供极大的传输容量。光纤是由华裔科学家高锟（Charles Kuen Kao，1933—）发明的，他被认为是"光纤之父"。光纤这一新的传输媒质具有损耗低、频带宽、线径细、重量轻、可弯曲半径小、不怕腐蚀、节省有色金属以及不受电磁干扰等优点。

光纤信道的简化框图如图 3.8 所示，它由光源、光纤线路及光电探测器 3 个基本部分构成。

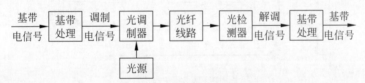

图 3.8 光纤信道的简化框图

光源是光载波的发生器，目前，广泛应用半导体发光二极管（LED）或激光二极管（LD）作为光源。光纤线路可能是一根或多根光纤。在接收端是一个直接检波式的光探测器，常用 PIN 光电二极管或雪崩二极管（APD 管）来实现光强度的检测。

根据应用情况的不同，光纤线路中可能还设有中继器。当然，也可能不设中继器。中继器有直接中继器和间接中继器两种类型。所谓直接中继器，就是光放大器，它直接将光信号放大补偿光纤的传输损耗，以便延长传输距离；所谓间接中继器，是将光信号先解调为电信号，经放大或再生处理后调制到光载波上，再利用光纤继续进行传输。在数字光纤信道中，为了减小失真以及防止噪声的积累，需每隔一定距离加入一个再生中继器。

需要指出，由于技术上的原因，目前光外差式接收及相干检测还不能使用，故在实际系统中，仅限于采用光强度调制和平方律检测。同时，又因光纤信道中某些元件的线性度较差，所以广泛采用数字调制方式，即用光载波脉冲的有和无来代表二进制数字。因此，光纤信道是一个典型的数字信道。

最早出现的光纤是由折射率不同的两种导光介质(高纯度的石英玻璃)纤维制成的,内层称为纤芯(central core),纤芯外包有另一种折射率的介质,称为包层(cladding layer),如图3.9(a)所示。由于纤芯的折射率n_1比包层的折射率n_2大,所以光波会在两层的边界处产生折射,经过多次折射达到远距离传输的目的。由于其折射率在纤芯和包层两种介质内是均匀不变的,仅在边界处发生突变,因此也称其为阶跃(折射率)型光纤(step-index fiber)。随后出现了一种光纤的折射率沿半径增大方向逐渐减小,光波在这种光纤中的传输路径是因折射率而逐渐弯曲,并达到远距离传输的目的,这种光纤称为梯度(折射率)型光纤,如图3.9(b)所示。对梯度型光纤的折射率沿轴向的变化是有严格要求的,故其制造难度比阶跃型光纤大。

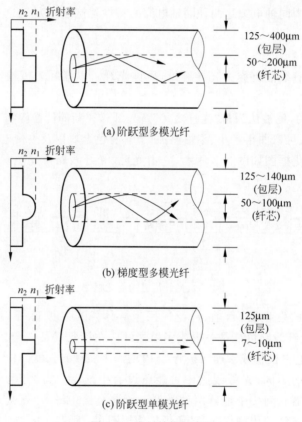

图3.9 光纤结构示意图

上述阶跃型光纤和梯度型光纤中,光线的传播模式(mode)有多种,在这里,模式是指光线传播的路径。上述阶跃型光纤和梯度型光纤有多条传播路径,故称为多模(multimode)光纤,图3.9(a)和(b)所示为多模光纤的典型尺寸。它用发光二极管(LED)作为光源,这种光源不是单色的,含有许多频率成分。由于这类光纤的直径较粗,不同入射角的光波在光纤中有不同的传播路径,各路径的传输时延不同,并且存在色散现象,所以会造成信号波形的失真,从而限制了传输带宽。

色散是光纤的另一个重要指标。色散是指信号的群速度随频率或模式不同而引起的信号失真这种物理现象。按照色散产生的原因不同,多模光纤的色散有 3 种：第 1 种是材料色散,它是由材料的折射指数随频率而变化引起的色散；第 2 种是模式色散,在多模光纤中,由于一个信号同时激发不同的模式,即使是同一频率,各模式的群速率也是不同的,这样引起的色散称为模式色散；第 3 种是波导色散,对同一模式,不同的频谱分量有不同的群速率,由此引起的色散称为波导色散。在梯度型光纤中,可以通过控制折射率的合理分布来均衡色散,故其模式色散比阶跃型光纤小。

为了减小色散,增大传输带宽,后来又研制出了一种光纤,称为单模(single mode)光纤,其纤芯的直径较小,为 $7\sim10\mu m$,包层的典型直径约 $125\mu m$。如图 3.9(c)所示是一种阶跃型单模光纤。单模光纤用激光器作为光源。激光器产生单一频率的光波,并且光波在光纤中只有一种传播模式。因此,单模光纤的无失真传输频带较宽,比多模光纤的传输容量大得多。但是,由于其直径较小,所以在两段光纤相接时不易对准。另外,激光器的价格比 LED 贵。可见,这两种光纤各有优缺点,都得到了广泛的应用。

实际光纤的外面还有一层塑料保护层,并将多根光纤组合成为一根光缆。光缆有保护外皮,内部还加有增加机械强度的钢线和辅助功能电线。

5. 无线视距中继信道

无线视距中继是指工作频率在超短波和微波波段时,电磁波基本上沿视线传播,通信距离依靠中继方式延伸的无线电线路,相邻中继站间距离一般为 40～50km。它主要用于长途干线、移动通信网及某些数据收集(如水文、气象数据的测报等)系统中。

无线视距中继信道的构成示意如图 3.10 所示,它由终端站、中继站及各站间的电波传播路径所构成。由于这种系统具有传输容量大、发射功率小、通信稳定可靠以及和同轴电缆相比可以节省有色金属等优点,因此被广泛用来传输多路电话及电视。

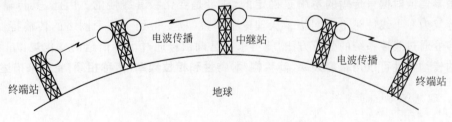

图 3.10　无线视距中继的构成

6. 卫星中继信道

卫星中继信道是利用人造卫星作为中继站构成的通信信道,可视为无线电中继信道的一种特殊形式。这种信道具有传输距离远、覆盖地域广、传播稳定可靠、传输容量大等突出的优点。目前广泛用来传输多路电话、电报、数据和电视信号。卫星中继信道与微波中继信道都是利用微波信号在自由空间直线传播的特点。微波中继信道由地面建立的端站和中继站组成,而卫星中继信道是以卫星转发器作为中继站与接收、发送地球站构成。当卫星运行轨道在赤道平面,离地面高度为 35 780km 时,绕地球运行一周的时间

恰为 24h,与地球自转同步,这种卫星称为静止卫星。不在赤道平面轨道运行的卫星称为

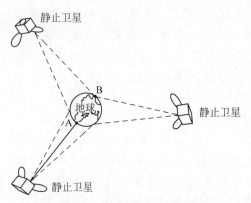

图 3.11　采用静止卫星覆盖地球

移动卫星。静止卫星也称为同步通信卫星,使用它作为中继站,可以实现地球上 18 000km 范围内多点之间的连接。采用 3 个适当配置(相互夹角 120°)的静止卫星中继站就可以覆盖全球(除两极盲区外),图 3.11 所示为这种卫星中继信道的概貌。

若采用中、低轨道移动卫星,则需要多颗卫星才能覆盖地球,所需卫星的个数与卫星轨道高度有关,轨道越低,所需卫星数越多。

卫星中继信道由通信卫星、地球站、上行线路及下行线路构成。其中,上行与下行线路是地球站至卫星及卫星至地球站的电波传播路径,信道设备集中于地球站与卫星中继站。目前,卫星中继信道主要工作频段有 L 频段(1.5～1.6GHz)、C 频段(4～6GHz)、Ku 频段(12～14GHz)、Ka 频段(20～30GHz)。由于卫星轨道离地面较远,所以信号衰减大,电波往返所需要的时间较长。对于静止卫星,信号由地球站至通信卫星再回到地球站这样一次往返需要 0.26s 左右,传输语音信号时会感觉明显的延迟效应。

在几百千米高度的低轨道上运行的卫星,由于要求地球站的发射功率较小,特别适用于移动通信和个人通信系统。

3.2.2　恒参信道特性及其对信号传输的影响

恒参信道对信号传输的影响是确定的,或者是变化极其缓慢的。因此,其传输特性可以等效为一个线性时不变网络。从理论上来说,只要得到了这个网络的传输特性,则利用信号通过线性系统的分析方法,就可求得已调信号通过恒参信道的变化规律。**线性网络的传输特性可以用幅度频率(简称幅频)特性和相位频率(简称相频)特性来描述**。

1. 理想恒参信道特性

理想恒参信道就是理想的无失真传输信道,其**等效的线性网络传输特性**为

$$H(\omega) = K_0 e^{-j\omega t_d} \tag{3-6}$$

其中,K_0 为传输系数;t_d 为时间延迟,它们都是与频率无关的常数。根据信道的等效传输函数可以得到**幅频特性**为

$$|H(\omega)| = K_0 \tag{3-7}$$

相频特性为

$$\varphi(\omega) = \omega t_d \tag{3-8}$$

信道的相频特性通常还采用**群迟延**(group delay)-**频率特性**来衡量,所谓**群迟延-频率特性**,就是**相频特性的导数**,群迟延-频率特性可以表示为

$$\tau(\omega) = \frac{\mathrm{d}\varphi(\omega)}{\mathrm{d}\omega} = t_{\mathrm{d}} \qquad (3\text{-}9)$$

理想信道的幅频特性、相频特性和群迟延-频率特性曲线如图 3.12 所示。

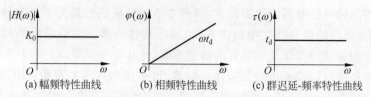

(a) 幅频特性曲线   (b) 相频特性曲线   (c) 群迟延-频率特性曲线

图 3.12 理想信道的幅频特性、相频特性和群迟延-频率特性曲线

理想恒参信道的冲激响应为

$$h(t) = K_0 \delta(t - t_{\mathrm{d}}) \qquad (3\text{-}10)$$

若输入信号为 $s(t)$,则理想恒参信道的输出为

$$r(t) = K_0 s(t - t_{\mathrm{d}}) \qquad (3\text{-}11)$$

由此可总结**理想恒参信道对信号传输的影响**如下所述。

(1) 对信号在幅度上产生固定的衰减。

(2) 对信号在时间上产生固定的迟延。

由理想恒参信道的特性可知,在整个频率范围内,其幅频特性为常数(或在信号频带范围之内为常数),其相频特性为 ω 的线性函数(或在信号频带范围之内为 ω 的线性函数)。在实际中,如果信道传输特性偏离了理想信道特性,就会产生**失真**(或称为**畸变**)。如果信道的幅频特性在信号频带范围之内不是常数,则会使信号产生**幅度-频率失真**(简称**幅频失真**);如果信道的相频特性在信号频带范围之内不是 ω 的线性函数,则会使信号产生**相位-频率失真**(简称**相频失真**或**群迟延失真**)。

2. 幅频失真

幅频失真是指信号中不同频率的分量分别受到信道不同的衰减,它由实际信道的幅频特性不理想(如在通常的电话信道中存在各种滤波器、混合线圈、串联电容和分路电感等)**所引起**,这种失真又称为**频率失真**,属于**线性失真**。因此,电话信道的幅频特性不可能是理想的,如图 3.13 所示的典型音频电话信道就是如此,这种信道的总幅频特性曲线低频端截止频率约在 300Hz 以下,每倍频程的衰耗升高 $15 \sim 25\mathrm{dB}$;在 $300 \sim 1100\mathrm{Hz}$ 范围内衰耗比较平坦,在 $1100 \sim 2900\mathrm{Hz}$ 范围内衰耗几乎是线性上升的($2600\mathrm{Hz}$ 的衰耗比 $1100\mathrm{Hz}$ 处高 $8\mathrm{dB}$);

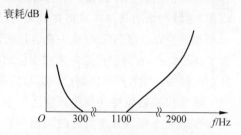

图 3.13 典型音频电话信道的衰耗曲线

在 $2900\mathrm{Hz}$ 以上,衰耗增加很快,每倍频程增加 $80 \sim 90\mathrm{dB}$。

十分明显,如上所述的不均匀衰耗必然使传输信号的幅度随频率发生失真,引起信号波形的畸变。此时若在这种信道中传输数字信号,则会引起相邻数字信号波形之间在时间上的相互重叠,造成**码间干扰**(intersymbol interference)。

3. 相频失真

当信道的相频特性偏离线性关系时,信号中不同频率的分量分别受到信道不同的时延,将会使通过信道的信号产生相频失真,也属于**线性失真**。电话信道的相频失真主要来源于信道中的各种滤波器及可能有的加感线圈,尤其信道频带的边缘失真更为严重。

相频失真对模拟语音通道的影响并不显著,这是因为人耳对相频失真不太敏感;但对数字信号传输却不然,尤其当传输速率比较高时,相频失真将会引起严重的码间干扰,给通信质量带来很大损害。图 3.14 所示为一个典型的电话信道的相频特性和群迟延-频率特性。

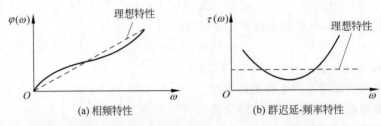

(a) 相频特性　　　　　　　(b) 群迟延-频率特性

图 3.14　典型电话信道相频特性和群迟延-频率特性

可以看出,相频特性和群迟延-频率特性都偏离了理想特性的要求,因此会使信号产生严重的相频失真或群迟延失真。

3.2.3　减小失真的措施

为了减小幅频失真,在设计总的电话信道传输特性时,一般都要求把幅频失真控制在一个允许的范围内。这就要求改善电话信道中的滤波性能,或者再通过一个线性补偿网络使衰耗特性曲线变得平坦,接近于图 3.12(a)所示效果。这种措施通常称为均衡。在载波电话信道上传输数字信号时通常要采用均衡措施,均衡的方式有时域均衡和频域均衡,时域均衡的具体技术将在后文的"数字基带传输系统"章节介绍。

相频失真与群迟延-频率失真也是线性失真,因此也可采取相位均衡技术补偿失真。即为了减小失真,在调制信道内采取相位均衡措施,使得信道的相频特性尽量接近图 3.12(b)所示的线性。或者严格限制已调信号的频谱,使它保持在信道的线性相移范围内传输。

恒参信道幅频特性及相频特性的不理想是损害信号传输质量的重要因素。此外,也还存在其他一些因素使信道的输出与输入产生差异(亦可称为失真),如非线性失真、频率偏移及相位抖动等。非线性失真主要由信道中的元器件(如磁芯、电子器件等)的非线性特性引起,造成谐波失真或产生寄生频率等;频率偏移通常是由于载波电话系统中接收端解调载波与发送端调制载波之间的频率有偏差(例如,解调载波可能没有锁定在调制载波上,而造成信道传输信号的每一分量可能产生的频率变化);相位抖动也是由调制和解调载波发生器的不稳定性造成的,这种抖动的结果相当于发送信号附加上一个小指数的调频。非线性失真一旦产生,一般均难以排除,这就需要在进行系统设计时从技术上加以重视。

3.3 随参信道及其传输特性

常见的随参信道有陆地移动信道、短波电离层反射信道、超短波流星余迹散射信道、超短波及微波对流层散射信道、超短波电离层反射信道以及超短波超视距绕射信道等。

3.3.1 随参信道举例

1. 短波电离层反射信道

短波电离层反射信道是利用地面发射的无线电波在电离层与地面之间的一次或多次反射所形成的信道。电离层位于地面上 $60\sim600$km,它是因为太阳的紫外线和宇宙射线辐射使大气层电离的结果,由分子、原子、离子及自由电子组成。波长为 $10\sim100$m(频率为 $3\sim30$MHz)的无线电波称为短波,短波可以沿地面传播,简称为地波传播;也可以由电离层反射传播,简称为天波传播。由于地面的吸收作用,地波传播的距离较短,约为几十千米。天波传播由于经电离层一次或多次反射,传输距离可达几千甚至上万千米。当短波无线电波射入电离层时,由于折射现象会使电波产生反射而返回地面,从而形成短波电离层反射信道。

电离层的厚度有数百千米,可分为 D、E、F_1 和 F_2 共 4 层,如图 3.15 所示。

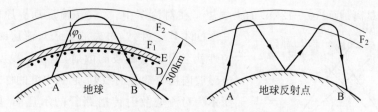

图 3.15 短波信号从电离层反射的传播路径

由于太阳辐射强度的变化,电离层的密度和厚度也随时间随机变化,因此短波电离层反射信道属于随参信道。在白天,由于太阳辐射强,所以 D、E、F_1 和 F_2 都存在;在夜晚,由于太阳辐射弱,D 层和 F_1 层几乎完全消失,因此只有 E 层和 F_2 层存在。由于 D 层、E 层电子密度小,不能形成反射条件,因此短波电波不会被反射。D 层和 E 层对电波传输的影响主要是吸收电波,使电波能量损耗。F_2 层是反射层,其高度为 $250\sim400$km,所以一次反射的最大距离约为 4000km。

由于电离层密度和厚度随时间随机变化,因此短波电波满足反射条件的频率范围也随时间变化。通常用最高可用频率作为工作频率上限。在白天,电离层较厚,F_2 层的电子密度较大,最高可用频率较高。在夜晚,电离层较薄,F_2 层的电子密度较小,最高可用频率要比白天低。

短波电离层反射信道最主要的特征是多径传播,多径传播形式有以下几种。

(1) 电波从电离层的一次反射和多次反射。

(2) 电离层反射区高度不同所形成的细多径。

(3) 地球磁场引起的寻常波和非寻常波。

(4) 电离层不均匀性引起的漫射。

以上4种情况示例分别对应图3.16(a)~(d)所示路径效果。

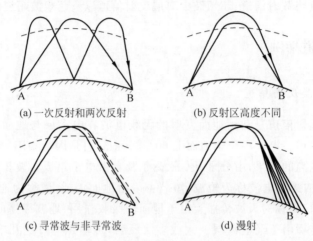

(a) 一次反射和两次反射 (b) 反射区高度不同

(c) 寻常波与非寻常波 (d) 漫射

图 3.16 多径传播的几种主要形式

2. 对流层散射信道

对流层是离地面10~12km的大气层。在对流层中,大气湍流运动等原因会引起大气层的不均匀性,当电磁波射入对流层时,这种不均匀性就会引起电磁波的散射,也就是漫反射,一部分电磁波向接收端方向散射,起到中继的作用。图3.17所示为对流层散射传播路径的示意图,图中四边形ABCD区域表示的是收发天线共同照射区,称为散射体积,其中包含许多不均匀气团。通常一跳的通信距离为100~500km,对流层的性能受许多因素的影响随机变化;另外,对流层不是一个平面,而是一个散体,电波信号经过对流层散射也会产生多径传播,因此对流层散射信道也是随参信道。

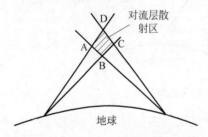

图 3.17 对流层前向散射的传播路径

随参信道的特性比恒参信道要复杂得多,对信号的影响也要严重得多。其根本原因在于它包含一个复杂的传输媒质。虽然,随参信道中包含着除媒质外的其他转换器,自然也应该把它们的特性算作随参信道特性的组成部分。但是,从对信号传输的影响来看,传输媒质的影响是主要的,转换器特性的影响是次要的,甚至可以忽略不计。

3.3.2 随参信道传输媒质的特点

随参信道的特点是由发射点出发的电波可能经多条路径到达接收点,这种现象称为多径传播(multipath propagation)。就每条路径信号而言,它的衰耗和时延都不是固定不变的,而是随电离层或对流层的变化机理随机变化的。因此,多径传播后的接收信号将是衰减和时延随时间变化的各路径信号的合成。

概括而言,随参信道传输媒质通常具有以下特点。

(1) 对信号的衰耗随时间随机变化。

(2) 信号传输的时延随时间随机变化。

(3) 多径传播。

所谓多径传播,是指由发射点出发的电波可能经过多条路径到达接收点,由于每条路径对信号的衰减和时延都随电离层或对流层的机理变化而变化,因此接收信号将是衰减和时延随时间变化的各路径信号的合成。**多径传播对信号的影响称为多径效应。**

3.3.3 随参信道对信号传输的影响

由于随参信道具有上述特点,因此它对信号传输的影响要比恒参信道严重得多。

1. 随参信道对信号传输影响的分析

由前面内容可知,信号经随参信道传播后,接收端接收的信号将是衰减和时延随时间变化的多路径信号的合成。假设发射波为幅度恒定、频率单一的载波 $A\cos\omega_c t$,经过 n 条路径传播后的接收信号 $R(t)$ 可表示为

$$R(t) = \sum_{i=1}^{n} a_i(t)\cos\omega_c\big[t - \tau_i(t)\big] = \sum_{i=1}^{n} a_i(t)\cos\big[\omega_c t + \varphi_i(t)\big] \tag{3-12}$$

式中,$a_i(t)$ 为第 i 条路径的接收信号振幅,随时间不同而随机变化;$\tau_i(t)$ 为第 i 条路径的传输时延,随时间不同而随机变化;$\varphi_i(t)$ 为第 i 条路径的随机相位,其与 $\tau_i(t)$ 相对应,即 $\varphi_i(t) = -\omega_c\tau_i(t)$。

大量观察表明,$a_i(t)$ 和 $\varphi_i(t)$ 随时间的变化比信号载频的周期变化通常要缓慢得多,即 $a_i(t)$ 和 $\varphi_i(t)$ 可看作是缓慢变化的随机过程。因此式(3-12)又可写为

$$R(t) = \left[\sum_{i=1}^{n} a_i(t)\cos\varphi_i(t)\right]\cos\omega_c t - \left[\sum_{i=1}^{n} a_i(t)\sin\varphi_i(t)\right]\sin\omega_c t \tag{3-13}$$

令 $X_c(t) = \sum\limits_{i=1}^{n} a_i(t)\cos\varphi_i(t)$、$X_s(t) = \sum\limits_{i=1}^{n} a_i(t)\sin\varphi_i(t)$,代入式(3-13)后得

$$R(t) = X_c(t)\cos\omega_c t - X_s(t)\sin\omega_c t = V(t)\cos\big[\omega_c t + \varphi(t)\big] \tag{3-14}$$

其中,$V(t)$ 是多径信号合成后的包络,即

$$V(t) = \sqrt{X_c^2(t) + X_s^2(t)} \tag{3-15}$$

而 $\varphi(t)$ 是多径信号合成后的相位,即

$$\varphi(t) = \arctan\frac{X_s(t)}{X_c(t)} \tag{3-16}$$

由于 $a_i(t)$ 和 $\varphi_i(t)$ 是缓慢变化的随机过程,因而 $X_c(t)$、$X_s(t)$ 及包络 $V(t)$、相位 $\varphi(t)$ 也都是缓慢变化的,于是 $R(t)$ 可视为一个窄带随机过程。由随机信号分析理论知道,窄带随机过程包络 $V(t)$ 的一维分布服从瑞利分布,相位 $\varphi(t)$ 的一维分布服从均匀分布,其波形与频谱如图 3.18 所示。

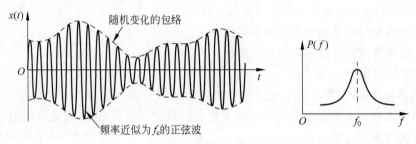

图 3.18　窄带信号波形

综上可得出结论:发射信号为单频恒幅正弦波时,接收信号会因多径效应变成包络起伏的窄带信号。 与振幅恒定、单一频率的发射信号对比,接收信号波形的包络有了起伏,也不再是单一频率,而有了扩展,成为窄带信号。这种信号包络因传播有了起伏的现象称为**衰落**。图 3.18 所示包络起伏称为**快衰落**——衰落周期和码元周期可以相比(在秒或秒以下数量级)。另外一种衰落是**慢衰落**——由传播条件引起的(如季节、天气等的变化),一般周期较长(如若干天或若干小时)。

2. 两条路径引起的多径效应分析与相关带宽

当发送的信号是具有一定频带宽度的信号时,多径传播会产生频率选择性衰落。

为分析简便起见,假定多径传播的路径只有两条,且到达接收点的两路信号的强度相同,只是在到达时间上差一个时延 τ。

令发送信号为 $f(t)$,它的频谱密度函数为 $F(\omega)$,即

$$f(t) \Longleftrightarrow F(\omega) \tag{3-17}$$

则到达接收点的两路信号可分别表示为 $af(t-t_0)$ 及 $af(t-t_0-\tau)$。这里,假定两条路径的衰减皆为 a,第 1 条路径的时延为 t_0。显然存在如下关系

$$af(t-t_0) \Longleftrightarrow aF(\omega)\mathrm{e}^{-\mathrm{j}\omega t_0} \tag{3-18}$$

$$af(t-t_0-\tau) \Longleftrightarrow aF(\omega)\mathrm{e}^{-\mathrm{j}\omega(t_0-\tau)} \tag{3-19}$$

当这两条传输路径的信号合成后,得

$$R(t) = af(t-t_0) + af(t-t_0-\tau) \tag{3-20}$$

它的傅氏变换对为

$$R(t) \Longleftrightarrow R(\omega) = aF(\omega)\mathrm{e}^{-\mathrm{j}\omega t_0}(1+\mathrm{e}^{-\mathrm{j}\omega\tau}) \tag{3-21}$$

因此,信道的传递函数为

$$H(\omega) = \frac{R(\omega)}{F(\omega)} = a\,\mathrm{e}^{-\mathrm{j}\omega t_0}(1 + \mathrm{e}^{-\mathrm{j}\omega\tau}) \tag{3-22}$$

其幅频特性为

$$|H(\omega)| = |a\,\mathrm{e}^{-\mathrm{j}\omega t_0}(1 + \mathrm{e}^{-\mathrm{j}\omega\tau})| = a|1 + \mathrm{e}^{-\mathrm{j}\omega\tau}| = 2a\left|\cos\frac{\omega\tau}{2}\right| \tag{3-23}$$

$H(\omega) \sim \omega$ 曲线如图 3.19 所示(这里设 $a = 1$)。

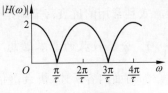

图 3.19　多径效应

由图 3.19 可知,两径传输时,对应不同的频率,信道的衰减不同,$\omega = 2n\pi/\tau$(n 为整数)时会出现传播极点;$\omega = (2n+1)\pi/\tau$(n 为整数)时会出现传输零点。另外,相对时延差 τ 一般是随时间变化的,故传输特性出现的零极点在频率轴上的位置也是随时间而变的。显然,当一个传输信号的频谱宽于 $1/\tau$ Hz 时,传输信号的频谱将产生畸变,致使某些分量被衰落,这种现象称为**频率选择性衰落**,简称**选择性衰落**。

多径传播时的相对时延差通常用最大多径时延差来表征,并用它来估算传输零极点在频率轴上的位置。设信道的最大时延差为 τ_m,则相邻两个零点之间的频率间隔为

$$B_\mathrm{c} = \frac{1}{\tau_\mathrm{m}} = \Delta f \tag{3-24}$$

这个频率间隔通常称为多径传播信道的**相关带宽**(correlation bandwidth)。

多径传播对信号传输的影响如下所述。

(1) **产生了瑞利衰落**——从波形上看,幅度恒定、频率单一的载波信号变成了包络和相位受到调制的窄带信号,称为衰落信号。

(2) **引起了频率弥散**——从频谱上看,多径传播使单一谱线变成了窄带频谱,即多径传播引起了频率弥散。

(3) **造成了频率选择性衰落**——信号频谱中某些分量被衰落,发生在传输信号的频谱大于多径传播媒质的相关带宽的情况。

上述概念可推广到一般的多径传播。虽然这时信道的传输特性要复杂得多,但出现频率选择性衰落的基本规律是相同的,即频率选择性将同样依赖于相对时延差。

多径效应会使数字信号的码间干扰增大。为了减小码间干扰的影响,通常要降低码元传输速率,因为码元速率降低,信号带宽也将随之减小,多径效应的影响则随之减轻。即信号频带(Δf_s)必须小于相关带宽。一个工程上的经验公式为

$$\Delta f_\mathrm{s} = (1/3 \sim 1/5)\Delta f \tag{3-25}$$

即数字信号的码元脉冲宽度为

$$T_\mathrm{s} = (3 \sim 5)\tau_{\max} \tag{3-26}$$

综上分析,**多径传播引起的瑞利型衰落(属快衰落)和频率选择性衰落是严重影响信号传输质量的两个因素。**

3.3.4　随参信道特性的改善

随参信道的衰落将会严重降低通信系统的性能,必须设法改善。对于慢衰落,主要采取加大发射功率和在接收机内采用自动增益控制技术等方法。对于快衰落,通常可采用多种措施,例如,各种抗衰落的调制解调技术、抗衰落接收技术及扩频技术等。其中明显有效且常用的抗衰落措施是**分集接收技术**。

1. 分集接收的基本思想

如前面内容所述,快衰落信道中接收的信号是到达接收机的各径分量的合成。这样,如果能在接收端同时获得几个不同的合成信号,并将这些信号适当合并构成总的接收信号,将有可能大大减轻衰落的影响。这就是分集接收的基本思想。

在此,分集两字的含义是分散得到几个合成信号,而后集中(合并)处理这些信号。理论和实践证明,只要被分集的几个合成信号之间是统计独立的,那么经适当合并后就能使系统性能大为改善。

2. 分集方式

为了获取互相独立或基本独立的合成信号,一般利用不同路径或不同频率、不同角度、不同极化等接收手段来实现,大致有如下几种分集方式。

(1) **空间分集**。在接收端架设几副天线,天线间要求有足够的距离(一般在 100 倍信号波长以上),以保证各天线上获得的信号基本相互独立。

(2) **频率分集**。用多个不同载频传送同一个消息,如果各载频的频差相隔比较远,则各分散信号也基本互不相关。

(3) **角度分集**。这是利用天线波束不同指向上的信号互不相关的原理形成的一种分集方法,例如在微波面天线上设置若干个反射器,可产生相关性很小的几个波束。

(4) **极化分集**。这是分别接收水平极化波和垂直极化波而构成的一种分集方法。一般来说,这两种波是相关性极小的(在短波电离层反射信道中)。

当然,还有其他分集方法,这里不加详述。但要指出的是,分集方法均不是互相排斥的,在实际使用时可以互相组合。例如由二重空间分集和二重频率分集可组成四重分集系统等。

3. 集中合成信号的方式

对各分散的合成信号进行合并的方法有多种,最常用的方法如下所述。

(1) **最佳选择式**。从几个分散信号中设法选择其中信噪比最大的信号作为接收信号。

(2) **等增益相加式**。将几个分散信号以相同的支路增益进行直接相加,相加后的结果作为接收信号。

（3）**最大比值相加式**。控制各支路增益,使它们分别与本支路的信噪比成正比,然后再相加获得接收信号。

以上合并方式在改善总接收信噪比方面均有差别,最大比值相加式合并方式性能最好,等增益相加式次之,最佳选择式最差。

从总的分集效果来说,分集接收除能提高接收信号的电平外(例如,二重空间分集在不增加发射机功率的情况下,可使接收信号电平增加一倍左右),主要是改善了衰落特性,使信道的衰落平滑、减小了。例如,无分集时,若误码率为 10^{-2},则在用四重分集时,误码率可降低至 10^{-7} 左右。由此可见,用分集接收方法对随参信道进行改善是非常有效的。

3.4　加性噪声及信道容量

3.4.1　加性噪声的分类及特性

1. 加性噪声的分类

1) 按来源分类

信道中加性噪声的来源是很多的,它们表现的形式也多种多样。根据噪声的来源进行分类,一般可以分为如下所述 3 类。

（1）**人为噪声**(man-made noise)。人为噪声是指人类活动所产生的对通信造成干扰的各种噪声,其中包括工业噪声和无线电噪声。工业噪声来源于各种电气设备,如开关接触噪声、汽车的点火辐射及荧光灯干扰等。无线电噪声来源于各种无线电发射机,如外台干扰、宽带干扰等。

（2）**自然噪声**(natural noise)。自然噪声是指自然界存在的各种电磁波源所产生的噪声。如雷电、磁暴、太阳黑子、银河系噪声、宇宙射线等。可以说整个宇宙空间都是自然噪声的来源。

（3）**内部噪声**。内部噪声是指通信设备本身产生的各种噪声。它来源于通信设备的电子器件、传输线、天线等,如电阻一类的导体中自由电子的热运动产生的热噪声(thermal noise)、电子管中电子的起伏发射或晶体管中载流子的起伏变化产生的散弹噪声等。

2) 按性质分类

从噪声的来源分类比较直观,但是,从防止或减小噪声对信号传输影响的角度考虑,按噪声的性质分类会更为有利。如果根据噪声的性质分类,噪声可以分为窄带噪声、脉冲噪声和起伏噪声。

（1）**窄带噪声**(narrow band noise)。窄带噪声主要是无线电干扰,频谱特性可能是单一频率,也可能是窄带谱。窄带噪声是一种连续波干扰。通过合理设计系统可以避免这种噪声的干扰。

(2) **脉冲噪声**(impulse noise)。脉冲噪声是在时间上无规则的突发脉冲波形,包括工业干扰中的电火花、汽车点火噪声、雷电等。脉冲噪声的特点是以突发脉冲的形式出现、干扰持续时间短、脉冲幅度大、周期随机且相邻突发脉冲之间有较长的安静时间。由于脉冲很窄,所以其频谱很宽。但是随着频率的提高,频谱强度逐渐减弱。通过选择合适的工作频率、远离脉冲源等措施可以减小和避免脉冲噪声的干扰。

(3) **起伏噪声**(fluctuation noise)。起伏噪声是一种连续波随机噪声,包括热噪声、散弹噪声和宇宙噪声。对其特性的描述可以采用随机过程的分析方法。起伏噪声的特点是具有很宽的频带,并且始终存在,它是影响通信系统性能的主要因素。本书后文各章分析通信系统抗噪声性能时,都是以起伏噪声为重点。

需要说明的是,虽然脉冲噪声在调制信道内造成的影响不如起伏噪声那样大,所以在一般的模拟通信系统内可以不必专门采取什么措施来对付它。但是在编码信道内,这类突发性的脉冲干扰往往会对数字信号的传输带来严重的后果,甚至发生一连串的误码。因此,为了保证数字通信的质量,在数字通信系统内经常采用差错控制技术,进而有效地对抗突发性脉冲干扰。

2. 起伏噪声的特性

对于起伏噪声,这里主要讨论热噪声、散弹噪声和宇宙噪声的产生原因,并分析其统计特性。

热噪声是电阻一类导体中自由电子的布朗运动引起的噪声。在通信系统中,电阻器件噪声、天线噪声、馈线噪声以及接收机产生的噪声均可以等效成热噪声。

实验结果和理论分析证明,阻值为 R 的电阻器两端所呈现的热噪声的单边功率谱密度为

$$P_n(f) = \frac{4Rhf}{\exp\left(\dfrac{hf}{KT}\right) - 1} \quad (V^2/Hz) \tag{3-27}$$

式中,T 为所测电阻的绝对温度,$K = 1.380\,54 \times 10^{-23}$(J/K)为玻尔兹曼常数,$h = 6.6254 \times 10^{-34}$(J/s)为普朗克常数。

功率谱密度曲线如图 3.20 所示,可以看出,在频率 $f < 0.2(KT/h)$ 范围内,功率谱密度 $P_n(f)$ 基本上是平坦的。在室温($T = 290K$)条件下,$f < 1000GHz$ 时,功率谱密度 $P_n(f)$ 基本上是平坦的。这个频率范围是很宽的,包含了毫米波在内的所有频段,通常将这种噪声按白噪声处理。因此,通信系统中热噪声的功率谱密度可表示为

$$P_n(f) = 2RKT \quad (V^2/Hz) \tag{3-28}$$

电阻的热噪声还可以表示为噪声电流源或噪声电压源的形式,如图 3.21 所示。其中,图 3.21(b)是噪声电流源与纯电导相并联;图 3.21(c)是噪声电压源与纯电阻相串联。

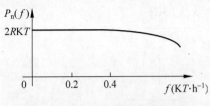

图 3.20 热噪声的功率谱密度

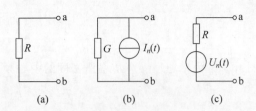

图 3.21 电阻热噪声的等效表示

噪声电流源与噪声电压源的均方根值分别为

$$I_n = \sqrt{4KTGB} \tag{3-29}$$

$$U_n = \sqrt{4KTRB} \tag{3-30}$$

根据中心极限定理可知,热噪声电压服从高斯分布,且均值为零,则其一维概率密度函数为

$$f_n(v) = \frac{1}{\sqrt{2\pi}\,\sigma_n} \exp\left(-\frac{v^2}{2\sigma_n^2}\right) \tag{3-31}$$

因此,通常都将热噪声看成**高斯白噪声**(Gaussian white noise)。

除了热噪声之外,电子管和晶体管器件电子发射不均匀所产生的散弹噪声等和来自太阳、银河系及银河系外的宇宙噪声的功率谱密度在很宽的频率范围内也是平坦的,其分布也是零均值高斯的。因此散弹噪声和宇宙噪声通常也看成是高斯白噪声。

由以上分析可得,热噪声、散弹噪声和宇宙噪声这些起伏噪声都可以认为是一种高斯噪声,且功率谱密度在很宽的频带范围都是常数。因此,起伏噪声通常被认为是近似高斯白噪声。高斯白噪声的双边功率谱密度为

$$P_n(f) = \frac{n_0}{2} \quad (\text{W/Hz}) \tag{3-32}$$

其自相关函数为

$$R_n(\tau) = \frac{n_0}{2}\delta(\tau) \tag{3-33}$$

式(3-33)说明,均值为零的高斯白噪声在任意两个不同时刻的取值是不相关的,因而也是统计独立的。

起伏噪声本身是一种频谱很宽的噪声,当它通过通信系统时,会受到通信系统中各种变换的影响,频谱特性会发生变化。一个通信系统的线性部分可以用线性网络来描述,通常具有带通特性。当宽带起伏噪声通过带通特性网络时,输出噪声就会变为带通型噪声。如果线性网络具有窄带特性,则输出噪声为窄带噪声。研究调制解调问题时,起伏噪声往往先通过一个带通滤波器后才能到达解调器输入端,此时的噪声通常都可以表示为窄带高斯噪声。也就是说,调制信道的加性噪声可直接表述为窄带高斯白噪声。带通型噪声的频谱具有一定的宽度,噪声的带宽可以用不同的定义来描述。为了使得分析噪声功率相对容易,通常用噪声等效带宽来描述。设带通型噪声的功率谱密度为 $P_n(f)$,相应曲线如图 3.22 所示,则噪声等效带宽定义为

$$B_n = \frac{\int_{-\infty}^{\infty} p_n(f)\mathrm{d}f}{2p_n(f_c)} = \frac{\int_0^{\infty} p_n(f)\mathrm{d}f}{p_n(f_c)} \tag{3-34}$$

式中，f_c 为带通型噪声功率谱密度的中心频率。

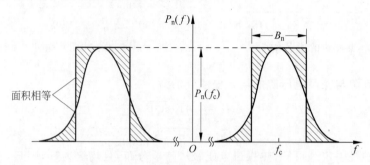

图 3.22　带通型噪声的功能谱密度

噪声等效带宽的物理意义是高度为 $P_n(f_c)$、宽度为 B_n 的噪声功率与功率谱密度为 $P_n(f)$ 的带通型噪声功率相等。

3.4.2　信道容量

信道容量(channel capacity)是指信道中信息无差错传输的最大平均信息速率。从信息论的观点来看，各种信道可概括为连续(continuous)信道和离散(discrete)信道两类。在信道模型中定义了调制信道和编码信道两种广义信道。

调制信道是一种连续信道，输入和输出信号都是取值连续的，其信道模型用时变线性网络来表示，可以用连续信道的信道容量来描述；编码信道是一种离散信道，输入和输出信号都是取值离散的时间函数，其信道模型用转移概率来表示，可以用离散信道的信道容量来描述。

1. 离散信道容量

离散信道容量有两种不同的度量单位：一种是**用每个符号**(symbol)**能够传输的平均信息量的最大值表示信道容量** C；另一种是**用单位时间(每秒)内能够传输的平均信息量的最大值表示信道容量** C_t。这两者之间可以互换，若知道信道每秒能够传输多少个符号，则不难从第 1 种转换为第 2 种表示方法。因此，这两种表示方法在实质上是一样的，可以根据需要选用。

假设离散信道的模型如图 3.23 所示。

图 3.23(a)所示为无噪声信道，$P(x_i)$ 表示发送符号 x_i 的概率，$P(y_i)$ 表示收到符号 y_i 的概率，$P(y_i/x_i)$ 是转移概率。这里 $i=1,2,\cdots,n$。由于信道无噪声，故它的输入与输出一一对应，即 $P(x_i)$ 与 $P(y_i)$ 相同。

在无噪声信道中，信道传输信息的速率等于信源的信息速率，即

$$R = rH(x) \tag{3-35}$$

式中，$H(x)$表示信源发送的每个符号的平均信息量；r为单位时间传送的符号数。

对于一切可能的信源概率分布来说，信道传输信息的速率R的最大值称为信道容量，记为C，C即为无噪声的离散信道的容量，且有

$$C = \max_{\{P(x)\}} R = \max_{\{P(x)\}} \left[rH(x) \right] \tag{3-36}$$

式中，max表示对所有的可能的输入概率分布来说的最大值。

图3.23(b)所示为有噪声信道，$P(x_i)$表示发送符号x_i的概率，$i=1,2,\cdots,n$；$P(y_j)$表示收到符号y_j的概率，这里$j=1,2,\cdots,m$；$P(y_i/x_i)$是转移概率，即发送x_i收到y_j的条件概率。在这种信道中，输入、输出不存在一一对应关系，当输入一个x_1时，则输出可能为y_1，也可能是y_2或y_m等。可见，输出与输入之间为随机对应关系。不过，它们之间有一定的统计关系，并且这种随机对应的统计关系就反映在信道的条件（或转移）概率上。因此，可以用信道的条件概率来合理地描述信道的干扰和信道的统计特性。

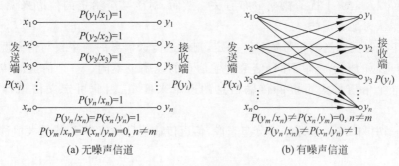

图 3.23　信道模型

在有噪声的信道中，发送符号为x_i，收到的符号为y_j，所获得的信息量等于未发送符号前对x_i的不确定程度减去收到符号y_j后对x_i的不确定程度，即

$$[发送\ x_i\ 收到\ y_j\ 时所获得的信息量] = -\log_2 P(x_i) + \log_2 P(x_i/y_j) \tag{3-37}$$

式中，$P(x_i)$是未发送符号前x_i出现的概率；$P(x_i/y_i)$是收到y_j而发送为x_i的条件概率。

对各x_i和y_j取统计平均，即对所有发送为x_i而收到为y_j取平均，则

$$[平均信息量\ /\ 符号] = -\sum_{i=1}^{n} P(x_i)\log_2^{P(x_i)} - \left[-\sum_{j=1}^{m} P(y_j)\sum_{i=1}^{n} P(x_i/y_j)\log_2^{P(x_i/y_j)} \right]$$

$$= H(x) - H(x/y) \tag{3-38}$$

式中，$H(x)$表示发送的每个符号的平均信息量，称为信源的**熵**（entropy）；$H(x/y)$表示发送符号在有噪声信道中传输时平均丢失的信息量，或当输出符号已知时输入符号的平均信息量。

为了表明信道传输信息的能力，引用信息传输速率的概念。所谓**信息传输速率**，是指信道在单位时间内所传输的平均信息量，并用R表示，即

$$R = H_t(x) - H_t(x/y) \tag{3-39}$$

式中，$H_t(x)$为单位时间内信息源发出的平均信息量或称信息源的信息速率；$H_t(x/y)$

为单位时间内收到 y 而发送 x 的条件平均信息量。

假设单位时间内传送的符号数为 r,则

$$H_t(x) = rH(x) \tag{3-40}$$

$$H_t(x/y) = rH(x/y) \tag{3-41}$$

则

$$R = r[H(x) - H(x/y)] \tag{3-42}$$

式(3-42)表示有噪声信道中信息传输速率等于每秒钟内信息源发送的信息量与由信道不确定性而引起丢失的那部分信息量之差。

讨论:(1) 在无噪声时,信道不存在不确定性,即 $H(x/y)=0$。这时信道传输信息的速率等于信息源的信息速率,即 $R=r[H(x)]$。

(2) 如果噪声很大,$H(x/y) \rightarrow H(x)$,则信道传输信息的速率为 $R \rightarrow 0$。

由信道传输信息速率 R 的定义可以看出,它与单位时间传送的符号数目 r、信息源的概率分布以及信道干扰的概率分布有关。然而,对于某个给定的信道来说,干扰的概率分布应当认为是确定的。

如果单位时间传送的符号数目 r 一定,则信道传送信息的速率仅与信息源的概率分布有关,信息源的概率分布不同,信道传输信息的速率也不同。一个信道的传输能力当然应该以这个信道最大可能的传输信息的速率来度量,因此可定义信道容量的概念如下。

对于一切可能的信息源概率分布来说,信道传输信息的速率 R 的最大值称为信道容量,记为 C,即

$$C = \max_{\{P(x)\}} R = \max_{\{P(x)\}} [H_t(x) - H_t(x/y)] \tag{3-43}$$

式中,max 表示对所有可能的输入概率分布来说的最大值。

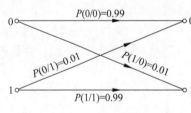

图 3.24　二进制信道模型

【例 3-1】　设信息源由符号 0 和 1 组成,顺次选择两符号构成所有可能的消息,如果消息传输速率是每秒 1000 符号,且两符号出现概率相等,在传输中,弱干扰引起的差错是平均每 100 符号中有一个符号不正确,信道模型如图 3.24 所示。试问这时传输信息的速率是多少?

【解】　由于信息源的平均信息量为

$$H(x) = -\left(\frac{1}{2}\log_2^{\frac{1}{2}} + \frac{1}{2}\log_2^{\frac{1}{2}} \right) = 1 \quad (\text{bit/ 符号})$$

则信息源发送信息的速率为

$$H_t(x) = rH(x) = 1000 \times 1 = 1000 \quad (\text{bit/s})$$

在干扰下,信道输出端收到符号 0,而实发送符号也是 0 的概率为 0.99,实发送符号是 1 的概率为 0.01。同样,信道输出端收到符号 1,而实发送符号也是 1 的概率为 0.99,实发送符号是 0 的概率为 0.01,它们有相同的条件平均信息量,即

$$H(x/y) = -(0.99\log_2^{0.99} + 0.01\log_2^{0.01}) = 0.081 \quad (\text{bit/ 符号})$$

由于信道存在不可靠性,因此在单位时间内丢失的信息量为

$$H_t(x/y) = rH(x/y) = 1000 \times 0.081 = 81 \quad \text{(bit/s)}$$

故信道传输信息的速率为

$$R = H_t(x) - H_t(x/y) = 1000 - 81 = 919 \quad \text{(bit/s)}$$

2. 连续信道容量

假设带宽为 B 的连续信道输入信号为 $x(t)$,信道加性高斯白噪声为 $n(t)$,则信道输出为

$$y(t) = x(t) + n(t) \tag{3-44}$$

式中,输入信号 $x(t)$ 的功率为 S;信道噪声 $n(t)$ 的功率为 N,$n(t)$ 的均值为零,方差为 σ_n^2,其一维概率密度函数为

$$p(n) = \frac{1}{\sqrt{2\pi}\sigma_n} \exp\left(-\frac{n^2}{2\sigma_n^2}\right) \tag{3-45}$$

对于频带限制在 B 的输入信号,按照理想情况的抽样速率 $2B$ 对信号和噪声进行抽样,将连续信号变为离散信号。此时连续信道的信道容量为

$$C = \max H(X, Y) RB = \max[H(X) - H(X/Y)] \cdot 2B$$
$$= \max[H(Y) - H(Y/X)] \cdot 2B \tag{3-46}$$

根据连续信源——波形信源最大熵定理,即当 $x(t)$ 服从高斯分布,其均值为零、方差为 σ_n^2 时,$H(X)$ 和 $H(Y)$ 可获得最大熵为

$$H(x) = -\int_{-\infty}^{\infty} p(x)\log_2 p(x)\,\mathrm{d}x = \log_2\sqrt{2\pi e S} \tag{3-47}$$

其中,

$$p(x) = \frac{1}{\sqrt{2\pi}\sigma_n} \exp\left(-\frac{x^2}{2\sigma_n^2}\right)$$

$$H(y) = -\int_{-\infty}^{\infty} p(y)\log_2 p(y)\,\mathrm{d}y = \log_2\sqrt{2\pi e(S+N)} \tag{3-48}$$

连续信源的相对条件熵为

$$H(Y/X) = -\int_{-\infty}^{\infty} p(x)\mathrm{d}x \int_{-\infty}^{\infty} p(y/x)\log_2 p(y/x)\,\mathrm{d}y$$

$$= -\int_{-\infty}^{\infty} p(x)\mathrm{d}x \int_{-\infty}^{\infty} p(n)\log_2 p(n)\,\mathrm{d}n$$

$$= \int_{-\infty}^{\infty} p(x)\log_2^{\sqrt{2\pi e N}}\,\mathrm{d}x = \log_2\sqrt{2\pi e N} \tag{3-49}$$

因此,连续信道的信道容量为

$$C = \max[H(Y) - H(Y/X)] \cdot 2B = [\log_2\sqrt{2\pi e(S+N)} - \log_2\sqrt{2\pi e N}] \cdot 2B$$

$$= 2B[\log_2^{\sqrt{\frac{S+N}{N}}}] = B\log_2\left(1 + \frac{S}{N}\right) \quad \text{(bit/s)} \tag{3-50}$$

式(3-50)就是著名的香农(Shannon)信道容量公式,简称**香农公式**。

香农公式表明的是当信号与信道加性高斯白噪声的平均功率给定时,在具有一定频带宽度的信道上单位时间内可能传输的信息量的理论极限数值。

只要传输速率小于等于信道容量,则总可以找到一种信道编码方式实现无差错传输;若传输速率大于信道容量,则不可能实现无差错传输。

若噪声 $n(t)$ 的单边功率谱密度为 n_0,则在信道带宽 B 内的噪声功率 $N = n_0 B$。因此,香农公式的另一形式(信道容量三要素公式)为

$$C = B\log_2\left(1 + \frac{S}{n_0 B}\right) \quad (\text{bit/s}) \tag{3-51}$$

由香农公式可以得出如下结论。

(1) 增大信号功率 S,可以增加信道容量,若信号功率趋于无穷大,则信道容量也趋于无穷大,即

$$\lim_{S \to 0} C = \lim B\log_2^{(1+\frac{S}{N})} \to \infty \tag{3-52}$$

(2) 减小噪声功率 N(或减小噪声功率谱密度 n_0),可以增加信道容量,若噪声功率趋于零(或噪声功率谱密度趋于零),则信道容量趋于无穷大,即

$$\lim_{N \to 0} C = \lim_{N \to 0} B\log_2\left(1 + \frac{s}{N}\right) \to \infty \tag{3-53}$$

(3) 增大信道带宽 B,可以增加信道容量,但不能使信道容量无限制增大。信道带宽 B 趋于无穷大时,信道容量的极限值为

$$\lim_{B \to \infty} C = \lim_{B \to \infty} B\log_2\left(1 + \frac{S}{n_0 B}\right) = \frac{S}{n_0} \lim_{B \to \infty} \frac{n_0 B}{S}\log_2\left(1 + \frac{S}{n_0 B}\right)$$

$$= \frac{S}{n_0}\log_2 e \approx 1.44 \frac{S}{n_0} \tag{3-54}$$

(4) C 一定时,B 与 S/N 可进行互换。

(5) 若信源的信息速率 R 小于或等于信道容量 C,则理论上可实现无误差(任意小的差错率)传输;若 $R > C$,则不可能实现无误传输。

(6) 带宽或信噪比与传输时间也存在着互换关系。

【例 3-2】 电视图像可以大致认为由 300 000 个小像元组成;对于一般要求的对比度,每一像元大约取 10 个可辨别的亮度电平(如对应黑色、深灰色、浅灰色、白色等);现假设对于任何像元,10 个亮度电平是独立等概率出现的,每秒发送 30 帧图像;为了满意地重现图像,要求信噪比 S/N 为 1000(即 30dB)。试计算传输上述信号所需的最小带宽。

【解】 因为每一像元能以独立等概率取 10 个亮度电平,所以每个像元的平均信息量为

$$H_1 = \log_2^{\frac{1}{1/10}} = 3.32 \quad (\text{bit/像元})$$

每帧图像的平均信息量为

$$H_2 = 300\,000 \times 3.32 = 996\,000 \quad (\text{bit/帧})$$

(3) 每秒内传送的平均信息量(信息速率)为

$$R_b = 996\,000(\text{bit}/\,\text{帧}) \times 30(\text{帧}\,/\text{s}) = 29.9 \times 10^6 \quad (\text{bit}/\text{s})$$

为了传输这个信号,信道容量 C 至少必须等于 R_b,由香农公式得

$$C = B\log_2^{(1+\frac{S}{N})}$$

$$\Rightarrow B = \frac{C}{\log_2^{(1+\frac{S}{N})}} = \frac{29.9 \times 10^6}{\log_2^{(1+1000)}} \approx 3.02 \times 10^6\,(\text{Hz}) \approx 3\text{MHz}$$

通常,把实现了极限信息速率传输(即达到信道容量值)且能做到任意小差错率的通信系统,称为理想通信系统。香农只证明了理想通信系统的"存在性",却没有指出具体的实现方法。但这并不影响香农定理在通信系统理论分析和工程实践中所起的重要指导作用。

3.5 小结

本章介绍了有关信道的基础知识,包括信道的定义及分类、信道的数学模型、信道的特性及其对信号传输的影响、信道的噪声及信道容量,可为学习后续章节奠定基础。

信道是通信系统必不可少的组成部分,是以传输媒质为基础的信号通路,可分为狭义信道和广义信道。狭义信道按照传输媒质的特性可分为有线信道和无线信道两类。有线信道包括明线、对称电缆、同轴电缆及光缆等。无线信道有地波传播、短波电离层反射、超短波或微波视距中继、人造卫星中继以及各种散射信道等。广义信道除了包括传输媒质外,还包括通信系统有关的变换装置,如发送设备、接收设备、馈线与天线、调制器等。信道按照参数是否变化可以分为恒参信道和随参信道。

信道的数学模型分为调制信道模型和编码信道模型两类。调制信道模型用加性干扰和乘性干扰表示信道对信号传输的影响。加性干扰是叠加在信号上的各种噪声。乘性干扰使信号产生各种失真,包括线性失真、非线性失真、时间延迟以及衰减等。乘性干扰随机变化的信道称为随参信道;乘性干扰基本保持恒定的信道称为恒参信道。由于编码信道包含调制信道在内,且它的特性也紧紧依赖于调制信道,故加性和乘性干扰都对编码信道有影响。这种影响会使编码信道中传输的数字码元产生错误,所以编码信道模型主要用定量表示错误的转移概率描述其特性。

恒参信道的信道特性不随时间变化或变化很缓慢。由架空明线、电缆、中长波地波传播、超短波及微波视距传播、人造卫星中继、光导纤维以及光波视距传播等传输媒质构成的广义信道都属于恒参信道。恒参信道通常用它的幅频特性及相频特性来描述。为了减小幅频失真,通常要采取均衡措施。相频失真(群迟延失真)如同幅频失真一样,也可采取相位均衡技术补偿群迟延失真。

随参信道是指信道传输特性随时间随机快速变化的信道。常见的随参信道有陆地移动信道、短波电离层反射信道、超短波流星余迹散射信道、超短波及微波对流层散射信道、超短波电离层散射以及超短波超视距绕射等信道。随参信道对于信号传输的影响主

要是多径效应。多径传播会造成信号包络的衰减和频率弥散,还可能发生频率选择性衰落。对于随参信道的改善,可采用分集接收技术。

加性噪声是分散在通信系统中的各处噪声的集中表示。它独立于有用信号,却始终干扰有用信号。噪声根据来源可分为人为噪声、自然噪声和内部噪声。根据性质,噪声可以分为窄带噪声、脉冲噪声和起伏噪声。热噪声是在电阻一类导体中自由电子的布朗运动引起的噪声。调制信道的加性噪声可直接表述为窄带高斯白噪声。

信道容量是指信道中信息无差错传输的最大平均信息速率。基于离散信道和连续信道的不同,信道容量分别有不同的计算方法。离散信道容量是指信道传输信息的速率的最大值。连续信道的容量用香农公式 $C = B\log_2\left(1 + \dfrac{S}{n_0 B}\right)$ 计算。

思考题 3

1. 什么是调制信道?什么是编码信道?
2. 什么是恒参信道?什么是随参信道?目前常见的信道中,哪些属于恒参信道?哪些属于随参信道?
3. 什么是加性干扰?什么是乘性干扰?
4. 信号在恒参信道中传输时主要有哪些失真?如何才能减小这些失真?
5. 什么是群迟延-频率特性?它与相频特性有何关系?
6. 随参信道的特点如何?为什么信号在随参信道中传输时会发生衰落现象?
7. 何谓多径效应?
8. 信道中常见的起伏噪声有哪些?它们的主要特点是什么?
9. 信道容量是如何定义的?连续信道容量和离散信道容量的定义有何区别?
10. 香农公式有何意义?信道容量与"三要素"的关系如何?

习题 3

1. 设一恒参信道的幅频特性和相频特性为 $\begin{cases} |H(\omega)| = K_0 \\ \varphi(\omega) = -\omega t_d \end{cases}$,其中,$K_0$ 和 t_d 都是常数。试确定信号 $s(t)$ 通过该信道后的输出信号的时域表达式,并讨论是否存在幅频失真和相频失真。

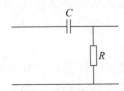

图 3.25 线性二端对网络

2. 设某恒参信道的传输特性为 $H(\omega) = [1 + \cos\omega T_0]e^{-j\omega t_d}$,其中,$t_d$ 为常数。试确定信号 $s(t)$ 通过该信道后的输出信号表达式,并讨论是否存在幅频失真和相频失真。

3. 设某恒参信道可用图 3.25 所示的线性二端对网络来等效。试求它的传输函数 $H(\omega)$,并说明信号通过该信道时会产生哪些失真。

4. 一信号波形 $s(t) = A\cos\Omega t\cos\omega_0 t$，通过衰减为固定常数值、存在相移的网络。试证明，若 $\omega_0 \gg \Omega$ 且 $\omega_0 \pm \Omega$ 附近的相频特性曲线可近似为线性，则该网络对 $s(t)$ 的迟延等于它的包络的迟延（这一原理常用于测量群迟延-频率特性）。

5. 假设某随参信道的两径时延差 τ 为 1ms，试求该信道在哪段频率上传输衰耗最大？选用哪些频率传输信号最有利？

6. 设某随参信道的最大多径时延差等于 3ms，为了避免发生频率选择性衰落，试估算在该信道上传输的数字信号的码元脉冲宽度。

7. 若两个电阻的阻值都为 1000Ω，它们的噪声温度分别为 300K 和 400K，试求这两个电阻串联后两端的噪声功率谱密度。

8. 具有 6.5MHz 带宽的某高斯信道，若信道中信号功率与噪声功率谱密度之比为 45.5MHz，试求其信道容量。

9. 设高斯信道的带宽为 4kHz，信号与噪声的功率比为 63，试确定利用这种信道的理想通信系统的传信率和差错率。

10. 某一待传输的图片约含 2.25×10^6 个像元。为了很好地重现图片需要 12 个亮度电平。假若所有这些亮度电平等概率出现，试计算用 3min 时间传送这张图片时所需的信道带宽（设信道中信噪比为 30dB）。

小测验 3

一、填空题

1. 调制信道分为_____和_____，短波电离层反射信道属于_____信道。

2. 根据信道特性参数随时间变化的快慢，可将信道分为_____和_____信道。

3. 广义信道按照它包含的功能，可以划分为_____和_____信道。

4. 恒参信道的线性失真包括_____和_____。

5. 信号在随参信道中传输时，产生频率弥散的主要原因是_____。

6. 设某随参信道的最大多径时延差为 $4\mu s$，为了避免发生选择性衰落，在该信道上传输的数字信号的码元脉冲宽度为_____。

7. 在高斯信道中，当传输系统的信噪比下降时，为保持信道容量不改变，可以采用_____的办法，其理论依据是_____。

8. 连续信道香农公式可表示为_____，当信道带宽趋于无穷大时，连续信道的容量趋于_____。

二、选择题

1. 双绞线由两根互相绝缘的绞合成螺纹状的导线组成。下面关于双绞线的叙述中，正确的是(   )。

①它既可以传输模拟信号，也可以传输数字信号；②安装方便，价格便宜；③不易受外部干扰，误码率低；④通常只用作建筑物内的局部网通信介质

    A. ①、②、③   B. ①、②、④   C. ①、③、④   D. ①、②、③、④

2. 无线信道的传输媒质不包括( )。

    A. 激光   B. 微波   C. 红外线   D. 光纤

3. 在常用的传输媒质中,带宽最宽、信号传输衰减最小、抗干扰能力最强的是( )。

    A. 光纤   B. 双绞线   C. 无线信道   D. 同轴电缆

4. 地球同步卫星运行于距离地面三万千米的太空中,它可以覆盖地球表面( )以上的地区。

    A. 1/4   B. 1/2   C. 3/4   D. 1/3

5. 光纤对数字信号的传输是利用光脉冲的( )有无来代表 1、0 的。

    A. 幅度极性   B. 幅度有无   C. 相位高低   D. 频率高低

6. 以下关于无线视距通信的说法错误的是( )。

    A. 传输过程中每隔一段距离就需通过中继站将前一信号放大再向下传

    B. 具有频带宽、通信容量大、传输质量高、可靠性较好等优点

    C. 相邻中继站点间必须可以直视而不能有障碍物

    D. 受气候干扰较大、保密性较好

三、计算题

1. 设某信道的传输特性为 $H(\omega)=2\cos\dfrac{\omega t_d}{2}e^{j\frac{\omega t_d}{2}}$,设输入信号为 $s_i(t)$。试求输出信号 $s_o(t)$ 表达式,画出信道组成模型,并讨论是否存在幅频失真和相频失真。

2. 设某黑白电视系统的帧频为 25Hz,每帧含 44 万个像素,每像素灰度等级为 8 级(设等概率出现,且相互独立)。若要求接收端输入信噪比为 1023,试计算为传输此黑白电视图像所需要的最小带宽。

3. 已知传号幅度为 A,空号幅度为 0,周期均为 T,传号、空号、传号的数字信号通过了某随参信道,已知接收信号是通过该信道两条路径的信号和。设两径的传输衰减相等(均为 d_0),且时延差 $\tau=T/4$。试画出发送信号和接收信号的波形示意图。

4. 某加性高斯白噪声信道的带宽为 4kHz,其输出信噪比为 20dB,那么独立等概二进制无误码传输的最高传码率是多少?

第 4 章 模拟调制系统

从消息变换来的原始信号具有较低的频谱分量,这种信号在许多信道中不适宜进行传输,因此,在通信系统的发送端常常需要调制过程,而在其接收端则需要反调制过程——解调。**调制**,就是按调制信号(基带信号)的变化规律去改变高频载波某些参数的过程。调制的实质是频谱的搬移。

调制的作用和目的如下所述。

(1)将调制信号变换成适合在信道中传输的已调信号(频带信号),有利于缩短天线长度,提高发射效率。

(2)实现信道的多路复用,以提高信道的利用率。

(3)减小干扰,提高系统的抗干扰能力。

(4)实现传输带宽与信噪比之间的互换。

根据载波的选择,调制分为**正弦载波调制**和**脉冲调制**两大类。正弦载波调制也称连续波调制,是用正弦信号作为载波的调制;脉冲调制是用数字信号或脉冲序列作为载波的调制。

根据调制信号的形式,调制可分为**模拟调制**和**数字调制**,调制信号是模拟信号的调制是模拟调制;调制信号是数字信号的调制是数字调制。

本章重点介绍用正弦波作为载波的模拟调制,包括幅度调制和角度调制,讨论的主要内容包括幅度调制(AM、DSB、SSB 和 VSB)表达式、带宽、频谱、调制和解调,线性调制系统的抗噪声性能和门限效应,角度调制的定义、调频表达式、带宽、频谱、调制和解调,预加重和去加重技术,非线性调制系统的抗噪声性能,各种模拟调制性能比较,频分复用、复合调制、多级调制、调频立体声广播等。

4.1　幅度调制的原理

4.1.1　幅度调制的一般模型

1. 滤波法幅度调制器的一般模型

幅度调制,就是用调制信号去控制高频载波的振幅,使其按调制信号的规律而变化的过程,已调信号是调制信号频谱的平移及线性变换,主要有调幅(AM)、双边带调制(DSB-SC)、单边带调制(SSB-SC)、残留边带调制(VSB-SC)几种方式。

设正弦载波为

$$c(t) = A\cos(\omega_c t + \varphi_0) \tag{4-1}$$

式中,A 为载波幅度;ω_c 为载波角频率;φ_0 为载波初始相位(以后可假定 φ_0 为 0,A 为 1,而不失讨论的一般性)。

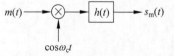

滤波法幅度调制器的一般模型如图 4.1 所示。该模型输出的已调信号的时域表达式为

图 4.1　滤波法幅度调制器的一般模型

$$s_m(t) = [m(t)\cos\omega_c t] * h(t) \tag{4-2}$$

设调制信号 $m(t)$ 的频谱为 $M(\omega)$，冲激响应为 $h(t)$ 的滤波器特性为 $H(\omega)$，因为 $\cos\omega_c t \Leftrightarrow \pi[\delta(\omega+\omega_c)+\delta(\omega-\omega_c)]$，则该模型输出的已调信号的频域表达式为

$$s_m(t) \Leftrightarrow S_m(\omega) = \left\{ \frac{1}{2\pi} M(\omega) * \pi[\delta(\omega+\omega_c)+\delta(\omega-\omega_c)] \right\} H(\omega)$$

所以有

$$S_m(\omega) = \frac{1}{2}[M(\omega+\omega_c)+M(\omega-\omega_c)]H(\omega) \tag{4-3}$$

由以上表达式可见，对于幅度调制信号，在波形上，它的幅度随调制信号的规律而变化；在频谱结构上，它的频谱完全是调制信号频谱结构在频域内的简单搬移（精确到常数因子）。由于这种搬移是线性的，因此幅度调制通常又称为线性调制。图 4.1 之所以称为调制器的一般模型，是因为在该模型中，适当选择滤波器的特性 $H(\omega)$，便可以得到各种幅度调制信号。例如，调幅、双边带、单边带及残留边带信号等。

2. 移相法幅度调制器的一般模型

将式(4-2)展开，可得到另一种形式的时域表达式，即

$$s_m(t) = s_I(t)\cos\omega_c t + s_Q(t)\sin\omega_c t \tag{4-4}$$

其中，

$$s_I(t) = h_I(t) * m(t), \quad h_I(t) = h(t)\cos\omega_c t \tag{4-5}$$

$$s_Q(t) = h_Q(t) * m(t), \quad h_Q(t) = h(t)\sin\omega_c t \tag{4-6}$$

式(4-4)表明，$s_m(t)$ 可等效为两个正交调制分量的合成。由此可以得到移相法幅度调制器的一般模型如图 4.2 所示，它同样适用于所有线性调制。

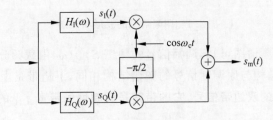

图 4.2 移相法幅度调制器的一般模型

4.1.2 调幅

在图 4.1 中，假设 $h(t)=\delta(t)$，即滤波器（$H(\omega)=1$）为全通网络，调制信号 $m(t)$ 叠加直流 A_0 后与载波相乘，如图 4.3 所示，就可形成调幅信号。

调幅信号的时域表达式为

$$s_{AM}(t) = [A_0+m(t)]\cos\omega_c t = A_0\cos\omega_c t + m(t)\cos\omega_c t \tag{4-7}$$

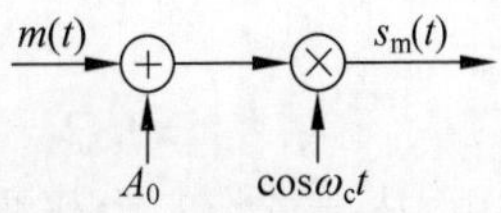

式中，$m(t)$ 为调制信号，均值为 0；A_0 为常数，表示叠加的直流

图 4.3 调幅调制器模型

分量。

若 $m(t)$ 为确知信号,则调幅信号的频谱为

$$S_{AM}(\omega) = A_0 \pi [\delta(\omega + \omega_c) + \delta(\omega - \omega_c)] + \frac{1}{2}[M(\omega + \omega_c) + M(\omega - \omega_c)]$$

(4-8)

调幅信号典型波形和频谱(幅度谱)如图 4.4 所示。由波形可以看出,若满足条件

$$|m(t)| \leqslant A_0$$ (4-9)

其包络与调制信号波形相同,因此用包络检波法很容易恢复出原始调制信号,否则会出现"过调幅"现象。这时用包络检波将发生失真,但是可以采用其他解调方法,如同步检波。

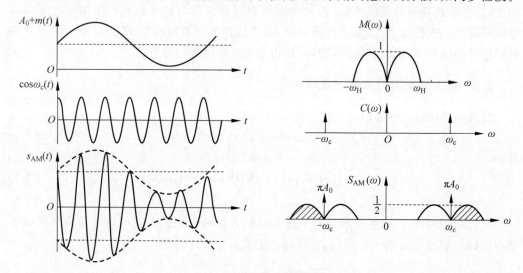

图 4.4 调幅信号的波形和频谱

由图 4.4 所示的频谱图可知,调幅信号的频谱 $S_{AM}(\omega)$ 由载频分量、上边带和下边带组成,上边带的频谱结构与原调制信号的频谱结构相同,下边带是上边带的镜像。因此,**调幅信号是带有载波的双边带信号,它的带宽是调制信号带宽** f_H **的两倍**,即

$$B_{AM} = 2f_H$$ (4-10)

调幅信号在 1Ω 电阻上的平均功率应等于 $s_{AM}(t)$ 的均方值。当 $m(t)$ 为确知信号时,$s_{AM}(t)$ 的均方值即为其平方的时间平均,即

$$P_{AM} = \overline{s_{AM}^2(t)} = \overline{[A_0 + m(t)]^2 \cos^2 \omega_c t}$$
$$= \overline{A_0^2 \cos^2 \omega_c t} + \overline{m^2(t)\cos^2 \omega_c t} + \overline{2A_0 m(t)\cos^2 \omega_c t}$$

通常假设调制信号没有直流分量,即 $\overline{m(t)} = 0$,因此有

$$P_{AM} = \frac{A_0^2}{2} + \frac{\overline{m^2(t)}}{2} = P_c + P_s$$ (4-11)

式中,$P_c = A_0^2/2$,为载波功率;$P_s = \overline{m^2(t)}/2$,为边带功率。

由此可见,调幅信号的总功率包括载波功率和边带功率两部分。只有边带功率与调

制信号有关,载波分量并不携带信息。有用功率(用于传输有用信息的边带功率)占信号总功率的比例称为**调制效率**,即

$$\eta_{\mathrm{AM}} = \frac{P_{\mathrm{s}}}{P_{\mathrm{AM}}} = \frac{\overline{m^2(t)}}{A_0^2 + \overline{m^2(t)}} \tag{4-12}$$

当调制信号为单音余弦信号,即为 $m(t) = A_{\mathrm{m}} \cos \omega_{\mathrm{m}} t$ 时,$\overline{m^2(t)} = A_{\mathrm{m}}^2/2$,此时

$$\eta_{\mathrm{AM}} = \frac{\overline{m^2(t)}}{A_0^2 + \overline{m^2(t)}} = \frac{A_{\mathrm{m}}^2}{2A_0^2 + A_{\mathrm{m}}^2} \tag{4-13}$$

在"**满调幅**"($|m(t)|_{\max} = A_0$,也称 100% 调制)条件下,调制效率的最大值为 $\eta_{\max} = 1/3$。因此,调幅信号的功率利用率较低。

调幅的优点在于系统结构简单,价格低廉,所以至今调幅仍广泛用于无线电广播。

4.1.3 抑制载波双边带调制

在调幅信号中,载波分量并不携带信息,信息完全由边带传送。如果要将载波抑制,只需在图 4.3 所示的模型中将直流 A_0 去掉,即可输出抑制载波双边带调制信号,简称**双边带信号**(DSB)。其时域表达式为

$$S_{\mathrm{DSB}}(t) = m(t)\cos\omega_{\mathrm{c}} t \tag{4-14}$$

其频谱无载频分量,频域表达式为

$$S_{\mathrm{DSB}}(\omega) = \frac{1}{2}[M(\omega + \omega_{\mathrm{c}}) + M(\omega - \omega_{\mathrm{c}})] \tag{4-15}$$

双边带信号波形和频谱如图 4.5 所示。

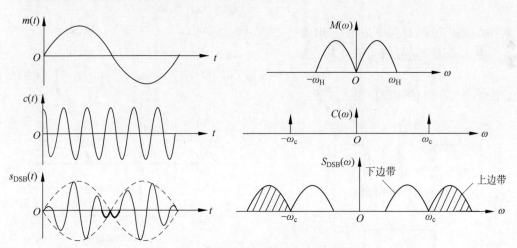

图 4.5 双边带信号的波形和频谱

由时间波形可知,双边带信号的包络不再与调制信号的变化规律一致,因而不能采用简单的包络检波来恢复调制信号,需采用相干解调(同步检波)。另外,在调制信号 $m(t)$ 的过零点处,高频载波相位有 180° 的突变。由频谱图可知,双边带信号虽然节省了载波功率,

功率利用率提高了,其调制效率为 100%,但它的**频带宽度仍是调制信号带宽的两倍**,与调幅信号带宽相同。由于双边带信号的上、下两个边带是完全对称的,它们都携带了调制信号的全部信息,因此仅传输其中一个边带即可,这就变成了单边带调制能解决的问题。

4.1.4 单边带调制

双边带信号两个边带都包含了调制信号频谱 $M(\omega)$ 的所有频谱成分,因此仅传输其中一个边带即可。这样既节省发送功率,还节省一半传输频带,这种方式称为单边带调制。产生单边带信号的方法有两种,即滤波法和相移法。

1. 滤波法及单边带信号的频域表示

产生单边带信号最直接的方法是让双边带信号通过一个边带滤波器,保留所需要的

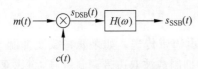

$$m(t) \xrightarrow{} \otimes \xrightarrow{s_{\text{DSB}}(t)} \boxed{H(\omega)} \xrightarrow{} s_{\text{SSB}}(t)$$

图 4.6　滤波法产生单边带
信号原理框图

一个边带,滤除不要的边带,这种方法称为滤波法。滤波法产生单边带信号的原理框图如图 4.6 所示。

图中,$H(\omega)$ 为单边带滤波器的传输函数,如图 4.7(a)所示,若它具有如下**理想高通特性**,

$$H(\omega) = H_{\text{USB}}(\omega) = \begin{cases} 1, & |\omega| > \omega_{\text{c}} \\ 0, & |\omega| \leqslant \omega_{\text{c}} \end{cases} \tag{4-16}$$

则可滤除下边带,保留上边带(USB)。

如图 4.7(b)所示,若具有如下**理想低通特性**,

$$H(\omega) = H_{\text{LSB}}(\omega) = \begin{cases} 1, & |\omega| < \omega_{\text{c}} \\ 0, & |\omega| \geqslant \omega_{\text{c}} \end{cases} \tag{4-17}$$

则可滤除上边带,保留下边带(LSB)。

因此单边带信号的频谱可表示为

$$S_{\text{SSB}}(\omega) = S_{\text{DSB}}(\omega) H(\omega) \tag{4-18}$$

单边带信号的频谱如图 4.8 所示。

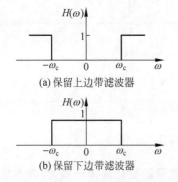

(a) 保留上边带滤波器

(b) 保留下边带滤波器

图 4.7　形成单边带信号的滤波特性

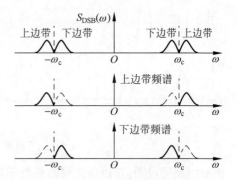

图 4.8　单边带信号的频谱

用滤波法形成单边带信号的技术难点是,由于一般调制信号都具有丰富的低频成分,经调制后得到的双边带信号的上、下边带之间的间隔很窄,这就要求单边带滤波器在 f_c 附近具有陡峭的截止特性,才能有效地抑制无用的一个边带。这就使滤波器的设计和制作很困难,有时甚至无法实现。为此,在工程中往往采用多级(一般采用两级)双边带调制及边带滤波的方法,即先在较低的载频上进行双边带调制,目的是增大过渡带的归一化值,以利于滤波器的制作,再在要求的载频上进行第二次调制。当调制信号中含有直流及低频分量时,滤波法就不适用了。

2. 用相移法形成单边带信号

单边带信号的时域表达式的推导比较困难,一般需借助**希尔伯特**(Hilbert)**变换**来描述。但可以从简单的单频调制出发,得到单边带信号的时域表达式,然后再推广到一般表达式。

设单频调制信号为 $m(t) = A_m \cos\omega_m t$,载波为 $c(t) = \cos\omega_c t$,两者相乘得双边带信号的时域表达式为

$$s_{DSB}(t) = A_m \cos\omega_m t \cos\omega_c t$$

$$= \frac{1}{2} A_m \cos(\omega_c + \omega_m)t + \frac{1}{2} A_m \cos(\omega_c - \omega_m)t \qquad (4\text{-}19)$$

保留上边带,则有

$$s_{USB}(t) = \frac{1}{2} A_m \cos(\omega_c + \omega_m)t$$

$$= \frac{1}{2} A_m \cos\omega_m t \cos\omega_c t - \frac{1}{2} A_m \sin\omega_m t \sin\omega_c t \qquad (4\text{-}20)$$

保留下边带,则有

$$s_{LSB}(t) = \frac{1}{2} A_m \cos(\omega_c - \omega_m)t$$

$$= \frac{1}{2} A_m \cos\omega_m t \cos\omega_c t + \frac{1}{2} A_m \sin\omega_m t \sin\omega_c t \qquad (4\text{-}21)$$

把上、下边带合并起来可以写成

$$s_{SSB}(t) = \frac{1}{2} A_m \cos\omega_m t \cos\omega_c t \mp \frac{1}{2} A_m \sin\omega_m t \sin\omega_c t \qquad (4\text{-}22)$$

式中,-表示上边带信号,+表示下边带信号。

$A_m \sin\omega_m t$ 可以看成是 $A_m \cos\omega_m t$ 相移 $\pi/2$,而幅度大小保持不变,这一过程称为**希尔伯特变换**,记为^。上述关系虽然是单频调制得到的,但是它不失一般性,因为任意一个调制信号总可以表示成许多正弦信号之和。因此,把上述表述方法运用到式(4-22),就可以得到调制信号为任意信号的单边带信号的时域表达式,即

$$s_{SSB}(t) = \frac{1}{2} m(t) \cos\omega_c t \mp \frac{1}{2} \hat{m}(t) \sin\omega_c t \qquad (4\text{-}23)$$

式中,$\hat{m}(t)$ 是 $m(t)$ 的希尔伯特变换,且

$$\hat{m}(t) = m(t) * \left(\frac{1}{\pi t}\right) \tag{4-24}$$

若 $M(\omega)$ 为 $m(t)$ 的傅氏变换,则 $\hat{m}(t)$ 的傅氏变换 $\hat{M}(\omega)$ 为

$$\hat{M}(\omega) = M(\omega) \cdot [-\mathrm{jsgn}(\omega)] \tag{4-25}$$

式中,$\mathrm{sgn}(\omega)$ 为符号函数,且

$$\mathrm{sgn}(\omega) = \begin{cases} 1, & \omega > 0 \\ -1, & \omega < 0 \end{cases} \tag{4-26}$$

设

$$H_{\mathrm{h}}(\omega) = \hat{M}(\omega)/M(\omega) = -\mathrm{jsgn}(\omega) \tag{4-27}$$

$H_{\mathrm{h}}(\omega)$ 称为**希尔伯特滤波器的传递函数**,由式(4-27)可知,它实质上是一个宽带相

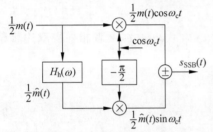

图 4.9　相移法形成单边带信号

移网络,表示把 $m(t)$ 幅度不变,所有频率分量均相移 $\pi/2$,即可得到 $\hat{m}(t)$。由式(4-23)可画出单边带调制相移法的模型,如图 4.9 所示。

相移法形成单边带信号不需要滤波器具有陡峭的截止特性,但其困难在于宽带相移网络的制作,该网络要对调制信号 $m(t)$ 的所有频率分量严格相移 $\pi/2$,这一点即使近似达到也是困难的。为解决这个难题,可以采用混合法(也叫维弗法)。

综上所述,单边带调制方式在传输信号时,不但可节省载波发射功率,而且它所占用的频带宽度为 $B_{\mathrm{SSB}} = f_{\mathrm{H}}$,只有调幅、双边带调制的一半,因此,它目前已成为短波通信中的一种重要调制方式。单边带信号的解调和双边带一样不能采用简单的包络检波,因为单边带信号也是抑制载波的已调信号,它的包络不能直接反映调制信号的变化,所以仍需采用相干解调。

4.1.5　残留边带调制

残留边带(Vestigial Side-Band,VSB)调制是介于单边带与双边带之间的一种调制方式,它既克服了双边带信号占用频带宽的缺点,又解决了单边带信号实现上的难题。残留边带调制不是完全抑制一个边带(如同单边带中那样),而是逐渐切割,使其残留一小部分,如图 4.10(d)所示。

用滤波法实现残留边带调制的原理如图 4.11(a)所示。图中,滤波器的特性应按残留边带调制的要求来进行设计,而不再要求十分陡峭的截止特性,因而它比单边带滤波器容易制作。

现在来确定残留边带滤波器的特性。假设 $H_{\mathrm{VSB}}(\omega)$ 是所需的残留边带滤波器的传输特性。由图 4.11(a)可知,残留边带信号的频谱为

$$S_{\mathrm{VSB}}(\omega) = \frac{1}{2}[M(\omega + \omega_{\mathrm{c}}) + M(\omega - \omega_{\mathrm{c}})]H_{\mathrm{VSB}}(\omega) \tag{4-28}$$

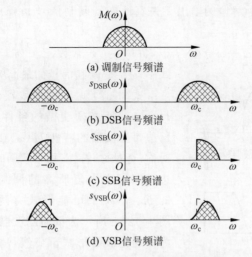

图 4.10 DSB、SSB 和 VSB 信号的频谱

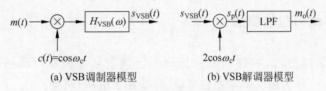

(a) VSB调制器模型　　　　(b) VSB解调器模型

图 4.11 VSB 调制和解调器模型

为了确定上式中残留边带滤波器传输特性 $H_{VSB}(\omega)$ 应满足的条件，这里分析一下接收端是如何从该信号中恢复原基带信号的。残留边带信号显然也不能简单地采用包络检波，而必须采用如图 4.11(b) 所示的 **相干解调**。图中，残留边带信号 $S_{VSB}(t)$ 与相干载波 $2\cos\omega_c t$ 的乘积为

$$s_p(t) = 2s_{VSB}(t)\cos\omega_c t$$

因为

$$s_{VSB}(t) \Leftrightarrow S_{VSB}(\omega)$$

$$\cos\omega_c t \Leftrightarrow \pi[\delta(\omega + \omega_c) + \delta(\omega - \omega_c)]$$

根据频域卷积定理可知，乘积 $s_p(t)$ 对应的频谱为

$$S_p(\omega) = [S_{VSB}(\omega + \omega_c) + S_{VSB}(\omega - \omega_c)] \tag{4-29}$$

将式(4-28)代入式(4-29)，得

$$S_p(\omega) = \frac{1}{2}[M(\omega + 2\omega_c) + M(\omega)]H_{VSB}(\omega + \omega_c) +$$

$$\frac{1}{2}[M(\omega) + M(\omega - 2\omega_c)]H_{VSB}(\omega - \omega_c) \tag{4-30}$$

式中，$M(\omega + 2\omega_c)$ 及 $M(\omega - 2\omega_c)$ 是 $M(\omega)$ 搬移到 $+2\omega_c$ 和 $-2\omega_c$ 处的频谱，它们可以由解调器中的低通滤波器滤除。于是，低通滤波器的输出频谱 $M_o(\omega)$ 为

$$M_o(\omega) = \frac{1}{2}M(\omega)[H_{VSB}(\omega + \omega_c) + H_{VSB}(\omega - \omega_c)] \tag{4-31}$$

显然,为了保证相干解调的输出无失真地恢复调制信号 $m(t) \Leftrightarrow M(\omega)$,式(4-31)中的传递函数必须满足

$$H_{\text{VSB}}(\omega + \omega_c) + H_{\text{VSB}}(\omega - \omega_c) = 常数, \quad |\omega| \leqslant \omega_H \qquad (4\text{-}32)$$

式中,ω_H 是调制信号的最高频率。

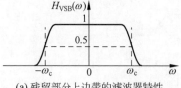

(a) 残留部分上边带的滤波器特性

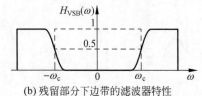

(b) 残留部分下边带的滤波器特性

图 4.12　残留边带滤波器特性

式(4-32)就是确定**残留边带滤波器传输特性** $H_{\text{VSB}}(\omega)$ **所必须遵循的条件**,该条件的含义是,残留边带滤波器的特性 $H(\omega)$ 在 $\pm\omega_c$ 处必须具有互补对称(奇对称)特性,相干解调时才能无失真地从残留边带信号中恢复所需的调制信号。满足式(4-32)的 $H_{\text{VSB}}(\omega)$ 的可能形式有两种,如图 4.12 所示,图 4.12(a)所示为**低通滤波器形式**,图 4.12(b)所示为**高通滤波器形式**。显然,满足这种要求的滚降特性曲线并不是唯一的,而是有无穷多个。

4.1.6　相干解调与包络检波

解调是调制的逆过程,其作用是从接收的已调信号中恢复原调制信号(即基带信号)。解调的方法可分为相干解调和包络检波(非相干解调)两类。

1. 相干解调

相干解调又名**同步检波**,解调与调制的实质一样,均是频谱搬移。调制过程把调制信号的频谱搬移到载频位置,这一过程可以通过一个相乘器把调制信号和载波相乘来实现。解调则是调制的逆过程,即把在载频位置的已调信号频谱搬回到原始调制位置,因此同样可以用相乘器把已调信号与载波相乘来实现。相干解调器的一般模型如图 4.13 所示。

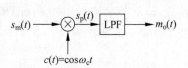

图 4.13　相干解调器的一般模型

相干解调时,为了无失真地恢复原调制信号,接收端必须提供一个与接收的已调载波严格同步(同频同相)的本地载波(称为相干载波),它与接收的已调信号相乘后,经低通滤波器取出低频分量,即可得到原始的调制信号。

相干解调器适用于所有线性调制信号的解调。由线性调制相移法的一般模型可知,送入解调器的已调信号的一般表达式为

$$s_m(t) = s_I(t)\cos\omega_c t + s_Q(t)\sin\omega_c t$$

与同频同相的相干载波 $c(t)$ 相乘后,得

$$s_p(t) = s_m(t)\cos\omega_c t = \frac{1}{2}s_I(t) + \frac{1}{2}s_I(t)\cos2\omega_c t + \frac{1}{2}s_Q(t)\sin2\omega_c t \qquad (4\text{-}33)$$

经低通滤波器后,得

$$m_o(t) = \frac{1}{2}s_I(t) \qquad (4\text{-}34)$$

由式(4-5)和图 4.2 可知，$s_I(t)$ 是 $m(t)$ 通过一个全通滤波器 $H_I(\omega)$ 后得到的结果，因此 $m_o(t)$ 就是解调输出，即

$$m_o(t) = \frac{1}{2}s_I(t) \propto m(t) \tag{4-35}$$

由此可见，相干解调器适用于所有线性解调信号的解调，即对于调幅、双边带、单边带和残留边带调制都是适用的，只是调幅信号的解调结果中含有直流成分 A_0，这时在解调器后加上一个简单隔直流电容即可将其滤除。

由以上分析可知，实现相干解调的关键是接收端要提供一个与载波信号严格同步的相干载波。否则，相干解调后将会使原始调制信号减弱，甚至带来严重失真，这在传输数字信号时尤为严重。关于相干载波的获取方法及载波相位差对解调性能的影响将在本书后文同步原理一章中进行讨论。

2. 包络检波

调幅信号在满足 $|m(t)|_{max} \leqslant A_0$ 的条件下，包络与调制信号 $m(t)$ 的形状完全一样，因此，调幅信号除了可以采用相干解调外，一般采用简单的包络检波法来恢复信号。

包络检波器通常由半波或全波整流器和低通滤波器组成，它属于非相干解调，因此不需要相干载波，广播接收机中多采用此法。例如，二极管峰值包络检波器，如图 4.14 所示，它由二极管 D 和 RC 低通滤波器组成。

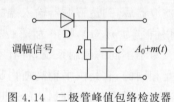

图 4.14　二极管峰值包络检波器

设输入信号是调幅信号为

$$s_{AM}(t) = [A_0 + m(t)]\cos\omega_c t$$

选择 RC 满足

$$f_H \ll \frac{1}{RC} \ll f_c \tag{4-36}$$

式中，f_H 是调制信号的最高频率；f_c 是载波频率。在大信号检波时(一般大于 0.5V)，二极管处于受控的开关状态，检波器的输出为

$$m_o(t) = A_0 + m(t) \tag{4-37}$$

隔去直流后即可得到调制信号 $m(t)$。

可见，包络检波器就是直接从已调波的幅度中提取原调制信号。其结构简单，且解调输出效率是相干解调输出的两倍。因此，**调幅信号几乎无一例外地采用包络检波**。

顺便指出，双边带、单边带和残留边带信号均是抑制载波的已调信号，其包络不直接表示调制信号，因而不能采用简单的包络检波法解调。但若插入很强的载波，使之成为(或近似为)调幅信号，则可利用包络检波器恢复调制信号，这种方法称为**插入载波包络检波法**。载波分量可以在接收端插入，也可在发送端插入。注意，为了保证检波质量，插入的载波振幅应远大于信号的振幅，同时也要求插入的载波与调制载波同频同相。

4.2 线性调制系统的抗噪声性能

4.2.1 分析模型

实际中,任何通信系统都避免不了噪声的影响。从前文所述有关信道和噪声的内容可知,**通信系统把信道加性噪声中的起伏噪声作为研究对象,而起伏噪声又可视为高斯白噪声**。因此,本节将要研究信道存在加性高斯白噪声时各种线性调制系统的抗噪声性能。

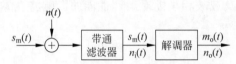

图 4.15 解调器抗噪声性能的分析模型

由于加性噪声只对已调信号的接收产生影响,因而调制系统的抗噪声性能可以用解调器的抗噪声性能来衡量。解调器抗噪声性能的分析模型如图 4.15 所示。

图中,$s_m(t)$ 为已调信号,$n(t)$ 为传输过程中叠加的高斯白噪声。**带通滤波器的作用是滤除已调信号频带以外的噪声**,因此经过带通滤波器后,到达解调器输入端的信号仍可认为是 $s_m(t)$,噪声为 $n_i(t)$。解调器输出的有用信号为 $m_o(t)$,噪声为 $n_o(t)$。

对于不同的调制系统,将有不同形式的信号 $s_m(t)$,但解调器输入端的噪声 $n_i(t)$ 形式是相同的,它是由平稳高斯白噪声经过带通滤波器而得到的。当带通滤波器带宽远小于其中心频率,为 ω_c 时,$n_i(t)$ 即为平稳高斯窄带噪声,它的表达式为

$$n_i(t) = n_c(t)\cos\omega_c t - n_s(t)\sin\omega_c t \tag{4-38}$$

或者

$$n_i(t) = V(t)\cos[\omega_c t + \theta(t)] \tag{4-39}$$

由随机过程知识可知,窄带噪声 $n_i(t)$ 及其同相分量 $n_c(t)$ 和正交分量 $n_s(t)$ 的均值都为 0,且具有相同的方差和平均功率,即

$$\overline{n_i^2(t)} = \overline{n_c^2(t)} = \overline{n_s^2(t)} = N_i \tag{4-40}$$

式中,N_i 为解调器输入噪声 $n_i(t)$ 的平均功率,— 表示统计平均(对随机信号)或时间平均(对确定信号)。

若白噪声的双边功率谱密度为 $n_0/2$,带通滤波器传输特性是高度为 1、带宽为 B 的理想矩形函数,如图 4.16 所示,则

$$N_i = n_0 B \tag{4-41}$$

图 4.16 带通滤波器传输特性

为了使已调信号无失真地进入解调器,同时又最大限度地抑制噪声,带宽 B 应等于已调信号的频带宽度,当然也是窄带噪声 $n_i(t)$ 的带宽。

评价一个模拟通信系统质量的好坏,最终是要看解调器的输出信噪比。输出信噪比定义为

$$\frac{S_o}{N_o}=\frac{解调器输出有用信号平均功率}{解调器输出噪声的平均功率}=\frac{\overline{m_o^2(t)}}{\overline{n_o^2(t)}} \tag{4-42}$$

只要解调器输出端的有用信号能与噪声分开,则输出信噪比就能确定。输出信噪比与调制方式有关,也与解调方式有关。因此在已调信号平均功率相同,而且信道噪声功率谱密度也相同的情况下,输出信噪比反映了系统的抗噪声性能。

同类调制系统不同解调器对输入信噪比的影响,还可用输出信噪比和输入信噪比的比值 G 来衡量,即

$$G=\frac{S_o/N_o}{S_i/N_i} \tag{4-43}$$

G 称为**调制制度增益**或**信噪比增益**。式中,S_i/N_i 为输入信噪比,定义为

$$\frac{S_i}{N_i}=\frac{解调器输入已调信号的平均功率}{解调器输入噪声的平均功率}=\frac{\overline{s_m^2(t)}}{\overline{n_i^2(t)}} \tag{4-44}$$

显然,G 越大,表明解调器的抗噪声性能越好。

在给出已调信号 $s_m(t)$ 和单边噪声功率谱密度 n_0 的情况下,可推导出各种解调器的输入及输出信噪比,并在此基础上对各种调制系统的抗噪声性能做出评述。

4.2.2 线性调制相干解调的抗噪声性能

在分析双边带、单边带、残留边带系统的抗噪声性能时,图 4.15 所示模型中的解调器为相干解调器,如图 4.17 所示。相干解调属于线性解调,故在解调过程中,输入信号及噪声可以分别单独解调。

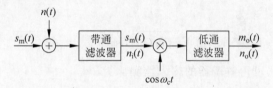

图 4.17 线性调制相干解调的抗噪声性能分析模型

1. 双边带调制系统的性能

设解调器输入信号为

$$s_{DSB}(t)=m(t)\cos\omega_c t \tag{4-45}$$

与相干载波 $\cos\omega_c t$ 相乘后,得

$$m(t)\cos^2\omega_c t=\frac{1}{2}m(t)+\frac{1}{2}m(t)\cos2\omega_c t$$

经低通滤波器后,输出信号为

$$m_o(t)=\frac{1}{2}m(t) \tag{4-46}$$

因此,解调器输出端的有用信号功率为

$$S_o = \overline{m_o^2(t)} = \frac{1}{4}\overline{m^2(t)} \tag{4-47}$$

解调双边带信号时,接收机中带通滤波器的中心频率 ω_0 与调制载频 ω_c 相同,因此解调器输入端的噪声 $n_i(t)$ 可表示为

$$n_i(t) = n_c(t)\cos\omega_c t - n_s(t)\sin\omega_c t \tag{4-48}$$

它与相干载波 $\cos\omega_c t$ 相乘后,得

$$n_i(t)\cos\omega_c t = [n_c(t)\cos\omega_c t - n_s(t)\sin\omega_c t]\cos\omega_c t$$

$$= \frac{1}{2}n_c(t) + \frac{1}{2}[n_c(t)\cos2\omega_c t - n_s(t)\sin2\omega_c t]$$

经低通滤波器后,解调器最终的输出噪声为

$$n_o(t) = \frac{1}{2}n_c(t) \tag{4-49}$$

故输出噪声功率为

$$N_o = \overline{n_o^2(t)} = \frac{1}{4}\overline{n_c^2(t)} \tag{4-50}$$

根据式(4-40)和式(4-41),则有

$$N_o = \frac{1}{4}\overline{n_i^2(t)} = \frac{1}{4}N_i = \frac{1}{4}n_0 B \tag{4-51}$$

这里,带通滤波器的带宽 $B = 2f_H$,为双边带信号的带宽,则解调器的输出信噪比为

$$\frac{S_o}{N_o} = \frac{\frac{1}{4}\overline{m^2(t)}}{\frac{1}{4}N_i} = \frac{\overline{m^2(t)}}{n_0 B} \tag{4-52}$$

解调器输入信号平均功率为

$$S_i = \overline{s_{DSB}^2(t)} = \overline{[m(t)\cos\omega_c t]^2} = \frac{1}{2}\overline{m^2(t)} \tag{4-53}$$

由式(4-52)及式(4-41)可得解调器的输入信噪比为

$$\frac{S_i}{N_i} = \frac{\frac{1}{2}\overline{m^2(t)}}{n_0 B} \tag{4-54}$$

因而调制制度增益为

$$G_{DSB} = \frac{S_o/N_o}{S_i/N_i} = 2 \tag{4-55}$$

由此可见,双边带调制系统的调制制度增益为 2。这就是说,双边带信号的解调器使信噪比改善一倍。这是因为采用同步解调,使输入噪声中的一个正交分量 $n_s(t)$ 被消除的缘故。

2. 单边带调制系统的性能

单边带信号的解调方法与双边带信号相似,其区别仅在于解调器之前的带通滤波器

的带宽和中心频率不同,前者的带通滤波器的带宽是后者的一半。由于单边带信号的解调器与双边带信号的相同,故计算单边带信号解调器输入及输出信噪比的方法也相同。单边带信号解调器的输出噪声与输入噪声的功率可由式(4-51)给出,即

$$N_\mathrm{o} = \frac{1}{4}\overline{n_\mathrm{i}^2(t)} = \frac{1}{4}N_\mathrm{i} = \frac{1}{4}n_0 B \tag{4-56}$$

这里,$B = f_\mathrm{H}$ 为单边带信号的带通滤波器带宽。对于单边带信号解调器的输入及输出功率,不能简单地照搬双边带信号的结果。这是因为单边带信号的表达式与双边带的不同。

单边带信号的表达式由式(4-22)给出,即

$$s_\mathrm{SSB}(t) = \frac{1}{2}A_\mathrm{m}\cos\omega_\mathrm{m}t\cos\omega_\mathrm{c}t \mp \frac{1}{2}A_\mathrm{m}\sin\omega_\mathrm{m}t\sin\omega_\mathrm{c}t \tag{4-57}$$

式中,$\hat{m}(t)$是将 $m(t)$ 的所有频率成分都相移 $\pi/2$ 的信号。式(4-57)中取＋将形成下边带,取－则形成上边带。与相干载波相乘后,再经低通滤波可得解调器输出信号为

$$m_\mathrm{o}(t) = \frac{1}{4}m(t) \tag{4-58}$$

因此,输出信号平均功率为

$$S_\mathrm{o} = \overline{m_\mathrm{o}^2(t)} = \frac{1}{16}\overline{m^2(t)} \tag{4-59}$$

输出信噪比为

$$\frac{S_\mathrm{o}}{N_\mathrm{o}} = \frac{\frac{1}{16}\overline{m^2(t)}}{\frac{1}{4}n_0 B} = \frac{\overline{m^2(t)}}{4n_0 B} \tag{4-60}$$

单边带输入信号平均功率为

$$S_\mathrm{i} = \overline{s_\mathrm{SSB}^2(t)} = \frac{1}{4}\overline{[m(t)\cos\omega_\mathrm{c}t \mp \hat{m}(t)\sin\omega_\mathrm{c}t]^2}$$
$$= \frac{1}{4}\left[\frac{1}{2}\overline{m^2(t)} + \frac{1}{2}\overline{\hat{m}^2(t)} \mp \overline{m(t)\hat{m}(t)\sin2\omega_\mathrm{c}t}\right]$$

式中,因为 $m(t)$ 是调制信号,所以 $\hat{m}(t)$ 同样也是调制信号。因而,$m(t)\hat{m}(t)$ 随时间的变化,相对于以 $2\omega_\mathrm{c}$ 为载频的载波的变化是十分缓慢的,故有

$$\overline{m(t)\hat{m}(t)\sin2\omega_\mathrm{c}t} = \lim_{T\to\infty}\frac{1}{T}\int_{-\frac{T}{2}}^{\frac{T}{2}}m(t)\hat{m}(t)\sin2\omega_\mathrm{c}t\,\mathrm{d}t = 0$$

则

$$S_\mathrm{i} = \frac{1}{4}\left[\frac{1}{2}\overline{m^2(t)} + \frac{1}{2}\overline{\hat{m}^2(t)}\right]$$

由于 $\hat{m}(t)$ 与 $m(t)$ 幅度相同,所以两者具有相同的平均功率,故上式可变为

$$S_\mathrm{i} = \frac{1}{4}\overline{m^2(t)} \tag{4-61}$$

于是,**单边带解调器的输入信噪比为**

$$\frac{S_i}{N_i} = \frac{\frac{1}{4}\overline{m^2(t)}}{n_0 B} = \frac{\overline{m^2(t)}}{4 n_0 B} \tag{4-62}$$

因而**制度增益**为

$$G_{SSB} = \frac{S_o/N_o}{S_i/N_i} = 1 \tag{4-63}$$

这是因为在单边带调制系统中,信号和噪声有相同的表示形式,所以,相干解调过程中,信号和噪声的正交分量均被抑制掉,故信噪比没有改善。

比较式(4-55)与式(4-63)可知,$G_{DSB} = 2 G_{SSB}$。**这能否说明双边带调制系统的抗噪声性能比单边带系统好呢?回答是否定的**。因为,两者的输入信号功率不同、带宽不同,在相同的噪声功率谱密度条件下,输入噪声功率也不同,所以两者的输出信噪比是在不同条件下得到的。如果在输入信号功率、输入噪声功率谱密度和调制信号带宽相同的条件下对这两种调制方式进行比较,可以发现它们的输出信噪比是相等的,这就是说,两者的抗噪声性能是相同的。但单边带调制所需的传输带宽仅是双边带的一半,因此单边带调制得到普遍应用。

3. 残留边带调制系统的性能

残留边带调制系统抗噪声性能的分析方法与上述相似。但是,由于采用的残留边带滤波器的频率特性形状不同,因此抗噪声性能的计算是比较复杂的,**残留边带不是太大的时候,近似认为与单边带调制系统的抗噪声性能相同**。

4.2.3 调幅信号包络检波的抗噪声性能

调幅信号可采用相干解调和包络检波两种方法解调。相干解调时,调幅系统的性能分析方法与前面双边带(或单边带)调制系统的相同,读者可自行分析。实际中,调幅信号常用简单的包络检波法(线性检波或平方率检波)解调,此时,图 4.15 所示模型中的解调器为包络检波器,调幅信号包络检波的抗噪声性能分析模型如图 4.18 所示,其检波输出正比于输入信号的包络变化。

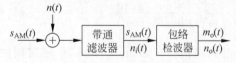

图 4.18 调幅信号包络检波的抗噪声性能分析模型

设解调器的输入信号为

$$s_{AM}(t) = [A_0 + m(t)]\cos\omega_c t \tag{4-64}$$

其中,A_0 为载波幅度;$m(t)$ 为调制信号。这里仍假设 $m(t)$ 的均值为 0,且 $A_0 \geqslant |m(t)|_{max}$。

解调器输入噪声为

$$n_i(t) = n_c(t)\cos\omega_c t - n_s(t)\sin\omega_c t \tag{4-65}$$

显然,解调器输入的信号功率 S_i 和噪声功率 N_i 为

$$S_i = \overline{s_{AM}^2} = \frac{A_0^2}{2} + \frac{\overline{m^2(t)}}{2} \tag{4-66}$$

$$N_i = \overline{n_i^2(t)} = n_0 B \qquad (4-67)$$

可得输入信噪比为

$$\frac{S_i}{N_i} = \frac{A_0^2 + \overline{m^2(t)}}{2n_0 B} \qquad (4-68)$$

由于解调器输入是信号加噪声的混合波形，即

$$s_{AM}(t) + n_i(t) = [A_0 + m(t) + n_c(t)]\cos\omega_c t - n_s(t)\sin\omega_c t$$
$$= E(t)\cos[\omega_c t + \psi(t)]$$

其中，

$$E(t) = \sqrt{[A_0 + m(t) + n_c(t)]^2 + n_s^2(t)} \qquad (4-69)$$

$$\psi(t) = \arctan\left[\frac{n_s(t)}{A_0 + m(t) + n_c(t)}\right] \qquad (4-70)$$

式(4-69)中的 $E(t)$ 便是所求的合成包络。当包络检波器的传输系数为 1 时，则检波器的输出就是 $E(t)$。由式(4-69)可知，检波输出中有用信号与噪声无法完全分开，因此，计算输出信噪比是件困难的事。为使讨论简便，这里考虑如下两种特殊情况。

1. 大信噪比情况

此时，**输入信号幅度远大于噪声幅度**，即

$$[A_0 + m(t)] \gg \sqrt{n_c^2(t) + n_s^2(t)}$$

因而式(4-69)可变换为

$$E(t) = \sqrt{[A_0 + m(t) + n_c(t)]^2 + n_s^2(t)}$$
$$= \sqrt{[A_0 + m(t)]^2 + 2[A_0 + m(t)]n_c(t) + n_c^2(t) + n_s^2(t)}$$
$$\approx \sqrt{[A_0 + m(t)]^2 + 2[A_0 + m(t)]n_c(t)}$$

利用近似公式 $x \ll 1$ 时 $\sqrt{1+x} \approx 1 + \dfrac{x}{2}$，则有

$$E(t) \approx [A_0 + m(t)]\left[1 + \frac{2n_c(t)}{A_0 + m(t)}\right]^{1/2}$$
$$\approx [A_0 + m(t)]\left[1 + \frac{n_c(t)}{A_0 + m(t)}\right]$$
$$= A_0 + m(t) + n_c(t) \qquad (4-71)$$

由式(4-71)可见，如果直流分量 A_0 被电容器阻隔，有用信号与噪声便独立地分成两项，因而可分别计算输出有用信号功率及噪声功率。输出有用信号功率为

$$S_o = \overline{m^2(t)} \qquad (4-72)$$

输出噪声功率为

$$N_o = \overline{n_c^2(t)} = \overline{n_i^2(t)} = n_0 B \qquad (4-73)$$

输出信噪比为

$$\frac{S_o}{N_o} = \frac{\overline{m^2(t)}}{n_0 B} \tag{4-74}$$

调制制度增益为

$$G_{AM} = \frac{S_o/N_o}{S_i/N_i} = \frac{2\overline{m^2(t)}}{A_0^2 + \overline{m^2(t)}} \tag{4-75}$$

显然,调幅信号的调制制度增益 G_{AM} 随 A_0 的减小而增加。但对包络检波器来说,为了不发生过调制现象,应有 $A_0 \geqslant |m(t)|_{max}$,所以 **$G_{AM}$ 总是小于 1**。例如,100% 调制(即 $A_0 = |m(t)|_{max}$)且 $m(t)$ 又是正弦型信号时,有

$$\overline{m^2(t)} = \frac{A_0^2}{2}$$

代入式(4-75),可得

$$G_{AM} = \frac{2}{3} \tag{4-76}$$

这就是**调幅系统的最大信噪比增益**,说明解调器对输入信噪比没有改善,而是恶化了。

可以证明,若采用同步检波法解调调幅信号,则得到的调制制度增益 G_{AM} 与式(4-75)给出的结果相同。由此可见,对于调幅系统,在大信噪比时,采用包络检波器解调的性能与同步检波的性能几乎一样。但应该注意,同步检波法解调调幅信号的调制制度增益不受信号与噪声相对幅度假设条件的限制。

2. 小信噪比情况

小信噪比指的是噪声幅度远大于信号幅度,即 $[A_0 + m(t)] \ll \sqrt{n_c^2(t) + n_s^2(t)}$,这时式(4-69)变成

$$
\begin{aligned}
E(t) &= \sqrt{[A_0 + m(t) + n_c(t)]^2 + n_s^2(t)} \\
&= \sqrt{[A_0 + m(t)]^2 + n_c^2(t) + n_s^2(t) + 2n_c(t)[A_0 + m(t)]} \\
&\approx \sqrt{n_c^2(t) + n_s^2(t) + 2n_c(t)[A_0 + m(t)]} \\
&= \sqrt{[n_c^2(t) + n_s^2(t)]\left\{1 + \frac{2n_c(t)[A_0 + m(t)]}{n_c^2(t) + n_s^2(t)}\right\}} \\
&= R(t)\sqrt{1 + \frac{2[A_0 + m(t)]}{R(t)}\cos\theta(t)}
\end{aligned}
\tag{4-77}
$$

其中,$R(t)$ 及 $\theta(t)$ 代表噪声 $n_i(t)$ 的包络及相位,且

$$R(t) = \sqrt{n_c^2(t) + n_s^2(t)}$$

$$\theta(t) = \arctan\left[\frac{n_s(t)}{n_c(t)}\right]$$

$$\cos\theta(t) = \frac{n_c(t)}{R(t)}$$

因为 $R(t) \gg [A_0 + m(t)]$，所以可以利用数学近似式 $(1+x)^{\frac{1}{2}} \approx 1 + \frac{x}{2}$ ($|x| \ll 1$)把 $E(t)$ 进一步近似表示为

$$E(t) \approx R(t)\left[1 + \frac{A_0 + m(t)}{R(t)}\cos\theta(t)\right] = R(t) + [A_0 + m(t)]\cos\theta(t) \quad (4\text{-}78)$$

这时，$E(t)$ 中没有单独的信号项，只有受到 $\cos\theta(t)$ 调制的 $m(t)\cos\theta(t)$ 项。由于 $\cos\theta(t)$ 是一个随机噪声，因而，有用信号 $m(t)$ 被噪声扰乱，致使 $m(t)\cos\theta(t)$ 也只能看作是噪声。这时，输出信噪比不是按比例地随着输入信噪比下降，而是急剧恶化。即输入信噪比低于一定数值时，解调器输出信噪比急剧恶化，这种现象称为解调器的门限效应，开始出现门限效应的输入信噪比称为门限值。门限效应是由包络检波器的非线性解调作用所引起的。

有必要指出的是，用相干解调的方法解调各种线性调制信号时不存在门限效应，原因是信号与噪声可分别进行解调，解调器输出端总是单独存在有用信号项。

由以上分析可得结论：**大信噪比情况下，调幅信号包络检波器的性能几乎与相干解调法相同；但随着信噪比的减小，包络检波器将在一个特定输入信噪比值上出现门限效应；一旦出现门限效应，解调器的输出信噪比将急剧恶化。**

4.3　非线性调制（角度调制）的原理

4.3.1　角度调制的基本概念及表达式

1. 角度调制的基本概念

调幅属于线性调制，通过改变载波的幅度实现调制信号频谱的平移及线性变换。一个正弦载波有幅度、频率和相位 3 个参量，因此，不仅可以把调制信号的信息寄托在载波的幅度变化中，还可以寄托在载波的频率或相位变化中。**使高频载波的频率或相位按调制信号的规律变化而振幅保持恒定的调制方式称为频率调制（FM）和相位调制（PM）**，分别简称为**调频**和**调相**。因为频率或相位的变化都可以看成是载波角度的变化，故调频和调相又统称为**角度调制**。

角度调制与线性调制不同，已调信号频谱不再是原调制信号频谱的线性搬移，而是频谱的非线性变换，会产生与频谱搬移不同的新的频率成分，故又称为非线性调制。

调频广泛应用于高保真音乐广播、电视伴音信号的传输、卫星通信和蜂窝电话等系统。调相除直接用于传输外，也常用作间接产生调频信号的过渡。调频和调相之间关系密切。

与调幅技术相比，角度调制最突出的优势是具有较高的抗噪声性能，获得这种优势的代价是信号占用更宽的带宽。

2. 角度调制的表达式

角度调制信号的一般表达式为

$$s_m(t) = A\cos[\omega_c t + \varphi(t)] \tag{4-79}$$

式中，A 为载波的恒定**振幅**；$[\omega_c t + \varphi(t)]$ 为信号的**瞬时相位**，记为 $\theta(t)$；$\varphi(t)$ 为相对于载波相位 $\omega_c t$ 的**瞬时相位偏移**。信号的瞬时角频率是 $d[\omega_c t + \varphi(t)]/dt$，记为 $\omega(t)$；$d\varphi(t)/dt$ 称为相对于载频 ω_c 的**瞬时频偏**。

所谓调相，是指瞬时相位偏移随调制信号 $m(t)$ 做线性变化，即

$$\varphi(t) = k_p m(t) \tag{4-80}$$

式中，k_p 为**调相灵敏度**，单位是 rad/V，含义是单位调制信号幅度引起调相信号的相位偏移量。

于是，**调相信号**可表示为

$$s_{PM}(t) = A\cos[\omega_c t + k_{pm}(t)] \tag{4-81}$$

所谓调频，是指瞬时频率偏移随调制信号 $m(t)$ 做线性变化，即

$$\frac{d\phi(t)}{dt} = k_f m(t) \tag{4-82}$$

式中，k_f 为**调频灵敏度**，单位是 rad/s·V。

这时相位偏移为

$$\phi(t) = k_f \int_{-\infty}^{t} m(\tau)d\tau \tag{4-83}$$

将其代入(4-79)，可得到调频信号一般表达式

$$s_{FM}(t) = A\cos\left[\omega_c t + k_f \int_{-\infty}^{t} m(\tau)d\tau\right] \tag{4-84}$$

比较式(4-81)和(4-84)可见，调相与调频的区别仅在于调相是相位偏移随调制信号 $m(t)$ 线性变化，调频是相位偏移随 $m(t)$ 的积分呈线性变化。如果预先不知道调制信号 $m(t)$ 的具体形式，则无法判断已调信号是调相信号还是调频信号。

3. 单音调制 FM 与 PM

设调制信号为单一频率的正弦波，即

$$m(t) = A_m \cos\omega_m t = A_m \cos 2\pi f_m t \tag{4-85}$$

利用它对载波进行相位调制时，将(4-85)代入式(4-81)可得

$$s_{PM}(t) = A\cos[\omega_c t + k_p A_m \cos\omega_m t] = A\cos[\omega_c t + m_p \cos\omega_m t] \tag{4-86}$$

式中，$m_p = k_p A_m$，称为**调相指数**，表示最大的相位偏移。

利用它对载波进行频率调制时，将式(4-85)代入式(4-84)可得单音调频信号表达式为

$$s_{FM}(t) = A\cos\left[\omega_c t + k_f A_m \int_{-\infty}^{t} \cos\omega_m \tau d\tau\right] = A\cos[\omega_c t + m_f \sin\omega_m t] \tag{4-87}$$

式中，m_f 称为**调频指数**，且有

$$m_{\mathrm{f}}=\frac{k_{\mathrm{f}}A_{\mathrm{m}}}{\omega_{\mathrm{m}}}=\frac{\Delta\omega}{\omega_{\mathrm{m}}}=\frac{\Delta f}{f_{\mathrm{m}}} \tag{4-88}$$

表示最大的相位偏移；式(4-88)中，$\Delta\omega=k_{\mathrm{f}}A_{\mathrm{m}}$，称为**最大角频偏**；$\Delta f=m_{\mathrm{f}}f_{\mathrm{m}}$，称为**最大频偏**。

根据式(4-86)和(4-87)可以画出单音调相信号和单音调频信号波形，如图 4.19 所示。

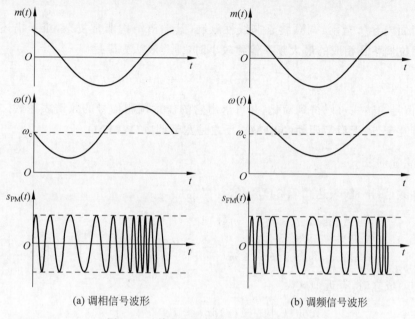

(a) 调相信号波形　　　　　　　　　　(b) 调频信号波形

图 4.19　单音调相信号和调频信号波形

4. 调频与调相之间的关系

由于频率和相位之间存在微分与积分的关系，所以调频与调相之间是可以相互转换的。比较式(4-86)和(4-87)可看出，如果将调制信号先微分，而后进行调频，则得到的是调相波，这种方式叫**间接调相**；同样，如果将调制信号先积分，而后进行调相，则得到的是调频波，这种方式叫**间接调频**。调频与调相之间的关系可描述如图 4.20 所示。

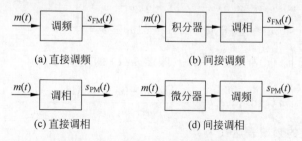

(a) 直接调频　　　　　　　　　　(b) 间接调频

(c) 直接调相　　　　　　　　　　(d) 间接调相

图 4.20　调频与调相之间的关系

由于实际相位调制的调制范围不大，因此直接调相和间接调频仅适用于相位偏移和频率偏移不大的窄带调制情况，而直接调频和间接调相常用于宽带调制情况。从以上分析可见,由于频率和相位之间存在微分与积分的关系,故调频与调相之间存在密切的关系,即调频必调相,调相必调频。调频与调相并无本质区别,两者之间可相互转换。鉴于在实际应用中多采用调频波,本节将主要讨论调频。

4.3.2 窄带调频

如前面内容所指出,调频属于非线性调制,其频谱结构非常复杂,难于描述。但是,**当最大相位偏移及相应的最大频率偏移较小时**,即一般认为满足

$$\left| k_f \left[\int_{-\infty}^{t} m(\tau) d\tau \right] \right| \ll \frac{\pi}{6} \quad (\text{或 } 0.5) \tag{4-89}$$

时,调频信号表达式可以得到简化,并可求出它的任意调制信号的频谱表达式。这时,信号占据带宽窄,属于**窄带调频(NBFM)**,反之是**宽带调频(WBFM)**。

1. 窄带调频

将调频信号一般表达式(4-84)展开,有

$$\begin{aligned}
s_{FM}(t) &= A\cos\left[\omega_c t + k_f \int_{-\infty}^{t} m(\tau) d\tau \right] \\
&= A\cos\omega_c t \cos\left[k_f \int_{-\infty}^{t} m(\tau) d\tau \right] - A\sin\omega_c t \sin\left[k_f \int_{-\infty}^{t} m(\tau) d\tau \right]
\end{aligned} \tag{4-90}$$

当式(4-89)成立时,有近似式

$$\cos\left[k_f \int_{-\infty}^{t} m(\tau) d\tau \right] \approx 1$$

$$\sin\left[k_f \int_{-\infty}^{t} m(\tau) d\tau \right] \approx k_f \int_{-\infty}^{t} m(\tau) d\tau$$

则式(4-90)可简化为

$$s_{FM}(t) = A\cos\omega_c t - A\sin\omega_c t \left[k_f \int_{-\infty}^{t} m(\tau) d\tau \right] \tag{4-91}$$

利用傅里叶变换对

$$m(t) \Leftrightarrow M(\omega)$$

$$\cos\omega_c t \Leftrightarrow \pi[\delta(\omega + \omega_c) + \delta(\omega - \omega_c)]$$

$$\sin\omega_c t \Leftrightarrow j\pi[\delta(\omega + \omega_c) - \delta(\omega - \omega_c)]$$

$$\int m(t) dt \Leftrightarrow \frac{M(\omega)}{j\omega} \quad (\text{假设 } m(t) \text{ 的均值为 } 0)$$

$$\int m(t) dt \sin\omega_c t \Leftrightarrow \frac{1}{2}\left[\frac{M(\omega + \omega_c)}{\omega + \omega_c} - \frac{M(\omega - \omega_c)}{\omega - \omega_c} \right]$$

可得**窄带调频信号的频域表达式**为

$$S_{NBFM}(\omega) = \pi[\delta(\omega + \omega_c) + \delta(\omega - \omega_c)] - \frac{k_f}{2}\left[\frac{M(\omega + \omega_c)}{\omega + \omega_c} - \frac{M(\omega - \omega_c)}{\omega - \omega_c} \right]$$

$$\tag{4-92}$$

重写(4-8)表述的调幅信号频谱,即

$$S_{AM}(\omega) = A_0\pi[\delta(\omega+\omega_c)+\delta(\omega-\omega_c)] + \frac{1}{2}[M(\omega+\omega_c)+M(\omega-\omega_c)]$$

将调频信号与调幅信号进行频谱比较,可以清楚地看出两种调制的相似性和不同处。相似性即两者都含有一个载波和位于$\pm\omega_c$处的两个边带,所以它们的**带宽相同,且都是调制信号最高频率的两倍**。不同的是,窄带调频的两个边频分别乘以因式$1/(\omega-\omega_c)$和$1/(\omega+\omega_c)$,由于因式是频率的函数,所以这种加权是**频率加权**,加权的结果是引起调制信号频谱的失真。另外,有一边频和调幅反相。

2. 窄带调频和调幅信号频谱的比较举例

以单音调制为例,设调制信号为$m(t)=A_m\cos\omega_m t$,则 **NBFM** 信号为

$$s_{NBFM}(t) \approx A\cos\omega_c t - \left[Ak_f\int_{-\infty}^{t}m(\tau)d\tau\right]\sin\omega_c t$$

$$= A\cos\omega_c t - AA_m k_f\frac{1}{\omega_m}\sin\omega_m t\sin\omega_c t$$

$$= A\cos\omega_c t + \frac{AA_m k_f}{2\omega_m}[\cos(\omega_c+\omega_m)t - \cos(\omega_c-\omega_m)t] \tag{4-93}$$

调幅信号为

$$s_{AM}(t) = (A_0 + A_m\cos\omega_m t)\cos\omega_c t = A\cos\omega_c t + A_m\cos\omega_m t\cos\omega_c t$$

$$= A_0\cos\omega_c t + \frac{A_m}{2}[\cos(\omega_c+\omega_m)t + \cos(\omega_c-\omega_m)t] \tag{4-94}$$

它们的频谱如图 4.21 所示。

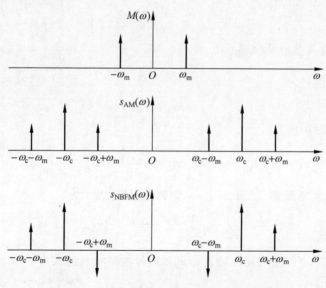

图 4.21 单音调制的 AM 与 NBFM 信号频谱

由此可画出矢量图如图 4.22 所示。

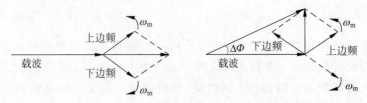

图 4.22 AM 与 NBFM 信号的矢量表示

调幅信号两个边频的合成矢量与载波同相,只发生幅度变化,无相位的变化;窄带调频信号由于下边频为负,两个边频的合成矢量与载波则是正交相加,不仅有相位的变化 $\Delta\phi$,幅度也有很小的变化;当最大相位偏移满足窄带调频信号近似条件式时,幅度基本不变。这正是两者的本质区别。

由于窄带调频信号最大相位偏移较小,占据的带宽较窄,使得调制制度的抗干扰性能强的优点不能充分发挥,因此目前仅用于抗干扰性能要求不高的短距离通信中。在长距离、高质量的通信系统中,如微波或卫星通信、调频立体声广播、超短波电台等,多采用宽带调频。

4.3.3 宽带调频

当不满足近似窄带条件时,调频信号的时域表达式不能简化,因而给宽带调频的频谱分析带来了困难。为使问题简化,这里只研究单音调制的情况,然后把分析的结论推广到多音情况。

1. 宽带调频信号的表达式

设单音调制信号为

$$m(t) = A_m \cos\omega_m t = A_m \cos 2\pi f_m t$$

则调频信号的瞬时相偏为

$$\phi(t) = A_m k_f \int_{-\infty}^{t} \cos\omega_m \tau \, d\tau = \frac{A_m k_f}{\omega_m} \sin\omega_m t = m_f \sin\omega_m t \tag{4-95}$$

式中,$A_m k_f$ 为最大角频偏,记为 $\Delta\omega$;m_f 为调频指数,表示为

$$m_f = \frac{A_m k_f}{\omega_m} = \frac{\Delta\omega}{\omega_m} = \frac{\Delta f}{f_m}$$

将式(4-95)代入式(4-87),可得单音宽带调频信号的时域表达式为

$$s_{FM}(t) = A\cos[\omega_c t + m_f \sin\omega_m t] = \mathrm{Re}[A\,e^{j\omega_c t} e^{jm_f \sin\omega_m t}] \tag{4-96}$$

将式(4-96)中的 $e^{jm_f \sin\omega_m t}$ 展成级数形式(周期为 $2\pi/\omega_m$)为

$$e^{jm_f\sin\omega_m t} = \sum_{n=-\infty}^{\infty} J_n(m_f) e^{jn\omega_m t}$$

式中，$J_n(m_f)$ 为第一类 n 阶贝塞尔（Bessel）函数，它是调频指数 m_f 的函数，即

$$J_n(m_f) = \sum_{m=0}^{\infty} \frac{(-1)^n \left(\dfrac{m_f}{2}\right)^{n+2m}}{m!\ (n+m)!}$$

图 4.23 给出了 $J_n(m_f)$ 随 m_f 变化的关系曲线，详细数据可参看 Bessel 函数表。

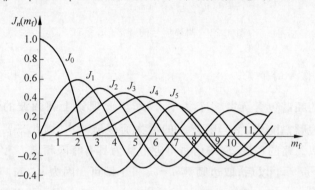

图 4.23　$J_n(m_f) - m_f$ 关系曲线

根据 Bessel 函数性质，n 为奇数时，$J_{-n}(m_f) = -J_n(m_f)$；n 为偶数时，$J_{-n}(m_f) = J_n(m_f)$，调频信号的级数展开式为

$$s_{FM}(t) = \text{Re}\left[A \sum_{n=-\infty}^{\infty} J_n(m_f) e^{j(\omega_c+n\omega_m)t}\right]$$

$$= AJ_0(m_f)\cos\omega_c t - AJ_1(m_f)[\cos(\omega_c - \omega_m)t - \cos(\omega_c + \omega_m)t] +$$
$$AJ_2(m_f)[\cos(\omega_c - 2\omega_m)t + \cos(\omega_c + 2\omega_m)t] +$$
$$AJ_3(m_f)[\cos(\omega_c - 3\omega_m)t - \cos(\omega_c + 3\omega_m)t] + \cdots$$

即

$$s_{FM}(t) = A \sum_{n=-\infty}^{\infty} J_n(m_f)\cos(\omega_c + n\omega_m)t \tag{4-97}$$

对式（4-97）进行傅里叶变换，即得调频信号的频域表达式为

$$S_{FM}(\omega) = A\pi \sum_{n=-\infty}^{\infty} J_n(m_f)[\delta(\omega - \omega_c - n\omega_m) + \delta(\omega + \omega_c + n\omega_m)] \tag{4-98}$$

由式（4-97）和式（4-98）可见，**调频的频谱包含无穷多个分量，由载波分量 ω_c 和无数边频（$\omega_c \pm n\omega_m$）组成**。当 $n=0$ 时就是载波分量 ω_c，其幅度为 $J_0(m_f)$；当 $n \neq 0$ 时，载频两侧对称地分布上下边频分量 $\omega_c \pm n\omega_m$，谱线之间的间隔为 ω_m，幅度为 $J_n(m_f)$，且当 n 为奇数时，上下边频极性相反，n 为偶数时极性相同。由此可见，**调频信号的频谱不再是调制信号频谱的线性搬移，而是一种非线性过程**。

图 4.24 所示为某单音宽带调频波的频谱，这里假定 $A=1$。

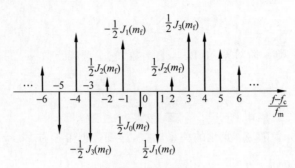

图 4.24　调频信号的频谱($m_f=5$)

2. 宽带调频信号的带宽

由于调频波的频谱包含无穷多个频率分量,因此**理论上调频波的频带宽度为无限宽**。然而实际上边频幅度 $J_n(m_f)$ 随着 n 的增大而逐渐减小,因此只要取适当的 n 值使边频分量小到可以忽略的程度,调频信号可近似认为具有有限频谱。

经验认为,**当 $m_f \geqslant 1$ 以后,取边频数 $n=m_f+1$ 即可**。因为 $n > m_f+1$ 以上的边频幅度 $J_n(m_f)$ 均小于 0.1,相应产生的功率均在总功率的 2% 以下,可以忽略不计。根据这个原则,调频信号的带宽为

$$B_{FM}=2(m_f+1)f_m=2(\Delta f+f_m) \tag{4-99}$$

它说明调频信号的带宽取决于最大频偏和调制信号的频率,该式称为**卡森**(Carson)**公式**。

$m_f \ll 1$ 时,$B_{FM} \approx 2f_m$,这就是窄带调频的带宽,与前面的分析一致。

$m_f \geqslant 10$ 时,$B_{FM} \approx 2\Delta f$,这是大指数宽带调频情况,说明带宽由最大频偏决定。

以上讨论的是单音调频情况,对于多音或其他任意信号调制的调频信号的频谱分析是很复杂的。根据经验把卡森公式推广,即可得到**任意限带信号调制时的调频信号带宽的估算公式**为

$$B_{FM}=2(D+1)f_m \tag{4-100}$$

式中,f_m 是调制信号的最高频率;D 是最大频偏 Δf 与 f_m 的比值。实际应用中,当 $D>2$ 时,计算调频带宽更符合实际情况的公式为

$$B_{FM}=2(D+2)f_m \tag{4-101}$$

3. 调频信号的功率分配

调频信号 $s_{FM}(t)$ 在 1Ω 电阻上消耗的平均功率为

$$P_{FM}=\overline{s_{FM}^2(t)} \tag{4-102}$$

由式(4-96),结合帕塞瓦尔定理可知

$$P_{FM}=\overline{s_{FM}^2(t)}=\frac{A^2}{2}\sum_{n=-\infty}^{\infty}J_n^2(m_f) \tag{4-103}$$

利用贝塞尔函数的性质 $\displaystyle\sum_{n=-\infty}^{\infty} J_n^2(m_{\mathrm{f}}) = 1$ 可得

$$P_{\mathrm{FM}} = \frac{A^2}{2} = P_{\mathrm{c}} \tag{4-104}$$

式(4-104)说明,调频信号的平均功率等于未调载波的平均功率,即调制后总的功率不变,只是将原来载波功率中的一部分分配给每个边频分量。所以,调制过程只是进行功率的重新分配,而分配的原则与调频指数 m_{f} 有关。

4.3.4 调频信号的产生与解调

1. 调频信号的产生

产生调频信号的方法通常有直接法和间接法两种。

1）直接法

直接法就是用调制信号直接去控制载波振荡器的频率,使其按调制信号的规律线性地变化。振荡频率由外部电压控制的振荡器叫作**压控振荡器(VCO)**。每个压控振荡器自身就是一个调频调制器,因为它的振荡频率正比于输入控制电压,即 $\omega_{\mathrm{i}}(t) = \omega_0 + k_{\mathrm{f}} m(t)$。

若用调制信号作为控制信号,就能产生调频信号,如图 4.25 所示。

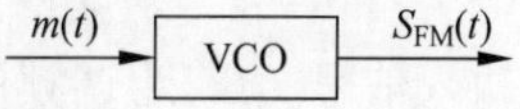

$$m(t) \longrightarrow \boxed{\text{VCO}} \longrightarrow S_{\mathrm{FM}}(t)$$

图 4.25 调频调制器

控制 VCO 的振荡频率的常用方法是改变振荡器谐振回路的电抗元件 L 或 C,可控的元件有电抗管、变容管等。变容管由于电路简单,性能良好,目前在调频器中使用广泛。

直接法的主要优点是在实现线性调频的要求下,可以获得较大的频偏;缺点是频率稳定度不高。 因此,需要采用自动频率控制系统来稳定中心频率。

应用如图 4.26 所示的**锁相环(PLL)调制器**,可以获得高质量的调频信号或调相信号。其载频稳定度很高,可以达到晶体振荡器的频率稳定度。但这种方案的一个显著缺点是,在调制频率很低时,进入 PLL 的误差传递函数 $\mathrm{He}(s)$(高通特性)的阻带之后,调制频偏(或相偏)是很小的。

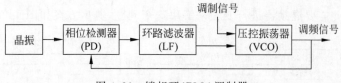

图 4.26 锁相环(PLL)调制器

为使 PLL 调制器具有同样良好的低频调制特性,可用锁相环路构成一种所谓两点调制的宽带调频(可参阅有关资料)。

2) 间接法

所谓间接法,就是先对调制信号积分后再对载波进行相位调制,从而产生窄带调频信号;然后利用倍频器把窄带调频信号变换成宽带调频信号。其原理框图如图 4.27 所示。

由式(4-91)可知,**窄带调频信号可看成由正交分量与同相分量合成**,即

$$s_{\text{NBFM}}(t) \approx A\cos\omega_c t - \left[Ak_f \int_{-\infty}^{t} m(\tau)\,\mathrm{d}\tau \right]\sin\omega_c t \tag{4-105}$$

因此,可采用图 4.28 所示的框图来实现窄带调频。

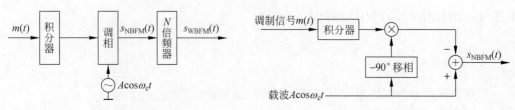

图 4.27 间接法调频原理框图

图 4.28 窄带调频信号的产生

图 4.27 中**倍频器的作用是提高调频指数** m_f,从而获得宽带调频。倍频器可以用非线性器件实现,然后用带通滤波器滤去不需要的频率分量。以理想平方律器件为例,其输出-输入特性为

$$s_o(t) = a s_i^2(t) \tag{4-106}$$

当输入信号 $s_i(t)$ 为调频信号时,有

$$s_i(t) = A\cos[\omega_c t + \varphi(t)]$$

$$s_o(t) = \frac{1}{2}aA^2\{1 + \cos[2\omega_c t + 2\varphi(t)]\} \tag{4-107}$$

由式(4-107)可知,滤除直流成分后可得到一个新的调频信号,其载频和相位偏移均增为两倍,由于相位偏移增为两倍,因而调频指数也必然增为两倍。同理,经 n 次倍频后可以使调频信号的载频和调频指数增为 n 倍。

以典型的**调频广播的调频发射机**为例,在这种发射机中首先以 $f_1 = 200\text{kHz}$ 为载频,用最高频率 $f_m = 15\text{kHz}$ 的调制信号产生频偏 $\Delta f_1 = 25\text{Hz}$ 的窄带调频信号。调频广播的最终频偏 $\Delta f = 75\text{kHz}$,载频 f_c 在 $88 \sim 108\text{MHz}$ 频段内,因此需要经过的 $n = \Delta f / \Delta f_1 = 75 \times 10^3 / 25 = 3000$ 的倍频,但倍频后新的载波频率(nf_1)高达 600MHz,不符合 f_c 的要求。因此需要**混频器**进行变频来解决这个问题,典型方案如图 4.29 所示。

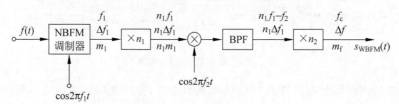

图 4.29 Armstrong 间接法

其中,混频器将倍频器分成两个部分,由于混频器只改变载频而不影响频偏,因此可以根据宽带调频信号的载频和最大频偏的要求适当选择 f_1、f_2 和 n_1、n_2,使

$$f_c = n_2(n_1 f_1 - f_2)$$
$$\Delta f = n_1 n_2 \Delta f_1 \tag{4-108}$$
$$m_f = n_1 n_2 m_1$$

例如,在上述方案中选择倍频次数 $n_1 = 64$,$n_2 = 48$,混频器参考频率 $f_2 = 10.9\text{MHz}$,则调频发射信号的载频为 $f_c = n_2(n_1 f_1 - f_2) = 48 \times (64 \times 200 \times 10^3 - 10.9 \times 10^6) = 91.2(\text{MHz})$,调频信号的最大频偏为 $\Delta f = n_1 n_2 \Delta f_1 = 64 \times 48 \times 25 = 76.8(\text{kHz})$,调频指数为 $m_f = \dfrac{\Delta f}{f_m} = \dfrac{76.8 \times 10^3}{15 \times 10^3} = 5.12$。

图 4.29 所示的宽带调频信号产生方案是由**阿姆斯特朗**(Armstrong)于 1930 年提出的,因此称为 **Armstrong 间接法**。这个方法提出后,调频技术得到了很大发展。

间接法的优点是频率稳定度好,缺点是需要多次倍频和混频,因此电路较复杂。

2. 调频信号的解调

调频信号的解调分为相干解调和非相干解调。相干解调仅适用于 NBFM 信号,而非相干解调对 NBFM 和 WBFM 信号均适用。

1) 非相干解调

由于调频信号的瞬时频率正比于调制信号的幅度,因而调频信号解调器必须能产生正比于输入频率的输出电压,也就是当输入调频信号为

$$s_{FM}(t) = A\cos\left[\omega_c t + k_f \int_{-\infty}^{t} m(\tau)d\tau\right] \tag{4-109}$$

时,解调器的输出应当为

$$m_o(t) \propto k_f m(t) \tag{4-110}$$

这就是说,调频信号的解调是要产生一个与输入调频信号的频率呈线性关系的输出电压,完成这种频率-电压转换关系的器件是频率检波器,简称**鉴频器**。

鉴频器有多种,图 4.30 所示为一种用振幅鉴频器进行非相干解调的特性与原理框图。图中,微分电路和包络检波器构成了具有近似理想鉴频特性的鉴频器。限幅器的作用是消除信道中的噪声等引起的调频波的幅度起伏。微分器的作用是把幅度恒定的调频信号 $s_{FM}(t)$ 变成幅度和频率都随调制信号 $m(t)$ 变化的调幅调频信号 $s_d(t)$,即

$$s_d(t) = -A[\omega_c + k_f m(t)]\sin\left[\omega_c t + k_f \int_{-\infty}^{t} m(\tau)d\tau\right] \tag{4-111}$$

包络检波器则将其幅度变化检出并滤去直流,再经低通滤波后即得解调输出

$$m_o(t) = k_d k_f m(t) \tag{4-112}$$

式中,k_d 为鉴频器灵敏度,单位为 $V/(\text{rad/s})$。

以上解调过程是先用微分器将幅度恒定的调频信号变成调幅调频信号,再用包络检波器从幅度变化中检出调制信号,因此上述解调方法又称为包络检测。

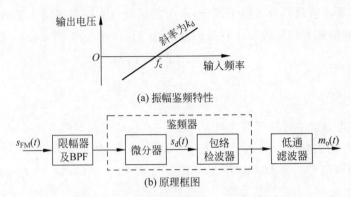

(a) 振幅鉴频特性

(b) 原理框图

图 4.30 振幅鉴频器特性与原理框图

由于包络检测的缺点之一是**包络检波器对于由信道噪声和其他原因引起的幅度起伏也有反应**,所以在微分器前加一个限幅器和带通滤波器,以便将调频信号在传输过程中引起的幅度变化部分消去,变成固定幅度的调频信号,带通滤波器(BPF)让调频信号顺利通过,而滤除带外噪声及高次谐波分量。

鉴频器的种类很多,除了上述振幅鉴频器外,还有相位鉴频器、比例鉴频器、正交鉴频器、斜率鉴频器、频率负反馈解调器等,相关的详细内容可参考高频电子线路教材。此外,目前还常用**锁相环(PLL)鉴频器**。PLL 鉴频器是一个能够跟踪输入信号相位的闭环

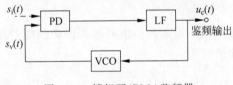

图 4.31 锁相环(PLL)鉴频器

自动控制系统,具有引人注目的特性,即载波跟踪特性、调制跟踪特性和低门限特性,因而在无线电通信的各个领域得到了广泛的应用。PLL 鉴频器最基本的原理图如图 4.31 所示,它由鉴相器(PD)、环路滤波器(LF)和压控振荡器(VCO)组成。

假设 VCO 输入控制电压为 0 时振荡频率调整在输入调频信号 $s_i(t)$ 的载频上,并且与调频信号的未调载波相差 $\pi/2$,即有

$$s_i(t) = A\cos\left[\omega_c t + k_f\int_{-\infty}^{t} m(\tau)\mathrm{d}\tau\right] = A\cos[\omega_c t + \theta_1(t)] \qquad (4\text{-}113)$$

$$s_v(t) = A_v\sin\left[\omega_c t + k_{VCO}\int_{-\infty}^{t} u_c(\tau)\mathrm{d}\tau\right] = A_v\sin[\omega_c t + \theta_2(t)] \qquad (4\text{-}114)$$

式中,k_{VCO} 为压控灵敏度。

设计 PLL 使其工作在调制跟踪状态下,这时 VCO 输出信号的相位 $\theta_2(t)$ 能够跟踪输入信号相位 $\theta_1(t)$ 的变化。也就是说,VCO 输出信号 $s_v(t)$ 也是调频信号。由于 VCO 本身就是一个调频器,它输入端的控制信号 $u_c(t)$ 必是调制信号 $m(t)$,因此 $u_c(t)$ 即为鉴频输出。

2) 相干解调

由于窄带调频信号可分解成同相分量与正交分量之和,因而可以采用线性调制中的相干解调法来进行解调,如图 4.32 所示。

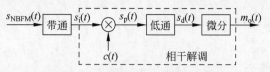

图 4.32 窄带调频信号的相干解调

设窄带调频信号为

$$s_{\mathrm{NBFM}}(t) = A\cos\omega_c t - A\left[k_f\int_{-\infty}^t m(\tau)\mathrm{d}\tau\right]\sin\omega_c t \qquad (4\text{-}115)$$

相干载波为

$$c(t) = -\sin\omega_c t \qquad (4\text{-}116)$$

则相乘器的输出为

$$s_p(t) = -\frac{A}{2}\sin2\omega_c t + \frac{A}{2}\left[k_f\int_{-\infty}^t m(\tau)\mathrm{d}\tau\right](1-\cos2\omega_c t)$$

经低通滤波器取出其低频分量,有

$$s_d(t) = \frac{A}{2}k_f\int_{-\infty}^t m(\tau)\mathrm{d}\tau$$

再经微分器,得输出信号为

$$m_o(t) = \frac{Ak_f}{2}m(t) \qquad (4\text{-}117)$$

可见,相干解调可以恢复原调制信号,这种解调方法与线性调制中的相干解调一样,要求本地载波与调制载波同步,否则将使解调信号失真。

4.4 调频系统的抗噪声性能

调频信号的解调方法有相干解调和非相干解调两种。相干解调仅适用于窄带调频信号,且需同步信号;而非相干解调适用于窄带和宽带调频信号,而且不需同步信号,因而是调频系统的主要解调方法,其分析模型如图 4.33 所示。图 4.33 中,**限幅器**用于消除接收信号在幅度上可能出现的失真,**带通滤波器**的作用是抑制信号带宽以外的噪声,$n(t)$ 是均值为零、单边功率谱密度为 n_0 的高斯白噪声,经过带通滤波器变为窄带高斯噪声。

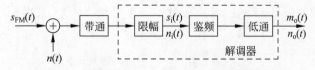

图 4.33 调频系统非相干解调抗噪声性能分析模型

调频非相干解调时的抗噪声性能分析方法也和线性调制系统一样,先分别计算解调器的输入信噪比和输出信噪比,最后通过信噪比增益来反映系统的抗噪声性能。

4.4.1 输入信噪比

假设输入调频信号为

$$s_{\text{FM}}(t) = A\cos\left[\omega_c t + k_f \int_{-\infty}^{t} m(\tau)\mathrm{d}\tau\right]$$

则输入信号功率为

$$S_i = A^2/2 \tag{4-118}$$

理想带通滤波器的带宽与调频信号的带宽 B_{FM} 相同,所以**输入噪声功率**为

$$N_i = n_0 B_{\text{FM}} \tag{4-119}$$

因此,输入信噪比为

$$\frac{S_i}{N_i} = \frac{A^2}{2n_0 B_{\text{FM}}} \tag{4-120}$$

4.4.2 调频系统非相干解调增益

为了求得调频系统的调制制度增益 G,需求解调器输出端的信号和噪声的平均功率。由于解调器输入波形是调频信号和噪声的混合波形,该波形在进行限幅以前可以表示为

$$s_{\text{FM}}(t) + n_c(t)\cos\omega_c t - n_s(t)\sin\omega_c t$$

即

$$A\cos[\omega_c t + \varphi(t)] + V(t)\cos[\omega_c t + \theta(t)]$$

这是两个余弦信号的合成。若令合成信号为 $V'(t)\cos\Psi(t)$,它经限幅后可除去包络的起伏,于是得到限幅后的波形为 $V_0\cos\Psi(t)$。由此可见,对于鉴频器输出信号来说,$V'(t)$ 究竟为何值是无关紧要的,人们感兴趣的是 $\Psi(t)$。

为了求得 $\Psi(t)$,设

$$\begin{cases} A\cos[\omega_c t + \varphi(t)] = a_1\cos\phi_1 \\ V(t)\cos[\omega_c t + \theta(t)] = a_2\cos\phi_2 \\ a_1\cos\phi_1 + a_2\cos\phi_2 = a\cos\phi \end{cases} \tag{4-121}$$

利用三角函数的矢量表示法,合成矢量 $a\cos\phi$ 可用图 4.34 来表示。由图 4.34(a)可见,为了求出 ϕ,可先求出 $\phi - \phi_1$。利用三角形关系可得

$$\tan(\phi - \phi_1) = \frac{\overline{BC}}{\overline{OB}} = \frac{a_2\sin(\phi_2 - \phi_1)}{a_1 + a_2\cos(\phi_2 - \phi_1)}$$

因而有

$$\phi = \phi_1 + \arctan\frac{a_2\sin(\phi_2 - \phi_1)}{a_1 + a_2\cos(\phi_2 - \phi_1)} \tag{4-122}$$

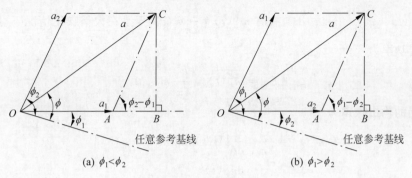

(a) $\phi_1 < \phi_2$ (b) $\phi_1 > \phi_2$

图 4.34　矢量合成图

同理,由图 4.34(b),即 $\phi_1 > \phi_2$,可得 ϕ 的另一种表达式为

$$\phi = \phi_2 + \arctan\frac{a_1\sin(\phi_1 - \phi_2)}{a_2 + a_1\cos(\phi_1 - \phi_2)} \tag{4-123}$$

根据式(4-121)给定的条件,由式(4-122)及(4-123)可得

$$\psi(t) = \omega_c t + \varphi(t) + \arctan\frac{V(t)\sin[\theta(t) - \varphi(t)]}{A + V(t)\cos[\theta(t) - \varphi(t)]}, \quad (\phi_1 < \phi_2) \tag{4-124}$$

或

$$\psi(t) = \omega_c t + \theta(t) + \arctan\frac{A\sin[\varphi(t) - \theta(t)]}{V(t) + A\cos[\varphi(t) - \theta(t)]}, \quad (\phi_1 > \phi_2) \tag{4-125}$$

由于解调器的输出正比于瞬时频率偏移,故原则上可以从式(4-124)式(4-125)求得相应的输出。不过,直接利用这两式来求解调器的输出是很困难的,因此,也和调幅信号的非相干解调一样,考虑两种极端情况,即大信噪比情况和小信噪比情况。

1. 大信噪比时的解调增益

在输入信噪比足够大的条件下,信号和噪声的相互作用可以忽略,这时可以把信号和噪声分开来计算。

在大信噪比情况下,即 $A \gg V(t)$ 时,式(4-124)可简化为

$$\psi(t) \approx \omega_c t + \varphi(t) + \frac{V(t)}{A}\sin[\theta(t) - \varphi(t)] \tag{4-126}$$

显然,式中 $\varphi(t)$ 是与有用信号有关的项,右边第 3 项是取决于噪声的项。这样分解后也可以得到大信噪比条件下的输出信号与噪声。因解调器(鉴频器)的输出电压 $v_o(t)$ 应与输入信号瞬时频偏成正比,所以利用上式可得

$$\begin{aligned}v_o(t) &= \frac{1}{2\pi}\left[\frac{\mathrm{d}\psi(t)}{\mathrm{d}t}\right] - f_c \\ &= \frac{1}{2\pi}\left[\frac{\mathrm{d}\varphi(t)}{\mathrm{d}t}\right] + \frac{1}{2\pi A}\frac{\mathrm{d}}{\mathrm{d}t}\big\{V(t)\sin[\theta(t) - \varphi(t)]\big\}\end{aligned} \tag{4-127}$$

于是解调器输出的有用信号为

$$m_o(t) = \frac{1}{2\pi}\frac{\mathrm{d}\varphi(t)}{\mathrm{d}t} \tag{4-128}$$

考虑到 $\varphi(t)=k_{\mathrm{f}}\displaystyle\int_{-\infty}^{t}m(\tau)\mathrm{d}\tau$，故有 $m_{\mathrm{o}}(t)=\dfrac{k_{\mathrm{f}}}{2\pi}m(t)$，于是在大信噪比情况下，**解调器输出的信号功率**为

$$S_{\mathrm{o}}=\overline{m_{\mathrm{o}}^{2}(t)}=\frac{k_{\mathrm{f}}^{2}}{4\pi^{2}}\overline{m^{2}(t)} \tag{4-129}$$

而解调器的输出噪声为

$$n_{\mathrm{o}}(t)=\frac{1}{2\pi A}\frac{\mathrm{d}}{\mathrm{d}t}\Big\{V(t)\sin[\theta(t)-\varphi(t)]\Big\}$$

$$=\frac{1}{2\pi A}\frac{\mathrm{d}n_{\mathrm{d}}(t)}{\mathrm{d}t}=\frac{1}{2\pi A}n_{\mathrm{d}}'(t) \tag{4-130}$$

其中，$n_{\mathrm{d}}'(t)=\dfrac{\mathrm{d}n_{\mathrm{d}}(t)}{\mathrm{d}t}$；$n_{\mathrm{d}}(t)=V(t)\sin[\theta(t)-\phi(t)]$。

为了求出噪声功率，可先求出 $n_{\mathrm{d}}(t)$ 的功率。根据对噪声的分析可知，噪声 $n_{\mathrm{d}}(t)$ 的功率在数值上与 $n_{\mathrm{i}}(t)$ 的功率相同，即有

$$\overline{n_{\mathrm{d}}^{2}(t)}=\overline{n_{\mathrm{i}}^{2}(t)}=n_{0}B \tag{4-131}$$

注意：$n_{\mathrm{i}}(t)$ 是带通型噪声，而 $n_{\mathrm{d}}(t)$ 是解调后的低通型 $(0,B/2)$ 的噪声。

由于 $\mathrm{d}n_{\mathrm{d}}(t)/\mathrm{d}t$ 实际上就是 $n_{\mathrm{d}}(t)$ 通过理想微分电路后的输出，故它的功率谱密度应等于 $n_{\mathrm{d}}(t)$ 的功率谱密度乘以理想微分电路的功率传输函数。设 $n_{\mathrm{d}}(t)$ 的功率谱密度为 $P_{\mathrm{i}}(\omega)$，理想微分电路的功率传输函数为

$$|H(f)|^{2}=|\mathrm{j}2\pi f|^{2}=(2\pi f)^{2} \tag{4-132}$$

若 $n_{\mathrm{d}}(t)$ 的功率谱密度为 $P_{\mathrm{o}}(\omega)$，则有

$$P_{\mathrm{o}}(f)=|H(f)|^{2}P_{\mathrm{i}}(f)=(2\pi f)^{2}P_{\mathrm{i}}(f) \tag{4-133}$$

因为

$$P_{\mathrm{i}}(f)=\begin{cases}\dfrac{\overline{n_{\mathrm{d}}^{2}(t)}}{B}=n_{0}, & |f|\leqslant\dfrac{B}{2}\\[2mm]0, & \text{其他}\end{cases} \tag{4-134}$$

所以有

$$P_{\mathrm{o}}(f)=\omega^{2}n_{0}=(2\pi f)^{2}n_{0}, \quad |f|\leqslant\frac{B}{2} \tag{4-135}$$

上述结果可用图 4.35 来表示。

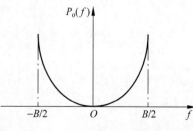

图 4.35　$n_{\mathrm{d}}'(t)$ 的功率谱密度

由此可见，$n_{\mathrm{d}}'(t)$ 的功率谱密度在频带内不再是均匀的，而是与 f^{2} 成正比。现假设解调器中的低通滤波器的截止频率为 f_{m}，且有 $f_{\mathrm{m}}<\dfrac{B}{2}$，再利用式(4-130)，可求得**输出噪声功率**为

$$N_{\mathrm{o}}=\overline{n_{\mathrm{o}}^{2}(t)}=\frac{\overline{n_{\mathrm{d}}'^{2}(t)}}{4\pi^{2}A^{2}}=\frac{1}{4\pi^{2}A^{2}}\int_{-f_{\mathrm{m}}}^{f_{\mathrm{m}}}P_{\mathrm{o}}(f)\mathrm{d}f$$

$$= \frac{1}{4\pi^2 A^2} \int_{-f_m}^{f_m} (2\pi f)^2 n_0 \mathrm{d}f = \frac{2n_0}{3A^2} f_m^3 \tag{4-136}$$

于是,由式(4-129)和式(4-136)可得**调频信号解调器的输出信噪比**为

$$\frac{S_o}{N_o} = \frac{3A^2 k_f^2 \overline{m^2(t)}}{8\pi^2 n_0 f_m^3} \tag{4-137}$$

为使上式具有简明的结果,这里考虑 $m(t)$ 为单一频率余弦波时的情况,即

$$m(t) = A_m \cos\omega_m t$$

这时的调频信号为

$$s_{FM}(t) = A\cos[\omega_c t + m_f \sin\omega_m t] \tag{4-138}$$

式中, $m_f = \dfrac{k_f A_m}{\omega_m} = \dfrac{\Delta\omega}{\omega_m} = \dfrac{\Delta f}{f_m}$,将这些关系式代入式(4-137)可得

$$\frac{S_o}{N_o} = \frac{3}{2} m_f^2 \frac{A^2/2}{n_0 f_m} \tag{4-139}$$

因此,由式(4-120)和式(4-139)可得**解调器的制度增益**

$$G_{FM} = \frac{S_o/N_o}{S_i/N_i} = \frac{3}{2} m_f^2 \frac{B_{FM}}{f_m} \tag{4-140}$$

又因在宽带调频时,信号带宽为

$$B_{FM} = 2(m_f + 1)f_m = 2(\Delta f + f_m) \tag{4-141}$$

所以,式(4-140)还可以写成

$$G_{FM} = 3m_f^2(m_f + 1) \tag{4-142}$$

当 $m_f \gg 1$ 时有近似式

$$G_{FM} \approx 3m_f^3 \tag{4-143}$$

式(4-143)表明,**大信噪比时宽带调频系统的制度增益是很高的,它与调制指数的立方成正比**。例如,调频广播中常取 $m_f = 5$,制度增益为 $G_{FM} = 450$ 。也就是说,**加大调制指数** m_f ,**可使调频系统的抗噪声性能迅速改善**。

设调频与调幅信号均为单音调制,调制信号频率为 f_m ,调幅信号为 100% 调制。当接收功率 S_i 相等,信道噪声功率谱密度 n_0 相同时,调频信号和调幅信号的输出信噪比分别为

$$\left(\frac{S_o}{N_o}\right)_{FM} = G_{FM}\left(\frac{S_i}{N_i}\right)_{FM} = G_{FM}\frac{S_i}{n_0 B_{FM}} \tag{4-144}$$

$$\left(\frac{S_o}{N_o}\right)_{AM} = G_{AM}\left(\frac{S_i}{N_i}\right)_{AM} = G_{AM}\frac{S_i}{n_0 B_{AM}} \tag{4-145}$$

则两者输出信噪比的比值为

$$\frac{(S_o/N_o)_{FM}}{(S_o/N_o)_{AM}} = \frac{G_{FM}}{G_{AM}}\frac{B_{AM}}{B_{FM}} \tag{4-146}$$

由前面内容可知 $G_{FM} = 3m_f^2(m_f + 1), G_{AM} = \dfrac{2}{3}, B_{FM} = 2(m_f + 1)f_m, B_{AM} = 2f_m$,将这

些关系式代入式(4-146),得

$$\frac{(S_o/N_o)_{FM}}{(S_o/N_o)_{AM}} = 4.5m_f^2 \qquad (4\text{-}147)$$

由此可见,**在高调频指数时,调频系统的输出信噪比远大于调幅系统**。例如,$m_f = 5$ 时,宽带调频系统的 S_o/N_o 是调幅系统的 112.5 倍。这也可理解成当两者输出信噪比相等时,调频信号的发射功率可减小到调幅信号的 1/112.5。

应当指出,**调频系统的这一优越性是以增加传输带宽来换取的**,两系统带宽关系为

$$B_{FM} = 2(m_f + 1)f_m = (m_f + 1)B_{AM} \qquad (4\text{-}148)$$

当 $m_f \gg 1$ 时,$B_{FM} \approx m_f B_{AM}$,则

$$\frac{(S_o/N_o)_{FM}}{(S_o/N_o)_{AM}} = 4.5\left(\frac{B_{FM}}{B_{AM}}\right)^2 \qquad (4\text{-}149)$$

这说明**宽带调频输出信噪比相对于调幅系统的改善与它们带宽比的平方成正比**。这就意味着,对于调频系统来说,增加传输带宽就可以改善抗噪声性能。在幅度调制中,由于信号带宽是固定的,无法进行带宽与信噪比的互换,这也正是在抗噪声性能方面调频系统优于调幅系统的重要原因。由此可以得到结论:在大信噪比情况下,调频系统的抗噪声性能将比调幅系统优越,且其优越程度将随传输带宽的增加而提高。

2. 小信噪比情况与门限效应

应该指出,以上分析都是在 $(S_i/N_i)_{FM}$ 足够大的条件下进行的。当处于小信噪比(即 $V(t) \gg A$)情况时,前文推导的公式(4-125)可简化为

$$\psi(t) = \omega_c t + \theta(t) + \frac{A}{V(t)}\sin[\varphi(t) - \theta(t)] \qquad (4\text{-}150)$$

分析式(4-150)可知,这时没有单独存在的有用信号项,解调器输出几乎完全由噪声决定。

也就是说,当 $(S_i/N_i)_{FM}$ 减小到一定程度时,解调器的输出中不存在单独的有用信号项,信号被噪声扰乱,因而 $(S_o/N_o)_{FM}$ 急剧下降。这种情况与调幅包络检波时相似,称为门限效应。出现门限效应时所对应的 $(S_i/N_i)_{FM}$ 值称为**门限值(点)**,记为 $(S_i/N_i)_b$。

图 4.36 所示为在单音调制的不同调制指数 m_f 下,调频解调器的输出信噪比与输入信噪比近似关系曲线。由图 4.36 可得出如下结论。

(1) m_f 不同,门限值不同。m_f 越大,门限点 $(S_i/N_i)_b$ 越高。$(S_i/N_i)_{FM} > (S_i/N_i)_b$ 时,$(S_o/N_o)_{FM}$ 与 $(S_i/N_i)_{FM}$ 呈线性关系,且 m_f 越大,输出信噪比的改善越明显。

(2) $(S_i/N_i)_{FM} < (S_i/N_i)_b$ 时,$(S_o/N_o)_{FM}$ 将随 $(S_i/N_i)_{FM}$ 的下降而急剧下降。且 m_f 越大,$(S_o/N_o)_{FM}$ 下降得越快,甚至比 DSB 或 SSB 更差。

这表明,调频系统以带宽换取输出信噪比改善并不是

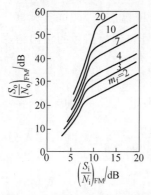

图 4.36 调频非相干解调器的
输出信噪比与输入
信噪比的关系曲线

无止境的。随着传输带宽的增加（相当于 m_f 加大），输入噪声功率增大，在输入信号功率不变的条件下，输入信噪比下降，当输入信噪比降到一定程度时就会出现门限效应，输出信噪比将急剧恶化。实践和理论计算均表明，应用**普通鉴频器解调调频信号时**，其门限效应与输入信噪比有关，一般发生在输入信噪比 $\alpha = 10\mathrm{dB}$ 左右处。

如同包络检波器一样，调频解调器的门限效应也是由它的非线性的解调作用所引起的。由于在门限值以上时，调频解调器具有良好的性能，故在实际中除设法改善门限效应外，一般应使系统工作在门限值以上。

空间通信等领域对调频解调器的门限效应十分关注，希望在接收到最小信号功率时仍能满意地工作，这就要求门限点向低输入信噪比方向扩展。降低门限值（也称门限扩展）的方法很多，目前用得较多的有**锁相环鉴频法**和**调频负回授鉴频法**，它们的门限比一般鉴频器门限电平低 6～10dB。另外，还可以采用**预加重**（preemphasis）和**去加重**（deemphasis）技术来进一步改善解调器的输出信噪比，实际上这也相当于改善了门限值。

4.4.3　预加重和去加重

如图 4.35 所示，解调器输出噪声功率谱随 f 呈抛物线形状增大。但在调频广播中所传送的语音和音乐信号的能量却主要分布在低频端，且其功率谱密度随频率的增高而下降。因此，在调制频率高频端的信号功率谱密度最小，而噪声功率谱密度却是最大，所以高频端的输出信噪比明显下降，这对解调信号质量会带来很大的影响。

为了进一步改善调频解调器的输出信噪比，针对鉴频器输出噪声谱呈抛物线形状这一特点，调频系统中广泛采用了加重技术，包括预加重和去加重措施。预加重和去加重的设计思想是保持输出信号不变，有效降低输出噪声，以达到提高输出信噪比的目的。

所谓**去加重**，就是在解调器输出端接一个传输特性随频率增加而滚降的线性网络 $H_d(f)$，将调制频率高频端的噪声衰减，使总的噪声功率减小。但是，去加重网络的加入在有效地减弱输出噪声的同时，必将使传输信号产生频率失真，因此，必须**在调制器前加入一个预加重网络** $H_p(f)$，人为地提升调制信号的高频分量，以抵消去加重网络的影响，预加重和去加重网络在调频系统中所处位置如图 4.37 所示。保证输出信号不变的必要条件

$$H_p(f) = \frac{1}{H_d(f)} \tag{4-151}$$

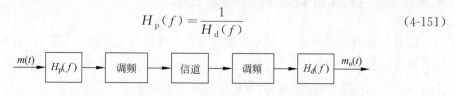

图 4.37　预加重和去加重网络在调频系统中所处位置

可见，预加重网络是在信道噪声之前加入的，它对噪声没有影响，而输出端的去加重网络将输出噪声降低，有效地提高了调制信号高频端的输出信噪比，进一步改善了调频系统的抗噪声性能。

由于采用预加重/去加重网络的系统的输出信号功率与没有采用预加重/去加重网络的系统相同,因此调频解调器的**输出信噪比的改善程度**可用**加重前的输出噪声功率与加重后的输出噪声功率的比值确定**,即

$$\gamma = \frac{\int_{-f_m}^{f_m} P_d(f) \mathrm{d}f}{\int_{-f_m}^{f_m} P_d(f) |H_d(f)|^2 \mathrm{d}f} \tag{4-152}$$

式(4-152)可以进一步说明,输出信噪比的改善程度取决于去加重网络 $H_d(f)$ 的特性。一种实际中常采用的预加重和去加重网络如图 4.38 所示,在保持信号传输带宽不变的条件下,可使输出信噪比提高 6dB 左右。

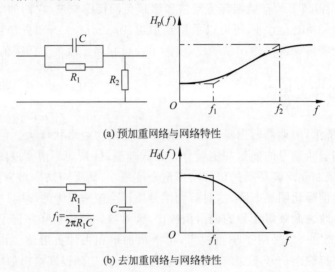

(a) 预加重网络与网络特性

(b) 去加重网络与网络特性

图 4.38　一种实际中常采用的预加重和去加重网络及其特性

加重技术不但在调频系统中得到了实际应用,也常用在音频传输和录音系统的录音和放音设备中。例如,录音和放音设备中广泛采用的杜比(Dolby)降噪声系统就采用了加重技术。

4.5　各种模拟调制系统的性能比较

综合前面内容的分析,各种模拟调制方式的性能对比如表 4.1 所示,表中,S_o/N_o 的条件是相同的解调器输入信号功率 S_i、相同的噪声功率谱密度 n_0、相同的调制信号带宽 f_m。其中,AM 为 100% 调制,调制信号为单音正弦。

表 4.1　各种模拟调制系统的比较

调制方式	传输带宽	S_o/N_o	设备复杂程度	主要应用
AM	$2f_m$	$S_i/(3n_0 f_m)$	简单	中短波无线电广播
DSB	$2f_m$	$S_i/(n_0 f_m)$	中等	应用较少

续表

调制方式	传输带宽	S_o/N_o	设备复杂程度	主要应用
SSB	f_m	$S_i/(n_0 f_m)$	复杂	短波无线电广播、语音频分复用、载波通信、数据传输
VSB	略大于 f_m	近似 SSB	复杂	电视广播、数据传输
FM	$2(m_f+1)f_m$	$(3m_f^2 S_i)/(2n_0 f_m)$	中等	超短波小功率电台(窄带 FM);调频立体声广播等高质量通信(宽带 FM)

1. 抗噪声性能比较

WBFM 抗噪声性能最好,DSB、SSB、VSB 抗噪声性能次之,AM 抗噪声性能最差,NBFM 和 AM 的性能接近。

图 4.39 所示为各种模拟调制系统的性能曲线,图中的圆点表示门限点。

由图 4.39 可看出,门限点以下,曲线迅速下跌;门限点以上,DSB、SSB 的信噪比 AM 高 4.7dB 以上,而 FM(m_f=6)的信噪比 AM 高 22dB。由此可见,**FM 的调频指数 m_f 越大,抗噪声性能越好,但占据的带宽越宽,频带利用率越低。**

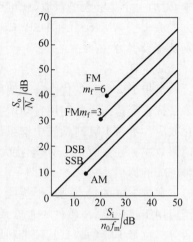

图 4.39 各种模拟调制系统的性能曲线

2. 频带利用率

SSB 的带宽最窄,其频带利用率最高;FM 占用的带宽随调频指数 m_f 增大而增大,其频带利用率最低。可以说,FM 是以牺牲有效性来换取可靠性的,因此,m_f 值的选择要从通信质量和带宽限制两方面考虑。高质量通信(如高保真音乐广播、电视伴音、双向式固定或移动通信、卫星通信和蜂窝电话系统等)采用 WBFM,m_f 值选大些。一般通信要考虑接收微弱信号,带宽窄些,噪声影响小,常选用 m_f 值较小的调频方式。

3. 特点与应用

1) AM

AM 调制的优点是接收设备简单;缺点是功率利用率低,抗干扰能力差,在传输中如果载波受到信道的选择性衰落,则在包络检波时会出现过调失真,信号频带较宽,频带利用率不高。AM 制式用于通信质量要求不高的场合,目前主要用在中波和短波的调幅广播中。

2) DSB

DSB 调制的优点是功率利用率高,但带宽与 AM 相同,接收要求同步解调,设备较复杂。DSB 调制只用于点对点的专用通信,运用不太广泛。

3）SSB

SSB 调制的优点是功率利用率和频带利用率都较高,抗干扰能力和抗选择性衰落能力均优于 AM,而带宽只有 AM 的一半;缺点是发送设备和接收设备都复杂。鉴于这些特点,SSB 制式普遍用在频带比较拥挤的场合,如短波波段的无线电广播和频分多路复用系统。

4）VSB

VSB 调制的诀窍在于部分抑制了发送边带,同时又利用平缓滚降滤波器补偿被抑制部分。VSB 的性能与 SSB 相当。VSB 解调原则上也需同步解调,但在某些 VSB 系统中,附加一个足够大的载波,就可用包络检波法解调合成信号(VSB+C),这种(VSB+C)方式综合了 AM、SSB 和 DSB 三者的优点。这些特点使 VSB 对于商用电视广播系统特别具有吸引力。

5）FM

窄带 FM 信号的优点一是幅度恒定不变,这使它对非线性器件不甚敏感,给 FM 带来了抗快衰落能力。利用自动增益控制和带通限幅技术,可以消除快衰落造成的幅度变化效应。窄带 FM 对微波中继系统颇具吸引力。二是窄带 FM 采用相干解调时不存在门限效应。在接收信号弱、干扰大的情况下宜采用窄带 FM,这就是小型通信机常采用窄带 FM 的原因。

宽带 FM 的优点是抗干扰能力强,可以实现带宽与信噪比的互换,因而宽带 FM 广泛应用于长距离、高质量的通信系统中,如空间和卫星通信、调频立体声广播、超短波电台等。宽带 FM 的缺点是频带利用率低,存在门限效应。

4.6 频分复用和调频立体声

4.6.1 频分复用

1. 频分复用的概念

复用:将若干个彼此独立的信号合并为一个可在同一信道上传输的复合信号的一种方法。常见的信道复用分为**频分复用**和**时分复用**两种。

频分复用(FDM)就是按频率区分信号的复用方法,主要用于模拟信号的多路传输,也可用于数字信号。

时分复用(TDM)就是按时间区分信号的复用方法,通常用于数字信号的多径传输。

在通信系统中,通常信道所提供的带宽往往总比传输一路信号所需的带宽宽得多。因此,一个信道只传送一路信号有时是非常浪费的。为了充分利用信道的带宽,提出了信道频分复用的问题。

2. 频分复用系统

频分复用系统组成原理图如图 4.40 所示。

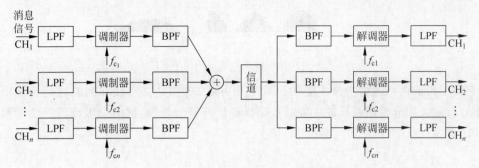

图 4.40　频分复用系统组成原理图

图 4.40 中,各路调制信号首先通过低通滤波器(LPF)限制带宽,避免频谱出现相互混叠。然后,各路信号分别对各自的载波进行调制、合成后送入信道传输。在接收端,分别采用不同中心频率的带通滤波器分离出各路已调信号,解调后恢复出调制信号。FDM 最典型的例子是多路载波电话系统。

3. 载频的选择

频分复用利用各路信号在频(率)域不相互重叠来区分信号,若相邻信号之间产生相互干扰,将会使输出信号产生失真。为了防止相邻信号之间产生相互干扰,应合理选择载波频率 f_{c1}, f_{c2}, $\cdots$, f_{cn},并使各路已调信号频谱之间留有一定的**保护间隔**,即

$$f_{c(i+1)} = f_{ci} + (f_m + f_g), \quad i = 1, 2, \cdots, n \tag{4-153}$$

式中,f_{ci} 和 $f_{c(i+1)}$ 分别为第 i 路与第($i+1$)路载频的频率; f_m 为每一路(信号)的最高频率; f_g 为**邻路间隔防护频带**。

若调制信号是模拟信号,则调制方式可以是 DSB-SC、AM、SSB、VSB 或 FM 等,其中 SSB 方式频带利用率最高。若调制信号是数字信号,则调制方式可以是 ASK、FSK、PSK 等各种数字调制方式。频分复用方式下,**各路信号具有相同的 f_m,但它们的频谱结构不同**; n 路单边带信号的总频带宽度最小应等于

$$\begin{aligned} B_n &= nf_m + (n-1)f_g = (n-1)(f_m + f_g) + f_m \\ &= (n-1)B_1 + f_m \end{aligned} \tag{4-154}$$

式中,$B_1 = f_m + f_g$,是一路信号占用的带宽。若为双边带,则 $B_n = 2[nf_m + (n-1)f_g]$。

例如多路载波电话系统,其基群由 12 个 LSB(下边带)组成,占用 60～108kHz 的频率范围,其中每路电话信号取 4kHz 作为标准带宽。复用中所有载波都由一个振荡器合成,起始频率为 64kHz,间隔为 4kHz。因此,可以计算出各载波频率为

$$f_{cn} = 64 + 4(12 - n) \quad (\text{kHz})$$

式中,f_{cn} 为第 n 路信号的载波频率,$n = 1, 2, \cdots, 12$。

复用信号的频谱结构示意图如图 4.41 所示。

4. 频分复用的优缺点

频分复用的最大优点是信道复用率高,容许复用的路数多,同时分路也很方便。因

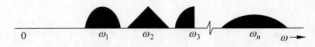

图 4.41　复用信号的频谱结构示意图

此,它成了目前模拟通信中最主要的一种复用方式,特别是在有线和微波通信系统中应用十分广泛。频分复用系统的主要缺点是设备生产较为复杂,同时会因滤波特性不够理想和信道内存在非线性而产生路间干扰。

4.6.2　复合调制和多级调制

所谓**复合调制**,就是对同一载波进行两种或更多种的调制。例如,对一个频率调制信号再进行一次振幅调制,所得结果就会变成调频调幅信号。

所谓**多级调制**,通常是将同一调制信号实施两次或更多次的调制过程。这里所采用的调制方式可以是相同的,也可以是不同的。

图 4.42 所示为多级调制示例。这是一个频分复用系统,f_{1i} 是为频分设置的第 1 次调制的载波频率,f_2 是第 2 次调制的载波频率。图中,对每一路来说,第 1 路采用 SSB 调制方式,第 2 路也采用 SSB 调制方式,这种方式一般记为 SSB/SSB。在实际的通信系统中,常见的多级调制方式除 SSB/SSB 外,还有 SSB/FM、FM/FM 等。例如,频分多路微波通信系统中采用的多级调制方式便是 SSB/FM 调制方式。

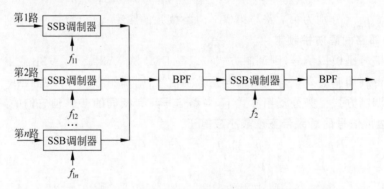

图 4.42　SSB/SSB 多级调制的组成框图

复合调制方式在模拟通信系统中的使用不如数字通信系统中广泛。

4.6.3　多路载波电话系统

目前,多路载波电话系统按照 CCITT 建议,采用单边带调制频分复用方式。北美国家多路载波电话系统的典型组成如图 4.43 所示。

图 4.43(a)是其分层结构,12 路电话复用为一个**基群**(basic group);5 个基群复用为一个**超群**(super group),共 60 路电话;10 个超群复用为一个**主群**(master group),共

600 路电话。如果需要传输更多路电话,可以将多个主群进行复用,组成**巨群**(jumbo group)。每路电话信号的频带限制在 300～3400Hz,为了在各路已调信号间留有保护间隔,每路电话信号取 4000Hz 作为标准带宽。

一个基群由 12 路电话复用组成,其频谱配置如图 4.43(c)所示。每路电话占 4kHz 带宽,采用单边带下边带调制(LSB),12 路电话带宽共 48kHz,频带范围为 60～108kHz。若采用单边带上边带调制(USB),频带范围为 148～196kHz。

一个超群由 5 个基群复用组成,共 60 路电话,其频谱配置如图 4.43(d)所示。5 个基群采用单边带下边带合成,频率范围为 312～552kHz,共 240kHz 带宽。若采用单边带上边带合成,频率范围为 60～300kHz。

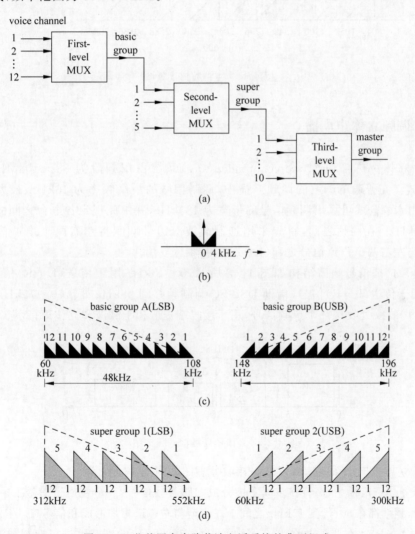

图 4.43 北美国家多路载波电话系统的典型组成

一个主群由 10 个超群复用组成,共 600 路电话。主群频率配置方式共有两种标准,即 L600 和 U600,其频谱配置如图 4.44 所示。L600 的频率范围为 60～2788kHz,U600

的频率范围为 564～3084kHz。

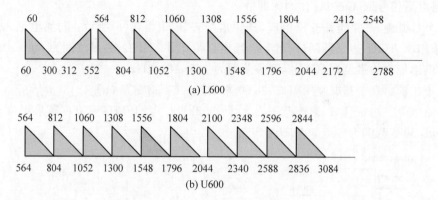

(a) L600

(b) U600

图 4.44　主群频谱配置图

4.6.4　调频立体声广播

调频立体声广播（FM stereo broadcasting）系统占用频段为 88～108MHz，采用 FDM 方式。在普通单声道的调频广播中，调制信号的最高频率为 15kHz，最大频偏为 75kHz，由卡森公式可算出调频信号的带宽为 180kHz，并由此规定各电台之间的频道间隔为 200kHz。在调频之前，首先采用抑制载波双边带调制将左右两个声道信号之差（L－R）与左右两个声道信号之和（L＋R）实行频分复用。

立体声广播信号频谱结构如图 4.45 所示，0～15kHz 用于传送（L＋R）信号，23～53kHz 用于传送（L－R）信号（借助 DSB-SC 调制频移到 38kHz 处），59～75kHz 用作辅助通道；19kHz 处发送一个单频信号，用于接收端提取相干载波和立体声指示。

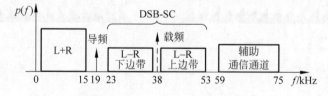

图 4.45　立体声广播信号频谱结构

调频立体声广播系统信号发送与接收原理图如图 4.46 所示。

调频立体声广播中，声音在空间上被分成两路音频信号，一个左声道信号 L，一个右声道信号 R，频率都在 50Hz 到 15kHz 之间。左声道与右声道相加形成和信号（L＋R），相减形成差信号（L－R）。在调频之前，差信号（L－R）先对 38kHz 的副载波进行抑制载波双边带（DSB-SC）调制，然后与和信号（L＋R）进行频分复用后，作为调频立体声广播的调制信号，其形成过程如图 4.46(a)所示。按接收端接收立体声广播后先进行鉴频，得到频分复用信

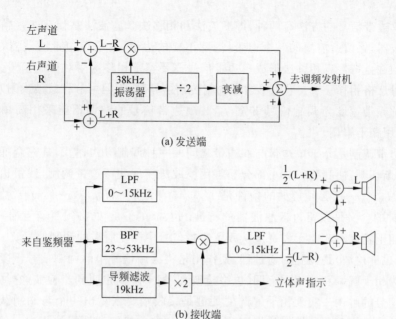

(a) 发送端

(b) 接收端

图 4.46　调频立体声广播系统信号发送与接收原理图

号,然后对频分复用信号进行相应的分离,以恢复出左声道信号 L 和右声道信号 R。

4.7　小结

　　调制就是按调制信号(基带信号)的变化规律去改变高频载波某些参数的过程。调制的实质是频谱的搬移。根据选择的载波,调制分为正弦载波调制和脉冲调制两大类。用正弦波作为载波的模拟调制就是用取值连续的调制信号去控制正弦载波参数(振幅、频率和相位),包括幅度调制和角度调制。

　　幅度调制,就是用调制信号去控制高频载波的振幅,使其按调制信号的规律而变化,已调信号是调制信号频谱的平移及线性变换,主要有调幅(AM)、双边带调制(DSB-SC)、单边带调制(SSB-SC)、残留边带调制(VSB-SC)。

　　当调幅信号满足条件 $|m(t)| \leqslant A_0$ 时,其包络与调制信号波形相同,因此用包络检波法很容易恢复出原始调制信号;否则会出现"过调幅"现象,用包络检波将发生失真。但可采用其他解调方法,如同步检波。调幅信号是带有载波的双边带信号,它的带宽是调制信号带宽 f_H 的两倍。调幅信号的总功率包括载波功率和边带功率两部分。在"满调幅"($|m(t)|_{\max} = A_0$ 时,也称 100% 调制)条件下,调制效率获得最大值为 $\eta_{\max} = 1/3$。因此,调幅信号的功率利用率较低。

　　双边带信号的包络不再与调制信号的变化规律一致,因而不能采用简单的包络检波来恢复调制信号,需采用相干解调(同步检波)。另外,在调制信号 $m(t)$ 的过零点处,高频载波相位有 180°的突变。双边带信号虽然节省了载波功率,功率利用率提高了,其调制效率为 100%,但它的频带宽度仍是调制信号带宽的两倍,与调幅信号带宽相同。

产生单边带信号的方法有两种,即滤波法和相移法。滤波法是让双边带信号通过一个边带滤波器,保留所需要的一个边带,滤除不要的边带,要求单边带滤波器在 f_c 附近具有陡峭的截止特性。相移法形成单边带信号需要宽带相移网络对调制信号 $m(t)$ 的所有频率分量严格相移 $\pi/2$。采用单边带调制传输信号时,不但可节省载波发射功率,而且它所占用的频带宽度为调制信号带宽 f_H。单边带信号的解调不能采用简单的包络检波,仍需采用相干解调。

残留边带调制是介于单边带与双边带之间的一种调制方式,它不是完全抑制一个边带,而是逐渐切割,使其残留一小部分。可用滤波法实现残留边带调制,残留边带滤波器传输特性 $H_{\mathrm{VSB}}(\omega)$ 所必须遵循的条件是 $H_{\mathrm{VSB}}(\omega+\omega_c)+H_{\mathrm{VSB}}(\omega-\omega_c)=$ 常数,$|\omega|\leqslant\omega_H$;该条件的含义是残留边带滤波器的特性 $H(\omega)$ 在 $\pm\omega_c$ 处必须具有互补对称(奇对称)特性,相干解调时才能无失真地从残留边带信号中恢复所需的调制信号。

解调(也称检波)是调制的逆过程,其作用是将已调信号中的调制信号恢复出来。解调方法分为相干解调和非相干解调(包络检波)。相干解调也叫同步检波,它适用于所有线性调制信号的解调。实现相干解调的关键是接收端要恢复出一个与调制载波严格同步的相干载波。恢复载波性能的好坏,直接关系到接收机解调性能的优劣。包络检波就是直接从已调信号的幅度中恢复调制信号,它属于非相干解调,因此不需要相干载波。调幅信号一般都采用包络检波。

双边带调制系统的制度增益为2,单边带调制系统的制度增益为1,残留边带调制系统的制度增益接近于单边带。大信噪比情况下,调幅信号包络检波法的性能几乎与相干解调法相同,制度增益最大为 2/3;但随着信噪比的减小,包络检波器将在一个特定输入信噪比值上出现门限效应;一旦出现门限效应,解调器的输出信噪比将急剧恶化。

使高频载波的频率(相位)按调制信号的规律变化而振幅保持恒定的调制方式称为频率(相位)调制(FM/PM),简称为调频/调相。因为频率或相位的变化都可以看成是载波角度的变化,故调频和调相又统称为角度调制。角度调制与线性调制不同,已调信号频谱不再是调制信号频谱的线性搬移,而是频谱的非线性变换,会产生与频谱搬移不同的新的频率成分,故又称为非线性调制。调频信号的最大相位偏移及相应的最大频率偏移较小时,属于窄带调频(NBFM),反之是宽带调频(WBFM)。产生调频信号的方法通常有两种,即直接法和间接法。调频信号的解调也分为相干解调和非相干解调,相干解调仅适用于 NBFM 信号,而非相干解调对 NBFM 和 WBFM 信号均适用。

与幅度调制技术相比,角度调制最突出的优势是具有较高的抗噪声性能。这种优势的代价是占用比调幅信号更宽的带宽。在大信噪比情况下,单音调制时,宽带调制系统的制度增益为 $G_{\mathrm{WBFM}}=3m_f^2(m_f+1)$,加大调制指数 m_f,可使调频系统的抗噪声性能迅速改善,但传输带宽也随之增加,因此,m_f 值的选择要综合通信质量和带宽限制两方面考虑。调频信号调制后的平均功率等于未调制信号的平均功率,是恒功率调制,调制过程只是进行功率的重新分配,而分配的原则与调频指数 m_f 有关。调频信号的非相干解调和调幅信号的非相干解调(包络检波)一样,当输入信噪比降到一定程度时就会出现门限效应,解调器输出信噪比将急剧恶化,因此,解调器一般应工作在门限值以上。门限效应是由它的非线性解调作用所引起的。为了进一步改善调频解调器的输出信噪比,针对鉴频器输出噪声谱呈抛物线形状这一特点,调频系统中广泛采用了加重技术,包括预加重和去加重措施。预加重和去加重的设计思想是保持输出信号不变,有效降低输出噪声,以达到提高输出信噪比的目的。

多路复用是指在一条信道中同时传输多路信号。常见的复用方式有频分复用(FDM)、时分复用(TDM)、码分复用(CDM)、波分复用(WDM)和空分复用(SDM)等。FDM 是一种按频率来划分信道的复用方式;FDM 的特征是多路信号在频域上是分开的,而在时间上是重叠的。FDM 主要用于模拟信号的多路传输,也可用于数字信号,普遍应用在多路载波电话系统中。调频立体声广播系统占用频段为 88~108MHz,采用FDM 方式。复合调制,就是对同一载波进行两种或更多种调制,如对一个调频信号再进行一次振幅调制,所得结果变成了调频调幅信号。多级调制,通常是将同一调制信号实施两次或更多次调制过程,所采用的调制方式可以相同,也可以不同,如 SSB/SSB、SSB/FM、FM/FM 等。

思考题 4

1. 什么是调制? 调制在通信系统中的作用是什么?

2. 调制信号、载波和已调信号是如何定义的?

3. 什么是线性调制? 常见的线性调制方式有哪些?

4. AM 信号的波形和频谱有哪些特点?

5. SSB 信号的产生方法有哪些? 各有何技术难点?

6. VSB 滤波器的传输特性应满足什么条件? 为什么?

7. DSB 和 SSB 调制系统的抗噪声性能是否相同? 为什么?

8. 什么是门限效应? AM 信号采用包络检波法时为什么会产生门限效应? 为什么相干解调不存在门限效应?

9. 什么是频率调制? 什么是相位调制? 两者关系如何?

10. 为什么调频系统可进行带宽与信噪比的互换而调幅不能?

11. FM 系统的调制制度增益和信号带宽的关系如何? 这一关系说明什么问题?

12. FM 系统产生门限效应的主要原因是什么?

13. FM 系统中采用加重技术的原理和目的是什么?

14. 模拟调制系统性能如何比较?

15. 什么是频分复用? 什么是复合调制? 什么是多级调制?

习题 4

1. 已知调制信号 $m(t) = \cos(2000\pi t)$,载波为 $4\cos 10^4 \pi t$,分别写出 AM、DSB、USB、LSB 信号表达式,并画出频谱图。

2. 根据图 4.47 所示的调制信号波形,试画出 DSB 和 AM 信号的波形图,并比较它们经过包络检波器之后的波形差别。

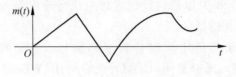

图 4.47　调制信号波形

3. 已知调制信号 $m(t) = \cos(2000\pi t) + \cos(4000\pi t)$,载波为 $2\cos10^4\pi t$,如果进行单边带调制,试确定该单边带信号的表达式,并画出其频谱。

4. 将调幅信号通过残留边带滤波器产生残留边带信号。若此滤波器的传输函数 $H(\omega)$ 如图 4.48 所示,当调制信号为 $m(t) = A[\sin100\pi t + \sin6000\pi t]$ 时,试确定所得残留边带信号的表达式。

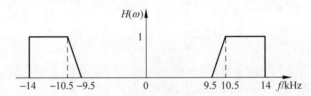

图 4.48　滤波器的传输函数 $H(\omega)$

5. 某调制系统结构框图如图 4.49 所示,为了在输出端同时分别得到 $f_1(t)$ 及 $f_2(t)$,试确定接收端的 $c_1(t)$、$c_2(t)$。

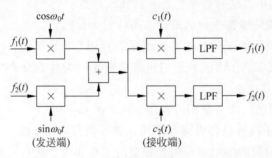

图 4.49　某调制系统

6. 设某信道具有均匀的双边噪声功率谱密度 $P_n(f) = 5\times10^{-4}(\mathrm{W/Hz})$,在该信道中传输抑制载波的双边带信号,并设调制信号 $m(t)$ 的频带限制在 5kHz,而载波为 100kHz,已调信号的功率为 10kW,若接收机的输入信号在加至解调器之前先经过一理想的带通滤波器滤波。

(1) 该理想带通滤波器的传输特性为多少? 中心频率和通带宽度多大?

(2) 画出解调器原理框图。

(3) 解调器输入端的信噪比为多少? 解调器输出端的信噪比为多少?

(4) 求出解调器输出端的噪声功率谱密度,并用图形表示出来。

7. 设某信道具有均匀的双边噪声功率谱密度 $P_n(f)=5\times10^{-4}(\mathrm{W/Hz})$，在该信道中传输抑制载波的单边带（上边带）信号，并设调制信号 $m(t)$ 的频带限制在 5kHz，而载频是 100kHz，已调信号功率是 10kW，若接收机的输入信号在加至解调器之前先经过带宽为 5kHz 的理想带通滤波器。

(1) 该理想带通滤波器的传输特性为多少？中心频率为多大？

(2) 画出 SSB 相移法调制框图和解调框图。

(3) 解调器输入端的信噪比是多少？解调器输出端的信噪比是多少？

8. 某线性调制系统的输出信噪比为 20dB，输出噪声功率为 10^{-9} W，由发射机输出端到解调器输入端之间总的传输损耗为 100dB。

(1) 求采用 DSB/SC 方式时的发射机输出功率。

(2) 求采用 SSB/SC 方式时的发射机输出功率。

9. 试证明：当 AM 信号采用同步检测法进行解调时，其制度增益 G 和包络检波法（大信噪比）解调时的制度增益结果相同，即 $G=\dfrac{2\overline{m^2(t)}}{A_0^2+\overline{m^2(t)}}$。

10. 设某信道具有均匀的双边噪声功率谱密度 $P_n(f)=5\times10^{-4}(\mathrm{W/Hz})$，信道中传输振幅调制信号，并设调制信号 $m(t)$ 的频带限制在 5kHz，而载频是 100kHz，边带功率为 10kW，载波功率为 40kW，若接收机的输入信号先经过一个合适的理想带通滤波器，然后再加至包络检波器进行解调。

(1) 画出调制器和解调器原理框图。

(2) 求解调器输入端的信噪比和解调器输出端的信噪比。

(3) 求制度增益 G。

11. 设被接收的调制信号为 $s_m(t)=A[1+m(t)]\cos\omega_c t$，采用包络检波法解调，其中，$m(t)$ 的功率谱密度为 $P_m(f)=\begin{cases}\dfrac{n_m}{2}\dfrac{|f|}{f_m}, & |f|\leqslant f_m \\ 0, & |f|>f_m\end{cases}$，若以双边功率谱密度为 $n_0/2$ 的噪声叠加于已调信号，试求解调器输出的信噪比。

12. 试证明：若在 VSB 信号中加入载波，则可采用包络检波器进行解调。

13. 已知某单频调频信号的振幅是 10V，瞬时频率为 $f(t)=10^6+10^4\cos2\pi\times10^3 t$（Hz）。

(1) 试求此调频信号的表达式。

(2) 试求此调频信号的频率偏移、调频指数和频带宽度。

(3) 若调制信号频率提高到 2000Hz，则调频信号的频偏、调频指数和频带宽度如何变化？

14. 设一宽带 FM 系统，载波振幅为 100V，频率为 100MHz，调制信号 $m(t)$ 的频带限制在 5kHz，$\overline{m^2(t)}=5000\mathrm{V}^2$，$k_f=500\pi\mathrm{rad/(s\cdot V)}$，最大频偏为 $\Delta f=75\mathrm{kHz}$，并设信道噪声功率谱密度是均匀的，其单边谱密度为 $P_n(f)=0.001(\mathrm{W/Hz})$。

（1）画出锁相调频、间接调频框图和相干解调、非相干解调框图。

（2）试求该调频接收机输入端理想带通滤波器的传输特性 $H(f)$。

（3）试求该解调器输入端的信噪比和解调器输出端的信噪比。

（4）若 $m(t)$ 以 AM 调制方法传输，并以包络检波法进行解调，试比较在输出信噪比和所需带宽方面与 FM 系统有何不同。

15. 已知调制信号是 8MHz 的单频余弦信号，且设信道噪声单边功率谱密度为 5×10^{-15}（W/Hz），信道损耗 α 为 60dB，若要求输出信噪比为 40dB，试求 100% 调制时 AM 信号的带宽和发射功率；求调频指数为 5 时 FM 信号的带宽和发射功率。

16. 有 60 路模拟语音信号采用频分复用方式传输。已知每路语音信号的频率范围为 0～4kHz（已含防护频带），副载波采用 SSB 调制，主载波采用 FM 调制，调制指数 $m_f = 2$。

（1）试计算副载波调制合成信号带宽。

（2）试求信道传输信号带宽。

小测验 4

一、填空题

1. AM 系统在_____情况下会出现门限效应。

2. 残留边带滤波器的传输特性 $H(\omega)$ 应满足的条件是_____。

3. DSB 信号的包络不再与调制信号的变化规律一致，因而不能采用简单的包络检波来恢复调制信号，需采用_____。另外，在调制信号 $m(t)$ 的过零点处，_____。

4. 用滤波法形成 SSB 信号的技术难点是，由于一般调制信号都具有丰富的低频成分，经调制后得到的 DSB 信号的上、下边带之间的间隔很窄，这就要求单边带滤波器_____，才能有效地抑制无用的那个边带。

5. 大信噪比情况下，AM 信号包络检波器的性能几乎与_____；但随着信噪比的减小，包络检波器将在一个特定输入信噪比值上出现_____，解调器的输出信噪比将急剧恶化。

6. 包络检波器就是直接从已调信号的幅度中提取调制信号。其结构简单，且解调输出是_____。因此，AM 信号几乎无一例外地采用_____。

7. 当最大相位偏移及相应的最大频率偏移较小时，即一般认为满足_____时，属于窄带调频（NBFM），反之是宽带调频（WBFM）。

8. 调频信号的平均功率等于未调载波的平均功率，即调制后总的功率不变，只是将原来载波功率中的一部分_____。所以，调制过程只是进行功率的重新分配，而分配的原则与_____有关。

9. 如同包络检波器一样，FM 解调器的门限效应也是由它的_____所引起的。由于在门限值以上时，FM 解调器具有良好的性能，故在实际中除设法改善门限效应外，一般应使系统_____。

二、简答题

1. 简述调制的作用和目的。它是如何分类的?

2. 在 AM、DSB、SSB、VSB、FM、PM 中,哪些是线性调制?哪些是非线性调制?

3. DSB 系统和 SSB 系统的抗噪声性能是否相同?为什么?

4. 什么是解调器的门限效应?扩展鉴频门限的常用方法是什么?

5. 已知单音调频信号 $s_m(t) = 10\cos[(10^6 \pi t) + 8\cos(10^3 \pi t)]$,调制器的频偏常数 $k_f = 200\text{Hz/V}$,试求调频信号功率、调频指数、最大频偏及相应调制信号表达式。

三、计算题

1. 假设音频信号 $m(t)$ 经调制后在高频通道上进行传输,要求接收机输出信噪比为 50dB,由发射机输出端到解调器输入端之间总的传输损耗为 50dB,信道中高斯白噪声的双边功率谱密度 $n_0/2 = 10^{-12}(\text{W/Hz})$,音频信号 $m(t)$ 的最高频率为 15kHz,并且有 $\overline{m(t)} = 0, \overline{m^2(t)} = 1/2, |m(t)|_{\max} = 1$。

(1) 试求 DSB 调制时的发射机输出功率(接收机用相干解调)。

(2) 试求 100% AM 调制时发射机输出功率(接收机用非相干解调)。

2. 采用包络检波的 AM 系统,若噪声功率谱密度为 0.05mW/Hz,单频正弦信号调制时载波功率为 100mW,边带功率为每边带 10mW,带通滤波器带宽为 4kHz。

(1) 画出 AM 系统框图。

(2) 求解调输出信噪比。

(3) 若采用抑制载波双边带系统,其制度增益优于 AM 系统多少分贝?

3. 已知调制信号是 8MHz 的单频余弦信号,若要求输出信噪比为 40dB,试比较 100% 的 AM 系统和调频指数为 5 的 FM 系统带宽和发射功率。假设信道噪声单边功率谱密度 $n_0 = 5 \times 10^{-15}(\text{W/Hz})$,信道功率损耗 α 为 50dB,并已知调频信号的制度增益为 $G_{FM} = 3m_f^2(1 + m_f)$。

4. 某单边带调制(SSB)系统的发射功率为 20W,基带信号的最高频率为 5kHz,从发射机输出端到解调器输入端的功率损耗为 70dB,解调器输入端白噪声单边功率谱密度为 $2 \times 10^{-13} \text{W/Hz}$。

(1) 写出 SSB 时域表达式,画出 SSB 相移法产生器原理框图。

(2) 画出 SSB 接收机原理框图。

(3) 试求解调器输入信噪比和输出信噪比。

5. 对调制信号 $m(t)$ 采用 DSB 调制方式进行传输,设接收机输入端的噪声是双边功率谱密度为 $n_0/2$ 的高斯白噪声,调制信号 $m(t)$ 的功率谱密度为 $P_m(f) = \begin{cases} \dfrac{n_m}{2} \dfrac{|f|}{f_m}, & |f| \leqslant f_m \\ 0, & |f| > f_m \end{cases}$。

(1) 若采用同步方式解调,画出解调器原理框图。

(2) 试求解调器输入和输出的信号功率。

(3) 假设解调器输出端接有截止频率为 f_m 的理想低通滤波器,试求解调器输出信噪比。

第 **5** 章

信源编码

数字通信系统是现代通信网中广泛应用的通信系统形式,数字通信系统中传输的是数字信号,数字信号主要分为两类:一类是数据信号,如两台计算机终端之间的传输的信号形式;另一类是数字化处理后的模拟信号,如语音信号、图像信号等。由于模拟信号在时间上和幅值上是连续的,而数字信号在时间上和幅值上是离散的,两者之间存在差异,因此要实现模拟信号的数字化传输,必须要对模拟信号进行数字化处理,并对数字化后的信号进行压缩编码,以提高信息传输的效率。

本章主要讨论低通抽样定理和带通抽样定理,自然抽样和平顶抽样,均匀量化和非均匀量化,脉冲编码调制原理及编、译码电路,DPCM 和 ADPCM 原理,增量调制原理和编译码电路,脉冲编码调制和增量调制抗噪声性能及性能比较,时分复用和多路数字电话系统原理,矢量量化,压缩编码等内容。

5.1 模拟信号的抽样

5.1.1 模拟信号的数字化

数字通信系统因可靠性高、抗干扰能力强等特点而成为通信系统发展的主要方向,然而,自然界的许多信息经各种传感器感知后都是模拟量,如电话、电视等通信业务,其信源输出的都是模拟信号。若要利用数字通信系统传输模拟信号,一般需 3 个步骤:第 1 步,将模拟信号变换为数字信号,即完成模/数(A/D)转换;第 2 步,进行数字方式传输;第 3 步,将数字信号还原为模拟信号,即完成数/模(D/A)转换。第 2 步相关内容将在数字基带传输和数字频带传输内容章节予以讨论,因此本章只讨论第 1 步和第 3 步两步。

在实际的通信系统中,A/D、D/A 变换通常由编码器、译码器实现,发送端的 A/D 变换称为**信源编码**,而接收端的 D/A 变换称为**信源译码**,如语音信号的数字化叫作语音编码。由于在当前的电信业务中电话的业务量所占比重较大,所以本章以模拟语音的数字化编码过程为例,介绍模拟信号数字化的有关理论和技术。

模拟语音信号数字化编码的方法大致可划分为**波形编码**和**参量编码**两类。**波形编码**是把时域波形直接变换为数字代码序列,比特率通常在 $16\sim64\mathrm{kbit/s}$ 范围内,接收端信号还原质量高。**参量编码**是提取模拟语音信号的特征参量,将其变换成数字代码,比特率在 $16\mathrm{kbit/s}$ 以下,接收端还原的信号的质量不高。本章只介绍波形编码,目前应用最普遍的**波形编码**方法有**脉冲编码调制**(Pulse Code Modulation,PCM)和**增量调制**(ΔM)两种。

采用脉冲编码调制技术实现模拟信号的数字化包括 3 个步骤,即抽样、量化和编码,系统结构如图 5.1 所示,首先对模拟信息源发出的模拟信号进行抽样,使其成为一系列离散的抽样值;然后将这些抽样值进行量化并编码,变换成数字信号(这时信号便可用数字通信方式传输,可直接通过光纤、微波干线、卫星信道等数字线路传输);最后在接收端将接收到的数字信号进行译码和低通滤波,恢复原模拟信号。

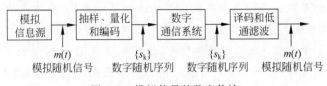

图 5.1 模拟信号的数字传输

5.1.2 抽样的概念及分类

1. 抽样

抽样是把时间上连续的模拟信号变成一系列时间上离散的抽样值的过程。抽样过

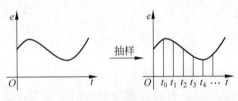

图 5.2 抽样过程

程如图 5.2 所示。语音通信中的抽样就是每隔一定的时间间隔 T 抽取语音信号的一个瞬时幅度值(抽样值),抽样后所得的一系列在时间上离散的抽样值称为样值序列。抽样后的样值序列在时间上是离散的,可进行时分多路复用处理,也可将各个抽样值经过量化、编码后变换成二进制数字信号。

抽样过程中抽样点的多少对通信的性能指标有决定性影响,抽样点太少容易失真;太多时数据量大,传输时间长,效率低。抽样点的多少取决于抽样速率,如何有效抽样取决于抽样定理的具体规则描述。

抽样定理的基本思想:如果对一个频带有限、时间连续的模拟信号抽样,当抽样速率达到一定数值时,就能根据它的抽样值重建原信号。抽样定理表明在模拟信号实现数字化传输时,不是传输模拟信号本身,而是传输按抽样定理得到的抽样值。因此,抽样定理是模拟信号数字化的基本理论依据。

2. 抽样定理的分类

(1) 根据信号的形式是低通型或带通型,抽样定理分低通抽样定理和带通抽样定理。

(2) 根据抽样脉冲序列是等间隔或非等间隔,抽样定理分均匀抽样定理和非均匀抽样。

(3) 根据抽样脉冲序列是冲激序列或非冲激序列,抽样定理分为理想抽样和实际抽样。

5.1.3 低通抽样定理

20 世纪初期到中期,著名的通信理论学者奈奎斯特、香农和科捷尔尼可夫等在实现模拟信号的时间离散化方面做了大量的研究工作,形成了低通抽样与带通抽样定理。

低通抽样定理：对一个频带限制在 $0 \sim f_H$ 内的时间连续信号 $m(t)$，如果以速率 $f_s \geqslant 2f_H$（或抽样间隔 $T_s \leqslant 1/(2f_H)$）对它进行均匀抽样，则 $m(t)$ 可用所得到的抽样值完全确定。低通抽样定理又称为均匀抽样定理。

按照抽样定理的要求对模拟信号进行抽样，可得到一个抽样速率为 $f_s \geqslant 2f_H$ 的模拟样本序列，将该序列再经过一个理想低通 LPF（截频 f_H）便可恢复原信号 $m(t)$。

为了验证抽样定理的正确性，这里从频域和时域两个方面进行分析。

1. 频域证明

$m(t)$ 是低通模拟信号，其频谱在 $0 \sim f_H$ 范围内，按抽样定理描述的抽样间隔对 $m(t)$ 进行抽样，抽样后输出信号为 $m_s(t)$。抽样脉冲序列是一个周期性冲激序列，用函数表示为

$$\delta_T(t) = \sum_{n=-\infty}^{\infty} \delta(t - nT_s) \tag{5-1}$$

$\delta_T(t)$ 是周期性冲激函数，其频谱 $\delta_T(\omega)$ 是离散的，且

$$\delta_T(\omega) = 2\pi f_s \sum_{n=-\infty}^{\infty} \delta(\omega - n\omega_s) = \frac{2\pi}{T_s} \sum_{n=-\infty}^{\infty} \delta(\omega - n\omega_s)$$

$$= \omega_s \sum_{n=-\infty}^{\infty} \delta(\omega - n\omega_s)$$

$$\omega_s = 2f_s = \frac{2\pi}{T_s} \tag{5-2}$$

由于抽样过程的本质是低通模拟信号 $m(t)$ 与抽样序列 $\delta_T(t)$ 相乘，则抽样结果可表示为

$$m_s(t) = m(t)\delta_T(t) \tag{5-3}$$

根据冲激函数性质可知抽样结果也是一个冲激序列，其冲激强度等于低通信号 $m(t)$ 在抽样时刻的样值 $m(nT_s)$，则抽样结果 $m_s(t)$ 可表示为

$$m_s(t) = \sum_{n=-\infty}^{\infty} m(nT_s)\delta(t - nT_s) \tag{5-4}$$

这说明 $\delta(t - nT_s)$ 只在 $t = nT_s$ 时才存在，其他时刻均为 0，$m(nT_s)$ 为 $t = nT_s$ 时刻的抽样值。

低通信号 $m(t)$、冲激函数 $\delta_T(t)$ 和抽样结果 $m_s(t)$ 的时间波形如图 5.3 所示。

根据频率卷积定理可将式(5-3)表述的抽样结果表示为频谱形式，即

$$M_s(\omega) = \frac{1}{2\pi}[M(\omega) * \delta_T(\omega)] \tag{5-5}$$

式中，$M_s(\omega)$ 是抽样后的频谱；$M(\omega)$ 是低通信号 $m(t)$ 的频谱，其最高角频率为 ω_H，如图 5.3(b)所示。将式(5-2)代入式(5-5)有

$$M_s(\omega) = \frac{1}{2\pi}\left[M(\omega) * \frac{2\pi}{T_s}\sum_{n=-\infty}^{\infty}\delta(\omega - n\omega_s)\right] = \frac{1}{T_s}\left[M(\omega) * \sum_{n=-\infty}^{\infty}\delta(\omega - n\omega_s)\right]$$

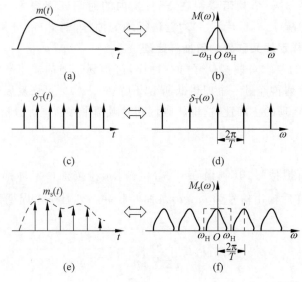

图 5.3 抽样过程的时间函数及对应频谱图

由冲激卷积性质,上式可写成

$$M_s(\omega) = \frac{1}{T_s} \sum_{n=-\infty}^{\infty} M(\omega - n\omega_s) \tag{5-6}$$

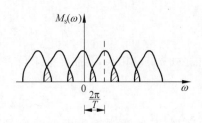

图 5.4 混叠现象

由图 5.3(f)可知,抽样后信号的频谱 $M_s(\omega)$ 由无限多个间隔为 ω_s 的 $M(\omega)$ 相叠加而成,就说明只要 $\omega_s \geqslant 2\omega_H(f_s \geqslant 2f_H)$,$M(\omega)$ 就周期性地重复而不重叠,抽样后的信号 $m_s(t)$ 包含了信号 $m(t)$ 的全部信息。反之,若 $\omega_s < 2\omega_H$,即抽样间隔 $T_s > 1/(2f_H)$,则各频移的频谱将有相互重叠的部分,无法将它们分开,因而不能再恢复原信号。频谱重叠现象称为**混叠现象**,如图 5.4 所示。

实现抽样无重叠的时间间隔要求是 $T_s \leqslant \dfrac{1}{2f_H}$,$T_s = \dfrac{1}{2f_H}$ 是最大允许抽样间隔,称为**奈奎斯特(Nyquist)间隔**,相对应的最低抽样速率 $f_s = 2f_H$ 称为**奈奎斯特速率**。

2. 时域证明

通过对抽样定理的频域证明可知,如果一个频带有限的信号 $m(t)$ 所包含的最高频率成分为 f_H,那么以大于等于 $2f_H$ 的频率对它进行时域抽样,该信号就能被取样值完全确定,这时将抽样后的信号 $m_s(t)$ 通过一个理想低通滤波器,就能恢复它原来的波形。也就是说,要使一个经抽样而离散化的信号恢复成原信号,最重要的条件之一是必须满足 $f_s \geqslant 2f_H$。当然,在满足这一条件后,为了从抽样后的信号频谱中不失真地选出原信号的频谱,还必须将抽样后的信号通过一个适当的理想低通滤波器。理想抽样与信号恢复的原理框图如图 5.5 所示。

由抽样定理频域证明过程可知,在频域内,将 $M_s(\omega)$ 通过截止频率为 ω_H 的低通滤波器后便可得到 $M(\omega)$,完成信号恢复。低通滤波器的作用相当于用一个门函数 $D_{2\omega_H}(\omega)$ 去乘 $M_s(\omega)$。由式(5-6)可知

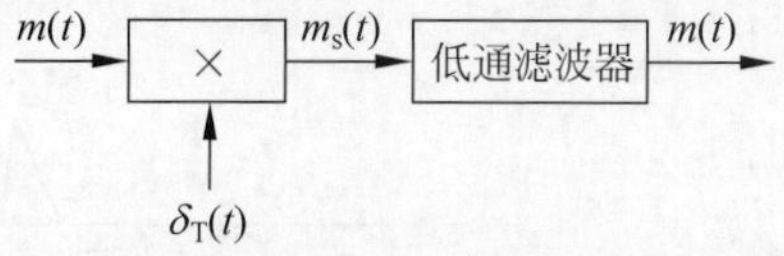

图 5.5 理想抽样与信号恢复的原理框图

$$M_s(\omega)D_{2\omega_H}(\omega) = \frac{1}{T_s}\sum_{n=-\infty}^{\infty}M(\omega - n\omega_s)D_{2\omega_H}(\omega) = \frac{1}{T_s}M(\omega) \tag{5-7}$$

即

$$M(\omega) = T_s[M_s(\omega)D_{2\omega_H}(\omega)] \tag{5-8}$$

由时域卷积定理可知

$$m(t) = T_s\left[m_s(t) * \frac{\omega_H}{\pi}\mathrm{Sa}(\omega_H t)\right] = m_s(t) * \mathrm{Sa}(\omega_H t) \tag{5-9}$$

其中,$T_s = \dfrac{1}{2f_H}$。将式(5-4)代入式(5-9)可知

$$m(t) = \sum_{n=-\infty}^{\infty}m(nT_s)\delta(t - nT_s) * \mathrm{Sa}(\omega_H t) = \sum_{n=-\infty}^{\infty}m(nT_s)\mathrm{Sa}[\omega_H(t - nT_s)]$$

$$= \sum_{n=-\infty}^{\infty}m(nT_s)\frac{\sin\omega_H(t - nT_s)}{\omega_H(t - nT_s)} \tag{5-10}$$

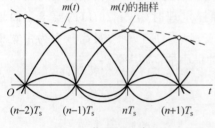

图 5.6 信号的重建过程

式(5-10)就是信号恢复重建的时域表达式,称为**内插公式**。式中,$m(nT_s)$ 是 $m(t)$ 在 $t = nT_s$($n = 0, \pm 1, \pm 2, \cdots$)时刻的样值。

内插公式说明以奈奎斯特速率抽样的带限信号 $m(t)$ 可以由其样值利用内插公式重建,其作用相当于将抽样后信号通过一个冲激响应为 $\mathrm{Sa}(\omega_H t)$ 的理想低通滤波器来重建 $m(t)$。信号恢复重建的过程示意图如图 5.6 所示。

由图 5.6 可见,以每个样值为峰值画一个 Sa 函数的波形,则合成的波形就是 $m(t)$。由于 Sa 函数和抽样后信号的恢复有密切的联系,所以 Sa 函数又称为**抽样函数**。

5.1.4 带通抽样定理

实际信号许多是带通信号,其中心频率很高,如按照低通抽样定理来选择抽样,即按 $f_s \geqslant 2f_H$ 抽样,虽然能使频带在 $f_L \sim f_H$ 的带通抽样信号频谱不重叠,图 5.7 为 $f_s = 2f_H$ 时带通信号的抽样频谱,但 f_s 太高,会使 $0 \sim f_L$ 的一大段频谱空隙得不到利用,降低了信道的利用率。所以,对带通型信号应通过带通抽样定理选择合适的抽样频率。

带通抽样定理:一个频带限制在 (f_L, f_H) 区间的连续模拟信号 $m(t)$,其带宽为 $B = f_H - f_L$,如果以最小抽样速率 $f_s = 2f_H/m$(m 是一个不超过 f_H/B 的最大整数)对其进

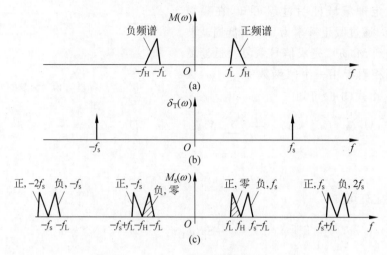

图 5.7　$f_s = 2f_H$ 时带通信号的抽样频谱

行抽样,则 $m(t)$ 可完全由其抽样值确定。

（1）若最高频率 f_H 为带宽的整数倍,即 $f_H = nB$, n 是整数,$m = n$,所以抽样速率 $f_s = 2f_H/m = 2B$。

图 5.8 所示为 $f_H = 5B$ 时的频谱图,抽样后信号的频谱 $M_s(\omega)$ 包含有 $m(t)$ 的频谱 $M(\omega)$,同时没有出现重叠也没有留空隙。在此情况下采用带通滤波器就能无失真恢复原信号,并且抽样速率（$f_s = 2B$）远小于按低通抽样定理时（$f_s = 10B$）的要求。如果 $f_s < 2B$,则必然会出现重叠,信号还原就会出现失真现象。所以信号最高频率为带宽整数倍（$f_s = nB$,n 为整数）时,能使信号无失真还原的最小抽样频率为

$$f_s = 2B \tag{5-11}$$

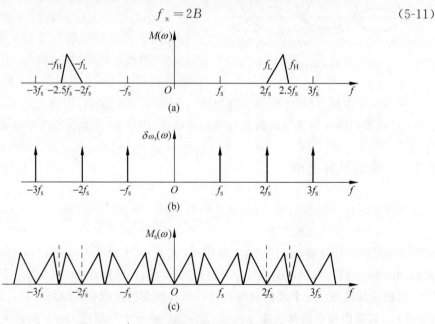

图 5.8　$f_H = 5B$ 时带通信号的抽样频谱

（2）若最高频率 f_H 不为带宽的整数倍，即

$$f_H = (n+k)B \quad (0 < k < 1) \tag{5-12}$$

此时，$f_H/B = n+k$，m 是一个不超过 $n+k$ 的最大整数，显然，$m=n$，所以能恢复出原信号 $m(t)$ 的最小抽样速率为

$$f_s = \frac{2f_H}{m} = \frac{2(nB+kB)}{n} = 2B\left(1+\frac{k}{n}\right) \quad (n \leqslant f_H/B, 0 < k < 1) \tag{5-13}$$

根据式(5-13)和关系 $f_H = B + f_L$ 画出的曲线如图 5.9 所示，f_s 在 $2B \sim 4B$ 范围内取值，当 $f_L \gg B$ 时，f_s 趋近于 $2B$，这与式(5-13)的结果吻合。即当 $f_L \gg B$ 时，n 很大，不论 f_H 是否为带宽的整数倍，式(5-13)均可简化为

$$f_s \approx 2B \tag{5-14}$$

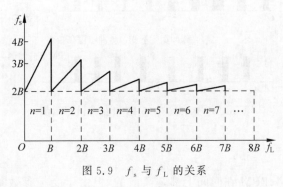

图 5.9　f_s 与 f_L 的关系

高频窄带信号最高频率 f_H 大，带宽 B 小，即 f_L 频率值也大，容易满足 $f_L \gg B$ 的要求。而且由于带通信号一般为窄带信号，也容易满足 $f_L \gg B$，因此带通信号通常可按 $2B$ 速率抽样。

从统计观点来看，对频带受限的宽平稳随机信号进行抽样，也服从抽样定理。另外，**抽样定理不仅为模拟信号的数字化奠定了理论基础，它还是时分多路复用及信号分析、处理的理论依据**，这将在后面的有关章节进行详细介绍。

5.2　模拟脉冲调制和抽样信号的量化

5.2.1　模拟脉冲调制

1. 脉冲调制的概念和分类

连续波调制是以连续振荡的正弦波信号作为载波。然而，正弦波信号并非唯一的载波形式，时间上离散的脉冲串同样可以作为载波。

脉冲调制就是以时间上离散的脉冲串作为载波，用模拟调制信号 $m(t)$ 去控制脉冲串的某些参数(如幅度、宽度、时间位置)，使其按 $m(t)$ 的规律变化的调制方式。

通常，按调制信号改变脉冲参量(幅度、宽度和位置)的不同，脉冲调制又分为**脉幅调制**(Pulse-Amplitude Modulation，PAM)、**脉宽调制**(Pulse-Duration Modulation，PDM)

和脉位调制(Pulse-Position Modulation,PPM),如图5.10所示。

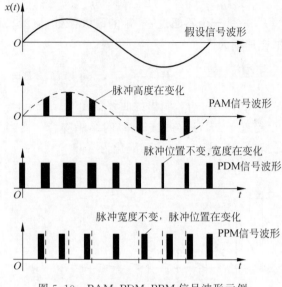

图5.10　PAM、PDM、PPM信号波形示例

2. PAM

虽然PAM、PDM、PPM在时间上都是离散的,但由于受控参数是连续变化的,所以还是属于模拟信号。本章只介绍PAM。

PAM是脉冲载波的幅度随调制信号变化的一种调制方式。若脉冲载波是冲激脉冲序列,则前面讨论的抽样定理就是PAM的原理。也就是说,**按抽样定理进行抽样得到的信号 $m_s(t)$ 就是一个PAM信号**。而现实中用冲激脉冲序列进行抽样是一种理想抽样的情况,是不可能实现的,原因是冲激序列在实际中是不能获得的,即使能获得,由于抽样后信号的频谱为无穷大,对有限带宽的信道而言也无法传递。所以,在实际中通常采用脉冲宽度相对于抽样周期很窄的窄脉冲序列近似代替冲激脉冲序列,从而实现PAM。

用窄脉冲序列进行实际抽样的PAM方式有两种,即**自然抽样的PAM**和**平顶抽样的PAM**。

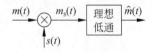

图5.11　自然抽样的PAM
　　　　　原理框图

1) 自然抽样的PAM

自然抽样又称**曲顶抽样**,它是用脉冲序列 $s(t)$ 控制对调制信号 $m(t)$ 进行抽样,所得的已抽样信号就是曲顶PAM信号。曲顶PAM信号 $m_s(t)$ 的脉冲"顶部"是随调制信号 $m(t)$ 变化的,自然抽样的PAM原理框图如图5.11所示。

$s(t)$ 为脉冲载波,由宽度为 τ、幅度为 A、周期为 T_s 的矩形脉冲串组成。T_s 是按抽样定理确定的,此处取 $T_s=1/(2f_H)$。设模拟调制信号 $m(t)$ 的波形及频谱如图5.12(a)所示,脉冲载波 $s(t)$ 的波形及频谱如图5.12(b)所示,自然抽样PAM信号 $m_s(t)$ 为 $m(t)$ 与 $s(t)$ 的乘积,即 $m_s(t)=m(t)s(t)$,波形如图5.12(c)所示。

其中,

$$s(t) = \sum_{n=-\infty}^{\infty} g(t - nT_s) = g(t) * \delta_T(t) \tag{5-15}$$

$$g(t) = \begin{cases} A, & |t| \leqslant \dfrac{\tau}{2} \\ 0, & \text{其他} \end{cases}$$

则

$$g(t) \Leftrightarrow G(\omega) = A\tau \mathrm{Sa}\left(\dfrac{\omega\tau}{2}\right)$$

$$s(t) \Leftrightarrow S(\omega) = G(\omega) \cdot \delta_T(\omega) = \frac{2\pi A\tau}{T_s} \sum_{n=-\infty}^{\infty} \mathrm{Sa}\left(\frac{n\tau\omega_s}{2}\right) \delta(\omega - n\omega_s)$$

根据抽样定理 $f_s \geqslant 2f_H$,取 $f_s = 2f_H$,则有

$$S(\omega) = \frac{2\pi A\tau}{T_s} \sum_{n=-\infty}^{\infty} \mathrm{Sa}(n\tau\omega_H) \delta(\omega - 2n\omega_H) \tag{5-16}$$

再由频域卷积定理知 $m_s(t)$ 的频谱为

$$M_s(\omega) = \frac{1}{2\pi}[M(\omega) * S(\omega)] = \frac{A\tau}{T_s} \sum_{n=-\infty}^{\infty} \mathrm{Sa}(n\tau\omega_H) M(\omega - 2n\omega_H) \tag{5-17}$$

$m_s(t)$ 的频谱如图 5.12(d)所示,它与理想抽样(采用冲激序列抽样)的频谱非常相似,也是由无限多个间隔为 $\omega_s = 2\omega_H$ 的 $M(\omega)$ 频谱之和组成。

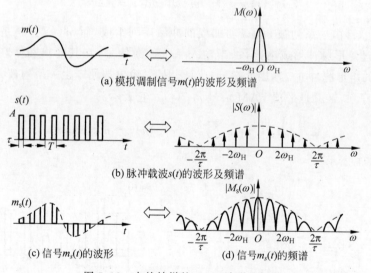

(a) 模拟调制信号m(t)的波形及频谱

(b) 脉冲载波s(t)的波形及频谱

(c) 信号m_s(t)的波形　　(d) 信号m_s(t)的频谱

图 5.12　自然抽样的 PAM 波形及频谱

其中,$n=0$ 的成分是 $(A_\tau/T_s)M(\omega)$,与原信号谱 $M(\omega)$ 只差一个比例常数 (A_τ/T_s),因而也可用低通滤波器从 $M_s(\omega)$ 中滤出 $M(\omega)$,从而恢复出调制信号 $m(t)$。

比较式(5-6)和式(5-17)可以发现它们的不同之处是理想抽样的频谱被常数 $1/T_s$ 加权,因而信号带宽为无穷大;自然抽样频谱的包络按 Sa 函数随频率增高而下降,因而带

宽是有限的,且带宽与脉宽τ有关,τ越大,带宽越小,越有利于信号的传输。但τ增大会降低线路时分复用度,影响线路的使用效率,所以τ的大小选择要同时考虑带宽和线路复用度这两个互相矛盾的因素。

通过对曲顶抽样过程的分析可知,采用矩形窄脉冲抽样(即曲顶抽样)的频谱和采用冲激脉冲抽样(理想抽样)的频谱类似,让$m_s(t)$通过截止频率为f_H的理想低通滤波器,即可实现 PAM 信号的解调,恢复出调制信号。

2) 平顶抽样的 PAM

平顶抽样又叫**瞬时抽样**,平顶 PAM 信号脉冲的幅度在脉宽时间τ内保持为常数,其大小正比于抽样时刻的瞬时值。

实际中产生平顶 PAM 信号时先用极窄的脉冲序列对调制信号$m(t)$进行近似的理想抽样,以取得$m(t)$的瞬时抽样值;然后经过一个脉冲形成电路展宽这些窄脉冲,从而产生具有一定宽度τ的平顶抽样信号$m_s(t)$,即平顶 PAM 信号。它与自然抽样的不同之处在于抽样后信号中的脉冲均是顶部平坦的矩形脉冲。

平顶 PAM 信号在原理上可以由理想抽样和脉冲形成电路产生,其原理如图 5.13 所示,其中脉冲形成电路的作用就是把冲激脉冲变为矩形脉冲。

$m(t)$为调制信号,$\delta_T(t)$为冲激载波,$H(\omega)$为脉冲形成电路的传输特性,矩形脉冲形成电路的冲激响应为$h(t)$,$m(t)$经过理想抽样后得到的信号$m_s(t)$可用式(5-4)表示,即

$$m_s(t) = \sum_{n=-\infty}^{\infty} m(nT_s)\delta(t-nT_s)$$

这就是说,$m_s(t)$由一系列被$m(nT_s)$加权的冲激序列组成,而$m(nT_s)$就是第n个抽样值幅度。经过矩形脉冲形成电路,每当输入一个冲激信号,在其输出端便产生一个幅度为$m(nT_s)$的矩形脉冲$h(t)$,因此在$m_s(t)$作用下,输出端便产生一系列被$m(nT_s)$加权的矩形脉冲序列,这就是平顶 PAM 信号$m_H(t)$。它表示为

$$m_H(t) = \sum_{n=-\infty}^{\infty} m(nT_s)h(t-nT_s) \tag{5-18}$$

波形如图 5.14 所示。

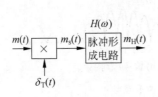

图 5.13　平顶抽样信号产生原理框图

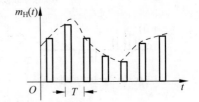

图 5.14　平顶抽样信号

输出的平顶 PAM 信号频谱为

$$M_H(\omega) = M_s(\omega)H(\omega) \tag{5-19}$$

将式(5-6)代入(5-19),得平顶 PAM 信号频谱表达式为

$$M_H(\omega) = \frac{1}{T_s} H(\omega) \sum_{n=-\infty}^{\infty} M(\omega - 2n\omega_H) = \frac{1}{T_s} \sum_{n=-\infty}^{\infty} H(\omega)M(\omega - 2n\omega_H) \quad (5\text{-}20)$$

由式(5-20)看出,平顶抽样的 PAM 信号的频谱 $M_H(\omega)$ 由 $H(\omega)$ 加权后的周期性重复的 $M(\omega)$ 所组成,并不是 $M(\omega)$ 的简单复制。为了从已抽样信号中恢复原调制信号 $m(t)$,在接收端低通滤波器之前增加了传输特性为 $1/H(\omega)$ 的修正网络,通过低通滤波器便能恢复原调制信号。平顶 PAM 信号的恢复过程如图 5.15 所示。

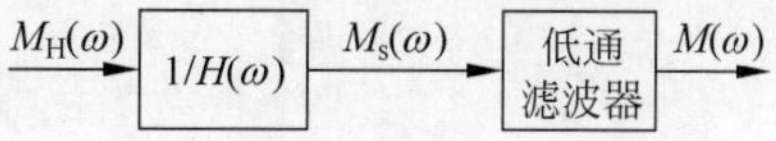

图 5.15 平顶 PAM 信号恢复

在实际应用中,平顶抽样信号采用抽样保持电路来实现,得到的脉冲为矩形脉冲。在后文将介绍的 PCM 系统编码中,编码器的输入就是经抽样保持电路得到的平顶抽样脉冲。在实际应用中,恢复信号的低通滤波器也不可能是理想的,因此考虑到实际滤波器可能实现的特性,抽样速率 f_s 要比 $2f_H$ 选得大一些,一般选择 $f_s = (2.5 \sim 3)f_H$。例如语音信号频率一般为 $300 \sim 3400\text{Hz}$,抽样速率 f_s 一般取 8000Hz。

以上按自然抽样和平顶抽样均能构成 PAM 通信系统,也就是说可以在信道中直接传输抽样后的信号,但由于它们抗干扰能力差,目前很少使用,已被性能更良好的 PCM 所取代。

5.2.2 量化

1. 量化的概念

量化是模拟信号数字化的第 2 步。利用预先规定的有限个电平来表示模拟信号抽样值的过程称为量化,包括均匀量化与非均匀量化。

量化与抽样的区别在于抽样是把一个时间上连续的信号变换成时间离散的信号,而量化则是将取值连续的抽样变成取值离散的抽样。

模拟信号经抽样后形成的时间离散的样值序列在幅度上依然连续,仍属模拟信号,抽样值 $m(kT_s)$ 存在无穷多个可能值,很难用二进制码组描述,所以需要把取值无限的抽样值划分成有限个离散电平,此电平称为量化电平,并用 N 位二进制码组表示。N 位二进制码组只能同 $M = 2^N$ 个电平样值相对应,这样就实现了无限的抽样值到有限个离散电平的转化,使得模拟信号可以在数字传输系统中传输。

2. 量化的物理过程

量化的物理过程可通过图 5.16 所示的例子加以说明,$m(t)$ 是模拟信号;抽样速率为 $f_s = 1/T_s$;抽样值用"·"表示;第 k 个抽样值为 $m(kT_s)$;$m_q(t)$ 表示量化信号;$q_1 \sim q_M$ 是预先规定好的 M(此例中 $M = 7$)个量化电平;m_i 为第 i 个量化区间的终点电平(亦称分层电平);电平之间的间隔 $\Delta_i = m_i - m_{i-1}$ 称为量化间隔。

量化就是将抽样值 $m(kT_s)$ 转换为 M 个规定电平 $q_1 \sim q_M$ 之一。若 $m_{i-1} \leqslant m(kT_s) \leqslant m_i$ 则

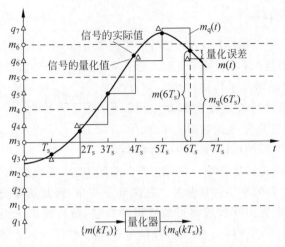

图 5.16　量化的物理过程

$$m_q(kT_s) = q_i \tag{5-21}$$

如图 5.16 所示，$t = 6T_s$ 时的抽样值 $m(6T_s)$ 在 m_5、m_6 之间，此时按规定量化值为 q_6。量化器输出是阶梯波形 $m_q(t)$，其中

$$m_q(t) = m_q(kT_s)_i, \quad kT_s \leqslant t \leqslant (k+1)T_s \tag{5-22}$$

从图 5.16 可以看出，量化后的信号 $m_q(t)$ 是对原来信号 $m(t)$ 的近似，在抽样速率一定及量化电平选择适当的情况下，随着量化级数目（量化电平数）增加，$m_q(t)$ 与 $m(t)$ 的近似程度越来越高。

3. 量化误差

量化误差也称量化噪声，是指量化后的信号 $m_q(kT_s)$ 与原信号 $m(kT_s)$ 的相比误差，量化电平数目越多，量化误差越小，同时编码位数越多。

对于语音、图像等随机信号，量化误差也是随机的，如果量化误差在接收时无法去掉，会对语音、图像的通信质量产生影响，通常用均方误差来度量。量化后信号与原信号的近似程度常用量化信噪比来衡量。

假设 $m(t)$ 是均值为 0、概率密度为 $f(x)$ 的平稳随机过程，并用 m 表示 $m(kT_s)$，m_q 表示 $m_q(kT_s)$，N_q 表示量化噪声平均功率（均方误差），则

$$N_q = E[(m - m_q)^2] = \int_{-\infty}^{\infty} (x - m_q)^2 f(x) \, dx$$

若把积分区间分割成 M 个量化间隔，则上式可表示为

$$N_q = \sum_{i=1}^{M} \int_{m_{i-1}}^{m_i} (x - q_i)^2 f(x) \, dx \tag{5-23}$$

式(5-23)即是**不过载时求量化误差的基本公式**，其含义是在信息源已知的情况下，量化误差的平均功率与量化间隔的分割有关。

5.2.3 均匀量化

1. 均匀量化和量化间隔

量化间隔均匀的量化称为均匀量化,即输入信号的取值域按等距离分割的量化称为均匀量化,在均匀量化中,每个量化区间的量化电平均取在各自区间的中点。

量化间隔 Δ_i 取决于输入信号的变化范围和量化电平数。若设输入信号的最小值和最大值分别用 a 和 b 表示,量化电平数为 M,则均匀量化时的量化间隔为

$$\Delta_i = \Delta = \frac{b-a}{M} \tag{5-24}$$

2. 量化器的输入与输出关系

量化器的输入与输出关系可用量化特性来表示,语音编码常采用图 5.17 所示的输入-输出特性的均匀量化器。图 5.17(a) 所示为输入-输出特性的均匀量化器,当输入 m 在量化区间 $m_{i-1} \leqslant m \leqslant m_i$ 变化时,量化电平 q_i 是该区间的中点值,即

$$q_i = \frac{m_i + m_{i-1}}{2}, \quad i = 1, 2, \cdots, M \tag{5-25}$$

其中,m_i 是第 i 个量化区间的终点,又称为分层电平;q_i 是第 i 个量化区间的量化电平。

图 5.17(b) 所示为相应的量化误差 $e_q = m - m_q$ 与输入信号幅度 m 之间的关系曲线。

对于不同的输入范围,误差显示出两种不同的特性,在量化范围(量化区)内时,量化误差的绝对值 $|e_q| \leqslant \Delta/2$;当信号幅度超出量化范围时,量化值 m_q 保持不变,$|e_q| > \Delta/2$,此时称为过载或饱和。 过载区的误差特性是线性增长的,因而过载误差比量化误差大,对重建信号有很坏的影响。

在设计量化器时,应考虑输入信号的幅度范围,使信号幅度不进入过载区,或者只能以极小的概率进入过载区。

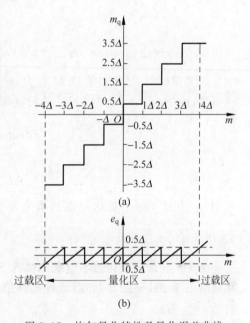

图 5.17 均匀量化特性及量化误差曲线

3. 量化误差

量化误差 $e_q = m - m_q$ 通常称为绝对量化误差,它在每一量化间隔内的最大值均为 $\Delta/2$。由于同样的噪声对大小不同的信号产生的影响不同,对大信号影响小,对小信号影响大,所以在衡量量化器性能时不能单看绝对误差大小,还应看噪声与信号的相对误差。绝对量化误差与信号之比称为相对量化误差,用于衡量量化器的性能。相对量化误差通

常用量化信噪比(S/N_q)来衡量,被定义为信号功率与量化噪声功率之比,即

$$\frac{S}{N_q} = \frac{E[m^2]}{E[(m-m_q)^2]} \qquad (5\text{-}26)$$

式中,E 表示统计平均,S 为信号功率,N_q 为量化噪声功率。显然,S/N_q 越大,量化性能越好。

4. 量化信噪比

设输入的模拟信号 $m(t)$ 是均值为 0、概率密度为 $f(x)$ 的平稳随机过程,m 的取值范围为 (a,b),假设不会出现过载量化,则由式(5-23)可得量化噪声功率 N_q 为

$$N_q = E[(m-m_q)^2] = \int_a^b (x-m_q)^2 f(x)\mathrm{d}x = \sum_{i=1}^M \int_{m_{i-1}}^{m_i} (x-q_i)^2 f(x)\mathrm{d}x$$

$$(5\text{-}27)$$

式中,$m_i = a+i\Delta$,$q_i = a+i\Delta-\dfrac{\Delta}{2}$。

通常情况下,量化电平数 M 很大,量化间隔 Δ 很小,因而可认为概率密度 $f(x)$ 在 Δ 内不变,以 p_i 表示,并假设各层之间量化噪声相互独立,则 N_q 可表示为

$$N_q = \sum_{i=1}^M \int_{m_{i-1}}^{m_i} (x-q_i)^2 p_i\,\mathrm{d}x = \sum_{i=1}^M p_i \int_{m_{i-1}-q_i}^{m_i-q_i} y^2\,\mathrm{d}y$$

$$= \sum_{i=1}^M p_i \int_{-\frac{\Delta}{2}}^{\frac{\Delta}{2}} y^2\,\mathrm{d}y = \frac{\Delta^2}{12}\sum_{i=1}^M p_i\Delta = \frac{\Delta^2}{12} \qquad (5\text{-}28)$$

式中,p_i 代表第 i 个量化间隔的概率密度;Δ 为均匀量化间隔。由于已假设不出现过载,因此 $\sum\limits_{i=1}^M p_i\Delta = 1$。

结论:在均匀量化器不过载的情况下,噪声功率 N_q 与信号的统计特性无关,只与量化间隔 Δ 有关,一旦 Δ 给定,无论抽样值大小怎样,均匀量化噪声功率 N_q 都是相同的,且 $N_q = \Delta^2/12$。

按照上面给定的条件,根据信号功率为 $S = E[(m)^2] = \int_a^b x^2 f(x)\mathrm{d}x$,则信号特性和量化特性已知的情况下便可求出量化信噪比(S/N_q)。

推论:假设一 M 个量化电平的均匀量化器输入信号的概率密度函数在区间 $[-a,a]$ 内均匀分布,则该量化器的量化信噪比为 M^2。

【推论证明】 由式(5-27)得

$$N_q = \sum_{i=1}^M \int_{m_{i-1}}^{m_i} (x-q_i)^2 \frac{1}{2a}\mathrm{d}x$$

$$= \sum_{i=1}^M \int_{-a+(i-1)\Delta}^{-a+i\Delta} \left(x+a-i\Delta+\frac{\Delta}{2}\right)^2 \frac{1}{2a}\mathrm{d}x$$

$$= \sum_{i=1}^M \left(\frac{1}{2a}\right)\left(\frac{\Delta^3}{12}\right) = \frac{M\Delta^3}{24a}$$

因为 $M\Delta = 2a$ ，所以 $N_q = \dfrac{\Delta^2}{12}$ ，可见，结果同式(5-28)。

又由 $S = E[m^2] = \displaystyle\int_a^b x^2 f(x)\mathrm{d}x$ 可知，信号功率 $S = \displaystyle\int_{-a}^{a} x^2 \dfrac{1}{2a}\mathrm{d}x = \dfrac{a^2}{3} = \dfrac{1}{3}\left(\dfrac{M\Delta}{2}\right)^2 = $

$\dfrac{M^2\Delta^2}{12}$ 。因而，量化信噪比为

$$\frac{S}{N_q} = M^2 \tag{5-29}$$

或

$$\left(\frac{S}{N_q}\right)_{dB} = 20\lg M \tag{5-30}$$

结论：随着量化电平数 M 的增加，量化信噪比会提高，信号的逼真度会越好。通常量化电平数应根据对量化信噪比的要求来确定。表 5.1 给出了 3 种不同量化电平级数 M 下的量化信噪比。

表 5.1　3 种不同量化电平级数 M 下的量化信噪比

量化电平级数 M	$m(t)$ 的概密 $f(x)$ 为常数时的量化信噪比 S/N_q (dB)	$m(t)$ 为语音信号时的最大量化信噪比 S/N_q (dB)
32	30	21
64	36	27
128	42	33
256	48	39

由表 5.1 可知，随着量化电平级数 M 增大，量化信噪比增大。语音信号的概率密度函数为拉普拉斯分布 $f(x) = \dfrac{1}{\sigma_m \sqrt{2}} \exp\left(-\dfrac{\sqrt{2}\,|x|}{\sigma_m}\right)$ ， σ_m 为信号 $m(t)$ 的均方根值，由此可知在相同量化电平级数 M 下，语音信号的量化信噪比较小。

5．均匀量化器的不足

在对语音信号进行量化时，量化信噪比随信号电平的减少而下降，因为量化间隔 Δ 为固定值，所以量化噪声功率 N_q 的大小与信号无关，当小信号时， S/N_q 会明显下降。对于语音信号来说，小信号的出现概率大于大信号的出现概率，这样就会使平均信噪比下降。可以利用非均匀量化解决此问题。

5.2.4　非均匀量化

1．非均匀量化的概念

非均匀量化是一种在整个动态范围内量化间隔不相等的量化，信号幅度小时，量化级间隔划分得小；信号幅度大时，量化级间隔划分得大，通过这种方式提高小信号的信噪

比,适当减少大信号信噪比,从而提高平均信噪比,获得较好的小信号接收效果。也就是说,非均匀量化根据输入信号的概率密度函数来分布量化电平,可以改善量化性能。

由均方误差式 $N_q = E[(m-m_q)^2] = \int_{-\infty}^{\infty} (x-m_q)^2 f(x)\mathrm{d}x$ 可知,在 $f(x)$ 大的地方,设法降低量化噪声 $(m-m_q)^2$,从而降低均方误差,可提高信噪比,这意味着大量化电平必须集中在幅度密度高的区域。

2. 对数压扩

实现非均匀量化的方法之一是先用压缩器把输入量化器的信号 x 进行压缩处理,再把压缩的信号 y 进行均匀量化。所谓压缩器,就是一个非线性变换电路,将微弱的信号放大,将强的信号压缩。最后接收端会采用一个与其压缩特性相反的扩张器来恢复 x。压缩器的入出关系为 $y=f(x)$,压缩与扩张的示意如图5.18所示。

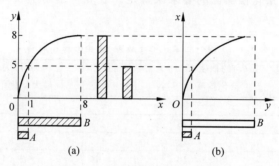

图5.18 压缩与扩张的示意图

压缩特性的选取与信号的统计特性有关,具有不同概率分布的信号应该有其对应的最佳压缩特性使得量化噪声达到最小。实际上还需要考虑压缩特性电路实现的易行性和稳定性。对数函数、指数函数、双曲线函数等都是一些可能的特性函数,通常使用的压缩器中大多采用对数式压缩,即 $y=\ln x$。广泛采用的两种对数压扩特性是 μ 律压扩和 A 律压扩。美国采用 μ 律压扩,我国和欧洲各国均采用 A 律压扩。

1) μ 律压扩特性

$$y = \frac{\ln(1+\mu x)}{\ln(1+\mu)}, \quad 0 \leqslant x \leqslant 1 \tag{5-31}$$

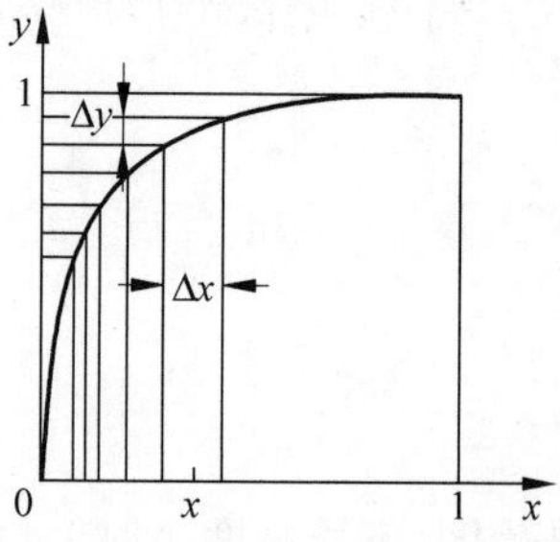

式中,x 为归一化输入;y 为归一化输出(归一化是指信号电压与信号最大电压之比,归一化后的最大值为1);μ 为压扩参数,表示压扩程度,图5.19所示为参数 μ 为某一取值的压缩特性。对 y 均匀分割,等效于对 x 非均匀分割,对输入信号 x 便成为非均匀量化了,即信号小时量化间隔 Δx 小,可以改善量化信噪比;信号大时量化间隔 Δx 也大,可以降低量化信噪比。采用压扩提高了小信号的信噪比,从而相当于扩大了输入信号的动态范围。不同 μ 值对

图5.19 压缩特性

应的压缩特性如图 5.20(a)所示。$\mu=0$ 时没有压缩；μ 值越大压缩效果越明显，一般当 $\mu=100$ 时，压缩效果已经比较理想。在国际标准中取 $\mu=255$。另外，μ 律压缩特性曲线是以原点奇对称的。

2）A 律压扩特性

$$
y=\begin{cases}
\dfrac{Ax}{1+\ln A}, & 0 \leqslant x \leqslant \dfrac{1}{A} & \text{(5-32a)} \\[4mm]
\dfrac{1+\ln Ax}{1+\ln A}, & \dfrac{1}{A} \leqslant x \leqslant 1 & \text{(5-32b)}
\end{cases}
$$

其中，式(5-32b)是 A 律压扩特性的主要表达式，但当 $x=0$ 时，y 趋于负无穷大，这样不满足对压缩特性的要求，所以当 x 很小时采用式(5-32a)对它加以修正。

对式(5-32b)过零点作切线，式(5-32a)即是这个切线方程，其斜率 $\mathrm{d}y/\mathrm{d}x=A/(1+\ln A)=16$，按照国际标准取值 $A=87.6$。A 为压扩参数，$A=1$ 时无压缩，A 值越大压缩效果越明显。A 律压缩特性如图 5.20(b)所示。

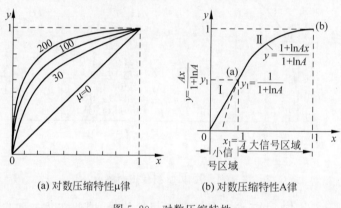

(a) 对数压缩特性 μ 律 (b) 对数压缩特性 A 律

图 5.20　对数压缩特性

3. 数字压扩技术

早期的 A 律和 μ 律压扩特性是采用模拟电路实现的，电路复杂，且精度和稳定度受到限制。随着数字电路，特别是大规模集成电路的发展，数字压扩技术日益获得更广泛的应用。

数字压扩技术利用数字电路形成许多折线来逼近对数压扩特性。目前，CCITT 建议的数字压扩技术国际标准主要有两种，一种是 A 律 13 折线，另一种是 μ 律 15 折线。A 律 13 折线主要用于英、法、德等欧洲各国的 PCM 30/32 路基群，我国的 PCM30/32 路基群也采用 A 律 13 折线压扩特性。μ 律 15 折线主要用于美国、加拿大和日本等国的 PCM 24 路基群。在国际数字系统互连时，以 A 律为标准。

1）A 律 13 折线

A 律 13 折线技术从非均匀量化的基点出发，用 13 段折线逼近 $A=87.6$ 的 A 律压扩特性。

具体方法是：在直角坐标系中，x 轴和 y 轴分别表示输入信号和输出信号，信号的最大取值范围都是归一化的(0～1)。把 x 轴的区间(0,1)不均匀地分成 8 段,每段长度分别为 1/128、1/128、1/64、1/32、1/16、1/8、1/4 和 1/2。即首先以 1/2 至 1 为第 8 段;再将余下的 0 至 1/2 平分,取 1/2 至 1/4 为第 7 段;再将余下的 1/4 至 0 平分,取 1/8 至 1/4 为第 6 段;……;直至 0 至 1/128 为第 1 段。

将 y 轴的区间(0,1)均匀地分成 8 段,每段均为 1/8,与 x 轴的 8 段一一对应。从第 1 段到第 8 段分别为 0～1/8,1/8～2/8,2/8～3/8,…,7/8～1,然后把 x、y 轴各对应段的交点连接起来构成 8 段直线,得到如图 5.21 所示的折线压扩特性。其中第 1、2 段斜率相同(均为 16),因此可视为一条直线段,故实际上只有 7 根斜率不同的折线。

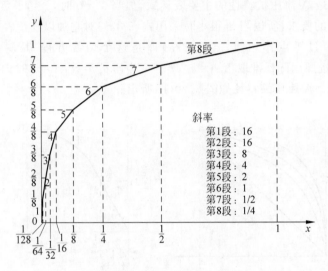

图 5.21　A 律 13 折线正向图示

以上分析的是正方向,由于语音信号是双极性信号,因此在负方向也有与正方向对称的一组折线,也是 7 根,但其中靠近零点的 1、2 段斜率也都等于 16,与正方向的第 1、2 段斜率相同,可以合并为一根,因此,正、负双向共有 $2 \times (8-1) - 1 = 13$ 折,故称其为 13 折线。但在定量计算时,仍以正、负向各有 8 段为准。

在 A 律对数特性的小信号区分界点 $x = 1/A = 1/87.6$,根据式(5-32a)表示的直线方程可得相应的 y 为

$$y = \frac{Ax}{1 + \ln A} = \frac{87.6}{1 + \ln 87.6}x = 16x \tag{5-33}$$

由于 13 折线中 y 是均匀划分的,y 的取值在第 1、2 段起始点小于 0.183,故这两段起始点 x、y 的关系可分别由式(5-33)求得,即 $y = 0$ 时,$x = 0$;$y = 1/8$ 时,$x = 1/128$。在 $y > 0.183$ 时,由式(5-32b)得

$$y - 1 = \frac{\ln x}{1 + \ln A} = \frac{\ln x}{\ln eA} \quad \Rightarrow \quad \ln x = (y - 1)\ln eA$$

$$x = \frac{1}{(eA)^{1-y}} \tag{5-34}$$

其余 6 段用 $A=87.6$ 代入式(5-34)计算的 x 值列入表 5.2 中的第 2 行,并与按折线分段时的 x 值进行比较。由表可见,13 折线各段落的分界点与 $A=87.6$ 曲线十分逼近,并且两特性起始段的斜率均为 16,这就是说,13 折线非常逼近 $A=87.6$ 的对数压缩特性。

表 5.2 $A=87.6$ 与 13 折线压缩特性的比较

$y=1-i/8$	0	1/8	2/8	3/8	4/8	5/8	6/8	7/8	1
A 律的 x 值	0	1/128	1/60.6	1/30.6	1/15.4	1/7.79	1/3.93	1/1.98	1
按折线分段时的 x 值	0	1/128	1/64	1/32	1/16	1/8	1/4	1/2	1
段　　落	1		2	3	4	5	6	7	8
斜　　率	16		16	8	4	2	1	1/2	1/4

在 A 律特性分析中可以看出,取 $A=87.6$ 有两个目的,一是使特性曲线原点附近的斜率凑成 16;二是使 13 折线逼近时,x 的 8 个段落量化分界点近似于按 2 的幂次递减分割,有利于数字化。

2)μ 律 15 折线

μ 律 15 折线技术用 15 段折线逼近 $\mu=255$ 的 μ 律压扩特性,其原理与 A 律 13 折线类似,将 y 轴区间(0,1)均匀分成 8 段,第 i 个分点在 $i/8$ 的位置;将 x 轴区间(0,1)不均匀分成 8 段,第 i 个分点的位置是

$$x=\frac{256^{y}-1}{255}=\frac{256^{\frac{i}{8}}-1}{255}=\frac{2^{i}-1}{2^{8}-1} \tag{5-35}$$

其结果如表 5.3 所示,相应的特性如图 5.22 所示。

表 5.3 μ 律 15 折线参数表

$y=i/8$	0	1/8	2/8	3/8	4/8	5/8	6/8	7/8	1
$x=(2^{i}-1)/255$	0	1/255	3/255	7/255	15/255	31/255	63/255	127/255	1
按折线分段时的 x 值	0	1/255	1/64	1/32	1/16	1/8	1/4	1/2	1
段　　落	1		2	3	4	5	6	7	8
斜　　率	32		16	8	4	2	1	1/2	1/4

分析可知,正、负方向各有 8 段线段,正、负的第 1 段因斜率相同而合成一段,所以 16 段线段从形式上变为 15 段折线,故称其为 μ 律 15 折线。原点两侧的一段斜率为

$$\frac{1/8}{1/255}=\frac{255}{8}\approx 32$$

μ 律 15 折线原点两侧的一段斜率是 A 律 13 折线的相应段的斜率的 2 倍。因此,小信号的量化信噪比也将比 A 律大一倍多。但对于大信号来说,μ 律性能要比 A 律差。

按照 μ 律或 A 律压缩后,信号会产生失真,为了有效还原信号,接收方要采取措施补

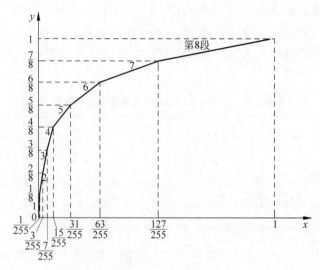

图 5.22 μ律15折线

偿这种失真,一般通过在接收端相应位置采用扩张器来实现。同时还要求扩张特性与压缩特性在理想状况下是对应互逆的,而且信号除量化误差外,经过压缩再扩张不会引入其他失真。

本章在讨论量化的基本原理时,没有涉及量化过程实现的基本电路,这是因为量化过程通常不是以独立的量化电路来实现的,而是通过编码过程中实现的,所以对量化过程的电路原理将在编码中分析讨论。同时需要说明,在当前的通信系统中,实现量化的方法和种类很多,归纳如下。

$$
量化 \begin{cases} 标量量化 \begin{cases} 无记忆的标量量化(如均匀量化和非均匀量化) \\ 有记忆的标量量化(如增量调制和差分脉码调制等) \end{cases} \\ 矢量量化(降低数码率方面大大优于标量量化) \end{cases}
$$

5.3 脉冲编码调制

5.3.1 编码原理

1. 脉冲编码调制原理

脉冲编码调制(Pulse Code Modulation,PCM)简称脉码调制,是一种用一组二进制数字代码来代替连续信号的抽样值,从而实现信号传输的方式。

PCM 是一种最典型的语音信号数字化的波形编码方式。首先,在发送端进行波形编码,主要包括抽样、量化和编码 3 个过程,把模拟信号变换为二进制码组。编码后的PCM 码组的数字传输方式可以是直接的基带传输,也可以是对微波、光波等载波调制后的调制传输。在接收端,二进制码组经译码后还原为量化后的样值脉冲序列,然后经低通滤波器滤除高频分量,便可重建调制信号。由于这种通信方式抗干扰能力强,所以在光纤通信、数字微波通信、卫星通信中均获得了极为广泛的应用。PCM 系统原理框图如图 5.23 所示。

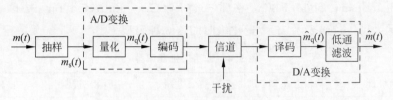

图 5.23　PCM 系统原理框图

同于 PAM,抽样是按抽样定理把时间上连续的模拟信号转换成时间上离散的抽样信号;量化是把幅度上仍连续(无穷多个取值)的抽样信号进行幅度离散,即指定 M 个规定的电平,把抽样值用最接近的电平表示;编码是用二进制码组表示量化后的 M 个样值脉冲。模拟信号经过抽样、量化、编码 3 个步骤的处理后即变成 PCM 信号,图 5.24 所示为 PCM 信号形成的示意图,抽样、量化过程在前文已经分析过,本节重点分析编码过程。

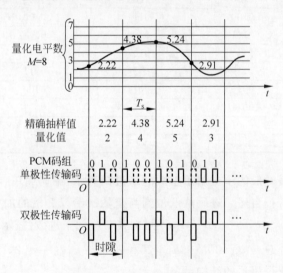

图 5.24　PCM 信号形成示意图

PCM 系统中一般采用二进制码,二进制码具有抗干扰能力强、易于产生等优点。把量化后的信号电平值变换成二进制码组的过程称为编码,其逆过程称为译码。量化过程在编码过程中同时完成。通常称编码过程为模/数(A/D)变换,而把译码过程称为数/模(D/A)变换,编码和译码过程由相应的编译码器来实现。

2. 码字和码型

编码时把 M 个量化电平用 N 位二进制码来表示,其中每一个码组称为一个**码字**。目前国际上对语音通信较多采用 8 位编码的 PCM 系统。

码型指代码的编码规律,就是把量化后的所有量化级按其量化电平的大小次序排列,并列出各对应的码字,所建立的对应关系的整体就称为码型。

PCM 系统中常用的二进制码型有自然二进码(Natural Binary Code,NBC)、折叠二进码(Folded Binary Code,FBC)、格雷二进码(Gray Reflected Binary Code,RBC)。表5.4 所示为用 4 位码表示 16 个量化级时的这 3 种码型。

表 5.4 常用二进制码型

样值脉冲极性	格雷二进制	自然二进制	折叠二进制	量化级序号
	1000	1111	1111	15
	1001	1110	1110	14
	1011	1101	1101	13
	1010	1100	1100	12
正极性部分	1110	1011	1011	11
	1111	1010	1010	10
	1101	1001	1001	9
	1100	1000	1000	8
	0100	0111	0000	7
	0101	0110	0001	6
	0111	0101	0010	5
负极性部分	0110	0100	0011	4
	0010	0011	0100	3
	0011	0010	0101	2
	0001	0001	0110	1
	0000	0000	0111	0

自然二进码就是一般的十进制正整数的二进制表示,编码简单、易记,而且译码可以逐比特独立进行。若把自然二进码从低位到高位依次给以 2 倍的加权,就可变换为十进数。如设二进码为$(a_{n-1},a_{n-2},\cdots,a_1,a_0)$,则其对应的十进数(表示量化电平值)即

$$D = a_{n-1}2^{n-1} + a_{n-2}2^{n-2} + \cdots + a_1 2^1 + a_0 2^0 \tag{5-36}$$

这种"可加性"可简化译码器的结构。

折叠码是目前 A 律 13 折线 PCM 30/32 路设备所采用的码型。折叠二进码是一种符号幅度码,左边第 1 位表示信号的极性,信号为正用"1"表示,信号为负用"0"表示;第 2 位至最后一位表示信号的幅度。由于正、负绝对值相同时折叠码的上半部分与下半部分相对于零电平对称折叠,故名折叠码。其幅度码从小到大按自然二进码规则编码。

与自然二进码相比,**折叠二进码的优点是对于语音这样的双极性信号,只要绝对值相同,就可以采用单极性编码的方法**,可使编码过程大大简化;而且**在传输过程中出现误码时对小信号影响较小**。例如由大信号的 1111 误为 0111,从表5.4 可知,自然二进码会由 15 错到 7,误差为 8 个量化级,而折叠二进码误差为 15 个量化级,显见大信号时误码对折叠二进码影响很大。如果误码发生在小信号例如由 1000 误为 0000,这时情况就大

不相同了,对于自然二进码误差还是 8 个量化级,而对于折叠二进码误差却只有 1 个量化级。这一特性是十分可贵的,因为语音信号小幅度出现的概率比大幅度的大,所以,着眼点应在于小信号的传输效果。

自然二进码与折叠二进码的转换规则:首位为 1,不变;首位为 0,首位不变,其余位取反。

格雷二进码相邻码字的距离恒为 1,即任何相邻电平的码组,只有一位码位发生变化,译码时,若传输或判决有误,量化电平的误差小。除极性码外,当正、负极性信号的绝对值相等时,格雷二进码幅度码相同,故又称反射二进码。**格雷二进码不是"可加的"**,不能逐比特独立进行译码,需先转换为自然二进码后再译码。因此,这种码在采用编码管进行编码时才用,在采用电路进行编码时一般用折叠二进码和自然二进码。

通过以上对 3 种码型进行比较,**对于 PCM 通信编码,折叠二进码比自然二进码和格雷二进码优越,是 A 律 13 折线 PCM 30/32 路基群设备中所采用的码型。**

3. 码位的选择与安排

码位数的选择,不仅关系到通信质量的好坏,还涉及设备的复杂程度。码位数的多少,决定了量化分层(量化级)的多少。反之,若信号量化分层数一定,则编码位数也确定。量化电平数 M 与编码位数 k 的关系为 $M = 2^k$,可见,在输入信号变化范围一定时,用的码位数越多,量化分层越细,量化噪声就越小,通信质量当然就更好。但码位数多了,会使总的传输码率增加,所要求的传输带宽加大。

对一般语音信号采用 3~4 位非线性编码便可达到可懂度,但由于量化级数少,量化误差大,通话中量化噪声较为显著。当编码位数增加到 7~8 位时,通信质量就比较理想了。

A 律 13 折线编码中普遍采用 8 位二进制码(PCM 30/32 路),对应有 $M = 2^8 = 256$ 个量化级,即正、负输入幅度范围内各有 128 个量化级。这需要将 13 折线中的每个折线段再均匀划分 16 个量化级,由于每个段落长度不均匀,因此正或负输入的 8 个段落被划分成 $8 \times 16 = 128$ 个不均匀的量化级。按折叠二进码的码型,这 8 位码的安排为

极性码	段落码	段内码
C_1	$C_2 C_3 C_4$	$C_5 C_6 C_7 C_8$

其中,第 1 位码 C_1 用数值 1 或 0 分别表示信号的正、负极性,称为**极性码**。

对于正、负对称的双极性信号,只要将样值脉冲的极性判出后,编码器便以样值脉冲的绝对值进行量化和输出码组,因此只要考虑 13 折线中正方向的 8 段折线就行了,这 8 段折线共包含 128 个量化级,正好用剩下的 7 位幅度码 $C_2 C_3 C_4 C_5 C_6 C_7 C_8$ 表示。

第 2~4 位码 $C_2 C_3 C_4$ 为段落码,代表 8 个段落的段落电平,段落码的每一位不表示固定的电平,只是用它们的不同排列码组表示各段的起始电平。段落码和 8 个段落之间的关系如表 5.5 和图 5.25 所示。第 5~8 位码 $C_5 C_6 C_7 C_8$ 为段内码,表示每一段中均匀划分的 16 个量化级,段内码与 16 个量化级之间的关系如表 5.6 所示。

表 5.5 段落码

段落序号	段 落 码		
	C_1	C_2	C_3
8	1	1	1
7	1	1	0
6	1	0	1
5	1	0	0
4	0	1	1
3	0	1	0
2	0	0	1
1	0	0	0

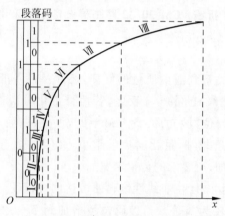

图 5.25 段落码与各段的关系

表 5.6 段内码(自然二进码)

电平序号	段 内 码	电平序号	段 内 码
	$C_5 C_6 C_7 C_8$		$C_5 C_6 C_7 C_8$
15	1 1 1 1	7	0 1 1 1
14	1 1 1 0	6	0 1 1 0
13	1 1 0 1	5	0 1 0 1
12	1 1 0 0	4	0 1 0 0
11	1 0 1 1	3	0 0 1 1
10	1 0 1 0	2	0 0 1 0
9	1 0 0 1	1	0 0 0 1
8	1 0 0 0	0	0 0 0 0

A 律 13 折线编码各段内的 16 个量化级是均匀的,但因段落长度不等,故不同段落间的量化级是非均匀的,小信号时段落短,量化间隔小,反之量化间隔大。

A 律 13 折线中的第 1 段和第 2 段最短,只有归一化的 1/128,再将它等分 16 小段,

每一小段长度为 $\frac{1}{128} \times \frac{1}{16} = \frac{1}{2048}$。这是最小的量化级间隔，它仅有输入信号归一化值的 $1/2048$，记为 Δ，代表一个量化单位。第 8 段最长，它是归一化值的 $1/2$，将它等分 16 小段后，每一小段归一化长度为 $1/32$，包含 64 个最小量化间隔，记为 64Δ。如果以非均匀量化时的最小量化间隔 $\Delta = 1/2048$ 作为输入 x 轴的单位，那么各段的起点电平分别是 0、16、32、64、128、256、512、1024 个量化单位。

表 5.7 所示为 A 律 13 折线每一量化段的起始电平 I_i、量化间隔 Δ_i 及各位幅度码的权值(对应电平)。由表 5.7 可知，第 i 段的段内码 $C_5C_6C_7C_8$ 的权值(对应电平)分别为 $8\Delta_i$、$4\Delta_i$、$2\Delta_i$、Δ_i。

综上，段内码的确定原则可总结为：若 m 为(量化电平-段落起点电平)/段落量化间隔的最大整数，自然二进码，对 m 进行 8421 编码。若要求编折叠二进码，段内码第一位若是 1，两码相同；段内码第一位若为 0，除段内码第一位外，其余码取反即可。

表 5.7 A 律 13 折线幅度码及其对应电平

量化段序号 $i = 1 \sim 8$	电平范围 (Δ)	段落码 $C_1C_2C_3$	段落起始电平 $I_i(\Delta)$	量化间隔 $\Delta_i(\Delta)$	段内码对应权值/Δ $C_5C_6C_7C_8$			
8	1024~2048	1 1 1	1024	64	512	256	128	64
7	512~1024	1 1 0	512	32	256	128	64	32
6	256~512	1 0 1	256	16	128	64	32	16
5	128~256	1 0 0	128	8	64	32	16	8
4	64~128	0 1 1	64	4	32	16	8	4
3	32~64	0 1 0	32	2	16	8	4	2
2	16~32	0 0 1	16	1	8	4	2	1
1	0~16	0 0 0	0	1	8	4	2	1

假设以非均匀量化时的最小量化间隔 $\Delta = 1/2048$ 作为均匀量化的量化间隔，那么从 A 律 13 折线的第 1~8 段的各段所包含的均匀量化级数分别为 16、16、32、64、128、256、512、1024，总共有 2048 个均匀量化级，而非均匀量化只有 128 个量化级。

按照二进制编码位数 k 与量化级数 M 的关系 $M = 2^k$，均匀量化需要编 11 位码，而非均匀量化只要编 7 位码。通常把按非均匀量化特性的编码称为**非线性编码**；按均匀量化特性的编码称为**线性编码**。

由此可知，在保证小信号时的量化间隔相同的条件下，7 位非线性编码与 11 位线性编码等效。由于非线性编码的码位数减少，因此设备简化，所需传输系统带宽减小。

还应指出，上述编码得到的码组所对应的是输入信号的分层电平 m_k，对于处在同一量化间隔内的信号电平值 $m_k \leqslant m < m_{k+1}$，编码的结果是唯一的。为使落在该量化间隔内的任意信号电平的量化误差均小于 $\Delta_i/2$，在译码器中都有一个加 $\Delta_i/2$ 电路。这等效于将量化电平移到量化间隔的中间。

带有加 $\Delta_i/2$ 电路的译码器最大量化误差一定不会超过 $\Delta_i/2$。译码时，非线性码与线性码间的关系是 7/12 变换关系：7 位非线性码对应二进制的码字电平除以 2 取余，余数倒排(不够 11 位,前面用 0 补齐)。

【例 5-1】 设输入信号抽样值 $I_s = +1260\Delta$(Δ 为一个量化单位,表示输入信号归一化值的 1/2048),采用逐次比较型编码器,按 A 律 13 折线编成 8 位码 $C_1C_2C_3C_4C_5C_6C_7C_8$,并计算量化误差和线性码。

【解】 1) 编码过程

(1) **确定极性码 C_1:** 由于输入信号抽样值 I_s 为正,故极性码 $C_1 = 1$。

(2) **确定段落码 $C_2C_3C_4$:** 1260 位于第 8 段,8−1=7,按 421 编码规律编码为 111,故段落码 $C_2C_3C_4$ 为 111。

(3) **确定段内码 $C_5C_6C_7C_8$:** $[(1260-1024)/64]_{取整} = 3$,自然二进码按 8421 编码规律编码为 0011,故段内码 $C_5C_6C_7C_8$ 为 0011(若要求编折叠二进码,则为 0100)。

即得 8 位码为 $C_1C_2C_3C_4C_5C_6C_7C_8 = 11110011$。

2) 计算量化误差

不考虑 $\Delta_i/2$ 电路时,即编码量化电平为 1216Δ,编码量化误差为 $1260\Delta - 1216\Delta = 44\Delta$。

考虑 $\Delta_i/2$ 电路时,即译码量化电平为 $1216\Delta + \Delta_i/2 = 1216\Delta + 64\Delta/2 = 1248\Delta$,译码量化误差为 $1260\Delta - 1248\Delta = 12\Delta$($12\Delta < 64\Delta/2$,即量化误差小于量化间隔的一半)。

3) 计算线性编码

$(1260-12)D = 1248D = 4E0H = 100\ 1110\ 0000B$;$1216D = 4C0H = 10011000000B$

7 位非线性幅度码 1110011 所对应的 **12 位线性幅度码**为 110011100000(考虑 $\Delta/2$ 和极性,即译码线性码),**11 位线性码**为 10011000000(不考虑 $\Delta/2$ 和极性,即编码线性码)。

5.3.2 编译码电路

1. 编码电路及原理

在实际的 PCM 编码中,量化和编码是一起进行的,通信中采用高速编码方式,编码器根据输入的样值脉冲编出相应的 8 位二进制代码,除第 1 位极性码外,其余 7 位是通过逐次比较过程来确定的。编码器分为逐次比较型、折叠级联型和混合型 3 种,此处只讨论 PCM 编码中常用的逐次比较型编码器。

逐次比较型编码器编码的方法与用天平称重物的过程极为相似。将重物放入托盘以后,就开始称重,第 1 次称重所加砝码(在编码术语中称为"权",它的大小称为权值)是估计的,这种权值当然不一定能正好使天平平衡,若砝码的权值大了,换一个小一些的砝码再称。请注意,第 2 次所加砝码的权值是根据第 1 次做出的判断结果确定的,若第 2 次称重的结果说明砝码小了,就要在第 2 次权值基础上再加上一个更小一些的砝码,如此进行下去,直到接近平衡为止。这个过程就叫作逐次比较称重过程。"逐次"的含意可理解为称重是一次次由粗到细进行的,而"比较"则是把上一次称重的结果作为参考,比较得到下一次输出权值的大小,如此反复进行下去,使所加权值逐步逼近物体的真实重量。

逐次比较型编码器中,样值脉冲信号相当于被测物,标准电流相当于天平的砝码。预先规定好的一些用于比较的标准电流(或电压)称为权值电流,用符号 I_W 表示。I_W 的个数与编码位数有关。

当样值脉冲 I_s 到来后,用逐步比较的方法有规律地用各标准电流 I_W 去和样值脉冲比较,每比较一次出一位码。当 $I_s > I_W$ 时,出 1 码,反之出 0 码,直到 I_W 和抽样值 I_s 逼近为止,完成对输入样值的非线性量化和编码。

实现 A 律 13 折线压扩特性的逐次比较型编码器的原理框图如图 5.26 所示,它由整流器、极性判决、保持电路、比较器及本地译码电路等组成。

极性判决电路用来确定信号的极性。由于输入的 PAM 信号是双极性信号,当其样值为正时,在位脉冲到来时刻出 1 码;当样值为负时,出 0 码;同时将该双极性信号经过全波整流变为单极性信号。

保持电路的作用是保持输入信号的抽样值在整个比较过程中具有确定不变的幅度。由于逐次比较型编码器编 7 位码(极性码除外)需要进行 7 次比较,因此,在整个比较过程中都应保持输入信号的幅度不变,故需要采用保持电路。

比较器是编码器的核心,它的作用是通过比较样值电流 I_s 和标准电流 I_W,从而对输入信号抽样值实现非线性量化和编码,每次所需的标准电流 I_W 均由本地译码电路提供。每比较一次输出一位二进制代码,且当 $I_s > I_W$ 时,出 1 码,反之出 0 码。由于在 A 律 13 折线法中用 7 位二进制代码来代表段落和段内码,所以对一个输入信号的抽样值需要进行 7 次比较。

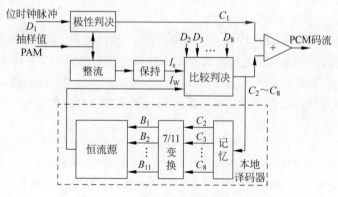

图 5.26　逐次比较型编码器原理图

本地译码电路包括记忆电路、7/11 变换电路和恒流源。记忆电路用来寄存二进码,因除第一次比较外,其余各次比较都要依据前几次比较的结果来确定标准电流 I_W 值。因此,7 位码组中的前 6 位状态均应由记忆电路寄存下来。

7/11 变换电路完成非均匀量化中的数字压缩功能。由于按 A 律 13 折线只编 7 位码,加至记忆电路的码也只有 7 位,而线性解码电路(恒流源)需要 11 个基本的权值电流支路,这就要求有 11 个控制脉冲对其进行控制。因此,需通过 7/11 逻辑变换电路将 7 位非线性码转换成 11 位线性码,其实质就是完成非线性和线性之间的变换。

恒流源又称为11位线性解码电路或电阻网络,用来产生各种标准电流值。为了获得各种标准电流,恒流源中有若干个基本权值电流支路。基本权值电流个数与量化级数有关,A律13折线编码过程中要求11个基本权值电流支路,每个支路均有一个控制开关,每次该哪几个开关接通组成比较用的标准电流,由前面的比较结果经变换后得到的控制信号来控制。

2. 译码电路及原理

译码是把收到的PCM信号还原成相应的PAM样值信号,即进行数模(D/A)变换。A律13折线译码器原理框图如图5.27所示。

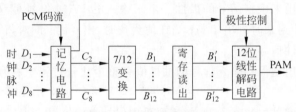

图5.27 译码器原理框图

A律13折线译码器组成与逐次比较型编码器中的本地译码器基本相同,所不同的是增加了极性控制部分和带有寄存读出的7/12位码变换电路,各部分电路的作用如下。

(1) 串/并变换记忆电路:将加进的串行PCM码变为并行码,并记忆下来,与编码器本地译码器中的记忆电路作用基本相同。

(2) 极性控制部分:根据收到的极性码C_1控制译码后PAM信号的极性,恢复原信号极性,C_1为1,极性为正,反之为负。

(3) 7/12变换电路:将7位非线性码转变为12位线性码,编码器的本地译码器中采用7/11位码变换,使得量化误差有可能大于本段落量化间隔的一半。译码器中采用7/12变换电路,是为了增加了一个$\Delta_i/2$恒流电流,人为补上半个量化级,使最大量化误差不超过$\Delta_i/2$,从而改善量化信噪比。两种码之间的转换原则是两个码组在各自的意义上所代表的权值必须相等。

(4) 寄存读出电路:将输入的串行码在存储器中寄存起来,待全部接收后再一起读出,送入解码网络,实质上是进行串/并变换。12位线性解码电路主要是由恒流源和电阻网络组成,与编码器中的解码网络类同,在寄存读出电路的控制下输出相应的PAM信号。

3. PCM编译码集成电路及原理

目前,实现PCM编译码的集成电路有很多,例如美国国家半导体(National Semiconductor)公司生产的TP3067,它将编译码器(codec)和滤波器(filter)集成在一个芯片上,功能比较强,既可以进行A律变换,也可以进行μ律变换。TP3067可以组成模拟用户线与程控交换设备间的接口,包含有语音A律编译码器、自调零逻辑、语音输入放大器、RC滤波器、开关电容低通滤波器及语音推挽功放等功能单元,具有完整的语音到PCM和PCM到语音的A律压扩编解码功能。它的编码和解码工作既可同时进行,也可异步进行。

TP3067 的内部结构有发送和接收两大部分,如图 5.28 所示。

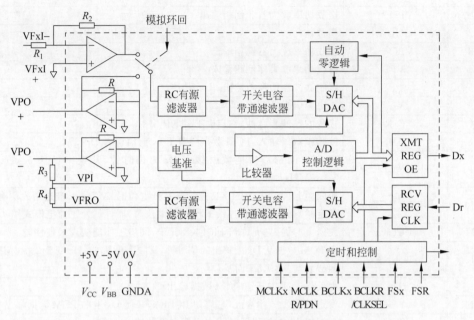

图 5.28　TP3067 的内部结构图

编译码器的工作是由时序电路控制的,在编码电路中进行取样、量化、编码,经过译码电路译码、低通、放大后输出模拟信号。TP3067 把这两部分集成在一个芯片上就是一个单路编译码器。单路编译码器变换后的 8 位 PCM 码字是在一个时隙中被发送出去的,这个时序号是由 A/D 控制电路来决定的,而在其他时隙时编码器是没有输出的;同样,在一个 PCM 帧里,它的译码电路也只能在一个由它自己的时序里从外部接收 8 位 PCM 码。单路编译码器的发送时序和接收时序可由外部电路来控制,只要向 A/D 控制电路或 D/A 控制电路发某种命令即可控制单路编译码器的发送时序和接收时序号,从而也可以达到总线交换的目的。不同的单路编译码器发送时序和接收时序的控制方式都有所不同。

编译码器一般都有一个 PDN 降功耗控制端,PDN=1 时,编译码能正常工作;PDN=0 时,编译码器处于低功耗状态,这时编译码器的其他功能都不起作用。

芯片 TP3067 的外部接口可分两部分,一部分是模拟接口电路,它与编译码器中的 Filter 发生联系,这一部分可控制模拟信号的放大倍数;另一部分是与处理系统和交换网络的数字接口,它与编译码器中的 Codec 发生联系,通过这些数字接口线来实现对编译码器的控制。TP3067 芯片的引脚排列如图 5.29 所示,引脚说明如表 5.8 所示。

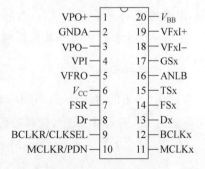

图 5.29　TP3067 引脚图

表 5.8　TP3067 引脚说明

编　号	符　号	功　　　能
1	VPO+	接收功率放大器非倒相输出
2	GNDA	模拟地
3	VPO−	接收功率放大器倒相输出
4	VPI	接收功率放大器倒相输入
5	VFRO	接收滤波器的模拟输出
6	V_{CC}	正电源引脚，$V_{cc}=+5V\pm5\%$
7	FSR	接收的帧同步脉冲，它启动 BCLKR
8	Dr	接收帧数据输入，PCM 数据随着 FSR 前沿移入 Dr
9	BCLKR\CLKSEL	在 FSR 的前沿后把数据移入 Dr 的位时钟，其频率可从 64kHz 到 2.048MHz
10	MCLKR/PDN	接收主时钟。当 MCLKR 连续联在低电位时，MCLKx 被选用为所有内部定时，当 MCLKR 连续工作在高电位时，器件就处于掉电模式
11	MCLKx	发送主时钟，它允许与 MCLKR 异步，同步工作能实现最佳性能
12	BCLKx	把 PCM 数据从 Dx 上移出的位时钟，其频率可从 64kHz 变至 2.048MHz，但必须与 MCLKx 同步
13	Dx	由 FSx 启动的三态 PCM 数据输出
14	FSx	发送帧同步脉冲输入，它启动 BCLKx，并使 Dx 上的 PCM 数据移出
15	TSx	开漏输出，在编码器时隙内为低电平脉冲
16	ANLB	模拟环回路控制输入，在正常工作时必须置为逻辑 0，当拉到逻辑 1 时，发送滤波器和发送前置放大器输出的连接线被断开，而改为和接收功率放大器的 VPO+ 输出连接
17	GSx	发送输入放大器的模拟输出，用来在外部调节增益
18	VFxI−	发送输入放大器的倒相输入
19	VFxI+	发送输入放大器的非倒相输入
20	V_{BB}	负电源引脚，$V_{BB}=-5V\pm5\%$

5.3.3　码元速率和带宽

由于 PCM 要用 N 位二进制码表示一个抽样值，即一个抽样周期 T_s 内要编 N 位码，因此每个码元宽度为 T_s/N，码位越多，码元宽度越小，占用带宽越大。显然，传输 PCM 信号所需要的带宽要比模拟调制信号 $m(t)$ 的带宽大得多。

1. 码元速率

设 $m(t)$ 为低通信号，最高频率为 f_H，按照抽样定理的抽样速率 $f_s\geq2f_H$，如果量化电平数为 M，则采用二进制代码的码元速率为

$$f_b=f_s\log_2M=f_sN \quad (N\text{ 为二进制编码位数}) \tag{5-37}$$

2. 传输 PCM 信号所需的最小带宽

抽样速率的最小值 $f_s = 2f_H$，这时码元传输速率为 $f_b = 2f_H k$，按照数字基带传输系统中分析的结论，在无码间干扰和采用理想低通传输特性的情况下，所需最小传输带宽为

$$B = \frac{f_b}{2} = \frac{Nf_s}{2} = Nf_H \tag{5-38}$$

实际中用升余弦的传输特性，此时所需传输带宽为

$$B = f_b = Nf_s \tag{5-39}$$

以 PCM 语音信号传输为例，$N = 8$，$f_s = 8\mathrm{kHz}$，所需要的传输带宽 $B = Nf_s = 64\mathrm{kHz}$，这明显比直接传输语音信号 $m(t)$ 的带宽（4kHz）要大得多。

5.3.4　抗噪声性能

1. PCM 系统的两种噪声

PCM 的系统性能分析主要涉及量化噪声和信道加性噪声。量化噪声和信道加性噪声来源不同，互不依赖，可先分别考虑，再分析其对系统性能总的影响。当两种噪声同时存在时，图 5.23 所示的 PCM 系统接收端低通滤波器的输出为

$$\hat{m}(t) = m(t) + n_q(t) + n_e(t) \tag{5-40}$$

式中，$m(t)$ 为输出端所需信号成分；$n_q(t)$ 为由量化噪声引起的输出噪声，其功率用 N_q 表示；$n_e(t)$ 为由信道加性噪声引起的输出噪声，其功率用 N_e 表示。

通常用系统输出端总的信噪比衡量 PCM 系统的抗噪声性能，其定义为

$$\frac{S_o}{N_o} = \frac{E[m^2(t)]}{E[n_q^2(t)] + E[n_e^2(t)]} \tag{5-41}$$

2. PCM 系统量化噪声引起的输出量化信噪比

系统中存在量化噪声会对输出信号产生影响，用输出量化信噪比表示。假设输入信号 $m(t)$ 在区间 $[-a, a]$ 上概率密度均匀分布，对 $m(t)$ 进行均匀量化，其量化级数为 M，在不考虑信道噪声的条件下，由量化噪声引起的输出量化信噪比 S_o/N_q 为

$$\frac{S_o}{N_q} = \frac{E[m^2(t)]}{E[n_q^2(t)]} = M^2 = 2^{2N} \tag{5-42}$$

式中，二进码位数 N 与量化级数 M 的关系为 $M = 2^N$。

由式（5-42）可见，PCM 系统输出端的**量化信噪比**依赖于每一个编码组的位数 N，并随 N 按指数增加。在无码间干扰和采用理想低通传输特性的情况下，PCM 系统最小带宽为 $B = Nf_H$，因此式（5-42）又可表示为

$$\frac{S_o}{N_q} = 2^{2B/f_H} \tag{5-43}$$

式(5-43)表明 **PCM 系统输出端的量化信噪比与系统带宽 B 呈指数关系,充分体现了带宽与信噪比的互换关系。**

3. 信道加性噪声对 PCM 系统性能的影响

信道噪声对 PCM 系统性能的影响表现在接收端的判决误码上,二进制 1 码可能误判为 0 码,而 0 码可能误判为 1 码。由于 PCM 信号中每一码组代表一定的量化抽样值,所以若出现误码,被恢复的量化抽样值将与发送端原抽样值不同,从而引起误差。

在假设加性噪声为高斯白噪声的情况下,每一码组中出现的误码可以认为是彼此独立的,并设每个码元的误码率皆为 P_e。另外,考虑到实际中 PCM 的每个码组中出现多于 1 位误码的概率很低,所以通常只需要考虑仅有 1 位误码的码组错误。例如,若 $P_e = 10^{-4}$,在 8 位长码组中有 1 位误码的码组错误概率为 $P_1 = 8P_e = 1/1250$,表示平均每发送 1250 个码组就有一个码组发生错误;而有两位误码的码组错误概率为 $P_2 = C_8^2 P_e^2 = 2.8 \times 10^{-7}$。显然 $P_2 \ll P_1$,因此只要考虑 1 位误码引起的码组错误就够了。

由于码组中各位码的权值不同,因此,误差的大小取决于误码发生在码组的哪一位上,而且与码型有关。**以 N 位长自然二进码**为例,自最低位到最高位的加权值分别为 $2^0, 2^1, 2^2, 2^{i-1}, \cdots, 2^{N-1}$,若量化间隔为 Δ,则发生在第 i 位上的误码所造成的误差为 $\pm(2^{i-1}\Delta)$,其所产生的噪声功率便是 $(2^{i-1}\Delta)^2$。显然,**发生误码的位置越高,造成的误差越大。**由于已假设每位码元所产生的误码率 P_e 是相同的,所以一个码组中如有一位误码产生的平均功率为

$$N_e = E[n_e^2(t)] = P_e \sum_{i=1}^{N} (2^{i-1}\Delta)^2 = \Delta^2 P_e \frac{2^{2N}-1}{3} \approx \Delta^2 P_e \frac{2^{2N}}{3} \tag{5-44}$$

假设信号 $m(t)$ 在区间 $[-a, a]$ 内均匀分布,输出信号功率为

$$S_o = E[m^2(t)] = \int_{-a}^{a} x^2 \frac{1}{2a} dx = \frac{\Delta^2}{12} M^2 = \frac{\Delta^2}{12} 2^{2N} \tag{5-45}$$

由式(5-44)和式(5-45)可知仅考虑信道加性噪声时,PCM 系统的输出信噪比为

$$\frac{S_o}{N_e} = \frac{1}{4P_e} \tag{5-46}$$

4. PCM 系统输出端的总信噪比

在前面内容分析的基础上,同时考虑量化噪声和信道加性噪声时,PCM 系统输出端的总信噪比为

$$\frac{S_o}{N_o} = \frac{E[m^2(t)]}{E[n_q^2(t)] + E[n_e^2(t)]} = \frac{2^{2N}}{1 + 4P_e 2^{2N}} \tag{5-47}$$

讨论:

(1) 在接收端输入大信噪比的条件下,即 $4P_e 2^{2N} \ll 1$ 时,P_e 很小,可以忽略误码带来的影响,这时只考虑量化噪声的影响就可以了,即

$$S_o/N_o \approx 2^{2N} \tag{5-48}$$

（2）在小信噪比的条件下，即 $4P_e2^{2N}\gg1$ 时，P_e 较大，误码噪声起主要作用，总信噪比与 P_e 成反比，即

$$S_o/N_o \approx 1/(4P_e) \tag{5-49}$$

应当指出，以上公式是在自然二进码、均匀量化以及输入信号为概率密度均匀分布的前提下得到的。

【例 5-2】 语音信号 $m(t)$ 采用 A 律 13 折线进行编码，设 $m(t)$ 的频率范围为 $0\sim$ 4kHz，取值范围为 $-6.4\sim6.4V$，$m(t)$ 的一个抽样脉冲值为 $-5.275V$。

（1）画出逐次比较型编码器的原理框图。

（2）试求此时编码器输出的 PCM 码组和量化误差（段内码采用折叠二进码）。

（3）写出该码组对应的均匀量化 12 位码。

（4）若编码器输出的 PCM 码组采用 QPSK 方式传输，试分析 QPSK 传输系统所需的最小带宽。

【解】 （1）逐次比较型编码器的原理框图如图 5.26 所示。

（2）$\dfrac{-5.275}{6.4}\times2048\Delta=-1688\Delta<0$，所以 $C_1=0$。

又因为 $1024\Delta<1688\Delta<2048\Delta$，所以位于第 8 段，$C_2C_3C_4=111$。

第 8 段量化间隔为 64Δ，$\dfrac{(1688-1024)\Delta}{64\Delta}=10\cdots$ 余 24Δ，所以 $C_5C_6C_7C_8=1010$（自然二进码和折叠二进码相同）。

所以输出码组为 $C_1C_2C_3C_4C_5C_6C_7C_8=01111010$，量化误差为 24Δ。

（3）$-(1688-24)\Delta=1664\Delta$，$(1664)_{10}=(11010000000)_2$，即得均匀量化 12 位码 $=011010000000$。

（4）采用 QPSK 方式传输时，$\eta_{\max}=\dfrac{1/T_s}{f_s}=1\text{B/Hz}$（若采用 2PSK 方式传输，$\eta_{\max}=\dfrac{1/T_s}{2f_s}=0.5\text{B/Hz}$），依据抽样定理，系统的码元传输速率为 $R_B=8\times\dfrac{4\text{k}\times2}{\log_2^4}=32\text{kB}$，最小带宽为 $B_{\min}=\dfrac{R_B}{\eta_{\max}}=\dfrac{32\text{k}}{1}=32\text{kHz}$。

5.4 自适应差分脉冲编码调制

自适应差分脉冲编码调制（Adaptive Differential Pulse Code Modulation，ADPCM）是近年来一种广泛应用于长途传输中的一种国际通用的新型语音编码方法。对于大容量的长途传输系统，使用 PCM 信号所占用频带要比模拟通信系统中的一个标准话路带宽（3.4kHz）宽很多倍，这样，对于大容量、长途传输的光纤通信系统或卫星通信，采用 PCM 的经济性能很难与模拟通信相比。

自适应差分脉冲编码调制是在差分脉冲编码调制（Differential Pulse Code Modulation，DPCM）的基础上发展起来的，是一种语音压缩复杂度较低的编码方法，它可在 32kbit/s

的比特率上达到了 64kbit/s 的 PCM 数字电话质量,是一种能够以较低的速率获得高编码质量的语音压缩编码技术。

5.4.1 差分脉冲编码调制

差分脉冲编码调制(DPCM)是一种利用差值对模拟信号的 PCM 编码模式,与 PCM 不同,DPCM 每个抽样值不是独立的编码,而是先根据前一个抽样值计算出一个预测值,再取当前抽样值和预测值之差代替样值本身的编码,此差值称为预测误差。抽样值和预测值非常接近(因为相关性强),预测误差的可能取值范围比抽样值变化范围小,所以可用很少几位编码比特来对预测误差编码,从而降低其比特率,这便利用减小冗余度的办法降低了编码比特率。

用样点之间差值的编码来代替样值本身的编码,可以在量化台阶不变的情况下(即量化噪声不变)使编码位数显著减少,大大压缩信号带宽;也可在编码位数不变的情况下减小量化间隔,进而降低量化噪声。

在 PCM 中,每个波形样值都独立编码,与其他样值无关,这使得样值的整个幅值编码需要较多位数,比特率较高,造成数字化的信号带宽大大增加。然而,大多数以奈奎斯特或更高速率抽样的信源信号在相邻抽样间表现出了很强的相关性,有很大的冗余度。

如果将样值之差用 N 位编码传送,则 DPCM 的量化信噪比显然优于 PCM 系统。实现差分编码的一个好办法就是根据前面的 k 个样值来预测当前时刻的样值,编码信号只是当前样值与预测值之间的差值的量化编码。

DPCM 系统的原理框图如图 5.30 所示。图中,x_n 表示当前的信源样值,预测器的输入代表重建语音信号。预测器的输出为

$$\tilde{x}_n = \sum_{i=1}^{K} a_i \hat{x}_{n-i} \tag{5-50}$$

差值 $e_n = x_n - \tilde{x}_n$ 作为量化器输入,e_{qn} 代表量化器输出,量化后的每个预测误差 e_{qn} 被编码成二进制数字序列,通过信道传送到目的地。该误差 e_{qn} 同时被加到本地预测值 $\tilde{x}_n$ 而得到 $\hat{x}_n$。

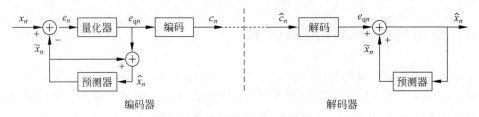

图 5.30　DPCM 系统原理框图

接收端装有与发送端相同的预测器,它的输出 $\tilde{x}_n$ 与 e_{qn} 相加产生 $\hat{x}_n$。信号 $\hat{x}_n$ 既是所要求的预测器的激励信号,也是所要求的解码器输出的重建信号。在传输无误码的条件下,解码器输出的重建信号 $\hat{x}_n$ 与编码器中的 $\hat{x}_n$ 相同。

DPCM 系统的总量化误差应该定义为输入信号样值 x_n 与解码器输出样值 $\hat{x}_n$ 之差,即

$$n_q = x_n - \hat{x}_n = (e_n + \tilde{x}_n) - (\tilde{x}_n + e_{qn}) = e_n - e_{qn} \tag{5-51}$$

由式(5-51)可知,这种 DPCM 的总量化误差 n_q 仅与差值信号 e_n 的量化误差有关。n_q 与 x_n 都是随机量,因此 DPCM 系统总的量化信噪比可表示为

$$\left(\frac{S}{N}\right)_{\text{DPCM}} = \frac{E[x_n^2]}{E[n_q^2]} = \frac{E[x_n^2]}{E[e_n^2]} \frac{E[e_n^2]}{E[n_q^2]} = G_P \left(\frac{S}{N}\right)_q \tag{5-52}$$

式中,$\left(\dfrac{S}{N}\right)_q$ 是把差值序列作为信号时量化器的量化信噪比,与 PCM 系统考虑量化误差时所计算的信噪比相当。

G_p 可作为 DPCM 系统相对于 PCM 系统而言的信噪比增益,称为预测增益。如果能够选择合理的预测规律,差值功率 $E[e_n^2]$ 就能远小于信号功率 $E[x_n^2]$,G_p 就会大于 1,该系统就能获得增益。对 DPCM 系统的研究就是围绕着如何使 G_p 和 $(S/N)_q$ 这两个参数取最大值而逐步完善起来的。通常 G_p 为 6~11dB。

由式(5-52)可知,DPCM 系统总的量化信噪比远大于量化器的信噪比。因此,要求 DPCM 系统达到与 PCM 系统相同的信噪比,可降低对量化器信噪比的要求,即可通过减小量化级数来减少码位数,降低比特率。

5.4.2 自适应差分脉冲编码调制

以较低的速率获得高质量编码,一直是语音编码追求的目标。通常,人们把话路速率低于 64kbit/s 的语音编码方法称为语音压缩编码技术。语音压缩编码方法很多,其中,自适应差分脉冲编码调制(ADPCM)是其中复杂度较低的一种编码方法,它可在 32kbit/s 的比特率上达到 64kbit/s 的 PCM 数字电话质量。近年来,ADPCM 已成为长途传输中一种新型的国际通用的语音编码方法。

ADPCM 是在 DPCM 的基础上引入了自适应系统。DPCM 系统性能的改善是以最佳的预测和量化为前提的,但由于语音信号的动态范围较大,对语音信号进行预测和量化的技术实现难度较大,为了能在相当宽的变化范围内获得最佳的性能,只有在 DPCM 基础上引入自适应系统使差分脉冲编码调制具有自适应功能。

ADPCM 对实际信号与按其前一些信号而得的预测值间的差值信号进行编码。语音信号样值的相关性使差值信号的动态范围较语音样值本身的动态范围大大缩小,用较低码速也能得到足够精确的编码效果,在 ADPCM 中所用的量化间隔的大小还可按差值信号的统计结果自动适配,达到最佳量化,从而使因量化造成的失真最小。

ADPCM 的主要特点是用自适应量化取代固定量化,用自适应预测取代固定预测。自适应量化指量化台阶随信号变化而变化,使量化误差减小;自适应预测指预测器系数可以随信号的统计特性自适应调整,提高了预测信号的精度,从而得到高预测增益。通过这两点改进,ADPCM 大大提高了输出信噪比和编码动态范围。

如果 DPCM 的预测增益为 6～11dB,自适应预测可使信噪比改善 4dB,自适应量化可使信噪比改善 4～7dB,则 ADPCM 比 PCM 可改善 16～21dB,相当于编码位数可以减少 3～4 位。因此,在维持相同语音质量的情况下,ADPCM 允许用 32kbit/s 比特率编码,这是标准 64kbit/s PCM 的一半。因此,在长途传输数字通信系统中,ADPCM 有着广阔的应用前景。CCITT 也提出了 ADPCM 系统的规范建议 G.721、G.726 等。

5.5 增量调制

增量调制(Delta Modulation,DM)是继 PCM 之后出现的又一种模拟信号数字化方法。最早是由法国工程师 De Loraine 于 1946 年提出来的,其目的在于简化模拟信号的数字化方法,在以后的 30 多年间有了很大发展,特别是在军事和工业部门的专用通信网和卫星通信中得到了广泛应用,不仅如此,近年来在高速超大规模集成电路中已被用作 A/D 转换器。

用差值编码进行通信的方式称为增量调制,缩写为 DM 或 ΔM。ΔM 与 PCM 的相同点是都用二进制码去表示模拟信号。ΔM 与 PCM 的区别是在 PCM 中,代码表示样值本身的大小,所需码位数较多,编译码设备复杂;而 ΔM 只用一位编码表示相邻样值的相对大小,从而反映出抽样时刻波形的变化趋势与样值本身的大小无关。ΔM 与 PCM 编码方式相比,具有编译码设备简单、低比特率时量化信噪比高、抗误码特性好等。

5.5.1 简单增量调制

已知一位二进制码只能代表两种状态,当然就不可能表示模拟信号的抽样值。但用一位码却可以表示相邻抽样值的相对大小,而相邻抽样值的相对变化能够反映模拟信号的变化规律。因此采用一位二进制码去描述模拟信号是完全可能的。

1. 编码思想

对于一个语音信号,如果抽样速率很高(远大于奈奎斯特速率),抽样间隔很小,那么相邻样点之间的幅度变化不会很大,相邻抽样值的相对大小(差值)同样能反映模拟信号的变化规律。将这些差值编码传输,同样可传输模拟信号所含的信息,此差值又称增量,其值可正可负。

图 5.31 所示为增量编码的波形示意图,$m(t)$ 代表时间连续变化的模拟信号,可以用一个时间间隔为 Δt、相邻幅度差为 $+\sigma$ 或 $-\sigma$ 的阶梯波形 $m'(t)$ 来逼近它。只要 Δt 足够小,即抽样速率 $f_s = 1/\Delta t$ 足够大,且 σ 足够小,则阶梯波 $m'(t)$ 便可近似代替 $m(t)$。其中,σ 为量化台阶,$\Delta t = T_s$ 为抽样间隔。

阶梯波 $m'(t)$ 有两个特点,一是在每个 Δt 间隔内,$m'(t)$ 的幅值不变;二是相邻间隔的幅值差不是 $+\sigma$(上升一个量化阶),就是 $-\sigma$(下降一个量化阶)。

由此可知,用 1 码和 0 码分别代表 $m'(t)$ 上升或下降一个量化阶 σ,$m'(t)$ 就由一个

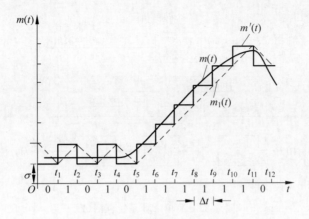

图 5.31　增量编码波形示意图

二进制序列表征,该序列也相当于表征了模拟信号 $m(t)$,实现了模/数转换。

除了用阶梯波 $m'(t)$ 近似 $m(t)$ 外,还可用斜变波 $m_1(t)$ 来近似 $m(t)$(图 5.31 中虚线所示)。斜变波 $m_1(t)$ 也只有按斜率 $\sigma/\Delta t$ 上升一个量阶和按斜率 $-\sigma/\Delta t$ 下降一个量阶两种变化,用 1 码表示正斜率,用 0 码表示负斜率,获得一个二进制代码序列。由于斜变波 $m_1(t)$ 在电路上更容易实现,实际中常采用它来近似 $m(t)$。

2. 译码思想

与编码相对应,译码也有两种形式,一种是收到 1 码上升一个量阶(跳变),收到 0 码下降一个量阶(跳变),这样把二进制代码经过译码后变为 $m'(t)$ 这样的阶梯波;另一种是收到 1 码后产生一个正斜率电压,在 Δt 时间内上升一个量阶 σ,收到 0 码后产生一个负斜率电压,在 Δt 时间内下降一个量阶 σ,这样把二进制代码经过译码后变为如 $m_1(t)$ 这样的斜变波。在译码时考虑到电路实现的简易程度,一般都采用后一种方法,这种方法可用一个简单的 RC 积分电路,即可把二进制码变为 $m_1(t)$ 这样的波形,如图 5.32 所示。

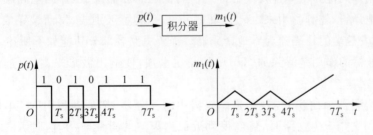

图 5.32　积分器译码原理

3. 简单 ΔM 系统框图

根据简单增量调制编、译码的基本原理,可组成简单 ΔM 系统框图如图 5.33 所示。

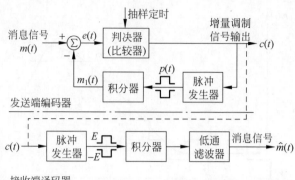

图 5.33　简单 ΔM 系统框图(1)

1) 编码电路

发送端编码器是相减器、判决器、积分器及脉冲发生器(极性变换电路)组成的一个闭环反馈电路,各部分功能如下所述。

相减器的作用是取出差值 $e(t)$,$e(t)=m(t)-m_1(t)$。

判决器也称比较器或数码形成器,它的作用是对差值 $e(t)$ 的极性进行识别和判决,以便在抽样时刻输出数码(增量码)$c(t)$。若在给定抽样时刻 t_i 上 $e(t_i)=m(t_i)-m_1(t_i)>0$,则判决器输出 1 码;$e(t_i)=m(t_i)-m_1(t_i)<0$,则输出 0 码。

积分器和脉冲产生器组成本地译码器,它的作用是根据 $c(t)$ 形成预测信号 $m_1(t)$,即 $c(t)$ 为 1 码时,$m_1(t)$ 上升一个量阶 σ;$c(t)$ 为 0 码时,$m_1(t)$ 下降一个量阶 σ,并送到相减器与 $m(t)$ 进行幅度比较。

注意:若用阶梯波 $m'(t)$ 作为预测信号,则抽样时刻 t_i 应改为 $-t_i$,表示 t_i 时刻的前一瞬间,即相当于阶梯波形跃变点的前一瞬间。在 t_i-时刻,斜变波形与阶梯波形有完全相同的值。

2) 译码电路

接收端的译码电路由脉冲发生器译码器和低通滤波器组成,译码电路结构和作用与发送端的本地译码器相同,用来由 $c(t)$ 恢复 $m_1(t)$,为了区别收、发两端完成同样作用的部件,这里称发送端的译码器为本地译码器。译码电路各部分功能如下所述。

低通滤波器的作用是滤除 $m_1(t)$ 中的高次谐波,使输出波形平滑,更加逼近原来的模拟信号 $m(t)$。

不论是编码器中的积分器,还是译码器中的积分器,都可以利用 RC 电路实现。当这两种积分器选用 RC 电路时,可以得到近似锯齿波的斜变电压,这时 RC 时间常数的选择应注意,RC 越大,充放电的线性特性就越好,但 RC 太大时,在 Δt 时间内上升(或下降)的量化阶就越小,因此,RC 的选择应适当,通常 RC 选择在 $(15\sim 30)\Delta t$ 范围内比较合适。

ΔM 实际上是最简单的一种 DPCM 方案,是前后两个样值的差值的量化编码,预测值仅用前一个样值来代替,即当图 5.30 所示 DPCM 系统原理框图中 DPCM 系统的预测器是一个延迟单元,量化电平取为 2 时,该 DPCM 系统就是一个简单 ΔM 系统,如图 5.34 所示,用它进行理论分析将更准确、合理,但硬件实现 ΔM 系统时,图 5.33 所示结构要简便得多。

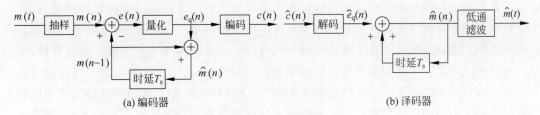

图 5.34 简单 ΔM 系统框图(2)

4. ΔM 编译码器集成电路(MC3418)

MC3418 是 Motorola 公司生产的通信专用集成电路,是数字检测音节压扩增量编译码器。图 5.35 所示为 MC3418 的原理框图,由模拟输入放大器、数字输入运算放大器、电压/电流转换运算放大器、极性开关、工作选择开关和数字检测(移位寄存器和逻辑电路)等部分构成。

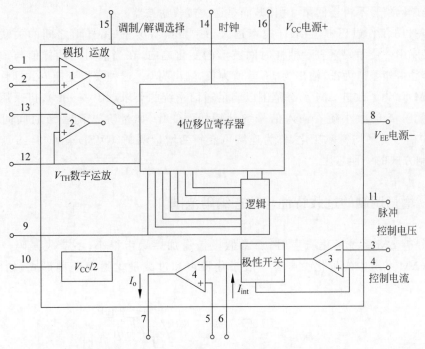

图 5.35 MC3418 内部结构图

第 15 引脚的工作电平可以控制该芯片,工作于编码状态或译码状态。当第 15 引脚接高电平($V_{CC}/2$)时,该芯片做编码器用;当第 15 引脚接低电平(地)时,该片做译码器用。

作为编码器使用时,工作开关模拟运放与移位寄存器接通,模拟信号由 1 引脚输入,本地译码信号由 2 引脚输入,运算放大器对它们进行比较并将差值放大。运算放大器的输出经电平转换后给出数字信号,在 14 引脚输入的时钟后沿时刻,运算放大器输出的结果进入移位寄存器。这一结果也同时接到 9 引脚和极性开关,前者作为数字码输出,后者用来控制流入积分器的电流的极性。积分运算放大器与外接的 RC 网络构成积分器,受极性开关控制的电流在此积分后累加形成本地译码信号。4 位移位寄存器和逻辑电路完成检测功能。当有 4 个连 1 或连 0 码出现时,从 11 引脚输出一个负极性的一致脉冲,一致脉冲经外接音节滤波器平滑之后得到量阶控制电压,此电压反映了前一段时间内模拟输入信号的平均斜率。量阶控制电压加到第 3 引脚,由内部 V/I 转换电路决定 4 引脚的电流随 3 引脚的电压变化。当 4 引脚通过外接电阻连接到某一固定电位上时,则流入 4 引脚的电流就随 3 引脚的控制电压变化,从而将控制电压的变化转换为控制电流的变化。V/I 转换器的输出电流与 4 引脚的输入电流相等,此电流经极性开关送到积分器,因此,积分量阶的大小就随着输入模拟信号的平均斜率而变化,这样就形成了数字检测音节的压扩过程。

在作为译码器使用时,第 15 引脚通过一只 $10k\Omega$ 电阻接地,这时模拟运算放大器与移位寄存器接通。信码由 13 引脚输入与 12 引脚的阀值电平比较,然后经运算放大器整形后送到移位寄存器,经采样再生的信码从 9 引脚输出。其后的工作过程与编码器一样,只是译码信号不再送回第 2 引脚,而是送往接收滤波器。

MC3418 工作过程中,当取样速率远大于奈奎斯特速率时,样值之间的关联程度增强,它仅使用一位编码来表示抽样时间波形的变化趋向,在当前时刻的样值与预测值经量化比较后,如差值为正,输出为 1;差值为负,输出为 0。这种模拟变换方式即称为增量调制(ΔM)。为了改进 ΔM 动态范围以满足通信系统的要求($40\sim50$dB),可采用自适应方法使量阶 Δ 的大小随着输入信号统计特性而变化,如量阶 Δ 随音节时间间隔($5\sim20$ms)中信号的平均斜率变化,称为连续可变斜变增量调制(CVSD),MC3418 就是采用这种调制方式的一种芯片。

5.5.2　增量调制的过载特性与动态编码范围

在分析 ΔM 系统量化噪声时,通常假设信道加性噪声很小,不造成误码。在这种情况下,ΔM 系统中的量化噪声有一般量化噪声和过载量化噪声两种形式,如图 5.36 所示。

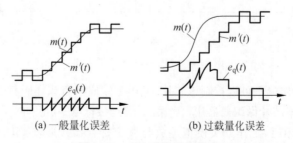

(a) 一般量化误差　　　(b) 过载量化误差

图 5.36　ΔM 系统量化噪声

1. 增量调制误差

增量调制误差 $e_q(t) = m(t) - m'(t)$ 表现为两种形式,一种称为**过载量化误差**,另一种称为**一般量化误差**。

当输入模拟信号 $m(t)$ 斜率陡变时,本地译码器输出信号 $m'(t)$ 跟不上信号 $m(t)$ 的变化,如图 5.36(b)所示,这时,$m'(t)$ 与 $m(t)$ 之间的误差明显增大,引起译码后信号的严重失真,这种现象叫过载现象,产生的失真称为过载失真(或称过载噪声)。这是在正常工作时必须而且可以避免的噪声。如果无过载噪声发生,则模拟信号与阶梯波形之间的误差就是一般量化噪声。

设抽样间隔为 Δt(抽样速率为 $f_s = 1/\Delta t$),则一个量阶 σ 上的最大斜率 K 为

$$K = \frac{\sigma}{\Delta t} = \sigma f_s \tag{5-53}$$

称为译码器的**最大跟踪斜率**。

显然,当译码器的最大跟踪斜率大于或等于模拟信号 $m(t)$ 的最大变化斜率时,即

$$\left| \frac{dm(t)}{dt} \right|_{max} \leqslant \sigma f_s \tag{5-54}$$

译码器输出 $m'(t)$ 能够跟上输入信号 $m(t)$ 的变化,不会发生过载现象,因而不会形成很大的失真。当然,这时 $m'(t)$ 与 $m(t)$ 之间仍存在一定的误差 $e_q(t)$,它局限在 $[-\sigma, \sigma]$ 区间内变化,这种误差称为一般量化误差。

为了不发生过载,必须增大 σ 和 f_s。但 σ 增大,一般量化误差也随之增大,由于简单增量调制的量阶 σ 是固定的,因此很难同时满足两方面的要求。

不过,对于 ΔM 系统而言,可以选择较高的抽样频率 f_s,因为这样既能减小过载噪声,又能进一步降低一般量化噪声,从而使 ΔM 系统的量化噪声减小到给定的容许数值。通常,ΔM 系统中的抽样频率要比 PCM 系统的抽样频率高得多(通常要高两倍以上)。ΔM 系统抽样速率的典型值为 16kHz 或 32kHz,相应单话路编码比特率为 16kbit/s 或 32kbit/s。

2. 临界过载振幅

在正常通信中不希望发生过载现象,这实际上是对输入信号的一个限制,现以正弦信号为例来说明。设输入模拟信号为 $m(t) = A\sin\omega kt$,其斜率为

$$\frac{dm(t)}{dt} = A\omega_k \cos\omega_k t \tag{5-55}$$

可见斜率的最大值为 $A\omega_k$。为了不发生过载,应要求 $A\omega_k \leqslant \sigma f_s$,所以,**临界过载振幅**为

$$A_{max} = \frac{\sigma f_s}{\omega_k} = \frac{\sigma f_s}{2\pi f_k} \quad (f_k \text{ 为信号的频率}) \tag{5-56}$$

可见,当信号斜率一定时,允许的信号幅度随信号频率增加而减小,这将导致语音高频段的量化信噪比下降。这是简单增量调制不实用的原因之一。

3. 最小编码电平

分析表明,要想正常编码,信号的幅度将受到限制,称 $A_{\max}$ 为最大允许编码电平。同样,对能正常开始编码的最小信号振幅也有要求,最小编码电平 $A_{\min}$ 为

$$A_{\min} = \frac{\sigma}{2} \tag{5-57}$$

4. 编码的动态范围

编码的动态范围定义为最大允许编码电平 $A_{\max}$ 与最小编码电平 $A_{\min}$ 之比,即

$$[D_c]_{dB} = 20 \lg \frac{A_{\max}}{A_{\min}} \tag{5-58}$$

这是编码器能够正常工作的输入信号振幅范围。将式(5-56)和(5-57)代入(5-58)得

$$[D_c]_{dB} = 20 \left[\frac{\sigma f_s}{2\pi f_k} \Big/ \frac{\sigma}{2} \right] = 20 \lg \left(\frac{f_s}{\pi f_k} \right) \tag{5-59}$$

通常采用 $f_k = 800\,\text{Hz}$ 为测试标准,所以

$$[D_c]_{dB} = 20 \lg \left(\frac{f_s}{800\pi} \right) \tag{5-60}$$

表 5.9 所示为动态范围与抽样速率计算结果。

表 5.9　动态范围与抽样速率

抽样速率 f_s/kHz	10	20	32	40	80	100
编码的动态范围 D_c/dB	12	18	22	24	30	32

由表 5.9 可见,简单增量调制的编码动态范围较小,在低传码率时不符合语音信号要求。通常,语音信号动态范围要求为 $40\sim50\,\text{dB}$,因此,使用中的 ΔM 常用它的改进型,如增量总和调制、数字压扩自适应增量调制等。

5.5.3　增量调制系统的抗噪声性能

与 PCM 系统一样,对于简单增量调制系统的抗噪声性能,仍用系统的输出信号和噪声功率比来表征。ΔM 系统的噪声成分有两种,即量化噪声与加性噪声。由于这两种噪声互不相关,所以可以分别进行讨论和分析,信号功率与这两种噪声功率的比值分别称为量化信噪比和误码信噪比。

1. 量化信噪比

由前面内容分析可知,量化噪声有两种,即过载量化噪声和一般量化噪声。由于在实际应用中都是防止工作到过载区域,因此这里仅考虑一般量化噪声。

在不过载的情况下,误差 $e_q(t) = m(t) - m'(t)$ 限制在 $[-\sigma, \sigma]$ 范围内变化,若假定

$e_q(t)$ 值在 $(-\sigma, +\sigma)$ 之间均匀分布，则 ΔM 调制的量化噪声的平均功率为

$$E\left[e_q^2(t)\right] = \int_{-\sigma}^{\sigma} \frac{e^2}{2\sigma} \mathrm{d}e = \frac{\sigma^2}{3} \tag{5-61}$$

考虑到 $e_q(t)$ 的最小周期大致是抽样频率 f_s 的倒数，而且大于 $1/f_s$ 的任意周期都可能出现。因此，为便于分析，可近似认为式(5-61)的量化噪声功率谱在 $(0, f_s)$ 频带内均匀分布，则量化噪声的单边功率谱密度为

$$P[f] \approx \frac{E\left[e_q^2(t)\right]}{f_s} = \frac{\sigma^2}{3f_s} \tag{5-62}$$

若接收端低通滤波器的截止频率为 f_m，则经低通滤波器后输出的量化噪声功率为

$$N_q = P(f)f_m = \frac{\sigma^2 f_m}{3f_s} \tag{5-63}$$

由此可见，ΔM 系统输出的量化噪声功率与量化台阶 σ 及比值 (f_m/f_s) 有关，而与信号幅度无关。当然，与信号幅度无关是在未过载的前提下才成立的。信号越大，信噪比越大，对于频率为 f_k 的正弦信号，临界过载振幅为

$$A_{\max} = \frac{\sigma f_s}{\omega_k} = \frac{\sigma f_s}{2\pi f_k}$$

所以信号功率的最大值为

$$S_o = \frac{A_{\max}^2}{2} = \frac{\sigma^2 f_s^2}{8\pi^2 f_k^2} \tag{5-64}$$

因此在临界振幅条件下，系统最大的量化信噪比为

$$\frac{S_o}{N_q} = \frac{3}{8\pi^2} \frac{f_s^3}{f_k^2 f_m} \approx 0.04 \frac{f_s^3}{f_k^2 f_m} \tag{5-65}$$

用分贝表示为

$$\left(\frac{S_o}{N_q}\right)_{\mathrm{dB}} = 10\lg\left(0.04 \frac{f_s^3}{f_k^2 f_m}\right) = 30\lg f_s - 20\lg f_k - 10\lg f_m - 14 \tag{5-66}$$

式(5-66)是 ΔM 系统中重要的公式之一，它表明简单 ΔM 系统的信噪比与抽样速率 f_s 成立方关系，即 f_s 每提高一倍，量化信噪比提高 9dB。因此，ΔM 系统的抽样速率至少要在 16kHz 以上，才能使量化信噪比达到 15dB 以上，而抽样速率在 32kHz 时，量化信噪比约为 26dB，只能满足一般通信质量的要求。式(5-66)还表明量化信噪比与信号频率 f_k 的平方成反比，即 f_k 每提高一倍，量化信噪比下降 6dB。因此，简单 ΔM 时语音高频段的量化信噪比下降。

2. 误码信噪比

由误码产生的噪声功率计算起来比较复杂，因此，这里仅给出计算的思路和结论，详细的推导和分析请读者参阅有关资料。其计算的思路仍然是结合图 5.34 所示框图中的接收部分进行分析的，首先求出积分器前面由误码引起的误码电压及由它产生的噪声功

率和噪声功率谱密度,然后求出经过积分器以后的误码噪声功率谱密度,最后求出经过低通滤波器以后的误码噪声功率 N_e 为

$$N_e = \frac{2\sigma^2 f_s P_e}{\pi^2 f_1} \tag{5-67}$$

式中,f_1 是语音频带的下截止频率;P_e 为系统误码率。

由式(5-64)和(5-67)可求得误码信噪比为

$$\frac{S_o}{N_e} = \frac{f_1 f_s}{16 P_e f_k^2} \tag{5-68}$$

可见,在给定 f_1、f_s、f_k 的情况下,ΔM 系统的误码信噪比与 P_e 成反比。基于 N_q 和 N_e 表达式,可以得到同时考虑量化噪声和误码噪声时 ΔM 系统输出的总的信噪比为

$$\frac{S_o}{N_o} = \frac{S_0}{N_e + N_q} = \frac{3 f_1 f_s^3}{8\pi^2 f_1 f_m f_k^2 + 48 P_e f_k^2 f_s^2} \tag{5-69}$$

5.5.4　PCM 与 ΔM 系统的比较

PCM 和 ΔM 都是模拟信号数字化的基本方法。ΔM 实际上是 DPCM 的一种特例,所以有时把 PCM 和 ΔM 统称为脉冲编码。但应注意,PCM 是对样值本身编码,ΔM 是对相邻样值差值的极性(符号)编码,这是 ΔM 与 PCM 的本质区别。

1. 抽样速率

PCM 系统中的抽样速率 f_s 是根据抽样定理来确定的,若信号的最高频率为 f_m,则 $f_s \geqslant 2 f_m$,对语音信号,取 $f_s = 8\text{kHz}$。在 ΔM 系统中传输的不是信号本身的样值,而是信号的增量(即斜率),因此其抽样速率 f_s 不能根据抽样定理来确定。ΔM 的抽样速率与最大跟踪斜率和信噪比有关,在保证不发生过载,达到与 PCM 系统相同的信噪比时,ΔM 的抽样速率远远高于奈奎斯特速率。

2. 带宽

ΔM 系统在每一次抽样时只传送一位代码,因此 ΔM 系统的数码率为 $f_b = f_s$,要求的最小带宽为

$$B_{\Delta M} = \frac{1}{2} f_s \tag{5-70}$$

实际应用时

$$B_{\Delta M} = f_s \tag{5-71}$$

PCM 系统的数码率为 $f_b = N f_s$,在同样的语音质量要求下,PCM 系统的数码率为 64kHz,因而要求最小信道带宽为 32kHz。而采用 ΔM 系统时,抽样速率至少为 100kHz,则最小带宽为 50kHz。通常,ΔM 系统抽样速率采用 32kHz 或 16kHz 时,语音

质量不如 PCM。

3. 量化信噪比

在相同的信道带宽(即相同的数码率 f_b)条件下,在低码率时,ΔM 性能优越;在编码位数多、码率较高时,PCM 性能优越。这是因为 PCM 量化信噪比与编码位数 N 呈线性关系,表达式为

$$\left(\frac{S_o}{N_q}\right)_{PCM} \approx 10\lg 2^{2N} \approx 6N\,\text{dB} \tag{5-72}$$

ΔM 系统的数码率为 $f_b = f_s$,PCM 系统的数码率为 $f_b = 2Nf_m$。当 ΔM 与 PCM 的数码率 f_b 相同时,有 $f_s = 2Nf_m$,代入式(5-66)可得 ΔM 的量化信噪比为

$$\left(\frac{S_o}{N_q}\right)_{\Delta M} \approx 10\lg\left[0.32N^3\left(\frac{f_m}{f_k}\right)^2\right]\text{dB} \tag{5-73}$$

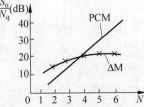

它与 N 成对数关系,并与 f_m/f_k 有关。当取 $f_m/f_k = 3000/1000$ 时,它与 N 的关系如图 5.37 所示。

比较两者曲线可看出,若 PCM 系统的编码位数 $N < 4$(码率较低),ΔM 的量化信噪比高于 PCM 系统。

图 5.37 不同 N 值的 PCM 和 ΔM 的性能比较曲线

4. 信道误码的影响

在 ΔM 系统中,每一个误码代表造成了一个量阶的误差,所以它对误码不太敏感。故对误码率的要求较低,一般为 $10^{-3} \sim 10^{-4}$。

PCM 的每一个误码会造成较大的误差,尤其高位码元,错一位可造成许多量阶的误差(例如,最高位的错码表示 2^{N-1} 个量阶的误差)。所以误码对 PCM 系统的影响要比 ΔM 系统严重些,故对误码率的要求较高,一般为 $10^{-5} \sim 10^{-6}$。

由此可见,ΔM 允许用于误码率较高的信道条件,这是 ΔM 与 PCM 不同的一个重要方面。

5. 设备复杂度

PCM 系统的特点是多路信号统一编码,一般采用 8 位(对语音信号),编码设备复杂,但质量较好,一般用于大容量的干线(多路)通信。

ΔM 系统的特点是单路信号独用一个编码器,设备简单,单路应用时不需要收发同步设备,但在多路应用时每路独用一套编译码器,所以路数增多时设备成倍增加,一般适于小容量支线通信,话路上、下方便灵活。

目前,随着集成电路的发展,ΔM 的优势已不再那么显著。在传输语音信号时,ΔM 语音清晰度和自然度方面都不如 PCM。因此目前在通用多路系统中很少用或不用 ΔM,一般用在通信容量小和质量要求不十分高的场合以及军事通信和一些特殊通信中。

5.6 信道复用与数字复接

在实际通信中,信道上往往允许多路信号同时传输,多路信号同时传输问题就是信道复用问题,常用的复用方式有频分复用、时分复用和码分复用等。数字复接技术就是在多路复用的基础上把若干个小容量低速数据流合并成一个大容量的高速数据流,再通过高速信道传输,传到接收端再分开,完成这个数字大容量传输的过程,就是数字复接与分接。目前数字通信中最常用的信道复用方式是时分复用方式。

5.6.1 时分复用原理

复用就是一种将若干个彼此独立的信号合并为一个可以在同一信道传输的复合信号的方法。

频分复用是按频率区分复用信号的方法。**时分复用**是按时间区分复用信号的方法。

时分复用(Time Division Multiplexing,TDM)是利用各信号的抽样值在时间上不相互重叠来达到在同一信道中传输多路信号的一种方法。

在频分复用系统中,各信号在频域上是分开的,而在时域上是混叠在一起的;在时分复用系统中,各信号在时域上是分开的,而在频域上是混叠在一起的。与 FDM 方式相比,**TDM 方式的主要优点**是便于实现数字通信,易于制造,适于采用集成电路实现,生产成本较低。

设有 n 路语音输入信号,每路语音经低通滤波器后的频谱最高频率为 f_H,$n=3$ 时 TDM 的系统框图如图 5.38 所示,发送端和接收端分别有一个机械旋转开关,开关以抽样频率同步旋转。3 个输入信号 $m_1(t)$、$m_2(t)$、$m_3(t)$ 分别通过截止频率为 f_H 的低通滤波器,去"发旋转开关" S_T。在发送端,3 路模拟信号顺序地被"发旋转开关" S_T 所抽样,该开关每秒钟做 f_s 次旋转,并在一周旋转期内由各输入信号提取一个样值,若该开关实行理想抽样,那么该开关的输出信号为

$$x(t) = \sum_{k=-\infty}^{\infty} \{ m_1(kT_s)\delta(t-kT_s) + m_2(kT_s+\tau)\delta(t-kT_s-\tau) +$$
$$m_3(kT_s+2\tau)\delta(t-kT_s-2\tau) \} \tag{5-74}$$

式中,输入信号路数为 3,把 $x(t)$ 中一组连续 3 个脉冲称为一帧,长度为 T_s;τ 称为时隙长度,$\tau = T_s/3$。

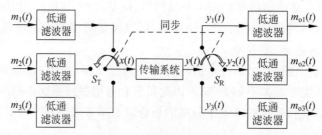

图 5.38 3 路 TDM 示意框图

图 5.38 所示框图中的"传输系统"包括量化、编码、调制、传输媒质、解调和译码等。如果该系统不引起噪声误差,那么在接收端的"收旋转开关" S_R 处得到的信号 $y(t)$ 等于发送端信号 $x(t)$。由于"收旋转开关"与"发旋转开关"是同步运转的,因此能把各路信号样值序列分离,并送到规定的通路上。这时各通路样值信号分别为

$$\begin{cases} y_1(t) = \sum_{k=-\infty}^{\infty} m_1(kT_s)\delta(t-kT_s) \\ y_2(t) = \sum_{k=-\infty}^{\infty} m_2(kT_s+\tau)\delta(t-kT_s-\tau) \\ y_3(t) = \sum_{k=-\infty}^{\infty} m_3(kT_s+2\tau)\delta(t-kT_s-2\tau) \end{cases} \qquad (5\text{-}75)$$

当该系统参数满足抽样定理条件时,各路输出信号可分别恢复发送端的原始模拟信号,即第 i 路的输出信号为 $m_{oi}(t)=m_i(t)$。

上述概念可应用到 n 路语音信号进行时分复用的情形中去。这时,发送端的转换开关 S_T 以单路信号抽样周期为其旋转周期,按时间次序进行转换,每一路信号所占用的时间间隔称为时隙,这里的时隙 1 分配给第 1 路,时隙 2 分配给第 2 路,……。

n 个时隙的总时间在术语上称为一帧,每一帧的时间必须符合抽样定理的要求。通常由于单路语音信号的抽样频率规定为 8000Hz,故一帧时间为 $125\mu s$。

时分复用后得到的总和仍然是调制信号,只不过这个总和信号的脉冲速率是单路抽样信号的 N 倍,这个信号可通过基带传输系统直接传输,也可以经过频带调制后在频带传输信道中进行传输。

5.6.2 PCM 基群帧结构

目前,国际上推荐的 PCM 基群有两种标准,即 PCM30/32 路(A 律压扩特性)制式和 PCM24 路(μ 律压扩特性)制式。国际通信时,以 A 律压扩特性为标准。我国规定采用 PCM30/32 路制式。

1. PCM30/32 路制式基群帧结构

PCM30/32 路制式基群帧结构如图 5.39 所示,共由 32 路组成,其中 30 路用来传输用户话语,另外两路分别用来传输同步信息和信令。每路语音信号抽样速率 $f_s = 8000$Hz,故对应的每帧时间间隔为 $125\mu s$。一帧共有 32 个时隙。各个时隙从 0 到 31 顺序编号,分别记作 $TS_0,TS_1,TS_2,\cdots,TS_{31}$。其中,$TS_1$ 至 TS_{15} 和 TS_{17} 至 TS_{31} 这 30 个时隙用来传送 30 路电话信号的 8 位编码码组,TS_0 分配给帧同步,TS_{16} 专用于传送话路信令。每路时隙包含 8 位码,一帧共包含 256 个比特,信息传输速率为

$$R_b = f_b = 8000 \times [(30+2) \times 8] = 2\,048\,000 \text{bit/s} = 2.048 \text{Mbit/s} \qquad (5\text{-}76)$$

每比特时间宽度为

$$\tau_b = \frac{1}{f_b} \approx 0.488\mu s \tag{5-77}$$

每路时隙时间宽度为

$$\tau_1 = 8\tau_b \approx 3.91\mu s \tag{5-78}$$

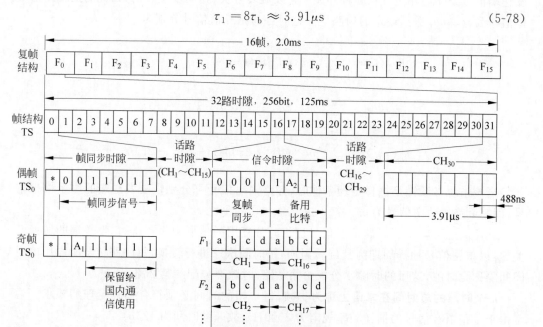

图 5.39 PCM30/32 路制式基群帧结构

帧同步码组为 10011011，它是每隔一帧插入 TS_0 的固定码组，接收端识别出帧同步码组后，即可建立正确的路序，其中第 1 位码 1 保留给国际电话间通信用。不传帧同步码组的奇数帧 TS_0 的第 2 位固定为 1，以避免接收端错误识别为帧同步码组。

在传送话路信令时，可以将 TS_{16} 所包含的总比特率 64kbit/s 集中起来使用，称为共路信令传送；也可以按规定的时间顺序分配给各个话路，直接传送各话路所需的信令，称为随路信令传送。

采用共路信令传送方式时，必须将 16 个帧构成一个更大的帧，称为复帧。复帧的重复频率为 500Hz，周期为 2.0ms。复帧中各帧顺次编号为 $F_0,F_1,\cdots,F_{15}$。其中，F_0 的 TS_{16} 前 4 位码用来传送复帧同步码组 0000，$F_1 \sim F_{15}$ 的 TS_{16} 用来传送各话路的信令，每个信令用 4 位码组来表示，因此，每个 TS_{16} 时隙可以传送两路信令。这种帧结构中每帧共有 32 个时隙，但真正能用于传送电话信号或数据的时隙只有 30 路，因此称其为 30/32 路基群。

2. PCM24 路制式基群帧结构

PCM24 路制式基群帧结构如图 5.40 所示，由 24 路组成，每路语音信号抽样速率

$f_s = 8000\text{Hz}$,每帧时间间隔为 $125\mu s$。一帧共有 24 个时隙。各个时隙从 0 到 23 顺序编号,分别记作 $\text{TS}_0, \text{TS}_1, \text{TS}_2, \cdots, \text{TS}_{23}$,这 24 个时隙用来传送 24 路电话信号的 8 位编码码组。为了提供帧同步,TS_{23} 路时隙后插入了 1bit 帧同步位(第 193 比特)。这样,每帧时间间隔为 $125\mu s$,共包含 193bit,信息传输速率为

$$f_b = 8000 \times (24 \times 8 + 1) = 1544\text{bit/s} = 1.544\text{Mbit/s} \tag{5-79}$$

每比特时间宽度为

$$\tau_b = \frac{1}{f_b} \approx 0.647\mu s \tag{5-80}$$

每路时隙时间宽度为

$$\tau_l = 8\tau_b \approx 5.18\mu s \tag{5-81}$$

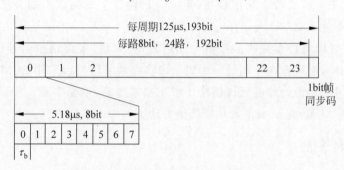

图 5.40　PCM24 路制式基群帧结构

PCM24 路制式帧结构每帧长 193 个码元,其中第 193 位码用作同步码;每个路隙由 8 位码元构成,其中每 6 帧第 8 位码用来传送随路信令;每 12 帧构成一个复帧,复帧周期为 1.5ms,12 帧中奇数帧的第 193 位码元构成 101010 帧同步码组,偶数帧的第 193 位码元构成复帧同步码 000111。这种帧结构同步建立时间(又称为同步捕捉时间)要比 PCM30/32 帧结构长,因为同步码组分散地配置在相同间隔的各帧内。此外,PCM24 路制成每帧长度为 193 码元,不是 2 的整数倍。实现上也不如 PCM30/32 路制式合理方便。

3. DM32 路时分复用调制系统

对于时分复用增量调制系统,尚无国际标准。DM32 路制式在国内外应用较多,抽样速率为 32kbit/s,即帧长度为 $T_s = 31.25\mu s$,每个时隙含一个比特。TS_0 为帧同步时隙,TS_1 为信令时隙,TS_2 为勤务电话时隙,TS_3、TS_4、TS_5 为帧数据时隙,$\text{TS}_6 \sim \text{TS}_{31}$ 为用户电话时隙,系统传信率为

$$R_{\text{bDM}} = f_s \times n \times N = 32\text{kbit/s} \times 32 \times 1 = 1.024\text{Mbit/s} \tag{5-82}$$

4. 60 路 ADPCM 系统的帧结构

60 路 ADPCM 系统的帧结构已有国际标准,其帧结构与 PCM30/32 路制成帧配置相类似。根据 CCITT.761 建议规定,60 路 ADPCM 系统的帧结构与 G.704 中 PCM 基

群复用设备的定义相同,规定抽样间隔为 $125\mu s$,分成 32 个信道时隙,每个信道时隙中置入两路 ADPCM 的 4bit 信息(即含两个用户的信息)。TS_0 时隙作为传输同步等信息用,TS_{16} 时隙作为信令时隙,其他 30 个信道用来传输用户信息,总共有 60 个用户可使用。其传信率为 2.048Mbit/s,与基群比特率相同。

5.6.3 数字复接技术

随着通信技术的发展,数字通信的容量不断增大。目前,PCM 通信方式的传输容量已由一次群(PCM30/32 路或 PCM24 路)扩大到二次群、三次群、四次群、五次群,甚至更高速率的多路系统。扩大数字通信容量,形成二次群以上的高次群的方法通常有两种,即 PCM 复用和数字复接。

其中,PCM 复用就是直接将多路信号编码复用。即将多路模拟语音信号按各自的周期分别进行抽样,然后合在一起统一编码形成多路数字信号。采用 PCM 复用时,随着编码速度越来越快,对编码器的元件精度要求也越来越高,不易实现。所以,高次群的形成一般不采用 PCM 复用,而采用数字复接的方法。

1. 数字复接系统

数字复接是将几个低次群在时间的空隙上叠加合成高次群。例如,将 4 个一次群合成二次群,4 个二次群合成三次群等。数字复接系统主要由数字复接器和分接器组成,结构如图 5.41 所示。

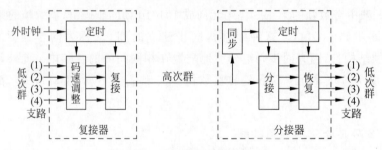

图 5.41　数字复接系统

复接器是把两个或两个以上的支路(低次群)按时分复用方式合并成一个单一的高次群,其设备由定时、码速调整和复接单元等组成。

分接器的功能是把已合路的高次群数字信号分解成原来的低次群数字信号,由同步、定时和码速恢复等单元组成。

复接器对各支路数字信号复接之前需要进行码速调整,即对各输入支路数字信号进行频率和相位调整,各支路输入码流速率彼此同步并与复接器的定时信号同步后,复接器方可将低次群码流复接成高次群码流。

2. 复接条件及方式

1) 复接条件

被复接的各支路数字信号彼此之间必须同步,并与复接器的定时信号同步方可复接。

2) 复接分类

根据此条件划分,复接可分为同步复接、准同步复接、异步复接 3 种。

同步复接:被复接的各输入支路之间以及同复接器之间均是同步的,此时复接器便可直接将低速支路数字信号复接成高速的数字信号。这种复接方式无须进行码速调整,有时只需进行相位调整或根本不需要任何调整便可复接。

准同步复接:被复接的各输入支路之间不同步,并与复接器的定时信号也不同步,但是各输入支路的标称速率相同,也与复接器要求的标称速率相同,但仍不满足复接条件,复接之前还需要进行码速调整,使之满足复接条件再进行复接。这种复接方式也称为异源复接或准同步复接。

异步复接:被复接的各输入支路之间及与复接器的定时信号之间均是异步的,其频率变化范围不在允许的变化范围之内,也不满足复接条件,必须进行码速调整方可进行复接。

3) 复接方式

复接方式有按位复接、按码字复接、按帧复接 3 种。

按位复接是指复接器每次复接一个支路的 1bit 信号,依次轮流复接各支路信号,也称为逐位(逐比特)复接。按位复接简单易行,且对存储器容量要求不高,缺点是对信号交换不利。

按码字复接是指复接器每次复接一个支路的一个码字(8bit),依次复接各支路的信号。这种方法复接后码流保留了完整的码字结构,有利于合成和处理,有利于数字电话交换,但要求有较大的存储容量。

接帧复接是指复接器每次复接一个支路的一帧信号,依次复接各支路的信号。接帧复接的优点是复接时不破坏原来的帧结构,有利于交换,但需要更大的存储容量,目前极少应用。

3. 复用与复接的区别

复用是对多路(电话)信号在一个定长的时间内(帧)完成的 PCM 和 TDM 全过程。而复接是对多路数字信号(数字流或码流)在一个定长的时间内进行的码元压缩与安排,它只负责把多路数字信号安排(复用)在给定的时间内,而不需要再进行抽样、量化和编码的 PCM 过程,从而减少了对每路信号的处理时间,降低了对器件和电路的要求,实现了多路(高次群)数字信号的时分复用。复接的原理就是改变各低速数字流的码元宽度,并把它们重新编排在一起,从而形成一个高速数字流。从表面上看,复接是一种合成,但其本质仍然是一种时分复用的概念,为了与 PCM 复用相区别,所以才称之为复接。

5.6.4 PDH 和 SDH

在数字传输系统中,CCITT 建议规定 4 次和 4 次以下的高次群都是采用准同步复接方式,形成准同步数字序列(Plesiochronous Digital Hierarchy,PDH);针对 4 次以上的高次群,CCITT 又制定了同步数字序列(Synchronous Digital Hierarchy,SDH)以适应宽带综合业务数字网(B-ISDN)的传输需求。

1. 准同步数字序列

准同步数字序列要求在数字通信网的每个节点上都分别设置高精度的时钟,这些时钟的信号具有统一的标准速率。尽管每个时钟的精度都很高,但总还是有一些微小的差别。为了保证通信的质量,要求这些时钟的差别不能超过规定的范围。因此,这种同步方式严格来说不是真正的同步,所以叫作准同步。

在通信网中,来自若干链路的多路时分复用信号经过再次复用构成高次群,由于各链路信号来自不同地点,时钟(频率和相位)之间存在误差,所以在低次群合成高次群时,需要将各路输入信号的时钟调整统一。目前,大容量链路的复接几乎都是 TDM 信号的复接,ITU 对于 TDM 多路电话通信系统的复用和复接,制定了两种准同步数字体系标准的建议,北美和日本采用 1.544Mbit/s 作为第 1 级速率(即一次群)的 PCM24 路 T 体系,并且北美和日本标准略有不同;欧洲各国和中国则采用 2.048Mbit/s 作为第 1 级速率的 PCM30/32 路 E 体系,如表 5.10 所示。

表 5.10 准同步数字体系

体 系	层 次	比特率/(Mbit/s)	路数(每路 64kbit/s)
E 体系	E-1	2.048	30
	E-2	8.448	120
	E-3	34.368	480
	E-4	139.264	1920
	E-5	564.148	7680
T 体系	T-1	1.544	24
	T-2	6.312	96
	T-3	32.064(日本)	480
		44.736(北美)	672
	T-4	97.728(日本)	1440
		274.176(北美)	4032
	T-5	397.200(日本)	5760
		560.160(北美)	8064

欧洲各国和中国使用的 E 体系包括 4 个层次群,即一次群(基群)、二次群、三次群、四次群,分别对应 E-1 层(基本层)、E-2 层、E-3 层、E-4 层、E-5 层。E 体系结构示意图如图 5.42 所示。

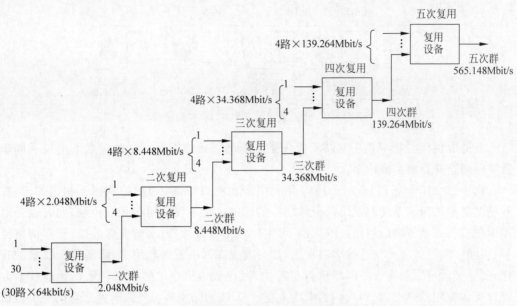

图 5.42　E 体系结构图

E-1 层：30 路 PCM 数字电话信号，每路 PCM 信号的比特率为 64kbit/s。由于需要加入群同步码元和信令码元等额外开销(overhead)，所以实际占用 32 路 PCM 信号的比特率。故其输出总比特为 2.048Mbit/s，输出为一次群信号。

E-2 层：4 个一次群信号进行二次复用，得到二次群信号，比特率为 8.448Mbit/s。

E-3 层：按照同样的方法再次复用，得到比特率为 34.368Mbit/s 的三次群信号。

E-4 层：比特率为 139.264Mbit/s。

E-5 层：比特率为 565.148Mbit/s。

由此可见，相邻层次群之间路数成 4 倍关系，但是比特率之间不是严格的 4 倍关系。

北美和日本等地区采用的 T 体系中，每路 PCM 数字电话信号比特率为 64kbit/s，表示为 DS-0；24 路 PCM 数字电话信号复接为一个基群(或称一次群)，表示为 DS-1，一次群包括 24 路用户数字电话信号，传输速率为 1.544Mbit/s。4 个一次群复接为一个二次群，表示为 DS-2，二次群包括 96 路用户数字电话信号，传输速率为 6.312Mbit/s；7 个二次群复接为一个三次群，表示为 DS-3，三次群包括 672 路用户数字电话信号，传输速率为 44.736Mbit/s；6 个三次群复接为一个四次群，表示为 DS-4，四次群包括 4032 路用户数字电话信号，传输速率为 274.176Mbit/s。两个四次群复接为一个五次群，表示为 DS-5，五次群包括 8064 路用户数字电话信号，传输速率为 560.160Mbit/s。T 体系结构示意图如图 5.43 所示。

2. 同步数字序列

准同步数字序列对传统的点到点通信有较好的适应性。但随着数字通信的迅速发展，点到点的直接传输越来越少，而大部分数字传输都要经过转接，因而准同步数字序列

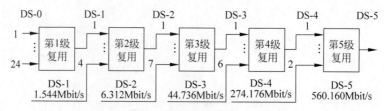

图 5.43　北美采用的数字 TDM 等级结构

已不能适应现代电信业务开发以及现代化电信网管理的需要。在此背景下出现了同步数字序列这种新的传输体系。

同步数字序列是 ITU-T 于 1989 年在同步光网络(SONET)的基础上制定的,是针对更高速率的传输系统制定出的全球统一的标准。它不仅适用于光纤传输,同时也是适用于微波和卫星传输的通用技术体制,可实现网络有效管理、实时业务监控、动态网络维护、不同厂商设备间的互通等多项功能,能大大提高网络资源利用率,降低管理及维护费用,实现灵活可靠和高效的网络运行与维护,因此成为当今世界信息领域在传输技术方面发展和应用的热点,受到人们的广泛重视。SDH 网络中各设备的时钟来自同一个极精确的时间标准(例如铯原子钟),没有准同步系统中各设备定时存在误差的问题。

SDH 信息是以"同步传送模块"的信息结构传送的。同步传送模块是由信息有效负荷和段开销(Section Overhead,SOH)组成的块状帧结构,其重复周期为 $125\mu s$。按照模块的大小和传输速率不同,SDH 分为若干等级,目前 SDH 制定了 4 级标准,其容量(路数)每级翻为 4 倍,而且速率也是 4 倍的关系,在各级间没有额外开销。SDH 制定的 4 级标准如表 5.11 所示。

表 5.11　SDH 制定的 4 级标准

等　　级	比特率/(Mbit/s)	等　　级	比特率/(Mbit/s)
STM-1	155.52	STM-16	2488.32
STM-4	622.08	STM-64	9953.28

STM-1:是基本模块,包含一个管理单元组(Administrative Unit Group,AUG)和 SOH。

STM-N:包含 N 个 AUG 和相应数量的 SOH。

STM-N 的复用过程有如下 6 个步骤。

(1) 异步信号被放入相应尺寸的容器 C。

(2) 标准尺寸容器 C 加上通道附加字节 POH 形成虚容器 VC,即 C+POH→VC。

(3) VC 加 VC 指针形成支路单元 TU。高阶 VC(VC-3、VC-4)加指针形成管理单元 AU,即低阶 VC+VC 指针→TU(TU 是一种为低阶信息通道和高阶信息通道提供适配功能的信息结构,由低阶 VC 和 TUPTR 组成);高阶 VC+指针→AU。

(4) 多个支路单元 TU 复用形成支路单元组 TUG,即 $N\times$ TU→TUG。TUG 也可理解为多个 TU 按一定规则和顺序插入高阶 VC 形成的结构。

(5) 高阶 VC(VC-3 或 VC-4)加上管理单元指针形成管理单元 AU,即 VC-4＋AUPTR→AU-4。

AU 是一种为高阶通道层和复用段层提供适配功能的信息结构,AUPTR 用来指明高阶 VC 在 STM-N 帧的位置。一个或多个在 STM-N 帧内占有固定位置的 AU 可组成管理单元组 AUG,即 $N \times$ AU→AUG($N=1$ 或 3)。

(6) 最后在 N 个 AUG 基础上加上段开销形成 STM-N 帧结构,即 $N \times$ AUG＋SOH→STM-N。

从以上的复接过程来看,SDH 的形成包含映射(C→VC)、定位校准(VC→TU 及 VC→AU)和同步复用 $N \times$ AU→AUG)3 个过程。

在复用过程中,通常将若干路 PDH 接入 STM-1 内,即在 155.52Mbit/s 处接口。这时,PDH 信号的速率都必须低于 155.52Mbit/s,并将速率调整到 155.52 上。例如,可以将 63 路 E-1 或 3 路 E-3 或 1 路 E-4 接入 STM-1 中。对于 T 体系也可以做类似处理。这样,在 SDH 体系中,各地区的 PDH 体制就得到了统一。

SDH 体系结构及其与 PDH 体系间的连接关系如图 5.44 所示。

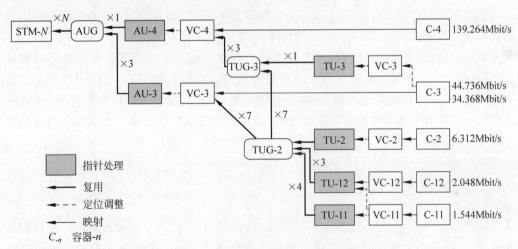

图 5.44　PDH 和 SDH 连接关系图

容器:是一种信息结构。PDH 体系的输入信号首先进入容器 C-n,$n=1 \sim 4$。这里,它为后接的虚容器(VC-n)组成与网络同步的信息有效负荷。

映射:在 SDH 网的边界处,使支路信号与虚容器相匹配的过程。

虚容器:也是一种信息结构。它由信息有效负荷和路径开销信息组成帧,每帧长 $125\mu s$ 或 $500\mu s$。

在 ITU 的建议中只规定有几种速率不同的标准容器和虚容器。每一种虚容器都对应一种容器。虚容器有两种,即低阶虚容器 VC-n($n=1,2,3$)和高阶虚容器 VC-n($n=3,4$)。低阶虚容器包括一个容器 C-n($n=1,2,3$)和低阶虚容器的路径开销。高阶虚容器包括一个容器 C-n($n=3,4$)或者几个支路单元组(TUG-2 或 TUG-3)以及虚容器路径开销。虚容器的输出可以进入支路单元 TU-n。

支路单元 TU-n($n=1,2,3$):也是一种信息结构,它的功能是为低阶路径层和高阶路径层之间进行适配。它由一个信息有效负荷(低阶虚容器 VC-n)和一个支路单元指针组成。支路单元指针指明有效负荷帧起点相对于高阶虚容器帧起点的偏移量。

支路单元组(TUG):由一个或几个支路单元组成。几个支路单元在高阶 VC-n 有效负荷中占据不变的规定的位置。TUG 可以混合不同容量的支路单元以增强传送网络的灵活性,例如,一个 TUG-2 可以由相同的几个 TU-1 或一个 TU-2 组成;一个 TUG-3 可以由相同的几个 TUG-2 或一个 TU-3 组成。

管理单元 AU-n($n=3,4$):也是一种信息结构,为高阶路径层和复用段层之间提供适配。管理单元由一个信息有效负荷(高阶虚容器)和一个管理单元指针组成,此指针指明有效负荷帧起点相对于复用段帧起点的偏移量。

管理单元有两种,即 AU-3 和 AU-4。AU-4 由一个 VC-4 和一个管理单元指针组成,此指针指明 VC-4 相对于 STM-N 帧的相位定位调整量。AU-3 由一个 VC-3 和一个管理单元指针组成,此指针指明 VC-3 相对于 STM-N 帧的相位定位调整量。在每种情况下,管理单元指针的位置相对于 STM-N 帧总是固定的。

管理单元组(AUG):由一个或多个管理单元组成。它在一个 STM 有效负荷中占据固定的规定位置。一个 AUG 由几个相同的 AU-3 或一个 AU-4 组成。

SDH 有利于简化网络结构,增强管理能力和维护能力。由于其将各路信号重新编排,并直接复接到所需的高速通路上或从高速通路上直接分接下来,故使用非常灵活和方便。此外,还可以提高运行效率,降低系统成本,因此同步数字序列被称为 20 世纪 80 年代末出现的具有革命性的新的数字序列,而且因为其优越性而成为全球统一的新的数字序列。

5.7　矢量量化

矢量量化(Vector Quantization,VQ)是 20 世纪 70 年代后期发展起来的一种数据压缩技术,广泛应用于语音编码、语音识别和语音合成等领域。矢量量化的核心思想是将若干个标量数据组构成一个矢量,然后在矢量空间予以整体量化,从而压缩数据而不损失太多信息。矢量量化在语音信号处理中占有重要地位。

5.2 节所讨论的抽样信号的量化属于标量量化,标量量化和矢量量化的区别在于量化维数不同,标量量化是一维的量化,一个抽样值对应一个量化结果;矢量量化是二维甚至多维的量化,两个或两个以上的抽样值决定一个量化结果。

标量量化一般包含两个基本操作:一是将输入信号可能的动态范围划分为若干小区间;二是每个小区间选择一个代表数值,当输入信号落入某一小区间时,用该区间代表数值作为输入信号的量化输出值(量化结果)。

矢量量化也包含两个基本操作,与标量量化的不同点在于矢量量化不在一维空间,而在 k($k>1$)维空间。首先将输入矢量所在矢量空间划分为若干个子区间,这些子区间覆盖整个矢量空间,并且彼此不相交。然后每个子区间选择一个代表矢量,即码矢量

（coder vector），作为落入该子区间的矢量的代表（量化结果）。

1. 矢量量化原理及过程

对于 $k*M$ 个信号抽样值组成的输入信号序列 $\{x_{ij}\}$，$i=1,2,\cdots,M$，$j=1,2,\cdots,k$，每 k 个信号抽样值为一组，可划分为 M 组，每一组为一个 k 维矢量，其中第 i 个矢量可记为 $\boldsymbol{X}_i=\{x_{i1},x_{i2},\cdots,x_{ik}\}$。把 k 维空间 R^k 划分为 N 个互不相交的子空间 $R_1,R_2,\cdots$，R_N，在每个子空间中找出一个代表矢量 $\boldsymbol{Y}_i=(y_{i1},y_{i2},\cdots,y_{ik})$，记为矢量集 $\boldsymbol{Y}=(\boldsymbol{Y}_1,\boldsymbol{Y}_2,\cdots,\boldsymbol{Y}_N)$。矢量量化过程就是对一个输入矢量 $\boldsymbol{X}=\{x_1,x_2,\cdots,x_k\}$，在 $\boldsymbol{Y}$ 中找出一个与其最接近的 $\boldsymbol{Y}_i$ 代替它，即 $\boldsymbol{Y}_i$ 就是 $\boldsymbol{X}$ 的量化值。

通常把所有量化矢量构成的矢量集 $\boldsymbol{Y}$ 称为**码书或码本**，把码书中的每个量化矢量 $\boldsymbol{Y}_i$ 称为**码字或码矢**，码书内码字的个数（此处为 N）称为**码书的尺寸**。

下面以 $k=2$ 为例进行说明。当 $k=2$ 时，所得到的是二维矢量。所有可能的二维矢量就形成了一个平面，如果记二维矢量为 (x_1,x_2)，所有可能的 (x_1,x_2) 就是一个二维空间。二维矢量量化示意图如图 5.45 所示。

量化时首先把这个平面划分为 M 个互不相交的子区域，分别表示为 $S_1,S_2,\cdots$，S_M；然后从每一块中找出一个代表矢量 $\boldsymbol{Y}_i(i=1,2,\cdots,M)$，如 $M=7$，这就构成一个如图 5.46 所示的包含有 7 个区间的二维矢量量化器。其中，码书为 $\boldsymbol{Y}=\{\boldsymbol{Y}_1,\boldsymbol{Y}_2,\cdots,\boldsymbol{Y}_7\}$，码书长度为 $M=7$，码字 $\boldsymbol{Y}_i=\{x_{i1},x_{i2}\}$，$i=1,2,\cdots,M$，即 $k=2$，$M=7$，共有 $\boldsymbol{Y}_1,\boldsymbol{Y}_2,\cdots$，$\boldsymbol{Y}_7$ 共 7 个代表值，通常把这些代表矢量 $\boldsymbol{Y}_i$ 称为量化矢量。不同的划分或不同的量化矢量选取就可以构成不同的矢量量化器。

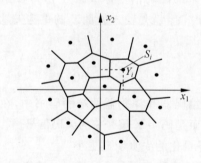
图 5.45　二维矢量量化示意图

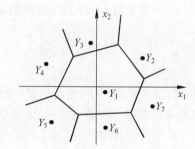
图 5.46　二维矢量量化器

若要对一个矢量 $\boldsymbol{X}$ 进行量化，首先要选择一个合适的失真测度，而后用最小失真原理分别计算用量化矢量 $\boldsymbol{Y}_i$ 替代 $\boldsymbol{X}$ 所带来的失真。其中，最小失真值所对应的量化矢量就是矢量 $\boldsymbol{X}$ 的重构矢量（或称恢复矢量）。

失真测度——将输入矢量 $\boldsymbol{X}$ 用码书重构矢量 $\boldsymbol{Y}$ 来表征时所产生的误差或失真，它可以描述两个或多个模型矢量之间的相似程度。失真测度的选择会直接影响矢量量化系统的性能，选择一个合适的失真测度是设计矢量量化器的一个重要环节。

常用的失真测度准则——设输入信号的某个 k 维矢量 $\boldsymbol{X}$ 与码书中某个 k 维矢量 $\boldsymbol{Y}$ 进行比较，x_i、y_i 分别表示 $\boldsymbol{X}$ 和 $\boldsymbol{Y}$ 的元素（$1 \leqslant i \leqslant k$），失真测度有以下两种表示方式。

（1）**平方失真测度**（欧几里得失真测度），表达式为

$$d(X,Y) = \sum_{i=1}^{k}(x_i - y_i)^2 \tag{5-83}$$

（2）**绝对误差失真测度**，表达式为

$$d(X,Y) = \sum_{i=1}^{k}|x_i - y_i| \tag{5-84}$$

此外，常用的失真测度还有加权平方失真测度、线性预测失真测度、Itakura-Saito（板仓-斋藤）失真测度、似然比失真测度等。选择了失真测度以后，就可以进行矢量量化系统的设计，关键在于设计合适的码书，使失真值最小。一般的矢量量化系统组成如图 5.47所示。

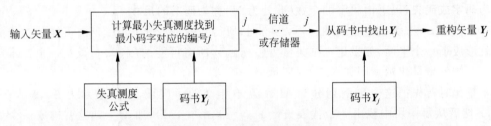

图 5.47 矢量量化系统组成

在编码端，输入矢量 X 与码书中的每一个或部分码字进行比较，分别计算出它们的失真。搜索到失真最小的码字 Y_j 的编号 j（或此码字在码书中的地址），并将 j 的编码信号通过信道传送到译码端；译码端先把信道传送来的编码信号译成编号 j，再根据序号（或码字 Y_j 所在地址）从码书中查出相应的码字 Y_j，Y_j 就是输入矢量 X 的重构矢量。

2. 矢量量化的特点

矢量量化的特点如下所述。

（1）矢量量化是码字（量化矢量）分别存储在编码器和译码器两端的码书中，在信道中传输的并不是输入矢量 X 的量化矢量 Y 本身，而是码字 Y 编号 j 的编码信号。

（2）在相同的速率下，矢量量化的失真比标量量化的失真明显更小。

（3）在相同的失真条件下，矢量量化所需要的速率比标量量化所需的速率低得多。

（4）矢量量化是一种多维模式匹配、多维优化的过程，而标量量化是一维模式匹配、一维优化的过程。一般来说，用一维优化是得不到多维优化的结果的。

（5）矢量量化的复杂度随维数成指数增加，所以矢量量化的复杂度比标量量化的复杂度高。

5.8 压缩编码

在现代通信中，多媒体语音、图像、图形传输已成为重要内容。多媒体信息传输过程除要求设备可靠、图像保真度高以外，实时性是其重要技术指标之一。显然，在信道带

宽、通信链路容量一定的前提下,采用压缩编码技术,可减少传输数据量,减少传输所用的时间,是提高多媒体信息通信速度的重要手段之一。压缩编码是指在不丢失有用信息的前提下缩减数据量,以减少存储空间,提高数据传输、存储和处理的效率,其基本特征是利用特定的编码机制,用比未编码少的数据位元(或者其他信息相关的单位)表示信息。根据处理对象不同,压缩编码技术主要包括图像压缩编码、语音压缩编码、数据文件压缩编码等。

5.8.1　图像压缩编码

图像压缩编码是指在满足一定图像质量要求的条件下,通过信号编码和频带压缩的方法,用尽可能少的数据量来表示该图像,其目的是消除图像中的大量冗余信息,用尽可能少的字节数来表示原始数据,以提高图像传输的效率,减少图像的存储容量。

图像数据量表达式为

$$H = S \times B \times N \tag{5-85}$$

其中,S 是每帧的像素数;B 是每个像素的比特数;N 是每秒的帧数(静止图像 $N=1$)。

例如,一幅像素为 512×512 的 256 级灰度的图像,其像素数 $S=512 \times 512$,每个像素的比特数为 $B=8$,静止图像每秒帧数为 $N=1$,则其数据量为 $H=2\text{Mbit}$。

又如,一幅像素为 512×512 的 RGB(256 级)图像,其像素数 $S=512 \times 512$,每个像素的比特数为 $B=8 \times 3$,每秒帧数为 $N=1$,则其数据量为 $H=6\text{Mbit}$。

若为运动图像,则同样像素数的情况下,灰度图像的数据量为 $H=60\text{Mbit/s}(N=30, S=512 \times 512, B=8)$,而彩色运动图像的数据量为 $H=180\text{Mbit/s}(N=30, S=512 \times 512, B=8 \times 3)$。

由此可见,一般的图像都具有很大的信息量,在目前的计算机系统的条件下,要想实现实时处理,就必须对图像进行压缩,如果图像信息不经过压缩,则会占用更多存储空间,占用更宽的信道带宽,增加传输成本。

图像数据文件中常包含着数量可观的冗余信息以及大量不相干的信息,图像压缩编码就是通过消除图像数据中冗余的或者不必要的部分来减小图像数据量的。

1. 基本技术原理

图像压缩编码技术主要基于以下几方面原理。

(1) 原始的图像数据具有较高相关性,一般存在大量的冗余数据。例如,图像之间的相邻像素具有空间冗余、系列图像的前后帧之间具有时间冗余、多光谱遥感图像的各频谱之间具有频率冗余等,这些都造成了比特数的大量浪费,如果减少冗余,则可实现码字节约,减少数据量,实现数据压缩。

(2) 信源符号产生不同的概率,如果采取相同码长体现不同的概率符号可能造成符号冗余;如果采取可变长的编码技术,则可对出现频率较高的符号采取短码字方式;对于出现频率较低的符号采取长码字方式。这样,就可减少符号的冗余,减少码字浪费。

（3）由于人眼存在视觉冗余，在图像编码中，允许一定范围的失真存在。实际上，人眼视觉系统存在缺陷，人眼很难发现失真不敏感的事物。在大多数远程监控应用中，人眼仅作为图像信息的接受者，如果在图像编码中充分考虑人眼的视觉特性，就可确保图像质量的同时提高压缩比。

（4）通过先验技术完成图像编码工作，减少知识冗余。例如，在可视远程监控中，编码对象可以是人的头部或肩部，就可以应用先验技术，建立编码对象模型，通过模型参数的提取，加强参数编码，而不需要直接对图像编码，以此提高图像的压缩比。

2. 图像压缩编码的分类

图像压缩编码从不同的角度出发，有不同的分类方法，根据压缩过程有无信息损失，可分为有损编码和无损编码；根据压缩原理进行划分，可以分为预测编码、变换编码、统计编码等。

（1）有损编码：又称为不可逆编码，是指对图像进行有损压缩，致使解码重新构造的图像与原始图像存在一定的失真，即丢失了部分信息。由于允许一定的失真，这类方法能够达到较高的压缩比。有损压缩多用于数字电视、静止图像通信等领域。

（2）无损编码：又称可逆编码，是指解码后还原的图像与原始图像完全相同，没有任何信息的损失。这类方法能够获得较高的图像质量，但所能达到的压缩比不高，常用于工业检测、医学图像、存档图像等领域的图像压缩。

（3）预测编码：利用图像信号在局部空间和时间范围内的高度相关性，以已经传出的近邻像素值作为参考，预测当前像素值，然后量化、编码预测误差。预测编码广泛应用于运动图像、视频编码，如数字电视、视频电话。

（4）变换编码：将空域中描述的图像数据经过某种正交变换（如离散傅里叶变换DFT、离散余弦变换 DCT、离散小波变换 DWT 等）转换到另一个变换域（频率域）中进行描述，变换后的结果是一批变换系数，然后对这些变换系数进行编码处理，可达到压缩图像数据的目的。

（5）统计编码：也称为熵编码，它是一类根据信息熵原理进行的信息保持型、变字长编码，编码时对出现概率高的事件（被编码的符号）用短码表示，对出现概率低的事件用长码表示。目前常见的熵编码方法有哈夫曼（Huffman）编码和算术编码。

3. 常用图像压缩编码标准

1) JPEG

JPEG(Joint Photographic Experts Group，联合图像专家组)，是在国际标准化组织（International Standardization Organization，ISO）领导之下制定静态图像压缩标准的委员会，该专家组于 1993 年制定了用于连续色调的灰度和彩色静态图像压缩编码的国际标准，即通常所说的 JPEG 标准。JPEG 标准采用有损压缩方式去除冗余的图像数据，具有调节图像质量的功能，允许采用不同的压缩比例对图像进行压缩，支持多种压缩级别，压缩比率通常在 10：1 到 40：1 之间，压缩比越大，图像品质就越低；压缩比越小，图像品质就越好。

2）JPEG 2000

JPEG 2000 是由 JPEG 制定的一个新的静态图像压缩编码国际标准，JPEG 2000 与 JPEG 最大的不同在于它放弃了传统 JPEG 所采用的以离散余弦转换（Discrete Cosine Transform，DCT）为主的区块编码方式，而采用以离散小波转换（Discrete Wavelet transform，DWT）为主的多解析编码方式，压缩率通常比 JPEG 高 30%～50%，同时支持有损和无损压缩，并支持图像渐进传输及特定区域压缩比率指定功能，且完全兼容 JPEG 标准，通常被认为是未来取代 JPEG 的下一代图像压缩标准。

3）MPEG

MPEG（Moving Picture Experts Group，动态图像专家组），是由国际标准化组织 ISO 与国际电工委员会（International Electrotechnical Commission，IEC）共同组成的国际标准组织，主要制定运动图像数据存储、广播电视及流媒体等动态图像压缩编码的国际标准，MPEG 制定的运动图像数据压缩标准主要包括 MPEG-1、MPEG-2、MPEG-4。

MPEG-1 全称为"低于 1.5Mbit/s 的用于数字存储媒介的运动图像及其伴音的编码标准"，最早是为 CD-ROM 应用而开发的，可实现视频传输与视频处理及视频暂停、快进、慢放、随机存储等功能，主要应用在 VCD 制作、视频监控等领域。

MPEG-2 是针对标准清晰度电视（Standard Definition Television，SDTV）和高清晰度电视（High Definition Television，HDTV）的视频编码标准，支持目标码率为 4～8Mbit/s 的标准清晰度电视系统和码率为 10～15Mbit/s 的高清晰度电视系统，且向下兼容 MPEG-1 标准，主要应用于有线数字电视系统、VOD 视频点播系统及 HDTV 高清数字电视系统中。

MPEG-4 作为新一代音视频编码标准，主要针对视频会议、可视电话等应用，可实现极低码率条件下的高压缩比音视频数据传输。其最显著的特点在于采用了基于对象的编码理念，即在编码时将一幅图像中的景物分成若干在时间和空间上相互联系的视频音频对象分别编码，再经过复用传输到接收端，然后再对不同的对象分别解码，最后组合成所需要的视频和音频，从而为交互式多媒体信息处理奠定了良好的基础。

除上述标准之外，动态图像压缩标准还有国际电信联盟（International Telecommunication Union，ITU）制定的 H.26x 系列运动图像压缩标准，主要包括 H.261、H.262、H.263 和 H.264，这里不再一一介绍，请读者阅读相关文献及书籍。

4. 图像压缩的评价指标

压缩比和失真性是衡量图像压缩的重要指标。

压缩比：图像压缩前后的信息量之比（压缩比＝压缩前所占空间大小/压缩后所占空间大小）。

失真性：主要针对有损编码而言，指图像经有损压缩后解码所得图像与原图像之间的误差。有损压缩会使原始图像数据不能完全恢复，信息会受到一定的损失，压缩比较高，复原后的图像相对于原始图像存在一定的失真。

5.8.2　语音压缩编码

语音压缩编码就是在模拟语音信号数字化的基础上,为了减小存储空间或降低传输带宽而进行的压缩编码。

根据压缩编码方法不同,语音压缩编码一般分为波形编码(waveform coding)、参数编码(parametric coding)和混合编码(hybrid coding)。本章前面内容所讲的脉冲编码调制(PCM)、自适应差分脉冲编码调制(ADPCM)、增量调制(ΔM)等都属于波形编码,此处不再赘述。

1. 参数编码

参数编码是在分析人体发声器官结构特点及语音生成原理的基础上建立语音信号生成模型,如图 5-48 所示,编码时提取语音的特征参数进行编码,解码时再利用这些特征参数合成语音信号。人说话时,空气由肺部呼出,经过声带送入声道,最后从嘴唇呼出产生声音;声道是一个谐振腔,说话时,声道形状不断变化,引起谐振频率改变,大约10~100ms 改变一次;声道可以看作一个时变线性滤波器,由肺部空气经过声带而激励,根据激励的模式不同,可将语音分成浊音和清音。浊音为周期性的脉冲激励信号,信号周期由声带振动频率决定,声带振动的频谱中包含一系列的频率成分,其中最低的频率成分称为基音,基音频率决定了音调(或称为音高);其他频率为基音的谐波,它与声音的音色有关。发清音时声带不振动,送入声道的激励信号是一种无周期性的噪音信号。语音信号产生模型如图 5.48 所示。

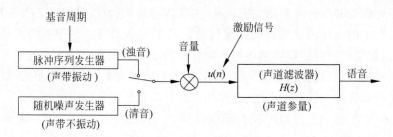

图 5.48　语音信号产生模型

由于人说话的速率不高,因此可以假设在很短的时间间隔内(20ms),语音信号产生模型中的所有参量(清音/浊音判定、基音周期、音量、声道参量等)均是恒定的,语音编码时,在每一个短时间间隔内(20ms),从语音波形信号中提取这些语音参量,并对其进行编码传输;解码时使用这些语音参量合成原始语音。参数编码/解码原理如图 5.49所示。

参数编码的优点在于编码速率低,速率通常是在 4.8kbit/s 以下;缺点在于合成语音的音质和自然度较差,对环境噪声敏感。一般把采用参数编码方法的编码器称为声码器。常用的编码方法为线性预测编码(Linear Predictive Coding,LPC)。

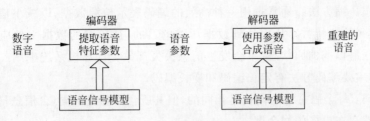

图 5.49　参数编码/解码原理

2. 混合编码

参数编码虽然在降低编码速率方面有很大突破,但其语音质量较差,根本原因在于语音生成模型对送入声道滤波器的激励信号的处理过于简单,只将语音划分为清音和浊音,忽略了清音和浊音之间的过渡音;同时又设定浊音时 20ms 内的激励脉冲波形和周期不变,清音时的随机噪声也不变。因此,合成-分析法改进的途径主要是改进线性滤波器的激励,这也是混合编码所要做的,原理如图 5.50 所示。

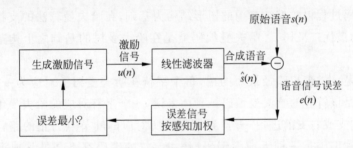

图 5.50　混合编码原理

混合编码使用合成-分析法(Analysis-by-Synthesis,AbS)来改进参数编码,其中声道滤波器模型仍为时变线性滤波器,但不使用清音和浊音作为滤波器的输入激励信号,而是在输入激励信号中加入语音波形的相关信息,调节激励信号,从而改善合成语音质量。因其既采用了参数编码,又包含部分语音波形信息,因此称为混合编码。

混合编码常用的方法主要有多脉冲线性预测编码(Multiple Pulse LPC,MPLPC)、等间隔脉冲激励(Regular-Pulse Excited,RPE)、码激励线性预测(Code Excited Linear Predictive,CELP)等。这些方法的共同之处在于,都是通过改进激励信号来提高语音编码质量。

5.8.3　数据文件压缩编码

对于计算机系统中常用的电子表格、文本、应用程序等数据文件的存储或传输而言,要实现磁盘空间或网络带宽的有效利用,压缩编码也是必要的处理过程。与多媒体图像、语音数据不同,电子表格、文本及应用程序等在压缩时不允许有任何数据损失,因此只能采用无损压缩方法。通常选用一种高效的编码表示信源数据,以减小信源数据的冗余度(减小其平均比特数),从而达到数据压缩的目的,被压缩的数据文件应该能够通过解码恢复到压缩以前的原状态,不会发生信息丢失现象。计算机系统中用二进制编码方式表示数据,主要编码方法有定长编码和变长编码。

定长编码:每个码字符的码长是相同的,但其所含信息量不同,含信息量少的字符的等长码字必然存在更多的冗余度。

变长编码:又称熵编码,它是以每个码字符的出现概率为依据的一种编码,让出现最多的字符用最短的码长,尽可能缩短编码长度,从而达到压缩目的。

因此,为了有效压缩数据,数据文件压缩通常采用变长编码方式,常用的方法主要有哈夫曼编码、算术编码、游程编码等。本节以哈夫曼编码为例分析数据文件压缩过程。

哈夫曼编码是由美国数学家 David Huffman 在 20 世纪 50 年代初提出的一种变长编码方法。其基本思想是**根据字符出现的概率来构造平均长度最短的编码,在源数据中出现概率越高的字符相应码字越短,出现概率越小的字符相应码字越长,用尽可能少的码符号来表示源数据**。

哈夫曼编码过程以数据结构中的树形结构为基础,在哈夫曼算法的支持下构造了哈夫曼树(又称为最优二叉树)。哈夫曼编码就是在哈夫曼树的基础之上构造出来的一种编码形式。

哈夫曼树是一类带权路径最短的树,每个字符在哈夫曼树上对应为一个叶节点,叶节点的位置就是该符号的哈夫曼编码。具体来说,一个字符对应的哈夫曼编码就是从根节点开始,沿左支或右支前进,一直找到该字符所对应的叶节点为止的路径所产生的二进制编码。这种编码是一种无前缀编码(任一字符的编码都不会是其他字符编码的前缀),因而数据编码后在存储与传输的过程中不会产生二义性(唯一可译)。

假设需要编码的字符集为$\{d_1, d_2, \cdots, d_n\}$,各个字符在文件中出现的次数或频率集合为$\{w_1, w_2, \cdots, w_n\}$,以$d_1, d_2, \cdots, d_n$作为叶子节点,以$w_1, w_2, \cdots, w_n$作为相应叶节点的权值来构造一棵哈夫曼树,规定哈夫曼树的左分支代表 0,右分支代表 1,则从根节点到叶节点所经过的路径分支组成的 0 和 1 的序列便为该节点对应字符的编码,这就是哈夫曼编码。

【例 5-3】 L 地区需要向 Y 地区发送一份包含 100 个字符的文本文件,该文件中各字符出现频率分别为 A 27、B 8、C 15、D 15、E 30、F 5,试利用哈夫曼编码实现该文本文件的压缩。

【解】 按照哈夫曼编码的基本过程,通过以下两个步骤构造哈夫曼树。

(1) 按每个字符出现的次数从大到小排序,并将每个字符出现的次数作为该字符节点的权值。

(2) 每次选取权值最小的两个叶节点,合并为一个新的叶节点(父节点),不断重复,直至只剩下一个节点(根节点),构造哈夫曼树显示权值如图 5.51(a)所示。再按照左分支为 0,右分支为 1 进行编码,构造哈夫曼树如图 5.51(b)所示。

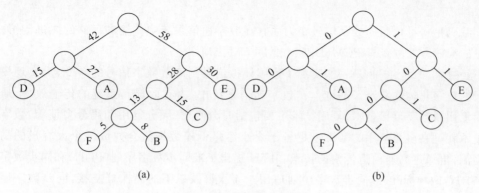

图 5.51　构造哈夫曼树

对这 6 个字母用其从树根到叶子所经过的路径的 0 或 1 来编码,可以得编码表如表 5.12 所示。

表 **5.12**　编码表

字　　母	A	B	C	D	E	F
出现频率	27	8	15	15	30	5
二进制字符	01	1001	101	00	11	1000

若采用定长编码,每个字符用 3 位表示,则该文件编码需要 300 位,而用哈夫曼编码,该文件编码后只有 241 位,比定长编码少 59 位,可节约 20% 左右的存储或传输成本,并且随着字符的增加和多字符权重的不同,这种压缩技术的优势会愈加明显。

5.9　小结

模拟信号数字化是将来自模拟终端的信号转化为适合在数字通信系统中传输的信号形式,模拟信号实现数字化必须经过 3 个基本步骤,即抽样、量化和编码。

抽样过程遵从抽样定理。对低通信号抽样时,抽样频率必须大于等于原信号频率的两倍,接收端才能无失真地恢复还原出原信号;对于中心频率很高的带通信号,其频带限制在 (f_L, f_H) 之内,带宽为 $B = f_H - f_L$,以最小抽样速率 $2f_H/m$(m 是一个不超过 f_H/B 的最大整数)对其进行抽样,接收端才能无失真恢复还原原信号。利用带通抽样定理可以在抽样频率很高的情况下避免 $0 \sim f_L$ 之间的频谱浪费,提高信道的利用率。抽样后的信号是时间上离散的模拟信号,可将这些信号转化为不同的脉冲调制信号,如 PAM、PDM、PPM。

量化分为均匀量化和非均匀量化,量化的基本目标是减小量化误差,提高信噪比。非均匀量化可根据信号幅度调节量化间隔,因能有效提高信噪比而被广泛使用,ITU 对电话通信制定了对数特性的非均匀量化标准建议,包括 A 律和 μ 律,并提出了对应的 13 折线和 15 折线近似算法,我国和欧洲普遍采用 A 律 13 折线算法,北美、日本和韩国等采

用 μ 律 15 折线算法。

编码是将量化后的数字信号变为适宜在数字通信系统中传输和存储的二进制形式，常见的编码方式主要有 PCM、DPCM、ADPCM、ΔM 等。

经过抽样、量化和编码，即实现了连续模拟信号到离散数字信号的转变，为实现模拟信号的数字化传输奠定了基础。在数字通信系统中，为有效提高系统的传输效率，通常采用复用及数字复接技术，复用技术主要包括时分复用、频分复用和码分多址等，数字复接技术就是在多路复用的基础上把若干个小容量低速数据流合并成一个大容量的高速数据流，再通过高速信道传输的技术。ITU 提出了准同步数字序列(PDH)和同步数字序列(SDH)两种标准，准同步数字序列适用于 4 次群及以下的高次群复接，同步数字序列适用于 4 次群以上的高次群复用。

矢量量化是将 n 个信号抽样值构成 n 维矢量，在 n 维欧几里得空间里进行量化，基于最小失真度准则，使量化误差的统计平均值小于给定数值。量化后的矢量称为码字，所有码字进行编号后组成码书。传输时，仅传输码字的编号，接收端将收到的码字编号对照同一码书查出对应的码字。

压缩编码是指在不丢失有用信息的前提下，缩减数据量以减少存储空间，提高数据传输、存储和处理的效率，其基本特征是利用特定的编码机制，用比未编码少的数据位元(或者其他信息相关的单位)表示信息的过程。根据处理对象不同，压缩编码技术主要包括图像压缩编码、语音压缩编码、数据文件压缩编码等。

图像压缩编码是指在满足一定图像质量要求的条件下，通过信号编码和频带压缩的方法，用尽可能少的数据量来表示该图像，其目的是消除图像中的大量冗余信息，用尽可能少的字节数来表示原始数据，以提高图像传输的效率，减少图像的存储容量。图像压缩编码主要包括静态图像压缩和动态图像压缩。主要编码方法包括有损编码、无损编码及预测编码、变换编码、统计编码等，常用压缩编码标准有 JPEG、MPEG 等。

语音压缩编码就是在模拟语音信号数字化的基础上，为了减小存储空间或降低传输带宽而进行的压缩编码。语音压缩编码一般分为波形编码、参数编码和混合编码 3 种，对于计算机系统中常用的电子表格、文本、应用程序等数据文件的存储或传输而言，要实现磁盘空间或网络带宽的有效利用，压缩编码也是必要的处理过程。与多媒体图像、语音数据不同，电子表格、文本及应用程序等在压缩时不允许有任何数据损失，因此只能采用无损压缩方法。通常选用一种高效的编码表示信源数据，以减小信源数据的冗余度(减小其平均比特数)，从而达到数据压缩的目的，被压缩的数据文件应该能够通过解码恢复到压缩以前的原状态，不会发生信息丢失现象。

思考题 5

1. 简述低通抽样定理，并说明信号在抽样时产生频谱混叠的原因。
2. 分析 PCM 和 PAM 的区别，并说明两种信号的类型差异。
3. 分析说明什么是奈奎斯特抽样速率和奈奎斯特抽样间隔。

4. 理想抽样、自然抽样、平顶抽样在波形、实现方法及频谱结构上有什么区别？

5. 简述信号量化的基本过程,说明信号量化的基本目的及其优缺点。

6. 什么是量化噪声？量化噪声如何产生的？产生量化噪声的原因是什么？

7. 简述均匀量化和非均匀量化的原理,各自的优缺点是什么？

8. 简述 13 折线法,它如何实现非均匀量化？与一般的 μ 律、A 律曲线有何差异及联系？

9. 分析极性码、段落码、段内码的作用。

10. 分析 ΔM 系统中一般量化噪声和过载量化噪声产生的原因,并说明如何防止出现过载量化噪声。

11. 试从工作原理、系统组成、应用领域及优缺点等方面对比分析 ΔM 系统和 PCM 系统。

12. 简述 PDH 和 SDH 体系。

13. 简要分析标量量化和矢量量化的区别,并说明矢量量化的基本过程和主要特点。

14. 简述常用图像压缩编码的分类及方法。

15. 语音压缩编码分为哪几类？各自的特点是什么？

16. 简要说明定长编码和变长编码的区别。

习题 5

1. 已知信号 $m(t)$ 的最高频率为 f_m,由矩形脉冲 $q(t)$ 进行瞬时抽样,矩形脉冲的宽度为 2τ,幅度为 1,试确定已抽样信号及其频谱表达式。

2. 设输入抽样器的信号为门函数 $G_\tau(t)$,宽度 $\tau = 20\text{ms}$,若忽略其频谱的第 10 个零点以外的频率分量,试求最小抽样速率。

3. 已知一调制信号 $m(t) = \cos 2\pi t + 2\cos 4\pi t$,对其进行理想抽样。

(1) 为了在接收端能不失真地从已抽样信号 $m_s(t)$ 中恢复 $m(t)$,试问抽样间隔应如何选择。

(2) 若抽样间隔为 0.2s,试画出已抽样信号的频谱图。

4. 已知模拟信号抽样值的概率密度 $p(x)$ 如图 5.52 所示。

(1) 如果按 4 电平进行均匀量化,试计算信号量化噪声功率比。

(2) 如果按 8 电平进行均匀量化,试确定量化间隔和量化电平。

(3) 如果按 8 电平进行非均匀量化,试确定能使量化信号电平等概的非均匀量化区间,并画出压缩特性。

5. 设信号 $m(t) = 9 + A\cos\omega t$,其中 $A \leqslant 10\text{V}$。若 $m(t)$ 被均匀量化为 40 个电平,试确定所需的二

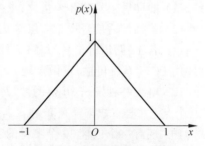

图 5.52 模拟信号抽样值的
概率密度 $p(x)$

进制码组的位数 N 和量化间隔 Δ。

6. 采用 A 律 13 折线编码,设最小量化间隔为 1 个量化单位,已知抽样脉冲值为 $+635$ 量化单位。

(1) 试求此时编码器输出码组,并计算编译码量化误差。

(2) 写出对应于该 7 位码(不包括极性码)的均匀量化 11 位码(采用自然二进制码)。

7. 采用 A 律 13 折线编码电路,设接收端收到的码组为"01010011",最小量化间隔为 1 个量化单位,并已知段内码改为折叠二进码。试问编译码器输出多少量化单位? 试写出对应该 7 位码的均匀量化 11 位码。

8. 采用 A 律 13 折线编码,设最小量化间隔为 1 个量化单位,已知抽样脉冲值为 -95 量化单位。

(1) 试求此时编译码器输出码组。

(2) 试写出对应该 7 位码的均匀量化 11 位码。

9. 6 路独立信源的信号最高频率分别为 1kHz、1kHz、2kHz、2kHz、3kHz 及 3kHz,

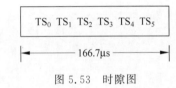

图 5.53 时隙图

采用时分复用方式进行传输,如图 5.53 所示,每路信号均采用 8 位对数 PCM 编码。

(1) 设计该系统的帧结构和总时隙数,求每个时隙占用的时间宽度及码元宽度。

(2) 求信道最小传输带宽。

10. 对信号 $m(t)=M\sin2\pi f_0 t$ 进行简单增量调制,若台阶 σ 和抽样速率选择得既保证不过载,又保证不致因信号振幅太小而使增量调制器不能正常编码,试证明此时 $f_s > \pi f_0$。

11. 已知语音信号的最高频率 $f_m = 3400\text{Hz}$,今用 PCM 系统传输,要求信号量化噪声比 S_o/N_q 不低于 30dB。试求此 PCM 系统所需的理论最小基带频宽。

12. 对 10 路带宽均为 300~3400Hz 的模拟信号进行 PCM 时分复用传输,抽样速率为 8000Hz,抽样后进行 8 级量化,并编为自然二进制码,码元波形是宽度为 τ 的矩形脉冲,且占空比为 1。试求传输此时分复用 PCM 信号所需的带宽。

13. 单路语音信号的最高频率为 4kHz,抽样速率为 8kHz,以 PCM 方式传输。设传输信号的波形为矩形脉冲,其宽度为 τ,且占空比为 1。

(1) 抽样后信号按 8 级量化,求 PCM 基带信号第一零点频宽。

(2) 若抽样后信号按 128 级量化,PCM 二进制基带信号第一零点频宽又为多少?

14. 若 12 路语音信号(每路信号的最高频率为 4kHz)进行抽样和时分复用,将所有脉冲用 PCM 系统传输,重做上题。

15. 电视每秒发送 30 幅图像,每幅图像又分为 525 条水平扫描线,每条水平线又在 650 个点上采样。求采样频率 f_s。若此频率为奈奎斯特率,求电视信号的最高频率 f_m。

16. 现有一个包含 30 个字符的字符串文件,每个字符出现的次数如表 5.13 所示,请利用哈夫曼编码原理实现该文件的压缩编码。

表 5.13　每个字符出现的次数

字　符	次　数	字　符	次　数
B	10	D	4
A	8	E	5
C	3		

小测验 5

一、填空题

1. 模拟信号的数字化的 3 个基本步骤是_____、_____、_____。

2. 一低通信号 $m(t)$ 的频带范围为 $0\sim108\mathrm{Hz}$，则可以无失真恢复信号的最小采样频率为_____。

3. 要改善弱信号的量化信噪比，通常可采用_____技术。

4. 设输入信号样值为 -131 个量化单位，则其 A 律 13 折线编码输出码组为_____。

5. $M=64$ 电平的线性编码 PCM 系统在信道误比特率为 10^{-3} 时，系统输出的信噪比为_____。

6. 在 PCM30/32 路基群帧结构中，TS_0 用来传输_____，TS_{16} 用来传输_____。

7. 在简单增量调制（ΔM）系统中，当信号实际斜率超过最大跟踪斜率时，将会造成_____。

8. 在 PCM 中常用的二进制码型有_____、_____、_____。

9. 自适应差分脉冲编码调制是在_____的基础上发展起来的，是一种语音压缩复杂度较低的编码方法，它可在_____的比特率上达到_____的 PCM 数字电话质量，是一种能够_____的语音压缩编码技术。

10. 被复接的各支路数字信号彼此之间必须同步，并与复接器的定时信号同步方可复接。根据此条件划分的复接可分为_____、_____、_____ 3 种。

11. 常用图像压缩编码标准主要有_____、_____、_____。

12. 语音信号参数编码中涉及的编码参量主要包括_____、_____、_____、_____。

二、简答题

1. 简述带通抽样定理。

2. 阐述抽样过程中产生信号频谱混叠的原因。

3. 信号量化的基本目的是什么？量化后的信号有什么优缺点？

4. 线性编码和非线性编码的区别是什么？

5. 信号量化后为什么要进行编码？编码器是如何完成量化和编码的？

6. 简述简单增量调制系统的抗误码性能高于 PCM 系统的原因。

7. 我国电话网信号中经常采用折叠二进码的原因是什么？

8. 在 PCM 系统中，信号的量化信噪比和信号带宽的关系是什么？

9. 简述 PDH 和 SDH 异同。

10. 简要说明哈夫曼编码的基本过程。

三、计算题

1. 试求载波 60 路群信号(312kHz～552kHz)的合理抽样频率 f_s。

2. 一个随机信号的峰值系数为 $\dfrac{A_{\max}}{\delta_x}=4$，要求在平均功率 δ_x^2 下量化信噪比 $\geqslant 50\text{dB}$，求 K 值。

3. 已知信号 $f(t)=10\cos(20\pi t)\cos(200\pi t)$，以每秒 250 次速率抽样。

(1) 试求抽样信号的频谱。

(2) 有理想低通滤波器从抽样信号中恢复 $f(t)$，试确定滤波器的截止频率。

(3) 对 $f(t)$ 进行抽样的奈奎斯特抽样速率是多少？

(4) 将 $f(t)$ 作为带通信号看待，试确定最小抽样速率是多少。

4. 已知信号 $f(t)=6.4\times\sin(8000\pi t)$，按奈奎斯特速率抽样后，进行 64 电平均匀量化编码，采用自然二进码。

(1) 求量化间隔 Δ。

(2) 求码元传输速率。

(3) 若对此二进制信号采用 2FSK 方式传输，采用非相干方式解调，解调器输入信噪比为 10dB，试求传输 1h 的错码个数。

5. 简单增量调制(ΔM)系统原理图如图 5.54(a)所示。

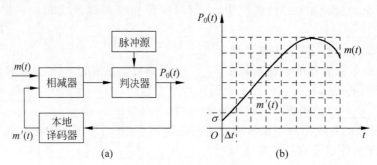

图 5.54　ΔM 原理图

已知输入模拟信号为 $m(t)$，抽样速率为 f_s，量化台阶为 σ，对 $m(t)$ 进行简单增量调制。

(1) 输入信号 $m(t)$ 和本地译码器输出 $m'(t)$ 初始状态如图 5.54(b)所示，试画出本地译码器输出 $m'(t)$ 波形，并写出判决器输出序列 $P_0(t)$。

(2) 若对 24 路 ΔM 信号进行时分复用方式传输，调制信号占空比为 50%，试求传输该调制信号所需的最小带宽。

(3) 若 24 路基带信号占空比为 100%，采用 16QAM 方式传输，系统带宽取 16QAM 信号频谱主瓣宽度，试求此时最大频带利用率为多少。

第6章 数字基带传输系统

数字传输系统实现信息传输的方式主要有两种:一是在低频有线信道内直接传送数字码,构成数字基带传输系统;二是在无线或光纤等信道内将数字码调制到高频后在信道中传输,构成数字频带传输系统。数字频带传输是目前应用的主要方式,相比较而言,数字基带传输的应用范围较小,但由于基带传输中包含着许多频带传输的基本问题,对于一个线性调制的频带传输系统,若将调制和解调视为广义信道,便可将该频带传输系统用一个等效的基带传输系统代替,所以分析研究数字基带传输具有重要的意义。目前,数字基带传输主要应用于短距离有线数据传输,由于在短距离范围内调制信号的衰减不大,信号内容不会发生变化。当前大多数局域网,如以太网、令牌环网等均使用基带传输方式。

本章在信号波形、传输码型及频谱分析基础上,重点研究如何设计基带传输系统总特性,以消除码间干扰;如何有效地减小信道加性噪声的影响,以提高系统抗噪声性能。同时介绍一种利用实验手段直观估计系统性能的方法——眼图,并提出改善数字基带传输系统性能的两个措施——部分响应和时域均衡。

6.1 数字基带信号及其频谱特性

6.1.1 数字基带系统

原始电信号所固有的频带或频率带宽称为基本频带,简称基带。基带信号是信源发出的没有经过调制的低频原始电信号,其信号频谱一般从零频附近开始。而**数字基带信号**是指离散的(或数字的)原始电信号,即未经调制的数字信号,是消息代码的电波形,其中含有丰富的低频分量,甚至含有直流分量。数字基带信号的频谱基本上是从零开始一直扩展到很宽。数字基带信号适合近距离、有线信道传输,如计算机局域网。**数字频带(带通)信号**是用数字基带信号调制载波形成的与信道的特性相匹配的信号,频谱离开零点,适合远距离、有线和无线信道传输。**数字基带传输系统**是指不经过调制与解调而直接传送数字基带信号的系统。**而数字频带(带通)传输系统**是指数字基带信号经过载波调制,将频谱搬移到高频载波上传输的系统,大多数信道是带通型的,如各种无线信道和光信道,必须进行数字频带传输。

由计算机输出的二进制序列、电传机输出的代码或者来自模拟信号经数字化处理后的 PCM 码组、ΔM 序列等都是数字基带信号。这些信号可在某些具有低通特性的有线信道中、在传输距离不太远的情况下直接传输。

目前在实际应用中,数字基带传输应用范围没有频带传输广阔,但基带传输系统仍然具有重要的研究意义。这是因为:第一,利用对称电缆构成的近程数据通信系统广泛采用了基带传输方式;第二,随着数字通信技术的发展,基带传输方式也有所发展,它不仅可以用于低速数据传输,而且可以用于高速数据传输;第三,数字基带传输中包含频带传输的许多基本问题,也就是说,基带传输系统的许多问题也是频带传输系统必须考虑的问题;第四,理论上也可证明,任何一个采用线性调制的频带传输系统可等效为基带传输系统来研究。

数字基带传输系统的基本结构示意如图 6.1 所示,它主要由信道信号形成器、信道、接收滤波器、抽样判决器和同步信号提取等部分组成。图 6.1 中各部分的作用简述如下。

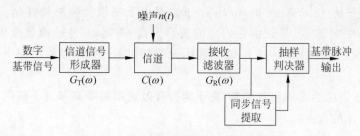

图 6.1 数字基带传输系统的基本结构

(1) 数字基带传输系统的输入是由终端设备或编码器产生的脉冲序列,它往往不适合直接送到信道中传输。信道信号形成器的作用就是把原始基带信号变换成适合于信道传输的基带信号,这种变换主要是通过码型变换和波形变换来实现的,其目的是使信号与信道匹配,便于传输,减小码间干扰,利于同步提取和抽样判决。

(2) 信道:它是允许基带信号通过的媒质,通常为有线信道,如市话电缆、架空明线等。信道的传输特性通常不满足无失真传输条件,因此会引起传输波形的失真。另外,信道还会进入噪声。在通信系统的分析中,常常把噪声 $n(t)$ 等效集中在信道中引入,并假定它是均值为零的高斯白噪声。

(3) 接收滤波器:主要作用是滤除带外噪声,均衡信道特性,使输出的基带波形有利于抽样判决。

(4) 抽样判决器:在传输特性不理想及噪声背景下,在规定时刻(由位定时脉冲控制)对接收滤波器的输出波形进行抽样判决,以恢复或再生基带信号。

(5) 定时脉冲和同步提取:从接收信号中提取抽样的位定时脉冲,位定时的准确与否将直接影响判决效果,这一点将在第 9 章同步原理中详细讨论。

图 6.2 所示为图 6.1 所示数字基带传输系统的各点波形示意图。

图 6.2 中,(a)是输入的基带信号,这是最常见的单极性非归零信号;(b)是进行码型变换后的波形;(c)相对(a)而言进行了码型及波形的变换,是一种适合在信道中传的波形;(d)是信道输出信号,显然由于信道频率特性不理想,波形发生失真并叠加了噪声;(e)为接收滤波器输出波形,与(d)相比,失真和噪声减弱;(f)是位定时同步脉冲;(g)为恢复的信

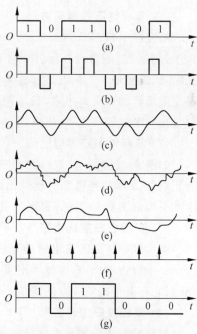

图 6.2 数字基带传输系统
各点波形示意图

息,其中第 7 个码元发生误码,误码的原因之一是信道加性噪声,之二是传输总特性(包括收、发滤波器和信道的特性)不理想引起的波形延迟、展宽、拖尾等失真使码元之间相互干扰。此时,实际抽样判决值不仅有本码元的值,还有其他码元在该码元抽样时刻的干扰值及噪声。

所谓**码间干扰**(intersymbol interference),是由于系统传输总特性(包括收、发滤波器和信道的特性)不理想,导致前后码元的波形失真、展宽,并使前面波形出现很长的拖尾,蔓延到当前码元的抽样时刻上,对当前码元的判决造成的干扰。码间干扰严重时,会造成错误判决。

显然,**接收端能否正确恢复信息,在于能否有效地抑制噪声和减小码间干扰**,这两点也正是本章讨论的重点。

6.1.2　常用数字基带信号

数字基带信号是消息代码的电波形,用不同的电平或脉冲来表示相应的消息代码。数字基带信号的类型有很多,常见的有矩形脉冲、三角波、高斯脉冲和升余弦脉冲等。最常用的是矩形脉冲,因为矩形脉冲易于形成和变换,因此这里以矩形脉冲为例分析几种最常见的数字基带信号波形。

1. 绝对码波形

(1) 单极性不归零码波形

单极性不归零码(Not Return to Zero,NRZ)波形如图 6.3(a)所示,其消息代码由 0、1 组成,用二进制符号 0 代表 0 电平,用二进制符号 1 代表正电平,无负电平,电脉冲之间无间隔,极性单一。缺点是有直流分量,要求传输线路具有直流传输能力,因而不适用于有交流耦合的远距离传输,只适用于计算机内部或极近距离的传输。另外,位同步信息包含在电平的转换之中,当出现连 0 序列时没有位同步信息。

(2) 双极性不归零码波形

如图 6.3(b)所示,双极性不归零码用二进制符号 0 代表负电位,用二进制符号 1 代表正电位,1 和 0 等概率出现时无直流分量,抗干扰能力强。在 ITU 制定的 V.24 接口标准和美国电工协会(EIA)制定的 RS-232C 接口标准中均采用双极性波形。

(3) 单极性归零码波形

单极性归零码的有电脉冲宽度比码元宽度窄,每个脉冲都回到零电平,如图 6.3(c)所示。一般占空比(有电脉冲 τ 宽度与码元宽度 T_s 的比值)为 50%,可以直接提取同步信号,它是其他码型提取同步信号需采用的一个过渡码型。

(4) 双极性归零码波形

双极性归零码波形形式如图 6.3(d)所示。它具有双极性不归零码的抗干扰能力强及码中不含直流成分的优点,相邻脉冲之间留有零电位的间隔,接收端很容易识别每个码元的起止时刻,便于同步,因此应用比较广泛。

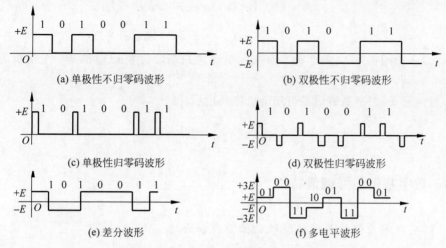

(a) 单极性不归零码波形

(b) 双极性不归零码波形

(c) 单极性归零码波形

(d) 双极性归零码波形

(e) 差分波形

(f) 多电平波形

图 6.3　数字基带传输系统常见码型

2. 差分波形(相对码波形)

差分波形不用码元本身的电平表示消息代码,而用相邻码元电平的跳变和不变来表示消息代码,如图 6.3(e)所示,电平跳变表示 1,电平不变表示 0,也可以反过来。由于差分波形是以相邻脉冲电平的相对变化来表示代码,因此也称为相对码波形,相应地称单极性或双极性波形为绝对码波形。用差分波形传送代码可以消除设备初始状态的影响,特别是在相位调制系统中可用于解决载波相位模糊问题。

3. 多电平波形(多元码波形)

上述各种信号都是一个二进制符号对应一个脉冲。实际上还存在**多于一个二进制符号对应一个脉冲的情形。这种波形统称为多电平波形或多值波形。**例如,令二进制符号 00 对应+3E,01 对应+E,10 对应-E,11 对应+3E,则所得波形即为 4 电平波形,如图 6.3(f)所示。由于这种波形的一个脉冲可以代表多个二进制符号,故在高数据速率传输系统中更适宜采用这种信号形式。

4. 数字基带信号的数学表达式

前面内容已经指出,消息代码的电波形并非一定是矩形的,还可是其他形式。但无论采用什么形式的波形,数字基带信号都可用数学式表示出来。若数字基带信号中各码元波形相同而取值不同,则可表示为

$$s(t) = \sum_{n=-\infty}^{\infty} a_n g(t - nT_s) \tag{6-1}$$

式中,a_n 是第 n 个信息符号所对应的电平值(0、1 或 -1、1 等),由信码和编码规律决定;T_s 为码元间隔;$g(t)$ 为某种标准脉冲波形,对于二进制代码序列,若令 $g_1(t)$ 代表 0,$g_2(t)$ 代表 1,则有

$$a_n g(t - nT_s) = \begin{cases} g_1(t - nT_s), & \text{表示符号 0} \\ g_2(t - nT_s), & \text{表示符号 1} \end{cases} \tag{6-2}$$

由于 a_n 是一个随机量。因此,通常在实际中遇到的基带信号 $s(t)$ 都是一个随机的脉冲序列。

一般情况下,数字基带信号可用随机序列表示,即

$$s(t) = \sum_{n = -\infty}^{\infty} s_n(t) \tag{6-3}$$

6.1.3 数字基带信号频谱特性

1. 研究数字基带信号频谱特性的必要性和方法

研究数字基带信号的频谱特性是十分必要的,通过频谱分析,可以**了解信号需要占据的频带宽度、所包含的频谱分量、有无直流分量、有无定时分量等**,这样才能针对信号频谱的特点来选择相匹配的信道以及确定是否可从信号中提取定时信号。

数字基带信号是随机的脉冲序列,没有确定的频谱函数,所以只能用功率谱来描述它的频谱特性,主要方法有如下两种。

(1) 由随机过程的相关函数去求随机过程的功率(或能量)谱密度,就是一种典型的分析广义平稳随机过程的方法。但这种计算方法比较复杂。

(2) 以随机过程功率谱的原始定义为出发点,求出数字随机序列的功率谱公式。

这里采用第 2 种方法研究基带信号的频谱。

2. 稳态波和交变波

设二进制的随机脉冲序列如图 6.4(a)所示。其中,假设 $g_1(t)$ 表示 0 码,$g_2(t)$ 表示 1 码。$g_1(t)$ 和 $g_2(t)$ 在实际中可以是任意脉冲,但为了便于在图上区分,这里把 $g_1(t)$ 画成宽度为 T_s 的方波,把 $g_2(t)$ 画成宽度为 T_s 的三角波。

现在假设序列中任一码元时间 T_s 内 $g_1(t)$ 和 $g_2(t)$ 出现的概率分别为 P 和 $1-P$,且认为它们的出现是统计独立的,则 $s(t)$ 可表示为 $s(t) = \sum_{n=-\infty}^{\infty} s_n(t)$,其中,

$$s_n(t) = \begin{cases} g_1(t - nT_s), & \text{以概率 } P \text{ 出现} \\ g_2(t - nT_s), & \text{以概率 } 1-P \text{ 出现} \end{cases} \tag{6-4}$$

为了简化频谱分析的推导过程,并使其物理概念清楚且易于理解,可以把 $s(t)$ 分解成稳态波 $v(t)$ 和交变波 $u(t)$。稳态波是随机序列 $s(t)$ 的统计平均分量,它取决于每个码元内出现 $g_1(t)$ 和 $g_2(t)$ 的概率加权平均,所以可表示为

$$v(t) = \sum_{n=-\infty}^{\infty} \left[P g_1(t - nT_s) + (1-P) g_2(t - nT_s) \right] = \sum_{-\infty}^{\infty} v_n(t) \tag{6-5}$$

其波形如图 6.4(b)所示,由于 $v(t)$ 在每个码元内的统计平均波形相同,故 $v(t)$ 是以 T_s

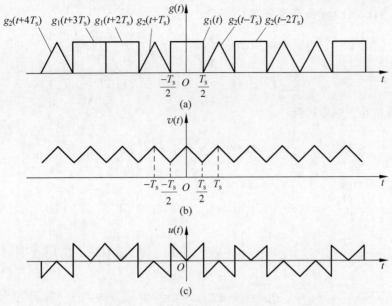

图 6.4　随机脉冲序列示意波形

为周期的周期信号。

交变波 $u(t)$ 是 $s(t)$ 与 $v(t)$ 之差，即

$$u(t) = s(t) - v(t) \tag{6-6}$$

其中，第 n 个码元为

$$u_n(t) = s_n(t) - v_n(t)$$

于是

$$u(t) = \sum_{n=-\infty}^{\infty} u_n(t) \tag{6-7}$$

其中，$u_n(t)$ 可根据式(6-4)和式(6-5)表示为

$$u_n(t) = \begin{cases} g_1(t-nT_s) - Pg_1(t-nT_s) - (1-P)g_2(t-nT_s) \\ = (1-P)[g_1(t-nT_s) - g_2(t-nT_s)], & \text{以概率 } P \\ g_2(t-nT_s) - Pg_1(t-nT_s) - (1-P)g_2(t-nT_s) \\ = -P[g_1(t-nT_s) - g_2(t-nT_s)], & \text{以概率 } 1-P \end{cases} \tag{6-8}$$

或者可以写成

$$u_n(t) = a_n[g_1(t-nT_s) - g_2(t-nT_s)] \tag{6-9}$$

其中，

$$a_n = \begin{cases} 1-P, & \text{以概率 } P \\ -P, & \text{以概率 } 1-P \end{cases} \tag{6-10}$$

由此可知，$u(t)$ 是随机脉冲序列，图 6.4(c)所示为 $u(t)$ 的一个实现。

3. 稳态波 $v(t)$ 的功率谱密度

由于 $v(t)$ 是以 T_s 为周期的周期信号，即 $[v(t+T_s)=v(t)]$，

$$v(t) = \sum_{n=-\infty}^{\infty} [Pg_1(t-nT_s) + (1-P)g_2(t-nT_s)]$$

可以展成傅里叶级数形式为

$$v(t) = \sum_{m=-\infty}^{\infty} C_m e^{j2\pi m f_s t} \tag{6-11}$$

式中，

$$
\begin{aligned}
C_m &= \frac{1}{T_s} \int_{-T_s/2}^{T_s/2} v(t) e^{-j2\pi m f_s t} \, dt \\
&= \frac{1}{T_s} \int_{-T_s/2}^{T_s/2} \sum_{n=-\infty}^{\infty} [Pg_1(t-nT_s) + (1-P)g_2(t-nT_s)] e^{-j2\pi m f_s t} \, dt \\
&= f_s \int_{-T_s/2}^{T_s/2} \sum_{n=-\infty}^{\infty} [Pg_1(t-nT_s) + (1-P)g_2(t-nT_s)] e^{-j2\pi m f_s t} \, dt \\
&= f_s \sum_{n=-\infty}^{\infty} \int_{-nT_s-T_s/2}^{-nT_s+T_s/2} [Pg_1(t) + (1-P)g_2(t)] e^{-j2\pi m f_s (t+nT_s)} \, dt \\
&= f_s \int_{-\infty}^{\infty} [Pg_1(t) + (1-P)g_2(t)] e^{-j2\pi m f_s t} \, dt \\
&= f_s [PG_1(mf_s) + (1-P)G_2(mf_s)]
\end{aligned}
\tag{6-12}
$$

式中，

$$G_1(mf_s) = \int_{-\infty}^{\infty} g_1(t) e^{-j2\pi m f_s t} \, dt \tag{6-13}$$

$$G_2(mf_s) = \int_{-\infty}^{\infty} g_2(t) e^{-j2\pi m f_s t} \, dt \tag{6-14}$$

$$f_s = \frac{1}{T_s}$$

周期信号功率谱密度与傅里叶级数 C_m 的关系式为

$$v(t) \Leftrightarrow V(f) = \sum_{m=-\infty}^{\infty} C_m \delta(f-mf_s)$$

所以，稳态波 $v(t)$ 的功率谱密度为

$$
\begin{aligned}
P_v(f) &= |V(f)|^2 = \sum_{m=-\infty}^{\infty} |C_m|^2 \delta(f-mf_s) \\
&= f_s^2 \sum_{m=-\infty}^{\infty} |[PG_1(mf_s) + (1-P)G_2(mf_s)]|^2 \delta(f-mf_s)
\end{aligned}
\tag{6-15}
$$

可见稳态波的功率谱 $P_v(f)$ 是冲激强度取决于 $|C_m|^2$ 的离散线谱，根据离散谱可以确定随机序列是否包含直流分量($m=0$)和定时分量($m=1$)。

4. 交变波 $u(t)$ 的功率谱密度

$u(t)$ 是功率型的随机脉冲序列,它的功率谱密度可采用截短函数和求统计平均的方法求出。

$$P_u(f) = \lim_{T \to \infty} \frac{E[|U_T(f)|^2]}{T} = \lim_{N \to \infty} \frac{E[|U_T(f)|^2]}{(2N+1)T_s} \tag{6-16}$$

其中,$U_T(f)$ 是 $u(t)$ 的截短函数 $u_T(t)$ 的频谱函数;E 表示统计平均;截取时间 T 是 $(2N+1)$ 个码元的长度,即

$$T = (2N+1)T_s \tag{6-17}$$

式中,N 为一个足够大的数值,且当 $T \to \infty$ 时,意味着 $N \to \infty$。现在先求出频谱函数 $U_T(f)$。由式(6-9)可得

$$u_T(t) = \sum_{n=-N}^{N} u_n(t) = \sum_{n=-N}^{N} a_n [g_1(t-nT_s) - g_2(t-nT_s)] \tag{6-18}$$

则

$$U_T(f) = \int_{-\infty}^{\infty} u_T(t) e^{-j2\pi ft} dt = \int_{-\infty}^{\infty} \sum_{n=-N}^{N} a_n [g_1(t-nT_s) - g_2(t-nT_s)] e^{-j2\pi ft} dt$$

$$= \sum_{n=-N}^{N} a_n e^{-j2\pi fnT_s} [G_1(f) - G_2(f)] \tag{6-19}$$

式中,

$$G_1(f) = \int_{-\infty}^{\infty} g_1(t) e^{-j2\pi ft} dt \tag{6-20}$$

$$G_2(f) \int_{-\infty}^{\infty} g_2(t) e^{-j2\pi ft} dt \tag{6-21}$$

于是,

$$|U_T(f)|^2 = U_T(f) U_T^*(f)$$

$$= \sum_{m=-N}^{N} \sum_{n=-N}^{N} a_m a_n e^{j2\pi f(n-m)T_s} [G_1(f) - G_2(f)][G_1(f) - G_2(f)]^* \tag{6-22}$$

其统计平均为

$$E[|U_T(f)|^2]$$

$$= \left| \sum_{m=-N}^{N} \sum_{n=-N}^{N} E(a_m a_n) e^{j2\pi f(n-m)T_s} [G_1(f) - G_2(f)][G_1^*(f) - G_2^*(f)] \right| \tag{6-23}$$

当 $m=n$ 时,

$$a_m a_n = a_n^2 = \begin{cases} (1-P)^2, & \text{以概率 } P \\ P^2, & \text{以概率}(1-P) \end{cases}$$

其中,

$$a_n = \begin{cases} 1-P, & \text{以概率 } P \\ -P, & \text{以概率}(1-P) \end{cases}$$

所以,

$$E[a_n^2] = P(1-P)^2 + (1-P)P^2 = P(1-P) \tag{6-24}$$

当 $m \neq n$ 时,

$$a_m a_n = \begin{cases} (1-P)^2, & \text{以概率 } P^2 \\ P^2, & \text{以概率}(1-P)^2 \\ -P(1-P), & \text{以概率 } 2P(1-P) \end{cases}$$

所以

$$E[a_m a_n] = P^2(1-P)^2 + (1-P)^2 P^2 + 2P(1-P)P(P-1) = 0 \tag{6-25}$$

由以上计算可知式(6-23)的统计平均值仅在 $m=n$ 时存在,即

$$E[|U_T(f)|^2] = \sum_{n=-N}^{N} E[a_n^2]|G_1(f)-G_2(f)|^2$$
$$= (2N+1)P(1-P)|G_1(f)-G_2(f)|^2 \tag{6-26}$$

代入式(6-16),可求得交变波 $u(t)$ 的功率谱为

$$P_u(f) = \lim_{T\to\infty} \frac{E[|U_T(f)|^2]}{T} = \lim_{N\to\infty} \frac{(2N+1)P(1-P)|G_1(f)-G_2(f)|^2}{(2N+1)T_s}$$
$$= f_s P(1-P)|G_1(f)-G_2(f)|^2 \tag{6-27}$$

可见,交变波的功率谱 $P_u(f)$ 是连续谱,它与 $g_1(t)$ 和 $g_2(t)$ 的频谱及出现概率 P 有关。根据连续谱可以确定随机序列的带宽。

5. $s(t)$ 的功率谱密度

由于 $s(t) = v(t) + u(t)$,则随机序列 $s(t)$ 的双边功率谱密度为

$$P_s(f) = P_u(f) + P_v(f) = f_s P(1-P)|G_1(f)-G_2(f)|^2 +$$
$$\sum_{m=-\infty}^{\infty} |PG_1(mf_s)+(1-P)G_2(mf_s)|^2 \delta(f-mf_s) \tag{6-28}$$

其中,$G_1(f)$、$G_2(f)$ 分别为 $g_1(t)$、$g_2(t)$ 的傅里叶变换,$f_s = 1/T_s$。

$s(t)$ 的单边功率谱密度为

$$P_s(f) = 2f_s P(1-P)|G_1(f)-G_2(f)|^2 + f_s^2|PG_1(0)+(1-P)G_2(0)|^2\delta(f) +$$
$$2f_s^2 \sum_{m=1}^{\infty} |PG_1(mf_s)+(1-P)G_2(mf_s)|^2\delta(f-mf_s), \quad f \geqslant 0 \tag{6-29}$$

式中,第 1 项 $2f_s P(1-P)|G_1(f)-G_2(f)|^2$ 是由交变波 $u(t)$ 产生的连续谱,它包含无穷多频率成分,其幅度无穷小。由该项可以看出信号的频谱分布规律,确定信号的带宽。第 2 项 $f_s^2|PG_1(0)+(1-P)G_2(0)|^2\delta(f)$ 是由稳态波 $v(t)$ 产生的直流成分的功率谱密

度,等概率双极性信号的直流成分为零。第 3 项 $2f_s^2 \sum\limits_{m=1}^{\infty} \mid PG_1(mf_s) + (1-P)G_2(mf_s)\mid^2 \delta(f-mf_s)$ 是由稳态波 $v(t)$ 产生的离散谱,对位同步信号的提取特别重要。当离散谱不存在时,就意味着没有 f_s 成分,位同步信号就无法提取。

由此可知,随机脉冲序列的功率谱密度可能由连续谱 $P_u(f)$ 和离散谱 $P_v(f)$ 组成。由于表示信息的 $g_1(t)$ 及 $g_2(t)$ 不能完全相同,所以 $G_1(f) \neq G_2(f)$,即连续谱 $P_u(\omega)$ 总是存在的,离散谱存在与否取决于 $g_1(t)$ 和 $g_2(t)$ 的波形及其出现的概率 P。当 $g_1(t)$、$g_2(t)$、P 及 T_s 给定后,随机脉冲序列的功率谱密度即可确定。

6. 几种波形的功率谱密度

1) 单极性波形不归零矩形脉冲

若设 $g_1(t)=0, g_2(t)=g(t)$,则随机脉冲序列的双边功率谱密度为

$$P_s(f) = f_s P(1-P) \mid G(f)\mid^2 + f_s^2(1-P)^2 \sum_{m=-\infty}^{\infty} \mid G(mf_s)\mid^2 \delta(f-mf_s)$$

$$(6\text{-}30)$$

当 $P=1/2$ 时,式(6-30)可以简化为

$$P_s(f) = \frac{1}{4} f_s \mid G(f)\mid^2 + \frac{1}{4} f_s^2 \sum_{m=-\infty}^{\infty} \mid G(mf_s)\mid^2 \delta(f-mf_s) \qquad (6\text{-}31)$$

若表示 1 码的波形 $g_2(t)=g(t)$ 为不归零矩形脉冲,则其频谱为

$$G(f) = T_s \cdot \frac{\sin\pi f T_s}{\pi f T_s} = T_s \mathrm{Sa}(\pi f T_s)$$

当 $f=mf_s$ 时,若 $m=0$,则 $G(mf_s)=T_s\mathrm{Sa}(0)\neq 0$,离散谱中有直流分量;若 m 为不等于零的整数时,$\mathrm{Sa}(m\pi)=0, G(mf_s)=0$,离散谱均为零,因而无定时信号。此时可将式(6-31)简化为

$$P_s(f) = \frac{1}{4} f_s T_s^2 \left[\frac{\sin\pi f T_s}{\pi f T_s}\right]^2 + \frac{1}{4}\delta(f) = \frac{T_s}{4}\mathrm{Sa}^2(\pi f T_s) + \frac{1}{4}\delta(f) \qquad (6\text{-}32)$$

随机序列的带宽取决于连续谱,实际由单个码元的频谱函数 $G(f)$ 决定,该频谱的第 1 个零点在 $f=f_s$,因此单极性不归零信号的带宽为 $B=f_s$,如图 6.5 所示。

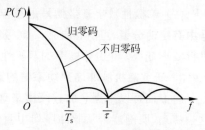

2) 单极性半占空归零矩形脉冲

若表示 1 码的波形 $g_2(t)=g(t)$ 为半占空归零矩形脉冲,即脉冲宽度 $\tau=T_s/2$ 时,其频谱函数为

图 6.5　二进制基带信号的功率谱密度

$$G(f) = \frac{T_s}{2}\mathrm{Sa}\left(\frac{\pi f T_s}{2}\right)$$

$f = mf_s$ 时,$G(mf_s)$ 的取值情况:$m = 0$ 时,$G(mf_s) = T_s \text{Sa}(0) \neq 0$,因此离散谱中有直流分量;$m$ 为奇数时,$G(mf_s) = \dfrac{T_s}{2} \text{Sa}\left(\dfrac{m\pi}{2}\right) \neq 0$,有离散谱,其中 $m = 1$ 时,$G(mf_s) = \dfrac{T_s}{2} \text{Sa}\left(\dfrac{\pi}{2}\right) \neq 0$,因而有定时信号;$m$ 为偶数时,$G(mf_s) = \dfrac{T_s}{2} \text{Sa}\left(\dfrac{m\pi}{2}\right) = 0$,无离散谱。这时,式(6-31)变成

$$P_s(f) = \frac{T_s}{16} \text{Sa}^2\left(\frac{\pi f T_s}{2}\right) + \frac{1}{16} \sum_{m=-\infty}^{\infty} \text{Sa}^2\left(\frac{m\pi}{2}\right) \delta(f - mf_s) \tag{6-33}$$

不难求出,单极性半占空归零信号的带宽为 $B_s = 2f_s$,与单极性不归零信号相比带宽变大了。

3)双极性波形

若设 $g_1(t) = -g_2(t) = g(t)$,则

$$P_s(f) = 4f_s P(1-P) |G(f)|^2 + f_s^2 \sum_{m=-\infty}^{\infty} |(2P-1)G(mf_s)|^2 \delta(f - mf_s) \tag{6-34}$$

当 $P = 1/2$ 时,即等概率情况下式(6-34)变为

$$P_s(f) = f_s |G(f)|^2 \tag{6-35}$$

若 $g(t)$ 是高为 1、脉宽等于码元周期的矩形脉冲,则式(6-35)可写成

$$P_s(f) = T_s \text{Sa}^2(\pi f T_s) \tag{6-36}$$

7. 研究随机脉冲序列功率谱的结论和意义

1)结论

(1) 随机序列的带宽主要依赖单个码元波形的频谱函数 $G_1(f)$ 或 $G_2(f)$,两者之中应取较大带宽的一个作为序列带宽。时间波形的占空比越小,频带越宽,通常以谱的第 1 个零点作为矩形脉冲的近似带宽,它等于脉宽 τ 的倒数,即 $B_s = 1/\tau$。由图 6.4 可知,不归零脉冲的 $\tau = T_s$,则 $B = f_s$;半占空归零脉冲的 $\tau = T_s/2$,则 $B = 1/\tau = 2f_s$。其中 $f_s = 1/T_s$,是位定时信号的频率,在数值上与码速率 R_B 相等。

(2) 单极性数字基带信号是否存在离散谱取决于矩形脉冲的占空比,单极性归零信号中有定时分量,可直接提取。单极性不归零信号中无定时分量,若想获取定时分量,要进行波形变换。0、1 等概率的双极性信号没有离散谱,也就是说无直流分量和定时分量。

2)研究随机脉冲序列功率谱的意义

一方面可以根据它的连续谱来确定序列的带宽,另一方面根据它的离散谱是否存在这一特点,明确能否从脉冲序列中直接提取定时分量,以及采用怎样的方法可以从基带脉冲序列中获得所需的离散分量。这一点,在研究位同步、载波同步等问题时将是十分重要的。

应当指出的是,在以上的分析方法中,没有限定 $g_1(t)$ 和 $g_2(t)$ 的波形,因此式(6-28)不仅适用于计算数字基带信号的功率谱,也可以用来计算数字频带信号的功率谱。

【**例 6-1**】 设某二进制数字基带信号的基本脉冲为三角形脉冲,如图 6.6 所示,T_s 为码元间隔,数字信息 1 和 0 分别用 $g(t)$ 的有无表示,且 1 和 0 出现的概率相等。

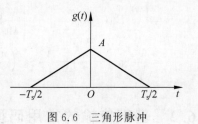

图 6.6 三角形脉冲

(1) 求该数字基带信号的功率谱密度。

(2) 能否从该数字基带信号中提取码元同步所需的频率 $f_s = 1/T_s$ 的分量? 若能,试计算该分量的功率。

【**解**】 (1) 由图 6.6 可知

$$g(t) = \begin{cases} A\left(1 - \dfrac{2}{T_s}|t|\right), & |t| \leqslant \dfrac{T_s}{2} \\ 0, & \text{其他} \end{cases}$$

因为 $1 - \dfrac{|t|}{\tau} \Leftrightarrow \tau \mathrm{Sa}^2 \dfrac{2\pi f \tau}{2}$,所以 $g(t)$ 的频谱函数 $G(f)$ 为

$$G(f) = \frac{AT_s}{2} \mathrm{Sa}^2\left(\frac{\pi f T_s}{2}\right)$$

由题意知 $P(0) = P(1) = P = \dfrac{1}{2}$,且 $g_2(t) = g(t)$,$g_1(t) = 0$,所以 $G_2(f) = G(f)$,$G_1(f) = 0$ 代入二进制数字基带信号的双边功率谱密度公式,可得

$$P_s(f) = f_s P(1-P)|G_1(f) - G_2(f)|^2 +$$

$$f_s^2 \sum_{m=-\infty}^{\infty} |PG_1(mf_s) + (1-P)G_2(mf_s)|^2 \delta(f - mf_s)$$

$$= f_s P(1-P)|G(f)|^2 + f_s^2 \sum_{m=-\infty}^{\infty} |(1-P)G(mf_s)|^2 \delta(f - mf_s)$$

$$= \frac{f_s}{4}\left|\frac{AT_s}{2}\mathrm{Sa}^2\left(\frac{\omega T_s}{4}\right)\right|^2 + f_s^2 \sum_{m=-\infty}^{\infty}\left|\frac{1}{2}\frac{AT_s}{2}\mathrm{Sa}^2\left(\frac{2\pi m f_s T_s}{4}\right)\right|^2 \delta(f - mf_s)$$

$$= \frac{A^2 T_s}{16}\mathrm{Sa}^4\left(\frac{\omega T_s}{4}\right) + \frac{A^2}{16}\sum_{m=-\infty}^{\infty}\mathrm{Sa}^4\left(\frac{\pi m}{2}\right)\delta(f - mf_s)$$

(2) 二进制数字基带信号的离散谱分量为

$$P_v(f) = \frac{A^2}{16}\sum_{m=-\infty}^{\infty}\mathrm{Sa}^4\left(\frac{\pi m}{2}\right)\delta(f - mf_s)$$

当 $m = \pm 1$ 时,得

$$P_v(f) = \frac{A^2}{16}\mathrm{Sa}^4\left(-\frac{\pi}{2}\right)\delta(f + f_s) + \frac{A^2}{16}\mathrm{Sa}^4\left(\frac{\pi}{2}\right)\delta(f - f_s)$$

因为该二进制数字基带信号中存在 $f_s = 1/T_s$ 的离散分量,所以能从该数字基带信号中提取码元同步所需的频率 $f_s = 1/T_s$ 的分量。该频率分量的功率 S 为

$$S = \int_{-\infty}^{\infty} P_v(f) \, \mathrm{d}f = \int_{-\infty}^{\infty} \left[\frac{A^2}{16} \mathrm{Sa}^4 \left(-\frac{\pi}{2} \right) \delta(f + f_s) + \frac{A^2}{16} \mathrm{Sa}^4 \left(\frac{\pi}{2} \right) \delta(f - f_s) \right] \mathrm{d}f$$

$$= \frac{A^2}{16} \mathrm{Sa}^4 \left(-\frac{\pi}{2} \right) + \frac{A^2}{16} \mathrm{Sa}^4 \left(\frac{\pi}{2} \right) = \frac{A^2}{\pi^4} + \frac{A^2}{\pi^4} = \frac{2A^2}{\pi^4}$$

6.2 基带传输的常用码型

6.2.1 传输码码型的选择原则

在数字基带传输系统中,并非所有的原始数字基带信号都能在信道中传输。例如,含有丰富直流和低频成分的基带信号就不适宜在信道中传输,因为它有可能造成信号严重失真;又如,一般基带传输系统都是从接收到的基带信号中提取位同步信号,而位同步信号却又依赖于代码的码型,如果代码出现长时间的连 0 符号,则基带信号可能会长时间出现 0 电位,从而导致位同步恢复系统难以保证位同步信号的准确性。实际的基带传输系统还可能提出其他要求,导致对基带信号也存在各种可能的要求,归纳起来,对传输用的基带信号的要求主要有两点,一是原始信息代码能够编制成适合于传输用的码型;二是传输码型的电波形适宜于在信道中传输。前一问题称为**传输码型的选择**,后一问题称为**基带脉冲的选择**。这是两个既彼此独立又相互联系的问题,也是基带传输原理中十分重要的两个问题。本节只讨论传输码型的选择问题。

数字基带信号是数字信号的电脉冲表示,不同形式的数字基带信号具有不同的频谱结构,合理地设计数字基带信号以使数字信息变换为适合于信道传输特性的频谱结构,是基带传输首先要考虑的问题。通常,数字信息的电脉冲表示过程又称为码型变换,在有线信道中传输的数字基带信号又称为线路传输码型。

数字基带信号的频谱中含有丰富的低频分量甚至直流分量,当传输距离很近时,高频分量衰减也不大,但是数字设备之间长距离有线传输时,高频分量衰减随距离的增加而增大,同时信道中通常还存在隔直流电容或耦合变压器,因而传输频带的高频和低频部分均受限。所以为保证数字基带信号的传输可靠性和质量,在设计数字基带信号码型时应遵循以下原则。

(1) 相应的基带信号无直流分量,且低频分量少。

(2) 便于从信号中提取定时信息。

(3) 信号中高频分量尽量少,以节省传输频带并减少码间干扰。

(4) 不受信息源统计特性的影响,即能适应于信息源的变化。

(5) 具有内在的检错能力,传输码型应具有一定规律性,以便利用这一规律性进行宏观检测。

(6) 编译码设备简单,以降低通信延时和成本。

以上各项原则并不是任何基带传输码型均能完全满足的,通常根据实际要求满足其中的若干项。

6.2.2　常见传输码型

1. 1B1T 码

1B1T 码即每位二进制码变为一位三进制码,主要有 AMI 码、HDB3、PST 码。

1) AMI 码

AMI(Alternate Mark Inversion,**传号交替反转码**)码规则是将二进制消息代码 **1**(传号)交替地变换为传输码的**+1** 和**−1**,而 **0**(空号)保持不变。如下示例。

消息码:0 1 1 0 0 0 0 0 0 0 0 1 1 0 0 1 1 …
AMI 码:0 −1 +1 0 0 0 0 0 0 0 0 −1 +1 0 0 −1 +1 …

AMI 码对应的波形是具有正、负、零 3 种电平的脉冲序列。

AMI 码的优点是,由于+1 与−1 交替,AMI 码的功率谱(见图 6.7)中**不含直流成分,高、低频分量少,能量集中在频率为 1/2 码速处**。位定时频率分量虽然为 0,但只要将基带信号经全波整流变为单极性归零波形,便可提取位定时信号。此外,AMI 码的**编译码电路简单,便于利用传号极性交替规律观察误码情况**。鉴于这些优点,AMI 码是 CCITT 建议采用的传输码型之一。

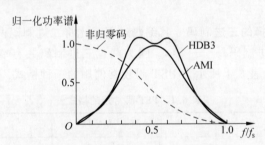

图 6.7　AMI 码和 HDB3 的功率谱

AMI 码的不足是,当原信码出现连 **0** 串时,信号的电平长时间不跳变,会造成提取定时信号的困难。

2) HDB3

HDB3(High Density Bipolar of order 3 code,**3 阶高密度双极性码**)是 AMI 码的一种改进型,保持了 AMI 码的优点而克服了其缺点,可使连 0 个数不超过 3 个。其**编码规则**如下。

(1) **AMI 编码**——当信码的连 0 个数不超过 3 时,仍按 AMI 码的规则编,即传号极性交替。

(2) **插 V 码**——当连 0 个数超过 3 时,则将第 4 个 0 改为非 0 脉冲,记为+V 或−V,称为破坏脉冲。V 码的极性应与其前一个非 0 脉冲(+1 或−1)的极性相同,以确保编好的码中无直流。

(3) **插 B**——相邻 V 码之间有奇数个非 0 码时不变,有偶数个非 0 码时,将该小段的第 1 个 0 变换成＋B 或－B,B 码的极性与前一非 0 码相反,并让后面的非 0 码从 V(含V)码开始交替变化。

如下示例。

代码:	1000	0	1000	0	1	1	000	0	1	1
AMI 码:	－1000	0	＋1000	0	－1	＋1	000	0	－1	＋1
插 V:	－1000	－V	＋1000	＋V	－1	＋1	000	＋V	－1	＋1
插 B:	－1000	－V	＋1000	＋V	－1	＋1	－B00	－V	＋1	＋1
HDB3:	－1000	－V	＋1000	＋V	－1	＋1	－B00	－V	＋1	－1

其中,±V 脉冲和±B 脉冲与±1 脉冲波形相同,用 V 或 B 符号表示的目的是为了示意该非 0 码是由原信码的 0 变换而来的。

HDB3 的编码虽然比较复杂,但译码却比较简单。从上述编码规则可以看出,每一个破坏脉冲 V 总是与前一非 0 脉冲同极性(包括 B 在内)。这就是说,从收到的符号序列中可以容易地找到破坏点 V,于是也断定 V 码及其前面的 3 个码必是连 0 码,从而恢复 4个连 0 码,再将所有－1 变成＋1 后便得到原消息代码。

HDB3 除保持了 AMI 码的优点外,同时还将连 0 码限制在 3 个以内,故有利于位定时信号的提取。HDB3 是目前应用最为广泛的码型之一,A 律 PCM 四次群以下的接口码型均为 HDB3。

3) PST 码

PST 码是**成对选择的三进制码**。其编码过程是先将二进制码两两分组,然后再把每一码组编码成两个三进制码(＋、－、0)。因为两位三进制码共有 9 种状态,故可灵活地选择其中的 4 种状态,表 6.1 所示为 PST 码较常使用的一种格式。

表 6.1　PST 码常用的格式

二 进 制 码	＋ 模 式	－ 模 式
0 0	－＋	－＋
0 1	0＋	0 －
1 0	＋0	－ 0
1 1	＋－	＋－

为防止 PST 码的直流漂移,当在一个码组中仅发送单个脉冲时,两个模式应交替变换(交替前一个),如下示例。

代码:	0 1	0 0	1 1	1 0	1 0	1 1	0 0	
PST 码:	0＋	－＋	＋－	－0	＋0	＋－	－＋	(＋模式)
或	0－	－＋	＋－	＋0	－0	＋－	－＋	(－模式)

PST 码能提供足够的定时分量,且无直流成分,编码过程也较简单。但这种码在识别时需要提供"分组"信息,即需要建立帧同步。

2. 1B2B 码

1B2B 码即一位二进制码变为两位二进制码,主要有双相码、差分双相码、米勒码及

CMI 码。

1）双相码

双相码（Bi-Phase code）又称**曼彻斯特**（Manchester）码。它用一个周期的正负对称方波表示 0，用其反相波形表示 1。编码规则之一是 **0 码用 01 两位码表示，1 码用 10 两位码表示**，例如，

代码：	1	1	0	0	1	0	1
双相码：	10	10	01	01	10	01	10

双相码只有极性相反的两个电平，因为双相码在每个码元周期的中心点都存在电平跳变，所以**富含位定时信息**。又因为这种码的正、负电平各半，所以**无直流分量，编码过程也简单。但带宽比原信码大 1 倍**。双相码适用于数据终端设备在近距离上传输，本地数据网常采用该码作为传输码型，信息速率可高达 10Mbit/s。

2）**差分双相码**

为了解决双相码因极性反转而引起的译码错误，出现了差分码的概念。双相码利用每个码元持续时间中间的电平跳变进行同步和信码表示（由负到正的跳变表示二进制 0，由正到负的跳变表示二进制 1），在差分双相码编码中，**每个码元中间的电平跳变用于同步，而每个码元的开始处是否存在额外的跳变用来确定信码，有跳变则表示二进制 1，无跳变则表示二进制 0**。令牌网常采用差分双相码作为线路传输码型。

3）米勒码

米勒（Miller）码又称延迟调制码，它是双相码的一种变形。**编码规则为 0 码用 00 与 11 表示**，连 0 交替前 0，即单个 0 时，在码元间隔内不出现电平跃变，且与相邻码元的边界处也不跃变；连 0 时，在两个 0 码的边界处出现电平跃变，即 00 与 11 交替；**1 码用 10 或 01 表示**，连 1 交替后 1，即用码元间隔中心点出现跃变来表示。

为了便于理解，图 6.8(a) 和 (b) 示出了代码序列为 11010010 时对应的双相码和米勒码的波形。由图 6.8(b) 可见，若两个 1 码中间有一个 0 码，米勒码流中出现最大宽度为 $2T_s$ 的波形，即两个码元周期，这一性质可用来进行宏观检错。比较图 6.8(a) 和 (b) 中的两个波形可以看出，**双相码的下降沿正好对应于米勒码的跃变沿。因此，用双相码的下降沿去触发双稳电路，即可输出米勒码**。

4）CMI 码

CMI（Coded Mark Inversion，传号反转）码与双相码类似，它也是一种双极性二电平码。**编码规则是 0 码固定地用 01 表示，1 码交替用 11 和 00 两位码表示**；其波形示例如图 6.8(c) 所示。

CMI 码有较多的电平跃变，因此含有丰富的定时信息。此外，由于 **10 为禁用码组**，因此不会出现 3 个以上的连码，这个规律可用来宏观检错。该码已被

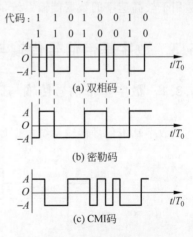

代码：1 1 0 1 0 0 1 0

(a) 双相码

(b) 密勒码

(c) CMI码

图 6.8 双相码、米勒码、CMI 码的波形

ITU-T 推荐为 PCM 四次群的接口码型,在速率低于 8.448Mbit/s 的光纤传输系统中有时也用作线路传输码型。

3. 块编码

为了提高线路编码性能,需要某种冗余来确保码型的同步和检错能力。块编码可以在某种程度上达到这两个目的。块编码的形式有 **$nBmB$ 码**和 **nB/mT 码**。

1)$nBmB$ 码

$nBmB$ 码是一类块编码,它把原信息码流的 **n 位二进制码分为一组,并置换成 m 位二进制码的新码组,其中 $m > n$**。由于新码组可能有 2^m 种组合,故多出 $2^m - 2^n$ 种组合。在 2^m 种组合中,以某种方式选择有利码组作为可用码组,其余作为禁用码组,以获得好的编码性能。

例如,在 4B5B 编码中,用 5 位的编码代替 4 位的编码,对于 4 位分组,只有 $2^4 = 16$ 种不同的组合;对于 5 位分组,则有 $2^5 = 32$ 种不同的组合。为了实现同步,可以按照不超过一个前导 0 和两个后缀 0 的方式选用码组,其余为禁用码组。这样,如果接收端出现了禁用码组,则表明传输过程中出现了误码,从而提高了系统的检错能力。

在光纤数字传输系统中,通常选择 $m = n + 1$,有 1B2B 码、2B3B 码、3B4B 码以及 5B6B 码等,其中,5B6B 码型已实用化,用作三次群和四次群以上的线路传输码型。

$nBmB$ 码提供了良好的同步和检错能力,但所需的带宽随能力提高而增加。

2)nB/mT 码

nB/mT 码将 n 个二进制码变换成 m 个三进制码的新码组,且 $m < n$。在某些高速远程传输系统中,1B/1T 码的传输效率偏低。为此可以将输入二进制码分成若干位一组,然后用较少位数的三元码来表示,以降低编码后的码速率,从而提高频带利用率。4B/3T 码型是 1B/1T 码型的改进型,它把 **4 个二进制码变换成 3 个三元码**。显然,在相同的码速率下,4B/3T 码的信息容量大于 1B/1T,因而**可提高频带利用率**。4B/3T 码、8B/6T 码适用于较高速率的数据传输系统,如高次群同轴电缆传输系统。

6.3 数字基带信号传输与无码间干扰特性

6.3.1 数字基带信号传输与码间干扰

数字基带信号传输系统模型如图 6.9 所示。

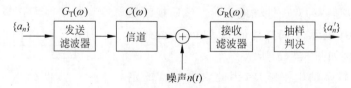

图 6.9 数字基带信号传输系统模型

图 6.9 中，$\{a_n\}$ 为发送滤波器的输入符号序列，在二进制的情况下，a_n 取值为 0、1 或 -1、$+1$。为了分析方便，假设 $\{a_n\}$ 对应的基带信号 $d(t)$ 是间隔为 T_s、强度由 a_n 决定的单位冲激序列，即

$$d(t) = \sum_{n=-\infty}^{\infty} a_n \delta(t - nT_s) \tag{6-37}$$

此信号激励发送滤波器（即信道信号形成器）时，发送滤波器的输出信号为

$$s(t) = d(t) * g_T(t) = \sum_{n=-\infty}^{\infty} a_n g_T(t - nT_s) \tag{6-38}$$

式中，$*$ 为卷积符号；$g_T(t)$ 是发送滤波器的冲激响应。设 $G_T(\omega)$ 为发送滤波器的传输特性，则 $g_T(t)$ 为

$$g_T(t) = \frac{1}{2\pi} \int_{-\infty}^{\infty} G_T(\omega) e^{j\omega t} \, d\omega \tag{6-39}$$

假设发送滤波器的传输特性为 $G_T(\omega)$，信道的传输特性为 $C(\omega)$，接收滤波器的传输特性为 $G_R(\omega)$，则图 6.9 所示基带传输系统的总传输特性为

$$H(\omega) = G_T(\omega) C(\omega) G_R(\omega) \tag{6-40}$$

其单位冲激响应为

$$h(t) = \frac{1}{2\pi} \int_{-\infty}^{\infty} H(\omega) e^{j\omega t} \, d\omega \tag{6-41}$$

$h(t)$ 是单个 δ 作用下 $H(\omega)$ 形成的输出波形，是系统的冲激响应。因此，在 δ 序列 $d(t)$ 作用下，接收滤波器输出信号 $y(t)$ 可表示为

$$y(t) = d(t) * h(t) + n_R(t) = \sum_{n=-\infty}^{\infty} a_n h(t - nT_s) + n_R(t) \tag{6-42}$$

式中，$n_R(t)$ 是加性噪声，是 $n(t)$ 经过接收滤波器后输出的噪声。

抽样判决器对 $y(t)$ 进行抽样判决，以确定所传输的数字信息序列 $\{a_n\}$。例如，要对第 k 个码元 a_k 进行判决，应在 $t = kT_s + t_0$ 时刻（t_0 是信道和接收滤波器所造成的延迟）对 $y(t)$ 抽样，由式 (6-42) 得

$$y(kT_s + t_0) = a_k h(t_0) + \sum_{\substack{n=-\infty \\ n \neq k}}^{\infty} a_n h[(k-n)T_s + t_0] + n_R(kT_s + t_0) \tag{6-43}$$

式中，第 1 项 $a_k h(t_0)$ 是第 k 个码元波形的抽样值，它是确定 a_k 的依据；第 2 项 $\sum_{\substack{n=\infty \\ n=k}}^{\infty} a_n h[(k-n)T_s + t_0]$ 是除第 k 个码元以外的其他码元波形在第 k 个抽样时刻上的总和，它对当前码元 a_k 的判决起着干扰作用，所以称为码间干扰值。由于 a_n 是以概率出现的，故码间干扰值通常是一个随机变量；第 3 项 $n_R(kT_s + t_0)$ 是输出噪声在抽样时刻的值，它是一种随机干扰，也影响对第 k 个码元的正确判决。

由于码间干扰和随机噪声的存在，当信号 $y(kT_s + t_0)$ 加到判决电路时，对 a_k 取值的判决可能判对，也可能判错。例如，在二进制数字通信时，a_k 的可能取值为 0 或 1，判

决电路的判决门限为 V_0，且判决规则为当 $y(kT_s+t_0)>V_0$ 时，判 a_k 为 1；当 $y(kT_s+t_0)<V_0$ 时，判 a_k 为 0。显然，只有当码间干扰值和噪声足够小时，才能基本保证上述判决的正确，否则有可能发生错判，造成误码。

因此，为了使误码率尽可能小，必须最大限度减小码间干扰和随机噪声的影响。这也正是研究数字基带信号传输的基本出发点。

6.3.2 无码间干扰的数字基带传输特性

码间干扰和信道噪声是影响数字基带传输系统性能的两个主要因素。因此，如何减小它们的影响，使系统的误码率达到规定要求，是人们必须研究的两个问题。由于码间干扰和信道噪声产生的机理不同，因此可分别讨论。首先讨论无噪声影响时，消除码间干扰的数字基带传输特性。

1. 消除码间干扰的基本思想

若要有效地消除码间干扰，由式(6-43)可知，应使得

$$\sum_{\substack{n=-\infty \\ n\neq k}}^{\infty} a_n h[(k-n)T_s+t_0]=0 \tag{6-44}$$

由此可知，码间干扰大小与 a_n、系统冲激响应波形及 $h(t)$ 在抽样时刻的取值密切相关。由于 a_n 是随机变量，通过各项相互抵消使码间干扰为 0 行不通，合理构建 $h(t)$，使得系统冲激响应满足在抽样判决时刻衰减到 0，则能满足要求，波形如图 6.10(a)所示。

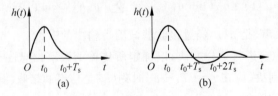

图 6.10 消除码间干扰原理

但这样的波形不易实现，因为实际中的 $h(t)$ 波形有很长的"拖尾"，也正是由于每个码元"拖尾"会造成对相邻码元的干扰，但只要让它在 T_s+t_0、$2T_s+t_0$ 等后面的码元抽样判决时刻正好为 0，就能消除码间干扰，如图 6.10(b)所示。

2. 无码间干扰的条件——奈奎斯特第一准则

如上所述，只要数字基带传输系统的冲激响应波形 $h(t)$ 仅在本码元的抽样时刻上有最大值，并在其他码元的抽样时刻上均为 0，则可消除码间干扰。也就是说，若对 $h(t)$ 在时刻 $t=kT_s$(这里假设信道和接收滤波器所造成的延迟 $t_0=0$)抽样，则应有

$$h(kT_s)=\begin{cases}1(或为常数)，& k=0 \\ 0，& k \text{ 为其他整数}\end{cases} \tag{6-45}$$

式(6-45)即为**无码间干扰时域条件**,也就是说,若 $h(t)$ 的抽样值除了在 $t=0$ 时不为零外,在其他所有抽样点上均为零,就不存在码间干扰。根据 $h(t)$ 和 $H(\omega)$ 之间存在的傅里叶变换关系,有

$$h(t) = \frac{1}{2\pi} \int_{-\infty}^{\infty} H(\omega) \mathrm{e}^{\mathrm{j}\omega t} \mathrm{d}\omega \tag{6-46}$$

在 $t = kT_s$ 时,有

$$h(kT_s) = \frac{1}{2\pi} \int_{-\infty}^{\infty} H(\omega) \mathrm{e}^{\mathrm{j}\omega kT_s} \mathrm{d}\omega \tag{6-47}$$

把上式的积分区间用分段积分求和代替,每段长为 $2\pi/T_s$,则式(6-47)可写为

$$h(kT_s) = \frac{1}{2\pi} \sum_{i=-\infty}^{\infty} \int_{(2i-1)\pi/T_s}^{(2i+1)\pi/T_s} H(\omega) \mathrm{e}^{\mathrm{j}\omega kT_s} \mathrm{d}\omega \tag{6-48}$$

将式(6-48)进行变量代换,令 $\omega' = \omega - \dfrac{2i\pi}{T_s}$,则有 $\mathrm{d}\omega' = \mathrm{d}\omega$,$\omega = \omega' + 2i\pi/T_s$。且当 $\omega = (2i \pm 1)\pi/T_s$ 时,$\omega' = \pm\pi/T_s$,于是有

$$h(kT_s) = \frac{1}{2\pi} \sum_{i=-\infty}^{\infty} \int_{-\pi/T_s}^{\pi/T_s} H\left(\omega' + \frac{2i\pi}{T}\right) \mathrm{e}^{\mathrm{j}\omega' kT_s} \mathrm{e}^{\mathrm{j}2\pi ik} \mathrm{d}\omega'$$

$$= \frac{1}{2\pi} \sum_{i=-\infty}^{\infty} \int_{-\pi/T_s}^{\pi/T_s} H\left(\omega' + \frac{2i\pi}{T_s}\right) \mathrm{e}^{\mathrm{j}\omega' kT_s} \mathrm{d}\omega' \tag{6-49}$$

当式(6-49)所述之和一致收敛时,求和与积分的次序可以互换;同时,把 ω' 重新记为 ω。于是有

$$h(kT_s) = \frac{1}{2\pi} \int_{-\pi/T_s}^{\pi/T_s} \sum_{i=-\infty}^{\infty} H\left(\omega + \frac{2i\pi}{T_s}\right) \mathrm{e}^{\mathrm{j}\omega kT_s} \mathrm{d}\omega \tag{6-50}$$

由傅里叶级数可知,若 $F(\omega)$ 是周期为 $2\pi/T_s$ 的频率函数,则可用指数型傅里叶级数表示为

$$F(\omega) = \sum_k f_k \mathrm{e}^{-\mathrm{j}k\omega T_s}$$

$$f_k = \frac{T_s}{2\pi} \int_{-\pi/T_s}^{\pi/T_s} F(\omega) \mathrm{e}^{\mathrm{j}k\omega T_s} \mathrm{d}\omega \tag{6-51}$$

将式(6-51)与式(6-50)对照可见,$h(kT_s)$ 就是 $\dfrac{1}{T_s} \sum\limits_{i=-\infty}^{\infty} H\left(\omega + \dfrac{2i\pi}{T_s}\right)$ 的指数型傅里叶级数的系数,因而有

$$\frac{1}{T_s} \sum_{i=-\infty}^{\infty} H\left(\omega + \frac{2\pi i}{T_s}\right) = \sum_{k=-\infty}^{\infty} h(kT_s) \mathrm{e}^{-\mathrm{j}\omega kT_s}, \quad |\omega| \leqslant \frac{\pi}{T_s} \tag{6-52}$$

将无码间干扰时域条件式(6-45)代入式(6-52),便可得到无码间干扰时,数字基带传输特性应满足的频域条件为

$$\frac{1}{T_s} \sum_i H\left(\omega + \frac{2\pi i}{T_s}\right) = 1, \quad |\omega| \leqslant \frac{\pi}{T_s} \tag{6-53}$$

或者写成

$$\sum_i H\left(\omega + \frac{2\pi i}{T_s}\right) = T_s, \quad |\omega| \leqslant \frac{\pi}{T_s} \tag{6-54}$$

该条件称为**奈奎斯特**(Nyquist)**第一准则**,它为人们提供了检验一个给定的系统特性 $H(\omega)$ 是否产生码间干扰的一种方法。式(6-54)中的 $\sum_i H\left(\omega + \frac{2\pi i}{T_s}\right)$ 含义是将 $H(\omega)$ 在 ω 轴上移位 $2\pi i/T_s\,(i=0,\pm1,\pm2,\cdots)$,然后把各项移至在 $|\omega| \leqslant \pi/T_s$ 区间内进行叠加。

例如,设 $H(\omega)$ 具有图 6.11(a)所示的特性,$\sum_{i=-\infty}^{\infty} H\left(\omega + \frac{2\pi i}{T_s}\right)$,$|\omega| \leqslant \frac{\pi}{T_s}$,式中 $i=0$ 的一项为 $H(\omega)$,$|\omega| \leqslant \pi/T_s$,如图 6.11(b)所示;$i=-1$ 的一项为 $H(\omega-2\pi/T_s)$,$|\omega| \leqslant \pi/T_s$,如图 6.11(c)所示;$i=+1$ 的一项为 $H(\omega+2\pi/T_s)$,$|\omega| \leqslant \pi/T_s$,如图 6.11(d)所示;除了这 3 项外,$i$ 为其他值时的各项均为 0,所以在 $|\omega| \leqslant \pi/T_s$ 区间内有

$$\sum_i H\left(\omega + \frac{2\pi i}{T_s}\right) = H\left(\omega - \frac{2\pi}{T_s}\right) + H(\omega) + H\left(\omega + \frac{2\pi}{T_s}\right), \quad |\omega| \leqslant \frac{\pi}{T_s}$$

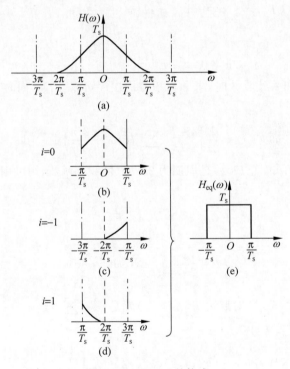

图 6.11　$H_{ep}(\omega)$ 的构成

满足奈奎斯特第一准则并不是唯一的要求,如何设计或选择满足此准则的 $H(\omega)$ 是接下来要讨论的问题。

6.3.3 无码间干扰传输特性的设计

1. 理想低通特性

满足奈奎斯特第一准则的 $H(\omega)$ 有很多种,容易想到的一种极限情况就是 $H(\omega)$ 为理想低通型,就是等效理想低通特性的 $H(\omega)$ 中只有 $i=0$ 项,即

$$H_{eq}(\omega) = H(\omega) = \begin{cases} T_s, & |\omega| \leqslant \dfrac{\pi}{T_s} \\ 0, & |\omega| > \dfrac{\pi}{T_s} \end{cases} \tag{6-55}$$

这时,$H(\omega)$ 即为一理想低通滤波器,如图 6.12(a) 所示,它的冲激响应为

$$h(t) = \frac{\sin \dfrac{\pi}{T_s} t}{\dfrac{\pi}{T_s} t} = \mathrm{Sa}(\pi t / T_s) \tag{6-56}$$

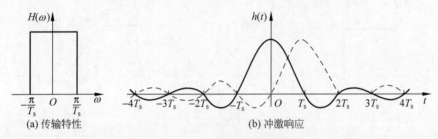

(a) 传输特性　　　　　(b) 冲激响应

图 6.12　理想低通系统

如图 6.12(b) 所示,$h(t)$ 在 $t = \pm k T_s (k \neq 0)$ 时有周期性零点,当发送码元波形的时间间隔为 T_s 时,接收端在 $t = k T_s$ 时刻抽样,则正好利用这些零点(见图 6.12(b) 中虚线)实现了无码间干扰传输。由图 6.12 和式(6-56)可以看出,输入序列若以 $1/T_s$ 的码元速率进行无码间干扰传输,则所需的最小传输带宽为 $1/2T_s$,这是数字基带传输系统所能达到的极限情况。

再来分析频带利用率。所谓频带利用率(η),是指码元速率和带宽的比值,即单位频带所能传输的码元速率,其表达式为

$$\eta = 码元速率 / 带宽 (\mathrm{B/Hz}) \tag{6-57}$$

显然,理想低通传输函数的频带利用率为 2B/Hz,这是最大的频带利用率,即数字基带传输系统所能提供的最高频带利用率是单位频带内每秒传两个码元,而不管这个码元是二元码还是多元码。通常把 $1/2T_s$ 称为**奈奎斯特带宽**,则无码间干扰的最高传输速率为 $1/T_s$,称为**奈奎斯特速率**,把 T_s 称为**奈奎斯特间隔**。显然,如果系统用高于 $1/T_s$ 的码元速率传送信号,将存在码间干扰。

由以上分析可知,如果数字基带传输系统的总传输特性为理想低通特性,则基带信

号的传输不存在码间干扰。但是这种传输条件实际上不可能达到,因为理想低通的传输特性意味着有无限陡峭的过渡带,这在工程上是无法实现的。即使能设法接近理想低通特性,但由于这种理想低通特性冲激响应 $h(t)$ 的拖尾(即衰减型振荡起伏)很大,如果抽样定时发生某些偏差,或外界条件对传输特性稍加影响、信号频率发生漂移等都会导致码间干扰明显增加。所以式(6-56)表达的无干扰传递条件只有理论上的意义,但它给出了数字基带传输系统传输能力的极限值。

考虑到实际的传输系统总是可能存在定时误差,因而,一般不采用 $H_{eq}(\omega) = H(\omega)$ 的情况,而只把这种情况作为理想的"标准"或者作为与别的系统特性进行比较的基础。

2. 升余弦滚降特性

考虑到理想冲激响应 $h(t)$ 的尾巴衰减慢的原因是系统的频率截止特性过于陡峭,这启发了人们可以按图 6.13 所示的构造思想去设计 $H(\omega)$ 特性,只要图中的 $Y(\omega)$ 具有对 ω_1 呈奇对称的振幅特性,则 $H(\omega)$ 即为所要求的。这种设计也可看成是**理想低通特性按奇对称条件进行"圆滑"的结果。**这里所说的"圆滑",通常称为"滚降"。

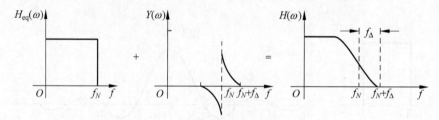

图 6.13　奇对称的余弦滚降特性

定义滚降系数为

$$\alpha = \frac{f_\Delta}{f_N} \tag{6-58}$$

其中,f_N 是奈奎斯特带宽,f_Δ 为超出奈奎斯特带宽的扩展量。显然 $0 \leqslant \alpha \leqslant 1$,不同的 α 有不同的滚降特性。图 6.14 所示为按余弦滚降的几种滚降特性和冲激响应。

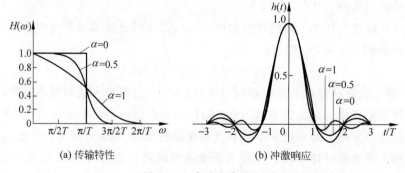

(a) 传输特性　　　　　　　　(b) 冲激响应

图 6.14　余弦滚降系统

具有滚降系数 α 的余弦滚降特性 $H(\omega)$ 可表示成

$$H(\omega) = \begin{cases} T_s, & 0 \leqslant |\omega| < \dfrac{(1-a)\pi}{T_s} \\ \dfrac{T_s}{2}\left[1 + \sin\dfrac{1}{2\alpha}(\pi - \omega T_s)\right], & \dfrac{(1-a)\pi}{T_s} \leqslant |\omega| < \dfrac{(1+\alpha)\pi}{T_s} \\ 0, & |\omega| \geqslant \dfrac{(1+\alpha)\pi}{T_s} \end{cases} \tag{6-59}$$

而相应的 $h(t)$ 为

$$h(t) = \frac{\sin\pi t/T_s}{\pi t/T_s}\frac{\cos\alpha t/T_s}{1 - 4\alpha^2 t^2/T_s^2} = \mathrm{Sa}\left(\frac{\pi t}{T_s}\right)\frac{\cos\alpha t/T_s}{1 - 4\alpha^2 t^2/T_s^2} \tag{6-60}$$

实际的 $H(\omega)$ 可按不同的 α 来选取,由图 6.14 可以看出,$\alpha=0$ 时,就是理想低通特性;$\alpha=1$ 时,是实际中常采用的升余弦频谱特性,这时,$H(\omega)$ 可表示为

$$H(\omega) = \begin{cases} \dfrac{T_s}{2}\left(1 + \cos\dfrac{\omega T_s}{2}\right), & |\omega| \leqslant \dfrac{2\pi}{T_s} \\ 0, & |\omega| > \dfrac{2\pi}{T_s} \end{cases} \tag{6-61}$$

其单位冲激响应为

$$h(t) = \frac{\sin\pi t/T_s}{\pi t/T_s}\frac{\cos\pi t/T_s}{1 - 4t^2/T_s^2} \tag{6-62}$$

图 6.14 所示为不同滚降系数时的传递函数和冲激响应,是归一化图形,由图可知,升余弦滚降信号在前后抽样值处的干扰始终为 0,因而满足抽样值无干扰的传输条件。随着滚降系数 α 的增加,两个零点之间的波形振荡起伏变小,其波形的衰减与 $1/t+3$ 成正比。但随着 α 的增大,所占频带增加,$\alpha=0$ 时即为前面所述的理想低通基带系统;$\alpha=1$ 时,所占频带的带宽最宽,是理想系统带宽的两倍,因而频带利用率为 1B/Hz。$0<\alpha<1$ 时,带宽 $B=(1+\alpha)/2T_s$,频带利用率 $\eta=2/(1+\alpha)$ B/Hz。由于抽样的时刻不可能完全没有时间上的误差,为了减小抽样定时脉冲误差带来的影响,滚降系数 α 不能太小,通常选择 $\alpha \geqslant 0.2$。

应当指出,在以上讨论中并没有涉及 $H(\omega)$ 的相移特性。但实际上它的相移特性一般不为零,故需要加以考虑。然而,在推导式(6-54)的过程中,并没有指定 $H(\omega)$ 是实函数,所以,式(6-54)(即奈奎斯特第一准则)对于一般特性的 $H(\omega)$ 均适用。

【例 6-2】 已知数字基带传输系统总特性为 $H(\omega) = \begin{cases} \tau_0(1 + \cos\omega\tau_0), & |\omega| \leqslant \dfrac{\pi}{\tau_0} \\ 0, & \text{其他} \end{cases}$

(1) 传输速率为 $1/(4\tau_0)$ 时,在抽样点有无码间干扰? 为什么?

(2) 系统的频带利用率为多大?

(3) 与带宽为 $1/(4\tau_0)$ 的理想低通特性比较,由于码元定时误差所引起的码间干扰是增大了还是减小了? 为什么?

【解】 （1）$H(\omega)$特性图如图 6.15 所示。

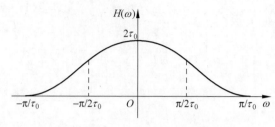

图 6.15　$H(\omega)$特性图

由 $H(\omega)$ 的特性知，其最大可叠加的矩形带宽为

$$B = \frac{1}{4\tau_0}$$

故无码间干扰的 R_{Bmax} 为 $R_{\text{Bmax}} = \frac{1}{2\tau_0}$，$R_B = \frac{1}{4\tau_0} = \frac{R_{\text{Bmax}}}{2}$，故可实现无码间干扰。

（2）$R_{\text{Bmax}} = \frac{1}{2\tau_0}$，$B = \frac{1}{2\tau_0}$，$\eta = \frac{R_{\text{Bmax}}}{B} = 1(\text{B}/\text{Hz})$

（3）由于 $H(\omega)$ 的冲激响应 $h(t)$ 的尾部衰减较快，故相对 $B = \frac{1}{4\tau_0}$ 的理想低通滤波器而言，由码元定时误差引入的码间干扰减小。

注：$h(t) = \frac{1}{2\pi}\int_{-\infty}^{\infty} H(\omega)\mathrm{e}^{\mathrm{j}\omega t}\,\mathrm{d}\omega = \mathrm{Sa}\left(\frac{\pi t}{2\tau_0}\right)\dfrac{\cos\left(\dfrac{\pi t}{2\tau_0}\right)}{1 - \dfrac{t^2}{\tau_0^2}}$，$T_s = 2\tau_0$（同升余弦比较）

6.4　部分响应系统

6.4.1　奈奎斯特第二准则

在前面的讨论中，为了消除码间干扰，要求把数字基带传输系统的总特性 $H(\omega)$ 设计成理想低通特性，或者等效的理想低通特性。然而，对于理想低通特性系统而言，其冲激响应为 $\sin x/x$ 波形。这个波形的特点是频谱窄，而且能达到理论上的极限传输速率 $2\text{B}/\text{Hz}$，但其缺点是第 1 个零点以后的尾巴振荡幅度大、收敛慢，从而对定时要求十分严格。若定时稍有偏差，极易引起严重的码间干扰。当把基带传输系统总特性 $H(\omega)$ 设计成等效理想低通传输特性时，例如采用升余弦频率特性，其冲激响应的"尾巴"振荡幅度虽然减小了，对定时要求也可放松，但所需要的频带却加宽了，达不到 $2\text{B}/\text{Hz}$ 的频带利用率（升余弦特性时为 $1\text{B}/\text{Hz}$），即降低了系统的频带利用率。可见，高的频带利用率与"尾巴"衰减大、收敛快是相互矛盾的，这对于高速率的传输尤其不利。

那么，能否找到一种频带利用率既高、"尾巴"衰减又大、收敛又快的传输波形呢？奈奎斯特第二准则给出了答案。

奈奎斯特第二准则：人为地、有规律地在某些码元的抽样时刻引入码间干扰，并在接收端判决前加以消除，可以达到改善频谱特性、压缩传输频带、使频带利用率提高到理论最大值并加速传输波形尾巴的衰减和降低对定时精度的要求的效果。

通常把满足奈奎斯特第二准则的波形称为**部分响应波形**；利用部分响应波形进行信号传送的基带传输系统称为**部分响应系统**。

6.4.2　第 I 类部分响应波形

由前面的分析可知，波形 $\sin x/x$ "拖尾"严重，但通过观察图 6.12 所示的 $\sin x/x$ 波形可以发现，相距一个码元间隔的两个 $\sin x/x$ 波形的"拖尾"刚好正负相反，利用这样的波形组合一定可以构成"拖尾"衰减很快的脉冲波形。由这一发现可知，用两个间隔为一个码元长度 T_s 的 $\sin x/x$ 的合成波形来代替 $\sin x/x$，如图 6.16(a) 所示，合成波形可表示为

$$g(t) = \frac{\sin\left[\dfrac{\pi}{T_s}\left(t+\dfrac{T_s}{2}\right)\right]}{\dfrac{\pi}{T_s}\left(t+\dfrac{T_s}{2}\right)} + \frac{\sin\left[\dfrac{\pi}{T_s}\left(t-\dfrac{T_s}{2}\right)\right]}{\dfrac{\pi}{T_s}\left(t-\dfrac{T_s}{2}\right)} \tag{6-63}$$

经展开后化简得

$$g(t) = \frac{4}{\pi}\frac{\cos\dfrac{\pi t}{T_s}}{1-\dfrac{4t^2}{T_s^2}} \tag{6-64}$$

由图 6.16(a) 可见，除了在相邻的取样时刻 $t=\pm T_s/2$ 处 $g(t)=1$ 外，其余取样时刻上，$g(t)$ 具有等 T_s 间隔零点。对式(6-64)进行傅氏变换，可得 $g(t)$ 的频谱函数为

$$G(\omega) = \begin{cases} 2T_s\cos\dfrac{\omega T_s}{2}, & |\omega|\leqslant\dfrac{\pi}{T_s} \\[2mm] 0, & |\omega|>\dfrac{\pi}{T_s} \end{cases} \tag{6-65}$$

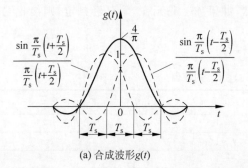
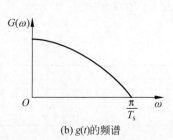

(a) 合成波形 $g(t)$　　　　　　　　(b) $g(t)$ 的频谱

图 6.16　$g(t)$ 及其频谱

从图 6.16(b)和式(6-65)可知,$g(t)$ 的频谱限制在 $(-\pi/T_s, \pi/T_s)$ 内,且呈缓变半余弦滤波特性,$g(t)$ 波形的拖尾幅度与 t^2 成反比,使得波形"拖尾"的衰减速度加快,它比 $\sin x/x$ 波形收敛快,衰减也大。其传输带宽为 $B=1/2T_s$,频带利用率为 $\eta=R_B/B=(1/T_s)/(1/2T_s)=2\mathrm{Baud/Hz}$,达到数字基带传输系统在传输二进制序列时的理论极限值。$g(t)$ 的波形具有如下特点。

(1) $g(t)$ 波形"拖尾"的衰减速度加快。$g(t)$ 波形的"拖尾"幅度与 t^2 成反比,而 $\sin x/x$ 波形幅度与 t 成反比。从图 6.16(a)也可看出,相距一个码元间隔的两个 $\sin x/x$ 波形的"拖尾"正负相反而相互抵消,使合成波形"拖尾"迅速衰减。

(2) $g(t)$ 可按 $1/T_s$ 传输速率传送码元。若用 $g(t)$ 作为传送波形,且码元间隔为 T_s,则在抽样时刻上仅发生发送码元的样值将受到前一码元的相同幅度样值的干扰,而与其他码元不会发生干扰(见图 6.17)。表面上看,由于前后码元的干扰很大,似乎无法按 $1/T_s$ 的速率进行传输。但由于这种"干扰"是确定的、可控的,在接收端可以消除掉,故仍可按 $1/T_s$ 的传输速率传送码元。

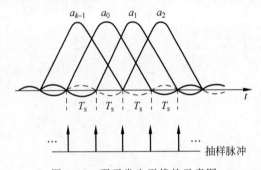

图 6.17　码元发生干扰的示意图

(3) 由于存在前一码元留下的有规律的干扰,$g(t)$ 可能会造成误码的传播(或扩散)

设输入的二进制码元序列为 $\{a_k\}$,并设 a_k 的取值为 $+1$ 及 -1。当发送码元 a_k 时,接收波形 $g(t)$ 在第 k 个时刻上获得的样值 C_k,C_k 应是 a_k 与前一码元在第 k 个时刻上留下的干扰值之和,即

$$C_k = a_k + a_{k-1} \tag{6-66}$$

式中,a_{k-1} 表示 a_k 前一码元在第 k 个时刻上的抽样值。不难看出,C_k 将可能有 -2、0 及 $+2$ 这 3 种取值,如表 6.2 所示。显然,如果前一码元 a_{k-1} 已经判定,则接收端可确定发送码元 a_k 的取值,表达式为

$$a_k = C_k - a_{k-1} \tag{6-67}$$

表 6.2　C_k 的取值

a_{k-1}	a_k	C_k
$+1$	$+1$	$+2$
-1	$+1$	0
$+1$	-1	0
-1	-1	-2

但这样的接收方式存在一个问题,因为 a_k 的恢复不仅由 C_k 来确定,而是必须参考前一码元 a_{k-1} 的判决结果,如果 $\{C_k\}$ 序列中某个抽样值因干扰而发生差错,则不但会造成当前恢复的 a_k 值错误,而且还会影响到以后的所有抽样值,这种现象称为**错误传播现象**,如下示例。

输入信码	1	0	1	1	0	0	0	1	0	1	1
发送端 $\{a_k\}$	+1	−1	+1	+1	−1	−1	−1	+1	−1	+1	+1
接收端 $\{C_k\}$	0	0	+2	0	−2	−2	0	0	0	+2	
接收的 $\{C'_k\}$	0	0	+2	0	−2	0×	0	0	0	+2	
恢复的 $\{a'_k\}$	(+1)	−1	+1	+1	−1	−1	+1×	−1×	+1×	−1×	+3×

由上例可见,自 $\{C'_k\}$ 出现错误之后,接收端恢复出来的 $\{a'_k\}$ 会全部是错误的。此外,在接收端恢复 $\{a'_k\}$ 时还必须有正确的起始值(+1),否则也不可能得到正确的 $\{a'_k\}$ 序列。

为了消除错误传播现象,通常将绝对码变换为相对码,然后再进行部分响应编码。首先,在发送端先将输入信码 a_k 变成 b_k,规则是

$$b_k = a_k \oplus b_{k-1} \tag{6-68}$$

也即

$$a_k = b_k \oplus b_{k-1} \tag{6-69}$$

式中,$\oplus$ 表示模 2 和。然后以 $\{b_k\}$ 作为发送序列,形成由式(6-63)决定的 $g(t)$ 波形序列,则此时对应的式(6-67)改写为

$$C_k = b_k + b_{k-1} \tag{6-70}$$

对式(6-70)进行模 2 处理,则有

$$[C_k]_{\text{mod}2} = [b_k + b_{k-1}]_{\text{mod}2} = b_k \oplus b_{k-1} = a_k \tag{6-71}$$

或

$$a_k = [C_k]_{\text{mod}2} \tag{6-72}$$

式(6-72)说明,对接收到的 C_k 作模 2 处理后便直接得到发送端的 a_k,整个过程不需要预先知道 a_{k-1},故不存在错误传播现象。

通常,把 a_k 变成 b_k 的过程,称为预编码,而把 b_k 变成 C_k 的过程称为相关编码。因此,整个处理过程可概括为"**预编码-相关编码-模 2 判决**"过程。

重新引用上面的例子,由输入 a_k 到接收端恢复 a'_k 的过程如下。

a_k	1	0	1	1	0	0	0	1	0	1	1	
b_{k-1}	0	1	1	0	1	1	1	1	0	0	1	
b_k	1	1	0	1	1	1	1	0	0	1	0	
C_k	0	+2	0	0	+2	+2	+2	0	−2	0	0	(b_k 和 b_{k-1} 中 1 变+1,0 变−1)
C'_k	0	+2	0	0	+2	+2	+2	0	0×	0	0	(接收的 C_k)
a'_k	1	0	1	1	0	0	0	1	1×	1	1	

判决的规则是

$$C_k = \begin{cases} \pm 2, & \text{判 } 0 \\ 0, & \text{判 } 1 \end{cases}$$

此例说明,由当前 C_k 值可直接得到当前的 a_k,所以错误不会传播下去,而是局限在受干扰码元本身位置,这是因为**预编码解除了码间的相关性**。

上面讨论的属于第 Ⅰ 类部分响应波形,其系统组成框图如图 6.18 所示,其中图(a)为原理框图,图(b)为实际组成框图。为简单起见,图中所示系统没有考虑噪声的影响。

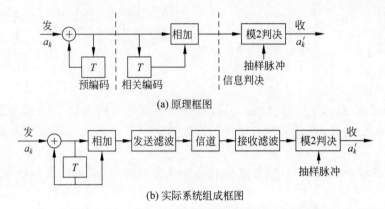

(a) 原理框图

(b) 实际系统组成框图

图 6.18 第 Ⅰ 类部分响应系统框图

应当指出,部分响应信号是由预编码器、相关编码器、发送滤波器、信道和接收滤波器共同产生的。这意味着,如果相关编码器输出为 δ 脉冲序列,发送滤波器、信道和接收滤波器的传输函数应为理想低通特性。但由于部分响应信号的频谱是滚降衰减的,因此对理想低通特性的要求可以略有放松。

6.4.3 部分响应波形的一般形式

一般地,部分响应波形是式(6-63)所示形式的推广,部分响应波形的一般形式可以是 N 个 $\sin x/x$ 波形之和,其表达式为

$$g(t) = R_1 \frac{\sin \frac{\pi}{T_s} t}{\frac{\pi}{T_s} t} + R_2 \frac{\sin \frac{\pi}{T_s}(t - T_s)}{\frac{\pi}{T_s}(t - T_s)} + \cdots + R_N \frac{\sin \frac{\pi}{T_s}[t - (N-1)T_s]}{\frac{\pi}{T_s}[t - (N-1)T_s]}$$

$$= \sum_{m=1}^{N} R_m \mathrm{Sa} \frac{\pi}{T_s}[t - (m-1)T_s] \tag{6-73}$$

式中,$R_1, R_2, \cdots, R_N$ 为加权系数,其取值为正、负整数及零。当 $R_1 = 1$、$R_2 = 1$,其余系数 $R_i = 0$ 时,就是前面所述的第 Ⅰ 类部分响应波形。

对应式(6-73)所示部分响应波形的频谱函数为

$$G(\omega) = \begin{cases} T_s \sum_{m=1}^{N} R_m e^{-j\omega(m-1)T_s}, & |\omega| \leqslant \dfrac{\pi}{T_s} \\ 0, & |\omega| > \dfrac{\pi}{T_s} \end{cases} \tag{6-74}$$

可见,$G(\omega)$仅在频域$(-\pi/T_s,\pi/T_s)$范围内存在。

显然,不同类别的部分响应波形所对应的$R_m(m=1,2,\cdots,N)$不同,并且有各自对应的相关编码方式。如果假设输入数据序列为$\{a_k\}$,相应的相关编码电平为$\{C_k\}$,则

$$C_k = R_1 a_k + R_2 a_{k-1} + \cdots + R_N a_{k-(N-1)} \tag{6-75}$$

由式(6-75)可以看出,C_k的电平数将依赖于a_k的进制数L及R_m的取值,一般C_k的电平数将要超过a_k的进制数。

为了避免因相关编码而引起的"错误传播"现象,一般部分相应系统要经过类似于前面介绍的"预编码-相关编码-模2判决"过程。先将a_k进行预编码,

$$a_k = R_1 b_k + R_2 b_{k-1} + \cdots + R_N b_{k-(N-1)} \quad (\text{按模}L\text{相加}) \tag{6-76}$$

式中,a_k和b_k假设为L进制。然后,将预编码后的b_k进行相关编码,

$$C_k = R_1 b_k + R_2 b_{k-1} + \cdots + R_N b_{k-(N-1)} \quad (\text{算术加})$$

最后对C_k进行模L处理,并与式(6-76)比较可得

$$a_k = [C_k]_{\text{mod}L} \tag{6-77}$$

这正是所期望的结果,此时不存在错误传播问题,且接收端的译码十分简单,只需直接对C_k按模L判决即可得a_k。

根据R取值不同,表6.3列出了常见的5类部分响应波形、频谱特性和加权系数R_N,分别命名为 I、II、III、IV、V 类部分响应信号,为了便于比较,把具有$\sin x/x$波形的理想低通也列在表内,并称为第0类。从表中可以看出,各类部分响应波形的频谱均不超过理想低通的频带宽度,但它们的频谱结构和对临近码元抽样时刻的干扰不同。

表 6.3 部分响应信号

类别	R_1	R_2	R_3	R_4	R_5	$g(t)$	$\lvert G(\omega)\rvert,\lvert\omega\rvert\leqslant\pi/T_s$	二进制输入时的C_k电平数
0	1							2
I	1	1						3
II	1	2	1					5

类别	R_1	R_2	R_3	R_4	R_5	$g(t)$	$\|G(\omega)\|,\|\omega\leqslant\pi/T_s\|$	二进制输入时的 C_k 电平数
Ⅲ	2	1	−1				$2T_s\cos\dfrac{\omega T_s}{2}\sqrt{5-4\cos\omega T_s}$	5
Ⅳ	1	0	−1				$2T_s\sin^2\omega T_s$	3
Ⅴ	−1	0	2	0	−1		$4T_s\sin^2\omega T_s$	5

目前应用较多的部分响应波形是第Ⅰ类和第Ⅳ类。第Ⅰ类频谱主要集中在低频段,适于信道频带高频严重受限的场合。第Ⅳ类无直流分量,且低频分量小,便于通过载波线路,便于边带滤波,实现单边带调制,因而在实际应用中,第Ⅳ类部分响应用得最为广泛,其系统组成框图可参照图6.18得到。此外,Ⅰ、Ⅳ两类的抽样值电平数比其他类别的少,这也是它们得以广泛应用的原因之一,当输入为 L 进制信号时,经部分响应传输系统得到的第Ⅰ、Ⅳ类部分响应信号的电平数为 $2L-1$。

采用部分响应系统可以使传输波形的"尾巴"衰减大且收敛快,而且使低通滤波器成为可实现的,频带利用率可以提高到 $2B/Hz$ 的极限值,还可实现基带频谱结构的变化,也就是说,通过相关编码得到预期的部分响应信号频谱结构。同时采用部分响应系统也具有一个显著的缺点,即当输入数据为 L 进制时,部分响应波形的相关编码电平数会超过 L 个,因此,在同样输入信噪比条件下,部分响应系统抗噪声性能将比零类响应系统要差。这表明,为获得部分响应系统的优点,就需要花费一定的代价(可靠性下降)。

6.5　抗噪声性能

对于数字基带传输系统而言,影响数据可靠传输的有码间干扰和信道噪声两个因素。当传输特性满足奈奎斯特准则时,码间干扰就可以消除,此时影响系统可靠性的因素就只有信道噪声。信道噪声即高斯白噪声,时时刻刻存在于系统中,是不可消除的,它能使传输的数字信号产生误码,将1码错判为0码,或使0码错判为1码。

本节分析在无码间干扰的条件下,信道噪声对基带信号传输的影响,即计算噪声引起的误码率。一般认为信道噪声只对接收端产生影响,则可建立分析模型如图 6.19 所示。

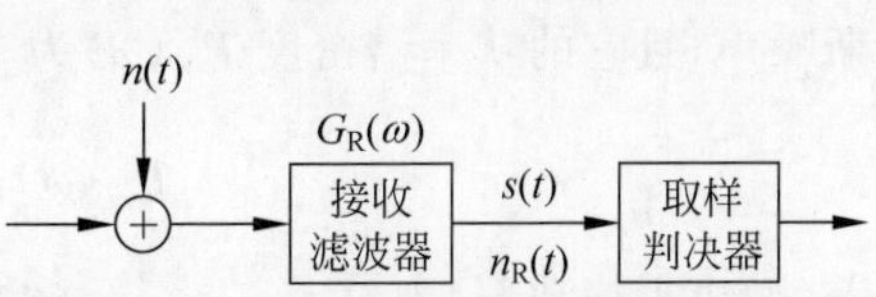

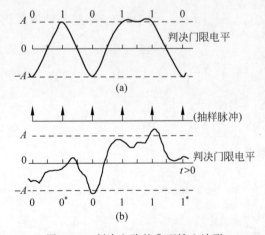

图 6.19　抗噪声性能分析模型

设二进制接收波形为 $s(t)$,信道噪声为 $n(t)$,通过接收滤波器后的输出噪声为 $n_R(t)$,则接收滤波器的输出是信号加噪声的混合波形,即 $x(t) = s(t) + n_R(t)$。

6.5.1　二进制双极性基带信号传输误码率

若二进制基带信号为双极性,设它在抽样时刻的电平取值为 $+A$ 或 $-A$(分别对应信码 1 或 0),则 $x(t)$ 在抽样时刻的取值为

$$x(kT_s) = \begin{cases} A + n_R(kT_s), & \text{发送 1 码} \\ -A + n_R(kT_s), & \text{发送 0 码} \end{cases} \tag{6-78}$$

设判决电路的判决门限为 V_d,判决规则为

$$\begin{cases} x(kT_s) > V_d, & \text{判为 1 码} \\ x(kT_s) < V_d, & \text{判为 0 码} \end{cases}$$

上述判决过程的典型波形如图 6.20 所示。其中,图 6.20(a)是无噪声影响时的信号波形,而图 6.20(b)则是图 6.20(a)波形叠加上噪声后的混合波形。显然这时的判决门限应选择在 0 电平,不难看出,对图 6.20(a)波形能够毫无差错地恢复基带信号,但对图 6.20(b)的波形就可能出现两种判决错误,即发 1 码错判成 0 码或发 0 码错判成 1 码,图中带 * 的码元就是错码。

图 6.20　判决电路的典型输入波形

信道加性噪声 $n(t)$ 通常被假设为均值为 0、双边功率谱密度为 $n_0/2$ 的平稳高斯白噪声,而接收滤波器又是一个线性网络,故判决电路输入噪声 $n_R(t)$ 也是均值为 0 的平稳

高斯噪声,且它的功率谱密度 $P_n(\omega)$ 为

$$P_n(\omega) = \frac{n_0}{2} |G_R(\omega)|^2 \tag{6-79}$$

方差(噪声平均功率)为

$$\sigma_n^2 = \frac{1}{2\pi} \int_{-\infty}^{\infty} \frac{n_0}{2} |G_R(\omega)|^2 \, \mathrm{d}\omega \tag{6-80}$$

可见,$n_R(t)$ 是均值为 0、方差为 σ_n^2 的高斯噪声,因此它的瞬时值的统计特性可描述为

$$f(V) = \frac{1}{\sqrt{2\pi}\sigma_n} \exp\left(-\frac{V^2}{2\sigma_n^2}\right) \tag{6-81}$$

式中,V 就是噪声的瞬时取值 $n_R(kT_s)$。

根据式(6-81),当发送 1 码时,$A + n_R(kT_s)$ 的一维概率密度函数为

$$f_1(x) = \frac{1}{\sqrt{2\pi}\sigma_n} \exp\left[-\frac{(x-A)^2}{2\sigma_n^2}\right] \tag{6-82}$$

而当发送 0 码时,$-A + n_R(kT_s)$ 的一维概率密度函数为

$$f_0(x) = \frac{1}{\sqrt{2\pi}\sigma_n} \exp\left[-\frac{(x+A)^2}{2\sigma_n^2}\right] \tag{6-83}$$

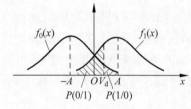

图 6.21 $x(t)$ 的概率密度曲线

相应的曲线如图 6.21 所示。

这时,在 $-A$ 到 $+A$ 之间选择一个适当的电平 V_d 作为判决门限,根据判决规则将会出现两种情况,对 0 码,当 $x < V_d$ 时判为 0 码(正确判决),当 $x > V_d$ 时判为 1 码(错误判决);对 1 码,当 $x > V_d$ 时判为 1 码(正确判决),当 $x < V_d$ 时判为 0 码(错误判决)。

可见,在二进制基带信号传输过程中,发 1 码错判为 0 码的概率 P_{e1} 为

$$P_{e1} = P(0/1) = P(x < V_d) = \int_{-\infty}^{V_d} f_1(x) \mathrm{d}x = \int_{-\infty}^{V_d} \frac{1}{\sqrt{2\pi}\sigma_n} \exp\left[-\frac{(x-A)^2}{2\sigma_n^2}\right] \mathrm{d}x$$

$$= \frac{1}{2} + \frac{1}{2} \mathrm{erf}\left[\frac{V_d - A}{\sqrt{2}\sigma_n}\right] \tag{6-84}$$

发 0 码错判为 1 码的概率 P_{e2} 为

$$P_{e2} = P(1/0) = P(x > V_d) = \int_{V_d}^{\infty} f_0(x) \mathrm{d}x = \int_{V_d}^{\infty} \frac{1}{\sqrt{2\pi}\sigma_n} \exp\left[-\frac{(x+A)^2}{2\sigma_n^2}\right] \mathrm{d}x$$

$$= \frac{1}{2} - \frac{1}{2} \mathrm{erf}\left[\frac{V_d + A}{\sqrt{2}\sigma_n}\right] \tag{6-85}$$

其中,$\mathrm{erf}(x) = \frac{2}{\sqrt{\pi}} \int_0^x \mathrm{e}^{-z^2} \mathrm{d}z$ 为误差函数;$\mathrm{erfc}(x) = \frac{2}{\sqrt{\pi}} \int_x^{\infty} \mathrm{e}^{-z^2} \mathrm{d}z$ 为互补误差函数。

P_{e1} 和 P_{e2} 分别如图 6.21 中的阴影部分所示,若发送 1 码的概率为 $P(1)$,发送 0 码的概率为 $P(0)$,则数字基带传输系统总的误码率可表示为

$$P_e = P(1)P_{e1} + P(0)P_{e2} = P(1)\int_{-\infty}^{V_d} f_1(x)\mathrm{d}x + P(0)\int_{V_d}^{\infty} f_0(x)\mathrm{d}x \qquad (6\text{-}86)$$

从式(6-86)可以看出,误码率 P_e 与 $P(1)$、$P(0)$、$f_0(x)$、$f_1(x)$ 及 V_d 有关,而 $f_0(x)$ 和 $f_1(x)$ 又与信号的峰值 A 和噪声功率 σ_n^2 有关。通常 $P(1)$ 和 $P(0)$ 是给定的,因此误码率最终由 A、σ_n^2 和门限 V_d 决定。在 A 和 σ_n^2 一定的条件下,可以找到一个使误码率最小的判决门限电平,这个门限电平称为**最佳门限电平**。若令 $\dfrac{\mathrm{d}P_e}{\mathrm{d}V_d}=0$,则可求得最佳门限电平为

$$V_d^* = \frac{\sigma_n^2}{2A}\ln\frac{P(0)}{P(1)} \qquad (6\text{-}87)$$

当 $P(1)=P(0)=1/2$ 时,有

$$V_d^* = 0 \qquad (6\text{-}88)$$

此时,基带传输系统总误码率为

$$P_e = \frac{1}{2}P_{e1} + \frac{1}{2}P_{e2} = \frac{1}{2}\left[1 - \mathrm{erf}\left(\frac{A}{\sqrt{2}\,\sigma_n}\right)\right] = \frac{1}{2}\mathrm{erfc}\left(\frac{A}{\sqrt{2}\,\sigma_n}\right) \qquad (6\text{-}89)$$

由此可知,发 1 码与 0 码概率相等,并在最佳判决门限电平下,系统的总误码率依赖于信号峰值 A 与噪声均方根值 σ_n 之比;而与采用什么样的信号形式无关(这里所要求信号形式是必须能够消除码间干扰)。若比值 A/σ_n 越大,则 P_e 就越小。

6.5.2 二进制单极性基带信号传输误码率

对于单极性信号,若设它在抽样时刻的电平取值为 $+A$ 或 0(分别对应 1 码或 0 码)。因此,在发 0 码时,只需将图 6.21 中 $f_0(x)$ 曲线的分布中心由 $-A$ 移到 0 即可,此时有

$$V_d^* = \frac{A}{2} + \frac{\sigma_n^2}{A}\ln\frac{P(0)}{P(1)} \qquad (6\text{-}90)$$

当 $P(0)=P(1)=1/2$ 时,

$$V_d^* = \frac{A}{2} \qquad (6\text{-}91)$$

$$P_e = \frac{1}{2}\mathrm{erfc}\left(\frac{A}{2\sqrt{2}\,\sigma_n}\right) \qquad (6\text{-}92)$$

式中,A 是单极性基带波形的峰值。

通过对双极性和单极性基带系统误码率进行比较可知,当比值 A/σ_n 一定时,双极性基带系统的误码率比单极性的低,抗噪声性能好。在等概率条件下,双极性的最佳判决门限电平为 0,与信号幅度无关,因而不随信道特性变化而变化,能保持最佳状态。而单极性的最佳判决门限电平为 $A/2$,它易受信道特性变化的影响,从而导致误码率增大。因此,双极性基带系统比单极性基带系统应用更为广泛。

6.6 眼图与时域均衡

6.6.1 眼图

1. 眼图及形成原理

从理论上讲,只要基带传输总特性 $H(\omega)$ 满足奈奎斯特第一准则,就可实现无码间干扰传输。但在实际中,滤波器部件调试不理想或信道特性的变化等因素都可能使 $H(\omega)$ 改变,从而使系统性能恶化。计算由于这些因素所引起的误码率非常困难,**尤其在码间干扰和信道噪声同时存在的情况下**,系统性能的定量分析更是难以进行,因此在实际应用中需要用简便的实验方法来定性测量系统的性能,其中一个有效的实验方法是观察接收信号的眼图。

所谓眼图,**是指通过示波器观察接收端的基带信号波形,从而估计和调整系统性能的一种方法**。具体来说就是用一个示波器跨接在抽样判决器的输入端,然后调整示波器水平扫描周期,使其与接收码元的周期同步。此时可以从示波器显示的图形上观察码间干扰和信道噪声等因素影响的情况,从而估计系统性能的优劣程度。因为**在传输二进制信号波形时**,示波器显示的图形很像人的眼睛,故取名"眼图"。

为了便于理解,这里在不考虑噪声影响的情况下分析眼图的形成原理,如图 6.22 所示。

图 6.22(a)所示是接收滤波器输出的**无码间干扰的双极性基带波形**,用示波器观察它,并将示波器扫描周期调整到码元周期 T_s,由于**示波器的余晖作用**,扫描所得的每一个码元波形将重叠在一起,形成如图 6.22(b)所示的**迹线细而清晰的大"眼睛"**;图 6.22(c)所示是**有码间干扰的双极性基带波形**,由于存在码间干扰,此波形已经失真,所以示波器的扫描迹线就不完全重合,于是形成的眼图迹线杂乱,"眼睛"张开得较小,且眼图不端正,如图 6.22(d)所示。对比图 6.22(b)和图 6.22(d)可知,眼图的"眼睛"张开得越大,且眼图越端正,表示码间干扰越小,反之表示码间干扰越大。

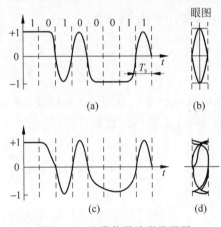

图 6.22 基带信号波形及眼图

当存在噪声时,眼图的迹线变成了比较模糊的带状线,噪声越大,线条越宽,越模糊,"眼睛"张开得越小。不过应该注意,从图形上并不能观察到随机噪声的全部形态,例如出现机会少的大幅度噪声,由于它在示波器上一晃而过,因而用人眼是观察不到的。所以,在示波器上只能大致估计噪声的强弱。

2. 眼图模型

从以上分析可知,眼图可以定性反映码间干扰的大小和噪声的大小。眼图可以用来辅助接收滤波器的调整,以减小码间干扰,改善系统性能。为了说明眼图和系统性能之间的关系,这里把眼图简化为一个模型,如图 6.23 所示。由图 6.23 可以获得以下信息。

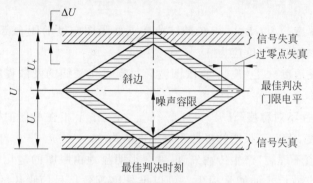

图 6.23　眼图的模型

（1）**最佳抽样时刻**：应是"眼睛"张开最大的时刻。

（2）**系统对抽样定时误差的灵敏程度**：眼图斜边的斜率决定了系统对抽样定时误差的灵敏程度,斜率越大,对定时误差越灵敏。

（3）**信号的失真范围**：图中阴影区的垂直高度表示信号的失真范围。

（4）**判决门限电平**：图中央的横轴位置对应于判决门限电平。

（5）**噪声容限**：抽样时刻,上下两阴影区的间隔距离之半为噪声的容限,噪声瞬时值超过它就可能发生错误判决。

（6）**过零点失真**：图中倾斜阴影带与横轴相交的区间表示接收波形零点位置的变化范围,即过零点失真,它对于利用信号零交点的平均位置来提取定时信息的接收系统有很大影响。

图 6.24(a)和图 6.24(b)分别是二进制升余弦频谱信号在示波器上显示的两张眼图照片。图 6.24(a)是在几乎无噪声和无码间干扰的情况下得到的,而图 6.24(b)则是存在一定的噪声和码间干扰的情况下得到的。

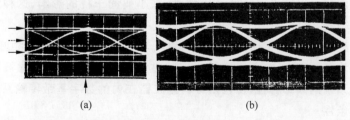

(a)　　　　　　(b)

图 6.24　眼图照片

顺便指出：接收二进制波形时,在一个码元周期 T_s 内只能看到一只眼睛;若接收的是 M 进制波形,则在一个码元周期内可以看到纵向显示的 $M-1$ 只眼睛;若接收的是经过码型变换后得到的 **AMI** 码或 **HDB3** 码,由于它们的波形具有三电平,所以眼图中间会出现一根代表连 **0** 的水平线;另外,若扫描周期为 nT_s,可以看到并排的 n 只眼睛。

3. 衡量眼图的几个重要参数

(1) 眼图开启度$(U-2\Delta U)/U$:指在最佳抽样点处眼图幅度的"张开"程度。无失真眼图的开启度为 100%。

(2) "眼皮"厚度$(2\Delta U/U)$:指在最佳抽样点处眼图幅度的闭合部分与最大幅度之比,无失真眼图的"眼皮"厚度应为 0。

(3) 交叉点发散度$(\Delta T/T_s)$:指眼图波形过零点交叉线的发散程度,无失真眼图的交叉点发散度为 0。

(4) 正、负极性不对称度$(|U_+ - U_-|/|U_+ + U_-|)$:指在最佳抽样点处眼图正、负幅度不对称的程度,无失真眼图的极性不对称度应为 0。

如果传输信道不理想,产生传输失真,就会很明显地由眼图的这几个参数反映出来。其后果可以看成有效信号的能量损失。可以推导出等效信号信噪比的损失量 $\Delta E_b/N_0$ 与眼图开启度$(U-2\Delta U)/U$ 的关系为

$$\Delta E_b/N_0 = 20\lg[(U-2\Delta U)/U](\text{dB}) \tag{6-93}$$

$$U = U_+ + U_- \tag{6-94}$$

同样,交叉点发散度对信噪比损失的影响也可以等效为眼图开启度对信噪比损失的影响。

6.6.2 时域均衡

1. 均衡器和时域均衡的定义

在信道特性 $C(\omega)$ 确知的条件下,人们可以精心设计接收和发送滤波器,以达到消除码间干扰和尽量减小噪声影响的目的。但在实际实现时,由于难免存在滤波器的设计误差和信道特性的变化,所以无法实现理想的传输特性,因而存在波形的失真,产生码间干扰,系统的性能也必然下降。理论和实践均证明,**在数字基带传输系统中插入一种可调(或不可调)滤波器可以校正或补偿系统特性,减小码间干扰的影响,这种起补偿作用的滤波器称为均衡器。**

均衡器的种类很多,但按研究的角度和领域,可分为**时域均衡器**和**频域均衡器**两种。

所谓频域均衡器,是从校正系统的频率特性出发,利用一个可调滤波器的频率特性去补偿信道或系统的频率特性,使包括可调滤波器在内的数字基带传输系统的总特性接近无失真传输条件。

所谓时域均衡,是利用均衡器产生的时间波形去直接校正已失真的波形,使包括均衡器在内的整个系统的冲激响应满足无码间干扰条件。

频域均衡在信道特性不变,且在传输低速数据时是适用的。而时域均衡可以根据信

道特性的变化进行调整,能够有效地减小码间干扰,故在高速数据传输中得以广泛应用。

2. 时域均衡原理

如图 6.9 所示的数字基带传输系统的总特性为 $H(\omega)=G_T(\omega)C(\omega)G_R(\omega)$,当 $H(\omega)$ 不满足无码间干扰条件(即奈奎斯特第一准则)时,就会形成有码间干扰的响应波形。现在来证明,如果在接收滤波器和抽样判决器之间插入一个称为横向滤波器的可调滤波器,其冲激响应为

$$h_T(t) = \sum_{n=-\infty}^{\infty} C_n \delta(t-nT_s) \qquad (6\text{-}95)$$

式中,C_n 完全依赖于 $H(\omega)$,那么,理论上就可消除抽样时刻上的码间干扰。

【证明】 设插入滤波器的频率特性为 $T(\omega)$,则当

$$T(\omega)H(\omega) = H'(\omega) \qquad (6\text{-}96)$$

满足奈奎斯特第一准则,即当

$$\sum_i H'\left(\omega+\frac{2\pi i}{T_s}\right) = \sum_i H\left(\omega+\frac{2\pi i}{T_s}\right)T\left(\omega+\frac{2\pi i}{T_s}\right) = T_s, \quad |\omega| \leqslant \frac{\pi}{T_s} \qquad (6\text{-}97)$$

时,则包括 $T(\omega)$ 在内的总的传输特性 $H'(\omega)$ 将能消除码间干扰。

如果 $T(\omega)$ 是以 $2\pi/T_s$ 为周期的周期函数,即 $T\left(\omega+\frac{2\pi i}{T_s}\right)=T(\omega)$,则 $T(\omega)$ 与 i 无关,可放到和式外边,于是有

$$T(\omega) = \frac{T_s}{\sum_i H\left(\omega+\frac{2\pi i}{T_s}\right)}, \quad |\omega| \leqslant \frac{\pi}{T_s} \qquad (6\text{-}98)$$

使得式(6-97)成立,即消除码间干扰的条件成立。

既然 $T(\omega)$ 是按式(6-97)开拓的周期为 $2\pi/T_s$ 的周期函数,则 $T(\omega)$ 可用傅里叶级数表示为

$$T(\omega) = \sum_{n=-\infty}^{\infty} C_n \mathrm{e}^{-\mathrm{j}n\omega T_s} \qquad (6\text{-}99)$$

式中,

$$C_n = \frac{T_s}{2\pi}\int_{-\pi/T_s}^{\pi/T_s} T(\omega)\mathrm{e}^{\mathrm{j}n\omega T_s}\mathrm{d}\omega = \frac{T_s}{2\pi}\int_{-\pi/T_s}^{\pi/T_s} \frac{T_s}{\sum_i H\left(\omega+\frac{2\pi i}{T_s}\right)}\mathrm{e}^{\mathrm{j}n\omega T_s}\mathrm{d}\omega \qquad (6\text{-}100)$$

由式(6-100)可以看出,傅里叶系数 C_n 由 $H(\omega)$ 决定。

对 $T(\omega)$ 求傅里叶反变换,可求得其单位冲激响应 $h_T(t)$ 为

$$h_T(t) = F^{-1}[T(\omega)] = \sum_{n=-\infty}^{\infty} C_n \delta(t-nT_s) \qquad (6\text{-}101)$$

这就是需要证明的公式(6-95)。

由式(6-101)可以看出,这里的 $h_T(t)$ 是图 6.25 所示网络的单位冲激响应。该网络由无限多横向排列的迟延单元 T_s 和抽头加权系数 C_n 组成,因此称为**横向滤波器**,其功

能是利用无限多个响应波形之和,将接收滤波器输出端抽样时刻上有码间干扰的响应波形变换成抽样时刻上无码间干扰的响应波形。由于横向滤波器的均衡原理是建立在响应波形上的,故把这种均衡称为时域均衡。

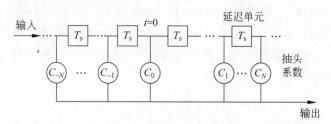

图 6.25　横向滤波器

横向滤波器的特性将取决于各抽头系数 C_n。如果 C_n 是可调整的,则图 6.25 中所示的滤波器是通用的;特别当 C_n 可自动调整时,则它能够适应信道特性的变化,可以动态校正系统的时间响应。

3. 有限长横向滤波器

从前面内容分析可知,横向滤波器可以实现时域均衡。无限长的横向滤波器可以(至少在理论上)完全消除抽样时刻上的码间干扰,但其实际上是不可实现的。因为均衡器的长度不仅受经济条件的限制,并且还受每一系数 C_i 调整准确度的限制。如果 C_i 的调整准确度得不到保证,则增加长度所获得的效果也不会显示出来。因此,有必要进一步讨论有限长横向滤波器的抽头增益调整问题。

设在基带系统接收滤波器与判决电路之间插入一个具有 $2N+1$ 个抽头的横向滤波器,如图 6.26 所示。横向滤波器的输入(即接收滤波器的输出)为 $x(t)$,$x(t)$ 是被均衡的对象,并设它不附加噪声,如图 6.27(a)所示。

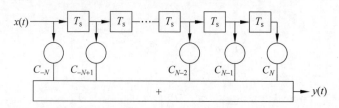

图 6.26　有限长横向滤波器

若设有限长横向滤波器的单位冲激响应为 $e(t)$,相应的频率特性为 $E(\omega)$,则

$$e(t) = \sum_{i=-N}^{N} C_i \delta(t - iT_s) \tag{6-102}$$

其相应的频率特性为

$$E(\omega) = \sum_{i=-N}^{N} C_i e^{-ji\omega T_s} \tag{6-103}$$

由此可以看出,$E(\omega)$ 被 $2N+1$ 个 C_i 所确定,显然,不同的 C_i 将对应不同的 $E(\omega)$。

假如各抽头系数是可调整的,则图 6.26 所示的滤波器是通用的。另外,如果抽头系数设计成可调的,也为随时校正系统的时间响应提供了可能的条件。

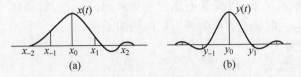

图 6.27 有限长横向滤波器输入、输出单脉冲响应波形

由于横向滤波器的输出 $y(t)$ 是 $x(t)$ 和 $e(t)$ 的卷积,则有

$$y(t) = x(t) * e(t) = \sum_{i=-N}^{N} C_i x(t - iT_s) \tag{6-104}$$

于是,在抽样时刻 $kT_s + t_0$ 有

$$y(kT_s + t_0) = \sum_{i=-N}^{N} C_i x(kT_s + t_0 - iT_s) = \sum_{i=-N}^{N} C_i x[(k-i)T_s + t_0]$$

或者简写为

$$y_k = \sum_{i=-N}^{N} C_i x_{k-i} \tag{6-105}$$

式(6-105)说明,均衡器在第 k 个抽样时刻上得到的样值 y_k 将由 $2N+1$ 个 C_i 与 x_{k-i} 乘积之和来确定。显然,其中除 y_0 以外的所有 y_k 都属于波形失真引起的码间干扰。当输入波形 $x(t)$ 给定,即各种可能的 x_{k-i} 确定时,通过调整 C_i 使指定的 y_k 等于零是容易办到的,但同时要求所有的 y_k(除 $k=0$ 外)都等于零却是一件很难的事。

【例 6-3】 设有一个三抽头的横向滤波器,其 $C_{-1} = -1/4$,$C_0 = 1$,$C_{+1} = -1/2$;均衡器输入 $x(t)$ 在各抽样时刻的取值分别为 $x_{-1} = 1/4$、$x_0 = 1$、$x_{+1} = 1/2$,其余都为零。试求均衡器输出 $y(t)$ 在各抽样时刻的值。

【解】 根据式 $y_k = \sum_{i=-N}^{N} C_i x_{k-i}$ 有 $y_k = \sum_{i=-1}^{1} C_i x_{k-i}$,当 $k=0$ 时,可得

$$y_0 = \sum_{i=-1}^{1} C_i x_{-i} = C_{-1} x_1 + C_0 x_0 + C_1 x_{-1} = \frac{3}{4}$$

当 $k=1$ 时,可得

$$y_{+1} = \sum_{i=-1}^{1} C_i x_{1-i} = C_{-1} x_2 + C_0 x_1 + C_1 x_0 = 0$$

当 $k=-1$ 时,可得

$$y_{-1} = \sum_{i=-1}^{1} C_i x_{-1-i} = C_{-1} x_0 + C_0 x_{-1} + C_1 x_{-2} = 0$$

同理可求得 $y_{-2} = -1/16$,$y_{+2} = -1/4$,其余均为零。

由此例可见,除 y_0 外,均衡使 y_{-1} 及 y_1 为零,但 y_{-2} 及 y_2 不为零。这说明利用有限长的横向滤波器减小码间干扰是可能的,但完全消除是不可能的。

4. 时域均衡效果的衡量

在抽头数有限的情况下,均衡器不能完全消除码间干扰,输出将有剩余失真。即除了 y_0 外,其余所有 y_k 都属于波形失真引起的码间干扰。

1) 峰值失真准则

峰值失真准则定义为

$$D = \frac{1}{y_0} \sum_{\substack{k=-\infty \\ k \neq 0}}^{\infty} |y_k| \tag{6-106}$$

式中,除 $k=0$ 以外各值的绝对值之和反映了码间干扰的最大值。y_0 是有用信号样值,所以峰值失真 D 是码间干扰最大可能值(峰值)与有用信号样值之比。显然,对于完全消除码间干扰的均衡器而言,应有 $D=0$;对于码间干扰不为零的场合,希望 D 越小越好。因此,若以峰值失真为准则调整抽头系数,应使 D 最小。

2) 均方失真准则

均方失真准则定义为

$$e^2 = \frac{1}{y_0^2} \sum_{\substack{k=-\infty \\ k \neq 0}}^{\infty} y_k^2 \tag{6-107}$$

其物理意义与峰值失真准则相似。

以最小峰值失真为准则,或以最小均方失真为准则来确定或调整均衡器的抽头系数,均可获得最佳的均衡效果,可使失真最小。

注意:以上两种准则都是根据均衡器输出的单个脉冲响应来规定的。另外还有必要指出,在分析横向滤波器时,均把时间原点($t=0$)假设在滤波器中心点处(即 C_0 处)。如果时间参考点选择在别处,则滤波器输出的波形形状会是相同的,所不同的仅仅是整个波形的提前或推迟。

3) 最小峰值法——迫零调整法

下面介绍最小峰值失真准则条件下时域均衡器的工作原理。未均衡前的输入峰值失真称为初始失真,可表示为

$$D_0 = \frac{1}{x_0} \sum_{\substack{k=-\infty \\ k \neq 0}}^{\infty} |x_k| \tag{6-108}$$

若令 x_k 是归一化的,且令 $x_0=1$,则式(6-108)变为

$$D_0 = \sum_{\substack{k=-\infty \\ k \neq 0}}^{\infty} |x_k| \tag{6-109}$$

为使分析简单,将样值 y_k 也归一化,且令 $y_0=1$,则根据式 $y_k = \sum_{i=-N}^{N} C_i x_{k-i}$ 可得

$$y_0 = \sum_{i=-N}^{N} C_i x_{-i} = 1 \tag{6-110}$$

或者

$$C_0 x_0 + \sum_{i=-N}^{N} C_i x_{-i} = 1 \quad 且 \quad x_0 = 1 \tag{6-111}$$

于是，

$$C_0 = 1 - \sum_{\substack{i=-N \\ i \neq 0}}^{N} C_i x_{-i} \tag{6-112}$$

将式(6-112)代入式 $y_k = \sum_{i=-N}^{N} C_i x_{k-i}$ 可得

$$y_k = \sum_{i=-N}^{N} C_i x_{k-i} = \sum_{\substack{i=-N \\ i \neq 0}}^{N} C_i x_{k-i} + C_0 x_k = \sum_{\substack{i=-N \\ i \neq 0}}^{N} C_i (x_{k-i} - x_k x_{-i}) + x_k$$

$$\tag{6-113}$$

再将式(6-113)代入峰值失真定义式 $D = \dfrac{1}{y_0} \sum_{\substack{k=-\infty \\ k \neq 0}}^{\infty} |y_k|$，则有

$$D = \sum_{\substack{k=-\infty \\ k \neq 0}}^{\infty} \left| \sum_{\substack{i=-N \\ i \neq 0}}^{N} C_i (x_{k-i} - x_k x_{-i}) + x_k \right| \tag{6-114}$$

可见，在输入序列 $\{x_k\}$ 给定的情况下，峰值失真 D 是各抽头增益 C_i（除 C_0 外）的函数。显然，求解使 D 最小的 C_i 是人们所关心的。**Lucky R. W.** 曾证明：如果初始失真 $\bm{D_0 < 1}$，则 $\bm{D}$ 的最小值必然发生在 $\bm{y_0}$ 前后的 $\bm{y_k}$ 都等于零的情况下。这一定理的数学意义是所求的各抽头系数 $\{C_i\}$ 应该是 y_k 满足以下条件时的 $2N+1$ 个联立方程的解。

$$y_k = \begin{cases} 0, & 1 \leqslant |k| \leqslant N \\ 1, & k = 0 \end{cases} \tag{6-115}$$

由条件式(6-115)和 $y_k = \sum_{i=-N}^{N} C_i x_{k-i}$ 可列出抽头系数必须满足的 $2N+1$ 个线性方程，它们是

$$\begin{cases} \displaystyle\sum_{i=-N}^{N} C_i x_{k-i} = 0, & k = \pm 1, \pm 2, \cdots, \pm N \\ \displaystyle\sum_{i=-N}^{N} C_i x_{-i} = 1, & k = 0 \end{cases} \tag{6-116}$$

写成矩阵形式为

$$\begin{bmatrix} x_0 & x_{-1} & \cdots & x_{-2N} \\ \vdots & \vdots & \cdots & \vdots \\ x_N & x_{N-1} & \cdots & x_{-N} \\ \vdots & \vdots & \ddots & \vdots \\ x_{2N} & x_{2N-1} & \cdots & x_0 \end{bmatrix} \begin{bmatrix} C_{-N} \\ C_{-N+1} \\ \vdots \\ C_0 \\ \vdots \\ C_{N-1} \\ C_N \end{bmatrix} = \begin{bmatrix} 0 \\ \vdots \\ 0 \\ 1 \\ 0 \\ \vdots \\ 0 \end{bmatrix} \tag{6-117}$$

这个联立方程解的物理意义是在输入序列 $\{x_k\}$ 给定时,如果按式(6-116)所示方程组调整或设计各抽头系数 C_i,可迫使均衡器输出的各抽样值 y_k 为零。这种调整叫作"**迫零**"调整,所设计的均衡器称为"**迫零**"均衡器。它能保证在 $D_0 < 1$ 时调整除 C_0 外的 $2N$ 个抽头增益,并迫使 y_0 前后各有 N 个取样点上无码间干扰,此时 D 取最小值,均衡效果达到最佳。

用最小均方失真准则也可导出抽头系数必须满足的 $2N+1$ 个方程,从中也可解得使均方失真最小的 $2N+1$ 个抽头系数,不过这时不需要对初始失真 D_0 提出限制。

【**例 6-4**】 设计一个具有 3 个抽头的迫零均衡器,以减小码间干扰。已知 $x_{-2}=0$,$x_{-1}=0.1$,$x_0=1$,$x_1=-0.2$,$x_2=0.1$,求 3 个抽头的系数,并计算均衡前后的峰值失真。

【**解**】 根据式(6-117)所示矩阵公式和 $2N+1=3$,可列出矩阵方程为

$$\begin{bmatrix} x_0 & x_{-1} & x_{-2} \\ x_1 & x_0 & x_{-1} \\ x_2 & x_1 & x_0 \end{bmatrix} \begin{bmatrix} C_{-1} \\ C_0 \\ C_1 \end{bmatrix} = \begin{bmatrix} 0 \\ 1 \\ 0 \end{bmatrix}$$

将样值代入上式,可列出方程组

$$\begin{cases} C_{-1}+0.1C_0=0 \\ -0.2C_{-1}+C_0+0.1C_1=1 \\ 0.1C_{-1}-0.2C_0+C_1=0 \end{cases}$$

解联立方程可得 $C_{-1}=-0.09606$,$C_0=0.9606$,$C_1=0.2017$。根据 $y_k=\sum\limits_{i=-N}^{N} C_i x_{k-i}$ 可算出 $y_{-1}=0$,$y_0=1$,$y_1=0$,$y_{-3}=0$,$y_{-2}=0.0096$,$y_2=0.0557$,$y_3=0.02016$,其余 $y_k=0$。

因为 $D_0=\dfrac{1}{x_0}\sum\limits_{\substack{k=-\infty \\ k\neq 0}}^{\infty} |x_k|$,输入峰值失真为 $D_0=0.1+0.1+0.2=0.4$。又因为 $D=\dfrac{1}{y_0}\sum\limits_{\substack{k=-\infty \\ k\neq 0}}^{\infty} |y_k|$,输出峰值失真为 $D=0.0096+0.0557+0.02016=0.08546$。

均衡后的峰值失真相比于均衡前减小了 4.6 倍。由例 6-4 可见,3 抽头均衡器可以使两侧各有一个零点,但在远离 y_0 的一些抽样点上仍会有码间干扰。这就是说抽头有限时,总不能完全消除码间干扰,但适当增加抽头数可以将码间干扰减小到相当小的程度。

5. 均衡器的实现与调整

均衡器按照调整方式,可分为**手动均衡器**和**自动均衡器**。自动均衡器又可分为**预置式均衡器**和**自适应均衡器**。**预置式均衡器**是在实际数据传输之前发送一种预先规定的测试脉冲序列,如频率很低的周期脉冲序列,然后按照"迫零"调整原理,根据测试脉冲得

到的样值序列$\{x_k\}$自动或手动调整各抽头系数,直至误差小于某一允许范围,调整好后再传送数据,在数据传输过程中不再调整。**自适应均衡器**在数据传输过程中根据某种算法不断调整抽头系数,因而能适应信道的随机变化,其调整精度高,且不需预调时间。

1) 预置式均衡器

预置式均衡器的原理框图如图 6.28 所示,输入端每隔一段时间送入一个来自发送端的测试单脉冲波形(此单脉冲波形是指基带系统在单一单位脉冲作用下,其接收滤波器的输出波形)。当该波形每隔 T_s 秒依次输入时,在输出端就将获得各样值为 $y_k(k=-N,-N+1,\cdots,N-1,N)$ 的波形,根据"迫零"调整原理,若得到的某一 y_k 为正极性,则相应的抽头增益 C_k 应下降一个适当的增量 Δ;若 y_k 为负极性,则相应的 C_k 应增加一个增量 Δ。为了实现这个调整,在输出端将每个 y_k 依次进行抽样并进行极性判决,判决的两种可能结果以"极性脉冲"表示,并加到控制电路。

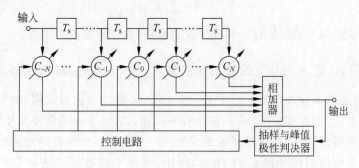

图 6.28 预置式自动均衡器的原理框图

控制电路将在某一规定时刻(例如测试信号的终了时刻)将所有"极性脉冲"分别作用到相应的抽头上,让它们做增加 Δ 或下降 Δ 的改变。这样经过多次调整,就能达到均衡的目的。可以看到,这种自动均衡器的精度与增量 Δ 的选择和允许调整时间有关,Δ 愈小,精度就愈高,但需要的调整时间就愈长。

2) 自适应均衡器

自适应均衡器与预置式均衡器一样,都是通过调整横向滤波器的抽头增益来实现均衡的。但自适应均衡器不再利用专门的测试单脉冲进行误差的调整,而是在传输数据期间借助信号本身来调整增益,从而实现自动均衡的目的。由于数字信号一般是随机信号,所以自适应均衡器的输出波形不再是单脉冲响应,而是实际的数据信号。以前按单脉冲响应定义的峰值失真和均方失真不再适合目前情况,而且按最小峰值失真准则设计的"迫零"均衡器存在一个缺点,那就是必须限制初始失真 $D_0<1$。因此,自适应均衡器一般按最小均方误差准则来构成。

设发送序列为 $\{a_k\}$,均衡器输入为 $x(t)$,均衡后输出的样值序列为 $\{y_k\}$,此时误差信号为

$$e_k = y_k - a_k \tag{6-118}$$

均方误差定义为

$$\overline{e^2} = E(y_k - a_k)^2 \tag{6-119}$$

当 $\{a_k\}$ 是随机数据序列时,式(6-119)最小化与均方失真最小化是一致的。将式 $y_k = \sum_{i=-N}^{N} C_i x_{k-i}$ 代入式(6-119),有

$$\overline{e^2} = E\left(\sum_{i=-N}^{N} C_i x_{k-i} - a_k\right)^2 \tag{6-120}$$

可见,均方误差是各抽头增益的函数。对于任意的 k,都应使均方误差最小,故将式(6-120)对 C_i 求偏导数,有

$$\frac{\partial \overline{e^2}}{\partial C_i} = 2E\left[e_k x_{k-i}\right] \tag{6-121}$$

式中,

$$e_k = y_k - a_k = \sum_{i=-N}^{N} C_i x_{k-i} - a_k \tag{6-122}$$

表示误差值。这里误差的起因包括码间干扰和噪声,而不仅是波形失真。

从式(6-121)可见,要使均方误差最小,应使式 $\dfrac{\partial \overline{e^2}}{\partial C_i} = 0$ 成立,即 $E[e_k x_{k-i}] = 0$,这就要求误差 e_k 与均衡器输入样值 $x_{k-i}(|i| \leqslant N)$ 应互不相关。这就说明,抽头增益的调整可以借助对误差 e_k 和样值 x_{k-i} 乘积的统计平均值。若这个平均值不等于零,则应通过增益调整使其向零值变化,直到使其等于零为止。一个按最小均方误差算法调整的 3 抽头自适应均衡器原理框图如图 6.29 所示,图中,统计平均器可以是一个求算术平均的部件。

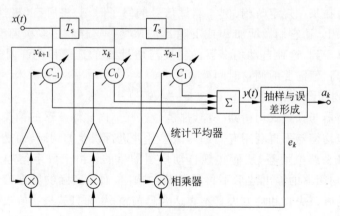

图 6.29 自适应均衡器

由于自适应均衡器的各抽头系数可随信道特性的时变而自适应调整,故调整精度高,不需预调时间。在高速数据信息传输系统中,普遍采用自适应均衡器来克服码间干扰。

3) **其他均衡器**

自适应均衡器还有多种实现方案,经典的自适应均衡器算法有**迫零算法(ZF)**、**随机梯度算法(LMS)**、**递推最小二乘算法(RLS)**、**卡尔曼算法**等。

理论分析和实践表明,**最小均方算法比迫零算法的收敛性好,调整时间短**。但按这两种算法实现的均衡器,为克服初始均衡的困难,在数据传输开始前要发一段接收机已知的随机序列,用以对均衡器进行"训练"。有一些场合,如多点通信网络,希望接收机在没有确知训练序列可用的情况下能与接收信号同步,能调整均衡器。基于不利用训练序列初始调整系数的均衡技术称为**自恢复**或**盲均衡**。

上述均衡器属于**线性均衡器**(因为横向滤波器是一种线性滤波器),它对于像电话线这样的信道来说性能良好。在无线信道传输中,若信道严重失真造成的码间干扰以致线性均衡器不易处理时,可采用**非线性均衡器**,目前已经开发出 3 个非常有效的**非线性均衡算法,包括判决反馈均衡(DFE)、最大似然符号检测、最大似然序列估值**。其中,判决反馈均衡器被证明是解决该问题的一个有效途径。

6.7　小结

模拟信号经过信源编码得到的信号为数字基带信号,数字基带信号在传输前必须经过码型变换或频谱变换,使信号的特性与信道的特性匹配后才能送入信道传输。一般将这种只经过码型或频谱变换,不经过调制直接送到信道传输的方式称为数字信号基带传输。

常见的数字基带信号码型有单极性不归零码、双极性不归零码、单极性归零码、双极性归零码、差分波形码及多电平码等。经过变换适合基带传输的码型主要有 AMI 码、HDB3 码、PST 码、双相码、差分双相码、米勒码及 CMI 码等。

通过分析基带信号的频谱特性可以了解信号需要占据的频带宽度、信号中所包含的频谱分量、有无直流分量、有无定时分量等。有了这些信息,才能根据信号频谱的特点来选择与之相匹配的信道,并能确定是否可从信号中提取定时信号。数字基带信号本质上是一个随机脉冲序列,由于其具有不确定性,所以不能用傅氏变换法确定其频谱,而采用统计的方法分析其功率谱。

基带信号在传输时,必须尽可能消除或降低码间干扰及信道噪声对信号传输的影响。奈奎斯特第一准则给出了消除码间干扰的理论依据,该准则要求信道具有理想低通滤波特性,$\alpha > 0$ 的理想低通系统可以达到 $2B/Hz$ 的理论极限值,但这种理想特性不能物理实现,所以在实际中应用较多的是 $\alpha > 0$ 的余弦滚降特性,特别是 $\alpha = 1$ 的升余弦滚降特性,其频谱易于实现,并且响应波形"尾巴"衰减收敛快,便于消除码间干扰影响,但占用带宽大,所以在实际应用中 α 一般取值 $0.2 \sim 0.5$。

在消除码间干扰的条件下,影响基带传输系统性能的另一个因素就是信道噪声。信道噪声能够引起两种形式的误判,即将 1 码误判为 0 码,或将 0 码误判为 1 码。当信号峰值 A 与噪声均方根值 σ_n 之比一定时,双极性数字基带传输系统的误码率比单极性的低,抗噪声性能更好。在等概率条件下,双极性系统的最佳判决门限电平为 0,与信号幅度无关,因而不随信道特性变化而变,能保持最佳状态;单极性系统的最佳判决门限电平为 $A/2$,易受信道特性变化的影响,从而导致误码率增大。因此,双极性基带系统比单极性基带系统应用更为广泛。

部分响应技术是指在某些码元的抽样时刻人为引入码间干扰,并在接收端判决前加以消除,从而达到改善频谱特性、压缩传输频带、使频带利用率提高到理论上的最大值(2B/Hz),并能加速传输波形"尾巴"的衰减、降低对定时精度的要求。

眼图是工程技术人员在设备调试和维护工作中观测评价信号质量的一种有效方法。眼图的"眼睛"张开大小反映着码间干扰的强弱,"眼睛"张得越大,且眼图越端正,表示码间干扰越小;反之表示码间干扰越大。

滤波器的设计误差和信道特性的变化会引码间干扰,使系统的性能下降,通过均衡器可对系统的性能进行校正和补偿,使其接近于无码间干扰传输特性要求。实际中的均衡器都是由横向滤波器构成的时域均衡器。

思考题 6

1. 什么是数字基带信号? 数字基带信号有哪些常用码型? 它们各有什么特点?

2. 研究数字基带信号功率谱的目的是什么? 信号带宽如何确定?

3. 什么是 AMI 码? 什么是 HDB3 码? 它各自有哪些主要特点?

4. 何谓码间干扰? 它产生的原因是什么? 对通信质量有什么影响?

5. 为了消除码间干扰,数字基带传输系统的传输函数应满足什么条件?

6. 什么是奈奎斯特速率和奈奎斯特带宽? 满足奈奎斯特准则的理想低通特性的基带传输系统具有什么样的特点?

7. 滚降系数和系统频带利用率有什么关系?

8. 第 I 类部分响应波形的频带利用率是多少?

9. 相关编码的原理是什么? 主要起什么作用?

10. 什么是最佳数字基带传输系统? 对于理想信道,试问最佳数字基带传输系统的发送滤波器和接收滤波器特性之间有什么关系。

11. 什么是眼图? 它有什么作用?

12. 时域均衡和部分响应技术解决了什么问题?

习题 6

1. 设二进制符号序列 10010011,试以矩形脉冲为例,分别画出相应的单极性、双极性、单极性归零、双极性归零、二进制差分波形和四电平波形。

2. 设随机二进制序列中的 0 和 1 分别由 $g(t)$ 和 $-g(t)$ 组成,它们的出现概率分别为 P 及 $(1-P)$。

(1) 求其功率谱密度及功率。

(2) 若 $g(t)$ 波形如图 6.30(a)所示,T_s 为码元宽度,该序列是否存在离散分量 $f_s = 1/T_s$?

(3) 若 $g(t)$ 波形改为图 6.30(b),回答题(2)所问。

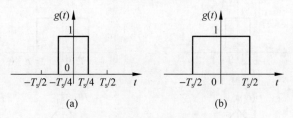

(a)　　　　　　　　(b)

图 6.30　$g(t)$ 信号波形

3. 设某二进制数字基带信号中的数字信息 1 和 0 分别用 $g(t)$ 和 $-g(t)$ 表示,且 1 和 0 出现的概率相等,$g(t)$ 是升余弦频谱脉冲,即 $g(t)=\dfrac{1}{2}\dfrac{\cos\left(\dfrac{\pi t}{T_s}\right)}{1-\dfrac{4t^2}{T_s}}\mathrm{Sa}\left(\dfrac{\pi t}{T_s}\right)$。

(1) 写出该数字信号的连续谱,并画出示意图。

(2) 从该数字基带信号中能否直接提取频率为 $f_s=1/T_s$ 的定时分量?

(3) 若码元间隔 $T_s=0.001\mathrm{s}$,试求该数字信号的传码率极频带宽度。

4. 已知信息代码为 11000011000011,试确定相应 AMI 码和 HDB3 码,并分别画出它们的波形图。

5. 已知信息代码为 101100101,试确定相应的双相码和 CIM 码,并分别画出它们的波形图。

6. 设某数字基带传输系统的传输特性 $H(\omega)$ 如图 6.31 所示,α 为某个常数($0\leqslant\alpha\leqslant1$)。

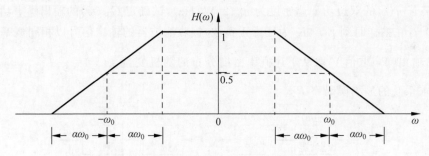

图 6.31　某数字基带传输系统的传输特性 $H(\omega)$

(1) 试检验该系统能否实现无码间干扰传输?

(2) 试求该系统的最大码元传输速率为多少,这时的系统频带利用率为多大?

7. 设基带传输系统的发送滤波器、信道及接收滤波器组成的总特性为 $H(\omega)$,若要求以 $2/T_s$ 的速率进行数据传输,试验证图 6.32 所示各种 $H(\omega)$ 能否满足抽样时刻无码间干扰的条件?

8. 设有一传输信道,信道带宽为 $300\sim3000\mathrm{Hz}$,现欲传输数字基带信号,其带宽为 $0\sim1200\mathrm{Hz}$。

(1) 该基带信号能否在此信道中直接传输? 为什么?

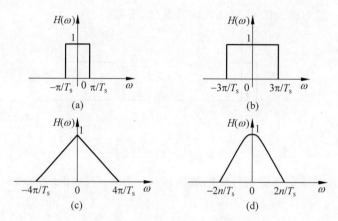

图 6.32　各种 $H(\omega)$ 频谱特性

（2）若分别采用 DSB 及 SSB 两种调制方式传输，那么如何选择调制器所需的载波频率？

9. 已知某信道的截止频率为 1600Hz，其滚降特性为 $\alpha = 1$。

（1）为了得到无干扰的信息接收，系统最大传输速率为多少？

（2）接收机采用什么样的时间间隔抽样，便可得到无干扰接收？

10. 若二进制基带系统如图 6.33 所示，并设 $C(\omega) = 1$，$G_{\mathrm{T}}(\omega) = G_{\mathrm{R}}(\omega) = \sqrt{H(\omega)}$，

现已知 $H(\omega) = \begin{cases} \tau_0(1 + \cos\omega\tau_0), & |\omega| \leqslant \dfrac{\pi}{\tau_0} \\ 0, & \text{其他} \end{cases}$。

（1）若 $n(t)$ 的双边功率谱密度为 $n_0/2(\mathrm{W/Hz})$，试确定 $G_{\mathrm{R}}(\omega)$ 的输出噪声功率。

（2）若在抽样时刻 KT（K 为任意正整数）接收滤波器的输出信号以相同概率取 0、A 电平，而输出噪声取值 V 取从下述概率密度分布的随机变量 $f(V) = \dfrac{1}{2\lambda}\mathrm{e}^{-\frac{|V|}{\lambda}}$，$\lambda > 0$（常数），试求系统的最小误码率 P_{e}。

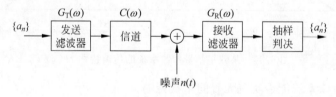

图 6.33　二进制基带系统

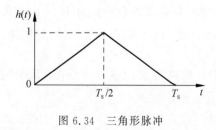

图 6.34　三角形脉冲

11. 已知某信道的截止频率为 100kHz，对于码元持续时间为 10μs 的二元数据流，若采用滚降因子为 $\alpha = 0.75$ 的余弦频谱的滤波器，能否在此信道中传输？

12. 某基带传输系统接收滤波器输出信号的基本脉冲为如图 6.34 所示的三角形脉冲。

(1) 求该基带传输系统的传输函数 $H(\omega)$。

(2) 假设信道的传输函数 $C(\omega)=1$,发送滤波器和接收滤波器具有相同的传输函数,即 $G_T(\omega)=G_R(\omega)$,试求这时 $G_T(\omega)$ 或 $G_R(\omega)$ 的表达式。

13. 某二进制数字基带传输系统所传送的是单极性基带信号,且数字信息 1 码和 0 码的出现概率相等。

(1) 若数字信息为 1 码时,接收滤波器输出信号在抽样判决时刻的值为 $A=1(\text{V})$,且接收滤波器输出噪声是均值为 0、均方根值为 0.2V 的高斯噪声,试求这时的误码率 P_e。

(2) 若要求误码率 P_e 不大于 10^{-5},试确定 A 至少应该是多少。

14. 若将题 13 中的单极性基带信号改为双极性基带信号,其他条件不变,重做题 13,并进行比较。

15. 一随机二进制序列为 10110001,1 码对应的基带波形为升余弦波形,持续时间为 T_s;0 码对应的基带波形与 1 码相反。

(1) 当示波器扫描周期 $T_0=T_s$ 时,试画出眼图。

(2) 当 $T_0=2T_s$ 时,试画出眼图。

(3) 比较以上两种眼图的最佳抽样判决时刻、判决门限电平及噪声容限值。

16. 一相关编码系统如图 6.35 所示。图中,理想低通滤波器的截止频率为 $1/2T_s$,通带增益为 T_s。

(1) 试求该系统的单位冲激响应及频率特性。

(2) 若输入数据为二进制,相关电平数有几个? 若数据为四进制,相关电平数又为何值?

17. 设有一个三抽头的时域均衡器,如图 6.36 所示。$x(t)$ 在各抽样时刻的值依次为 $x_{-2}=1/8$,$x_{-1}=1/3$,$x_0=1$,$x_{+1}=1/4$,$x_{+2}=1/16$,在其他抽样时刻均值为零,试求均衡器输入波形 $x(t)$ 的峰值失真及输出波形 $y(t)$ 的峰值失真。

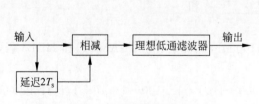

图 6.35 相关编码系统

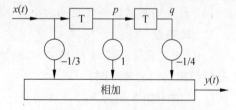

图 6.36 三抽头的时域均衡器

18. 设计一个三抽头的迫零均衡器。已知输入信号 $x(t)$ 在各抽样点依次为 $x_{-2}=0$、$x_{-1}=0.2$、$x_0=1$、$x_{+1}=-0.3$、$x_{+2}=0.1$,其余均为零。

(1) 求 3 个抽头的最佳系数。

(2) 比较均衡前后的峰值失真。

小测验 6

一、填空题

1. 所谓_____,是由于系统传输总特性(包括收、发滤波器和信道的特性)不理想,导致前后码元的波形失真、展宽,并使前面波形出现很长的拖尾,蔓延到当前码元的抽样时刻上,从而对当前码元的判决造成的干扰。

2. 研究基带信号的频谱结构是十分必要的,通过谱分析,可以了解信号需要占据的_____、所包含的_____、有无_____、有无_____等。这样才能针对信号谱的特点来选择相匹配的信道以及确定是否可从信号中提取定时信号。

3. 基带传输中的码型主要包括_____、_____、_____3 个大类。

4. 为了使误码率尽可能小,必须最大限度减小_____和_____的影响。这也正是研究基带脉冲传输的基本出发点。

5. 无码间干扰的时域条件是_____。

6. _____为人们提供了检验一个给定系统特性 $H(\omega)$ 是否产生码间干扰的一种方法。

7. 通常把 $1/2T_s$ 称为_____,则无码间干扰的最高传输速率为 $1/T_s$,称为_____,T_s 称为_____。

8. _____告诉人们,人为地、有规律地在某些码元的抽样时刻引入码间干扰,并在接收端判决前加以消除,可以达到改善频谱特性、压缩传输频带、使频带利用率提高到理论上的最大值,并加速传输波形"尾巴"的衰减和降低对定时精度的要求。

9. 用示波器观察无码间干扰的双极性基带波形,将示波器扫描周期调整到码元周期,由于示波器的余辉作用,扫描所得的每一个码元波形将重叠在一起,形成的迹线是_____;有码间干扰的双极性基带波形,由于存在码间干扰,此波形已经失真,示波器的扫描迹线就不完全重合,于是形成的眼图_____。当存在噪声时,眼图的迹线变成了_____,噪声越大,线条越宽,越模糊,"眼睛"张开得越小。

10. 衡量均衡器均衡效果的两个准则是_____和_____。

二、简答题

1. 已知二元信息代码为 110100001001100001,试确定相应的 AMI 码和 HDB3 码,并分别画出它们的波形图。

2. 已知 HDB3 码为 $+10-1000-1+1000+1-1+1-100-1+10-1$,试译出原信息代码。

3. 信息序列为 1010110,试编出 CMI 码(初始状态为 00),并画出波形,简述其主要特点。

4. 图 6.37 所示基带传输函数分别为 a(虚线)和 b(实线)两种基带系统,试从传输特性、波形和对位定时的要求等方面比较两种系统的优缺点,并计算这两种系统无码间干扰时的最高频带利用率。

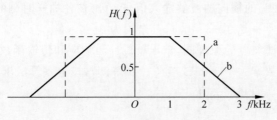

图 6.37 基带传输函数

5. 画出眼图模型图,并说明各部分的作用。

6. 什么是时域均衡?横向滤波器为什么能实现时域均衡?

三、计算题

1. 已知某单极性不归零随机序列,码元速率为 $R_B = 1200B$,是 1 码幅度为 A 的矩形脉冲,0 码为 0,且 1 码出现的概率为 0.6。

(1) 求该随机序列带宽及直流分量功率。

(2) 求该序列有无定时信号?

2. 一数字基带传输系统的传输特性 $| H(f) |$ 如图 6.38 所示。

(1) 求无码间干扰传输的最高码元传输速率和频带利用率。

(2) 若以 $1/T$、$2/T$、$3/T$ 速率传输,哪些速率可以消除码间干扰?为什么?

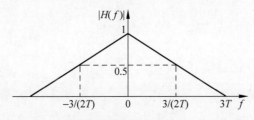

图 6.38 基带传输系统的传输特性 $| H(f) |$

3. 设部分响应系统的输入信号为四进制(0,1,2,3),相关编码采用第Ⅳ类部分响应,假设输入序列 $\{a_k\}$ 为 21303001032021。

(1) 试求相对应的预编码序列 $\{b_k\}$、相关编码序列 $\{c_k\}$ 和接收端恢复序列 $\{a'_k\}$。

(2) 求相关电平数。若输入信号改为二进制,相关电平数又为何值?

4. 某二进制数字基带传输系统无码间干扰,且发送数据 1 的概率为 $P(1)$,发送数据 0 的概率为 $P(0)$。信道噪声 $n(t)$ 为高斯白噪声,其双边功率谱密度为 $n_0/2\text{W/Hz}$。所传送的信号为单极性基带信号,且发送数据 1 时,在接收滤波器输出端有用信号的抽样值为 A;发送数据 0 时,在接收滤波器输出端有用信号的抽样值为 0。接收滤波器的传输函数为 $G_R(\omega) = \begin{cases} 1, & |f| \leqslant B \\ 0, & \text{其他} \end{cases}$,式中,$B$ 为理想滤波器的带宽。

(1) 求接收滤波器输出的噪声功率。

(2) 若 $P(1) = P(0)$,试分析该基带传输系统的误码率表达式。

(3) 若 $P(1) \neq P(0)$,试分析该基带传输系统的最佳判决门限。

5. 已知一个三抽头的横向滤波器输入信号 $x(t)$ 在各抽样时刻的值依次为 $x_{-2}=0$、$x_{-1}=0.2$、$x_0=1$、$x_1=-0.3$、$x_2=0.1$,其余均为 0。

(1) 画出该横向滤波器的原理图,求出单位冲激响应和传输函数。

(2) 已知抽头系数 $C_{-1}=-0.1779$、$C_0=0.8897$,按迫零算法求出 C_1。

(3) 比较均衡前后的峰值失真。

在数字基带传输系统中,为了使数字基带信号能够在信道中传输,要求信道应具有低通形式的传输特性。然而,在实际信道中,大多数信道(如无线信道)具有带通传输特性,数字基带信号不能直接在这种具有带通传输特性的信道中传输,因此,必须用数字基带信号对载波进行调制,以使信号与信道的特性相匹配。用数字基带信号控制载波把数字基带信号变换为数字带通信号(已调信号)的过程称为数字调制(digital modulation)。在接收端,通过解调器把带通信号还原成数字基带信号的过程称为数字解调(digital demodulation)。通常把包括调制和解调过程的数字传输系统称为数字频带传输系统。频带传输也称为带通传输(bandpass transmission)、载波传输(carrier transmission)。

与模拟调制相同,可以用数字基带信号改变正弦载波的幅度、频率或相位中的某个参数,实现相应的数字振幅调制、数字频率调制和数字相位调制,也可以用数字基带信号同时改变正弦载波的幅度、频率或相位中的某几个参数,产生新型的数字调制。

数字调制与模拟调制原理是相同的,一般可以采用模拟调制的方法实现数字调制信号,但是,数字基带信号具有与模拟基带信号不同的特点,其取值是有限的离散状态。这样,可以用载波的某些离散状态来表示数字基带信号的离散状态。采用数字键控的方法来实现数字调制信号称为键控法。例如,对载波的振幅、频率和相位进行键控,可获得振幅键控(Amplitude Shift Keying,ASK)、频移键控(Frequency Shift Keying,FSK)和移相键控(Phase Shift Keying,PSK)调制方式。

本章主要讨论数字调制的基本类型、二进制数字调制系统的原理及抗噪声性能、多进制数字调制基本原理及抗噪声性能,同时介绍一些改进的、现代的、特殊的调制方式,如 QAM、MSK、GMSK 等。

7.1 二进制数字调制原理

7.1.1 二进制振幅键控

振幅键控是正弦载波的幅度随数字基带信号而变化的数字调制。当数字基带信号为二进制时,则为**二进制振幅键控(2ASK)**。

1. 2ASK 信号的表达式及波形

设发送的二进制符号序列由 0、1 码组成,发送 0 码的概率为 P,发送 1 码的概率为 $1-P$,且相互独立。该二进制符号序列可表示为

$$s(t) = \sum_n a_n g(t - nT_s) \tag{7-1}$$

其中,

$$a_n = \begin{cases} 1, & \text{概率为 } P \\ 0, & \text{概率为 } 1-P \end{cases} \tag{7-2}$$

T_s 是二进制基带信号时间间隔,$g(t)$ 是持续时间为 T_s 的矩形脉冲,表达式为

$$g(t) = \begin{cases} 1, & 0 \leqslant t \leqslant T_{s} \\ 0, & \text{其他} \end{cases} \tag{7-3}$$

则 2ASK 信号可表示为

$$e_{2ASK}(t) = s(t)\cos\omega_{c}t = \sum_{n} a_{n}g(t - nT_{s})\cos\omega_{c}t \tag{7-4}$$

2ASK 信号的时间波形如图 7.1 所示。

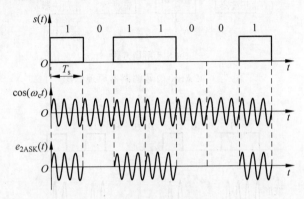

图 7.1 2ASK 信号时间波形

由图 7.1 可以看出,2ASK 信号的时间波形 $e_{2ASK}(t)$ 随二进制基带信号 $s(t)$ 的通断而变化,所以又称为**通断键控信号(OOK 信号)**。

2. 2ASK 信号的调制与解调

2ASK 信号的产生方法如图 7.2 所示,图 7.2(a)所示框图为采用**模拟相乘**的**方法**实现,图 7.2(b)所示框图为采用**数字键控的方法**实现。

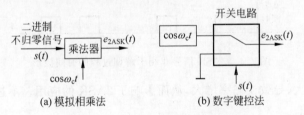

图 7.2 2ASK 信号调制器原理框图

由图 7.2 可以看出,2ASK 信号与模拟调制中的 AM 信号类似。所以,对 2ASK 信号也能够采用**非相干解调(包络检波法)**和**相干解调(同步检测法)**,其相应原理框图如图 7.3 所示。

2ASK 信号非相干解调过程的时间波形如图 7.4 所示。

2ASK 是 20 世纪初最早运用于无线电报中的数字调制方式之一,现在电子制作中使用的无线发射模块(如 FS1000A)大多采用 2ASK 调制。但是,2ASK 信号传输技术受噪声影响很大,噪声电压和信号一起改变了振幅,在这种情况下,0 码可能变为 1 码,1 码可能变为 0 码。可以想象,对于主要依赖振幅来识别比特的 2ASK 调制方法,噪声是一个

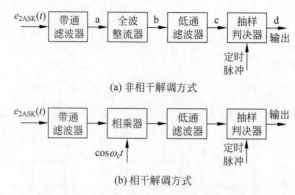

(a) 非相干解调方式

(b) 相干解调方式

图 7.3   2ASK 信号解调器原理框图

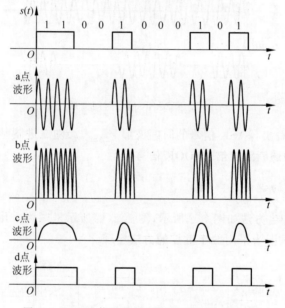

图 7.4   2ASK 信号非相干解调过程的时间波形

很大的问题,噪声大,导致误码率增大,从而影响了 2ASK 的应用。不过,2ASK 是研究其他数字调制的基础。

7.1.2   二进制移频键控

1. 2FSK 信号的表达式及波形

在二进制数字调制中,若正弦载波的频率随二进制基带信号在 f_1 和 f_2 两个频率点间变化,则产生**二进制移频键控信号**(2FSK 信号)。

若二进制基带信号的 1 码对应于载波频率 f_1,0 码对应于载波频率 f_2,则 2FSK 信号的时域表达式为

$$e_{2\text{FSK}}(t) = \begin{cases} A\cos(\omega_1 t + \varphi_n), & \text{发送 1 码} \\ A\cos(\omega_2 t + \theta_n), & \text{发送 0 码} \end{cases} \qquad (7\text{-}5)$$

2FSK 信号的时间波形如图 7.5 所示。

图 7.5 中波形 g 可分解为波形 e 和波形 f，即 2FSK 信号可以看成是两个不同载波的 2ASK 信号的叠加。因此，2FSK 信号的时域表达式又可写成

$$e_{2\text{FSK}}(t) = \left[\sum_n a_n g(t - nT_s)\right]\cos(\omega_1 t + \Phi_n) + \left[\sum_n \overline{a}_n g(t - nT_s)\right]\cos(\omega_2 t + \theta_n)$$

$$(7\text{-}6)$$

式中，$g(t)$ 为单个矩形脉冲，脉宽为 T_s；a_n 为

$$a_n = \begin{cases} 1, & \text{概率为 } P \\ 0, & \text{概率为 } 1 - P \end{cases} \qquad (7\text{-}7)$$

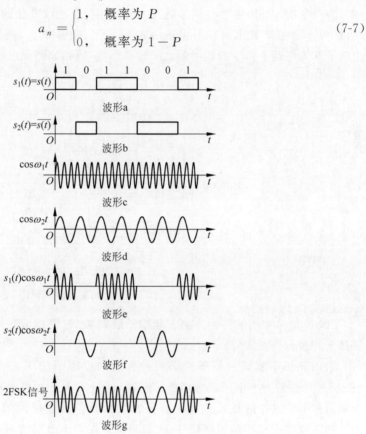

图 7.5　2FSK 信号的时间波形

$\overline{a}_n$ 是 a_n 的反码，若 $a_n = 1$，则 $\overline{a}_n = 0$；若 $a_n = 0$，则 $\overline{a}_n = 1$，于是可知

$$\overline{a}_n = \begin{cases} 1, & \text{概率为 } 1 - P \\ 0, & \text{概率为 } P \end{cases} \qquad (7\text{-}8)$$

ϕ_n 和 θ_n 分别代表第 n 个信号码元的初始相位。在 2FSK 信号中，ϕ_n 和 θ_n 不携带信息，通常可令 ϕ_n 和 θ_n 为零。因此，2FSK 信号的时域表达式可简化为

$$e_{2FSK}(t) = s_1(t)\cos\omega_1 t + s_2(t)\cos\omega_2 t \tag{7-9}$$

$$s_1(t) = \sum_n a_n g(t - nT_s)] \tag{7-10}$$

$$s_2(t) = \sum_n \bar{a}_n g(t - nT_s) \tag{7-11}$$

2. 2FSK 信号的调制与解调

2FSK 信号的产生方法如图 7.6 所示,图 7.6(a)采用**模拟调频电路**实现;图 7.6(b)采用**数字键控**的方法实现,两个振荡器的输出载波受输入的二进制基带信号控制,在一个码元 T_s 期间输出 f_1 或 f_2 两个载波之一。这两种方法产生 2FSK 信号的差异是模拟调频法产生的 2FSK 信号在相邻码元之间的相位是连续变化的[这是一类特殊的 FSK 方式,称为连续相位 FSK(Continuous-Phase FSK,CPFSK)],而键控法产生的 2FSK 信号由电子开关在两个独立的频率源之间转换形成,故相邻码元之间的相位不一定连续。

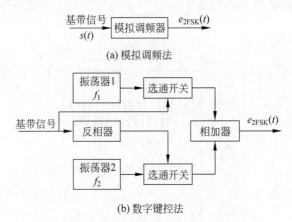

(a) 模拟调频法

(b) 数字键控法

图 7.6　2FSK 信号解调器原理框图

2FSK 信号常用的解调方法有**非相干解调法**(包络检波)、**相干解调法**、**过零检测法**、**鉴频法**和**差分检波法**等。

采用**非相干解调**和**相干解调**两种方法的原理图如图 7.7 所示。其解调原理是将 2FSK 信号分解为上下两路分别进行解调,通过对上下两路的抽样值进行比较最终判决出输出信号。这里的抽样判决是直接比较两路信号抽样值的大小,可以不专门设置门限。判决规则应与调制规则相呼应,调制时若规定 1 码对应载波频率 f_1,则接收时上支路的样值较大,应判为 1;反之则判为 0。非相干解调过程的时间波形如图 7.8 所示。

过零检测法解调器的原理图和各点时间波形如图 7.9 所示,其基本原理是 2FSK 信号的过零点数随载波频率不同而异,通过检测过零点数目的多少区分两个不同频率的信号码元。在图 7.10 中,输入 2FSK 信号经过限幅后产生矩形波,经微分、整流后形成与频率变化相对应的尖脉冲序列,这些尖脉冲变换成较宽的矩形脉冲,以增大其直流分量,这样就完成了频率-幅度变换,从而根据直流分量幅度上的区别还原出数字信号 1 和 0。

当 $P(1) = P(0)$ 时,图 7.9(a)中抽样判决器的门限为 f 点信号电压的平均值。此检

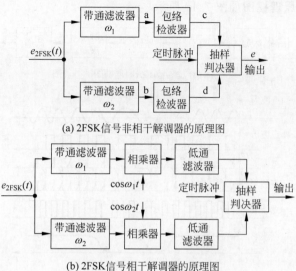

(a) 2FSK信号非相干解调器的原理图

(b) 2FSK信号相干解调器的原理图

图 7.7　2FSK 信号解调器原理图

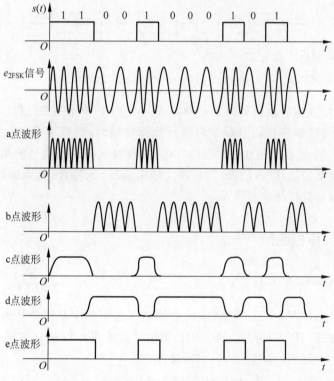

图 7.8　2FSK 非相干解调过程的时间波形

测器对两个载频之差无严格要求,但频差越大,脉冲展宽电路输出脉冲占空比越大,低通
滤波器输出信号的电平差越大。

差分检波法的原理框图如图 7.10 所示。

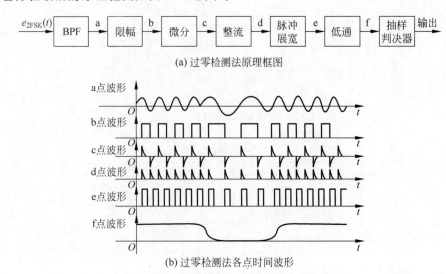

(a) 过零检测法原理框图

(b) 过零检测法各点时间波形

图 7.9　过零检测法原理图和各点时间波形

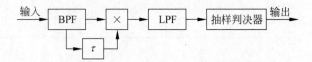

图 7.10　差分检波法的原理框图

2FSK 是数字通信中用得较广的一种方式。CCITT(即现在的 ITU-T——国际电信联盟电信标准化组)推荐在语音频带内进行数据传输时,数据率低于 1200bit/s 时使用 2FSK 方式。2FSK 可以采用非相干接收方式,接收时不必利用信号的相位信息,因此特别适合应用于衰落信道/随参信道(如短波无线电信道)的场合,可克服这些信道引起的信号相位和振幅随机抖动和起伏。

7.1.3　二进制移相键控

1. 2PSK 信号的表达式及波形

在二进制数字调制中,当正弦载波的相位随二进制数字基带信号离散变化时,则产生二进制移相键控(2PSK)信号。通常用已调信号载波的 0 和 π 分别表示二进制数字基带信号的 1 和 0。2PSK 信号的时域表达式为

$$e_{2PSK}(t) = A\cos(\omega_c t + \varphi_n) \tag{7-12}$$

式中,φ_n 表示第 n 个符号的绝对相位,且

$$\varphi_n = \begin{cases} 0, & \text{发送 0 码} \\ \pi, & \text{发送 1 码} \end{cases} \tag{7-13}$$

因此,式(7-12)可以改写为

$$e_{2PSK}(t) = \begin{cases} A\cos\omega_c t, & \text{概率为 } P \\ -A\cos\omega_c t, & \text{概率为 } 1-P \end{cases} \tag{7-14}$$

假设数字信号为10011,按式(7-13)对应相位为 $\pi\ 0\ 0\ \pi\ \pi$,则 2PSK 信号的时间波形如图 7.11 所示。

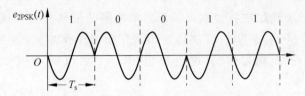

图 7.11　2PSK 信号的时间波形

由于两种码元的波形相同,极性相反,故 2PSK 信号可以表述为一个双极性全占空矩形脉冲序列与一个正弦载波的相乘,即

$$e_{2PSK}(t) = s(t)\cos\omega_c t \tag{7-15}$$

式中,

$$s(t) = \sum_n a_n g(t-nT_s) \tag{7-16}$$

这里,$g(t)$ 是脉宽为 T_s 的单个矩形脉冲,而 a_n 的统计特性为

$$a_n = \begin{cases} 1, & \text{概率为 } P \\ -1, & \text{概率为 } 1-P \end{cases} \tag{7-17}$$

即发送二进制符号 0 时(a_n 取 $+1$),$e_{2PSK}(t)$ 取 0 相位;发送二进制符号 1 时(a_n 取 -1),$e_{2PSK}(t)$ 取 π 相位。这种以载波的不同相位直接表示相应二进制数字信号的调制方式称为二进制**绝对移相方式**。

2. 2PSK 信号的调制与解调

2PSK 信号的调制原理图如图 7.12 所示,其中图 7.12(a)是采用**模拟调制的方法**产生 2PSK 信号,图 7.12(b)是采用**数字键控的方法**产生 2PSK 信号。

2PSK 信号的解调通常都是采用相干解调,解调器原理框图如图 7.13 所示。在相干解调过程中需要用到与接收的 2PSK 信号同频同相的相干载波,如何得到这样的载波是个关键问题,这一问题将在第 9 章同步原理中介绍。

2PSK 信号相干解调时各点的时间波形如图 7.14 所示,图中假设相干载波的基准相位与 2PSK 信号的调制载波的基准相位一致(通常默认为 0 相位)。但是,由于在 2PSK 信号的载波恢复过程中存在着 180°

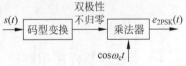

(a) 模拟调制方法

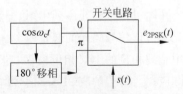

(b) 数字键控方法

图 7.12　2PSK 信号的调制原理图

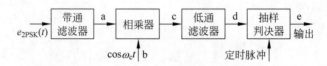

图 7.13　2PSK 信号解调原理框图

相位模糊(phase ambiguity),即恢复的本地载波与所需的相干载波可能同相,也可能反相,这种相位关系的不确定性将会造成解调出的数字基带信号与发送的数字基带信号正好相反,即 1 变为 0,0 变为 1,判决器输出数字信号全部出错,这种现象称为 2PSK方式的"倒 π"现象或"反相工作"。这也是 2PSK 方式在实际中很少采用的主要原因之一。

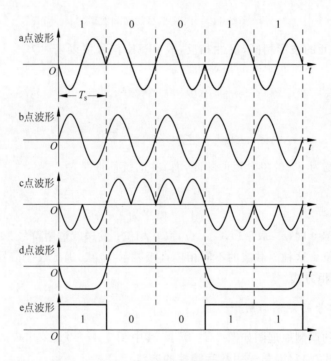

图 7.14　2PSK 信号相干解调时各点时间波形

7.1.4　二进制差分移相键控

在随机信号码元序列中,信号波形有可能出现长时间连续的正弦波形,致使在接收端无法辨认信号码元的起止时刻。由 2PSK 信号的解调波形可以看出,由于相干载波恢复中载波相位的 180°相位模糊,导致解调出的二进制基带信号出现反相现象,从而难以实际应用。为了解决 2PSK 信号解调过程的反相工作问题,提出了**二进制差分相位键控**(**2DPSK**)。

1. 2DPSK 信号的波形及矢量图

2DPSK 方式利用前后相邻码元的载波相对相位变化传递数字信息,所以又称为**相对移相键控**。假设 $\Delta\varphi$ 为当前码元与前一码元的载波相位差,可定义一种数字信息与 $\Delta\varphi$ 之间的关系为

$$\Delta\varphi = \begin{cases} 0, & \text{表示数字信息 0} \\ \pi, & \text{表示数字信息 1} \end{cases} \qquad (7\text{-}18)$$

假设一组二进制数字信息与其对应的 2DPSK 信号的载波相位关系示例如下。

二进制数字信息: 1 1 0 1 0

（2PSK）   π π 0 π 0

2DPSK 信号相位: (0) π 0 0 π π

或   (π) 0 π π 0 0

则其相应的 2DPSK 信号的时间波形如图 7.15 所示。

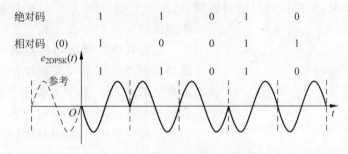

图 7.15 2DPSK 信号的时间波形

由此示例可知,对于相同的基带信号,由于初始相位不同,所以 2DPSK 信号的相位可以不同,即 2DPSK 信号的相位并不直接代表基带信号,而前后码元的相对相位才决定信息符号。

数字信息与 $\Delta\varphi$ 之间的关系也可定义为

$$\Delta\varphi = \begin{cases} 0, & \text{表示数字信息 1} \\ \pi, & \text{表示数字信息 0} \end{cases} \qquad (7\text{-}19)$$

为了更加直观地说明信号码元的相位关系,可用矢量图来描述。2DPSK 信号的矢量图如图 7.16 所示。按照式(7-18)确定的关系,可用图 7.16(a)所示的矢量图来表示,图中虚线矢量位置称为参考相位,并且假设在一个码元持续时间中有整数个载波周期。在绝对移相中,它是未调制载波的相位;而在相对移相中,它是前一码元的载波相位,当前码元的相位可能是 0 或 π。但是按照这种定义,在某个较长的码元序列中,信号波形的相位可能仍没有突跳点,致使在接收端无法辨认信号码元的起止时刻。这样,2DPSK 方式虽然解决了载波相位的不确定性问题,但是码元的定时问题仍没有解决。为了解决定时问题,可采用图 7.16(b)所示的移相方式。

当前码元的相位对于前一码元的相位改变 $\pm\pi/2$，因此在相邻码元之间必定有相位突变。在接收端检测到此相位突跳就能确定每个码元的起止时刻，即可提供码元定时信息。根据 ITU-T 建议，图 7.16(a) 所示的移相方式称为 A 方式，图 7.16(b) 所示的移相方式称为 B 方式，后者目前被广泛采用。

图 7.16　2DPSK 信号的矢量图

2. 2DPSK 信号的调制

首先对二进制数字基带信号进行**差分编码**，将绝对码表示二进制信息变换为用相对码表示二进制信息，然后再进行**绝对调相**，从而产生 2DPSK 信号。2DPSK 信号调制器原理框图如图 7.17 所示。

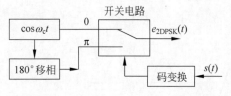

图 7.17　2DPSK 信号调制器原理框图

二进制绝对调相与相对调相的区别在于：绝对调相用已调信号和载波信号的相位差表示数字基带信号，**相对调相**用已调信号本码元的初相与前一码元的终相之差表示数字基带信号。相对调相不存在相位模糊问题。

差分码即基带传输系统中的差分波形，可取传号差分码或空号差分码。其中，传号差分码的编码规则为

$$b_n = a_n \oplus b_{n-1} \tag{7-20}$$

式中，$\oplus$ 为模 2 加，数字电路中可用异或门实现，b_{n-1} 为 b_n 的前一码元，最初的 b_{n-1} 可任意设定。

从图 7.16 所示 2DPSK 信号的波形可看出，传号差分码即载波的相位遇到原数字信息 1 变化，遇到 0 则不变，载波相位的这种相对变化就携带了数字信息。

式 (7-20) 称为差分编码（或称码变换），即把绝对码变换为相对码；其逆过程称为差分译码（或称码反变换、码逆变换），即

$$a_n = b_n \oplus b_{n-1} \tag{7-21}$$

3. 2DPSK 信号的解调

1) 相干解调加码反变换法（又名极性比较法）

解调原理：先对 2DPSK 信号进行相干解调，恢复出相对码，再经码反变换器变换为绝对码，从而恢复出发送的二进制数字信息。在解调过程中，由于载波相位模糊性的影响，使得解调出的相对码也可能是 1 和 0 倒置，但经差分译码（码反变换）得到的绝对码

不会发生任何倒置的现象,从而解决了载波相位模糊性带来的问题。2DPSK 相干解调器原理图和各点波形如图 7.18 所示。

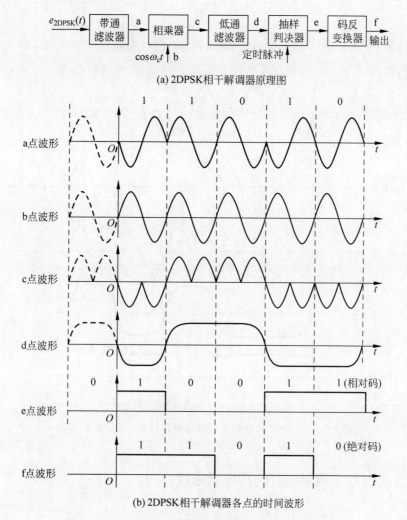

(a) 2DPSK相干解调器原理图

(b) 2DPSK相干解调器各点的时间波形

图 7.18　2DPSK 相干解调器原理图和各点的时间波形

2）差分相干解调法（又名相位比较法）

用这种方法解调时不需要专门的相干载波,是一种**非相干解调方法**,只需由收到的 2DPSK 信号延时一个码元间隔,然后与 2DPSK 信号本身相乘。相乘器起着相位比较的作用,相乘结果反映了前后码元的相位差,经低通滤波后再抽样判决,即可直接恢复原始数字信息,故解调器中不需要码反变换器。2DPSK 差分相干解调器原理图和各点波形如图 7.19 所示。

2DPSK 系统是一种实用的数字调相系统,目前,在语音频带内以中速传输数据时, 2DPSK 是 CCITT（或 ITU-T）建议选用的一种数字调制方式,但其**抗加性白噪声性能比 2PSK 要差**。

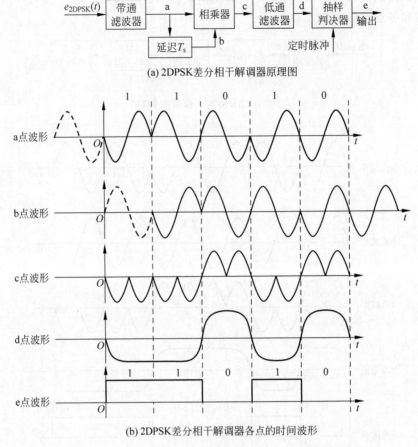

(a) 2DPSK差分相干解调器原理图

(b) 2DPSK差分相干解调器各点的时间波形

图 7.19　2DPSK 差分相干解调器原理图和各点的时间波形

7.1.5　二进制数字调制信号的功率谱密度

1. 2ASK 信号的功率谱密度

2ASK 信号表达式为

$$e_{2\text{ASK}}(t) = \left[\sum_n a_n g(t - nT_s)\right]\cos\omega_c t = s(t)\cos\omega_c t \tag{7-22}$$

式中,$s(t)$便是代表信息的一个随机单极性矩形脉冲序列。

现假设 $e_{2\text{ASK}}(t)$ 的功率谱密度为 $P_{2\text{ASK}}(f)$,$s(t)$的功率谱密度为 $P_s(f)$,则

$$P_{2\text{ASK}}(f) = \frac{1}{4}\left[P_s(f + f_c) + P_s(f - f_c)\right] \tag{7-23}$$

由式(7-23)可见,2ASK 信号的功率谱密度是基带信号功率谱密度 $P_s(f)$ 的线性搬移(属线性调制),知道了 $P_s(f)$ 即可确定 $P_{2\text{ASK}}(f)$。

因为 $s(t)$ 是单极性的随机矩形脉冲序列,因此有

$$P_s(f) = f_s P(1-P)|G(f)|^2 + f_s^2(1-P)^2 \sum_{m=-\infty}^{\infty}|G(mf_s)|^2\delta(f-mf_s)$$

$$(7\text{-}24)$$

式中，$f_s = 1/T_s$，$G(f)$ 是单个基带信号码元 $g(t)$ 的频谱函数，即 $G(f) \Leftrightarrow g(t)$。

对于全占空矩形脉冲序列，根据矩形波形 $g(t)$ 的频谱特点，对于所有 $m \neq 0$ 的整数，有 $G(mf_s) = T_s Sa(n\pi) = 0$，故式(7-24)可简化为

$$P_s(f) = f_s P(1-P)|G(f)|^2 + f_s^2(1-P)^2|G(0)|^2\delta(f)$$

$$(7\text{-}25)$$

将其代入式(7-23)，得

$$P_{2ASK} = \frac{1}{4}f_s P(1-P)\left[|G(f+f_c)|^2 + |G(f-f_c)|^2\right] +$$

$$\frac{1}{4}f_s^2(1-P)^2|G(0)|^2[\delta(f+f_c) + \delta(f-f_c)]$$

$$(7\text{-}26)$$

当概率 $P = 1/2$ 时，考虑到 $G(f) = T_s Sa(\pi f T_s)$，$G(0) = T_s$，则 2ASK 信号的功率谱密度为

$$P_{2ASK}(f) = \frac{T_s}{16}\left[\left|\frac{\sin\pi(f+f_c)T_s}{\pi(f+f_c)T_s}\right|^2 + \left|\frac{\sin\pi(f-f_c)T_s}{\pi(f-f_c)T_s}\right|^2\right] +$$

$$\frac{1}{16}[\delta(f+f_c) + \delta(f-f_c)]$$

$$(7\text{-}27)$$

2ASK 信号的功率谱密度示意图如图 7.20 所示。

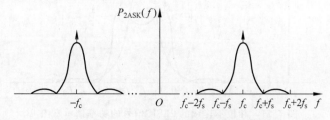

图 7.20　2ASK 信号的功率谱密度示意图

从以上分析及图 7.20 可以看出，2ASK 信号的功率谱由连续谱和离散谱两部分组成，连续谱取决于 $g(t)$ 经线性调制后的双边带谱，而离散谱由载波分量确定；2ASK 信号的带宽是基带信号带宽的两倍，若只计谱的主瓣（第一个谱零点位置），则有

$$B_{2ASK} = 2f_s \tag{7-28}$$

式中，$f_s = 1/T_s$。由此可见，2ASK 信号的传输带宽是码元速率的两倍。

2. 2FSK 信号的功率谱密度

对相位不连续的 2FSK 信号，可以看成两个不同载波的 2ASK 信号的叠加，其中一个频率为 f_1，另一个频率为 f_2。因此，相位不连续的 2FSK 信号的功率谱密度可以近似表示成两个不同载波的 2ASK 信号功率谱密度的叠加。

相位不连续的 2FSK 信号的时域表达式为

$$e_{2\mathrm{FSK}}(t) = s_1(t)\cos\omega_1 t + s_2(t)\cos\omega_2 t \tag{7-29}$$

其中，$s_1(t)$ 和 $s_2(t)$ 为两路二进制基带信号。

根据 2ASK 信号功率谱密度的表达式，不难写出这种 2FSK 信号的功率谱密度的表达式为

$$P_{2\mathrm{FSK}}(f) = \frac{1}{4}\left[P_{s_1}(f - f_1) + P_{s_1}(f + f_1)\right] + \frac{1}{4}\left[P_{s_2}(f - f_2) + P_{s_2}(f + f_2)\right]$$

$$\tag{7-30}$$

令概率 $P = 1/2$，只需将 2ASK 信号频谱中的 f_c 分别替换为 f_1 和 f_2，然后代入式(7-30)，即可得

$$P_{2\mathrm{FSK}}(f) = \frac{T_s}{16}\left[\left|\frac{\sin\pi(f + f_1)T_s}{\pi(f + f_1)T_s}\right|^2 + \left|\frac{\sin\pi(f - f_1)T_s}{\pi(f - f_1)T_s}\right|^2\right] +$$

$$\frac{T_s}{16}\left[\left|\frac{\sin\pi(f + f_2)T_s}{\pi(f + f_2)T_s}\right|^2 + \left|\frac{\sin\pi(f - f_2)T_s}{\pi(f - f_2)T_s}\right|^2\right] +$$

$$\frac{1}{16}\left[\delta(f + f_1) + \delta(f - f_1) + \delta(f + f_2) + \delta(f - f_2)\right] \tag{7-31}$$

由式(7-31)可得相位不连续的 2FSK 信号的功率谱示意图如图 7.21 所示。

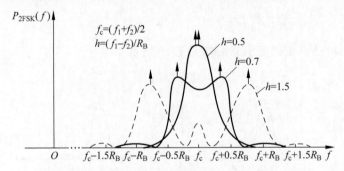

图 7.21　相位不连续的 2FSK 信号的功率谱示意图

由图 7.21 可以看出，相位不连续的 2FSK 信号的功率谱由连续谱和离散谱组成，其中，连续谱由两个中心位于 f_1 和 f_2 处的双边谱叠加而成，离散谱位于两个载频 f_1 和 f_2 处。连续谱的形状随着两个载频之差的大小而变化，若 $|f_1 - f_2| < f_s$，则连续谱在 f_c 处出现单峰；若 $|f_1 - f_2| > f_s$，则出现双峰。

若以功率谱第 1 个零点之间的频率间隔计算 2FSK 信号的带宽，则其带宽近似为

$$B_{2\mathrm{FSK}} = |f_2 - f_1| + 2f_s \tag{7-32}$$

其中，$f_s = R_B = 1/T_s$ 为基带信号的带宽；图中的 f_c 为两个载频的中心频率；$h = |f_2 - f_1|/R_B$ 为**偏移率**(调制指数)。

3. 2PSK 信号的功率谱密度

2ASK 信号的表达式为

$$e_{2\mathrm{ASK}}(t) = s(t)\cos\omega_c t$$

2PSK 信号的表达式为

$$e_{2PSK}(t) = \begin{cases} A\cos\omega_c t, & \text{概率为 } P \\ -A\cos\omega_c t, & \text{概率为 } 1-P \end{cases}$$

比较 2ASK 信号的表达式和 2PSK 信号的表达式可见,两者的表示形式完全一样,区别仅在于基带信号 $s(t)$ 不同(a_n 不同),前者为单极性,后者为双极性。因此,可以直接引用 2ASK 信号功率谱密度的公式来表述 2PSK 信号的功率谱,即

$$P_{2PSK}(f) = \frac{1}{4}\left[P_s(f+f_c) + P_s(f-f_c)\right] \tag{7-33}$$

应当注意,这里的 $P_s(f)$ 是双极性矩形脉冲序列的功率谱密度。

双极性全占空矩形随机脉冲序列的功率谱密度为

$$P_s(f) = 4f_s P(1-P)|G(f)|^2 + f_s^2(1-2P)^2|G(0)|^2\delta(f) \tag{7-34}$$

将式(7-34)代入式(7-33),得

$$P_{2PSK} = f_s P(1-P)\left[|G(f+f_c)|^2 + |G(f-f_c)|^2\right] +$$
$$\frac{1}{4}f_s^2(1-2P)^2|G(0)|^2\left[\delta(f+f_c) + \delta(f-f_c)\right] \tag{7-35}$$

若等概率(即 $P=1/2$),并考虑到矩形脉冲的频谱 $G(f) = T_s Sa(\pi f T_s)$,$G(0) = T_s$,则 2PSK 信号的功率谱密度为

$$P_{2PSK}(f) = \frac{T_s}{4}\left[\left|\frac{\sin\pi(f+f_c)T_s}{\pi(f+f_c)T_s}\right|^2 + \left|\frac{\sin\pi(f-f_c)T_s}{\pi(f-f_c)T_s}\right|^2\right] \tag{7-36}$$

由式(7-35)和式(7-36)可以看出,**一般情况下 2FSK 信号的功率谱密度由离散谱和连续谱组成,其结构与 2ASK 信号的功率谱密度相类似,带宽也是基带信号带宽的两倍。当二进制基带信号的 1 码和 0 码出现概率相等时,则不存在离散谱(即载波分量),此时 2PSK 信号实际上相当于抑制载波的双边带信号,因此它可以看作是双极性基带信号作用下的调幅信号。**

2PSK 信号的功率谱密度如图 7.22 所示。

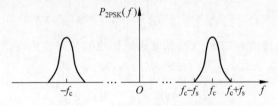

图 7.22 2PSK 信号的功率谱密度

4. 2DPSK 信号的功率谱密度

从前面讨论的 2DPSK 信号的调制过程及其波形可以知道,2DPSK 可以与 2PSK 具有相同形式的表达式,所不同的是 2PSK 中的基带信号 $s(t)$ 对应的是绝对码序列;而 2DPSK 中的基带信号 $s(t)$ 对应的是码变换后的相对码序列。因此,2DPSK 信号和 2PSK 信

号的功率谱密度是完全一样的。信号带宽为

$$B_{2DPSK} = B_{2PSK} = 2f_s \qquad (7\text{-}37)$$

与 2ASK 信号相同,也是码元速率的两倍。

7.2 二进制数字调制系统的抗噪声性能

在数字通信系统中,信号的传输过程会受到各种干扰,从而影响对信号的恢复。**通信系统的抗噪声性能是指系统克服加性噪声影响的能力**。在数字通信系统中,信道噪声有可能使传输码元产生错误,错误程度通常用误码率来衡量。因此,与分析数字基带系统的抗噪声性能一样,分析数字调制系统的抗噪声性能也就是分析在信道等效加性高斯白噪声的干扰下系统的误码性能,得出误码率与信噪比之间的数学关系。

分析条件: 假设信道特性是恒参信道,在信号的频带范围内具有理想矩形的传输特性(可取其传输系数为 K);信道噪声是等效加性高斯白噪声,其均值为零,方差为 σ_n^2,并且认为噪声只对信号的接收带来影响,因而系统性能分析是在接收端进行的。

7.2.1 2ASK 系统的抗噪声性能

对 2ASK 信号可采用**包络检波法**进行解调,也可以采用**同步检测法**进行解调。但两种解调器结构形式不同,因此性能也不同。

1. 同步检测法的系统性能

对于 2ASK 系统,同步检测法的系统性能分析模型如图 7.23 所示。

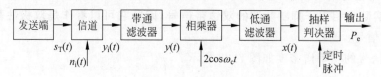

图 7.23　2ASK 信号同步检测法的系统性能分析模型

设在一个码元的持续时间 T_s 内,其发送端输出的信号波形可以表示为

$$s_T(t) = \begin{cases} u_T(t), & \text{发送 1 码} \\ 0, & \text{发送 0 码} \end{cases} \qquad (7\text{-}38)$$

式中,

$$u_T(t) = \begin{cases} A\cos\omega_c t, & 0 < t < T_s \\ 0, & \text{其他} \end{cases} \qquad (7\text{-}39)$$

则在每一段时间 $(0, T_s)$ 内,接收端的输入波形 $y_i(t)$ 为

$$y_i(t) = \begin{cases} u_i(t) + n_i(t), & \text{发送 1 码} \\ n_i(t), & \text{发送 0 码} \end{cases} \qquad (7\text{-}40)$$

式中，$u_i(t)$ 为 $u_T(t)$ 经信道传输后的波形。

为简单明了，这里认为信号经过信道传输后只受到固定衰减，未产生失真（信道传输系数取为 K），令 $a = AK$，则有

$$u_i(t) = \begin{cases} a\cos\omega_c t, & 0 < t < T_s \\ 0, & 其他 \end{cases} \tag{7-41}$$

而 $n_i(t)$ 是均值为 0 的加性高斯白噪声。

假设接收端带通滤波器具有理想矩形传输特性，恰好使信号无失真通过，则带通滤波器的输出波形 $y(t)$ 为

$$y(t) = \begin{cases} u_i(t) + n(t), & 发送 1 码 \\ n(t), & 发送 0 码 \end{cases} \tag{7-42}$$

式中，$n(t)$ 是高斯白噪声 $n_i(t)$ 经过带通滤波器的输出噪声。由本书第 2 章所讲随机信号分析可知，$n(t)$ 为窄带高斯噪声，其均值为 0，方差为 σ_n^2，且可表示为

$$n(t) = n_c(t)\cos\omega_c t - n_s(t)\sin\omega_c t \tag{7-43}$$

于是有

$$\begin{aligned} y(t) &= \begin{cases} a\cos\omega_c t + n_c(t)\cos\omega_c t - n_s(t)\sin\omega_c t \\ n_c(t)\cos\omega_c t - n_s(t)\sin\omega_c t \end{cases} \\ &= \begin{cases} [a + n_c(t)]\cos\omega_c t - n_s(t)\sin\omega_c t, & 发送 1 码 \\ n_c(t)\cos\omega_c t - n_s(t)\sin\omega_c t, & 发送 0 码 \end{cases} \end{aligned} \tag{7-44}$$

$y(t)$ 与相干载波 $2\cos\omega_c t$ 相乘，然后由低通滤波器滤除高频分量，在抽样判决器输入端得到的波形为

$$x(t) = \begin{cases} a + n_c(t), & 发送 1 码 \\ n_c(t), & 发送 0 码 \end{cases} \tag{7-45}$$

式中，a 为信号成分，由于 $n_c(t)$ 也是均值为 0、方差为 σ_n^2 的高斯噪声，所以 $x(t)$ 也是一个高斯随机过程，其均值分别为 a（发送 1 码）和 0（发送 0 码），方差等于 σ_n^2。

设对第 k 个符号的抽样时刻为 kT_s，则 $x(t)$ 在 kT_s 时刻的抽样值为

$$x = x(kT_s) = \begin{cases} a + n_c(kT_s), & 发送 1 码 \\ n_c(kT_s), & 发送 0 码 \end{cases} \tag{7-46}$$

x 是一个高斯随机变量。因此，发送 1 码时，x 的一维概率密度函数 $f_1(x)$ 为

$$f_1(x) = \frac{1}{\sqrt{2\pi}\sigma_n}\exp\left\{-\frac{(x-a)^2}{2\sigma_n^2}\right\} \tag{7-47}$$

发送 0 码时，x 的一维概率密度函数 $f_0(x)$ 为

$$f_0(x) = \frac{1}{\sqrt{2\pi}\sigma_n}\exp\left(-\frac{x^2}{2\sigma_n^2}\right) \tag{7-48}$$

$f_1(x)$ 和 $f_0(x)$ 的曲线如图 7.24 所示。

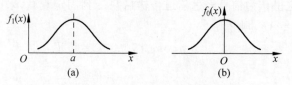

图 7.24　$f_1(x)$ 和 $f_0(x)$ 的曲线

因此，2ASK 同步检测误码率的几何表示如图 7.25 所示。

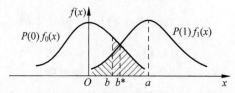

图 7.25　2ASK 同步检测时误码率的几何表示

若取判决门限为 b，规定判决规则为

$$\begin{cases} x > b, & \text{判为 1} \\ x \leqslant b, & \text{判为 0} \end{cases}$$

则当发送 1 码时，错误接收为 0 码的概率 P_{e1} 是抽样值 x 小于或等于 b 的概率，即

$$P_{e1} = P(0/1) = P(x \leqslant b) = \int_{-\infty}^{b} f_1(x)\mathrm{d}x$$

$$= \frac{1}{\sqrt{2\pi}\,\sigma_n} \int_{-\infty}^{b} \exp\left[-\frac{(x-a)^2}{2\sigma_n^2}\right] \mathrm{d}x = 1 - \frac{1}{2}\mathrm{erfc}\left(\frac{b-a}{\sqrt{2}\,\sigma_n}\right) \tag{7-49}$$

式中，

$$\mathrm{erfc}(x) = \frac{2}{\sqrt{\pi}} \int_{x}^{\infty} \exp(-t^2)\mathrm{d}t \tag{7-50}$$

同理，当发送 0 码时，错误接收为 1 码的概率 P_{e2} 为

$$P_{e2} = P(1/0) = P(x > b) = \int_{b}^{\infty} f_0(x)\mathrm{d}x$$

$$= \frac{1}{\sqrt{2\pi}\,\sigma_n} \int_{b}^{\infty} \exp\left(-\frac{x^2}{2\sigma_n^2}\right) \mathrm{d}x = \frac{1}{2}\mathrm{erfc}\left(\frac{b}{\sqrt{2}\,\sigma_n}\right) \tag{7-51}$$

设发送 1 码的概率为 $P(1)$，发送 0 码的概率为 $P(0)$，则同步检测时 2ASK 系统的总误码率为将 1 码判为 0 码的错误概率与将 0 码判为 1 码的错误概率的统计平均，即

$$P_e = P(1)P_{e1} + P(0)P_{e2} = P(1)\int_{-\infty}^{b} f_1(x)\mathrm{d}x + P(0)\int_{b}^{\infty} f_0(x)\mathrm{d}x \tag{7-52}$$

式(7-52)表明，当 $P(1)$、$P(0)$ 及 $f_1(x)$、$f_0(x)$ 一定时，系统的误码率 P_e 与判决门限 b 的选择密切相关，其几何表示如图 7.25 阴影部分所示，误码率 P_e 等于图中阴影的面积。改变判决门限 b，阴影的面积将随之改变，也即误码率 P_e 的大小将随判决门限 b 而变化。

进一步分析可得,当判决门限 b 取 $P(1)f_1(x)$ 与 $P(0)f_0(x)$ 两条曲线相交点 b^* 时,阴影的面积最小。即判决门限取为 b^* 时,系统的误码率 P_e 最小,这个门限值就称为**最佳判决门限**。

最佳判决门限也可通过求误码率 P_e 关于判决门限 b 的最小值的方法得到,即令

$$\frac{\partial P_e}{\partial b} = 0 \tag{7-53}$$

得到

$$P(1)f_1(b^*) - P(0)f_0(b^*) = 0$$

即

$$P(1)f_1(b^*) = P(0)f_0(b^*) \tag{7-54}$$

将 $f_1(x)$ 和 $f_0(x)$ 的表达式代入式(7-53),得到

$$\frac{P(1)}{\sqrt{2\pi}\sigma_n}\exp\left[-\frac{(b^*-a)^2}{2\sigma_n^2}\right] = \frac{P(0)}{\sqrt{2\pi}\sigma_n}\exp\left[-\frac{(b^*)^2}{2\sigma_n^2}\right]$$

化简整理后可得

$$b^* = \frac{a}{2} + \frac{\sigma_n^2}{a}\ln\frac{P(0)}{P(1)} \tag{7-55}$$

式(7-55)就是所需的最佳判决门限。

若发送 1 码和 0 码的概率相等,则最佳判决门限为

$$b^* = \frac{a}{2} \tag{7-56}$$

式(7-56)说明,当发送 1 码和 0 码等概率时,最佳判决门限 b^* 为信号抽样值的二分之一。此时,**2ASK 信号采用同步检测(相干解调)时误码率为**

$$P_e = \frac{1}{2}\text{erfc}\left(\sqrt{\frac{r}{4}}\right) \tag{7-57}$$

式中,$r = \frac{a^2}{2\sigma_n^2}$ 为解调器输入端的信噪比。

当 $r \gg 1$,即大信噪比时,式(7-57)可近似表示为

$$P_e \approx \frac{1}{\sqrt{\pi r}}e^{-r/4} \tag{7-58}$$

2. 包络检波法的系统性能

包络检波法解调过程不需要相干载波,只需将相干解调器(相乘器-低通滤波器)替换为包络检波器(整流器-低通滤波器)。2ASK 包络检波法的系统性能分析模型如图 7.26 所示。

接收端带通滤波器的输出波形与相干检测法相同,即

$$y(t) = \begin{cases} [a + n_c(t)]\cos\omega_c t - n_s(t)\sin\omega_c t, & \text{发送 1 码} \\ n_c(t)\cos\omega_c t - n_s(t)\sin\omega_c t, & \text{发送 0 码} \end{cases}$$

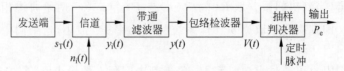

图 7.26 2ASK 包络检波法的系统性能分析模型

包络检波器能检测出输入波形包络的变化,包络检波器输入波形 $y(t)$ 可进一步表示为

$$y(t) = \begin{cases} \sqrt{[a+n_c(t)]^2 + n_s^2(t)}\cos[\omega_c t + \varphi_1(t)], & \text{发送 1 码} \\ \sqrt{n_c^2(t) + n_s^2(t)}\cos[\omega_c t + \varphi_0(t)], & \text{发送 0 码} \end{cases} \tag{7-59}$$

式中,$\sqrt{[a+n_c(t)]^2 + n_s^2(t)}$ 和 $\sqrt{n_c^2(t) + n_s^2(t)}$ 分别为发送 1 码和 0 码时的包络。

当发送 1 码时,包络检波器的输出波形 $V(t)$ 为

$$V(t) = \sqrt{[a+n_c(t)]^2 + n_s^2(t)} \tag{7-60}$$

当发送 0 码时,包络检波器的输出波形为

$$V(t) = \sqrt{n_c^2(t) + n_s^2(t)} \tag{7-61}$$

在 kT_s 时刻,包络检波器输出波形的抽样值为

$$V = \begin{cases} \sqrt{[a+n_c]^2 + n_s^2}, & \text{发送 1 码} \\ \sqrt{n_c^2 + n_s^2}, & \text{发送 0 码} \end{cases} \tag{7-62}$$

由本书第 2 章随机信号分析相关内容可知,**发送 1 码符号时的抽样值是广义瑞利型随机变量;发送 0 码时的抽样值是瑞利型随机变量**,它们的一维概率密度函数分别为

$$f_1(V) = \frac{V}{\sigma_n^2} I_0\left(\frac{aV}{\sigma_n^2}\right) e^{-(V^2+a^2)/2\sigma_n^2} \tag{7-63}$$

$$f_0(V) = \frac{V}{\sigma_n^2} e^{-V^2/2\sigma_n^2} \tag{7-64}$$

式中,σ_n^2 为窄带高斯噪声 $n(t)$ 的方差。

设判决门限为 b,规定判决规则为

$$\begin{cases} \text{抽样值 } V > b, & \text{判为 1} \\ \text{抽样值 } V \leqslant b, & \text{判为 0} \end{cases}$$

则发送 1 码错判为 0 码的概率为

$$P(0/1) = P(V \leqslant b) = \int_0^b f_1(V)\mathrm{d}V = 1 - \int_b^\infty f_1(V)\mathrm{d}V$$

$$= 1 - \int_b^\infty \frac{V}{\sigma_n^2} I_0\left(\frac{aV}{\sigma_n^2}\right) e^{-(V^2+a^2)/2\sigma_n^2}\mathrm{d}V \tag{7-65}$$

式(7-65)中的积分值可以用 Marcum Q 函数计算,**Marcum Q 函数**的定义是

$$Q(\alpha,\beta) = \int_\beta^\infty t I_0(\alpha t) e^{-(t^2+a^2)/2}\mathrm{d}t \tag{7-66}$$

令 $\alpha = \dfrac{a}{\sigma_n}, \beta = \dfrac{b}{\sigma_n}, t = \dfrac{V}{\sigma_n}$，则式(7-65)可借助 Marcum Q 函数简化表示为

$$P(0/1) = 1 - Q\left(\frac{a}{\sigma_n}, \frac{b}{\sigma_n}\right) = 1 - Q(\sqrt{2r}, b_0) \tag{7-67}$$

式中，$r = a^2/\sigma_n^2$ 为信号噪声功率比；$b_0 = b/\sigma_n$ 为归一化门限值。

同理，发送 0 错判为 1 的概率为

$$P(1/0) = P(V > b) = \int_b^\infty f_0(V) \mathrm{d}V = \int_b^\infty \frac{V}{\sigma_n^2} \mathrm{e}^{-V^2/2\sigma_n^2} \mathrm{d}V = \mathrm{e}^{-b^2/2\sigma_n^2} = \mathrm{e}^{-b_0^2/2} \tag{7-68}$$

若发送 1 码的概率为 $P(1)$，发送 0 码的概率为 $P(0)$，则系统的总误码率 P_e 为

$$P_e = P(1)P(0/1) + P(0)P(1/0) = P(1)\left[1 - Q(\sqrt{2r}, b_0)\right] + P(0)\mathrm{e}^{-b_0^2/2} \tag{7-69}$$

当 $P(1) = P(0)$ 时，有

$$P_e = \frac{1}{2}\left[1 - Q(\sqrt{2r}, b_0)\right] + \frac{1}{2}\mathrm{e}^{-b_0^2/2} \tag{7-70}$$

式(7-70)表明，包络检波法的系统误码率取决于信噪比 r 和归一化门限值 b_0。按照式(7-70)计算出的误码率 P_e 等于图 7.27 所示阴影面积的一半。

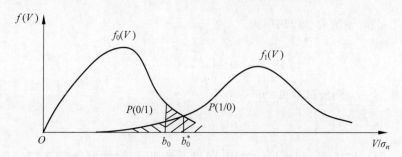

图 7.27　2ASK 包络检波法误码率 P_e 的几何表示

由图 7.27 可见，若 b_0 变化，阴影部分的面积也随之而变；当 b_0 处于 $f_1(V)$ 和 $f_0(V)$ 两条曲线的相交点 b_0^* 时，阴影部分的面积最小，即此时系统的总误码率最小，b_0^* 为归一化最佳判决门限值。

最佳门限可通过求极值的方法得到，令

$$\frac{\partial P_e}{\partial b} = 0$$

可得

$$P(1)f_1(b^*) = P(0)f_0(b^*) \tag{7-71}$$

当 $P(1) = P(0)$ 时，有

$$f_1(b^*) = f_0(b^*) \tag{7-72}$$

即 $f_1(V)$ 和 $f_0(V)$ 两条曲线交点处的包络值 V 就是最佳判决门限值，记为 b^*。b^* 和归一化最佳门限值 b_0^* 的关系为 $b^* = b_0^* \sigma_n$。由 $f_1(V)$ 和 $f_0(V)$ 的表达式联合式(7-72)，

可得

$$r = \frac{a^2}{2\sigma_n^2} = \ln I_0\left(\frac{ab^*}{\sigma_n^2}\right) \tag{7-73}$$

式(7-73)为一超越方程,求解最佳门限值的运算比较困难,其近似解为

$$b^* \approx \frac{a}{2}\left(1 + \frac{8\sigma_n^2}{a^2}\right)^{\frac{1}{2}} = \frac{a}{2}\left(1 + \frac{4}{r}\right)^{\frac{1}{2}} \tag{7-74}$$

因此有

$$b^* = \begin{cases} a/2, & r \gg 1 \text{ 时} \\ \sqrt{2}\sigma_n, & r \ll 1 \text{ 时} \end{cases} \tag{7-75}$$

而归一化最佳门限值 b_0^* 为

$$b_0^* = \frac{b^*}{\sigma_n} = \begin{cases} \sqrt{r/2}, & \text{大信噪比}(r \gg 1) \text{ 时} \\ \sqrt{2}, & \text{小信噪比}(r \ll 1) \text{ 时} \end{cases} \tag{7-76}$$

且可知,对于任意的信噪比 r, b_0^* 介于 $\sqrt{2}$ 和 $\sqrt{r/2}$ 之间。

在实际工作中,系统总是工作在大信噪比的情况下,因此最佳门限应取 $b_0^* = \sqrt{r/2}$,即 $b^* = \dfrac{a}{2}$。此时系统的总误码率为

$$P_e = \frac{1}{4}\text{erfc}\left(\sqrt{\frac{r}{4}}\right) + \frac{1}{2}e^{-r/4} \tag{7-77}$$

当 $r \to \infty$ 时,式(7-77)取得下界,为

$$P_e = \frac{1}{2}e^{-r/4} \tag{7-78}$$

将式(7-77)、式(7-78)和同步检测法(即相干解调)的误码率公式(7-57)、公式(7-58)相比较可以看出,在相同的信噪比条件下,同步检测法的抗噪声性能优于包络检波法,但在大信噪比时,两者性能相差不大。然而,包络检波法不需要相干载波,因而设备比较简单。另外,包络检波法存在门限效应,同步检测法无门限效应。

【例 7-1】 设有一 2ASK 信号传输系统,其码元速率为 $R_B = 4.8 \times 10^6 \text{B}$,发 1 和发 0 的概率相等,接收端分别采用同步检测法和包络检波法解调。已知接收端输入信号的幅度 $a = 1\text{mV}$,信道中加性高斯白噪声的单边功率谱密度 $n_0 = 2 \times 10^{-15} \text{ W/Hz}$。

(1)试求同步检测法解调时系统的误码率。

(2)试求包络检波法解调时系统的误码率。

【解】 (1)对于 2ASK 信号,信号功率主要集中在其频谱的主瓣。因此,2ASK 信号所需的传输带宽近似为码元速率的两倍,即得接收端带通滤波器带宽为

$$B = 2R_B = 9.6 \times 10^6 \text{(Hz)}$$

带通滤波器输出噪声平均功率为

$$\sigma_n^2 = n_0 B = 1.92 \times 10^{-8} \text{(W)}$$

信噪比为

$$r = \frac{a^2}{2\sigma_n^2} = \frac{1 \times 10^{-6}}{2 \times 1.92 \times 10^{-8}} \approx 26 \gg 1$$

于是得同步检测法解调时系统的误码率为

$$P_e \approx \frac{1}{\sqrt{\pi r}} e^{-r/4} = \frac{1}{\sqrt{3.1416 \times 26}} \times e^{-6.5} = 1.66 \times 10^{-4}$$

（2）包络检波法解调时系统的误码率为

$$P_e = \frac{1}{2} e^{-r/4} = \frac{1}{2} e^{-6.5} = 7.5 \times 10^{-4}$$

比较 2ASK 两种方法解调时系统总的误码率可见，在大信噪比的情况下，包络检波法解调性能接近同步检测法解调性能。

7.2.2　2FSK 系统的抗噪声性能

由 7.1 节可知，2FSK 信号的解调方法有多种，其误码率与接收方法有关。下面分别对 2FSK 信号采用同步检测法和包络检波法两种方法时系统的解调性能进行分析。

1. 同步检测法的系统性能

2FSK 信号采用同步检测法解调时系统性能分析模型如图 7.28 所示。

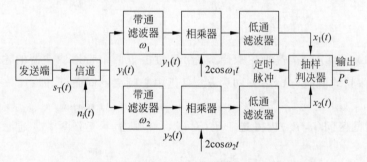

图 7.28　2FSK 信号采用同步检测法解调性能分析模型

设 1 码对应载波频率 $f_1(\omega_1)$，0 码对应载波频率 $f_2(\omega_2)$，则在一个码元的持续时间 T_s 内，发送端产生的 2FSK 信号可表示为

$$s_T(t) = \begin{cases} u_{1T}(t), & \text{发送 1 码} \\ u_{0T}(t), & \text{发送 0 码} \end{cases} \tag{7-79}$$

其中，

$$u_{1T}(t) = \begin{cases} A\cos\omega_1 t, & 0 < t < T_s \\ 0, & \text{其他} \end{cases} \tag{7-80}$$

$$u_{0T}(t) = \begin{cases} A\cos\omega_2 t, & 0 < t < T_s \\ 0, & \text{其他} \end{cases} \tag{7-81}$$

因此,在时间区间$(0, T_s)$内,接收端的输入合成波形为

$$y_i(t) = \begin{cases} Ku_{1T}(t) + n_i(t), & \text{发送 1 码} \\ Ku_{0T}(t) + n_i(t), & \text{发送 0 码} \end{cases}$$

即

$$y_i(t) = \begin{cases} a\cos\omega_1 t + n_i(t), & \text{发送 1 码} \\ a\cos\omega_2 t + n_i(t), & \text{发送 0 码} \end{cases} \tag{7-82}$$

式中,$n_i(t)$为加性高斯白噪声,其均值为 0。

在图 7.28 所示的分析模型图中,解调器采用两个带通滤波器来区分中心频率分别为 f_1 和 f_2 的信号。中心频率为 f_1 的带通滤波器只允许中心频率为 f_1 的信号频谱成分通过,而滤除中心频率为 f_2 的信号频谱成分;中心频率为 f_2 的带通滤波器只允许中心频率为 f_2 的信号频谱成分通过,而滤除中心频率为 f_1 的信号频谱成分。这样,接收端上下支路两个带通滤波器的输出波形分别为

$$y_1(t) = \begin{cases} a\cos\omega_1 t + n_1(t), & \text{发送 1 码} \\ n_1(t), & \text{发送 0 码} \end{cases} \tag{7-83}$$

$$y_2(t) = \begin{cases} n_2(t), & \text{发送 1 码} \\ a\cos\omega_2 t + n_2(t), & \text{发送 0 码} \end{cases} \tag{7-84}$$

式中,$n_1(t)$ 和 $n_2(t)$ 分别为高斯白噪声 $n_i(t)$ 经过上下两个带通滤波器的输出噪声——窄带高斯噪声,其均值同为 0,方差同为 σ_n^2,只是中心频率不同而已,即

$$n_1(t) = n_{1c}(t)\cos\omega_1 t - n_{1s}(t)\sin\omega_1 t, \quad n_2(t) = n_{2c}(t)\cos\omega_2 t - n_{2s}(t)\sin\omega_2 t$$

假设在时间区间$(0, T_s)$内发送 1 码(对应 ω_1),则上下支路两个带通滤波器的输出波形分别为

$$y_1(t) = [a + n_{1c}(t)]\cos\omega_1 t - n_{1s}(t)\sin\omega_1 t \tag{7-85}$$

$$y_2(t) = n_{2c}(t)\cos\omega_2 t - n_{2s}(t)\sin\omega_2 t \tag{7-86}$$

$y_1(t)$ 与相干载波 $2\cos\omega_1 t$ 相乘后的波形 $z_1(t)$ 为

$$z_1(t) = 2y_1(t)\cos\omega_1 t = [a + n_{1c}(t)] + [a + n_{1c}(t)]\cos 2\omega_1 t - n_{1s}(t)\sin 2\omega_1(t) \tag{7-87}$$

$y_2(t)$ 与相干载波 $2\cos\omega_2 t$ 相乘后的波形 $z_2(t)$ 为

$$z_2(t) = 2y_2(t)\cos\omega_2 t = n_{2c}(t) + n_{2c}(t)\cos 2\omega_2 t - n_{2s}(t)\sin 2\omega_2(t) \tag{7-88}$$

$z_1(t)$ 和 $z_2(t)$ 分别通过上下两个支路低通滤波器的输出 $x_1(t)$ 和 $x_2(t)$ 为

$$\text{上支路:} x_1(t) = a + n_{1c}(t) \tag{7-89}$$

$$\text{下支路:} x_2(t) = n_{2c}(t) \tag{7-90}$$

式中，a 为信号成分；$n_{1c}(t)$ 和 $n_{2c}(t)$ 均为低通型高斯噪声，其均值为零，方差为 σ_n^2。因此，$x_1(t)$ 和 $x_2(t)$ 在 kT_s 时刻抽样值的一维概率密度函数分别为

$$f(x_1) = \frac{1}{\sqrt{2\pi}\,\sigma_n} \exp\left[-\frac{(x_1-a)^2}{2\sigma_n^2}\right] \tag{7-91}$$

$$f(x_2) = \frac{1}{\sqrt{2\pi}\,\sigma_n} \exp\left[-\frac{x_2^2}{2\sigma_n^2}\right] \tag{7-92}$$

当 $x_1(t)$ 的抽样值 x_1 小于 $x_2(t)$ 的抽样值 x_2 时，判决器输出 0 码，造成将 1 码判为 0 码的错误，故这时错误概率为

$$P(0/1) = P(x_1 < x_2) = P(x_1 - x_2 < 0) = P(z < 0) \tag{7-93}$$

式中，$z = x_1 - x_2$，故 z 是高斯型随机变量，其均值为 a，方差为 $\sigma_z^2 = 2\sigma_n^2$。

设 z 的一维概率密度函数为 $f(z)$，则由上式可得

$$f(z) = \frac{1}{\sqrt{2\pi}\,\sigma_z} \exp\left[-\frac{(z-a)}{2\sigma_z^2}\right] = \frac{1}{2\sqrt{\pi}\,\sigma_n} \exp\left[-\frac{(z-a)^2}{4\sigma_n^2}\right] \tag{7-94}$$

因此，错误概率 $P(0/1)$ 为

$$P(0/1) = P(x_1 < x_2) = P(z < 0) = \int_{-\infty}^{0} f(z)\mathrm{d}z$$

$$= \frac{1}{\sqrt{2\pi}\,\sigma_z} \int_{-\infty}^{0} \exp\left[-\frac{(x-a)^2}{2\sigma_z^2}\right]\mathrm{d}z = \frac{1}{2}\mathrm{erfc}\left(\sqrt{\frac{r}{2}}\right) \tag{7-95}$$

同理可得发送 0 码而错判为 1 码的概率 $P(1/0)$ 为

$$P(1/0) = P(x_1 > x_2) = \frac{1}{2}\mathrm{erfc}\left(\sqrt{\frac{r}{2}}\right) \tag{7-96}$$

显然，由于上下支路的对称性，以上两个错误概率相等。于是，采用同步检测时 2FSK 系统的总误码率为

$$P_e = \frac{1}{2}\mathrm{erfc}\left(\sqrt{\frac{r}{2}}\right) \tag{7-97}$$

式中，$r = \dfrac{a^2}{2\sigma_n^2}$ 为解调器输入端（带通滤波器输出端）的信噪比。在大信噪比条件下，即 $r \gg 1$ 时，式(7-97)可近似表示为

$$P_e \approx \frac{1}{\sqrt{2\pi r}} \mathrm{e}^{-\frac{r}{2}} \tag{7-98}$$

2. 包络检波法的系统性能

与 2ASK 信号解调相似，2FSK 信号也可以采用包络检波法解调，性能分析模型如图 7.29 所示。

从图 7.29 可看出，2FSK 信号采用包络检波法解调性能分析模型与同步检测法解调比较，只需将同步检测法模型中的相干解调器（相乘器-低通滤波器）替换为包络检波器（整流器-低通滤波器）即可。若假定在 $(0, T_s)$ 发送 1 码（对应 ω_1），则接收端上下支路两

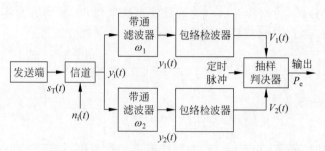

图 7.29　2FSK 信号采用包络检波法解调性能分析模型

个带通滤波器的输出波形 $y_1(t)$ 和 $y_2(t)$ 分别为

$$y_1(t) = [a + n_{1c}(t)]\cos\omega_1 t - n_{1s}(t)\sin\omega_1 t$$

$$= \sqrt{[a + n_{1c}(t)]^2 + n_{1s}^2}\cos[\omega_1 t + \varphi_1(t)] = V_1(t)\cos[\omega_1 t + \varphi_1(t)] \quad (7\text{-}99)$$

$$y_2(t) = n_{2c}(t)\cos\omega_2 t - n_{2s}(t)\sin\omega_2 t$$

$$= \sqrt{n_{2c}(t)^2 + n_{2s}^2}\cos[\omega_2 t + \varphi_2(t)] = V_2(t)\cos[\omega_2 t + \varphi_2(t)] \quad (7\text{-}100)$$

式中,$V_1(t)$ 是 $y_1(t)$ 的包络; $V_2(t)$ 是 $y_2(t)$ 的包络。在 kT_s 时刻,抽样判决器的抽样值为

$$\begin{cases} \text{上支路:} V_1 = \sqrt{[a + n_{1c}]^2 + n_{1s}^2} & (7\text{-}101) \\[2mm] \text{下支路:} V_2 = \sqrt{n_{2c}^2 + n_{2s}^2} & (7\text{-}102) \end{cases}$$

由随机信号分析可知,V_1 服从广义瑞利分布,V_2 服从瑞利分布。V_1、V_2 的一维概率密度函数分别为

$$f(V_1) = \frac{V_1}{\sigma_n^2} I_0\left(\frac{aV_1}{\sigma_n^2}\right) e^{-(V_1^2 + a^2)/2\sigma_n^2} \quad (7\text{-}103)$$

$$f(V_2) = \frac{V_2}{\sigma_n^2} e^{-V_2^2/2\sigma_n^2} \quad (7\text{-}104)$$

在 2FSK 信号的解调中,抽样判决器的判决过程与 2ASK 不同(在 2ASK 信号解调中,判决是与一个固定的门限比较),是对上下两路包络的抽样值进行比较,即当 $V_1(t)$ 的抽样值 V_1 大于 $V_2(t)$ 的抽样值 V_2 时,判决器输出为 1,此时是正确判决;当 $V_1(t)$ 的抽样值 V_1 小于 $V_2(t)$ 的抽样值 V_2 时,判决器输出为 0,此时是错误判决,错误概率为

$$P(0/1) = P(V_1 \leqslant V_2) = \iint_c f(V_1)f(V_2)\,dV_1 dV_2 = \int_0^\infty f(V_1)\left[\int_{V_2 = V_1}^\infty f(V_2)\,dV_2\right]dV_1$$

$$= \int_0^\infty \frac{V_1}{\sigma_n^2} I_0\left(\frac{aV_1}{\sigma_n^2}\right)\exp\left[(-2V_1^2 - a^2)/2\sigma_n^2\right]dV_1$$

$$= \int_0^\infty \frac{V_1}{\sigma_n^2} I_0\left(\frac{aV_1}{\sigma_n^2}\right) e^{-(2V_1^2 + a^2)/2\sigma_n^2}\,dV_1 \quad (7\text{-}105)$$

令 $t=\dfrac{\sqrt{2}V_1}{\sigma_n}$，$z=\dfrac{a}{\sqrt{2}\sigma_n}$，代入式（7-105），经过简化可得

$$P(0/1)=\frac{1}{2}e^{-z^2/2}\int_0^\infty tI_0(zt)e^{-(t^2+z^2)/2}\mathrm{d}t \tag{7-106}$$

根据 Marcum Q 函数的性质，有

$$Q(z,0)=\int_0^\infty tI_0(zt)e^{-(t^2+z^2)/2}\mathrm{d}t=1$$

所以

$$P(0/1)=\frac{1}{2}e^{-z^2/2}=\frac{1}{2}e^{-r/2} \tag{7-107}$$

式中，$r=z^2=\dfrac{a^2}{2\sigma_n^2}$。

同理可得发送 0 码判为 1 码的错误概率 $P(1/0)$ 为

$$P(1/0)=P(V_1>V_2)=\frac{1}{2}e^{-r/2} \tag{7-108}$$

于是，2FSK 信号包络检波时系统的总误码率为

$$P_e=\frac{1}{2}e^{-r/2} \tag{7-109}$$

将式（7-109）与 2FSK 同步检波时系统的误码率公式（7-97）和公式（7-98）比较可见，**在大信噪比条件下，2FSK 信号包络检波时的系统性能与同步检测时的性能相差不大，但同步检测法的设备却复杂得多。因此，在满足信噪比要求的场合，多采用包络检波法。**

另外，对 2FSK 信号还可以采用其他方式进行解调，有兴趣的读者可以参考有关书籍。

【例 7-2】 采用 2FSK 方式在等效带宽为 2400Hz 的传输信道上传输二进制数字。2FSK 信号的频率分别为 $f_1=980\mathrm{Hz}$，$f_2=1580\mathrm{Hz}$，码元速率 $R_B=300\mathrm{B}$。接收端输入（即信道输出端）的信噪比为 6dB。

（1）试求 2FSK 信号的带宽。

（2）试求包络检波法解调时系统的误码率。

（3）试求同步检测法解调时系统的误码率。

【解】（1）2FSK 信号的带宽为 $B_{2\mathrm{FSK}}=|f_2-f_1|+2f_s=1580-980+2\times300=1200(\mathrm{Hz})$。

（2）由于误码率取决于带通滤波器输出端的信噪比。由于 2FSK 接收系统中，上、下支路带通滤波器的带宽近似为

$$B=2f_s=2R_B=600(\mathrm{Hz})$$

它仅是信道等效带宽（2400Hz）的 1/4，故噪声功率也减小了 1/4，因而带通滤波器输出端的信噪比比输入信噪比提高了 4 倍。又由于接收端输入信噪比为 6dB，即 4 倍，故带通滤波器输出端的信噪比应为 $r=4\times4=16$。将此信噪比值代入误码率公式，可得包络检波法解调时系统的误码率为

$$P_e = \frac{1}{2}e^{-r/2} = \frac{1}{2}e^{-8} = 1.7 \times 10^{-4}$$

（3）同理可得同步检测法解调时系统的误码率为

$$P_e \approx \frac{1}{\sqrt{2\pi r}}e^{-\frac{r}{2}} = \frac{1}{\sqrt{32\pi}}e^{-8} = 3.39 \times 10^{-5}$$

7.2.3　2PSK 系统的抗噪声性能

2PSK 信号的解调通常都是采用相干解调方式，又称为极性比较法，其性能分析模型如图 7.30 所示。

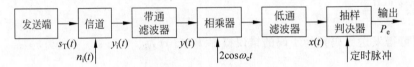

图 7.30　2PSK 信号相干解调系统性能分析模型

无论是 2PSK 信号还是 2DPSK 信号，表达式的形式完全一样。在一个码元的持续时间 T_s 内，都可表示为

$$s_T(t) = \begin{cases} u_{1T}(t), & \text{发送 1 码} \\ u_{0T}(t) = -u_{1T}(t), & \text{发送 0 码} \end{cases} \tag{7-110}$$

式中，

$$u_{1T}(t) = \begin{cases} A\cos\omega_c t, & 0 < t < T_s \\ 0, & \text{其他} \end{cases}$$

当然，$s_T(t)$ 代表 2PSK 信号时，式(7-110)中 1 及 0 是原始数字信息（绝对码）；当 $s_T(t)$ 代表 2DPSK 信号时，式(7-110)中 1 及 0 是绝对码变换成相对码后的 1 及 0。

2PSK 接收端带通滤波器输出波形 $y(t)$ 为

$$y(t) = \begin{cases} [a + n_c(t)]\cos\omega_c t - n_s(t)\sin\omega_c t, & \text{发送 1 码} \\ [-a + n_c(t)]\cos\omega_c t - n_s(t)\sin\omega_c t, & \text{发送 0 码} \end{cases} \tag{7-111}$$

$y(t)$ 经过相干解调（相乘器-低通滤波器）后，送入抽样判决器的输入波形为

$$x(t) = \begin{cases} a + n_c(t), & \text{发送 1 码} \\ -a + n_c(t), & \text{发送 0 码} \end{cases} \tag{7-112}$$

由于 $n_c(t)$ 是均值为 0、方差为 σ_n^2 的高斯噪声，所以 $x(t)$ 的一维概率密度函数为

$$f_1(x) = \frac{1}{\sqrt{2\pi}\sigma_n}\exp\left[-\frac{(x-a)^2}{2\sigma_n^2}\right], \quad \text{发送 1 码} \tag{7-113}$$

$$f_0(x) = \frac{1}{\sqrt{2\pi}\sigma_n}\exp\left[-\frac{(x+a)^2}{2\sigma_n^2}\right], \quad \text{发送 0 码} \tag{7-114}$$

由最佳判决门限分析可知,在发送 1 码和发送 0 码概率相等时,最佳判决门限 $b^* = 0$(等概双极性信号)。此时,发 1 码错判为 0 码的概率为

$$P(0/1) = P(x \leqslant 0) = \int_{-\infty}^{0} f_1(x) \mathrm{d}x = \frac{1}{2} \mathrm{erfc}(\sqrt{r}) \tag{7-115}$$

式中,$r = \dfrac{a^2}{2\sigma_n^2}$。

同理,发送 0 码错判为 1 码的概率为

$$P(1/0) = P(x > 0) = \int_{0}^{\infty} f_0(x) \mathrm{d}x = \frac{1}{2} \mathrm{erfc}(\sqrt{r}) \tag{7-116}$$

故 2PSK 信号相干解调时系统的总误码率为

$$P_e = P(1)P(0/1) + P(0)P(0/1) = \frac{1}{2} \mathrm{erfc}(\sqrt{r}) \tag{7-117}$$

可得,在大信噪比($r \gg 1$)条件下,式(7-117)可近似为

$$P_e \approx \frac{1}{2\sqrt{\pi r}} \mathrm{e}^{-r} \tag{7-118}$$

7.2.4 2DPSK 系统的抗噪声性能

2DPSK 信号有两种解调方式,一种是相干解调加码反变换器,另一种是差分相干解调。

1. 2DPSK 相干解调加码反变换器方式

2DPSK 相干解调加码反变换法又称**极性比较法**,其性能分析模型如图 7.31 所示。

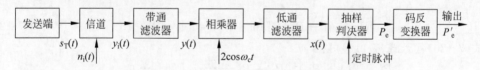

图 7.31　2DPSK 信号相干解调系统性能分析模型

2DPSK 相干解调加码反变换法的原理是对 2DPSK 信号进行相干解调,恢复出相对码序列,再通过码反变换器变换为绝对码序列,从而恢复出发送的二进制数字信息。因此,码反变换器输入端的误码率可由 2PSK 信号采用相干解调时的误码率公式来确定。所以,对于 2DPSK 信号采用极性比较-码反变换法的系统误码率的计算,只需在 2PSK 信号相干解调误码率公式的基础上再考虑码反变换器对误码率的影响即可。

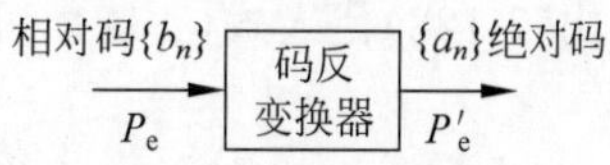

图 7.32　码反变换器简化模型

码反变换器简化模型如图 7.32 所示。

为了分析码反变换器对误码的影响,可做出一组图形来加以说明,例如图 7.33 所示即为码反变换器对错码的影响示意图。

图 7.33 中用×表示错码位置。分析可见,相对码序列 $\{b_n\}$ 中的 1 位错码通过码反

$$\{b_n\} \quad 1\ 0\ 1\ 1\ 0\ 0\ 1\ 1\ 1\ 0 \qquad\text{(无误码时)}$$
$$\{a_n\} \quad\ \ 1\ 1\ 0\ 1\ 0\ 1\ 0\ 0\ 1$$

$$\{b_n\} \quad 1\ 0\ 1\ \times\ 0\ 0\ 1\ 1\ 1\ 0 \qquad\text{(1个错码时)}$$
$$\{a_n\} \quad\ \ 1\ 1\ \times\ \times\ 0\ 1\ 0\ 0\ 1$$

$$\{b_n\} \quad 1\ 0\ 1\ \times\ \times\ 0\ 1\ 1\ 1\ 0 \qquad\text{(连续2个错码时)}$$
$$\{a_n\} \quad\ \ 1\ 1\ \times\ 1\ \times\ 1\ 0\ 0\ 1$$

$$\{b_n\} \quad 1\ 0\ 1\ \times\ \times\ \times\ \times\ \cdots\ \times\ 0 \qquad\text{(连续}n\text{个错码时)}$$
$$\{a_n\} \quad\ \ 1\ 1\ \times\ 1\ 0\ 1\ \cdots\ 0\ \times$$

图 7.33　码反变换器对错码的影响

变换器后将使输出的绝对码序列$\{a_n\}$产生两位错码;若$\{b_n\}$连续错两位,通过码反变换器后,$\{a_n\}$也只错两位;即使$\{b_n\}$中有连续 n 位($n>2$)错码,码反变换器输出的绝对码序列$\{a_n\}$中也只产生两位错码,并且错码位置在两头。

显然,相对码信号序列的错误情况由连续一个错码,连续两个错码,$\cdots$,连续 n 个错码的图样组成。

设 P_e 为码反变换器输入端相对码序列的误码率,并假设每个码出错概率相等且统计独立,P'_e 为码反变换器输出端绝对码序列的误码率,则可得

$$P'_e = 2P_1 + 2P_2 + \cdots + 2P_n + \cdots \tag{7-119}$$

式中,P_n 为码反变换器输入端$\{b_n\}$序列连续出现 n 个错码的概率,进一步讲,它是"**n 个码元同时出错,而其两端都有 1 个码元不错**"这一事件的概率。由图 7.34 分析可得

$$P_1 = (1-P_e)P_e(1-P_e) = (1-P_e)^2 P_e$$
$$P_2 = (1-P_e)P_e^2(1-P_e) = (1-P_e)^2 P_e^2$$
$$\vdots$$
$$P_n = (1-P_e)P_e^n(1-P_e) = (1-P_e)^2 P_e^n \tag{7-120}$$

将式(7-120)代入式(7-119)可得

$$P'_e = 2(1-P_e)^2 (P_e + P_e^2 + \cdots + P_e^n + \cdots)$$
$$= 2(1-P_e)^2 P_e(1 + P_e + P_e^2 + \cdots + P_e^n + \cdots) \tag{7-121}$$

式(7-121)为一等比数列求和,同时误码率 P_e 总小于1,所以必有

$$(1 + P_e + P_e^2 + \cdots + P_e^n + \cdots) = \frac{1}{1-P_e} \tag{7-122}$$

将式(7-122)代入式(7-121)可得

$$P'_e = 2(1-P_e)P_e \tag{7-123}$$

由式(7-123)可见,若 P_e 很小,则有 $P'_e/P_e \approx 2$;若 P_e 很大,即 $P_e \approx 1/2$,则有 $P'_e/P_e \approx 1$,这意味着 P'_e 总是大于 P_e。也就是说,码反变换器总是使误码率增加,增加的系数在 1～2 范围内变化。

将 2PSK 信号相干解调时系统的总误码率式 $P_e = \dfrac{1}{2}\mathrm{erfc}(\sqrt{r})$ 代入式(7-86)可得

2DPSK 信号采用相干解调加码反变换器方式时的系统误码率为

$$P'_e = \frac{1}{2}\left[1-(\operatorname{erf}\sqrt{r})^2\right] \tag{7-124}$$

当 $P_e \ll 1$ 时,式(7-123)可近似为

$$P'_e = 2P_e \tag{7-125}$$

即此时码反变换器输出端绝对码序列的误码率是码反变换器输入端相对码序列误码率的两倍。可见,码反变换器的影响是使输出误码率增大。

2. 2DPSK 信号差分相干解调系统性能

2DPSK 信号差分相干解调方式也称为**相位比较法**,是一种非相干解调方式,其性能分析模型如图 7.34 所示,可以看出,解调过程中需要对间隔为 T_s 的前后两个码元进行比较。

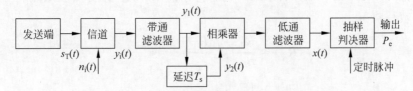

图 7.34　2DPSK 信号差分相干解调性能分析模型

假设当前发送的是 1 码,且令前一个码元也是 1 码(也可以令其为 0 码),则送入相乘器的两个信号 $y_1(t)$ 和 $y_2(t)$(延迟器输出)可表示为

$$y_1(t) = a\cos\omega_c t + n_1(t) = [a+n_{1c}(t)]\cos\omega_c t - n_{1s}(t)\sin\omega_c t \tag{7-126}$$

$$y_2(t) = a\cos\omega_c t + n_2(t) = [a+n_{2c}(t)]\cos\omega_c t - n_{2s}(t)\sin\omega_c t \tag{7-127}$$

式中,a 为信号振幅;$n_1(t)$ 为叠加在前一码元 $y_1(t)$ 上的窄带高斯噪声;$n_2(t)$ 为叠加在后一码元 $y_2(t)$ 上的窄带高斯噪声,并且 $n_1(t)$ 和 $n_2(t)$ 相互独立,则可得低通滤波器的输出为

$$x(t) = \frac{1}{2}\{[a+n_{1c}(t)][a+n_{2c}(t)]+n_{1s}(t)n_{2s}(t)\}$$

经抽样后的样值为

$$x = \frac{1}{2}[(a+n_{1c})(a+n_{2c})+n_{1s}n_{2s}] \tag{7-128}$$

然后,按判决规则判决:若 $x>0$,则判为 1——正确接收;若 $x<0$,则判为 0——错误接收。这时将 1 码错判为 0 码的错误概率为

$$P(0/1) = P\{x<0\} = P\left\{\frac{1}{2}[(a+n_{1c})(a+n_{2c})+n_{1s}n_{2s}]<0\right\} \tag{7-129}$$

利用恒等式,得

$$x_1 x_2 + y_1 y_2 = \frac{1}{4}\{[(x_1+x_2)^2+(y_1+y_2)^2]-[(x_1-x_2)^2+(y_1-y_2)^2]\}$$

$$\tag{7-130}$$

令式(7-130)中 $x_1 = a + n_{1c}$, $x_2 = a + n_{2c}$; $y_1 = n_{1s}$, $y_2 = n_{2s}$, 则式(7-129)可以改写为

$$P(0/1) = P\{[(2a + n_{1c} + n_{2c})^2 + (n_{1s} + n_{2s})^2 - (n_{1c} - n_{2c})^2 - (n_{1s} - n_{2s})^2] < 0\}$$

(7-131)

令 $R_1 = \sqrt{(2a + n_{1c} + n_{2c})^2 + (n_{1s} + n_{2s})^2}$, $R_2 = \sqrt{(n_{1c} - n_{2c})^2 + (n_{1s} - n_{2s})^2}$, 则式(7-131)可以化简为

$$P(0/1) = P\{R_1 < R_2\}$$

(7-132)

因为 n_{1c}、n_{2c}、n_{1s}、n_{2s} 是相互独立的高斯随机变量,且均值均为 0,方差均为 σ_n^2。根据高斯随机变量的代数和仍为高斯随机变量,且均值为各随机变量的均值的代数和,方差为各随机变量方差之和的性质,知 $n_{1c} + n_{2c}$ 是零均值、方差为 $2\sigma_n^2$ 的高斯随机变量。同理,$n_{1s} + n_{2s}$、$n_{1c} - n_{2c}$、$n_{1s} - n_{2s}$ 都是零均值、方差为 $2\sigma_n^2$ 的高斯随机变量。由随机信号分析理论可知,R_1 的一维分布服从广义瑞利分布,R_2 的一维分布服从瑞利分布,其概率密度函数分别为

$$f(R_1) = \frac{R_1}{2\sigma_n^2} I_0\left(\frac{aR_1}{\sigma_n^2}\right) e^{-(R_1^2 + 4a^2)/4\sigma_n^2}$$

(7-133)

$$f(R_2) = \frac{R_2}{2\sigma_n^2} e^{-R_2^2/4\sigma_n^2}$$

(7-134)

将式(7-133)、式(7-134)代入式(7-132),可以得到

$$P(0/1) = P\{R_1 < R_2\} = \int_0^\infty f(R_1)\left[\int_{R_2 = R_1}^\infty f(R_2) dR_2\right] dR_1$$

$$= \int_0^\infty \frac{R_1}{2\sigma_n^2} I_0\left(\frac{aR_1}{\sigma_n^2}\right) e^{-(2R_1^2 + 4a^2)/4\sigma_n^2} dR_1 = \frac{1}{2} e^{-r}$$

(7-135)

同理可以求得将 0 码错判为 1 码的概率,即

$$P(1/0) = P(0/1) = \frac{1}{2} e^{-r}$$

因此,2DPSK 信号差分相干解调系统的总误码率为

$$P_e = \frac{1}{2} e^{-r}$$

(7-136)

【例 7-3】 假设采用 2DPSK 方式在微波线路上传送二进制数字信息。已知码元速率为 $R_B = 2 \times 10^6 B$,信道中加性高斯白噪声的单边功率谱密度 $n_0 = 1 \times 10^{-10} (W/Hz)$。今要求误码率不大于 10^{-4}。

(1) 试求采用差分相干解调时,接收机输入端所需的信号功率。

(2) 试求采用相干解调加码反变换时,接收机输入端所需的信号功率。

【解】 (1) 接收端带通滤波器的带宽为

$$B = 2R_B = 4 \times 10^6 (Hz)$$

其输出的噪声功率为

$$\sigma_n^2 = n_0 B = 1 \times 10^{-10} \times 4 \times 10^6 = 4 \times 10^{-4} \text{(W)}$$

所以，2DPSK 采用差分相干接收的误码率为

$$P_e = \frac{1}{2} e^{-r} \leqslant 10^{-4}$$

求解可得 $r \geqslant 8.52$，又因为 $r = \dfrac{a^2}{2\sigma_n^2}$，所以接收机输入端所需的信号功率为

$$S = \frac{a^2}{2} \geqslant 8.52 \times \sigma_n^2 = 8.52 \times 4 \times 10^{-4} = 3.4 \times 10^{-3} \text{(W)}$$

（2）对于相干解调加码反变换的 2DPSK 系统，其误码率公式为

$$P_e' \approx 2P_e = 2 \times \frac{1}{2} \text{erfc}(\sqrt{r}) = 1 - \text{erf}(\sqrt{r})$$

根据题意有 $P_e' \leqslant 10^{-4}$，因而有 $1 - \text{erf}(\sqrt{r}) \leqslant 10^{-4}$，即

$$\text{erf}(\sqrt{r}) \geqslant 1 - 10^{-4} = 0.9999$$

查误差函数表，可得 $\sqrt{r} \geqslant 2.75$，即 $r \geqslant 7.56$，由 $r = \dfrac{a^2}{2\sigma_n^2}$ 可得接收机输入端所需的信号功率为

$$S = \frac{a^2}{2} \geqslant 7.56 \times \sigma_n^2 = 7.56 \times 4 \times 10^{-4} = 3.02 \times 10^{-3} \text{(W)}$$

7.3 二进制数字调制系统的性能比较

在数字通信中，误码率是衡量数字通信系统的重要指标之一，前面内容对各种二进制数字通信系统的抗噪声性能进行了详细的分析，本节将对二进制数字通信系统的误码率、频带利用率、对信道的适应能力等方面的性能做进一步的比较。

1. 误码率

二进制数字调制方式有 2ASK、2FSK、2PSK 及 2DPSK，每种数字调制方式又包含相干解调方式和非相干解调方式。表 7.1 列出了各种二进制数字调制系统的误码率 P_e 与输入信噪比 r 的数学关系。由表 7.1 可以看出，从横向比较，对同一种数字调制信号，采用相干解调方式的误码率低于采用非相干解调方式的误码率；从纵向比较，在误码率 P_e 一定的情况下，2PSK、2FSK、2ASK 系统所需要的信噪比关系为

$$r_{2\text{ASK}} = 2r_{2\text{FSK}} = 4r_{2\text{PSK}} \tag{7-137}$$

式（7-137）表明，若都采用相干解调方式，在误码率 P_e 相同的情况下，2ASK 的信噪比是 2FSK 的 2 倍，2FSK 是 2PSK 的 2 倍，2ASK 是 2PSK 的 4 倍；若都采用非相干解调方式，在误码率 P_e 相同的情况下，2ASK 的信噪比是 2FSK 的 2 倍，2FSK 是 2DPSK 的 2 倍，2ASK 是 2DPSK 的 4 倍。

将式(7-137)转换为分贝表达式为

$$(r_{2ASK})_{dB} = 3dB + (r_{2FSK})_{dB} = 6dB + (r_{2PSK})_{dB} \tag{7-138}$$

式(7-138)表明,若都采用相干解调方式,在误码率 P_e 相同的情况下,2ASK 的信噪比比 2FSK 高 3dB,2FSK 比 2PSK 高 3dB,2ASK 比 2PSK 高 6dB;若都采用非相干解调方式, 在误码率 P_e 相同的情况下,2ASK 的信噪比比 2FSK 高 3dB,2FSK 比 2DPSK 高 3dB, 2ASK 比 2DPSK 高 6dB。

表 7.1   二进制数字调制系统的误码率公式

调制方式 \ 解调方式 (P_e)	相 干 解 调	非 相 干 解 调
2ASK	$\frac{1}{2}\mathrm{erfc}\left(\sqrt{\dfrac{r}{4}}\right)$	$\frac{1}{2}e^{-r/4}$
2FSK	$\frac{1}{2}\mathrm{erfc}\left(\sqrt{\dfrac{r}{2}}\right)$	$\frac{1}{2}e^{-r/2}$
2PSK	$\frac{1}{2}\mathrm{erfc}(\sqrt{r})$	—
2DPSK	$2P_e(1-P_e) = \frac{1}{2}\left[1-(\mathrm{erf}\sqrt{r})^2\right]$	$\frac{1}{2}e^{-r}$

若信噪比 r 一定,2PSK 系统的误码率低于 2FSK 系统,2FSK 系统的误码率低于 2ASK 系统。

根据表 7.1 所画出的 3 种数字调制系统的误码率 P_e 与信噪比 r 的关系曲线如图 7.35 所示。可以看出,在相同的信噪比 r 下,2PSK 系统相干解调的误码率 P_e 最小。

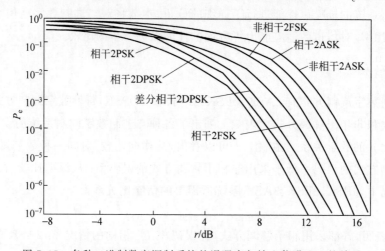

图 7.35   各种二进制数字调制系统的误码率与输入信噪比 r 的关系

例如,在误码率 $P_e = 10^{-5}$ 时,相干解调时二进制数字调制系统的信噪比如表 7.2 所示。

表 7.2 误码率 $P_e = 10^{-5}$ 时 2ASK、2FSK 和 2PSK 系统的信噪比

方　式	信噪比 r	
	倍	dB
2ASK	36.4	15.6
2FSK	18.2	12.6
2PSK	9.1	9.6

信噪比 $r = 10$ 的情况下，3 种二进制数字调制系统所达到的误码率如表 7.3 所示。

表 7.3 $r = 10$ 时 2ASK、2FSK 和 2PSK/2DPSK 系统的误码率

方　式	误码率 P_e	
	相 干 解 调	非相干解调
2ASK	1.26×10^{-2}	4.1×10^{-2}
2FSK	7.9×10^{-4}	3.37×10^{-3}
2PSK/2DPSK	3.9×10^{-6}	2.27×10^{-5}

由此看来，在抗加性高斯白噪声方面，相干 **2PSK** 性能最好，**2FSK** 次之，**2ASK** 最差。

2. 频带宽度

若传输的码元时间宽度为 T_s，则 2ASK 系统和 2PSK（2DPSK）系统的频带宽度近似为 $2/T_s$，即

$$B_{2\text{ASK}} = B_{2\text{PSK}} = \frac{2}{T_s} = 2f_s \tag{7-139}$$

2ASK 系统和 2PSK（2DPSK）系统具有相同的频带宽度，2FSK 系统的频带宽度近似为

$$B_{2\text{FSK}} = |f_2 - f_1| + \frac{2}{T_s} = |f_2 - f_1| + 2f_s \tag{7-140}$$

可见，2FSK 系统的频带宽度大于 2ASK 系统或 2PSK 系统。因此，从频带利用率上看，**2FSK 系统的频带利用率最低**。

3. 对信道特性变化的敏感性

前面内容对二进制数字调制系统抗噪声性能的分析都是针对恒参信道条件进行的，在实际通信系统中，除恒参信道之外，还有很多信道属于随参信道，也即信道参数随时间变化。因此，在选择数字调制方式时，**还应考虑系统对信道特性的变化是否敏感**。

在 **2FSK 系统**中，判决器根据上下两个支路解调输出样值的大小来做出判决，不需要人为地设置判决门限，因而**对信道的变化不敏感**。

在 **2PSK 系统**中，当发送符号概率相等时，判决器的最佳判决门限为零，与接收机输入信号的幅度无关。因此，判决门限不随信道特性的变化而变化，**接收机总能保持工作**

在最佳判决门限状态。

对于 **2ASK 系统**,判决器的最佳判决门限为 $a/2$(当 $P(1)=P(0)$ 时),它与接收机输入信号的幅度有关。当信道特性发生变化时,接收机输入信号的幅度将随之发生变化,从而导致最佳判决门限也将随之而变。这时,接收机不容易保持在最佳判决门限状态,因此,**对信道特性变化敏感,性能最差**。

通过从几个方面对各种二进制数字调制系统进行比较可以看出,对调制和解调方式的选择需要考虑的因素较多。通常,只有对系统的要求进行全面的考虑,并且抓住其中最主要的要求,才能做出比较恰当的选择。**在恒参信道传输中,如果要求较高的功率利用率,则应选择相干 2PSK 和 2DPSK,而 2ASK 最不可取;如果要求较高的频带利用率,则应选择相干 2PSK、2DPSK 及 2ASK,而 2FSK 最不可取。若传输信道是随参信道,则2FSK 具有更好的适应能力。**另外,若从设备复杂度方面考虑,则非相干方式比相干方式更适宜。这是因为相干解调需要提取相干载波,故设备相对复杂,成本也略高。目前用得最多的数字调制方式是相干 2DPSK 和非相干 2FSK。相干 2DPSK 主要用于高速数据传输,而非相干 2FSK 则用于中、低速数据传输,特别是在衰落信道中传输数据时,它有着广泛的应用。

7.4　多进制数字调制原理

二进制数字调制系统是数字通信系统最基本的方式,具有较好的抗干扰能力。由于二进制数字调制系统中每个码元只传输 1bit 信息,其频带利用率较低,使其在实际应用中受到一些限制。为了提高频带利用率,在信道频带受限时最有效的办法是使一个码元传输多个比特的信息,即采用多进制数字调制系统,其代价是增加信号功率和实现上的复杂性。

多进制键控可看作二进制键控体制的推广,和二进制键控系统相比,为了得到相同的误码率,接收信号需要更大的信噪比,即在带宽不变的情况下,需要**更大的发送信号功率**,这就是为了传输更多信息量所要付出的代价。由 7.3 节中的讨论可知,各种键控体制的误码率都取决于信噪比 r(r 表示信号码元功率($a^2/2$)与噪声功率 σ_n^2 之比),它还可以改写为码元能量 E 和噪声单边功率谱密度 n_0 之比,即

$$r=E/n_0 \tag{7-141}$$

式(7-141)利用了公式 $\sigma_n^2=n_0 B$ 和 $B=1/T$,其中 B 为接收机带宽,T 为码元宽度。

设多进制码元的进制数为 M,码元能量为 E,一个码元中包含信息 k 比特,则有

$$k=\log_2 M \tag{7-142}$$

若码元能量 E 平均分配给每个比特,则每比特的能量 E_b 等于 E/k,故有

$$\frac{E_b}{n_0}=\frac{E}{kn_0}=\frac{r}{k}=r_b \tag{7-143}$$

式中,r_b 是每比特的能量和噪声单边功率谱密度之比。

信息传输速率 R_b、码元传输速率 R_B 和进制数 M 的关系为

$$R_B = \frac{R_b}{\log_2 M} \tag{7-144}$$

式(7-144)说明,在信息传输速率不变的情况下,通过增加进制数 M,可以降低码元传输速率,从而减小信号带宽,节约频带资源,提高系统频带利用率。

由关系式

$$R_b = R_B \log_2 M \tag{7-145}$$

从式(7-145)可以看出,在码元传输速率不变的情况下,通过增加进制数 M,可以增大信息传输速率,从而在相同的带宽中传输更多的信息量。

在多进制数字调制中,每个符号时间间隔 $0 \leqslant t \leqslant T_s$,可能发送的符号有 M 种,分别为 $s_1(t), s_2(t), \cdots, s_M(t)$。在实际应用中,通常取 $M = 2^N$,N 为大于 1 的正整数。与二进制数字调制系统相类似,若用多进制数字基带信号去调制载波的振幅、频率或相位,则可相应地产生多进制数字振幅调制(MASK)、多进制数字频率调制(MFSK)和多进制数字相位调制(MPSK)。

7.4.1 多进制数字振幅调制系统

多进制数字振幅调制又称**多电平调制**,它是二进制数字振幅键控方式的推广。M 进制数字振幅调制信号的载波幅度有 M 种取值,在每个符号时间间隔 T_s 内发送 M 个幅度中的一种幅度的载波信号。M 进制数字振幅调制信号可表示为 M 进制数字基带信号与正弦载波相乘的形式,其时域表达式为

$$e_{MASK}(t) = \sum_n a_n g(t - nT_s) \cos\omega_c t \tag{7-146}$$

式中,$g(t)$ 为基带信号波形;T_s 为符号时间间隔;a_n 为幅度值。a_n 共有 M 种取值,通常可选择为 $a_n \in \{0, 1, \cdots, M-1\}$,若 M 种取值的出现概率分别为 $P_0, P_1, \cdots, P_{M-1}$,则

$$a_n = \begin{cases} 0, & \text{发送概率为 } P_0 \\ 1, & \text{发送概率为 } P_1 \\ \vdots & \vdots \\ M-1, & \text{发送概率为 } P_M \end{cases} \tag{7-147}$$

且

$$\sum_{i=0}^{M-1} P_i = 1 \tag{7-148}$$

根据奈奎斯特准则,对于二进制基带信号,信道频带利用率最高可达 $2\text{bit}/(\text{s} \cdot \text{Hz})$,即每赫兹带宽每秒可以传输 2bit 的信息。由于 2ASK 信号的带宽是基带信号的 2 倍,故其频带利用率最高是 $1\text{bit}/(\text{s} \cdot \text{Hz})$。用 M 进制数字基带信号对正弦载波进行双边带调幅,已调信号带宽是 M 进制数字基带信号带宽的两倍。M 进制数字振幅调制信号每个符号可以传送 $\log_2 M$ 比特信息,在信息传输速率相同时,码元传输速率降低为 2ASK 信号的 $1/\log_2 M$,因此,**M 进制数字振幅调制信号的带宽是 2ASK 信号的 $1/\log_2 M$ 倍**。因

此 MASK 信号的频带利用率可以超过 1bit/(s·Hz)。

例如,四进制数字振幅调制信号,时间波形如图 7.36 所示,图 7.36(a)表示的基带信号是四进制单极性不归零脉冲,它有直流分量,得到的 4ASK 信号如图 7.36(b)所示;若改用多进制双极性不归零脉冲作为基带调制信号,如图 7.36(c)所示,则在不同码元出现概率相等的条件下,得到的是抑制载波的 4ASK 信号,如图 7.36(d)所示。需要注意,这里每个码元的载波初始相位是不同的。例如,第 1 个码元的初始相位是 π,第 2 个码元的初始相位是 0。在 7.1 节曾提到,二进制抑制载波双边带信号就是 2PSK 信号,因此,这里的抑制载波 4ASK 信号是振幅键控和相位键控结合的调制信号。

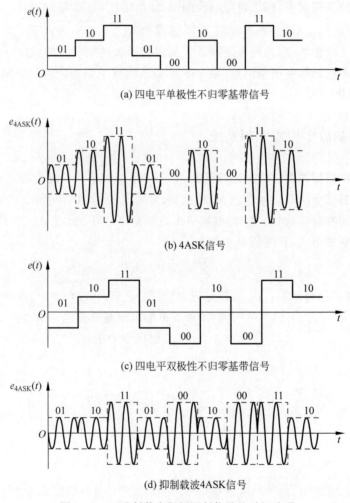

(a) 四电平单极性不归零基带信号

(b) 4ASK信号

(c) 四电平双极性不归零基带信号

(d) 抑制载波4ASK信号

图 7.36　四进制数字振幅调制信号的时间波形

二进制抑制载波双边带信号和不抑制载波的信号相比,可以节省载波功率,而抑制载波的 MASK 信号同样可以节省载波功率。**MASK 信号的带宽和 2ASK 信号的带宽相同,故单位频带的信息传输速率高,即频带利用率高。**

除了双边带调制外,多进制数字振幅调制还有多电平残留边带调制、多电平相关编码单边带调制及多电平正交调幅等方式。在多进制数字振幅调制中,基带信号 $g(t)$ 可以采用矩形波形,为了限制信号频谱 $g(t)$ 也可以采用其他波形,如升余弦滚降波形、部分响应波形等。

7.4.2　多进制数字频率调制系统

多进制数字频率调制简称**多频调制**,它是 2FSK 方式的推广。MFSK 信号可表示为

$$e_{\mathrm{MFSK}}(t) = \sum_{i=1}^{M} s_i(t)\cos\omega_i t \tag{7-149}$$

式中,

$$s_i(t) = \begin{cases} A, & \text{当在时间间隔 } 0 \leqslant t < T_s \text{ 发送信号为 } i \text{ 时} \\ 0, & \text{当在时间间隔 } 0 \leqslant t < T_s \text{ 发送信号不为 } i \text{ 时} \end{cases}$$

ω_i 为载波角频率,共有 M 种取值。通常可选载波频率 $f_i = \dfrac{n}{2T_s}$,n 为正整数,此时 M 种发送信号相互正交。

例如,在四进制移频键控(4FSK)中采用 4 个不同频率分别表示四进制的码元,每个码元含有 2bit 的信息,如图 7.37 所示。这时仍和 2FSK 时的条件相同,即要求每个载频之间的距离足够大,使不同频率的码元频谱能够用滤波器分离开,或者说使不同频率的码元相互正交。

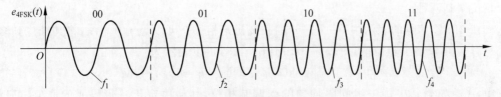

图 7.37　四进制移频键控(4FSK)波形

MFSK 调制器原理和 2FSK 的基本相同,解调器也分为相干解调和非相干解调。图 7.38 所示是多进制数字频率调制系统的组成框图。

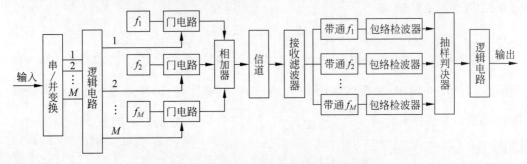

图 7.38　多进制数字频率调制系统的组成框图

发送端采用键控选频的方式,在一个码元期间 T_s 内只有 M 个频率中的一个被选通输出。接收端采用非相干解调方式,输入的 MFSK 信号通过中心频率分别为 $f_1, f_2, \cdots,$ f_M 的 M 个带通滤波器,分离出发送的 M 个频率,再通过包络检波器、抽样判决器和逻辑电路恢复出二进制信息。

假设 f_1 为其最低载频,f_M 为其最高载频,则多进制数字频率调制信号的带宽近似为

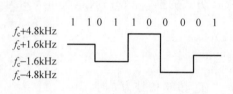

图 7.39 无线寻呼系统中四电平调频频率配置方案

$$B = |f_M - f_1| + \frac{2}{T_s} \qquad (7\text{-}150)$$

可见,MFSK 信号具有较宽的频带,因而它的信道频带利用率不高。多进制数字频率调制一般在调制速率不高的场合应用。

图 7.39 所示是无线寻呼系统中四电平调频频率配置方案。

7.4.3 多进制数字相位调制系统

1. 多进制数字相位调制的基本原理

多进制数字相位调制又称**多相调制**,它是利用载波的多种不同相位来表征数字信息的调制方式。与二进制数字相位调制相同,多进制数字相位调制也有绝对相位调制和差分相位调制两种。

在 2PSK 信号的表示中,一个码元的载波初始相位 θ 可以等于 0 或 π,将其推广到多进制时,θ 可取多个相位值,所以,一个 MPSK 信号可以表示为

$$e_{\text{MPSK}}(t) = A\cos(\omega_c t + \theta_k), \quad k = 1, 2, \cdots, M \qquad (7\text{-}151)$$

式中,A 为常数;θ_k 为一组间隔均匀的受调制相位,其值决定于基带码元的取值,可以写为

$$\theta_k = \frac{2\pi}{M}(k-1), \quad k = 1, 2, \cdots, M \qquad (7\text{-}152)$$

通常 M 取 2 的某次幂,即

$$M = 2^k, \quad k = 正整数 \qquad (7\text{-}153)$$

如四进制数字相位调制信号,载波相位有 0、$\frac{\pi}{2}$、π、$\frac{3\pi}{2}$ 或 $\left(\frac{\pi}{4}, \frac{3\pi}{4}, \frac{5\pi}{4}, \frac{7\pi}{4}\right)$,它们分别代表信息 11、10、00 和 01,矢量图如图 7.40(a)所示。图 7.40(b)所示是 8PSK 信号矢量图,8 种载波相位分别为 $\frac{\pi}{8}$、$\frac{3\pi}{8}$、$\frac{5\pi}{8}$、$\frac{7\pi}{8}$、$\frac{9\pi}{8}$、$\frac{11\pi}{8}$、$\frac{13\pi}{8}$、$\frac{15\pi}{8}$,分别表示信息 111、110、010、011、001、000、100 和 101。

图 7.41 所示为 $k=3$ 时 θ_k 取值的示例,当发送信号的相位为 $\theta_1 = 0$ 时,能够正确接收的相位范围在 $\pm\pi/8$ 内。对于多进制 PSK 信号不能简单地采用一个相干载波进行相

干解调。例如,若用 $\cos 2\pi f_0 t$ 作为相干载波,因为 $\cos\theta_k = \cos(2\pi - \theta_k)$,若使解调存在模糊,这时就需要用两个正交的相干载波解调。

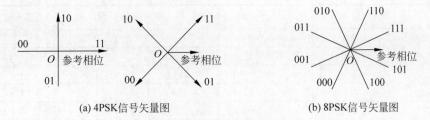

(a) 4PSK信号矢量图　　　　　　　　　　　(b) 8PSK信号矢量图

图 7.40　MPSK 信号矢量图

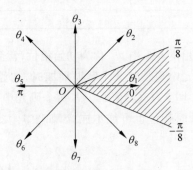

图 7.41　8PSK 信号相位

令 $A=1$,MPSK 信号码元表达式可以展开写成(有时也称为正交形式)

$$e_{\text{MPSK}}(t) = A\cos(\omega_c t + \theta_k) = a_k \cos\omega_c t - b_k \sin\omega_c t \tag{7-154}$$

式中,$a_k = \cos\theta_k$;$b_k = \sin\theta_k$。

式(7-154)表明,MPSK 信号可以看作由正弦和余弦两个正交分量合成的信号,并且 $a_k^2 + b_k^2 = 1$。因此,其带宽和 MASK 信号的带宽相同。

以 $M=4$ 为例,对 4PSK 作进一步的分析。4PSK 常称为**正交移相键控**(Quadrature Phase Shift Keying,QPSK)。4PSK 信号每个码元含有 2bit 的信息,现用 a、b 代表这两个比特。两个比特有 4 种组合,即 00、01、10 和 11。它们和相位 θ_k 之间的关系通常都按**格雷(Gray)码**的规律安排,如表 7.4 所示。

表 7.4　QPSK 信号的编码

双比特码元		载波相位 $\theta_k/°$	
a	b	A 方式	B 方式
1	1	0	45
1	0	90	135
0	0	180	225
0	1	270	315

格雷码又称**反射码**,采用格雷码的好处在于相邻相位所代表的只有一位不同。由于因相位误差造成判至相邻相位上的概率最大,故这样的编码方式仅造成 1bit 误码的概

率最大。四位格雷码的编码如表7.5所示。

表 7.5   四位格雷码的编码

序 号	格 雷 码	二 进 码	序 号	格 雷 码	二 进 码
0	0 0 0 0	0 0 0 0	8	1 1 0 0	1 0 0 0
1	0 0 0 1	0 0 0 1	9	1 1 0 1	1 0 0 1
2	0 0 1 1	0 0 1 0	10	1 1 1 1	1 0 1 0
3	0 0 1 0	0 0 1 1	11	1 1 1 0	1 0 1 1
4	0 1 1 0	0 1 0 0	12	1 0 1 0	1 1 0 0
5	0 1 1 1	0 1 0 1	13	1 0 1 1	1 1 0 1
6	0 1 0 1	0 1 1 0	14	1 0 0 1	1 1 1 0
7	0 1 0 0	0 1 1 1	15	1 0 0 0	1 1 1 1

在式(7-151)所示的码元相位关系中，θ_k 称为**初始相位**，常简称为**相位**，而把$(\omega_c t + \theta_k)$称为信号的**瞬时相位**。当码元中包含整数个载波周期时，初始相位相同的相邻码元的波形和瞬时相位才是连续的，如图7.42(a)所示。若每个码元中的载波周期数不是整数，则即使初始相位相同，波形和瞬时相位也可能不连续，如图7.42(b)所示；或者波形连续而相位不连续，如图7.42(c)所示。

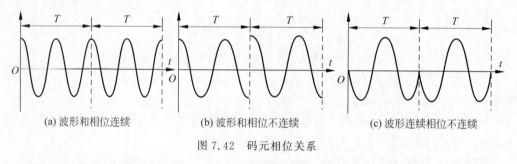

(a) 波形和相位连续　　　　　(b) 波形和相位不连续　　　　　(c) 波形连续相位不连续

图 7.42   码元相位关系

在码元边界，当相位不连续时，信号的频谱将展宽，包络也将出现起伏。通常这是不希望并需要尽量避免的。在后面讨论各种调制体制时，还将遇到这个问题，并且有时将码元中包含整数个载波周期的假设隐含不提，认为 PSK 信号的初始相位相同，即假定码元边界的瞬时相位一定连续。

多进制数字相位调制信号的功率谱如图 7.43 所示，信息速率相同时，由 2PSK、4PSK 和 8PSK 信号的单边功率谱可以看出，进制数越大，功率谱主瓣越窄，频带利用率越高。

2. QPSK 信号的调制与解调

QPSK 信号有两种产生方法，第 1 种是**相乘电路法**，如图 7.44 所示，输入基带信号 $A(t)$ 是二进制不归零双极性码元，它被"串/并变换"电路变换成两路码元 a 和 b，每个码元持续时间是输入码元的两倍，如图 7.45 所示。这两路并行码元序列分别和两路正交载波相乘，相乘结果如图 7.46 中的虚线矢量所示。图 7.46 中矢量 a(1)表示 a 路信号码元二

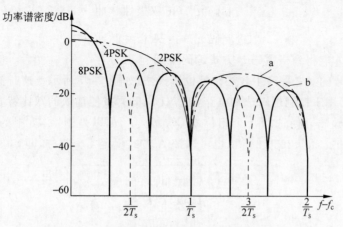

图 7.43　多进制数字相位调制信号的功率谱

进制 1，a(0)表示 a 路信号码元二进制 0，b(1)表示 b 路信号码元二进制 1，b(0)表示 b 路
信号码元二进制 0。这两路信号在相加电路中相加后得到输出矢量 $s(t)$，每个矢量代表
2bit，如图 7.46 中实线矢量所示。

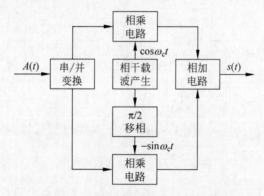

图 7.44　相乘电路法产生 QPSK 信号

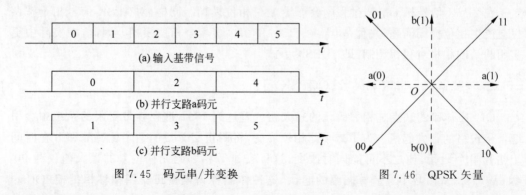

图 7.45　码元串/并变换　　　　　图 7.46　QPSK 矢量

　　需要注意，这两种二进制信号码元 0 和 1 在相乘电路中与不归零双极性矩形脉冲振
幅的关系为

$$\begin{cases} 二进制码元\ 1 \rightarrow 双极性脉冲 +1 \\ 二进制码元\ 0 \rightarrow 双极性脉冲 -1 \end{cases}$$

符合上述关系才能得到格雷码 B 方式编码规则。

QPSK 信号的第 2 种产生方法是**相位选择法**,如图 7.47 所示。这时输入基带信号经过串/并变换后用于控制逻辑选相电路(如 74LS153),按照输入的双比特 a、b 决定选择哪个相位的载波输出。候选的 4 个相位 θ_1、θ_2、θ_3、θ_4 可以是图 7.47 中的 4 个实线矢量(B 方式),即 45°、135°、225°、315°;也可以按 A 方式规定 4 个相位,即 0°、90°、180°、270°。

图 7.47　相位选择法产生 QPSK 信号

由图 7.47 可见,QPSK 信号可以看作两个载波正交 2PSK 信号的合成。因此,对 QPSK 信号的解调可以采用与 2PSK 信号类似的解调方法,解调原理框图如图 7.48 所示。

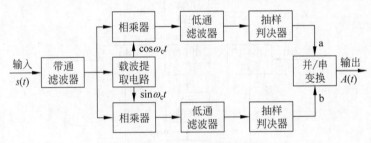

图 7.48　QPSK 解调原理框图

图 7.48 中用两路正交的相干载波去解调,可以很容易地分离这两路正交的 2PSK 信号,相干解调后的两路并行码元 a 和 b 经过并/串变换后成为串行数据输出。

在 2PSK 信号相干解调过程中会产生 180°相位模糊。同样,对 4PSK 信号相干解调也会产生相位模糊问题,并且是 0°、90°、180° 和 270° 这 4 个相位模糊。因此,在实际中更实用的是四相相对移相调制,即 4DPSK 方式。

3. 偏置正交四相移相键控(OQPSK)

QPSK 体制的缺点是相邻码元的最大相位差达到 180°,这在频带受限的系统中会引起信号包络的很大起伏。为了减小此相位突变,将两正交分量的两个比特 a 和 b 在时间上错开半个码元,使之不可能同时改变,这样安排后相邻码元相位差的最大值仅为 90°(如表 7.4),从而减小了信号振幅的起伏,这种体制称为**偏置正交四相移相键控**(Offset QPSK,OQPSK),又名**交错正交四相移相键控**。QPSK 信号波形和 OQPSK 信号波形的比较如图 7.49 所示。OQPSK 和 QPSK 的唯一区别是,对于 QPSK,表 7.4 中的两个比

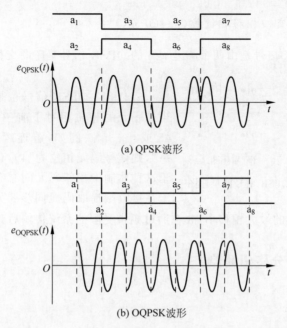

(a) QPSK 波形

(b) OQPSK波形

图 7.49　QPSK 信号波形和 OQPSK 信号波形的比较

特 a 和 b 的持续时间原则上可以不同；而对于 OQPSK，a 和 b 的持续时间必须相同。

OQPSK 信号产生原理框图如图 7.50 所示。

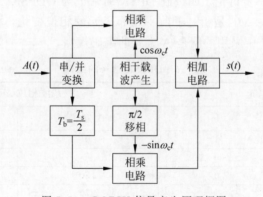

图 7.50　OQPSK 信号产生原理框图

由图 7.50 可知，OQPSK 调制与 QPSK 调制类似，不同之处是在正交支路引入了 1bit(半个码元)的时延，这使得两个支路的数据不会同时发生变化，因而不可能像 QPSK 那样产生 $\pm\pi$ 的相位跳变，而仅能产生 $\pm\pi/2$ 的相位跳变，因此，OQPSK 频谱旁瓣宽度要小于 QPSK 信号的旁瓣。另外，OQPSK 和 QPSK 相同，均可采用相干解调。

注：IS-95 CDMA 蜂窝系统正向传输(基站至移动台)调制采用 QPSK 方式，反向传输(移动台至基站)调制采用 OQPSK 方式。

4. π/4相移正交四相移相键控(π/4QPSK)

π/4相移QPSK信号是由两个相差π/4的QPSK信号星座图交替产生的,如图7.51所示。

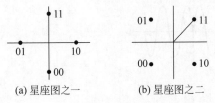

(a) 星座图之一　　(b) 星座图之二

图7.51　π/4相移QPSK信号的星座图

π/4相移QPSK信号也是一个四进制信号。当前码元的相位相对于前一码元的相位改变±45°或±135°。例如,若连续输入"11 11 11 11 …",则信号码元相位为"45° 90° 45° 90° …"。由于这种体制中相邻码元间总有相位改变,故有利于在接收端提取码元同步。另外,由于其最大相移±135°,比QPSK的最大相移小,故在通过频带受限的系统传输后其振幅起伏也较小。

7.4.4　多进制差分移相键控

1. 基本原理

在MPSK体制中,类似于2DPSK体制,也有多进制差分移相键控(MDPSK)。MDPSK信号码元表达式、矢量图和MPSK信号类似,只需把MPSK信号用的参考相位当作是前一码元的相位,把相移 θ_k 当作是相对于前一码元相位的相移。这里仍以四进制DPSK信号为例进一步讨论。四进制DPSK通常记为QDPSK。QDPSK信号编码方式如表7.6所示。表中 $\Delta\theta_k$ 是相对于前一相邻码元的相位变化,这里有A和B两种方式。ITU-T建议V.22中采用的就是A方式的编码规则。

表7.6　QDPSK信号的编码

双比特码元		载波相位 $\Delta\theta_k$/(°)	
a	b	A方式	B方式
1	1	0	45
1	0	90	135
0	0	180	225
0	1	270	315

2. 产生方法

QDPSK信号的产生方法和QPSK信号的产生方法类似,只是需要输入基带信号先经过码变换器把绝对码变成相对码,再去调制(或选择)载波。

用相乘电路法产生A方式QDPSK信号的原理框图如图7.52所示,a和b为经过串/并变换后的一对码元,它需要再经过码变换器变换成相对码c和d后才与载波相乘,完成绝对相移键控。这部分电路和产生QPSK信号的原理框图7.45完全一样,只是改用A方式编码,而采用两个π/4移相器代替一个π/2移相器。码变换器的功能是使由码元 cd 产生的绝对相移符合由码元 ab 产生相对相移的规则。由于当前的一对码元 ab 产生的相移是附加在前一时刻已调载波相位之上的,而前一时刻载波相位有 4 种可能取值,故码变换器的输入 ab 和输出 cd 之间有 16 种可能的关系。

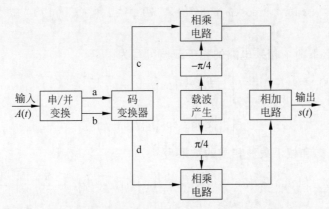

图 7.52 用相乘电路法产生 A 方式 QDPSK 信号的原理框图

码变换器可以用图 7.53 所示的电路实现。

需要注意,在上面叙述中用 0 和 1 代表二进制码,但是,电路中用于相乘的信号应该是不归零二进制双极性矩形脉冲。二进制码元"0"和"1"与相乘电路输入电压之间的关系为

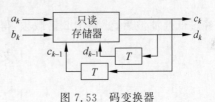

图 7.53 码变换器

$$\begin{cases} \text{二进制码元 } 0 \to +1 \\ \text{二进制码元 } 1 \to -1 \end{cases}$$

符合上述关系才能得到 A 方式的编码。

第 2 种产生 QDPSK 信号的方法和 QPSK 信号的第 2 种产生方法(选择法)原理相同,只是在串/并变换后需要增加一个"码变换器"。

3. 解调方法

QPSK 信号的解调方法和 QPSK 类似,有**极性比较法**和**相位比较法**两种。

QDPSK 信号极性比较法又名**相干解调加逆码变换法**,其 A 方式解调原理框图如图 7.54 所示。

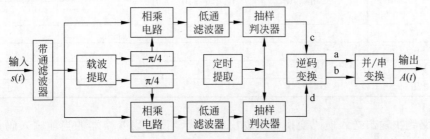

图 7.54 A 方式 QDPSK 信号极性比较法解调原理框图

由图 7.54 可见,QDPSK 信号的极性比较法解调原理和 QPSK 信号一样,只是多一步逆码变换,将相对码变成绝对码。因此,这里将重点讨论逆码变换的原理。

设第 k 个接收信号码元可以表示为

$$s_k(t) = \cos(\omega_c t + \theta_k), \quad kT_s < t \leqslant (k+1)T_s \tag{7-155}$$

式中,k 为整数。

图 7.54 中上下两个相乘电路的相干载波可写为

$$\begin{cases} 上支路: \cos\left(\omega_c t - \dfrac{\pi}{4}\right) \\[2mm] 下支路: \cos\left(\omega_c t + \dfrac{\pi}{4}\right) \end{cases}$$

于是输入信号 $s(t)$ 和相干载波相乘的结果为

$$\begin{cases} 上支路: \cos(\omega_c t + \theta_k)\cos\left(\omega_c t - \dfrac{\pi}{4}\right) = \dfrac{1}{2}\cos\left[2\omega_c t + \left(\theta_k - \dfrac{\pi}{4}\right)\right] + \dfrac{1}{2}\cos\left(\theta_k + \dfrac{\pi}{4}\right) \\[2mm] 下支路: \cos(\omega_c t + \theta_k)\cos\left(\omega_c t + \dfrac{\pi}{4}\right) = \dfrac{1}{2}\cos\left[2\omega_c t + \left(\theta_k + \dfrac{\pi}{4}\right)\right] + \dfrac{1}{2}\cos\left(\theta_k - \dfrac{\pi}{4}\right) \end{cases}$$

经过低通滤波后,滤除了 2 倍载频,得到抽样判决前的电压为

$$\begin{cases} 上支路: \dfrac{1}{2}\cos\left(\theta_k + \dfrac{\pi}{4}\right) \\[2mm] 下支路: \dfrac{1}{2}\cos\left(\theta_k - \dfrac{\pi}{4}\right) \end{cases}$$

按照 θ_k 的取值不同,此电压可能为正,也可能为负,故是双极性电压。在编码时曾经规定

$$\begin{cases} 二进制码元 0 \rightarrow +1 \\ 二进制码元 1 \rightarrow -1 \end{cases}$$

现在进行判决时,也把正电压判为二进制码元 0,负电压判为 1,即

$$\begin{cases} + \rightarrow 二进制码元 0 \\ - \rightarrow 二进制码元 1 \end{cases}$$

因此得出判决规则如表 7.7 所示。

表 7.7 判决规则

信号码元相位 θ_k /(°)	上支路输出	下支路输出	判决器输出	
			c	d
0	+	+	0	0
90	−	+	1	0
180	−	−	1	1
270	+	−	0	1

两路判决输出送入逆码变换器恢复出绝对码。设逆码变换器的当前输入码元为 c_k 和 d_k,当前输出码元为 a_k 和 b_k,前一输入码元为 c_{k-1} 和 d_{k-1}。

为了正确地进行逆码变换,这些码元之间的关系应该符合码变换时的规则。为此,可把码变换表中的各行按 c_{k-1} 和 d_{k-1} 的组合为序重新排列,构成表 7.8 所示的关系。

表 7.8　QDPSK 逆码变换关系

前一时刻输入的一对码元		当前时刻输入的一对码元		当前时刻逆变换后应输出的一对码元	
c_{k-1}	d_{k-1}	c_k	d_k	a_k	b_k
0	0	0	0	0	0
		0	1	0	1
		1	1	1	1
		1	0	1	0
0	1	0	0	1	0
		0	1	0	0
		1	1	0	1
		1	0	1	1
1	1	0	0	1	1
		0	1	1	0
		1	1	0	0
		1	0	0	1
1	0	0	0	0	1
		0	1	1	1
		1	1	1	0
		1	0	0	0

从表 7.8 中可找出由逆码变换器的当前输入 c_k、d_k 和前一时刻输入 c_{k-1}、d_{k-1} 得到逆码变换器当前输出 a_k 和 b_k 的规律,其码元关系可分为如下两类。

(1) 当 $c_{k-1}\oplus d_{k-1}=0$ 时,有

$$\begin{cases} a_k = c_k \oplus c_{k-1} \\ b_k = d_k \oplus d_{k-1} \end{cases} \tag{7-156}$$

(2) 当 $c_{k-1}\oplus d_{k-1}=1$ 时,有

$$\begin{cases} a_k = d_k \oplus d_{k-1} \\ b_k = c_k \oplus c_{k-1} \end{cases} \tag{7-157}$$

式(7-156)和式(7-157)表明,按照前一时刻码元 c_{k-1} 和 d_{k-1} 之间的关系不同,逆码变换的规则也不同,并且可以从中画出逆码变换器的原理框图如图 7.55 所示。

图 7.55 中,将 c_k 和 c_{k-1} 以及 d_k 和 d_{k-1} 分别做模 2 加法运算,运算结果送到交叉直通电路;同时,将延迟一个码元后的 c_{k-1} 和 d_{k-1} 也做模 2 加法运算,并将运算结果去控制交叉直通电路;若

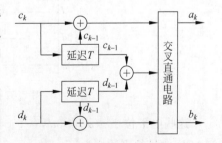

图 7.55　逆码变换器原理框图

$c_{k-1}\oplus d_{k-1}=0$，则将 $c_k\oplus c_{k-1}$ 结果直接作为 a_k 输出，$d_k\oplus d_{k-1}$ 结果直接作为 b_k 输出；若 $c_{k-1}\oplus d_{k-1}=1$，则将 $c_k\oplus c_{k-1}$ 结果直接作为 b_k 输出，$d_k\oplus d_{k-1}$ 结果直接作为 a_k 输出。这样就得到了正确的并行绝对码输出 a_k 和 b_k，它们再经过并/串变换后就成为串行码输出。

QDPSK 相位比较法又名**差分相干解调法**，其 A 方式解调原理框图如图 7.56 所示。

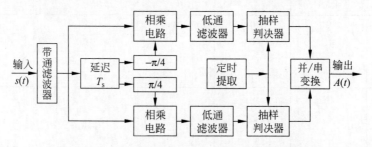

图 7.56　A 方式 QDPSK 相位比较法解调原理框图

由图 7.56 可见，QDPSK 相位比较法解调原理和 2DPSK 信号相位比较法解调的原理基本一样，只是由于现在的接收信号包含正交的两路已调载波，故需用两个支路差分相干解调。

7.5　多进制数字调制系统的抗噪声性能

7.5.1　MASK 系统的抗噪声性能

MASK 信号的解调与 2ASK 信号解调相似，可以采用相干解调方式，也可以采用非相干解调方式。设抑制载波 MASK 信号的基带调制码元可以有 M 个电平，如图 7.57 所示。

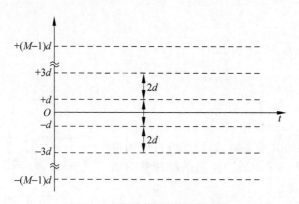

图 7.57　基带信号的 M 个电平

这些电平位于 $\pm d,\pm 3d,\cdots,\pm(M-1)d$，相邻电平的振幅相距 $2d$，则抑制载波 MASK 信号的表达式为

$$e_{\mathrm{MASK}}(t) = \begin{cases} \pm d\cos 2\pi f_c t, & \text{当发送电平} \pm d \text{ 时} \\ \pm 3d\cos 2\pi f_c t, & \text{当发送电平} \pm 3d \text{ 时} \\ \vdots & \vdots \\ \pm(M-1)d\cos 2\pi f_c t, & \text{当发送电平} \pm(M-1)d \text{ 时} \end{cases} \tag{7-158}$$

式中,f_c 为载波频率。

若接收端解调前信号无失真,仅附加有窄带高斯噪声,则在忽略常数衰减因子后,解调前的接收信号可以表示为

$$y(t) = \begin{cases} \pm d\cos 2\pi f_c t + n(t), & \text{当发送电平} \pm d \text{ 时} \\ \pm 3d\cos 2\pi f_c t + n(t), & \text{当发送电平} \pm 3d \text{ 时} \\ \vdots & \vdots \\ \pm(M-1)d\cos 2\pi f_c t + n(t), & \text{当发送电平} \pm(M-1)d \text{ 时} \end{cases} \tag{7-159}$$

式中,$n(t) = n_c(t)\cos 2\pi f_c t - n_s(t)\sin 2\pi f_c t$,为窄带高斯噪声。

设接收机采用相干解调,则噪声中只有和信号同相的分量有影响。这时,信号和噪声在相干解调器中相乘,并滤除高频分量之后得到解调器输出电压为

$$v(t) = \begin{cases} \pm d + n_c(t), & \text{当发送电平} \pm d \text{ 时} \\ \pm 3d + n_c(t), & \text{当发送电平} \pm 3d \text{ 时} \\ \vdots & \vdots \\ \pm(M-1)d + n_c(t), & \text{当发送电平} \pm(M-1)d \text{ 时} \end{cases} \tag{7-160}$$

式(7-160)中忽略了常数因子 1/2。

电压 $v(t)$ 将被抽样判决。对于抑制载波 MASK 信号,判决电平应该选择在 0,$\pm 2d, \cdots, \pm(M-2)d$。当噪声抽样值 $|n_c|$ 超过 d 时,会发生错误判决。但是,也有例外情况发生,这就是对于信号电平等于 $\pm(M-1)d$ 的情况,即在 M 电平系统中,对于电平等于 $\pm(M-1)d$ 的两个外层电平码元,噪声值仅在一个方向超过 d 时才会发生错误判决。当信号电平等于 $+(M-1)d$ 时,若 $n_c > +d$,不会发生错判;同理,当信号电平等于 $-(M-1)d$ 时,若 $n_c < -d$,也不会发生错判。所以,当抑制载波 MASK 信号以等概率发送时,即每个电平的发送概率等于 $1/M$ 时,平均误码率等于

$$P_e = \frac{M-2}{M}P(|n_c| > d) + \frac{2}{M}\frac{1}{2}P(|n_c| > d) = \left(1 - \frac{1}{M}\right)P(|n_c| > d) \tag{7-161}$$

式中,$P(|n_c| > d)$ 为噪声抽样绝对值大于 d 的概率。因为 n_c 是均值为 0、方差为 σ_n^2 的正态随机变量,故有

$$P(|n_c| > d) = \frac{2}{\sqrt{2\pi}\,\sigma_n}\int_d^\infty e^{-x^2/2\sigma_n^2}\,\mathrm{d}x \tag{7-162}$$

将式(7-162)代入式(7-161)中,可得

$$P_e = \left(1 - \frac{1}{M}\right) P(|n_c| > d) = \left(1 - \frac{1}{M}\right) \frac{2}{\sqrt{2\pi}\sigma_n} \int_d^\infty e^{-x^2/2\sigma_n^2} \, dx$$

$$= \left(\frac{M-1}{M}\right) \text{erfc}\left(\frac{d}{\sqrt{2}\sigma_n}\right) \tag{7-163}$$

式中，$\text{erfc}(x) = \dfrac{2}{\sqrt{\pi}} \displaystyle\int_x^\infty e^{-t^2} \, dt$。

为了找到误码率 P_e 和接收信噪比 r 的关系，可将式(7-163)做进一步的推导。首先来求**信号的平均功率**。对于等概率的抑制载波 MASK 信号，其平均功率等于

$$P_s = \frac{2}{M} \sum_{i=1}^{M/2} [d(2i-1)]^2 / 2 = d^2 \frac{M^2-1}{6} \tag{7-164}$$

式(7-164)中的计算利用了式(7-165)，

$$\sum_{k=1}^n (2k-1)^2 = \frac{1}{3} n(4n^2-1) \tag{7-165}$$

由式(7-164)可得

$$d^2 = \frac{6P_s}{M^2-1} \tag{7-166}$$

将式(7-166)代入式(7-163)，可得到误码率为

$$P_e = \left(1 - \frac{1}{M}\right) \text{erfc}\left(\sqrt{\frac{3}{M^2-1} \frac{P_s}{\sigma_n^2}}\right) \tag{7-167}$$

式(7-167)中的 P_s/σ_n^2 就是信噪比 r，所以式(7-167)可以改写为

$$P_e = \left(1 - \frac{1}{M}\right) \text{erfc}\left(\sqrt{\frac{3}{M^2-1} r}\right) \tag{7-168}$$

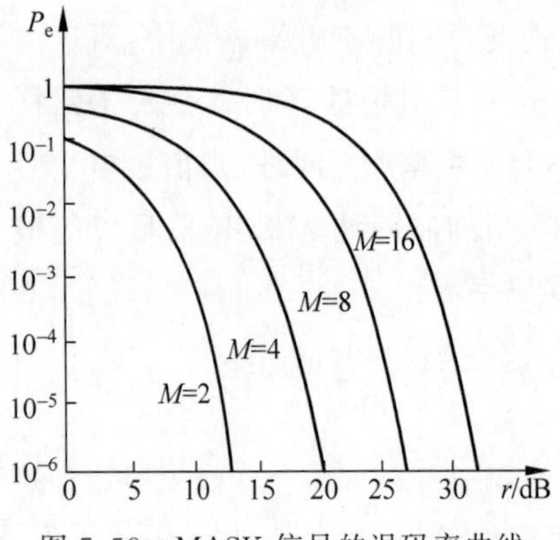

图 7.58　MASK 信号的误码率曲线

按照式(7-168)画出的误码率曲线如图 7.58 所示。

由图 7.58 可以看出，为了得到相同的误码率 P_e，信噪比需随 M 增加而增大。例如，四电平系统比二电平系统信噪比需要增加约 5 倍。

当 $M=2$ 时，式(7-11)变为

$$P_e = \frac{1}{2} \text{erfc}(\sqrt{r}) \tag{7-169}$$

式(7-169)就是 2PSK 系统的误码率公式。由此可以理解，当 $M=2$ 时，抑制载波的 MASK 信号就变成了 2PSK 信号。

MASK 信号是用信号振幅传递信息的，信号振幅在传输时受信道衰落的影响大，故 MASK 在远距离传输的衰落信道中应用较少。

7.5.2 MFSK 系统的抗噪声性能

1. 非相干解调时的误码率

MFSK 信号非相干解调器利用 M 路带通滤波器分离 M 个不同频率的码元,其原理框图如图 7.59 所示。为了分析 MFSK 系统的抗噪声性能,可假设不考虑接收滤波器和逻辑电路的影响;假设当某个码元输入时,M 路带通滤波器的输出中仅有一个是信号加噪声,其他各路都只有噪声;假设 M 路带通滤波器中的噪声是互相独立的窄带高斯噪声,其包络服从瑞利分布。故这 $M-1$ 路噪声的包络都不超过某个门限电平 h 的概率等于

$$P = \left[1 - P(h)\right]^{M-1} \tag{7-170}$$

其中,$P(h)$ 是一路滤波器的输出噪声包络超过此门限 h 的概率,由瑞利分布公式有

$$P(h) = \int_h^\infty \frac{N}{\sigma_n^2} e^{-N^2/2\sigma_n^2} \, \mathrm{d}N = e^{-h^2/2\sigma_n^2} \tag{7-171}$$

式中,N 为滤波器输出噪声的包络;σ_n^2 为滤波器输出噪声的功率。

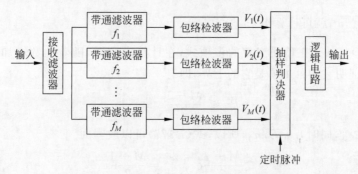

图 7.59 MFSK 信号非相干解调器原理框图

假设这 $M-1$ 路噪声都不超过此门限电平 h 就不会发生错误判决,则式(7-17)的概率就是不发生错判的概率。因此,有任意一路或一路以上噪声输出的包络超过此门限就将发生错误判决,此错判的概率为

$$P_e(h) = 1 - \left[1 - P(h)\right]^{M-1} = 1 - \left[1 - e^{-h^2/2\sigma_n^2}\right]^{M-1}$$

$$= \sum_{n=1}^{M-1} (-1)^{n-1} \binom{M-1}{n} e^{-nh^2/2\sigma_n^2} \tag{7-172}$$

显然,它与门限值 h 有关。那么,h 值该如何决定呢?

有信号码元输出的带通滤波器的输出电压包络服从广义瑞利分布,即

$$P(x) = \frac{x}{\sigma_n^2} I_0\left(\frac{Ax}{\sigma_n^2}\right) \exp\left[-\frac{1}{2\sigma_n^2}(x^2 + A^2)\right], \quad x \geqslant 0 \tag{7-173}$$

式中，$I_0(\cdot)$ 为第一类零阶修正贝赛尔函数；x 为输出信号和噪声之和的包络；A 为输出信号码元振幅；σ_n^2 为输出噪声功率。

其他任何一路的输出电压值超过有信号这路的输出电压值 x 就将发生错判。因此，这里的输出信号和噪声之和 x 就是上面的门限值 h。因此，发生错误判决的概率为

$$P_e = \int_0^\infty P(h) P_e(h) \mathrm{d}h \tag{7-174}$$

将式(7-172)和式(7-173)代入式(7-174)，得到计算结果为

$$P_e = \mathrm{e}^{-\frac{A^2}{2\sigma_n^2}} \sum_{n=1}^{M-1} (-1)^{n-1} \binom{M-1}{n} \int_0^\infty \frac{h}{\sigma_n^2} I_0\left(\frac{Ah}{\sigma_n^2}\right) \mathrm{e}^{-(1+n)h^2/2\sigma_n^2} \mathrm{d}h$$

$$= \sum_{n=1}^{M-1} (-1)^{n-1} \binom{M-1}{n} \frac{1}{n+1} \mathrm{e}^{-nA^2/2(n+1)\sigma_n^2} \tag{7-175}$$

式中，$\binom{M-1}{n}$ 为二项式展开系数。

式(7-175)中的积分利用

$$\int_0^\infty t I_0(\alpha t) \exp[-(\alpha^2 + t^2)/2] \mathrm{d}t = 1 \tag{7-176}$$

并令 $t = \dfrac{h}{\sigma_n}\sqrt{1+n}$，就可计算出来。

式(7-175)是一个正负项交替的多项式，在计算求和时，随着项数增加，其值起伏振荡，但是可以证明它的第 1 项是它的上界，即有

$$P_e \leqslant \frac{M-1}{2} \mathrm{e}^{-A^2/4\sigma_n^2} \tag{7-177}$$

因为 $r = A^2/2\sigma_n^2$，同时，$r = E/n_0$，所以，式(7-177)可以改写为

$$P_e \leqslant \frac{M-1}{2} \mathrm{e}^{-E/2\sigma_n^2} = \frac{M-1}{2} \mathrm{e}^{-r/2} \tag{7-178}$$

式中，E 为码元能量；σ_n^2 为噪声功率；$r = E/n_0$ 为信噪比。

由于一个 M 进制码元含有 k 比特信息，所以每比特占有的能量等于 E/k，这表示**每比特的信噪比**为

$$r_b = E/k\sigma_n^2 = r/k \tag{7-179}$$

将 $r = kr_b$ 代入式(7-177)可得

$$P_e \leqslant \frac{M-1}{2} \exp(-kr_b/2) \tag{7-180}$$

式中，若用 M 代替 $(M-1)/2$，不等式右端的值将增大，但是此不等式仍然成立，所以有

$$P_e < M \exp(-kr_b/2) \tag{7-181}$$

这是一个比较弱的上界，但是它可以用来说明下面的问题。因为

$$M = 2^k = \mathrm{e}^{\ln 2^k} \tag{7-182}$$

所以式(7-181)可以改写为

$$P_{\mathrm{e}} < \exp\left[-k\left(\frac{r_{\mathrm{b}}}{2} - \ln 2\right)\right] \qquad (7\text{-}183)$$

由式(7-183)可以看出,当 $k \to \infty$ 时,P_{e} 按指数规律趋近于 0,但要保证 $\frac{r_{\mathrm{b}}}{2} - \ln 2 > 0$,即 $r_{\mathrm{b}} > 2\ln 2$。该条件表示,只要保证每比特信噪比 r_{b} 大于 $2\ln 2 = 1.39 = 1.42\mathrm{dB}$,则不断增大 k,就能得到任意小的误码率。对于 MFSK 体制而言,就是以增大占用带宽换取误码率的降低。但是,随着 k 的增大,设备的复杂程度也按指数规律增大。所以,k 的增大是受到实际应用条件的限制的。

假定当一个 M 进制码元发生错误时,将随机地错成其他 $M-1$ 个码元之一。由于 M 进制信号共有 M 种不同的码元,每个码元中含有 k 个比特,$M = 2^k$。所以,在一个码元中的任一给定比特的位置上出现 1 和 0 的码元各占一半,即出现信息 1 的码元有 $M/2$ 种,出现信息 0 的码元有 $M/2$ 种。表 7.9 所示为 $M = 8$ 时码元的一个示例,表中,$M = 8$,$k = 3$,在任一列中均有 4 个 0 和 4 个 1。所以若一个码元错成另一个码元,在给定的比特位置上发生错误的概率只有 4/7。

表 7.9 $M = 8$ 时的码元

码 元	比 特	码 元	比 特
0	000	4	100
1	001	5	101
2	010	6	110
3	011	7	111

一般而言,在一个给定的码元中,任一比特位置上的信息和其他 $2^{k-1} - 1$ 种码元在同一位置上的信息相同,和其他 2^{k-1} 种码元在同一位置上的信息不同。所以,**比特错误率 P_{b} 和码元错误率 P_{e} 之间的关系**为

$$P_{\mathrm{b}} = \frac{2^{k-1}}{2^k - 1} P_{\mathrm{e}} = \frac{P_{\mathrm{e}}}{2[1 - (1/2^k)]} \qquad (7\text{-}184)$$

当 k 很大时,**比特错误率 P_{b} 和码元错误率 P_{e} 之间的关系**变为

$$P_{\mathrm{b}} \approx P_{\mathrm{e}}/2 \qquad (7\text{-}185)$$

按式(7-185)画出的误码率曲线如图 7.60 中的虚线所示。

2. 相干解调时的误码率

MFSK 信号在相干解调时设备复杂,所以应用较少,其误码率的分析计算原理和 2FSK 相似,这里不再详细推导,结果为

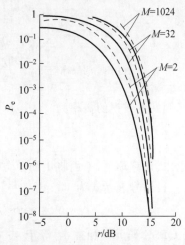

图 7.60 MFSK 信号非相干解调的误码率

$$P_e = 1 - \frac{1}{\sqrt{2\pi}} \int_{-\infty}^{\infty} e^{-A^2/2} \left[\frac{1}{\sqrt{2\pi}} \int_{-\infty}^{A+\sqrt{2r}} e^{-u^2/2} \, du \right]^{M-1} dA \qquad (7\text{-}186)$$

对式(7-186)较难进行数值计算,为了估计相干解调时 MFSK 信号的误码率,可以采用误码率公式

$$P_e \approx \frac{M-1}{2} \mathrm{erfc} \sqrt{\frac{r}{2}} \qquad (7\text{-}187)$$

按照式(7-187)画出的误码率曲线如图 7.60 中的实线所示。

比较相干解调和非相干解调的两个误码率曲线可见,在 M 一定的情况下,信噪比 r 越大,误码率 P_e 越小;在 r 一定的情况下,M 越大,误码率 P_e 也越大。另外,相干解调和非相干解调的性能差距将随 M 的增大而减小;同一 M 下,随着信噪比 r 的增加非相干解调性能将趋于相干解调性能。当 $k>7$ 时,两者的区别可以忽略,这时相干解调和非相干解调误码率的上界都可以表示为

$$P_e \leqslant \frac{M-1}{2} e^{-A^2/4\sigma_n^2} \qquad (7\text{-}188)$$

7.5.3 MPSK 和 MDPSK 系统的抗噪声性能

在 QPSK 体制中,QPSK 矢量图的噪声容限如图 7.61 所示。由图 7.61 可看出,错误判决是由于信号矢量的相位因噪声而发生偏离造成的。例如,假设发送矢量的相位为 $45°$,它代表基带信号码元为 11,若因噪声的影响使接收矢量的相位变成了 $135°$,则将错判为 01。当不同发送矢量以等概率出现时,合理的判决门限应该设定在和相邻矢量等距离的位置。在图 7.61 中,对于矢量 11 来说,判决门限应该设在 $0°$ 和 $90°$。当发送 11 时,接收信号矢量相位若超出图中阴影区域范围,则将发生错判。

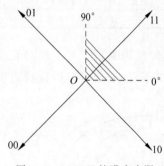

图 7.61　QPSK 的噪声容限

设 $f(\theta)$ 为接收矢量(包括信号和噪声)相位的概率密度,则发生错误的概率为

$$P_e = 1 - \int_0^{\pi/2} f(\theta) \, d\theta \qquad (7\text{-}189)$$

该公式计算烦琐,下面将用简单方法来分析。

设信号表达式为

$$s_k(t) = \cos(\omega_c t + \theta_k) = a_k \cos\omega_c t - b_k \sin\omega_c t$$

当 QPSK 码元的相位 θ_k 等于 $45°$ 时,$a_k = b_k = \sqrt{2}/2$,故信号码元相当于是互相正交的两个 2PSK 码元,其幅度分别为接收信号幅度的 $1/\sqrt{2}$,功率为接收信号功率的 $1/2$。另外,接收信号与噪声之和为

$$r(t) = A\cos(\omega_c t + \theta) + n(t)$$

式中，$n(t) = n_c(t)\cos\omega_c t - n_s(t)\sin\omega_c t$；并且，$n(t)$ 的方差为 σ_n^2，噪声的两个正交分量的方差为 $\sigma_c^2 = \sigma_s^2 = \sigma_n^2$。

若把此 QPSK 信号当作两个 2PSK 信号分别在两个相干检测器中解调，则只有和 2PSK 信号同相的噪声才有影响。由于误码率决定于各个相干检测器输入的信噪比，而此处的信号功率为接收信号功率的 $1/2$，噪声功率为 σ_n^2，若输入信号的信噪比为 r，则每个解调器输入端的信噪比将为 $r/2$。7.2 节中已给出的 2PSK 相干解调的误码率为

$$P_e = \frac{1}{2}\mathrm{erfc}(\sqrt{r})$$

其中，r 即为解调器输入端的信噪比。用 $r/2$ 代替 r，即得误码率为

$$P_e = \frac{1}{2}\mathrm{erfc}(\sqrt{r/2})$$

所以，正确概率为 $1 - (1/2)\mathrm{erfc}(\sqrt{r/2})$，因为只有两路正交的相干解调都正确，才能保证 QPSK 信号的解调输出正确，两路正交相干解调都正确的概率为 $\left[1 - (1/2)\mathrm{erfc}(\sqrt{r})\right]^2$，所以 **QPSK 信号解调错误的概率为**

$$P_e = 1 - \left[1 - \frac{1}{2}\mathrm{erfc}(\sqrt{r/2})\right]^2 \tag{7-190}$$

式(7-190)计算出的就是 QPSK 信号的误码率。由于正交的两路相干解调方法和 2PSK 中采用的解调方法一样，所以其误比特率的计算公式和 2PSK 的误码率公式一样。

对于任意 M 进制 PSK 信号，其误码率公式为

$$P_e = 1 - \frac{1}{2\pi}\int_{-\pi/M}^{\pi/M} e^{-r}\left[1 + \sqrt{4\pi r}\cos\theta e^{r\cos^2\theta}\frac{1}{\sqrt{2\pi}}\int_{-\infty}^{\sqrt{2r}\cos\theta} e^{-x^2/2}\,\mathrm{d}x\right]\mathrm{d}\theta \tag{7-191}$$

每比特信噪比 r_b 与码元信噪比 r 的关系为

$$r_b = r/k = r/\log_2 M \tag{7-192}$$

所以当 M 大时，MPSK 误码率公式可以近似为

$$P_e \approx \mathrm{erfc}\left(\sqrt{r}\sin\frac{\pi}{M}\right) \tag{7-193}$$

MPSK 系统的误码率性能曲线如图 7.62 所示，可以看出，相干解调性能优于差分相干解调性能，当保持误码率 P_e 和信息传输速率不变时，随着 M 的增大，需要使 r_b 增大，即需要增大发送功率，但需用的传输带宽降低了，即用增大功率换取了节省带宽。

对于 **MDPSK** 信号，误码率计算的近似公式为

$$P_e \approx \mathrm{erfc}\left(\sqrt{2r}\sin\frac{\pi}{2M}\right) \tag{7-194}$$

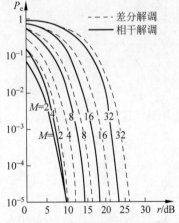

图 7.62 MPSK 系统的误码率性能曲线

7.6 正交振幅调制

数字调制的 3 种基本方式为数字振幅调制、数字频率调制和数字相位调制,这 3 种数字调制方式是数字调制的基础。3 种基本数字调制方式都存在不足之处,如频谱利用率低、抗多径衰落能力差、功率谱衰减慢、带外辐射严重等。为了改善这些不足,近几十年来人们不断地提出新的数字调制解调技术,以适应各种通信系统的要求,主要研究方向包括减小信号带宽以提高频谱利用率、提高功率利用率以增强抗干扰性能、适应各种随参信道以增强抗多径衰落能力等。例如,在恒参信道中,正交振幅调制(Quadrature Amplitude Modulation,QAM)和正交频分复用(OFDM)方式具有高的频谱利用率,因此,正交振幅调制方式在卫星通信和有线电视网络高速数据传输等领域得到了广泛应用,而正交频分复用方式在非对称数字环路 ADSL 和高清晰度电视 HDTV 的地面广播系统等得到了成功应用。高斯最小移频键控(GMSK)和 π/4DQPSK 具有较强的抗多径衰落性能,带外功率辐射小,因而在移动通信领域得到了应用,GMSK 用于泛欧数字蜂窝移动通信系统(GSM),π/4DQPSK 用于北美和日本的数字蜂窝移动通信系统。

7.6.1 正交振幅调制原理

正交振幅调制,又名振幅相位联合键控(APK),是用两个独立的基带数字信号对两个相互正交的同频载波进行抑制载波的双边带调制,利用这种已调信号在同一带宽内频谱正交的性质来实现两路并行的数字信息传输。它是一种频谱利用率很高的调制方式,在中、大容量数字微波通信、有线电视网络高速数据传输、卫星通信等领域得到了广泛应用。在移动通信中,随着微蜂窝和微微蜂窝的出现,信道传输特性发生了很大变化。过去在传统蜂窝系统中不能应用的正交振幅调制也引起了人们的重视。

1. QAM 信号的一般表达式

QAM 信号的一般表达式为

$$s_{\text{MQAM}}(t) = \sum_n A_n g(t - nT_s)\cos(\omega_c t + \varphi_n) \tag{7-195}$$

式中,A_n 是基带信号幅度;$g(t - nT_s)$ 是宽度为 T_s 的单个基带信号波形。式(7-195)还可以变换为正交形式

$$s_{\text{MQAM}}(t) = \left[\sum_n A_n g(t - nT_s)\cos\varphi_n\right]\cos\omega_c t - \left[\sum_n A_n g(t - nT_s)\sin\varphi_n\right]\sin\omega_c t$$
$$\tag{7-196}$$

令 $X_n = A_n\cos\varphi_n$,$Y_n = A_n\sin\varphi_n$,则式(7-196)变为

$$s_{\text{MQAM}}(t) = \left[\sum_n X_n g(t - nT_s)\right]\cos\omega_c t - \left[\sum_n Y_n g(t - nT_s)\right]\sin\omega_c t$$
$$= X(t)\cos\omega_c t - Y(t)\sin\omega_c t \tag{7-197}$$

X_n 和 Y_n 为 QAM 信号的振幅，可以表示为

$$\begin{cases} X_n = c_n A \\ Y_n = d_n A \end{cases}$$

$\qquad\qquad\qquad$ (7-198)

式中，A 是固定振幅；c_n、d_n 由输入数据确定。c_n、d_n 决定了已调 QAM 信号在信号空间中的坐标点。

2. QAM 信号调制原理

QAM 信号调制原理图如图 7.63 所示，输入的二进制序列经过串/并变换器输出速率减半的两路并行序列，再分别经过 2 电平到 L 电平的变换，形成 L 电平的基带信号。为了**抑制已调信号的带外辐射**，该 L 电平的基带信号还要经过预调制低通滤波器形成 $X(t)$ 和 $Y(t)$，再分别与同相载波和正交载波相乘，最后将两路信号相加即可得到 QAM 信号。

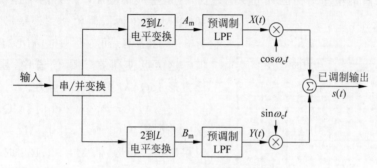

图 7.63　QAM 信号调制原理图

3. 星座图

信号矢量端点的分布图称为星座图，通常可以用星座图来描述 QAM 信号的信号空间分布状态。对于 $M=16$ 的 16QAM 来说，有多种分布形式的信号星座图，如图 7.64 所示为两种具有代表意义的信号星座图，图 7.64(a) 中，信号点的分布呈方形，故称为**方形 16QAM 星座**，也称为**标准型 16QAM**；图 7.64(b) 中，信号点的分布呈星形，故称为**星形 16QAM 星座**。

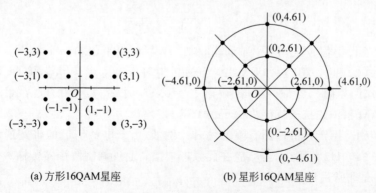

(a) 方形16QAM星座　　　　　　(b) 星形16QAM星座

图 7.64　16QAM 的星座图

若信号点之间的最小距离为 $2A$，且所有信号点等概率出现，则平均发射信号功率为

$$P_s = \frac{A^2}{M} \sum_{n=1}^{M} (c_n^2 + d_n^2) \tag{7-199}$$

方形 16QAM 信号平均功率为

$$P_s = \frac{A^2}{M} \sum_{n=1}^{M} (c_n^2 + d_n^2) = \frac{A^2}{16}(4 \times 2 + 8 \times 10 + 4 \times 18) = 10A^2$$

星形 16QAM 信号平均功率为

$$P_s = \frac{A^2}{M} \sum_{n=1}^{M} (c_n^2 + d_n^2) = \frac{A^2}{16}(8 \times 2.61^2 + 8 \times 4.61^2) = 14.03A^2$$

两者功率相差 1.4dB。

另外，两者的星座结构也有重要的差别，一是星形 16QAM 只有两个振幅值，而方形 16QAM 有 3 种振幅值；二是星形 16QAM 只有 8 种相位值，而方形 16QAM 有 12 种相位值。这两点使得**在衰落信道中，星形 16QAM 比方形 16QAM 更具有吸引力。**

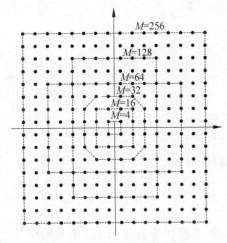

图 7.65　MQAM 信号的星座图

$M = 4, 16, 32, \cdots, 256$ 时，MQAM 信号的星座图如图 7.65 所示，其中，$M = 4$、16、64、256 时星座图为矩形，而 $M = 32$、128 时星座图为十字形。前者 M 为 2 的偶次方，即每个符号携带偶数个比特信息；后者 M 为 2 的奇次方，即每个符号携带奇数个比特信息。

若已调信号的最大幅度为 1，则 **MPSK 信号星座图上信号点间的最小距离为**

$$d_{MPSK} = 2\sin\frac{\pi}{M} \tag{7-200}$$

MQAM 信号矩形星座图上信号点间的最小距离为

$$d_{MQAM} = \frac{\sqrt{2}}{L-1} = \frac{\sqrt{2}}{\sqrt{M}-1} \tag{7-201}$$

式中，L 为星座图上信号点在水平轴和垂直轴上投影的电平数，$M = L^2$。

由式（7-200）和（7-201）可以看出，当 $M = 4$ 时，$d_{4PSK} = d_{4QAM}$，实际上，4PSK 和 4QAM 的星座图相同。当 $M = 16$ 时，$d_{16QAM} = 0.47$，而 $d_{16PSK} = 0.39$，$d_{16PSK} < d_{16QAM}$，这表明 **16QAM 系统的抗干扰能力优于 16PSK。**

QAM 特别适用于频带资源有限的场合。例如，由于电话信道的带宽通常限制在语音频带 $300 \sim 3400\text{Hz}$ 范围内，若希望在此频带中提高通过调制解调器传输数字信号的速率，则 QAM 是非常适用的。

7.6.2 正交振幅调制的解调原理

MQAM 信号同样可以采用**正交相干解调方法**,其解调原理图如图 7.66 所示。

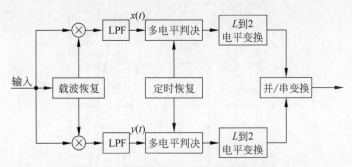

图 7.66 MQAM 信号相干解调原理图

解调器的输入信号与本地恢复的两个正交载波相乘后,经过低通滤波输出两路多电平基带信号 $x(t)$ 和 $y(t)$,多电平判决器对多电平基带信号进行判决和检测,再经 L 电平到 2 电平转换和并/串变换器最终输出二进制数据。

对 QAM 调制而言,如何设计 QAM 信号的结构不仅会影响已调信号的功率谱特性,而且会影响已调信号的解调及其性能,常用的设计准则是在信号功率相同的条件下选择信号空间中信号点之间距离最大的信号结构,当然还要考虑解调的复杂性。

7.6.3 正交振幅调制的抗噪声性能

对于方形 QAM,可以看成是由两个相互正交且独立的多电平 ASK 信号叠加而成。因此,利用多电平信号误码率的分析方法,可得到 M 进制 QAM 系统的误码率为

$$P_e = 2\left[\left(1-\frac{1}{L}\right)\mathrm{erfc}\left(\sqrt{\frac{3k}{2(L^2-1)}\gamma}\right)\right]\left[1-\frac{1}{2}\left(1-\frac{1}{L}\right)\mathrm{erfc}\left(\sqrt{\frac{3k}{2(L^2-1)}\gamma}\right)\right]$$

$$(7\text{-}202)$$

式中,$M=L^2$;k 为每个码元内的比特数,$k=\log_2 M$;γ 为每比特的平均信噪比,$\gamma=E_b/n_0$;r 就是信噪比。

M 进制方形 QAM 系统的误码率曲线如图 7.67 所示可看出在 S/N 相同的条件下,随着 M 的增大,误码率增大;MASK、MPSK 和 MQAM 的频带利用率相同,但在 S/N 相同的条件下,$M>2$ 的 MPSK 误码率小于 MASK 的误码率,而在 $M>4$ 情况下,MQAM 误码率小于 MPSK 的误码率。所以,在实际通信中,$M>8$ 的情况下往往采用 MQAM 调制方式。

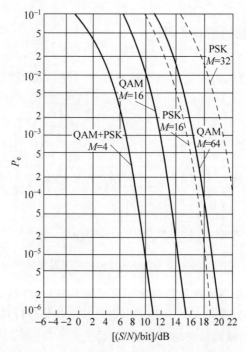

图 7.67　M 进制方形 QAM 的误码率曲线

7.7　最小移频键控和高斯最小移频键控

7.7.1　最小移频键控

采用数字频率调制和数字相位调制,由于已调信号包络恒定,因此有利于在非线性特性的信道中传输。由于一般移频键控信号相位不连续、频偏较大等原因,使得其频谱利用率较低。**最小移频键控(Minimum Frequency Shift Keying,MSK)是二进制连续相位 FSK 的一种特殊形式**,有时也称为**快速移频键控(FFSK)**。所谓"最小",是指这种调制方式能以最小的调制指数(0.5)获得正交信号;而"**快速**"是指在给定同样的频带内,MSK能比 2PSK 的数据传输速率更高,且在带外的频谱分量要比 2PSK 衰减得快。

1. 基本原理

最小频移键控信号是一种包络恒定、相位连续、带宽最小并且严格正交的 2FSK 信号,其信号的表达式为

$$s_{\mathrm{MSK}}(t) = \cos\left(\omega_{\mathrm{c}}t + \frac{\pi a_k}{2T_s}t + \phi_k\right) \tag{7-203}$$

其中,$(k-1)T_s \leqslant t \leqslant kT_s$,$k=1,2,\cdots$;$\omega_{\mathrm{c}}$ 为载波角频率;T_s 为码元宽度;a_k 为第 k 个输入码元,取值为 ± 1;ϕ_k 为第 k 个码元的相位常数,在时间满足 $(k-1)T_s \leqslant t \leqslant kT_s$ 时

保持不变,其作用是保证在 $t=(k-1)T_s$ 时刻信号相位连续。

令

$$\theta_k(t)=\frac{\pi a_k}{2T_s}t+\phi_k, \quad (k-1)T_s \leqslant t \leqslant kT_s \tag{7-204}$$

则式(7-203)可表示为

$$s_{\text{MSK}}(t)=\cos[\omega_c t+\theta_k(t)] \tag{7-205}$$

式中,$\theta_k(t)$ 为**附加相位函数**,则

$$\frac{\mathrm{d}\theta_k(t)}{\mathrm{d}t}=\omega_c+\frac{\pi a_k}{2T_s}=\begin{cases}\omega_c+\dfrac{\pi}{2T_s}, & a_k=+1 \\[3mm] \omega_c-\dfrac{\pi}{2T_s}, & a_k=-1\end{cases} \tag{7-206}$$

由式(7-206)可以看出,MSK 信号的两个频率分别为

$$f_1=f_c-\frac{1}{4T_s} \tag{7-207}$$

$$f_2=f_c+\frac{1}{4T_s} \tag{7-208}$$

中心频率 f_c 应选为 $f_c=\dfrac{n}{4T_s}$,即得

$$T_s=n\frac{1}{4}\frac{1}{f_c}, \quad n=1,2,\cdots \tag{7-209}$$

式(7-209)表明,**MSK 信号在每一码元周期内必须包含四分之一载波周期的整数倍**。f_c 还可以表示为

$$f_c=\left(N+\frac{m}{4}\right)\frac{1}{T_s} \quad (N \text{ 为正整数}, m=0,1,2,3) \tag{7-210}$$

相应地,MSK 信号的两个频率可表示为

$$f_1=f_c-\frac{1}{4T_s}=\left(N+\frac{m-1}{4}\right)\frac{1}{T_s} \tag{7-211}$$

$$f_2=f_c+\frac{1}{4T_s}=\left(N+\frac{m+1}{4}\right)\frac{1}{T_s} \tag{7-212}$$

由此可得频率间隔为

$$\Delta f=f_2-f_1=\frac{1}{2T_s} \tag{7-213}$$

可得 **MSK 信号的调制指数**为

$$h=\Delta f T_s=\frac{1}{2T_s}T_s=\frac{1}{2}=0.5 \tag{7-214}$$

当取 $N=1$、$m=0$ 时,MSK 信号的时间波形如图 7.68 所示。

对第 k 个码元的相位常数 φ_k 的选择应保证 MSK 信号相位在码元转换时刻是连续的,即在 $t=(k-1)T_s$ 时,$\theta_k(t)=\theta_{k-1}(t)$,根据这一要求,由式(7-204)可以得到相位约束条件为

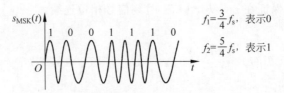

图 7.68　MSK 信号的时间波形

$$\varphi_k = \varphi_{k-1} + (a_{k-1} - a_k)\left[\frac{\pi}{2}(k-1)\right] = \begin{cases} \varphi_{k-1}, & a_k = a_{k-1} \\ \varphi_{k-1} \pm (k-1)\pi, & a_k \neq a_{k-1} \end{cases}$$

$$(7\text{-}215)$$

式中,若取 φ_k 的初始参考值 $\varphi_0 = 0$,则

$$\varphi_k = 0 \text{ 或 } \pm \pi(\text{模 } 2\pi) \quad k = 0, 1, 2, \cdots \tag{7-216}$$

式(7-216)即反映了 MSK 信号前后码元区间的相位约束关系,**表明 MSK 信号在第 k 个码元的相位常数不仅与当前码元的取值 a_k 有关,而且还与前一码元的取值 a_{k-1} 及相位常数 φ_{k-1} 有关。**

2. MSK 的附加相位函数和功率谱

由式(7-204)所示的附加相位函数 $\theta_k(t)$ 的表达式可以看出,$\theta_k(t)$ 是直线方程,其斜率为 $\pi a_k/2T_s$,截距为 φ_k。由于 a_k 的取值为 ± 1,故 $\pi a_k t/2T_s$ 是分段线性的相位函数。因此,MSK 的整个相位路径是由间隔为 T_s 的一系列直线段所连成的折线。在任一个码元 T_s 期间,若 $a_k = +1$,则 $\theta_k(t)$ 线性增加 $\pi/2$;若 $a_k = -1$,则 $\theta_k(t)$ 线性减小 $\pi/2$。对于给定的输入信号序列 $\{a_k\}$,相应的附加相位函数 $\theta_k(t)$ 的波形如图 7.69 所示。

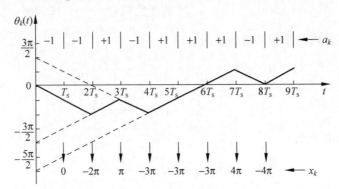

图 7.69　附加相位函数 $\theta_k(t)$ 的波形

对于各种可能的输入信号序列,$\theta_k(t)$ 的所有可能路径如图 7.70 所示,它是一个从 -2π 到 $+2\pi$ 的网格图。

从以上分析可总结得出 **MSK 信号具有以下特点。**

(1) **MSK 信号的振幅是恒定的**(恒定包络信号)。

(2) 信号的频率偏移严格等于 $\pm 1/4T_s$,相应的调制指数 $h = (f_2 - f_1)T_s = 0.5$。

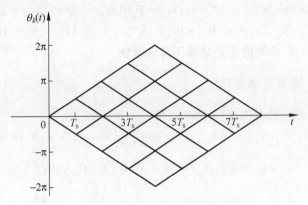

图 7.70　MSK 的相位网格图

（3）以载波相位为基准的信号相位在一个码元期间内线性变化 ± $\pi/2$。

（4）在一个码元期间内，信号应包括四分之一载波周期的整数倍。

（5）在码元转换时刻，信号的相位是连续的（或者说，信号的波形没有突变）。

3. MSK 信号的功率谱

对于 MSK 信号，其归一化（平均功率为 1W）单边功率谱密度可表示为

$$P_{\text{MSK}}(f) = \frac{32T_s}{\pi^2}\left(\frac{\cos 2\pi z}{1 - 16z^2}\right)^2 \tag{7-217}$$

式中，$z = (f - f_c)T_s$；f_c 为信号载频；T_s 为码元持续时间。

根据式(7-217)画出的 MSK 信号的功率谱如图 7.71 所示，为了便于比较，图中还画出了 2PSK 信号的功率谱。

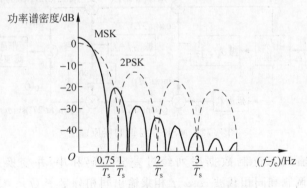

图 7.71　MSK 信号的归一化功率谱

由图 7.71 可以看出，与 2PSK 相比，MSK 信号的功率谱更加紧凑，其第 1 个零点出现在 $0.75/T_s$ 处，而 2PSK 的第 1 个零点出现在 $1/T_s$ 处。这表明 **MSK 信号功率谱的主瓣所占的频带宽度比 2PSK 信号的窄**；当 $f - f_c \to \infty$ 时，MSK 信号的功率谱以 $(f - f_c)^{-4}$ 的速率衰减，它要比 2PSK 信号的衰减速率快得多，因此对邻道的干扰也较小。

计算表明，对于 QPSK、OQPSK、MSK，包含 90% 信号功率的带宽近似值为 $B \approx$

$1/T_s(\mathrm{Hz})$,对于 BPSK 为 $B \approx 2/T_s(\mathrm{Hz})$;对于 MSK,包含 99% 信号功率的带宽近似值为 $B \approx 1.2/T_s(\mathrm{Hz})$,对于 QPSK 及 OQPSK 为 $B \approx 6/T_s(\mathrm{Hz})$,对于 BPSK 为 $B \approx 9/T_s$ (Hz),由此可见,**MSK 信号的带外功率下降非常快**。

4. MSK 信号调制解调原理

由 MSK 信号的一般表达式(7-204)可得

$$s_{\mathrm{MSK}}(t) = \cos[\omega_c t + \theta_k(t)] = \cos\theta_k(t)\cos\omega_c t - \sin\theta_k(t)\sin\omega_c t \tag{7-218}$$

因为 $\theta_k(t) = \dfrac{\pi a_k}{2T_s}t + \varphi_k$,$a_k = \pm 1$,$\varphi_k = 0$ 或 $\pm\pi$(模 2π),代入式(7-218)可得

$$s_{\mathrm{MSK}}(t) = \cos\varphi_k \cos\frac{\pi t}{2T_s}\cos\omega_c t - a_k\cos\varphi_k \sin\frac{\pi t}{2T_s}\sin\omega_c t$$

$$= I_k(t)\cos\frac{\pi t}{2T_s}\cos\omega_c t - Q_k(t)\sin\frac{\pi t}{2T_s}\sin\omega_c t \tag{7-219}$$

式(7-219)即为 **MSK 信号的正交表示形式**,其同相分量,也称为 **I 支路**,为

$$x_I(t) = \cos\varphi_k \cos\frac{\pi t}{2T_s}\cos\omega_c t \tag{7-220}$$

其正交分量,也称为 **Q 支路**,为

$$x_Q(t) = a_k\cos\varphi_k \sin\frac{\pi t}{2T_s}\sin\omega_c t \tag{7-221}$$

其中,$\cos\dfrac{\pi t}{2T_s}$ 和 $\sin\dfrac{\pi t}{2T_s}$ 称为**加权函数**。

由式(7-219)可以画出 MSK 信号调制器原理图如图 7.72 所示。

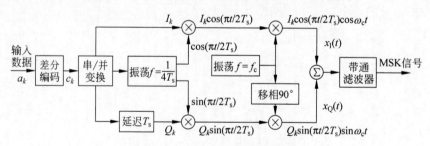

图 7.72   MSK 信号调制器原理图

图 7.72 中,输入二进制数据序列经过差分编码和串/并变换后,I 支路信号经 $\cos(\pi t/2T_s)$ 加权调制和同相载波 $\cos\omega_c t$ 相乘输出同相分量 $x_I(t)$。Q 支路信号先延迟 T_s,再经 $\sin(\pi t/2T_s)$ 加权调制和正交载波 $\sin\omega_c t$ 相乘输出正交分量 $x_Q(t)$;最后,$x_I(t)$ 和 $x_Q(t)$ 相减就可得到已调 MSK 信号。

MSK 信号属于数字频率调制信号,因此可以采用**一般鉴频器方式**进行解调,结构简单,容易实现,原理图如图 7.73 所示。

由于 MSK 信号调制指数较小,采用一般鉴频器方式进行解调误码率性能不太好,因此对误码率有较高要求时大多采用相干解调方式,相干解调器原理图如图 7.74 所示。

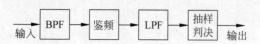

图 7.73 MSK 鉴频器解调原理图

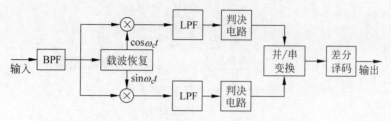

图 7.74 MSK 信号相干解调器原理图

又由于 MSK 信号是一种 2FSK 信号,所以它也像 2FSK 信号那样,除可采用相干解调外,也可以采用非相干解调,通常采用**延时判决相干解调法**。

现在先考察 $k=1$ 和 $k=2$ 的两个码元。设 $\theta_1(t)=0$,则在 $t=2T_s$ 时,$\theta_k(t)$ 的相位可能为 0 或 $\pm\pi$。附加相位的变化如图 7.75(a) 所示。

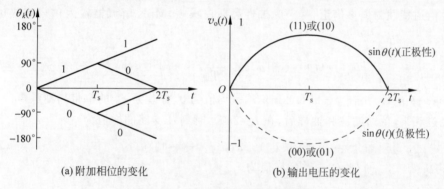

(a) 附加相位的变化

(b) 输出电压的变化

图 7.75 延时判决相干解调示意图

在解调时,若用 $\cos(\omega_c t+\pi/2)$ 作为相干载波与此信号相乘,则可得到

$$\cos[\omega_c t+\theta_k(t)]\cos(\omega_c t+\pi/2)=\frac{1}{2}\cos\left[\theta_k(t)-\frac{\pi}{2}\right]+\frac{1}{2}\cos\left[2\omega_c t+\theta_k(t)+\frac{\pi}{2}\right]$$

(7-222)

式(7-222)中右端第 2 项的频率为 $2\omega_c$,将它用低通滤波器滤除,并省略常数 1/2 后,可得到输出电压为

$$v_0=\cos\left[\theta_k(t)-\frac{\pi}{2}\right]=\sin\theta_k(t)$$

(7-223)

按照输入码元 a_k 的取值不同,输出电压 v_0 的轨迹如图 7.75(b) 所示。

若输入的两个码元为"$+1,+1$"或"$+1,-1$",则 $\theta_k(t)$ 的值在 $0<t\leqslant 2T_s$ 期间始终为正。若输入的一对码元为"$-1,+1$"或"$-1,-1$",则 $\theta_k(t)$ 的值始终为负。因此,若在此 $2T_s$ 期间对上式积分,则积分结果为正值时,说明第 1 个接收码元为 $+1$;若积分结果为负值,则说明第 1 个接收码元为 -1。按照此法,在 $T_s<t\leqslant 3T_s$ 期间积分,就能判断第

2 个接收码元的值,以此类推。

用这种方法解调,利用了前后两个码元的信息对于前一个码元做判决,故可以提高数据接收的可靠性。MSK 信号延时判决相干解调原理框图如图 7.76 所示。

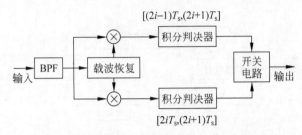

$[(2i-1)T_s,(2i+1)T_s]$

$[2iT_s,(2i+1)T_s]$

图 7.76　MSK 信号延时判决相干解调原理框图

图 7.76 中两个积分判决器的积分时间长度均为 $2T_s$,但是错开时间 T_s,上支路的积分判决器先给出第 $2i$ 个码元输出,然后下支路给出第 $(2i+1)$ 个码元输出。

5. MSK 信号的误码性能

设信道特性为恒参信道,噪声为加性高斯白噪声,MSK 解调器输入信号与噪声的合成波为

$$r(t) = \cos\left(\omega_c t + \frac{\pi a_k}{2T_s}t + \varphi_k\right) + n(t) \tag{7-224}$$

式中,$n(t) = n_c(t)\cos\omega_c t - n_s(t)\sin\omega_c t$,是均值为 0、方差为 σ_n^2 的窄带高斯噪声。

经过相乘、低通滤波和抽样后,在 $t = 2kT_s$ 时刻,I 支路的样值为

$$\tilde{I}(2kT_s) = a\cos\varphi_k + (-1)^k n_c \tag{7-225}$$

在 $t = (2k+1)T_s$ 时刻,Q 支路的样值为

$$\tilde{Q}[(2k+1)T_s] = aa_k\cos\varphi_k + (-1)^k n_s \tag{7-226}$$

式中,n_c 和 n_s 分别为 $n_c(t)$ 和 $n_s(t)$ 在取样时刻的样本值;a 为信号幅度;a_k 是第 k 个码元。在 I 支路和 Q 支路数据等概率的情况下,各支路的误码率为

$$P_e = \int_{\infty}^{0} f(x)dx = \frac{1}{\sqrt{2\pi}\sigma}\int_{0}^{\infty}\exp\left[-\frac{(x-a)^2}{2\sigma^2}\right]dx$$

$$= \frac{1}{2}\text{erfc}(\sqrt{r}) \tag{7-227}$$

式中,$r = \dfrac{a^2}{2\sigma^2}$ 为信噪比。

经过交替门输出和差分译码后,系统的总误比特率为

$$P_e' = 2P_e(1-P_e) \tag{7-228}$$

MSK 系统误比特率曲线如图 7.77 所示。

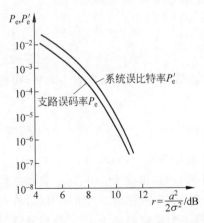

图 7.77　MSK 系统误比特率曲线

由以上分析可以看出,MSK 信号是用极性相反的半个正(余)弦波形去调制两个正交的载波。因此,当用匹配滤波器分别接收每个正交分量时,MSK 信号的误比特率性能和 2PSK、QPSK 及 OQPSK 等的性能一样。但是,若把它当作 FSK 信号用相干解调法在每个码元持续时间 T_s 内解调,则其性能将比 2PSK 信号的性能差 3dB。

7.7.2 高斯最小移频键控

MSK 调制方式的突出优点是已调信号具有恒定包络,且功率谱在主瓣以外衰减较快。但是,在移动通信中,对信号带外功率辐射的限制十分严格,一般要求功率谱在相邻频道取值(即邻道辐射)低于主瓣峰值 60dB 以上。从 MSK 信号的功率谱可以看出,MSK 信号仍不能满足这样的要求。高斯最小移频键控(Gaussian Filtered Minimum Shift Keying,GMSK)就是针对上述要求提出来的,能满足移动通信环境下对邻道干扰的严格要求,它因具有良好的性能而被泛欧数字蜂窝移动通信系统(GSM)所采用。

1. 基本原理

MSK 调制是调制指数为 0.5 的二进制调频,基带信号为矩形波形,由于输入二进制非归零脉冲序列具有较宽的频谱,从而导致已调信号的带外衰减较慢。为了压缩 MSK 信号的功率谱,高斯最小移频键控在 MSK 调制前加入预调制滤波器,对矩形波形进行滤波,得到一种新型的基带波形,使其本身和尽可能高阶的导数都连续,从而得到较好的频谱特性,调制原理图如图 7.78 所示。

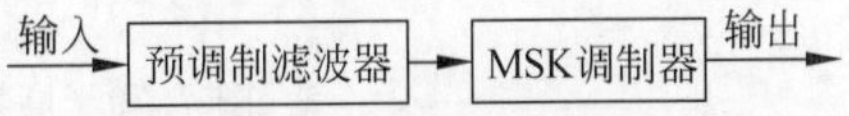

为了有效地抑制 MSK 信号的带外功率辐射,预调制滤波器应满足以下条件。

图 7.78　GMSK 调制原理图

(1) 带宽窄并且具有陡峭的截止特性。

(2) 脉冲响应的过冲较小。

(3) 滤波器输出脉冲响应曲线下的面积对应于 $\pi/2$ 的相移。

条件(1)是为了抑制高频分量;条件(2)是为了防止过大的瞬时频偏;条件(3)是为了使调制指数为 0.5。

高斯低通滤波器是一种满足上述条件的预调制滤波器,其单位冲激响应为

$$h(t) = \frac{\sqrt{\pi}}{a} \exp\left(-\frac{\pi}{a}t\right)^2 \tag{7-229}$$

传输函数为

$$H(f) = \exp(-\alpha^2 f^2) \tag{7-230}$$

式中,α 是与高斯滤波器的 3dB 带宽 B_b 有关的参数,它们之间的关系为

$$\alpha B_b = \sqrt{\frac{\ln 2}{2}} \approx 0.5887 \tag{7-231}$$

如果输入为双极性不归零矩形脉冲序列

$$s(t) = \sum_n a_n b(t - nT_s k) \tag{7-232}$$

其中，T_s 为码元间隔；$a_n = \pm 1$；$b(t)$ 为

$$b(t) = \begin{cases} \dfrac{1}{T_s}, & |t| \leqslant \dfrac{T_s}{2} \\ 0, & \text{其他} \end{cases} \tag{7-233}$$

则高斯预调制滤波器的输出为

$$x(t) = s(t) * h(t) = \sum_n a_n g(t - nT_s) \tag{7-234}$$

式中，$g(t)$ 为高斯预调制滤波器的脉冲响应，表达式为

$$g(t) = b(t) * h(t) = \frac{1}{T_s} \int_{-\frac{T_s}{2}}^{\frac{T_s}{2}} h(\tau) \mathrm{d}\tau = \frac{1}{T_s} \int_{-\frac{T_s}{2}}^{\frac{T_s}{2}} \frac{\sqrt{\pi}}{a} \exp\left[-\left(\frac{\pi\tau}{\alpha}\right)^2\right] \mathrm{d}\tau \tag{7-235}$$

当 $B_b T_s$ 取不同值时，$g(t)$ 的波形如图 7.79 所示。

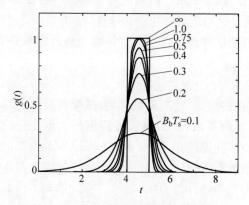

图 7.79　高斯滤波器的矩形脉冲响应

GMSK 信号的表达式为

$$s_{\mathrm{GMSK}}(t) = \cos\left\{\omega_c t + \frac{\pi}{2T_s} \int_{-\infty}^{t} \left[\sum a_n g\left(\tau - nT_s - \frac{T_s}{2}\right)\right] \mathrm{d}\tau\right\} \tag{7-236}$$

式中，a_n 为输入数据。

高斯滤波器的输出脉冲经 MSK 调制得到 GMSK 信号，其相位路径由脉冲的形状决定，由于高斯滤波后的脉冲无陡峭沿，也无拐点，因此，相位路径得到进一步平滑，如图 7.80 所示。

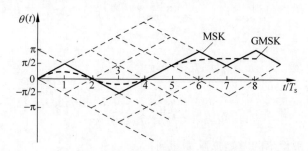

图 7.80　GMSK 信号的相位路径

对比图 7.79 和图 7.80 可以看出，GMSK 通过引入可控的码间干扰（即部分响应波形）来达到平滑相位路径的目的，消除了 MSK 相位路径在码元转换时刻的相位转折点；还可以看出，GMSK 信号在一码元周期内的相位增量不像 MSK 那样固定为 $\pm\pi/2$，而是随着输入序列的不同而不同。

GMSK 信号的功率谱密度如图 7.81 所示，$B_bT_s=\infty$ 的曲线是 MSK 信号的功率谱密度，随着 B_bT_s 值的减小，GMSK 信号的功率谱衰减明显加快。在 GSM 系统中，要求在 $(f-f_c)T_s=1.5$ 时功率谱密度低于 60dB，所以当 $B_bT_s=0.3$ 时，GMSK 的功率谱即可满足 GSM 的要求。

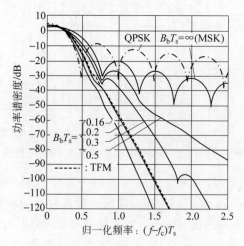

图 7.81　GMSK 信号的功率谱密度

表 7.10 所示为 B_bT_s 不同取值时 GMSK 信号中包含给定功率百分比的射频带宽。

表 7.10　GMSK 信号中包含给定功率百分比的射频带宽

B_bT_s	90%	60%	99.9%	99.99%
0.2	$0.52R_b$	$0.79R_b$	$0.99R_b$	$1.22R_b$
0.25	$0.57R_b$	$0.86R_b$	$1.09R_b$	$1.37R_b$
0.5	$0.69R_b$	$1.04R_b$	$1.33R_b$	$2.08R_b$
∞	$0.78R_b$	$1.20R_b$	$2.76R_b$	$6.00R_b$

2. 调制

产生 GMSK 信号的一种简单方法是采用锁相环（PLL）法，其原理图如图 7.82 所示，输入数据序列先进行 $\pi/2$ 移相 BPSK 调制，然后将 BPSK 信号通过锁相环对相位突跳进行平滑，使得信号在码元转换时刻相位连续，而且没有尖角。该方法实现

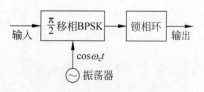

图 7.82　PLL 型 GMSK 调制器

GMSK 信号的关键是锁相环传输函数的设计,需要满足输出信号功率谱特性要求。

GMSK 信号表达式(7-236)可以表示为正交形式,即

$$s_{\text{GMSK}}(t) = \cos[\omega_c t + \varphi(t)] = \cos\varphi(t)\cos\omega_c t - \sin\varphi(t)\sin\omega_c t \tag{7-237}$$

式中,

$$\varphi(t) = \frac{\pi}{2T_s} \int_{-\infty}^{t} \left[\sum a_n g\left(\tau - nT_s - \frac{T_s}{2}\right) \right] d\tau \tag{7-238}$$

由式(7-237)和式(7-238)可以构成一种**波形存储正交调制器**,其原理图如图 7.83 所示。

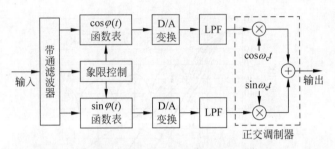

图 7.83 波形存储正交调制器产生 GMSK 信号

尽管 $g(t)$ 在理论上是在 $-\infty < t < +\infty$ 范围内取值,但实际中需要将 $g(t)$ 进行截短,仅取 $(2N+1)T_s$ 区间,这样可证明 $\varphi(t)$ 在码元转换时刻的取值 $\varphi(kT_s)$ 是有限的,在当前码元内的相位增量 $\Delta\varphi(t)$ 仅与 $(2N+1)$ 个比特有关,因此 $\varphi(t)$ 的状态是有限的。这样就可以事先制作 $\cos\varphi(t)$ 和 $\sin\varphi(t)$ 两张表,根据输入数据读出相应的值,再进行正交调制就可以得到 GMSK 信号。波形存储正交调制器的优点是避免了复杂的滤波器设计和实现,可以产生具有任何特性的基带脉冲波形和已调信号。

3. 解调

GMSK 信号的解调可以用与 MSK 一样的正交相干解调电路。在相干解调中最为重要的是相干载波的提取,这在移动通信环境中是比较困难的,因而常采用差分解调和鉴频器解调等非相干解调方式。

1) **一比特延迟差分检测**

一比特延迟差分检测器的框图如图 7.84 所示。

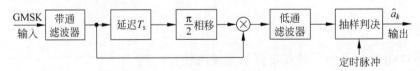

图 7.84 一比特延迟差分检测器的框图

设中频带通滤波器的输出信号为

$$s_{\text{IF}}(t) = R(t)\cos[\omega_c t + \theta(t)] \tag{7-239}$$

式中,$R(t)$ 是时变包络;$\theta(t)$ 是附加相位函数。

在不计输入噪声与干扰的情况下,相乘器的输出为

$$R(t)\cos[\omega_c t + \theta(t)]R(t-T_s)\sin[\omega_c(t-T_s)+\theta(t-T_s)] \tag{7-240}$$

经 LPF 后的输出信号为

$$Y(t) = \frac{1}{2}R(t)R(t-T_s)\sin[\omega_c T_s + \Delta\theta(T_s)] \tag{7-241}$$

其中,

$$\Delta\theta(T_s) = \theta(t) - \theta(t-T_s) \tag{7-242}$$

当 $\omega_c T_s = 2k/\pi(k$ 为整数$)$时,

$$Y(t) = \frac{1}{2}R(t)R(t-T_s)\sin\Delta\theta(T_s) \tag{7-243}$$

式中,$R(t)$ 和 $R(t-T_s)$ 是信号的包络,永远是正值,因而 $Y(t)$ 的极性取决于相差信息 $\Delta\theta(T_s)$。令判决门限为零,根据判决规则为 $Y(t) > 0$ 时判为 $+1$,$Y(t) < 0$ 时判为 -1,当输入 $+1$ 时 $\theta(t)$ 增大,当输入 -1 时 $\theta(t)$ 减小,即可恢复出原来的数据,即 $\hat{a}_k = a_k$。

2) 二比特延迟差分检测

二比特延迟差分检测器的框图如图 7.85 所示。

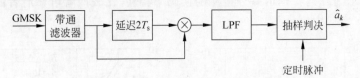

图 7.85　二比特延迟差分检测器的框图

图 7.85 中相乘器的输出信号为

$$R(t)\cos[\omega_c t + \theta(t)]R(t-2T_s)\cos[\omega_c(t-2T_s)+\theta(t-2T_s)]$$
$$= R(t)R(t-2T_s)\cos[\omega_c t + \theta(t)]\cos[\omega_c(t-2T_s)+\theta(t-2T_s)] \tag{7-244}$$

经 LPF 后的输出信号为

$$Y(t) = \frac{1}{2}R(t)R(t-2T_s)\cos[2\omega_c T_s + \Delta\theta(2T_s)] \tag{7-245}$$

式中,

$$\Delta\theta(2T_s) = \theta(T) - \theta(t-2T_s) = \theta(t) - \theta(t-T_s) + \theta(t-T_s) - \theta(t-2T_s) \tag{7-246}$$

当 $2\omega_c T_s = 2k\pi(k$ 为整数$)$时,有

$$Y(t) = \frac{1}{2}R(t)R(t-2T_s)\{\cos[\theta(t)-\theta(t-T_s)]\cos[\theta(t-T_s)-\theta(t-T_s)] -$$
$$\sin[\theta(t)-\theta(t-T_s)]\sin[\theta(t-T_s)-\theta(t-2T_s)]\} \tag{7-247}$$

如果在带通滤波器后插入一个限幅器,则可以去掉振幅的影响。式(7-247)中,$\{\cdot\}$ 内的第 1 项为偶函数,在 $\Delta\theta(T_s)$ 不超过 $\pm\pi/2$ 的范围时,它不会为负。它实际上反映的是直流分量的大小,对判决不起关键作用,但需要把判决门限增加相应的直流分量 γ;第 2 项为

$$\sin[\theta(t) - \theta(t - T_s)]\sin[\theta(t - T_s) - \theta(t - 2T_s)] \qquad (7\text{-}248)$$

第 2 项才是判决的依据,为了恢复出传输的数据,令式(7-248)中的 $\sin[\theta(t) - \theta(t - T_s)]$ 对应于原始数据 a_k 经差分编码后的 c_k,而 $\sin[\theta(t - T_s) - \theta(t - 2T_s)]$ 则对应于 c_{k-1},两者相乘等效于两者的模 2 相加 $c_k \oplus c_{k-1}$,若发送端进行差分编码,根据差分编码的规则 $c_k \oplus c_{k-1}$,可得 $\tilde{a} = c_k \oplus c_{k-1}$,即为解调输出。

由此可见,检测器只要设置一个判决门限 γ,并令判决规则为 $Y(t) > \gamma$ 时判为 $+1$,$Y(t) < \gamma$ 时判为 -1。而相应在发送端需对原始数据 a_k 进行差分编码,如图 7.86 所示。

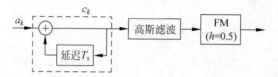

图 7.86 差分编码的 GMSK 调制器

GMSK 信号在衰落信道中传输时,检测的误码率和其他调制方式一样,与信噪比 (E_b/N_0)、多普勒频移等多种因素有关,图 7.87(a) 所示是其相干检测的误码率特性,图 7.87(b) 所示为二比特延迟差分检测的误码率特性,比较两者可知后者的误码率特性优于前者。

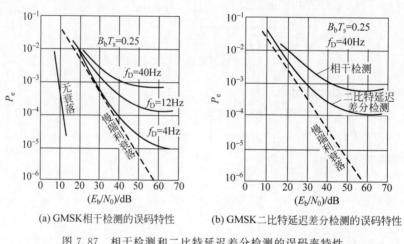

(a) GMSK相干检测的误码特性   (b) GMSK二比特延迟差分检测的误码特性

图 7.87 相干检测和二比特延迟差分检测的误码率特性

此外,二比特延迟差分检测的误码性能还优于一比特延迟的差分检测。

7.7.3 高斯移频键控

由前面的讨论可知,MSK 和 GMSK 两种调制方式对调制指数是有严格规定的,即要求 $h = 0.5$,从而对调制器也有严格的要求。高斯移频键控吸取了 GMSK 的优点,但放松了对调制指数的要求,通常调制指数在 $0.4 \sim 0.7$ 范围内即可满足要求,例如在第 2 代无绳电话系统标准(CT-2)中规定发射"$+1$"时对应的频率比 f_c 低 $14.4 \sim 25.2$kHz。

GFSK 调制的原理框图如图 7.88 所示,其与 GMSK 类似,是连续相位的恒包络调制。

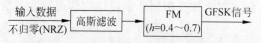

图 7.88　GFSK 调制的原理框图

7.7.4　其他调制方式

除上述调制方式外,还有其他调制方式,如 π/4-DQPSK、多载波调制、正交频分复用等。

1. π/4-DQPSK

π/4-DQPSK 是对 QPSK 信号的特性进行改进形成的一种调制方式,改进之一是将QPSK 的最大相位跳变±π 降为±3π/4,从而改善了信号的频谱特性;改进之二是解调方式,QPSK 只能用相干解调,而 π/4-DQPSK 既可以用相干解调,也可以采用非相干解调。π/4-DQPSK 已应用于美国的 IS-136 数字蜂窝系统、日本的(个人)数字蜂窝系统(PDC)和美国的个人接入通信系统(PACS)中。

2. 多载波调制

多载波调制首先把一个高速的数据流分解为若干个低速的子数据流(这样每个子数据流将具有低得多的比特速率),然后对每个子数据流进行调制(符号匹配)和滤波(波形形成),再用这样的子数据流的已调符号去调制相应的子载波,从而构成多个并行的已调信号,最后经过合成后进行传输。

3. 正交频分复用

目前,OFDM 已经比较广泛地应用于非对称数字用户(ADSL)、高清晰度电视(HDTV)信号传输、数字视频广播(DVB)、无线局域网(WLAN)等领域,并且开始应用于无线广域网(WWAN)和正在研究将其应用在下一代蜂窝网中。IEEE 的 5GHz 无线局域网标准 802.11a 和 2～11GHz 的标准 802.16a 均采用 OFDM 作为物理层标准。欧洲电信标准化组织(ETSI)的宽带射频接入网(BRAN)的局域网标准也把 OFDM 定为调制标准技术。

1) 特点

正交频分复用(Orthogonal Frequency Division Multiplexing,OFDM)是一类多载波并行调制体制,具有如下特点。

(1) 为了提高频率利用率和增大传输速率,各路子载波的已调信号频谱有部分重叠。

(2) 各路已调信号是严格正交的,以便接收端能完全地分离各路信号。

(3) 每路子载波的调制是多进制调制。

（4）每路子载波的调制体制可以不同,根据各个子载波处信道特性的优劣不同采用不同的体制,并且可以自适应地改变调制体制以适应信道特性的变化。

2) 缺点

（1）对信道产生的频率偏移和相位噪声很敏感。

（2）信号峰值功率和平均功率的比值较大,会降低射频功率放大器的效率。

7.8　小结

二进制数字调制的基本方式有二进制振幅键控(2ASK)、二进制移频键控(2FSK)、二进制移相键控(2PSK)、二进制差分移相键控 2DPSK。2ASK 是一种应用最早的基本调制方式,优点是设备简单、频带利用率较高,缺点是抗噪声性能差、对信道特性变化敏感、不易使抽样判决器工作在最佳判决门限状态。2FSK 是数字通信中不可或缺的一种调制方式,优点是抗干扰能力较强、不受信道参数变化的影响,因此 FSK 特别适合应用于衰落信道;缺点是占用频带较宽,尤其是 MFSK,频带利用率较低,目前主要应用于中、低速数据传输中。2PSK 或 2DPSK 是一种高传输效率的调制方式,其抗噪声能力比2ASK 和 2FSK 都强,且不易受信道特性变化的影响,因此在中、高速数据传输中得到了广泛的应用。绝对移相(PSK)在相干解调时存在载波相位模糊度的问题,在实际中很少用于直接传输,相比而言,DPSK 应用更为广泛。

2ASK 和 2PSK 所需的带宽是码元速率的 2 倍,2FSK 大于 2ASK 或 2PSK 系统的频带宽度。各种二进制数字调制系统的误码率取决于解调器输入信噪比 r。在抗加性高斯白噪声方面,对同一种数字调制信号采用相干解调方式的误码率低于采用非相干解调方式的误码率。若信噪比 r 一定,2PSK 系统的误码率低于 2FSK 系统,2FSK 系统的误码率低于 2ASK 系统。

与二进制数字调制系统相类似,若用多进制数字基带信号去调制载波的振幅、频率或相位,则可相应地产生多进制数字振幅调制、多进制数字频率调制和多进制数字相位调制。多进制数字振幅调制又称多电平调制,它是二进制数字振幅键控方式的推广。M进制数字振幅调制信号的载波幅度有 M 种取值,在每个符号时间间隔 T_s 内发送 M 个幅度中的一种幅度的载波信号。多进制数字频率调制简称多频调制,它是 2FSK 方式的推广。多进制数字相位调制又称多相调制,它是利用载波的多种不同相位来表征数字信息的调制方式。与二进制数字相位调制相同,多进制数字相位调制也有绝对相位调制和差分相位调制两种。

正交振幅调制(MQAM)是一种振幅和相位联合键控的体制,因其矢量图像星座,所以又称为星座调制,它比 MPSK 有更大的噪声容限,特别适用于频带资源有限的场合。

MSK、GMSK 和 GFSK 都属于改进的 FSK 体制,它们能够消除 FSK 体制信号的相位不连续性,并且其信号是严格正交的。此外,GMSK 信号的功率谱密度比 MSK 信号的更为集中。

思考题 7

1. 什么是数字调制？它与模拟调制相比有哪些异同点？

2. 数字调制的基本方式有哪些？其时间波形各有什么特点？

3. 什么是振幅键控？2ASK 信号的产生和解调方法有哪些？

4. 什么是移频键控？2FSK 信号的产生和解调方法有哪些？

5. 什么是绝对移相？什么是相对移相？它们有何区别？

6. 2PSK 信号和 2DPSK 信号可以用哪些方法产生和解调？

7. 试比较 2ASK 信号、2FSK 信号、2PSK 信号和 2DPSK 信号的功率谱密度和带宽之间的相同点和不同点。

8. 试比较 2ASK 系统、2FSK 系统、2PSK 系统和 2DPSK 系统的抗噪声性能。

9. 2PSK 与 2ASK 和 2FSK 相比有哪些优势？2DPSK 与 2PSK 相比有哪些优势？

10. 何谓多进制数字调制？与二进制数字调制相比较，多进制数字调制有哪些优缺点？

11. 什么是 QAM 调制？简要叙述 QAM 调制的主要特点？

12. 方形 16QAM 星座和星形 16QAM 星座各有什么特点？目前，QAM 调制在哪些通信系统中有所应用？

13. 什么是 MSK 调制？MSK 调制的主要特点是什么？MSK 调制方式适合在哪些通信系统中应用？

14. 什么是 GMSK 调制？与 MSK 调制相比较，GMSK 调制有哪些特点？目前 GMSK 调制方式在哪些通信系统中有所应用？

15. 什么是 OFDM 调制？OFDM 调制方式具有哪些优缺点？

习题 7

1. 设发送的二进制信息为 1011001，试分别画出 2ASK、2FSK、2PSK 及 2DPSK 信号的波形示意图，并注意观察其时间波形各有什么特点。

2. 设某 2FSK 系统的码元速率为 1000B，已调信号的载频为 1000Hz 和 2000Hz，发送数字信息为 1011010。

（1）试画出一种 2FSK 信号调制器原理框图，并画出 2FSK 信号的时间波形。

（2）试讨论这时的 2FSK 信号应选择怎样的解调器解调？

（3）试画出 2FSK 信号的功率谱密度示意图。

3. 设某 2PSK 系统的码元速率为 1200B，载波频率为 2400Hz，发送数字信息为 10100110。

（1）试画出 2PSK 信号的调制原理框图，并画出 2PSK 信号的时间波形。

（2）若采用相干解调方式进行解调，试画出各点时间波形。

(3) 若发送 0 和 1 的概率分别为 0.6 和 0.4,试求出该 2PSK 信号的功率谱密度表达式。

4. 设发送的绝对码序列为 10110101,采用 2DPSK 方式传播,已知码元传输速率为 2400B,载波频率为 2400Hz。

(1) 试构成一种 2DPSK 信号调制器原理图。

(2) 若采用相干解调-码反变换进行解调,试画出各点时间波形。

(3) 若采用差分相干方式进行解调,试画出各点时间波形。

5. 设发送绝对码序列为 10110101,采用 2DPSK 方式传输,已知码元的传输速率为 1200B,载波频率为 1800Hz,定义相位差 $\Delta\Phi$ 为后一码元起始相位和前一码元结束相位之差。

(1) 若 $\Delta\Phi=0°$ 代表 0,$\Delta\Phi=180°$ 代表 1,试画出这时的信号波形。

(2) 若 $\Delta\Phi=270°$ 代表 0,$\Delta\Phi=90°$ 代表 1,试画出这时的信号波形。

6. 在 2ASK 系统中,已知码元传输速率为 $R_B=2\times10^6$B,信道加性高斯白噪声的单边功率谱密度为 $n_0=6\times10^{-18}$ W/Hz,接收端解调器输入信号的峰值振幅为 $a=40\mu$V。

(1) 非相干接收时,试求系统的误码率。

(2) 相干接收时,试求系统的误码率。

7. 若某 2FSK 系统的码元传输速率为 $R_B=2\times10^6$B,发送 1 码的频率 f_1 为 10MHz,发送 0 码的频率为 10.4MHz,且发送概率相等;接收端解调器输入信号的峰值振幅为 $a=40\mu$V,信道加性高斯白噪声的单边功率谱密度为 $n_0=6\times10^{-18}$ W/Hz。

(1) 试求 2FSK 信号的第一零点带宽。

(2) 非相干接收时,试求系统的误码率。

(3) 相干接收时,试求系统的误码率。

8. 在二进制相位调制系统中,已知解调器输入信噪比为 $r=10$dB,试分别求出相干解调 2PSK、相干解调-码反变换 2DPSK 和差分相干解调 2DPSK 信号的系统误码率。

9. 在二进制数字调制系统中,已知码元传输速率为 $R_B=1000$B,接收机的输入高斯白噪声的双边功率谱密度为 $n_0/2=10^{-10}$ W/Hz,若要求解调器输出误码率 $P_e\leqslant10^{-5}$,试求相干解调 2ASK、非相干解调 2FSK、差分相干解调 2DPSK 以及相干解调 2PSK 系统所要求的输入信号功率。

10. 设发送二进制信息 101100101001,试按照 A 方式编码规则分别画出 QPSK 和 QDPSK 信号波形。若按 B 方式编码规则,试分别画出 QPSK 和 QDPSK 信号波形。

11. 在四进制数字相位调制系统中,已知解调器输入端信噪比为 $r=20$dB。

(1) 试求 QPSK 和 QDPSK 方式的系统误码率。

(2) 若 4PSK 调制传输 2400bit/s 数据,最小理论带宽是多少?

(3) 若传输带宽不变,而比特率加倍,则调制方式应做何改变?

12. 某数字通信系统采用 QAM 方式在有线电话信道传输数据,假设码元传输速率为 2400 符号/s,信道加性高斯白噪声双边功率谱密度为 $n_0/2$,要求系统误码率小于 10^{-5}。

(1) 若信息传输速率为 9600bit/s,试求所需要的信噪比 E_b/n_0。

(2) 若信息传输速率为 14 400bit/s,试求所需要的信噪比 E_b/n_0。

(3) 从以上结果可以得到什么结论?

13. 设发送数字序列为 $+1-1-1-1-1-1+1$,试画出用其调制后的 MSK 信号相位变化图。若码元速率为 1000B,载频为 3000Hz,试画出 MSK 信号的波形。

14. 设发送数据序列为 0010110101,采用 MSK 方式传输,码元速率为 1200B,载波频率为 2400Hz。

(1) 试求 0 码和 1 码对应的频率。

(2) 画出 MSK 信号时间模型。

(3) 画出 MSK 信号附加相位路径图(初始相位为零)。

15. 设有一个高斯低通滤波器,已知 $B_bT_s=0.25$,符号传输速率为 9.6kbit/s。

(1) 试求滤波器的单位冲激响应和传输函数。

(2) 试求滤波器的脉冲响应。

16. 已知输入数据序列为 101001011001,$B_bT_s=0.5$,试画出 GMSK 信号的相位轨迹,并与 MSK 信号的相位轨迹进行比较。

小测验 7

一、填空题

1. 2DPSK、2ASK、2PSK 和 2FSK 采用相干解调,抗信道加性高斯白噪声性能从好到坏排列顺序为_____。

2. 如果理想 MPSK 数字调制传输系统的带宽为 10kHz,则该系统无码间干扰的最大信息传输速率为_____。

3. BPSK 信号在接收端因为载波同步系统中的分频,可能产生载波相位状态转移,发生对信号的错误解调,这种现象称为_____。

4. 数字带通传输系统的最高频带利用率是_____,8PSK 系统的信息速率为 1500bit/s,其无码间干扰传输的最小带宽为_____。

5. 当信息速率相同时,MSK 信号带宽_____ 2PSK 信号带宽,MSK 信号相位_____。

6. 8PSK 系统与 2PSK 系统相比,频带利用率 η_b _____,抗噪声性能_____。

7. 设信息速率为 2Mbit/s,则 2PSK 信号带宽为_____,QPSK 信号带宽为_____。

8. "单个码元呈矩形包络"的 1200B 的 2ASK 信号,其频带宽度(以频谱的第一零点计算)为_____。

9. 若某 2FSK 系统的码元传输速率 $R_B=10^6$B,发送 1 码的频率 f_1 为 1MHz,发送 0 码的频率为 1.4MHz,且发送概率相等,则该 2FSK 第一零点带宽为_____。

10. 已知绝对码序列为 10011001,则其相对码序列为_____。

二、简答题

1. 2ASK 信号传输带宽与波特率或基带信号的带宽有什么关系？其抗噪声性能如何？

2. 2FSK 信号传输带宽与波特率或基带信号的带宽有什么关系？画出其调制解调框图(至少两种方式)。

3. 2DPSK 信号采用相干解调和差分相干解调的主要区别是什么？误码率性能有什么区别？

4. 已知数字信息为 1 时发送信号的功率为 1kW，信道功率损耗为 60dB，接收端解调器输入的噪声功率为 10^{-4} W，试求非相干解调 2ASK 及相干解调 2PSK 系统的误码率。

5. 某增量调制(ΔM)系统的抽样速率为 64kHz，若编码后采用 16QAM 方式传输，试求 16QAM 信号的主瓣宽度和频带利用率。

三、计算题

1. 假设发送的二进制信息为 10101，码元速率为 1200B。

(1) 当载波频率为 2400Hz 时，试分别画出 2ASK、2PSK 及 2DPSK 信号波形。

(2) 2FSK 的两个载频分别为 1200Hz 和 2400Hz 时，画出其波形。

(3) 计算 2ASK、2PSK、2DPSK 及 2FSK 信号的带宽和频带利用率。

2. 某系统采用 2ASK 方式传输数据，已知码元传输速率为 R_B，信道特性为恒参信道，加性高斯白噪声的均值为零，噪声单边功率谱密度为 n_0，接收端采用相干解调方式对该 2ASK 信号进行解调，并设接收信号振幅为 a。

(1) 试画出 2ASK 信号相干解调器原理框图。

(2) 若发送概率 $P(0)=P(1)$，试推导最佳判决门限值 b^* 和系统最小误码率 P_e。

(3) 若发送概率 $P(0)\neq P(1)$，试分析最佳判决门限值 b^* 的变化及其对系统误码率 P_e 的影响。

3. 在 2DPSK 系统中，已知码元速率为 1200B，载频为 1800Hz，发送数据序列为 100110001，且规定后一码元起始与前一码元结束相位差为 $\Delta\varphi=\begin{cases}0°, & \text{表示数据 1}\\ 180°, & \text{表示数据 0}\end{cases}$

(1) 若参考相位 $\varphi_0=0°$，试画出 2DPSK 信号的波形，并构成其调制器原理框图。

(2) 若采用差分相干解调器接收该 2DPSK 信号，试画出解调系统的组成框图以及各有关点的时间波形(有关参数可自行假设)。

(3) 若已知差分相干解调器输入端的信噪比为 $r=10$dB，试求解调器输出的误码率。

4. 已知信源输出二进制符号为 1011001001，用其产生 4PSK 和 4DPSK 信号。假设 4PSK 信号相位与二进制码组之间关系为

$$\varphi=\begin{cases}0°, & \text{表示 00}\\ 90°, & \text{表示 10}\\ 180°, & \text{表示 11}\\ 270°, & \text{表示 01}\end{cases}$$

4DPSK 信号相位变化与二进制码组之间关系为

$$\Delta\varphi = \begin{cases} 0°, & \text{表示 } 00 \\ 90°, & \text{表示 } 01 \\ 180°, & \text{表示 } 11 \\ 270°, & \text{表示 } 10 \end{cases}$$

试画出 4PSK 和 4DPSK 信号时间波形(每个码元间隔 T_s 画一个载波周期)。

5. 在 MSK 系统中,设发送数字信息序列为 101001110,若码元传输速率为 2000B,载波频率为 3000Hz。

(1) 试写出 MSK 信号的时域表达式。

(2) 试画出 MSK 信号的时间波形和相位变化图形(设初始相位为零)。

(3) 试构成一种 MSK 信号调制器的原理框图。

(4) 简要说明 MSK 信号与 2FSK 信号的异同点。

第8章

数字信号的最佳接收

在数字通信系统中,信道的传输特性的不理想以及传输过程中噪声的存在,都会对接收系统的性能产生影响。人们总是希望在一定的传输条件下达到最好的传输性能,本章将要讨论的最佳接收就是研究在噪声干扰中有效地检出信号。

最佳接收理论又称信号检测理论,它利用概率论与数理统计的方法研究信号检测的问题,以接收问题作为研究对象,研究如何从噪声中最好地提取有用信号。

信号统计检测所研究的问题可以归纳为如下 3 类。

(1) 假设检验问题:研究如何在噪声中判决有用信号是否出现。例如,前面所研究的各种数字信号的解调就属于此类问题。

(2) 参数估值问题:研究在噪声干扰情况下,如何以最小的误差定义对信号的参量做出估计。例如在雷达系统中,需要对目标的距离、方位、速度等重要参量做出估计。

(3) 信号滤波:研究在噪声干扰的情况下,如何以最小的误差定义连续地将信号过滤出来。

本章研究的内容属于第 1 类和第 3 类。

在通信中,对信号质量的衡量有多种不同的标准,所谓最佳,是在某种标准下系统性能达到最佳,最佳标准也称最佳准则。最佳接收是一个相对的概念,在某种准则下的最佳系统,在另外一种准则下就不一定是最佳的。在某些特定条件下,几种最佳准则也可能是等价的。在数字通信中,最常采用的最佳准则是输出信噪比最大准则和差错概率最小准则。

本章主要讨论接收信号的统计特性和最佳接收准则,二进制确知信号的最佳接收原理、抗噪声性能和最佳信号形式,多进制确知信号最佳接收原理,二进制随机信号最佳接收原理及抗噪声性能,实际接收机和最佳接收机性能比较,匹配滤波器原理及其在最佳接收中的应用,基带传输系统的最佳化等内容。

8.1 最小差错概率接收准则

8.1.1 数字信号接收的统计表述

1. 数字通信系统的统计模型

对于数字信号的最佳接收分析,这里从数字信号接收统计模型出发,依据某种最佳接收准则推导出相应的最佳接收机结构,然后再分析其性能。

噪声干扰中的数字信号接收,实质上是一个统计接收问题,或者说信号接收过程是一个统计判决的过程。

数字通信系统的统计模型如图 8.1 所示,消息空间、信号空间、噪声空间、观察空间及判决空间分别代表消息、发送信号、噪声、接收信号波形及判决结果的所有可能状态的集合,各个空间的状态用它们的统计特性来描述。

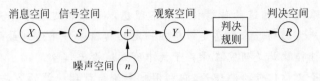

图 8.1　数字通信系统的统计模型

2. 消息空间的统计描述

在数字通信系统中,消息是离散的状态,设消息的状态集合为

$$X = \{x_1, x_2, \cdots, x_m\} \tag{8-1}$$

若消息集合中每一状态的发送是统计独立的,第 i 个状态 x_i 的出现概率为 $P(x_i)$,则消息 X 的一维概率分布为 $\begin{bmatrix} x_1 & x_2 & \cdots & x_m \\ P(x_1) & P(x_2) & \cdots & P(x_m) \end{bmatrix}$,因为 m 个消息必定发送其一,故

$$\sum_{i=1}^{m} P(x_i) = 1 \tag{8-2}$$

若消息各状态 $x_1, x_2, \cdots, x_m$ 出现的概率相等,则有

$$P(x_1) = P(x_2) = \cdots = P(x_m) = 1/m \tag{8-3}$$

3. 信号空间的统计描述

消息是各种物理量,本身不能直接在数字通信系统中进行传输,因此需要将消息变换为相应的电信号 $s(t)$,用集合 S 来表示。将消息变换为信号可以有各种不同的变换关系,通常最直接的方法是**建立消息与信号之间一一对应的关系**,即消息 x_i 与信号 $s_i(i = 1, 2, \cdots, m)$ 相对应。这样,信号集合 S 也由 m 个状态所组成,即

$$S = \{s_1, s_2, \cdots, s_m\} \tag{8-4}$$

并且信号集合各状态出现概率与消息集合各状态出现概率相等,即

$$\begin{cases} P(s_1) = P(x_1) \\ P(s_2) = P(x_2) \\ \quad\vdots \\ P(s_m) = P(x_m) \end{cases}$$

同时也有

$$\sum_{i=1}^{m} P(s_i) = 1 \tag{8-5}$$

若消息各状态出现的概率相等,则有

$$P(s_1) = P(s_2) = \cdots = P(s_m) = 1/m \tag{8-6}$$

$P(s_i)$ 是描述信号发送概率的参数,通常称为先验概率,是信号统计检测的第一数据。

4. 噪声空间的统计描述

这里信道特性是加性高斯噪声信道,噪声空间 n 是加性高斯噪声。前面各章分析系

统抗噪声性能时,用噪声的一维概率密度函数来描述噪声的统计特性,为了更全面地描述噪声的统计特性,本章采用噪声的多维联合概率密度函数。噪声 n 的 k 维联合概率密度函数为

$$f(n) = f(n_1, n_2, \cdots, n_k) \tag{8-7}$$

式中,$n_1, n_2, \cdots, n_k$ 为噪声 n 在各时刻的可能取值。

根据随机信号分析理论可知,若噪声是高斯白噪声,则它在任意两个时刻上得到的样值都是互不相关的,同时也是统计独立的;若噪声是带限高斯型的,按抽样定理对其抽样,则它在抽样时刻上的样值也是互不相关的,同时也是统计独立的。根据随机信号分析,若随机信号各样值是统计独立的,则其 k 维联合概率密度函数等于其 k 个一维概率密度函数的乘积,即

$$f(n_1, n_2, \cdots, n_k) = f(n_1) f(n_2) \cdots f(n_k) \tag{8-8}$$

式中,$f(n_i)$ 是噪声 n 在 t_i 时刻的取值 n_i 的一维概率密度函数;若 n_i 的均值为零、方差为 σ_n^2,则其一维概率密度函数为

$$f(n_i) = \frac{1}{\sqrt{2\pi}\,\sigma_n} \exp\left(-\frac{n_i^2}{2\sigma_n^2}\right) \tag{8-9}$$

噪声 n 的 k 维联合概率密度函数为

$$f(n) = \frac{1}{(\sqrt{2\pi}\,\sigma_n)^k} \exp\left(-\frac{1}{2\sigma_n^2} \sum_{i=1}^{k} n_i^2\right) \tag{8-10}$$

根据帕塞瓦尔定理,当 k 很大时有

$$\frac{1}{2\sigma_n^2} \sum_{i=1}^{k} n_i^2 = \frac{1}{n_0} \int_0^T n^2(t)\,\mathrm{d}t \tag{8-11}$$

式中,$n_0 = \dfrac{\sigma_n^2}{f_H}$ 为噪声的单边功率谱密度;将式(8-11)代入式(8-10)可得

$$f(n) = \frac{1}{(\sqrt{2\pi}\,\sigma_n)^k} \exp\left(-\frac{1}{n_0} \int_0^T n^2(t)\,\mathrm{d}t\right\} \tag{8-12}$$

5. 观察空间的统计描述

信号通过信道叠加噪声后到达观察空间,观察空间的观察波形为 $y = n + s$,由于在一个码元期间 T 内,信号集合中只有各状态 $s_1, s_2, \cdots, s_m$ 之一被发送,因此在观察期间 T 内观察波形为

$$y(t) = n(t) + s_i(t), \quad i = 1, 2, \cdots, m \tag{8-13}$$

由于 $n(t)$ 是均值为零、方差为 σ_n^2 的高斯过程,所以当出现信号 $s_i(t)$ 时,$y(t)$ 的**概率密度函数 $f_{s_i}(y)$** 可表示为

$$f_{s_i}(y) = \frac{1}{(\sqrt{2\pi}\,\sigma_n)^k} \exp\left\{-\frac{1}{n_0} \int_0^T [y(t) - s_i(t)]^2 \,\mathrm{d}t\right\}, \quad i = 1, 2, \cdots, m \tag{8-14}$$

$f_{s_i}(y)$ 称为似然函数,它是信号统计检测的第二数据。

根据 $y(t)$ 的统计特性,按照某种准则即可对 $y(t)$ 做出判决,判决空间中可能出现的状态 $r_1, r_2, \cdots, r_m$ 与信号空间中的各状态 $s_1, s_2, \cdots, s_m$ 相对应。

8.1.2 最佳接收准则

在数字通信系统中,最直观且最合理的准则是最小差错概率准则。 由于在传输过程中,信号会受到失真和噪声的干扰,发送信号 $s_i(t)$ 时不一定能判为 r_i 出现,判决空间的所有状态都可能出现,这样将会造成错误接收。

在噪声干扰环境中,期望错误接收的概率愈小愈好,按照何种方法接收信号才能使得错误概率最小? 这里以二进制数字通信系统为例分析其原理。在二进制数字通信系统中,发送信号只有两种状态,假设发送信号 $s_1(t)$ 和 $s_2(t)$ 的先验概率分别为 $P(s_1)$ 和 $P(s_2)$,$s_1(t)$ 和 $s_2(t)$ 在观察时刻的取值分别为 a_1 和 a_2,出现 $s_1(t)$ 信号时 $y(t)$ 的概率密度函数 $f_{s_1}(y)$ 为

$$f_{s_1}(y) = \frac{1}{(\sqrt{2\pi}\,\sigma_n)^k} \exp\left\{ -\frac{1}{n_0} \int_0^T [y(t) - a_1]^2 \, dt \right\} \tag{8-15}$$

同理,出现 $s_2(t)$ 信号时 $y(t)$ 的概率密度函数 $f_{s_2}(y)$ 为

$$f_{s_2}(y) = \frac{1}{(\sqrt{2\pi}\,\sigma_n)^k} \exp\left\{ -\frac{1}{n_0} \int_0^T [y(t) - a_2]^2 \, dt \right\} \tag{8-16}$$

$f_{s_1}(y)$ 和 $f_{s_2}(y)$ 的曲线如图 8.2 所示。

若在观察时刻得到的观察值为 y_i,可依概率将 y_i 判为 r_1 或 r_2。在 y_i 附近取一小区间 Δa,y_i 在区间 Δa 内属于 r_1 的概率为

$$q_1 = \int_{\Delta a} f_{s_1}(y) \, dy \tag{8-17}$$

y_i 在相同区间 Δa 内属于 r_2 的概率为

$$q_2 = \int_{\Delta a} f_{s_2}(y) \, dy \tag{8-18}$$

可以看出,

$$q_1 = \int_{\Delta a} f_{s_1}(y) \, dy > q_2 = \int_{\Delta a} f_{s_2}(y) \, dy$$

即 y_i 属于 r_1 的概率大于 y_i 属于 r_2 的概率。因此,依大概率应将 y_i 判为 r_1 出现。

由于 $f_{s_1}(y)$ 和 $f_{s_2}(y)$ 的单调性质,图 8.2 所示的判决过程可以简化为图 8.3 所示的判决过程。

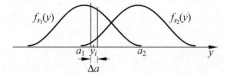

图 8.2 $f_{s_1}(y)$ 和 $f_{s_2}(y)$ 的曲线图

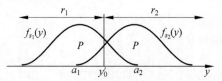

图 8.3 判决过程示意图

根据 $f_{s_1}(y)$ 和 $f_{s_2}(y)$ 的单调性质,在图 8.3 中 y 坐标上可以找到一个划分点 y'_0,在区间 $(-\infty, y'_0)$ 上 $q_1 > q_2$,在区间 (y'_0, ∞) 上 $q_1 < q_2$。根据图 8.3 所分析的判决原理,当观察时刻得到的观察值 $y_i \in (-\infty, y'_0)$ 时,判为 r_1 出现;若观察时刻得到的观察值 $y_i \in (y'_0, \infty)$ 时,判为 r_2 出现。

如果发送的是 $s_1(t)$,但是观察时刻得到的观察值 y_i 落在 (y'_0, ∞) 区间,被判为 r_2 出现,这时将造成错误判决,其错误概率为

$$P_{s_1}(s_2) = \int_{y'_0}^{\infty} f_{s_1}(y)\mathrm{d}y \tag{8-19}$$

同理,如果发送的是 $s_2(t)$,但是观察时刻得到的观察值 y_i 落在 $(-\infty, y'_0)$ 区间,被判为 r_1 出现,这时也将造成错误判决,其错误概率为

$$P_{s_2}(s_1) = \int_{-\infty}^{y'_0} f_{s_2}(y)\mathrm{d}y \tag{8-20}$$

此时**系统总的误码率**为

$$\begin{aligned} P_\mathrm{e} &= P(s_1)P_{s_1}(s_2) + P(s_2)P_{s_2}(s_1) \\ &= P(s_1)\int_{y'_0}^{\infty} f_{s_1}(y)\mathrm{d}y + P(s_2)\int_{-\infty}^{y'_0} f_{s_2}(y)\mathrm{d}y \end{aligned} \tag{8-21}$$

由式(8-21)可以看出,系统总的误码率与先验概率、似然函数及划分点 y'_0 有关。在先验概率和似然函数一定的情况下,系统总的误码率 P_e 是划分点 y'_0 的函数。不同的 y'_0 将有不同的 P_e,使误码率 P_e 达到最小的划分点 y_0 称为最佳划分点。y_0 可以通过求 P_e 的最小值得到,即

$$\frac{\partial P_\mathrm{e}}{\partial y'_0} = 0 \tag{8-22}$$

$$\Rightarrow -P(s_1)f_{s1}(y_0) + P(s_2)f_{s2}(y_0) = 0 \tag{8-23}$$

由此可得最佳划分点满足方程

$$\frac{f_{s_1}(y_0)}{f_{s_2}(y_0)} = \frac{P(s_2)}{P(s_1)} \tag{8-24}$$

式中,y_0 为最佳划分点。

如果观察时刻得到的观察值 y 小于最佳划分点 y_0,应判为 r_1 出现,此时式(8-24)左边大于右边;如果观察时刻得到的观察值 y 大于最佳划分点 y_0,应判为 r_2 出现,此时式(8-24)右边大于左边。因此,为了达到最小差错概率,可以按以下规则进行判决。

$$\begin{cases} \dfrac{f_{s_1}(y_0)}{f_{s_2}(y_0)} > \dfrac{P(s_2)}{P(s_1)}, & \text{判为 } r_1(\text{即 } s_1) \\[3mm] \dfrac{f_{s_1}(y_0)}{f_{s_2}(y_0)} < \dfrac{P(s_2)}{P(s_1)}, & \text{判为 } r_2(\text{即 } s_2) \end{cases} \tag{8-25}$$

以上判决规则称为**似然比准则**。在加性高斯白噪声条件下,似然比准则和最小差错概率准则是等价的。

当 $s_1(t)$ 和 $s_2(t)$ 的发送概率相等时,即 $P(s_1) = P(s_2)$ 时,则有

$$\begin{cases} f_{s_1}(y) > f_{s_2}(y), & \text{判为 } r_1 \text{(即 } s_1) \\ f_{s_1}(y) < f_{s_2}(y), & \text{判为 } r_2 \text{(即 } s_2) \end{cases} \tag{8-26}$$

式(8-26)所示的判决规则称为**最大似然准则**,其物理概念是接收到的波形 y 中哪个似然函数大就判为哪个信号出现。

以上判决规则可以推广到多进制数字通信系统中,对于 m 个可能发送的信号,在先验概率相等时的最大似然准则为

$$f_{s_i}(y) > f_{s_j}(y), \text{判为 } s_i \quad (i=1,2,\cdots,m; j=1,2,\cdots,m; i \neq j) \tag{8-27}$$

最小差错概率准则是数字通信系统最常采用的准则,除此之外,贝叶斯(**Bayes**)准则、**尼曼-皮尔逊(Neyman-Pearson)**准则、极大极小准则等有时也被采用。

8.2 确知信号的最佳接收机

8.2.1 最佳接收机设计的定义

在数字通信系统中,接收机输入信号根据其特性的不同可以分为两大类,一类是**确知信号**,另一类是**随参信号**。

所谓**确知信号**,是指一个信号出现后,它的所有参数(如幅度、频率、相位、到达时刻等)都是确知的。如数字信号通过恒参信道后到达接收机输入端的信号。

在**随参信号**中,根据信号中随机参量的不同又可细分为随机相位信号、随机振幅信号和随机振幅随机相位信号(又称起伏信号)。随机相位信号是指除相位外其余参数都是确知的信号形式,相位是信号的唯一随机参数。

信号统计检测是利用概率和数理统计的工具来设计接收机。所谓**最佳接收机设计**,是指在一组给定的假设条件下,利用信号检测理论给出满足某种最佳准则接收机的数学描述和组成原理框图,而不涉及接收机各级的具体电路。

本节分析中所采用的最佳准则是最小差错概率准则。

8.2.2 二进制确知信号最佳接收机结构

接收端原理框图如图 8.4 所示。

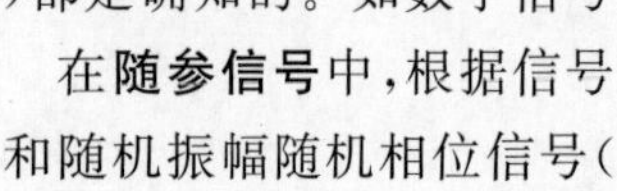

图 8.4 接收端原理框图

设到达接收机输入端的两个确知信号分别为 $s_1(t)$ 和 $s_2(t)$,它们的持续时间为 $(0,T)$,且有相等的能量,即

$$E = E_1 = \int_0^T s_1^2(t)\mathrm{d}t = E_2 = \int_0^T s_2^2(t)\mathrm{d}t \tag{8-28}$$

设噪声 $n(t)$ 是高斯白噪声,均值为零,单边功率谱密度为 n_0。要求设计的接收机能在噪声干扰下以最小的错误概率检测信号。

根据 8.1 节的分析可知,在加性高斯白噪声条件下,最小差错概率准则与似然比准

则是等价的,因此可以直接利用式(8-25)所示的似然比准则对确知信号做出判决。

在观察时间$(0,T)$内,接收机输入端的信号为$s_1(t)$和$s_2(t)$,合成波为

$$y(t) = \begin{cases} s_1(t) + n(t), & \text{发送 } s_1(t) \text{ 时} \\ s_2(t) + n(t), & \text{发送 } s_2(t) \text{ 时} \end{cases} \tag{8-29}$$

由8.1节分析可知,当出现$s_1(t)$或$s_2(t)$时观察空间的似然函数为

$$\begin{cases} f_{s_1}(y) = \dfrac{1}{(\sqrt{2\pi}\sigma_n)^k} \exp\left\{-\dfrac{1}{n_0}\int_0^T [y(t) - s_1(t)]^2 \mathrm{d}t\right\} & \tag{8-30} \\[3mm] f_{s_2}(y) = \dfrac{1}{(\sqrt{2\pi}\sigma_n)^k} \exp\left\{-\dfrac{1}{n_0}\int_0^T [y(t) - s_2(t)]^2 \mathrm{d}t\right\} & \tag{8-31} \end{cases}$$

其似然比判决规则为

$$\frac{f_{s_1}(y)}{f_{s_2}(y)} = \frac{\dfrac{1}{(\sqrt{2\pi}\sigma_n)^k}\exp\left\{-\dfrac{1}{n_0}\int_0^T [y(t)-s_1(t)]^2\mathrm{d}t\right\}}{\dfrac{1}{(\sqrt{2\pi}\sigma_n)^k}\exp\left\{-\dfrac{1}{n_0}\int_0^T [y(t)-s_2(t)]^2\mathrm{d}t\right\}} > \frac{P(s_2)}{P(s_1)} \tag{8-32}$$

则判为$s_1(t)$出现;若

$$\frac{f_{s_1}(y)}{f_{s_2}(y)} = \frac{\dfrac{1}{(\sqrt{2\pi}\sigma_n)^k}\exp\left\{-\dfrac{1}{n_0}\int_0^T [y(t)-s_1(t)]^2\mathrm{d}t\right\}}{\dfrac{1}{(\sqrt{2\pi}\sigma_n)^k}\exp\left\{-\dfrac{1}{n_0}\int_0^T [y(t)-s_2(t)]^2\mathrm{d}t\right\}} < \frac{P(s_2)}{P(s_1)} \tag{8-33}$$

则判为$s_2(t)$出现,式中,$P(s_1)$和$P(s_2)$分别为发送$s_1(t)$和$s_2(t)$的先验概率。

整理式(8-32)和(8-33)可得

$$U_1 + \int_0^T y(t)s_1(t)\mathrm{d}t > U_2 + \int_0^T y(t)s_2(t)\mathrm{d}t \tag{8-34}$$

即判为$s_1(t)$出现;若

$$U_1 + \int_0^T y(t)s_1(t)\mathrm{d}t < U_2 + \int_0^T y(t)s_2(t)\mathrm{d}t \tag{8-35}$$

则判为$s_2(t)$出现,式中,

$$\begin{cases} U_1 = \dfrac{n_0}{2}\ln P(s_1) \\[3mm] U_2 = \dfrac{n_0}{2}\ln P(s_2) \end{cases} \tag{8-36}$$

在先验概率$P(s_1)$和$P(s_2)$给定的情况下,U_1和U_2都为常数。

根据式(8-34)和式(8-35)所描述的判决规则,可得到**二进制确知信号先验不等概率相关器形式最佳接收机结构**如图8.5所示,其中比较器用于比较抽样时刻$t=T$上下两个支路样值的大小。

这种最佳接收机的结构是按比较观察波形$y(t)$与$s_1(t)$和$s_2(t)$的相关性而构成的,因而称为**相关接收机**。其中,相乘器与积分器构成相关器。接收过程是分别计算观察波

形 $y(t)$ 与 $s_1(t)$ 和 $s_2(t)$ 的相关函数,在抽样时刻 $t=T$, $y(t)$ 与哪个发送信号的相关值大就判为哪个信号出现。

如果发送信号 $s_1(t)$ 和 $s_2(t)$ 的出现概率相等,即 $P(s_1)=P(s_2)$,由式(8-36)可得 $U_1=U_2$,此时图 8.5 所示结构中的两个相加器可以省去,得到**二进制确知信号先验等概率相关器形式最佳接收机简化结构**如图 8.6 所示。

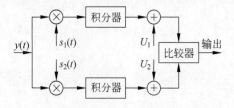

图 8.5 二进制确知信号先验不等概率相关器
　　　　形式最佳接收机结构

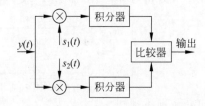

图 8.6 二进制确知信号先验等概率相关器
　　　　形式最佳接收机简化结构

由上述讨论不难推出 **M 进制先验等概率相关器形式最佳接收机**的结构框图如图 8.7 所示。

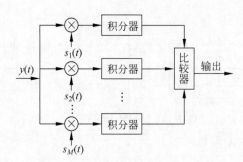

图 8.7 M 进制先验等概率相关器形式最佳接收机结构框图

8.2.3　二进制确知信号最佳接收机误码性能

这里主要从相关器形式的最佳接收机角度来分析误码性能。

二进制确知信号先验不等概率相关器形式最佳接收机结构如图 8.5 所示,输出总的误码率为

$$P_e=P(s_1)P_{s_1}(s_2)+P(s_2)P_{s_2}(s_1) \tag{8-37}$$

其中,$P(s_1)$ 和 $P(s_2)$ 是发送信号的**先验概率**;$P_{s_1}(s_2)$ 是发送 $s_1(t)$ 信号错误判决为 $s_2(t)$ 信号出现的概率;$P_{s_2}(s_1)$ 是发送 $s_2(t)$ 信号错误判决为 $s_1(t)$ 信号出现的概率。分析 $P_{s_1}(s_2)$ 与 $P_{s_2}(s_1)$ 的方法相同,以 $P_{s_1}(s_2)$ 为例,设发送信号为 $s_1(t)$,接收机输入端合成波为

$$y(t)=s_1(t)+n(t) \tag{8-38}$$

其中,$n(t)$ 是高斯白噪声,其均值为零,方差为 σ_n^2。若

$$U_1 + \int_0^T y(t)s_1(t)\mathrm{d}t > U_2 + \int_0^T y(t)s_2(t)\mathrm{d}t \tag{8-39}$$

则判为 $s_1(t)$ 出现,是正确判决;若

$$U_1 + \int_0^T y(t)s_1(t)\mathrm{d}t < U_2 + \int_0^T y(t)s_2(t)\mathrm{d}t \tag{8-40}$$

则判为 $s_2(t)$ 出现,是错误判决。

将 $y(t)=s_1(t)+n(t)$ 代入式(8-40)可得

$$U_1 + \int_0^T [s_1(t)+n(t)]s_1(t)\mathrm{d}t < U_2 + \int_0^T [s_1(t)+n(t)]s_2(t)\mathrm{d}t \tag{8-41}$$

代入 $U_1 = \dfrac{n_0}{2}\ln P(s_1)$ 和 $U_2 = \dfrac{n_0}{2}\ln P(s_2)$,并利用 $s_1(t)$ 和 $s_2(t)$ 能量相等的条件可得

$$\int_0^T n(t)[s_1(t)-s_2(t)]\mathrm{d}t < \frac{n_0}{2}\ln\frac{P(s_2)}{P(s_1)} - \frac{1}{2}\int_0^T [s_1(t)-s_2(t)]^2\mathrm{d}t \tag{8-42}$$

式(8-42)左边是随机变量,令其为 ξ,即

$$\xi = \int_0^T n(t)[s_1(t)-s_2(t)]\mathrm{d}t \tag{8-43}$$

式(8-42)右边是常数,令其为 a,即

$$a = \frac{n_0}{2}\ln\frac{P(s_2)}{P(s_1)} - \frac{1}{2}\int_0^T [s_1(t)-s_2(t)]^2\mathrm{d}t \tag{8-44}$$

式(8-42)可简化为

$$\xi < a \tag{8-45}$$

此时若判为 $s_2(t)$ 出现,即产生错误判决。则发送 $s_1(t)$ 将其错误判决为 $s_2(t)$ 的条件可简化为 $\xi < a$ 事件,相应的错误概率为

$$P_{s_1}(s_2) = P(\xi < a) \tag{8-46}$$

只要求出随机变量 ξ 的概率密度函数,即可计算出式(8-46)的数值。

根据假设条件,$n(t)$ 是高斯随机过程,其均值为零,方差为 σ_n^2,根据随机过程理论可知,高斯型随机过程的积分是一个高斯型随机变量,所以 ξ 是一个高斯随机变量,只要求出 ξ 的均值和方差,就可以得到 ξ 的概率密度函数。

ξ 的均值为

$$\begin{aligned}E[\xi] &= E\left\{\int_0^T n(t)[s_1(t)-s_2(t)]\mathrm{d}t\right\}\\ &= \int_0^T E[n(t)][s_1(t)-s_2(t)]\mathrm{d}t = 0\end{aligned} \tag{8-47}$$

ξ 的方差为

$$\begin{aligned}\sigma_\xi^2 = D[\xi] = E[\xi^2] &= E\left\{\int_0^T\int_0^T n(t)[s_1(t)-s_2(t)]n(\tau)[s_1(\tau)-s_2(\tau)]\mathrm{d}t\,\mathrm{d}\tau\right\}\\ &= \int_0^T\int_0^T E[n(t)n(\tau)][s_1(t)-s_2(t)][s_1(\tau)-s_2(\tau)]\mathrm{d}t\,\mathrm{d}\tau\end{aligned} \tag{8-48}$$

式中,$E[n(t)n(\tau)]$ 为高斯白噪声 $n(t)$ 的自相关函数;$n(t)$ 为随机过程,可得

$$E[n(t)n(\tau)] = \frac{n_0}{2}\delta(t-\tau) = \begin{cases} \dfrac{n_0}{2}\delta(0), & t=\tau \\ 0, & t\neq\tau \end{cases} \tag{8-49}$$

将式(8-49)代入式(8-48)可得

$$\sigma_\xi^2 = \frac{n_0}{2}\int_0^T [s_1(t)-s_2(t)]^2 \mathrm{d}t \tag{8-50}$$

于是可以得出 ξ 的概率密度函数为

$$f(\xi) = \frac{1}{\sqrt{2\pi}\sigma_\xi}\exp\left(-\frac{\xi^2}{2\sigma_\xi^2}\right) \tag{8-51}$$

至此,可得发送 $s_1(t)$ 错误判决为 $s_2(t)$ 的概率为

$$P_{s_1}(s_2) = P(\xi < a) = \int_{-\infty}^{a} f(\xi)\mathrm{d}\xi = \frac{1}{\sqrt{2\pi}}\int_b^\infty \exp\left(-\frac{x^2}{2}\right)\mathrm{d}x \tag{8-52}$$

式中,

$$b = -\frac{a}{\sigma_\xi} = \sqrt{\frac{1}{2n_0}\int_0^T [s_1(t)-s_2(t)]^2 \mathrm{d}t} + \frac{\ln\dfrac{P(s_1)}{P(s_2)}}{2\sqrt{\dfrac{1}{2n_0}\int_0^T [s_1(t)-s_2(t)]^2 \mathrm{d}t}} \tag{8-53}$$

利用相同的分析方法可以得到发送 $s_2(t)$ 错误判决为 $s_1(t)$ 的概率为

$$P_{s_2}(s_1) = \frac{1}{\sqrt{2\pi}}\int_{b'}^\infty \exp\left(-\frac{x^2}{2}\right)\mathrm{d}x \tag{8-54}$$

式中,

$$b' = \frac{a'}{\sigma_\xi} = \sqrt{\frac{1}{2n_0}\int_0^T [s_1(t)-s_2(t)]^2 \mathrm{d}t} + \frac{\ln\dfrac{P(s_2)}{P(s_1)}}{2\sqrt{\dfrac{1}{2n_0}\int_0^T [s_1(t)-s_2(t)]^2 \mathrm{d}t}} \tag{8-55}$$

则可得**系统总的误码率**为

$$P_e = P(s_1)P_{s_1}(s_2) + P(s_2)P_{s_2}(s_1)$$

$$= P(s_1)\left[\frac{1}{\sqrt{2\pi}}\int_b^\infty \exp\left(-\frac{x^2}{2}\right)\mathrm{d}x\right] + P(s_2)\left[\frac{1}{\sqrt{2\pi}}\int_{b'}^\infty \exp\left(-\frac{x^2}{2}\right)\mathrm{d}x\right] \tag{8-56}$$

由式(8-53)、式(8-55)和式(8-56)可以看出,最佳接收机的误码性能与先验概率 $P(s_1)$ 和 $P(s_2)$、噪声功率谱密度 n_0 及 $s_1(t)$ 和 $s_2(t)$ 之差的能量有关,而与 $s_1(t)$ 和 $s_2(t)$ 本身的具体结构无关。

一般情况下先验概率是不容易确定的,通常选择先验等概率的假设来设计最佳接收机。在发送 $s_1(t)$ 和 $s_2(t)$ 的先验概率相等时,误码率 P_e 还与 $s_1(t)$ 和 $s_2(t)$ 之差的能量有关,如何设计 $s_1(t)$ 和 $s_2(t)$ 使误码率 P_e 达到最小,是需要解决的另一个问题。

比较式(8-53)和式(8-55)可以看出,当发送信号先验概率相等时,$b=b'$,此时误码率可表示为

$$P_e = \frac{1}{\sqrt{2\pi}} \int_A^\infty \exp\left(-\frac{x^2}{2}\right) \mathrm{d}x = \frac{1}{2}\mathrm{erfc}\left(\frac{A}{\sqrt{2}}\right) \tag{8-57}$$

式中,

$$A = \sqrt{\frac{1}{2n_0} \int_0^T \left[s_1(t) - s_2(t)\right]^2 \mathrm{d}t} \tag{8-58}$$

为了分析方便,定义 $s_1(t)$ 和 $s_2(t)$ 之间的**互相关系数**为

$$\rho = \frac{\int_0^T s_1(t)s_2(t)\mathrm{d}t}{E} \tag{8-59}$$

式中,E 是信号 $s_1(t)$ 和 $s_2(t)$ 在 $0 \leqslant t \leqslant T$ 期间的平均能量。当 $s_1(t)$ 和 $s_2(t)$ 具有相等的能量时,有

$$E = E_1 = E_2 = E_b \tag{8-60}$$

将 E_b 和 ρ 代入式(8-58)可得

$$A = \sqrt{\frac{E_b(1-\rho)}{n_0}} \tag{8-61}$$

此时,式(8-57)可表示为

$$P_e = \frac{1}{2}\mathrm{erfc}\left(\sqrt{\frac{E_b(1-\rho)}{2n_0}}\right) \tag{8-62}$$

式(8-62)即为**二进制确知信号最佳接收机误码率的一般表达式**,它与信噪比 E_b/n_0 及发送信号之间的互相关系数 ρ 有关。

因为互补误差函数 $\mathrm{erfc}(x)$ 是严格单调递减函数,由式(8-62)可知,要得到最小的误码率 P_e,就要使 $E_b(1-\rho)/(2n_0)$ 最大,当信号能量 E_b 和噪声功率谱密度 n_0 一定时,误码率 P_e 就是互相关系数 ρ 的函数,互相关系数 ρ 越小,误码率 P_e 也越小,所以要获得最小的误码率 P_e,就要求出最小的互相关系数 ρ。

根据互相关系数 ρ 的性质,ρ 的**取值范围**为

$$-1 \leqslant \rho \leqslant 1 \tag{8-63}$$

当 ρ 取最小值 $\rho=-1$ 时,误码率 P_e 将达到最小,此时误码率为

$$P_e = \frac{1}{2}\mathrm{erfc}\left(\sqrt{\frac{E_b}{n_0}}\right) \tag{8-64}$$

式(8-64)即为发送信号先验概率相等时二进制确知信号最佳接收机所能达到的最小误码率,此时相应的发送信号 $s_1(t)$ 和 $s_2(t)$ 之间的互相关系数 $\rho=-1$。也就是说,发送二进制信号 $s_1(t)$ 和 $s_2(t)$ 之间的互相关系数 $\rho=-1$ 时的波形就是最佳波形。

当互相关系数 $\rho=0$ 时,误码率为

$$P_e = \frac{1}{2}\mathrm{erfc}\left(\sqrt{\frac{E_b}{2n_0}}\right) \tag{8-65}$$

若互相关系数 $\rho=1$，则误码率为 $P_e=\dfrac{1}{2}$

若发送信号 $s_1(t)$ 和 $s_2(t)$ 是不等能量信号，如 $E_1=0$，$E_2=E_b$，$\rho=0$，发送信号 $s_1(t)$ 和 $s_2(t)$ 的平均能量为 $E=E_b/2$，在这种情况下，误码率表达式(8-65)变为

$$P_e=\frac{1}{2}\operatorname{erfc}\left(\sqrt{\frac{E_b}{4n_0}}\right) \qquad (8\text{-}66)$$

根据式(8-64)、式(8-65)和式(8-66)画出的 $P_e\sim E_b/n_0$ 关系曲线如图 8.8 中 a、b、c 所示。

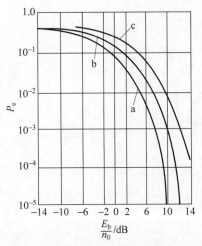

图 8.8　二进制最佳接收机误码率曲线

在数字基带传输系统误码率性能分析中已经知道，双极性信号的误码率低于单极性信号，其原因之一就是双极性信号之间的互相关系数 $\rho=-1$，而单极性信号之间的互相关系数 $\rho=0$。在数字频带传输系统误码性能分析中，2PSK 信号能使互相关系数 $\rho=-1$，因此 2PSK 信号是最佳信号波形；2FSK 和 2ASK 信号对应的互相关系数 $\rho=0$，因此 2PSK 系统的误码率性能优于 2FSK 和 2ASK 系统；2FSK 信号是等能量信号，而 2ASK 信号是不等能量信号，因此 2FSK 系统的误码率性能优于 2ASK 系统。

对于多进制通信系统，若不同码元的信号正交，且先验概率相等，能量也相等，则按 8.2 节中给出的多进制系统判决和其最佳接收机的原理框图，可以计算出多进制系统的最佳误码性能，计算结果为

$$P_e=1-\frac{1}{\sqrt{2\pi}}\int_{-\infty}^{\infty}\left[\int_{-\infty}^{y+\left(\frac{2E}{n_0}\right)^{1/2}}\frac{1}{\sqrt{2\pi}}e^{-\frac{x^2}{2}}dx\right]^{M-1}e^{-\frac{y^2}{2}}dy \qquad (8\text{-}67)$$

式中，M 为进制数；E 为 M 进制码元能量；n_0 为单边噪声功率谱密度。

由于一个 M 进制码元中含有的比特数 k 等于 $\log_2 M$，故每个比特的能量等于

$$E_b=E/\log_2 M \qquad (8\text{-}68)$$

并且每比特的信噪比为

$$\frac{E_b}{n_0}=\frac{E}{n_0\log_2 M}=\frac{E}{n_0 k} \qquad (8\text{-}69)$$

误码率 P_e 与 E_b/n_0 的关系可通过式(8-67)绘制曲线进行分析，对于给定的误码率，当 k 增大时，需要的信噪比 E_b/n_0 减小；当 k 增大到 ∞ 时，误码率曲线将变成一条垂直线，这时只要 E_b/n_0 等于 $0.693(-1.6\text{dB})$，就能得到无误码的传输。

8.3　随相信号的最佳接收机

确知信号最佳接收是信号检测中的一种理想情况。实际中，由于种种原因，接收信号的各分量参数或多或少带有随机因素，因而在检测时除了不可避免的噪声会造成判决

错误外,信号参量的未知性增加了检测错误的可能性。因为这些参量并不携带有关假设的信息,其作用仅仅是妨碍检测的进行。造成随参信号的原因很多,主要有发射机振荡器频率不稳定、信号在随参信道中传输引起的失真、雷达目标信号反射等。

随机相位信号简称**随相信号**,是一种典型且简单的随参信号,其特点是接收信号的相位具有随机性质,如具有随机相位的 2FSK 信号和具有随机相位的 2ASK 信号都属于随相信号。对于随相信号最佳接收问题的分析,与确知信号最佳接收的分析思路是一致的。但是,由于随相信号具有随机相位,问题的分析显得更复杂一些,最佳接收机结构形式也比确知信号最佳接收机复杂。

8.3.1　二进制随相信号最佳接收机结构

二进制随相信号具有多种形式,这里以具有随机相位的 2FSK 信号为例展开分析。假设 2FSK 信号的能量相等、先验概率相等、互不相关,通信系统中存在带限白色高斯噪声,接收信号码元相位的概率密度服从均匀分布,因此可以将此信号表示为

$$s_1(t,\varphi_1) = \begin{cases} A\cos(\omega_1 t + \varphi_1), & 0 \leqslant t \leqslant T \\ 0, & \text{其他} \end{cases} \tag{8-70}$$

$$s_2(t,\varphi_2) = \begin{cases} A\cos(\omega_2 t + \varphi_2), & 0 \leqslant t \leqslant T \\ 0, & \text{其他} \end{cases} \tag{8-71}$$

式中,ω_1 和 ω_2 为满足正交条件的两个载波角频率;φ_1 和 φ_2 是每一个信号的随机相位参数,它们的取值在区间 $[0,2\pi]$ 上服从均匀分布,即

$$f(\varphi_1) = \begin{cases} \dfrac{1}{2\pi}, & 0 \leqslant \varphi_1 \leqslant 2\pi \\ 0, & \text{其他} \end{cases} \tag{8-72}$$

$$f(\varphi_2) = \begin{cases} \dfrac{1}{2\pi}, & 0 \leqslant \varphi_2 \leqslant 2\pi \\ 0, & \text{其他} \end{cases} \tag{8-73}$$

$s_1(t,\varphi_1)$ 和 $s_2(t,\varphi_2)$ 持续时间为 $(0,T)$,且能量相等,即

$$E_b = E_1 = \int_0^T s_1^2(t,\varphi_1)\mathrm{d}t = E_2 = \int_0^T s_2^2(t,\varphi_2)\mathrm{d}t \tag{8-74}$$

信道是加性高斯白噪声信道,则接收机输入端合成波为

$$y(t) = \begin{cases} s_1(t,\varphi_1) + n(t), & \text{发送 } s_1(t,\varphi_1) \text{ 时} \\ s_2(t,\varphi_2) + n(t), & \text{发送 } s_2(t,\varphi_2) \text{ 时} \end{cases} \tag{8-75}$$

式中,$n(t)$ 是加性高斯白噪声,其均值为零,方差为 σ_n^2,单边功率谱密度为 n_0。

在确知信号的最佳接收中,通过似然比准则可以得到最佳接收机的结构。然而在随相信号的最佳接收中,接收机输入端合成波 $y(t)$ 中除了加性高斯白噪声之外,还有随机相位,因此不能直接给出似然函数 $f_{s_1}(y)$ 和 $f_{s_2}(y)$。此时可以先求出在给定相位 φ_1 和

φ_2 的条件下关于 $y(t)$ 的条件似然函数 $f_{s_1}(y/\varphi_1)$ 和 $f_{s_2}(y/\varphi_2)$，即

$$f_{s_1}(y/\varphi_1) = \frac{1}{(\sqrt{2\pi}\sigma_n)^k} \exp\left\{-\frac{1}{n_0}\int_0^T [y(t) - s_1(t,\varphi_1)]^2 dt\right\} \tag{8-76}$$

$$f_{s_2}(y/\varphi_2) = \frac{1}{(\sqrt{2\pi}\sigma_n)^k} \exp\left\{-\frac{1}{n_0}\int_0^T [y(t) - s_2(t,\varphi_2)]^2 dt\right\} \tag{8-77}$$

由概率论知识可得

$$\begin{aligned}
f_{s_1}(y) &= \int_{\Delta\varphi_1} f_{s_1}(y,\varphi_1) d\varphi_1 = \int_{\Delta\varphi_1} f(\varphi_1) f_{s_1}(y/\varphi_1) d\varphi_1 \\
&= \frac{1}{2\pi(\sqrt{2\pi}\sigma_n)^k} \int_0^{2\pi} \exp\left\{-\frac{1}{n_0}\int_0^T [y(t) - s_1(t,\varphi_1)]^2 dt\right\} d\varphi_1 \\
&= \frac{1}{2\pi(\sqrt{2\pi}\sigma_n)^k} \int_0^{2\pi} \exp\left\{-\frac{E_b}{n_0} - \frac{1}{n_0}\int_0^T y^2(t) dt + \right. \\
&\quad \left. \frac{2}{n_0}\int_0^T Ay(t)\cos(\omega_1 t + \varphi_1) dt\right\} d\varphi_1 \\
&= \frac{K}{2\pi} \int_0^{2\pi} \exp\left\{\frac{2}{n_0}\int_0^T Ay(t)\cos(\omega_1 t + \varphi_1) dt\right\} d\varphi_1
\end{aligned} \tag{8-78}$$

式中，

$$K = \frac{\exp\left\{-\dfrac{E_b}{n_0} - \dfrac{1}{n_0}\int_0^T y^2(t) dt\right\}}{(\sqrt{2\pi}\sigma_n)^k} \tag{8-79}$$

为常数。

令随机变量 $\xi(\varphi_1)$ 为

$$\begin{aligned}
\xi(\varphi_1) &= \frac{2}{n_0}\int_0^T Ay(t)\cos(\omega_1 t + \varphi_1) dt = \frac{2A}{n_0}\int_0^T y(t)(\cos\omega_1 t\cos\varphi_1 - \sin\omega_1 t\sin\varphi_1) dt \\
&= \frac{2A}{n_0}\int_0^T y(t)\cos\omega_1 t\cos\varphi_1 dt - \frac{2A}{n_0}\int_0^T y(t)\sin\omega_1 t\sin\varphi_1 dt \\
&= \frac{2A}{n_0}(X_1\cos\varphi_1 - Y_1\sin\varphi_1) = \frac{2A}{n_0}\sqrt{X_1^2 + Y_1^2}\cos\left(\varphi_1 + \arctan\frac{Y_1}{X_1}\right) \\
&= \frac{2A}{n_0}M_1\cos(\varphi_1 + \varphi_0)
\end{aligned} \tag{8-80}$$

式中，

$$X_1 = \int_0^T y(t)\cos\omega_1 t\, dt \tag{8-81}$$

$$Y_1 = \int_0^T y(t)\sin\omega_1 t\, dt \tag{8-82}$$

$$M_1 = \sqrt{X_1^2 + Y_1^2} \qquad (8\text{-}83)$$

于是,式(8-78)可表示为

$$f_{s_1}(y) = \frac{K}{2\pi} \int_0^{2\pi} \exp\left\{ \frac{2A}{n_0} M_1 \cos(\varphi_1 + \varphi_0) \right\} \mathrm{d}\varphi_1 = K I_0\left(\frac{2A}{n_0} M_1 \right) \qquad (8\text{-}84)$$

式中,K 为常数;$I_0\left(\dfrac{2A}{n_0} M_1 \right)$ 为零阶修正贝塞尔函数;$I_0(x) = \dfrac{1}{2\pi} \int_0^{2\pi} \exp(x\cos\theta)\mathrm{d}\theta$。

同理可得,出现 $s_2(t)$ 时 $y(t)$ 的似然函数 $f_{s_2}(y)$ 为

$$f_{s_2}(y) = K I_0\left(\frac{2A}{n_0} M_2 \right) \qquad (8\text{-}85)$$

$$X_2 = \int_0^T y(t)\cos\omega_2 t \, \mathrm{d}t \qquad (8\text{-}86)$$

$$Y_2 = \int_0^T y(t)\sin\omega_2 t \, \mathrm{d}t \qquad (8\text{-}87)$$

$$M_2 = \sqrt{X_2^2 + Y_2^2} \qquad (8\text{-}88)$$

代入 M_1 和 M_2 的具体表达式可得

$$M_1 = \left\{ \left[\int_0^T y(t)\cos\omega_1 t \, \mathrm{d}t \right]^2 + \left[\int_0^T y(t)\sin\omega_1 t \, \mathrm{d}t \right]^2 \right\}^{\frac{1}{2}} \qquad (8\text{-}89)$$

$$M_2 = \left\{ \left[\int_0^T y(t)\cos\omega_2 t \, \mathrm{d}t \right]^2 + \left[\int_0^T y(t)\sin\omega_2 t \, \mathrm{d}t \right]^2 \right\}^{\frac{1}{2}} \qquad (8\text{-}90)$$

假设发送信号 $s_1(t, \varphi_1)$ 和 $s_2(t, \varphi_2)$ 的先验概率相等,采用最大似然准则对观察空间样值做出判决,即

$$\begin{cases} f_{s_1}(y) > f_{s_2}(y), & \text{判为 } s_1 \qquad (8\text{-}91) \\[2mm] f_{s_1}(y) < f_{s_2}(y), & \text{判为 } s_2 \qquad (8\text{-}92) \end{cases}$$

将式(8-84)和式(8-85)代入式(8-92)可得

$$\begin{cases} K I_0\left(\dfrac{2A}{n_0} M_1 \right) > K I_0\left(\dfrac{2A}{n_0} M_2 \right), & \text{判为 } s_1 \qquad (8\text{-}93) \\[4mm] K I_0\left(\dfrac{2A}{n_0} M_1 \right) < K I_0\left(\dfrac{2A}{n_0} M_2 \right), & \text{判为 } s_2 \qquad (8\text{-}94) \end{cases}$$

判决式两边约去常数 K 后有

$$\begin{cases} I_0\left(\dfrac{2A}{n_0} M_1 \right) > I_0\left(\dfrac{2A}{n_0} M_2 \right), & \text{判为 } s_1 \qquad (8\text{-}95) \\[4mm] I_0\left(\dfrac{2A}{n_0} M_1 \right) < I_0\left(\dfrac{2A}{n_0} M_2 \right), & \text{判为 } s_2 \qquad (8\text{-}96) \end{cases}$$

根据零阶修正贝塞尔函数的性质可知,$I_0(x)$ 是**严格单调增加函数**,若函数 $I_0(x_2) > I_0(x_1)$,则有 $x_2 > x_1$。因此,式(8-95)和式(8-96)中,根据比较零阶修正贝塞尔函数大小做出判决可以简化为根据比较零阶修正贝塞尔函数自变量的大小做出判决,判决规则可

简化为

$$\begin{cases} \dfrac{2A}{n_0}M_1 > \dfrac{2A}{n_0}M_2, & \text{判为 } s_1 \end{cases} \tag{8-97}$$

$$\begin{cases} \dfrac{2A}{n_0}M_1 < \dfrac{2A}{n_0}M_2, & \text{判为 } s_2 \end{cases} \tag{8-98}$$

判决式两边约去常数并代入 M_1 和 M_2 的具体表达式后有

$$\begin{cases} M_1 > M_2, & \text{判为 } s_1 \tag{8-99} \end{cases}$$

$$\begin{cases} M_1 < M_2, & \text{判为 } s_2 \tag{8-100} \end{cases}$$

即,若

$$\left\{ \left[\int_0^T y(t)\cos\omega_2 t\,\mathrm{d}t \right]^2 + \left[\int_0^T y(t)\sin\omega_1 t\,\mathrm{d}t \right]^2 \right\}^{\frac{1}{2}}$$

$$> \left\{ \left[\int_0^T y(t)\cos\omega_2 t\,\mathrm{d}t \right]^2 + \left[\int_0^T y(t)\sin\omega_2 t\,\mathrm{d}t \right]^2 \right\}^{\frac{1}{2}} \tag{8-101}$$

则判为 s_1;若

$$\left\{ \left[\int_0^T y(t)\cos\omega_1 t\,\mathrm{d}t \right]^2 + \left[\int_0^T y(t)\sin\omega_1 t\,\mathrm{d}t \right]^2 \right\}^{\frac{1}{2}}$$

$$< \left\{ \left[\int_0^T y(t)\cos\omega_2 t\,\mathrm{d}t \right]^2 + \left[\int_0^T y(t)\sin\omega_2 t\,\mathrm{d}t \right]^2 \right\}^{\frac{1}{2}} \tag{8-102}$$

则判为 s_2。

式(8-101)和式(8-102)就是对二进制随相信号进行判决的数学关系式,根据以上二式可构成二进制随相信号相关器形式的最佳接收机结构如图 8.9 所示,可以看出,二进制随相信号最佳接收机结构比二进制确知信号最佳接收机结构复杂很多,实际中实现也较复杂。与二进制确知信号最佳接收机分析相似,可以采用匹配滤波器对二进制随相信号最佳接收机结构进行简化。

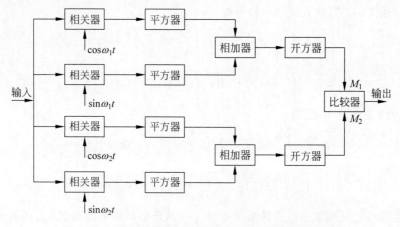

图 8.9 二进制随相信号相关器形式的最佳接收机结构

8.3.2 二进制随相信号最佳接收机误码性能

二进制随相信号与二进制确知信号最佳接收机误码性能分析方法相同,总的误码率为

$$P_e = P(s_1)P_{s_1}(s_2) + P(s_2)P_{s_2}(s_1)$$

当发送信号 $s_1(t, \varphi_1)$ 和 $s_2(t, \varphi_2)$ 出现概率相等时,

$$P_e = P_{s_1}(s_2) = P_{s_2}(s_1) \tag{8-103}$$

只需要分析 $P_{s_1}(s_2)$ 或 $P_{s_2}(s_1)$ 其中之一就可以。以 $P_{s_1}(s_2)$ 为例,在发送 $s_1(t, \varphi_1)$ 信号时出现错误判决的条件是 $M_1 < M_2$ 判为 s_2,此时的错误概率为

$$P_{s_1}(s_2) = P(M_1 < M_2) \tag{8-104}$$

其中,M_1 和 M_2 如式(8-89)和式(8-90)。与 2FSK 信号非相干解调分析方法相似,首先需要分别求出 M_1 和 M_2 的概率密度函数 $f(M_1)$ 和 $f(M_2)$,再根据式(8-104)计算错误概率。

接收机输入合成波为

$$y(t) = s_1(t, \varphi_1) + n(t) = A\cos(\omega_1 t + \varphi_1) + n(t) \tag{8-105}$$

在信号 $s_1(t, \varphi_1)$ 给定的条件下,随机相位 φ_1 是确定值。此时 X_1 和 Y_1 分别为

$$X_1 = \int_0^T y(t)\cos\omega_1 t\, dt = \int_0^T n(t)\cos\omega_1 t\, dt + \frac{AT}{2}\cos\varphi_1 \tag{8-106}$$

$$Y_1 = \int_0^T y(t)\sin\omega_1 t\, dt = \int_0^T n(t)\sin\omega_1 t\, dt + \frac{AT}{2}\sin\varphi_1 \tag{8-107}$$

X_1 和 Y_1 的均值分别为

$$E[X_1] = E\left[\int_0^T n(t)\cos\omega_1 t\, dt + \frac{AT}{2}\cos\varphi_1\right] = \frac{AT}{2}\cos\varphi_1 \tag{8-108}$$

$$E[Y_1] = E\left[\int_0^T n(t)\sin\omega_1 t\, dt + \frac{AT}{2}\sin\varphi_1\right] = \frac{AT}{2}\sin\varphi_1 \tag{8-109}$$

X_1 和 Y_1 的方差为

$$\sigma_M^2 = \sigma_{X_1}^2 = \sigma_{Y_1}^2 = \frac{n_0 T}{4} \tag{8-110}$$

由此可知,X_1 和 Y_1 是均值分别为 $\dfrac{AT}{2}\cos\varphi_1$ 和 $\dfrac{AT}{2}\sin\varphi_1$、方差均为 $\dfrac{n_0 T}{4}$ 的高斯随机变量。参数 M_1 服从广义瑞利分布,其一维概率密度函数为

$$f(M_1) = \frac{M_1}{\sigma_M^2} I_0\left(\frac{ATM_1}{2\sigma_M^2}\right) \exp\left\{-\frac{1}{2\sigma_M^2}\left[M_1^2 + \left(\frac{AT}{2}\right)^2\right]\right\} \tag{8-111}$$

根据 ω_1 和 ω_2 构成两个正交载波的条件,同理可得参数 M_2 服从瑞利分布,其一维概率密度函数为

$$f(M_2) = \frac{M_2}{\sigma_M^2} \exp\left\{-\frac{M_2^2}{2\sigma_M^2}\right\} \tag{8-112}$$

错误概率 $P_{s_1}(s_2)$ 为

$$P_{s_1}(s_2) = P(M_1 < M_2) = \iint\limits_{\Delta} f(M_1) f(M_2) \, dM_1 dM_2$$

$$= \int_0^\infty f(M_1) \left[\int_{M_1}^\infty f(M_2) \, dM_2\right] dM_1 = \frac{1}{2} e^{-\frac{E_b}{2n_0}} \tag{8-113}$$

总的误码率为

$$P_e = P_{s_1}(s_2) = P_{s_2}(s_1) = \frac{1}{2} e^{-\frac{E_b}{2n_0}} = \frac{1}{2} \exp\left(-\frac{E_b}{2n_0}\right) \tag{8-114}$$

由误码率表达式可以看出,二进制随相信号最佳接收机是一种非相干接收机,误码率性能曲线如图 8.10 所示。

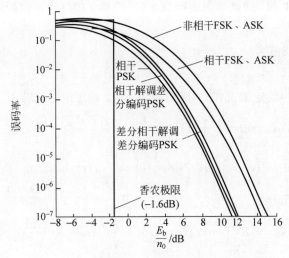

图 8.10 二进制数字调制系统误码率性能曲线

最后需要指出,上述最佳接收机及其误码率也就是 2FSK 确知信号的非相干接收机和误码率。因为随相信号的相位带有由信道引入的随机变化,所以在接收端不可能采用相干接收方法。换句话说,相干接收只适用于相位确知的信号,对于随相信号而言,非相干接收已经是最佳的接收方法了。

8.3.3 起伏信号的最佳接收

起伏信号是包络随机起伏、相位同时也随机变化的信号,经过多径传输的衰落信号都具有这种特性。现仍以 2FSK 信号为例简要地讨论其最佳接收问题。

假设通信系统中的噪声是带限白色高斯噪声,信号是互不相关的等能量、等先验概率的 2FSK 信号,表达式为

$$\begin{cases} s_1(t,\varphi_1,A_1) = A_1\cos(\omega_1 t + \varphi_1) \\ s_2(t,\varphi_2,A_2) = A_2\cos(\omega_2 t + \varphi_2) \end{cases} \tag{8-115}$$

式中，A_1 和 A_2 是由于多径效应引起的随机起伏振幅，它们服从同一瑞利分布

$$f(V_i) = \frac{A_i}{\sigma_s^2}\exp\left(-\frac{A_i^2}{2\sigma_s^2}\right), \quad A_i \geqslant 0, i = 1,2 \tag{8-116}$$

式中，σ_s^2 为信号的功率。φ_1 和 φ_2 的概率密度服从均匀分布

$$f(\varphi_i) = \frac{1}{2\pi}, \quad 0 \leqslant \varphi_i < 2\pi, i = 1,2 \tag{8-117}$$

此外，由于 A_i 是余弦波的振幅，因此信号 $s_i(t,\varphi_i,A_i)$ 的功率 σ_s^2 和其振幅 A_i 的均方值之间的关系为

$$E[A_i^2] = 2\sigma_s^2 \tag{8-118}$$

由于接收信号不仅具有随机相位，还具有随机起伏的振幅，故此似然函数可以分别表示为

$$f_{s_1}(y) = \int_0^{2\pi}\int_0^{\infty} f(A_1)f(\varphi_1)f_{s_1}(y/\varphi_1,A_1)\mathrm{d}A_1\mathrm{d}\varphi_1 \tag{8-119}$$

$$f_{s_2}(y) = \int_0^{2\pi}\int_0^{\infty} f(A_2)f(\varphi_2)f_{s_2}(y/\varphi_2,A_2)\mathrm{d}A_2\mathrm{d}\varphi_2 \tag{8-120}$$

经过计算，得式(8-119)、(8-120)的计算结果为

$$f_{s_1}(y) = K'\frac{n_0}{n_0 + T\sigma_s^2}\exp\left[\frac{2\sigma_s^2 M_1^2}{n_0(n_0 + T\sigma_s^2)}\right] \tag{8-121}$$

$$f_{s_2}(y) = K'\frac{n_0}{n_0 + T\sigma_s^2}\exp\left[\frac{2\sigma_s^2 M_2^2}{n_0(n_0 + T\sigma_s^2)}\right] \tag{8-122}$$

式中，

$$K' = \frac{\exp\left[-\frac{1}{n_0}\int_0^T y^2(t)\mathrm{d}t\right]}{(\sqrt{2\pi}\sigma_n)^k} \tag{8-123}$$

式中，n_0 为噪声功率谱密度；σ_n^2 为噪声功率。

由式(8-121)和式(8-122)可见，起伏信号最佳接收实质上和随相信号最佳接收时一样，比较 $f_{s_1}(y)$ 和 $f_{s_2}(y)$ 仍然是比较 M_1^2 和 M_2^2 的大小。所以不难推论，起伏信号最佳接收机的结构和随相信号最佳接收机的一样。但是这时的最佳误码率则不同于随相信号的误码率，这时的误码率为

$$P_e = \frac{1}{2 + (\overline{E}/n_0)} \tag{8-124}$$

式中，$\overline{E}$ 为接收码元的统计平均能量。

为了比较 2FSK 信号在无衰落和有多径衰落时的误码率性能，在图 8.11 中画出了在非相干接

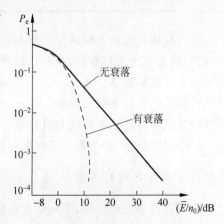

图 8.11 衰落对误码率的影响

收的误码率曲线。

由图 8.11 可以看出,在有衰落时,性能随误码率下降而迅速变坏。当误码率等于 10^{-2} 时,衰落使性能下降约 10dB;当误码率等于 10^{-3} 时,下降约 20dB。

8.4 最佳接收机性能比较

1. 实际接收机和最佳接收机误码性能比较

实际接收机和最佳接收机误码性能一览表如表 8.1 所示,可以看出,两种结构形式的接收机误码率表达式具有相同的数学形式,实际接收机中的信噪比 $r=S/N$ 与最佳接收机中的能量噪声功率谱密度之比 $h=E_b/n_0$ 相对应。

表 8.1 实际接收机和最佳接收机误码性能比较

接 收 方 式	实际接收机误码率 P_e	最佳接收机误码率 P_e
相干 2ASK 信号	$\frac{1}{2}\text{erfc}(\sqrt{r/4})$	$\frac{1}{2}\text{erfc}(\sqrt{h/4})$
非相干 2ASK 信号	$\frac{1}{2}\exp(-r/4)$	$\frac{1}{2}\exp(-h/4)$
相干 2FSK 信号	$\frac{1}{2}\text{erfc}(\sqrt{r/2})$	$\frac{1}{2}\text{erfc}(\sqrt{h/2})$
非相干 2FSK 信号	$\frac{1}{2}\exp(-r/2)$	$\frac{1}{2}\exp(-h/2)$
相干 2PSK 信号	$\frac{1}{2}\text{erfc}(\sqrt{r})$	$\frac{1}{2}\text{erfc}(\sqrt{h})$
相干 2DPSK 信号	$\text{erfe}\sqrt{r}\left(1-\frac{1}{2}\text{erfc}\sqrt{r}\right)$	$\text{erfe}\sqrt{h}\left(1-\frac{1}{2}\text{erfc}\sqrt{h}\right)$
差分相干 2DPSK 信号	$\frac{1}{2}\exp(-r)$	$\frac{1}{2}\exp(-h)$

假设在接收机输入端信号功率和信道相同的条件下比较两种结构形式接收机的误码性能,由表 8.1 可以看出,横向比较两种结构形式接收机误码性能可等价于比较 r 与 h 的大小。在相同的条件下,若 $r>h$,实际接收机误码率小于最佳接收机误码率,则实际接收机性能优于最佳接收机性能;若 $r<h$,实际接收机误码率大于最佳接收机误码率,则最佳接收机性能优于实际接收机性能;若 $r=h$,实际接收机误码率等于最佳接收机误码率,则实际接收机性能与最佳接收机性能相同。

2. r 与 h 之间的关系

由前面内容分析可知,实际接收机输入端总是有一个带通滤波器,其作用有两个:一是使输入信号顺利通过;二是使噪声尽可能少通过,以减小噪声对信号检测的影响。

信噪比 $r=S/N$ 是指带通滤波器输出端的信噪比。设噪声为高斯白噪声,单边功率谱密度为 n_0,带通滤波器的等效矩形带宽为 B,则带通滤波器输出端的信噪比为

$$r=\frac{S}{N}=\frac{S}{n_0 B} \tag{8-125}$$

可见,信噪比 r 与带通滤波器带宽 B 有关。

对于最佳接收系统,接收机前端没有带通滤波器,其输入端信号能量与噪声功率谱密度之比为

$$h=\frac{E_b}{n_0}=\frac{ST}{n_0}=\frac{S}{n_0\left(\frac{1}{T}\right)} \tag{8-126}$$

式中,S 为信号平均功率;T 为码元时间宽度。

比较式(8-125)和式(8-126)可以看出,对系统性能的比较最终可归结为对实际接收机带通滤波器带宽 B 与码元时间宽度 T 的比较。若 $B<1/T$,则实际接收机性能优于最佳接收机性能;若 $B>1/T$,则最佳接收机性能优于实际接收机性能;若 $B=1/T$,则实际接收机性能与最佳接收机性能相同。

$1/T$ 是基带数字信号的重复频率,对于矩形的基带信号而言,$1/T$ 的频率点便是频谱的第一零点处,对于 2PSK 等数字调制信号,$1/T$ 的宽度等于 2PSK 信号频谱主瓣宽度的一半。因此,若选择带通滤波器的带宽 $B\leqslant 1/T$,则必然会使信号产生严重的失真,这与实际接收机中假设"带通滤波器应使输入信号顺利通过"的条件相矛盾。这表明,在实际接收机中,为使信号顺利通过,带通滤波器的带宽必须满足 $B>1/T$,在此情况下,实际接收机性能比最佳接收机性能差。例如,对于二进制 ASK、PSK 信号来说,通常已调信号的带宽是调制信号带宽的两倍或两倍以上,因而,为使信号通过带通滤波器失真很小(例如,让第 2 个零点之内的基带信号频谱成分通过),则所需的带通滤波器带宽 B 约为 $4/T$。此时,为了获得相同的系统性能,普通接收系统的信噪比需要比最佳接收系统的增加 6dB。

上述分析表明,在相同条件下,**最佳接收机性能一定优于实际接收机性能**。

8.5 数字信号的匹配滤波接收

8.5.1 匹配滤波器的原理

1. 最佳线性滤波器的设计准则

在数字通信系统中,滤波器是其中的重要部件之一,滤波器特性的选择会直接影响数字信号的恢复。在数字信号接收中,滤波器的作用有两个方面:第一是使滤波器输出有用信号成分尽可能强;第二是抑制信号带外噪声,使滤波器输出噪声成分尽可能小,减小噪声对信号判决的影响。

通常对最佳线性滤波器的设计有如下两种准则。

（1）维纳滤波器——使滤波器输出的信号波形与发送信号波形之间的均方误差最小，由此而导出的最佳线性滤波器称为**维纳滤波器**。

（2）匹配滤波器——使滤波器输出信噪比在某一特定时刻达到最大，由此而导出的最佳线性滤波器，称为**匹配滤波器**（match filter）。

在数字通信中，匹配滤波器具有更广泛的应用。

2. 匹配滤波器分析模型及传输特性

由数字信号解调过程知道，解调器中抽样判决以前各部分电路可以用一个线性滤波器来等效，接收过程等效原理图如图 8.12 所示。

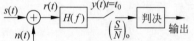

图 8.12　数字信号接收过程
等效原理图

图 8.12 中，$s(t)$ 为输入数字信号，信道特性为加性高斯白噪声信道，$n(t)$ 为加性高斯白噪声，$H(f)$ 为滤波器传输函数。

由数字信号的判决原理可知，抽样判决器输出数据正确与否，与滤波器输出信号波形和发送信号波形之间的相似程度无关，也即与滤波器输出信号波形的失真程度无关，而只取决于抽样时刻信号的瞬时功率与噪声平均功率之比，即**信噪比**。信噪比越大，错误判决的概率就越小；反之，信噪比越小，错误判决概率就越大。因此，为了使错误判决概率尽可能小，就要选择滤波器传输特性使滤波器输出信噪比尽可能大的滤波器。**当选择的滤波器传输特性使输出信噪比达到最大值时，该滤波器就称为输出信噪比最大的最佳线性滤波器。**

滤波器具有什么样的特性才能使输出信噪比达到最大呢？

假设输出信噪比最大的最佳线性滤波器的传输函数为 $H(f)$，冲激响应为 $h(t)$，滤波器输入码元 $s(t)$ 的持续时间为 T，信号和噪声之合成波 $r(t)$ 为

$$r(t) = s(t) + n(t), \quad 0 \leqslant t \leqslant T \tag{8-127}$$

式中，$s(t)$ 为输入数字信号；$n(t)$ 为高斯白噪声。设信号 $s(t)$ 的频谱密度函数为 $S(f)$，噪声 $n(t)$ 的双边功率谱密度为 $P_n(f) = n_0/2$，n_0 为噪声单边功率谱密度。

由于假定滤波器是线性的，根据线性电路叠加定理，当滤波器输入电压 $r(t)$ 中包括信号和噪声两部分时，滤波器的输出电压 $y(t)$ 中也包含相应的输出信号 $s_o(t)$ 和输出噪声 $n_o(t)$ 两部分，即

$$y(t) = s_o(t) + n_o(t) \tag{8-128}$$

其中，

$$s_o(t) = \int_{-\infty}^{\infty} H(f)S(f)e^{j2\pi ft}\,\mathrm{d}f \tag{8-129}$$

由随机过程理论可知，一个随机过程通过线性系统时，其输出功率谱密度等于输入功率谱密度乘以系统传输函数模的平方。所以，这时的输出噪声功率 N_o 等于

$$N_o = \int_{-\infty}^{\infty} |H(f)|^2 \frac{n_0}{2}\,\mathrm{d}f = \frac{n_0}{2}\int_{-\infty}^{\infty} |H(f)|^2\,\mathrm{d}f \tag{8-130}$$

因此，在抽样时刻 t_0 上，输出信号瞬时功率与噪声平均功率之比为

$$r_{\mathrm{o}} = \frac{\left| s_{\mathrm{o}}(t_0) \right|^2}{N_{\mathrm{o}}} = \frac{\left| \int_{-\infty}^{\infty} H(f) S(f) \mathrm{e}^{\mathrm{j}2\pi f t_0} \mathrm{d}f \right|^2}{\dfrac{n_0}{2} \int_{-\infty}^{\infty} \left| H(f) \right|^2 \mathrm{d}f} \tag{8-131}$$

由式(8-131)可知,滤波器输出信噪比 r_{o} 与输入信号的频谱函数 $S(f)$ 和滤波器的传输函数 $H(f)$ 有关。在输入信号给定的情况下,输出信噪比 r_{o} 只与滤波器的传输函数 $H(f)$ 有关,使输出信噪比 r_{o} 达到最大的传输函数 $H(f)$ 就是所要求的最佳滤波器的传输函数。式(8-131)是一个泛函求极值的问题,采用**施瓦兹(Schwartz)不等式**可以轻易地解决该问题。施瓦兹不等式为

$$\left| \int_{-\infty}^{\infty} f_1(x) f_2(x) \mathrm{d}x \right|^2 \leqslant \int_{-\infty}^{\infty} \left| f_1(x) \right|^2 \mathrm{d}x \int_{-\infty}^{\infty} \left| f_2(x) \right|^2 \mathrm{d}x \tag{8-132}$$

式(8-132)等号成立条件是

$$f_1(x) = k f_2^*(x) \tag{8-133}$$

其中,k 为任意常数;$f_1(x)$ 和 $f_2(x)$ 都是实变量 x 的复函数。

将式(8-131)右端的分子看作是式(8-132)的左端,并令 $f_1(x) = H(f)$,$f_2(x) = S(f) \mathrm{e}^{\mathrm{j}2\pi f t_0}$ 则有

$$r_{\mathrm{o}} \leqslant \frac{\int_{-\infty}^{\infty} \left| H(f) \right|^2 \mathrm{d}f \int_{-\infty}^{\infty} \left| S(f) \right|^2 \mathrm{d}f}{\dfrac{n_0}{2} \int_{-\infty}^{\infty} \left| H(f) \right|^2 \mathrm{d}f} = \frac{\int_{-\infty}^{\infty} \left| S(f) \right|^2 \mathrm{d}f}{\dfrac{n_0}{2}} \tag{8-134}$$

根据帕塞瓦尔定理有

$$\int_{-\infty}^{\infty} \left| S(f) \right|^2 \mathrm{d}f = \int_{-\infty}^{\infty} s^2(t) \mathrm{d}t = E \tag{8-135}$$

式中,E 为输入信号的能量,代入式(8-134)有

$$r_{\mathrm{o}} \leqslant \frac{2E}{n_0} \tag{8-136}$$

式(8-136)说明,**线性滤波器所能给出的最大输出信噪比**为

$$r_{\mathrm{omax}} = \frac{2E}{n_0} \tag{8-137}$$

根据施瓦兹不等式中等号成立的条件 $f_1(f) = k f_2^*(f)$,可得不等式(8-134)中等号成立的条件为

$$H(f) = k S^*(f) \mathrm{e}^{-\mathrm{j}2\pi f t_0} \tag{8-138}$$

式中,k 为常数,通常可选择为 $k = 1$;$S^*(f)$ 是输入信号频谱函数 $S(f)$ 的复共轭。式(8-138)中所要求的 $H(f)$ 就是要找的最佳接收滤波器传输函数,它等于信号码元频谱的复共轭(除了常数因子 $k \mathrm{e}^{-\mathrm{j}2\pi f t_0}$ 外),该滤波器在给定时刻 t_0 能获得最大输出信噪比 $2E/n_0$,故称此滤波器为**匹配滤波器**。

3. 匹配滤波器的单位冲激响应和输出信号

从匹配滤波器传输函数 $H(f)$ 所满足的条件,可以得到匹配滤波器的冲激响应

$h(t)$ 为

$$h(t) = \int_{-\infty}^{\infty} H(f) e^{j2\pi ft} df = \int_{-\infty}^{\infty} kS^*(f) e^{-j2\pi ft_0} e^{j2\pi ft} df$$

$$= k \int_{-\infty}^{\infty} \left[\int_{-\infty}^{\infty} s(\tau) e^{-j2\pi f\tau} d\tau \right]^* e^{-j2\pi f(t_0 - t)} df = k \int_{-\infty}^{\infty} \left[\int_{-\infty}^{\infty} e^{j2\pi f(\tau - t_0 + t)} df \right] s(\tau) d\tau$$

$$= k \int_{-\infty}^{\infty} s(\tau) \delta(\tau - t_0 + t) d\tau = ks(t_0 - t) \tag{8-139}$$

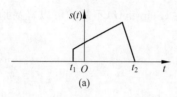

由式(8-139)可见,匹配滤波器的冲激响应 $h(t)$ 就是信号 $s(t)$ 的镜像 $s(-t)$,但在时间轴上(向右)平移了 t_0。图 8.13 所示为从 $s(t)$ 得出 $h(t)$ 的图解过程。

一个实际的匹配滤波器应该是物理可实现的,其冲激响应必须符合因果关系,在输入冲激脉冲加入前不应该有冲激响应出现,即必须有

$$h(t) = 0, \quad t < 0 \tag{8-140}$$

即要求满足条件

$$s(t_0 - t) = 0, \quad t < 0$$

或满足条件

$$s(t) = 0, \quad t > t_0 \tag{8-141}$$

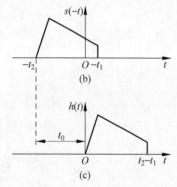

图 8.13 从 $s(t)$ 得出 $h(t)$ 的图解过程

式(8-141)所示的条件说明,对于一个物理可实现的匹配滤波器,其输入信号 $s(t)$ 必须在它输出最大信噪比的时刻 t_0 之前结束。也就是说,若输入信号在 T 时刻结束,则对物理可实现的匹配滤波器,其输出最大信噪比时刻 t_0 必须在输入信号结束之后,即 $t_0 \geqslant T$。对于接收机来说,t_0 是时间延迟,通常总是希望时间延迟尽可能小,因此一般情况可取 $t_0 = T$,故匹配滤波器的冲激响应可以写为

$$h(t) = ks(T - t) \tag{8-142}$$

这时,若匹配滤波器的输入电压为 $s(t)$,则输出信号码元的波形为

$$s_o(t) = \int_{-\infty}^{\infty} s(t - \tau) h(\tau) d\tau = k \int_{-\infty}^{\infty} s(t - \tau) s(T - \tau) d\tau$$

$$= k \int_{-\infty}^{\infty} s(-\tau') s(t - T - \tau') d\tau' = kR(t - T) \tag{8-143}$$

式(8-143)说明,匹配滤波器输出信号码元波形是输入信号码元波形自相关函数的 **k** 倍。因此,匹配滤波器可以看成是一个计算输入信号自相关函数的相关器,其在 t_0 时刻得到最大输出信噪比 $r_{o\max} = 2E/n_0$。k 是一个任意常数,它与输出信噪比 r_0 的最大值无关,通常取 $k = 1$。

【例 8-1】 设接收信号码元 $s(t)$ 的表达式为 $s(t) = \begin{cases} 1, & 0 \leqslant t \leqslant T \\ 0, & 其他 \end{cases}$,试求其匹配滤波器的特性和输出信号码元的波形。

【解】 $s(t)$ 所表示的信号波形是一个矩形脉冲,如图 8.14(a)所示。

$s(t)$ 频谱为

$$S(f) = \int_{-\infty}^{\infty} s(t) e^{-j2\pi ft} dt = \int_0^T e^{-j2\pi ft} dt = \frac{1 - e^{-j2\pi fT}}{j2\pi f}$$

因为

$$H(f) = kS^*(f) e^{-j2\pi ft_0}$$

令 $k=1, t_0=T$,可得其匹配滤波器的传输函数为

$$H(f) = \frac{1 - e^{j2\pi fT}}{-j2\pi f} e^{-j2\pi fT} = \frac{1 - e^{-j2\pi fT}}{j2\pi f}$$

又因为

$$h(t) = ks(t_0 - t)$$

令 $k=1, t_0=T$,还可以得到此匹配滤波器的冲激响应为

$$h(t) = s(T-t), \quad 0 \leqslant t \leqslant T$$

此冲激响应波形如图 8.14(b)所示,表面上看来,$h(t)$ 的形状和信号 $s(t)$ 的形状一样。实际上,$h(t)$ 的形状是 $s(t)$ 的波形以 $t=T/2$ 为轴线反转而来。由于 $s(t)$ 的波形对称于 $t=T/2$,所以反转后,波形外形不变。

由于 $s_o(t) = kR(t-T)$,令 $k=1$ 可以求出此匹配滤波器的输出信号为

$$s_o(t) = kR(t-T) = s(t) * h(t) = \begin{cases} \int_0^T dt = t, & 0 \leqslant t \leqslant T \\ \int_{t-T}^T dt = 2T - t, & T \leqslant t \leqslant 2T \\ 0, & \text{其他} \end{cases}$$

此匹配滤波器的输出信号波形如图 8.14(c)所示。可见,匹配滤波器的输出在 $t=T$ 时刻得到最大的能量 $E=T$。

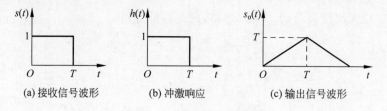

(a) 接收信号波形　　　　(b) 冲激响应　　　　(c) 输出信号波形

图 8.14　匹配滤波器波形

由匹配滤波器的传输函数 $H(f)$ 可知,$1/(j2\pi f)$ 是理想积分器的传输函数,而 $\exp(-j2\pi fT)$ 是迟延时间为 T 的延迟电路的传输函数,因此可以画出此匹配滤波器的框图如图 8.15 所示。

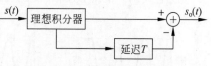

图 8.15　匹配滤波器的框图

【例 8-2】 设信号的表达式为 $s(t) = \begin{cases} \cos 2\pi f_0 t, & 0 \leqslant t \leqslant T \\ 0, & \text{其他} \end{cases}$,试求其匹配滤波器的特性和匹配滤波器输出的波形。

【解】 给出的信号波形是一段余弦振荡,如图 8.16(a)所示。信号频谱为

$$S(f) = \int_{-\infty}^{\infty} s(t)\mathrm{e}^{-\mathrm{j}2\pi ft}\,\mathrm{d}t = \int_0^T \cos2\pi f_0 t\,\mathrm{e}^{-\mathrm{j}2\pi ft}\,\mathrm{d}t = \frac{1-\mathrm{e}^{-\mathrm{j}2\pi(f-f_0)T}}{-\mathrm{j}4\pi(f-f_0)} + \frac{1-\mathrm{e}^{-\mathrm{j}2\pi(f+f_0)T}}{-\mathrm{j}4\pi(f+f_0)}$$

因此,令 $t_0 = T$,可得其匹配滤波器的传输函数为

$$H(f) = S^*(f)\mathrm{e}^{-\mathrm{j}2\pi ft_0} = S^*(f)\mathrm{e}^{-\mathrm{j}2\pi fT}$$

$$= \frac{[\mathrm{e}^{\mathrm{j}2\pi(f-f_0)T}-1]\,\mathrm{e}^{-\mathrm{j}2\pi fT}}{\mathrm{j}4\pi(f-f_0)} + \frac{[\mathrm{e}^{\mathrm{j}2\pi(f+f_0)T}-1]\,\mathrm{e}^{-\mathrm{j}2\pi fT}}{\mathrm{j}4\pi(f+f_0)}$$

可得此匹配滤波器的冲激响应为

$$h(t) = s(T-t) = \cos2\pi f_0(T-t), \quad 0 \leqslant t \leqslant T$$

为了便于画出波形简图,令 $T = n/f_0$,n 为正整数。这样,上式可以化简为

$$h(t) = \cos2\pi f_0 t, \quad 0 \leqslant t \leqslant T$$

$h(t)$ 的曲线如图 8.16(b)所示。这时的匹配滤波器输出波形可以由卷积公式求出,为

$$s_{\mathrm{o}}(t) = \int_{-\infty}^{\infty} s(\tau)h(t-\tau)\,\mathrm{d}\tau$$

由于现在 $s(t)$ 和 $h(t)$ 在区间 $(0,T)$ 外都等于零,故上式中的积分可以分为 $t<0$、$0 \leqslant t < T$、$T \leqslant t \leqslant 2T$、$t>2T$ 几段进行计算,显然,当 $t<0$ 和 $t>2T$ 时,式中的 $s(\tau)$ 和 $h(t-\tau)$ 不相交,故 $s_{\mathrm{o}}(t)$ 等于零。当 $0 \leqslant t < T$ 时,滤波器输出波形为

$$s_{\mathrm{o}}(t) = \int_0^t \cos2\pi f_0\tau \cos2\pi f_0(t-\tau)\,\mathrm{d}\tau$$

$$= \int_0^t \frac{1}{2}\left[\cos2\pi f_0 t + \cos2\pi f_0(t-2\tau)\right]\mathrm{d}\tau = \frac{t}{2}\cos2\pi f_0 t + \frac{1}{4\pi f_0}\sin2\pi f_0 t$$

当 $T \leqslant t \leqslant 2T$ 时,滤波器输出波形为

$$s_{\mathrm{o}}(t) = \int_{t-T}^T \cos2\pi f_0\tau \cos2\pi f_0(t-\tau)\,\mathrm{d}\tau = \frac{2T-t}{2}\cos2\pi f_0 t - \frac{1}{4\pi f_0}\sin2\pi f_0 t$$

若因 f_0 很大而使 $(1/4\pi f_0)$ 可以忽略,则最后可得到

$$s_{\mathrm{o}}(t) = \begin{cases} \dfrac{t}{2}\cos2\pi f_0 t, & 0 \leqslant t < T \\[2mm] \dfrac{2T-t}{2}\cos2\pi f_0 t, & T \leqslant t \leqslant 2T \\[2mm] 0, & \text{其他} \end{cases}$$

按上式画出的曲线如图 8.16(c)所示。

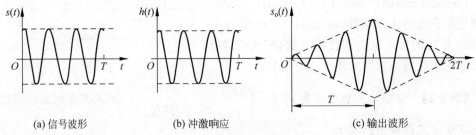

(a) 信号波形　　　　　　　(b) 冲激响应　　　　　　　(c) 输出波形

图 8.16　匹配滤波器波形

8.5.2 匹配滤波器在最佳接收中的应用

1. 确知信号最佳接收

由二进制确知信号最佳接收机结构可以看出,其中完成相关运算的关键部件是**相关器**。

对信号 $s(t)$ 匹配的滤波器冲激响应为

$$h(t) = ks(t_0 - t) \qquad (8\text{-}144)$$

式中,k 为任意常数;t_0 为出现最大信噪比的时刻。

因为 $s(t)$ 只在 $(0, T)$ 内有值,故考虑到滤波器物理可实现条件,则当 $y(t)$ 加入匹配滤波器时,其输出可表示为

$$s_o(t) = y(t) * h(t) = k \int_{t-T}^{t} y(z) s(T - t + z) \mathrm{d}z \qquad (8\text{-}145)$$

这里,已假定 $t_0 = T$,于是,当 $t = T$ 时,输出即为

$$s_o(T) = k \int_{0}^{T} y(z) s(z) \mathrm{d}z \qquad (8\text{-}146)$$

可见,式(8-146)与相关器输出完全相同(除 k 外,但 k 值是能够预先调整的,如使 $k=1$)。

由此可以得到一个**重要结论**:由于匹配滤波器在 $t = T$ 时刻的输出值恰好等于相关器的输出值,也即**匹配滤波器可以代替相关器**,因而,二进制确知信号匹配滤波器形式的最佳接收机结构可用图 8.17 所示结构替代。

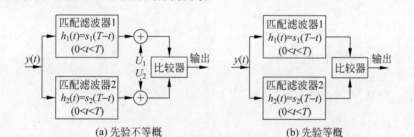

(a) 先验不等概　　　　　　　(b) 先验等概

图 8.17　二进制确知信号匹配滤波器形式的最佳接收机结构

相应地,M 进制确知信号先验等概匹配滤波器形式最佳接收机结构框图如图 8.18 所示。

应该指出,无论是相关器形式还是匹配滤波器形式的最佳接收机结构,它们的比较器都是在 $t = T$ 时刻才做出最后判决的。换句话说,即在每一个数字信号码元的结束时刻才给出最佳的判决结果。因此,判决时刻的任何偏离,都将直接影响接收机的最佳性能。

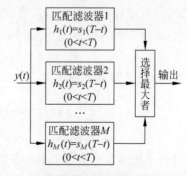

图 8.18　M 进制确知信号先验等概匹配滤波器形式最佳接收机结构框图

2. 随相信号最佳接收

与二进制确知信号最佳接收机分析相类似,可以采用匹配滤波器对二进制随相信号最佳接收机结构进行简化。

由于接收机输入信号 $s_1(t,\varphi_1)$ 和 $s_2(t,\varphi_2)$ 包含有随机相位 φ_1 和 φ_2,因此无法实现与输入信号 $s_1(t,\varphi_1)$ 和 $s_2(t,\varphi_2)$ 完全匹配的匹配滤波器。可以设计一种匹配滤波器只与输入信号的频率匹配,而不匹配到相位。例如,设计与输入信号 $s_1(t,\varphi_1)$ 频率相匹配的匹配滤波器,单位冲激响应为

$$h_1(t) = \cos\omega_1(T-t), \quad 0 \leqslant t \leqslant T \tag{8-147}$$

当输入 $y(t)$ 时,该滤波器的输出为

$$e_1(t) = y(t) * h_1(t) = \int_0^t y(\tau)\cos\omega_1(T-t+\tau)\mathrm{d}\tau$$

$$= \left[\int_0^t y(\tau)\cos\omega_1\tau\mathrm{d}\tau\right]\cos\omega_1(T-t) - \left[\int_0^t y(\tau)\sin\omega_1\tau\mathrm{d}\tau\right]\sin\omega_1(T-t)$$

$$= \left\{\left[\int_0^t y(\tau)\cos\omega_1\tau\mathrm{d}\tau\right]^2 + \left[\int_0^t y(\tau)\sin\omega_1\tau\mathrm{d}\tau\right]^2\right\}^{\frac{1}{2}}\cos[\omega_1(T-t)+\theta_1]$$

$$\tag{8-148}$$

式中,

$$\theta_1 = \arctan\frac{\int_0^t y(\tau)\sin\omega_1\tau\mathrm{d}\tau}{\int_0^t y(\tau)\cos\omega_1\tau\mathrm{d}\tau} \tag{8-149}$$

式(8-148)在 $t=T$ 时刻的取值为

$$e_1(t) = \left\{\left[\int_0^T y(\tau)\cos\omega_1\tau\mathrm{d}\tau\right]^2 + \left[\int_0^T y(\tau)\sin\omega_1\tau\mathrm{d}\tau\right]^2\right\}^{\frac{1}{2}}\cos\theta_1$$

$$= M_1\cos\theta_1 \tag{8-150}$$

可以看出,滤波器输出信号在 $t=T$ 时刻的包络与二进制随相信号最佳接收机中的参数 M_1 相等。这表明,采用一个与输入随相信号频率相匹配的匹配滤波器,再级联一个包络检波器,就能得到判决器所需要的参数 M_1。

同理,设计与输入信号 $s_2(t,\varphi_2)$ 的频率相匹配的匹配滤波器,单位冲激响应为

$$h_2(t) = \cos\omega_2(T-t), \quad 0 \leqslant t \leqslant T \tag{8-151}$$

该滤波器在 $t=T$ 时刻的输出为

$$e_2(t) = \left\{\left[\int_0^T y(\tau)\cos\omega_2\tau\mathrm{d}\tau\right]^2 + \left[\int_0^T y(\tau)\sin\omega_2\tau\mathrm{d}\tau\right]^2\right\}^{\frac{1}{2}}\cos\theta_2$$

$$= M_2\cos\theta_2 \tag{8-152}$$

从而即得到了比较器的第 2 个输入参数 M_2,通过比较 M_1 和 M_2 的大小即可做出判决。

根据以上分析,可以得到匹配滤波器加包络检波器结构形式的最佳接收机如图 8.19 所示。由于没有利用相位信息,所以这种接收机是一种非相干接收机。

由于起伏信号最佳接收机的结构和随相信号的结构相同,所以图 8.19 同样适用于

起伏信号最佳接收。

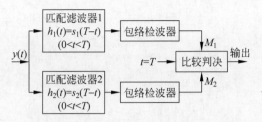

图 8.19　二进制匹配滤波器形式的随相信号最佳接收机结构

8.6　最佳数字基带传输系统

通过前面内容分析结果可以知道,最佳接收机的性能不仅与接收机结构有关,而且与发送端所选择的信号形式有关。因此,仅考虑使接收机最佳,并不一定能够达到使整个通信系统最佳,需要将发送、信道和接收作为一个整体,从系统的角度出发来讨论通信系统最佳化的问题。为了使问题简化,这里以数字基带传输系统为例进行分析。

8.6.1　理想信道下的最佳数字基带传输系统的组成

设数字基带传输系统由发送滤波器、信道和接收滤波器组成,在加性高斯白噪声信道下的系统组成如图 8.20 所示。

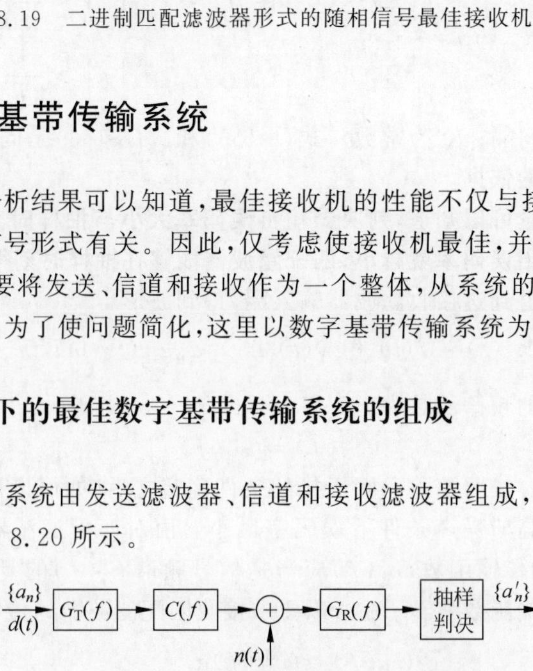

$$\frac{\{a_n\}}{d(t)} \boxed{G_\mathrm{T}(f)} \boxed{C(f)} \oplus \boxed{G_\mathrm{R}(f)} \boxed{\substack{抽样\\判决}} \frac{\{a'_n\}}{}$$
$$n(t)$$

图 8.20　数字基带传输系统组成

图中,$G_\mathrm{T}(f)$ 为发送滤波器传输函数;$G_\mathrm{R}(f)$ 为接收滤波器传输函数;$C(f)$ 为信道传输特性,理想信道条件下 $C(f)=1$;$n(t)$ 为高斯白噪声,其双边功率谱密度为 $n_0/2$。

最佳数字基带传输系统的准则是判决器输出差错概率最小。由数字基带传输系统和最佳接收原理知道,影响系统误码率性能的因素有两个,其一是码间干扰;其二是噪声。对于码间干扰的影响,通过系统传输函数的设计,可以使得抽样时刻样值的码间干扰为零。对于加性噪声的影响,通过接收滤波器的设计,可以尽可能减小噪声的影响,但是不能消除噪声的影响。**最佳数字基带传输系统的设计就是通过对发送滤波器、接收滤波器和系统总的传输函数进行设计,使系统输出差错概率最小**。

设图 8.20 中发送滤波器的输入基带信号为

$$d(t) = \sum_n a_n \delta(t - nT_\mathrm{s}) \tag{8-153}$$

对于理想信道 $C(f)=1$,此时系统总的传输函数为

$$H(f) = G_\mathrm{T}(f)C(f)G_\mathrm{R}(f) = G_\mathrm{T}(f)G_\mathrm{R}(f) \tag{8-154}$$

要消除抽样时刻的码间干扰,需要基带传输系统总的传输函数 $H(f)$ 满足

$$H_{eq}(\omega) = \begin{cases} \sum_i H\left(\omega + \dfrac{2\pi i}{T_s}\right) = K, & |\omega| \leqslant \dfrac{\pi}{T_s} \\ 0, & |\omega| \geqslant \dfrac{\pi}{T_s} \end{cases}$$ (8-155)

或

$$H_{eq}(f) = \begin{cases} \sum_i H\left(f + \dfrac{i}{T_s}\right) = K, & |f| \leqslant \dfrac{1}{2T_s} \\ 0, & |f| \geqslant \dfrac{1}{2T_s} \end{cases}$$ (8-156)

式中,T_s 为码元时间间隔;K 为常数。式(8-155)和式(8-156)是同一公式两种描述,是设计系统总传输函数的依据。

由匹配滤波器理论可以知道,**判决器输出误码率大小与抽样时刻所得样值的信噪比有关,信噪比越大,输出误码率就越小,匹配滤波器能够在抽样时刻得到最大的信噪比。**

发送信号经过信道到达接收滤波器输入端,得到波形

$$s_i(t) = d(t) * g_T(t) = \sum_n a_n g_T(t - nT_s)$$ (8-157)

接收滤波器输入信号的频谱函数为

$$S_i(f) = G_T(f)$$ (8-158)

现在分析在 $H(f)$ 按照消除码间干扰的条件确定之后,如何设计 $G_T(f)$ 和 $G_R(f)$,以使系统在加性白色高斯噪声条件下误码率最小。由对匹配滤波器频率特性的要求可知,接收匹配滤波器的传输函数 $G_R(f)$ 应当是信号频谱 $S_i(f)$ 的复共轭,即信号的频谱就是发送滤波器的传输函数 $G_T(f)$,所以要求接收匹配滤波器的传输函数为

$$G_R(f) = G_T^*(f) e^{-j2\pi f t_0}$$ (8-159)

式(8-159)中已经假定 $K=1$。

为了不失一般性,可取 $t_0 = 0$,由方程组

$$\begin{cases} H(f) = G_T(f) G_R(f) \\ G_R(f) = G_T^*(f) \end{cases}$$ (8-160)

可解得

$$|G_T(f)| = |G_R(f)| = \sqrt{|H(f)|}$$ (8-161)

选择合适的相位,可使式(8-161)满足

$$G_T(f) = G_R(f) = \sqrt{H(f)}$$ (8-162)

式(8-162)表明,**最佳数字基带传输系统应该这样来设计**,首先选择一个无码间干扰的系统总的传输函数 $H(f)$,然后将 $H(f)$ 开平方一分为二,一半作为发送滤波器的传输函数 $G_T(f) = \sqrt{H(f)}$,另一半作为接收滤波器的传输函数 $G_R(f) = \sqrt{H(f)}$。此时构成的**数字基带传输系统就是一个在发送信号功率一定的约束条件下误码率最小的最佳数字基带传输系统。**

8.6.2 理想信道下最佳数字基带传输系统的误码性能

最佳数字基带传输系统组成如图 8.20 所示,图中 $H(f)$ 选择为余弦滚降函数,且满足

$$\int_{-\infty}^{\infty} |H(f)| \mathrm{d}f = 1 \tag{8-163}$$

$n(t)$ 是高斯白噪声,其双边功率谱密度为 $n_0/2$。

为了使最佳数字基带传输系统的误码性能分析具有一般意义,这里讨论多进制数字基带传输系统的误码率。设传输的数据符号 a_n 具有 M(假设 M 为偶数)种电平取值,包括 $\pm A, \pm 3A, \cdots, \pm(L-1)A$,这些取值都是相互独立的,并且出现概率相等。假设输入的第 k 个数据为 a_k,则输送到信道的信号功率为

$$S_{a_k} = \frac{1}{T_s} \int_{-\infty}^{\infty} [a_k g_T(t - kT_s)]^2 \mathrm{d}t = \frac{a_k^2}{T_s} \left[\int_{-\infty}^{\infty} |G_T(f)|^2 \mathrm{d}f \right]$$

$$= \frac{a_k^2}{T_s} \left[\int_{-\infty}^{\infty} |H(f)| \mathrm{d}f \right] = \frac{a_k^2}{T_s} \tag{8-164}$$

由于 a_k 有 M 种可能取值,故**基带信号码元的平均功率**为

$$S = \frac{\overline{a_k^2}}{T_s} \tag{8-165}$$

式中,$\overline{a_k^2}$ 为输入基带信号电平的均方值,为

$$\overline{a_k^2} = \frac{2}{M} \sum_{i=1}^{\frac{M}{2}} [A(2i-1)]^2 = \frac{A^2}{3}(M^2 - 1) \tag{8-166}$$

将式(8-166)代入式(8-165),可得**发送滤波器输出信号平均功率**为

$$S = \frac{A^2}{3T_s}(M^2 - 1) \tag{8-167}$$

接收滤波器输出在抽样时刻的样值为

$$r(kT_s) = a_k + n_0(kT_s) = a_k + V \tag{8-168}$$

式中,V 是接收滤波器输出噪声在抽样时刻的样值,它是均值为零、方差为 σ_n^2 的高斯噪声,其一维概率密度函数为

$$f(V) = \frac{1}{\sqrt{2\pi}\sigma_n} \exp\left(-\frac{V^2}{2\sigma_n^2}\right) \tag{8-169}$$

式中,方差 σ_n^2 为

$$\sigma_n^2 = \int_{-\infty}^{\infty} P_{n_0}(f) \mathrm{d}f = \int_{-\infty}^{\infty} \frac{n_0}{2} |G_R(f)|^2 \mathrm{d}f = \frac{n_0}{2} \int_{-\infty}^{\infty} |H(f)| \mathrm{d}f = \frac{n_0}{2} \tag{8-170}$$

信号判决示意图如图 8.21 所示。

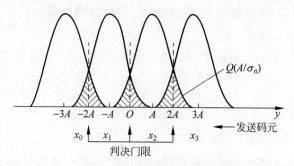

图 8.21　信号判决示意图

由图 8.21 可以看出,判决器的判决门限电平应设置为 $0, \pm 2A, \pm 4A, \cdots, \pm(L-2)$ A。**发生错误判决的情况有如下几种。**

（1）在 $a_k = \pm A, \pm 3A, \cdots, \pm(L-3)A$ 的情况下,噪声样值 $|V| > A$。

（2）在 $a_k = (M-1)A$ 的情况下,噪声样值 $V < -A$。

（3）在 $a_k = -(M-1)A$ 的情况下,噪声样值 $V > A$。

因此,错误概率为

$$
\begin{aligned}
P_e &= \frac{1}{M}\big[(M-2)P(|V| > A) + P(V < -A) + P(V > A)\big] \\
&= \frac{1}{M}\Big[(M-2)P(|V| > A) + \frac{1}{2}P(|V| > A) + \frac{1}{2}P(|V| > A)\Big] \\
&= \frac{(M-1)}{M}P(|V| > A)
\end{aligned}
\tag{8-171}
$$

根据噪声样值分布的对称性可得

$$
P(|V| > A) = 2P(V > A) = 2\int_A^\infty f(V)\,\mathrm{d}V = \frac{2}{\sqrt{2\pi}}\int_A^\infty \exp\left(-\frac{V^2}{2\sigma_n^2}\right)\mathrm{d}V
$$

$$
= \frac{2}{\sqrt{2\pi}}\int_{\frac{A}{\sigma_n}}^\infty \exp\left(-\frac{V^2}{2}\right)\mathrm{d}V
\tag{8-172}
$$

将式(8-172)代入式(8-171)可得

$$
P_e = \frac{(M-1)}{M}\left[\frac{2}{\sqrt{2\pi}}\int_{\frac{A}{\sigma_n}}^\infty \exp\left(-\frac{V^2}{2}\right)\mathrm{d}V\right] = \frac{(M-1)}{M}\mathrm{erfc}\left(\frac{A}{\sqrt{2}\,\sigma_n}\right)
$$

$$
= \frac{(M-1)}{M}\mathrm{erfc}\left(\sqrt{\frac{A^2}{n_0}}\right)
\tag{8-173}
$$

由式(8-167)可得

$$
A^2 = \frac{3ST_s}{M^2-1} = \frac{3E}{M^2-1}
\tag{8-174}
$$

式中,$E = ST_s$ 为接收信号码元能量。最后可得**系统误码率为**

$$P_e = \frac{(M-1)}{M} \mathrm{erfc}\left(\sqrt{\frac{3}{M^2-1}\frac{E}{n_0}}\right) \quad (8\text{-}175)$$

式(8-175)即为最佳数字基带传输系统误码率性能,图 8.22 是误码率 P_e 与信噪比 E/n_0 的关系曲线。以上结论是以数字基带传输系统为例分析得出的,其结论也可以推广到数字调制系统。

对于二进制传输系统,$M=2$ 时误码率公式可简化为

$$P_e = \frac{1}{2}\mathrm{erfc}\left(\sqrt{\frac{E}{n_0}}\right) \quad (8\text{-}176)$$

与确知信号最佳接收机误码率公式比较可以看出,两者相等。这表明,**二进制最佳数字基带传输系统的误码性能与采用最佳发送波形时的二进制确知信号最佳接收机的误码性能相同**。这说明,**采用最佳发送波形的最佳接收机也就构成了最佳数字基带传输系统**。

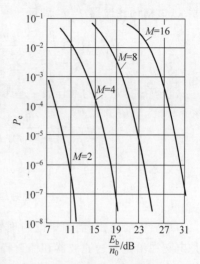

图 8.22 误码率 P_e 与信噪比 E/n_0 的关系曲线

8.6.3 非理想信道下的最佳数字基带传输系统

非理想信道,即 $C(f) \neq$ 常数。当信号通过特性不完善的信道时,一方面要遭受噪声的干扰,另一方面还将引起码间干扰,这将会造成系统错误概率的增加。

如果确知或已测量到信道特性 $C(f)$,并假设 $G_T(f)$ 已给定,那么,仍然能够设计一个即可以消除接收滤波器输出端在抽样时刻上的码间干扰,又可使噪声引起的差错达到最小的基带系统。这种系统就称为**非理想信道下的最佳数字基带传输系统**。显然,它可作为所有 $C(f) \neq$ 常数信道下的数字基带传输系统的一个性能上界。

非理想信道下的最佳数字基带传输系统设计分如下所述两步实现。

(1) 设计接收滤波器 $G_R(f)$,使其输出信噪比最大,此时 $G_R(f)$ 满足

$$G_R(f) = G_T^*(f)C^*(f) \quad (8\text{-}177)$$

这时,数字基带传输系统的总传输特性为

$$H(f) = G_T(f)C(f)G_R(f) = |G_T(f)|^2 |C(f)|^2 \quad (8\text{-}178)$$

(2) 接收滤波器 $G_R(f)$ 之后级联一个横向滤波器 $T(f)$,消除抽样时刻上的码间干扰。

为了消除码间干扰,由奈奎斯特第一准则可知,$H(f)$ 必须满足

$$H_{eq}(f) = \begin{cases} \displaystyle\sum_i H\left(f+\frac{i}{T_s}\right) = T_s, & |f| \leqslant \frac{1}{2T_s} \\ 0, & |f| > \frac{1}{2T_s} \end{cases} \quad (8\text{-}179)$$

为此,可以在接收端增加一个横向均衡滤波器 $T(f)$,使系统总传输特性满足式(8-179)

要求,该横向滤波器 $T(f)$ 满足

$$T(f) = \cfrac{T_s}{\displaystyle\sum_i \left| G_T\left(f + \frac{i}{T_s}\right) \right|^2 \left| C\left(f + \frac{i}{T_s}\right) \right|^2} \tag{8-180}$$

非理想信道下的最佳数字基带传输系统框图如图 8.23 所示。

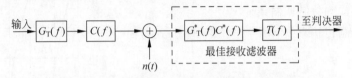

图 8.23   非理想信道下的最佳数字基带传输系统框图

最后需要指出,前面讨论的理想和非理想信道下的两种最佳数字基带传输系统,均是定义在给定发送滤波器和信道特性的条件下,使系统达到既消除码间干扰又使噪声影响最小的意义上的。或者说,系统的最佳化是借助接收滤波器最佳化来实现的。但在理论上,系统的最佳化还可定义在发送滤波器最佳化,或者发送滤波器和接收滤波器联合最佳化的意义上。不过,分析表明,讨论发送滤波器最佳化所得的结果与接收滤波器最佳化的结果几乎完全相同,而讨论发送滤波器和接收滤波器联合最佳化所得的结果不比接收机最佳化的结果有多大改善。因此从工程观点看,研究接收滤波器最佳化是特别适宜的。

8.7   小结

在通信中,对信号质量的衡量有多种不同的标准,所谓最佳,是指在某种标准下系统性能达到最佳。最佳标准也称最佳准则,在数字通信中,最常采用的最佳准则是输出信噪比最大准则和差错概率最小准则。在数字信号的最佳接收分析中,可以从数字信号接收统计模型出发,依据差错概率最小准则推导出相应的最佳接收机结构,然后再分析其性能。系统总的误码率与先验概率、似然函数及划分点有关,在先验概率和似然函数一定的情况下,系统总的误码率 P_e 是划分点的函数。使误码率 P_e 达到最小的划分点称为最佳划分点,为了达到最小差错概率,可以按似然比准则进行判决,即

$$\begin{cases} \cfrac{f_{s_1}(y_0)}{f_{s_2}(y_0)} > \cfrac{P(s_2)}{P(s_1)}, & \text{判为 } r_1(\text{即 } s_1) \\[3mm] \cfrac{f_{s_1}(y_0)}{f_{s_2}(y_0)} < \cfrac{P(s_2)}{P(s_1)}, & \text{判为 } r_2(\text{即 } s_2) \end{cases}$$

在加性高斯白噪声条件下,似然比准则和最小差错概率准则是等价的。当先验概率相等时,接收到的波形中,哪个似然函数大就判为哪个信号出现,此时的判决规则称为最大似然准则,可以推广到多进制数字通信系统中,对于 m 个可能发送的信号,在先验概率相等时的最大似然准则为 $f_{s_i}(y) > f_{s_j}(y)$,判为 s_i,$(i=1,2,\cdots,m;\ j=1,2,\cdots,m;\ i \neq j)$。

二进制确知信号相关器形式最佳接收机结构是比较抽样时刻 $t=T$ 时上下两个支路样值的大小。这种最佳接收机的结构是按比较观察波形 $y(t)$ 与 $s_1(t)$ 和 $s_2(t)$ 的相关性而构成的,因而称为相关接收机,其中相乘器与积分器构成相关器。接收过程是分别计算观察波形 $y(t)$ 与 $s_1(t)$ 和 $s_2(t)$ 的相关函数,在抽样时刻 $t=T$, $y(t)$ 与哪个发送信号的相关值大就判为哪个信号出现。

二进制确知信号最佳接收机误码率的一般表达式为 $P_e = \frac{1}{2}\mathrm{erfc}\left[\sqrt{\dfrac{E_b(1-\rho)}{2n_0}}\right]$,它与信噪比 E_b/n_0 及发送信号之间的互相关系数 ρ 有关。当信号能量 E_b 和噪声功率谱密度 n_0 一定时,误码率 P_e 就是互相关系数 ρ 的函数。互相关系数 ρ 越小,误码率 P_e 也越小,要获得最小的误码率 P_e,就要求出最小的互相关系数 ρ。互相关系数 ρ 的**取值范围**为 $-1 \leqslant \rho \leqslant 1$。

二进制随相信号和起伏信号具有多种形式,仅以 2FSK 信号为例,因为在这种信道中信号的振幅和相位都因噪声的影响而随机变化,故主要是 FSK 信号适于应用。由于这时信道引起信号相位有随机变化,不能采用相干解调,所以非相干解调是最佳接收方法。

在相同条件下,最佳接收机性能一定优于实际接收机性能。

最佳接收滤波器传输函数是输入信号频谱函数的复共轭(除了常数因子 $ke^{-j2\pi ft_0}$ 外),该滤波器在给定时刻 t_0 能获得最大输出信噪比 $2E/n_0$,故称此滤波器为匹配滤波器。匹配滤波器的冲激响应 $h(t)$ 就是信号 $s(t)$ 的镜像 $s(-t)$,但在时间轴上(向右)平移了 t_0。匹配滤波器输出信号码元波形是输入信号码元波形自相关函数的 k 倍。因此,匹配滤波器可以看成是一个计算输入信号自相关函数的相关器,其在 t_0 时刻得到最大输出信噪比 $r_{omax} = 2E/n_0$。由于匹配滤波器在 $t=T$ 时刻的输出值恰好等于相关器的输出值,也即匹配滤波器可以代替相关器,因而,二进制确知信号最佳接收机结构可用匹配滤波器形式代替,二进制随相信号最佳接收机结构可用匹配滤波器加包络检波器形式代替,由于没有利用相位信息,所以这种接收机是一种非相干接收机。匹配滤波器和相关接收两者等效。

理想信道 $[C(f)=1]$ 条件下最佳数字基带传输系统应该这样来设计,首先选择一个无码间干扰的系统总的传输函数 $H(f)$,然后将 $H(f)$ 开平方一分为二,一半作为发送滤波器的传输函数 $G_T(f) = \sqrt{H(f)}$,另一半作为接收滤波器的传输函数 $G_R(f) = \sqrt{H(f)}$。此时构成的基带传输系统就是一个在发送信号功率一定的约束条件下误码率最小的最佳数字基带传输系统。

对非理想信道 $[C(f) \neq 常数]$ 下的最佳数字基带系统设计可以分如下两步实现。

(1) 设计接收滤波器 $G_R(f)$,使其输出信噪比最大,此时 $G_R(f)$ 满足 $G_R(f) = G_T^*(f)C^*(f)$。

(2) 接收滤波器 $G_R(f)$ 之后级联一个横向滤波器 $T(f)$,消除抽样时刻上的码间干

扰,该横向滤波器 $T(f)$ 满足 $T(f) = \dfrac{T_s}{\sum\limits_i \left| G_T\left(f + \dfrac{i}{T_s}\right)\right|^2 \left| C\left(f + \dfrac{i}{T_s}\right)\right|^2}$。

思考题 8

1. 何谓最佳接收理论？信号统计检测所研究的问题可以归纳为哪几类？

2. 什么是"最小差错概率准则"？什么是"似然比准则"？什么是"最大似然准则"？三者之间有什么相同和不同之处？

3. 什么是"确知信号"？什么是"随相信号"？什么是"起伏信号"？

4. 试画出二进制确知信号相关接收最佳接收机的框图。

5. 对于二进制等概率双极性信号，试写出其最佳接收的总误码率表达式。

6. 试画出二进制随相信号相关接收最佳接收机的框图。

7. 在相同条件下，为什么最佳接收机性能一定优于实际接收机性能？

8. 何谓匹配滤波器？匹配滤波器的冲激响应和信号波形、传输函数和信号频谱各有什么关系？

9. 试比较相关接收和匹配滤波的异同点。试问在什么条件下两者能够给出相同的输出信噪比？

10. 如何采用匹配滤波器代替相关器构成二进制确知信号最佳接收机结构？简要说明其原理。

11. 如何采用匹配滤波器代替相关器构成二进制随相信号最佳接收机结构？简要说明其原理。

12. 什么是最佳数字基带传输系统？简要叙述最佳数字基带传输系统的构成原理？

13. 何谓理想信道？理想信道条件下如何设计最佳数字基带传输系统？

14. 二进制最佳数字基带传输系统的误码性能怎样？与采用最佳发送波形时的二进制确知信号最佳接收机的误码性能关系如何？

15. 何谓非理想信道？非理想信道条件下如何设计最佳数字基带传输系统？

习题 8

1. 设有一个等先验概率的 2ASK 信号，试画出其最佳接收机结构框图。若其非零码元的能量为 E_b，试求出其在高斯白噪声环境下的误码率。

2. 设有一个等先验概率的 2FSK 信号 $\begin{cases} s_0(t) = A\sin 2\pi f_0 t, & 0 \leqslant t \leqslant T_s \\ s_1(t) = A\sin 2\pi f_1 t, & 0 \leqslant t \leqslant T_s \end{cases}$，其中 $f_0 = 2/T_s, f_1 = 2f_0$。

(1) 试画出其相关接收法接收机原理框图。

(2) 画出框图中各点可能的工作波形。

（3）设接收机输入高斯白噪声的单边功率谱密度为 $n_0/2(\text{W/Hz})$，试求其误码率。

3. 设一个 2PSK 接收信号的输入信噪比为 $E_b/n_0 = 10\text{dB}$，码元持续时间为 T_s，试比较最佳接收机和普通接收机的误码率相差多少，并设后者的带通滤波器带宽为 $6/T_s(\text{Hz})$。

4. 设二进制双极性信号最佳数字基带传输系统中信号码元 0 和 1 是等概率发送的，信号码元的持续时间为 T_s，波形为幅度等于 1 的矩形脉冲，系统中的加性高斯白噪声的双边功率谱密度为 10^{-4}W/Hz。试问为使误码率不大于 10^{-5}，最高传输速率可以达到多少？

5. 设一个二进制双极性信号最佳传输系统中信号码元 0 和 1 是等概率发送的。码元传输速率为 56kbit/s，波形为不归零矩形波形，系统中加性高斯白噪声的双边带功率谱密度为 10^{-4}W/Hz。试问为使误码率不大于 10^{-5}，需要的最小接收信号功率等于多少？

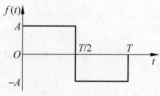

图 8.24 信号波形

6. 设高斯白噪声的单边功率谱密度为 $n_0/2$，对图 8.24 中的信号波形设计一个匹配滤波器。

（1）试问如何确定最大输出信噪比的时刻。

（2）试求此匹配滤波器的冲激响应和输出信号波形的表达式，并画出波形。

（3）试求出其最大输出信噪比。

7. 设图 8.25(a) 中两个滤波器的冲激响应分别为 $h_1(t)$ 和 $h_2(t)$，输入信号为 $s(t)$，图 8.25(b) 中给出了它们的波形。试用图解法画出 $h_1(t)$ 和 $h_2(t)$ 的输出波形，并说明 $h_1(t)$ 和 $h_2(t)$ 是否为 $s(t)$ 的匹配滤波器。

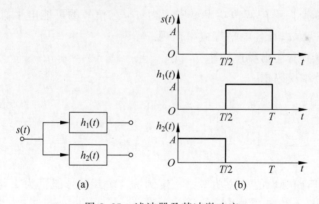

图 8.25 滤波器及其冲激响应

8. 设接收机输入端的二进制信号码元波形如图 8.26 所示，输入端的单边高斯白噪声功率谱密度为 $n_0/2(\text{W/Hz})$。

（1）试画出采用匹配滤波器形式的最佳接收滤波器形式的最佳接收机原理框图。

（2）确定匹配滤波器的单位冲激响应和输出波形。

（3）求出最佳误码率。

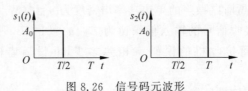

图 8.26　信号码元波形

9. 设在高斯白噪声条件下接收的二进制信号码元波形为 $\begin{cases} s_1(t)=A\sin(2\pi f_c t+\varphi_1),0\leqslant t<T \\ s_2(t)=A\sin(2\pi f_c t+\varphi_2),0\leqslant t<T \end{cases}$,

$s_1(t)$ 和 $s_2(t)$ 在 $(0,T)$ 内满足正交条件;φ_1 和 φ_2 是服从均匀分布的随机变量。

（1）试画出采用匹配滤波器形式的最佳接收机原理框图。

（2）试用两种不同方法分析上述接收机中抽样判决器输入信号抽样值的统计特性。

（3）求出此系统的误码率。

10. 已知某最佳数字基带传输系统组成如图 8.27 所示。

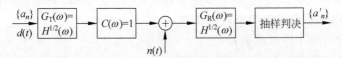

图 8.27　最佳基带传输系统组成

系统总的传输函数为 $H(\omega)=\begin{cases} \dfrac{T_s}{2}\left(1+\cos\dfrac{\omega T_s}{2}\right), & |\omega|\leqslant\dfrac{2\pi}{T_s} \\ 0, & |\omega|>\dfrac{2\pi}{T_s} \end{cases}$,式中,$T_s$ 为码元时间

间隔。信道加性高斯白噪声双边功率谱密度为 $n_0/2$,信号的可能电平有 L 个,电平取值为 $0,2d,\cdots,2(L-1)d$,且各电平等概率出现。

（1）求接收滤波器输出噪声功率。

（2）求系统最小误码率。

小测验 8

一、填空题

1. 设加性高斯白噪声的单边功率谱密度为 n_0,输入信号能量为 E,则匹配滤波器在 $t=T$ 时刻输出的最大信噪比为＿＿＿＿。

2. ＿＿＿＿是描述信号发送概率的参数,它是信号统计检测的第一数据;＿＿＿＿是信号统计检测的第二数据。

3. 在数字通信中,最常采用的最佳准则是＿＿＿＿和＿＿＿＿。

4. 在加性高斯白噪声条件下,＿＿＿＿和最小差错概率准则是等价的。

5. 所谓最佳接收机设计,是指在一组给定的假设条件下,利用＿＿＿＿给出满足某种最佳准则接收机的＿＿＿＿和＿＿＿＿,而不涉及接收机各级的具体电路。

6. 使滤波器输出信噪比在某一特定时刻达到最大,由此而导出的最佳线性滤波器称为_____。

7. 匹配滤波器的冲激响应 $h(t)$ 就是信号 $s(t)$ 的_____,但在时间轴上(向右)平移了 t_0。

8. 无论是相关器形式还是匹配滤波器形式的最佳接收机结构,它们的比较器都是在_____才做出最后判决的。

9. 先验概率相等的 2PSK 信号解调,若抽样判决器输入端信号的峰-峰值为 10V,那么该判决器的判决电平应取_____。

10. 对非理想信道_____下的最佳数字基带传输系统设计接收滤波器 $G_R(f)$,使其输出信噪比最大,此时 $G_R(f)$ 满足的条件是_____。

二、简答题

1. 什么是最佳数字基带传输系统?理想信道下的最佳数字基带传输系统应满足哪些条件?

2. 二进制数字信号最佳接收的似然比准则是什么?

3. 什么是二进制确知信号最佳波形?信号 $s_1(t)$ 和 $s_2(t)$ 满足最佳波形的条件是什么?

4. 匹配滤波器的传输函数和单位冲激响应与输入信号有什么关系?

5. 试画出二进制随相信号相关器形式和匹配滤波器形式的最佳接收机结构框图。

三、计算题

1. 假设输入某匹配滤波器的信号如图 8.28 所示,输入噪声是功率谱密度为 $n_0/2$ 的高斯白噪声。

(1) 试画出该匹配滤波器的单位冲激响应 $h(t)$ 的波形。

(2) 试求该匹配滤波器的输出信号。

(3) 试计算该匹配滤波器的最大输出信噪比。

2. 某二进制数字传输系统采用匹配滤波器构成最佳接收机。接收机两个匹配滤波器的单位冲激响应 $h_1(t)$ 和 $h_2(t)$ 波形如图 8.29 所示,恒参信道加性高斯白噪声的均值为零,噪声双边功率谱密度为 $n_0/2$。

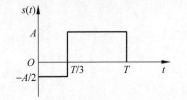
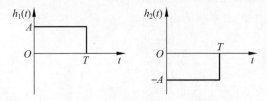

图 8.28 某匹配滤波器的输入信号　　　　图 8.29 $h_1(t)$ 和 $h_2(t)$ 波形

(1) 试构成匹配滤波器形式的最佳接收机,并确定输入信号 $s_1(t)$ 的时间波形。

(2) 若发送信号为 $s_1(t)$,试画出匹配滤波器 $h_1(t)$ 和 $h_2(t)$ 的输出波形,并求最佳判决时刻和输出信噪比。

(3) 若发送信号 $s_1(t)$ 和 $s_2(t)$ 概率相等,试求接收机输出误码率。

3. 某二进制数字基带传输系统如图8.30所示,$\{a_n\}$ 与 $\{a'_n\}$ 分别为发送的数字序列和恢复的数字序列,已知发送滤波器的传输函数 $G_T(\omega)$ 为 $G_T(\omega)=\begin{cases}\sqrt{\dfrac{1}{2}\left(1+\cos\dfrac{\omega T_s}{2}\right)}, & |\omega|\leqslant\dfrac{2\pi}{T_s} \\ 0, & |\omega|\leqslant\dfrac{2\pi}{T_s}\end{cases}$,

信道传输函数 $C(\omega)=1$,$n(t)$ 是双边功率谱密度为 $n_0/2(\text{W}/\text{Hz})$、均值为零的高斯白噪声。

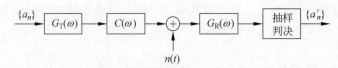

图 8.30 二进制数字基带传输系统

(1) 若要使基带系统最佳化,试问 $G_R(\omega)$ 应如何选择?

(2) 该系统无码间干扰的最高码元传输速率为多少?

(3) 若发送的二进制基带信号为双极性信号,接收信号中码元能量为 E,并且 $P(0)=P(1)$,试推导该系统的最佳判决门限和最小误码率。

4. 设接收机输入端的二进制等概码元 $s_1(t)$、$s_2(t)$ 的波形如图8.31所示,输入高斯白噪声功率谱密度为 $n_0/2$。

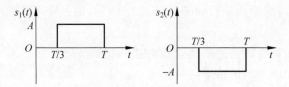

图 8.31 $s_1(t)$ 和 $s_2(t)$ 的波形

(1) 画出相关器形式的最佳接收机结构。

(2) 设信息代码为10010,1码及0码对应的波形分别为 $s_1(t)$ 和 $s_2(t)$,画出相关器形式的最佳接收机各点波形。

(3) 求系统的误码率。

第 9 章 同步原理

通信是收发双方的事情,要使接收端和发送端的设备在时间上协调一致地工作,就必然涉及同步(synchronization)问题。同步的目的是使接收信号与发射信号保持正确节拍,以保证接收系统能正确地接收信息。

本章主要讨论载波同步的方法、性能及载波相位误差对解调性能的影响,码元同步的方法、性能及定时误差对系统性能的影响,群同步的方法、性能指标及群同步保护,扩谱通信系统同步中的捕获和跟踪,网同步的基本概念等内容。

9.1 概述

1. 同步的定义

所谓同步,是指收发双方在时间上步调一致,故又称定时。

同步是数字通信系统以及某些采用相干解调的模拟通信系统中一个重要的实际问题,由于收、发双方不在一地,要使它们能步调一致地协调工作,必须要由同步系统来保证。

2. 按功能分类

在数字通信中,按照功能分类,同步可分为载波同步、码元同步、群同步和网同步。

1) 载波同步

载波同步(carrier synchronization)是指在接收设备中产生一个和接收信号的载波同频同相的本地振荡,供给解调器用于相干解调,也称为载波提取或载波同步。接收信号中有载频分量时需要调整其相位,无载频分量时需从信号中提取载波,或插入辅助同步信息。在模拟调制以及数字调制学习过程中,要想实现相干解调,必须有相干载波。因此,载波同步是实现相干解调的先决条件。

2) 码元同步

码元同步(symbol synchronization)又称时钟(clock)同步或时钟恢复,对于二进制信号又称位同步。在数字通信系统中,任何消息都是通过一连串码元序列传送的,所以接收时需要知道每个码元的起止时刻,以便在恰当的时刻进行取样判决。最佳接收机结构中需要对积分器或匹配滤波器的输出进行抽样判决,判决时刻应对准每个接收码元的终止时刻。这就要求接收端必须提供一个用于抽样判决的定时脉冲序列,它和接收码元的终止时刻应对齐,提取这种定时脉冲序列的过程称为码元同步。**接收端产生与接收码元的重复频率与码元速率相同、相位与最佳取样判决时刻一致的定时脉冲序列的过程称为码元同步**,这个定时脉冲序列为码元同步脉冲或码元同步脉冲。

3) 群同步

群同步(group synchronization)包含字同步、句同步、分路同步,有时也称帧同步(frame synchronization)或字符同步(character synchronization)。在数字通信信息流中,若干码元组成一个"字",若干个"字"组成"句",在接收这些数字信息时,必须知道这些

"字""句"的起止时刻,否则接收端无法正确恢复信息。对于数字时分多路通信系统,如PCM30/32 电话系统,各路信码都安排在指定的时隙内传送,形成一定的帧结构。为了使接收端能正确分离各路信号,在发送端必须提供每帧的起止标记,在接收端检测并获取这一标志的过程称为帧同步。因此,**在接收端产生与"字""句""帧"起止时刻相一致的定时脉冲序列的过程统称为群同步。**

4)网同步

在获得了载波同步、码元同步、群同步之后,两点间的数字通信就可以有序、准确、可靠地进行了。然而,随着数字通信的发展,尤其是计算机通信的发展,多个用户之间的通信和数据交换构成了数字通信网。为了保证通信网内各用户之间可靠地通信和数据交换,全网必须有一个统一的时间标准时钟,这就是网同步(network synchronization)的问题。

3. 按照获取和传输同步信息方式分类

同步也是一种信息,按照获取和传输同步信息方式的不同,又可分为外同步法和自同步法。

1)外同步法

由发送端发送专门的同步信息(常被称为导频),接收端把这个导频提取出来作为同步信号的方法,称为外同步法。

2)自同步法

发送端不发送专门的同步信息,接收端设法从收到的信号中提取同步信息的方法,称为自同步法。自同步法是人们最希望的同步方法,因为可以把全部功率和带宽分配给信号传输。在载波同步和码元同步中两种方法都有采用,群同步一般都采用外同步法。自同步法正得到越来越广泛的应用。

4. 同步的意义

同步本身虽然不包含所要传送的信息,但只有收发设备之间建立了同步后才能开始传送信息,所以同步是进行信息传输的必要前提和基础,同步性能的好坏也直接影响通信系统的性能。如果出现同步误差或失去同步就会导致通信系统性能下降或通信中断,因此,同步系统应具有比信息传输系统更高的可靠性和更好的质量指标,如同步误差小、相位抖动小以及同步建立时间短、保持时间长等。本章重点讨论载波同步、码元同步、群同步和网同步的实现方法和性能。

9.2 载波同步

载波同步是实现相干解调的前提和基础,本地载波信号质量的好坏对于相干解调的输出信号质量有着极大的影响。提取相干载波的方法有直接法和插入导频法两种。

9.2.1 插入导频法

所谓插入导频法,也称外同步法或有辅助导频的载波提取,就是发送有用信号的同时在适当的频率位置上插入一个(或多个)称为导频的正弦波,接收端由该导频提取出载波。

抑制载波的双边带信号(如 DSB、等概的 2PSK)本身不含有载波,残留边带信号虽含有载波分量,但很难从已调信号的频谱中把它分离出来。对这些信号的载波提取,可以用插入导频法,尤其是单边带信号,它既没有载波分量,又不能用直接法提取载波,只能用插入导频法。

1. 频域插入导频

频域插入导频的特点是插入的导频在时间上是连续的,即信道中自始至终都有导频信号传送。

所谓插入导频,就是在已调信号频谱中额外插入一个低功率的线谱,以便接收端作为载波同步信号加以恢复,此线谱对应的正弦波称为导频信号。采用插入导频法应注意导频的频率应当是与载频有关的或者就是载频的频率。总的原则是在已调信号频谱中的零点插入导频,且要求其附近的信号频谱分量尽量小,这样便于插入导频以及解调时易于滤除。

对于模拟调制中的双边带和单边带信号,在载频 f_c 附近信号频谱为 0,但对于数字调制中的 2PSK 或 2DPSK 信号,在 f_c 附近的频谱不但有,而且比较大,因此对这样的信号,可参考的第Ⅳ类部分响应,在调制以前先对基带信号进行**相关编码**。

相关编码的作用是把如图 9.1(a)所示的基带信号变换成如图 9.1(b)所示的频谱函数,这样经过双边带调制以后可以得到如图 9.2 所示的频谱函数,在 f_c 附近的频谱函数很小,且没有离散谱,才可以在 f_c 处插入频率为 f_c 的导频(这里仅画出了正频域)。

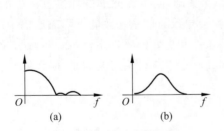

图 9.1 相关编码进行频谱变换

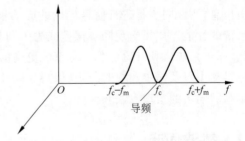

图 9.2 抑制载波双边带信号的导频插入

注意,在图 9.2 所示信号中插入的导频并不是加于调制器的那个载波上,而是将该载波移相90°后的所谓**正交载波**上。这样,就可组成插入导频的发送端框图如图 9.3 所示。

设调制信号 $m(t)$ 中无直流分量,被调载波为 $a\sin\omega_c t$,将它经 90° 移相形成插入导频 (正交载波)$-a\cos\omega_c t$,其中 a 是插入导频的振幅,于是输出信号为

$$u_0(t) = am(t)\sin\omega_c t - a\cos\omega_c t \tag{9-1}$$

设收到的信号就是发送端输出信号 $u_0(t)$,则接收端用一个中心频率为 f_c 的窄带滤波器提取导频 $-a\cos\omega_c t$,再将它移相 90° 后得到与调制载波同频同相的相干载波 $\sin\omega_c t$,接收端的解调框图如图 9.4 所示。

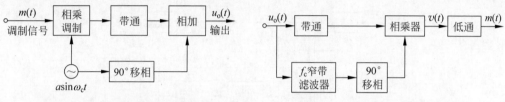

图 9.3　插入导频法发送端框图　　　　图 9.4　插入导频法接收端框图

发送端是以正交载波作为导频,其原因解释如下。由图 9.4 可知,解调输出为

$$v(t) = u_0(t)\sin\omega_c t = am(t)\sin^2\omega_c t - a\cos\omega_c t\sin\omega_c t$$

$$= \frac{a}{2}m(t) - \frac{a}{2}m(t)\cos2\omega_c t - \frac{a}{2}\sin2\omega_c t \tag{9-2}$$

经过低通滤除高频部分后,就可恢复调制信号 $m(t)$。

如果发送端加入的导频不是正交载波,而是调制载波,则接收端 $v(t)$ 中还有一个不需要的直流成分,这个直流成分通过低通滤波器对数字信号产生影响,这就是发送端正交插入导频的原因。2PSK 和双边带信号都属于抑制载波的双边带信号,所以上述插入导频方法对两者均适用。对于单边带信号,导频插入的原理也与上述相同。

2. 时域插入导频

时域插入导频的方法在时分多址通信卫星中应用较多。时域插入导频方法是按照一定的时间顺序,在指定的时间内发送同步载波,即把载波标准插到每帧的数字序列中,如图 9.5(a)所示,$t_2 \sim t_3$ 期间就是插入导频的时间,它一般插入在群同步脉冲之后。这种插入的结果只是在每帧的一小段时间内才出现同步载波,在接收端应用控制信号将同步载波取出,从理论上讲可以用窄带滤波器直接取出这个载波,但实际上是困难的,因为导频在时间上是断续传送的,并且只在很小一部分时间存在,用窄带滤波器取出这个间断的载波是不能应用的。所以,时域插入导频法常用锁相环来提取同步载波,框图如图 9.5(b)所示。

9.2.2　直接法

直接法也称**自同步法**或**无辅助导频的载波提取**,这种方法设法从接收信号中提取同步载波。有些信号,如 DSB-SC、PSK 等,它们虽然本身不直接含有载波分量,但经过某种

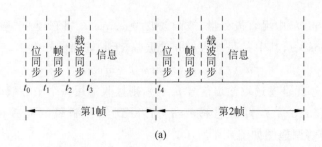

(a)

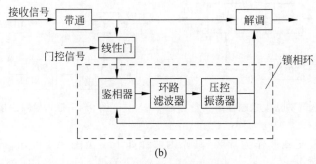

(b)

图 9.5 时域插入导频法

非线性变换后会具有载波的谐波分量,因而可从中提取出载波分量来。下面介绍几种常用的方法。

1. 平方变换法和平方环法

此方法广泛用于建立抑制载波的双边带信号的载波同步。设调制信号 $m(t)$ 无直流分量,则抑制载波的双边带信号为

$$s(t) = m(t)\cos(\omega_c t + \theta) \tag{9-3}$$

式中,$m(t) = \pm 1$,当 $m(t)$ 取 $+1$ 和 -1 的概率相等时,此信号的频谱中无角频率 ω_c 的离散分量。将式(9-3)等号两边求平方,得到

$$s^2(t) = m^2(t)\cos^2(\omega_c t + \theta) = \frac{1}{2}[1 + \cos 2(\omega_c t + \theta)] \tag{9-4}$$

式(9-4)第 2 项包含有载波的倍频 $2\omega_c$ 分量。若用一窄带滤波器将 $2\omega_c$ 频率分量滤出,再进行二分频,就可获得所需的相干载波。基于这种构思的平方变换法提取载波的框图如图 9.6 所示。

图 9.6 平方变换法原理框图

在实际中,伴随信号一起进入接收机的还有加性高斯白噪声,为了改善平方变换法的性能,使恢复的相干载波更为纯净,图 9.6 中的窄带滤波器常用锁相环代替,构成如图 9.7 所示的平方环法。由于锁相环具有良好的跟踪、窄带滤波和记忆功能,平方环法比一般的平方变换法具有更好的性能。因此,平方环法提取载波得到了较广泛的应用。

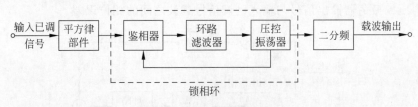

图 9.7 平方环法原理框图

这里以 2PSK 信号为例分析采用平方环法提取载波的情况。2PSK 信号平方后得到

$$e(t) = \left[\sum_n a_n g(t - nT_s) \right]^2 \cos^2 \omega_c t \tag{9-5}$$

当 $g(t)$ 为矩形脉冲时,有

$$e(t) = \frac{1}{2} + \frac{1}{2} \cos 2\omega_c t \tag{9-6}$$

假设环路锁定,压控振荡器(Voltage Controlled Oscillator,VCO)的频率锁定在 $2\omega_c$ 频率上,其输出信号为

$$v_o(t) = A \sin(2\omega_c + 2\theta) \tag{9-7}$$

这里,θ 为相位差。经鉴相器(由相乘器和低通滤波器组成)后输出的误差电压为

$$v_d = K_d \sin 2\theta \tag{9-8}$$

式中,K_d 为鉴相灵敏度,是一个常数。v_d 仅与相位差有关,它通过环路滤波器去控制压控振荡器的相位和频率。环路锁定之后,θ 是一个很小的量,因此,VCO 的输出经过二分频后,就是所需的相干载波。

应当注意,这里用的二分频电路的初始状态是随机的,会使分频输出的初始相位有 0 和 π 两种可能状态,这种相位的不确定性称为相位的含糊性。相位的含糊性对模拟通信影响不大,因为人耳听不出相位的变化,但对数字通信影响较大,它可能使 2PSK 相干解调后出现"倒相",因此为了能够将其用于接收信号的解调,通常的办法就是采用 2DPSK 体制。在采用此方案时,还可能发生错误锁定的情况,这是由于在平方后的接收电压中有可能存在其他离散频率分量,致使锁相环锁定在错误的频率上,解决这个问题的办法是降低环路滤波器的带宽。

2. 同相正交环法

同相正交环法又称科斯塔斯(Costas)环法,原理框图如图 9.8 所示。在此环路中,压控振荡器提供两路互为正交的载波,与输入接收信号分别在同相和正交两个鉴相器中进行鉴相,经低通滤波之后的输出均含调制信号,两者相乘后可以消除调制信号的影响,经环路滤波器得到仅与相位差有关的控制压控,从而准确地对压控振荡器进行调整。

设输入的抑制载波双边带信号为 $m(t) \cos \omega_c t$,并假定环路锁定,且不考虑噪声的影响,则压控振荡器输出的两路互为正交的本地载波为

$$v_1 = \cos(\omega_c t + \theta) \tag{9-9}$$

$$v_2 = \sin(\omega_c t + \theta) \tag{9-10}$$

式中,θ 为压控振荡器输出信号与输入已调信号载波之间的相位误差。

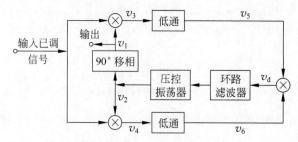

图 9.8 Costas 环法提取载波

信号 $m(t)\cos\omega_c t$ 分别与 v_1、v_2 相乘后得

$$v_3 = m(t)\cos\omega_c t\cos(\omega_c t+\theta) = \frac{1}{2}m(t)[\cos\theta+\cos(2\omega_c t+\theta)] \tag{9-11}$$

$$v_4 = m(t)\cos\omega_c t\sin(\omega_c t+\theta) = \frac{1}{2}m(t)[\sin\theta+\sin(2\omega_c t+\theta)] \tag{9-12}$$

经低通滤波后得到

$$v_5 = \frac{1}{2}m(t)\cos\theta \tag{9-13}$$

$$v_6 = \frac{1}{2}m(t)\sin\theta \tag{9-14}$$

低通滤波器应该允许 $m(t)$ 通过。

v_5、v_6 相乘产生误差信号

$$v_d = \frac{1}{8}m^2(t)\sin 2\theta \tag{9-15}$$

当 $m(t)$ 为矩形脉冲的双极性数字基带信号时,$m^2(t)=1$。即使 $m(t)$ 不为矩形脉冲序列,式中的 $m^2(t)$ 可以分解为直流和交流分量。由于锁相环作为载波提取环时,其环路滤波器的带宽设计得很窄,只有 $m(t)$ 中的直流分量可以通过,因此 v_d 可写成

$$v_d = K_d\sin 2\theta \tag{9-16}$$

如果把图 9.3 中除环路滤波器和压控振荡器以外的部分看成一个等效鉴相器,其输出 v_d 正是所需要的误差电压。它通过环路滤波器滤波后去控制压控振荡器的相位和频率,最终使稳态相位误差减小到很小的数值,而没有剩余频差(即频率与 ω_c 同频)。此时压控振荡器的输出 $v_1=\cos(\omega_c t+\theta)$ 就是所需的同步载波,而 $v_5=\dfrac{1}{2}m(t)\cos\theta\approx\dfrac{1}{2}m(t)$ 就是解调输出。

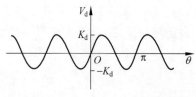

图 9.9 平方环和 Costas 环的鉴相特性

比较式(9-8)与式(9-16)可知,Costas 环与平方环具有相同的鉴相特性(v_d-θ 曲线),如图 9.9 所示,$\theta=n\pi(n$ 为任意整数)为锁相环的稳定平衡点。锁相环工作时可能锁定在任何一个稳定平衡点上,考虑到在周期 π 内 θ 取值可能为 0 或 π,这意味着恢复出

的载波可能与理想载波同相,也可能反相。这种相位关系的不确定性称为 0,π 的相位模糊度。

这是用锁相环从抑制载波的双边带信号(2PSK 或 DSB)中提取载波时不可避免的共同问题,在其他类型的载波恢复环路,如**逆调制环、判决反馈环、松尾环**等性能更好的环路中也同样存在;不但在 2PSK 信号中存在,在多进制移相信号(MPSK)中也同样存在相位模糊度问题。

Costas 环与平方环都是利用锁相环提取载波的常用方法。Costas 环与平方环相比,虽然在电路上要复杂一些,但它的工作频率即为载波频率,而平方环的工作频率是载波频率的两倍,显然当载波频率很高时,工作频率较低的 Costas 环易于实现;其次,当环路正常锁定后,Costas 环可直接获得解调输出,而平方环则没有这种功能。

3. 多进制移相信号(MPSK)的载波提取

当数字信息通过载波的 M 进制调制后发送时,可将上述方法推广,以获取同步载波。一种方法基于平方变换法或平方环法的推广,是 M 次方变换法或 M 方环法,如图 9.10 所示。例如,从 4PSK 信号中提取同步载波的四次方环,其鉴相器输出的误差电压为

$$v_{\mathrm{d}} = K_{\mathrm{d}}\sin 4\theta \tag{9-17}$$

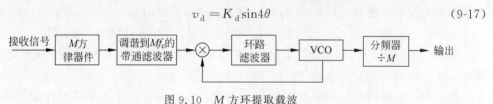

图 9.10 M 方环提取载波

因此,$\theta = n\pi(n$ 为任意整数)为四次方环的稳定平衡点,即有 0、$\pi/2$、π、$3\pi/2$ 的稳定工作点,这种现象称为四重相位模糊度,或称为 $90°$ 的相位模糊。同理,M 次方环具有 M 重相位模糊度,即所提取的载波具有 $360°/M$ 的相位模糊。解决的方法是采用 MDPSK。

另一种方法基于 Costas 环的推广,例如图 9.11 所示为从 4PSK 信号中提取载波的 Costas 环,可以求得它的等效鉴相特性与式(9-16)一样。提取的载波也具有 $90°$ 的相位模糊。这种方法实现起来比较复杂,在实际中一般不采用。

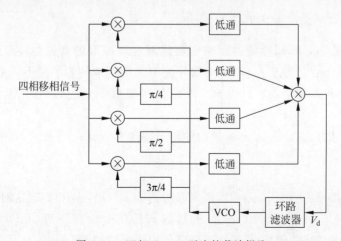

图 9.11 四相 Costas 环法的载波提取

9.2.3 载波同步系统的性能及相位误差对解调性能的影响

1. 载波同步系统的性能

载波同步追求的是高效率、高精度、同步建立时间快、保持时间长,所以载波同步系统的性能指标主要有效率、精度、同步建立时间和同步保持时间。

高效率指为了获得载波信号而尽量少消耗发送功率。在这方面,直接法由于不需要专门发送导频而效率高,而插入导频法由于插入导频要消耗一部分发送功率而效率要低一些。

高精度指接收端提取的载波与需要的载波标准比较,应该有尽量小的相位误差。如需要的同步载波为 $\cos\omega_c t$,提取的同步载波为 $\cos(\omega_c t + \Delta\varphi)$,$\Delta\varphi$ 就是载波相位误差,$\Delta\varphi$ 应尽量小。通常 $\Delta\varphi$ 分为稳态相差 θ_e 和随机相差 σ_φ 两部分,即

$$\Delta\varphi = \theta_e + \sigma_\varphi \tag{9-18}$$

稳态相差与提取的电路密切相关,而随机相差则是由噪声引起。

同步建立时间 t_s 指从开机或失步到同步所需的时间。显然 t_s 越小越好。

同步保持时间 t_c 指同步建立后,同步信号小时,系统还能维持同步的时间。t_c 越大越好。这个指标与提取的电路、信号及噪声的情况有关。

当采用性能优越的锁相环提取载波时,这些指标主要取决于锁相环的性能。如稳态相差就是锁相环的剩余相差,即 $\theta_e = \Delta\omega / K_V$,其中 $\Delta\omega$ 为压控振荡角频率与输入载波角频率之差,K_v 是环路直流总增益;随机相差 σ_φ 实际是由噪声引起的输出相位抖动,它与环路等效噪声带宽 B_L 及输入噪声功率谱密度等有关,B_L 的大小反映了环路对输入噪声的滤除能力,B_L 越小,σ_φ 越小;同步建立时间 t_s 具体表现为锁相环的捕捉时间,而同步保持时间 t_c 具体表现为锁相环的同步保持时间。有关这方面的详细讨论,读者可参阅锁相环相关专业性教材。

2. 载波相位误差对解调性能的影响

载波相位误差对解调性能的影响主要体现为所提取的载波与接收信号中的载波的相位误差 $\Delta\varphi$。相位误差 $\Delta\varphi$ 对不同信号的解调所带来的影响是不同的,这里首先研究 DSB 和 PSK 的解调情况。DSB 和 2PSK 信号都属于双边带信号,具有相似的表示形式。

设 DSB 信号为 $m(t)\cos\omega_c t$,所提取的相干载波为 $\cos(\omega_c t + \Delta\varphi)$,这时解调输出为

$$m'(t) = \frac{1}{2}m(t)\cos\Delta\varphi \tag{9-19}$$

若没有相位差,即 $\Delta\varphi = 0$,$\cos\Delta\varphi = 1$,则解调输出为 $m'(t) = m(t)/2$,这时信号有最大幅度;若存在相位差,即 $\Delta\varphi \neq 0$,$\cos\Delta\varphi < 1$,解调后信号幅度下降,功率和信噪比下降 $\cos^2\Delta\varphi$ 倍。对于 2PSK 信号,信噪比下降将使误码率增加,若 $\Delta\varphi = 0$,

$$P_e = \frac{1}{2}\text{erfc}(\sqrt{E/n_0}) \tag{9-20}$$

当 $\Delta\varphi \neq 0$ 时，

$$P_e = \frac{1}{2}\text{erfc}(\sqrt{E/n_0}\cos\varphi) \tag{9-21}$$

可见，载波相位误差 $\Delta\varphi$ 引起双边带解调系统的信噪比下降，误码率增加。当 $\Delta\varphi$ 近似为常数时，不会引起波形失真。然而，对单边带和残留边带解调而言，相位误差 $\Delta\varphi$ 不仅会引起信噪比下降，而且还会引起输出波形失真。

以单边带信号为例，说明这种失真是如何产生的。设单音基带信号 $m(t)=\cos\Omega t$，且单边带信号取上边带 $\frac{1}{2}\cos(\omega_c + \Omega)t$，所提取的相干载波为 $\cos(\omega_c t + \Delta\varphi)$，相干载波与已调信号相乘得

$$\frac{1}{2}\cos(\omega_c + \Omega)t\cos(\omega_c t + \Delta\varphi) = \frac{1}{4}\left[\cos(2\omega_c t + \Omega t + \Delta\varphi) + \cos(\Omega t - \Delta\varphi)\right]$$

$$\tag{9-22}$$

经低通滤除高频即得解调输出为

$$m'(t) = \frac{1}{4}\cos(\Omega t - \Delta\varphi) = \frac{1}{4}\cos\Omega t\cos\Delta\varphi + \frac{1}{4}\sin\Omega t\sin\Delta\varphi \tag{9-23}$$

式(9-23)中的第 1 项与原基带信号相比，由于 $\cos\Delta\varphi$ 的存在，信噪比下降了；第 2 项是与原基带信号正交的项，它使恢复的基带信号波形失真，推广到多频信号时也将引起波形的失真。若用来传输数字信号，会产生**码间干扰**，使误码率大大增加，因此应尽可能使 $\Delta\varphi$ 减小。

9.3　码元同步

码元同步是指在接收端的基带信号中提取码元定时的过程。它与载波同步有一定的相似和区别。载波同步是相干解调的基础，不论模拟通信还是数字通信，只要是采用相干解调，都需要载波同步，并且在基带传输时没有载波同步问题；所提取的载波同步信息是载频为 f_c 的正弦波，要求它与接收信号的载波同频同相，实现方法有插入导频法和直接法。

码元同步是正确取样判决的基础，只有数字通信才需要，所提取的码元同步信息是频率等于码元速率的定时脉冲，相位则根据判决时信号波形决定，可能在码元中间，也可能在码元终止时刻或其他时刻，实现方法也有插入导频法(外同步)和直接法(自同步)。

9.3.1　插入导频法

1. 频域插入导频法

这种方法与载波同步时的插入导频法类似，也是在基带信号频谱的零点处插入所需

的码元定时导频信号,如图 9.12 所示,图(a)为常见的双极性不归零基带信号的功率谱,插入导频的位置是 $1/T$;图(b)表示经某种相关变换的基带信号,其频谱的第 1 个零点为 $1/(2T)$,插入导频应在 $1/(2T)$ 处。

在接收端,针对图 9.12(a)所示的情况,经中心频率为 $1/T$ 的窄带滤波器,就可从解调后的基带信号中提取出码元同步所需的信号,这时码元同步脉冲的周期与插入导频的周期一致;针对图 9.12(b)所示的情况,窄带滤波器的中心频率应为 $1/(2T)$,所提取的导频需经倍频后才得所需的码元同步脉冲。

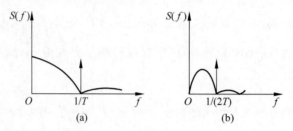

图 9.12　插入导频法频谱图

图 9.13 所示为插入位定时导频的系统框图,它对应于图 9.12(b)所示频谱的情况。

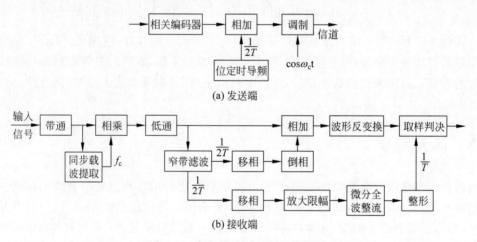

图 9.13　插入位定时导频系统框图

发送端插入的导频为 $1/(2T)$,接收端在解调后设置了 $1/(2T)$ 窄带滤波器,其作用是取出位定时导频。移相、倒相和相加电路是为了从信号中消去插入导频,使进入取样判决器的基带信号没有插入导频。这样做是为了避免插入导频对取样判决造成影响。与插入载波导频法相比,它们消除插入导频影响的方法各不相同,载波同步中采用正交插入,而码元同步中采用反向相消的办法。这是因为载波同步在接收端进行相干解调时,相干解调器有很好的抑制正交载波的能力,不需另加电路就能抑制正交载波,因此载波同步采用正交插入。而位定时导频是在基带加入,没有相干解调器,故不能采用正交插入。为了消除导频对基带信号取样判决的影响,码元同步采用**反相相消**。

此外,由于窄带滤波器取出的导频为 $1/(2T)$,图 9.13(b)中的微分全波整流起到了倍频的作用,可以产生与码元速率相同的码元定时信号 $1/T$,两个移相器都用来消除窄带滤波器等引起的相移,这两个移相器可以合并。

2. 包络调制法

这种方法用码元同步信号的某种波形对移相键控或移频键控这样的恒包络数字已调信号进行附加的幅度调制,使其包络随着码元同步信号波形变化。在接收端只要进行包络检波,就可以形成码元同步信号。

设移相键控的表达式为

$$s_1(t) = \cos[\omega_c t + \varphi(t)] \tag{9-24}$$

利用含有码元同步信号的某种波形对 $s_1(t)$ 进行幅度调制,若这种波形为升余弦波形,则其表达式为

$$m(t) = \frac{1}{2}(1 + \cos\Omega t) \tag{9-25}$$

式中,$\Omega = 2\pi/T$,T 为码元宽度。幅度调制后的信号为

$$s_2(t) = \frac{1}{2}(1 + \cos\Omega t)\cos[\omega_c t + \varphi(t)] \tag{9-26}$$

接收端对 $s_2(t)$ 进行包络检波,包络检波器的输出为 $(1+\cos\Omega t)/2$,除去直流分量后,就可获得码元同步信号 $(\cos\Omega t)/2$。

除以上两种在频域内插入码元同步导频的方式之外,还可以在时域内插入,其原理与载波时域插入方法类似。

9.3.2 直接法

直接法又称**自同步法**,不需要辅助同步信息。这一类方法是发送端不专门发送导频信号,直接从接收的数字信号中提取码元同步信号。这种方法在数字通信中得到了最广泛的应用。直接提取码元同步的方法又分为滤波法和特殊锁相环法。

1. 波形变换滤波法

不归零的随机二进制序列,不论是单极性还是双极性的,当 $P(0)=P(1)=1/2$ 时,都没有 $f=1/T$、$2/T$ 等线谱,因而不能直接滤出 $f=1/T$ 的码元同步信号分量。但是,若对该信号进行某种变换,例如,用归零的单极性脉冲,其谱中含有 $f=1/T$ 的分量,然后用窄带滤波器取出该分量,再经移相调整后就可形成位定时脉冲。这种方法的原理框图如图 9.14 所示,特点是先形成含有码元同步信息的信号,再用滤波器将其取出。

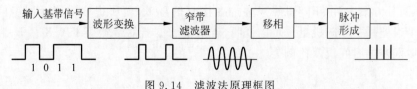

图 9.14　滤波法原理框图

波形变换是一种非线性变换,也是一种开环码元同步法,图 9.15 所示为两个具体方案,图 9.15(a)所示为延迟相乘法原理框图,相乘器输入和输出的波形如图 9.16 所示。延迟相乘后码元波形的后一半永远是正值,前一半则当输入状态有改变时为负值。因此,变换后的码元序列的频谱中就产生了码元速率的分量。选择延迟时间,使其等于码元时间一半,就可以得到最强的码元速率分量。图 9.15(b)所示为微分整流法原理框图,用微分整流电路去检测矩形码元脉冲的边沿,微分电路的输出是正负窄脉冲,它经过整流后得到正脉冲序列,得到的正脉冲序列的频谱中就包含有码元速率的分量。由于微分电路对于宽带噪声很敏感,所以在输入端用了一个低通滤波器,但是加用低通滤波器后又会使码元波形的边沿变缓,使微分后的波形上升和下降也变慢,所以应当对低通滤波器的截止频率作折中选取。

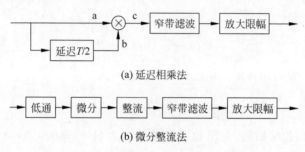

(a) 延迟相乘法

(b) 微分整流法

图 9.15 波形变换码元同步的两种方案

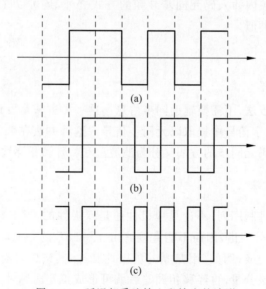

图 9.16 延迟相乘法输入和输出的波形

上述两种方案中,由于随机噪声叠加在接收信号上,使所提取的码元同步信息产生误差,这个误差是一个随机量。可以证明,若窄带滤波器的带宽等于 $1/KT$,K 为一个常数,则提取同步的时间误差比例为

$$\frac{|\bar{\varepsilon}|}{T} = \frac{0.33}{\sqrt{KE_b/n_0}}, \quad \frac{E_b}{n_0} > 5, \quad K \geqslant 18 \tag{9-27}$$

式中，$\bar{\varepsilon}$ 为同步误差时间的均值；T 为码元持续时间；E_b 为码元能量；n_0 为单边噪声功率谱密度。

因此，只要接收信噪比大，上述方案就能保证足够准确的码元同步。

2. 包络检波滤波法

包络检波滤波法是一种从频带受限的中频 PSK 信号中提取码元同步信息的方法，其波形图如图 9.17 所示。当接收端带通滤波器的带宽小于信号带宽时，频带受限的 2PSK 信号在相邻码元相位反转点处会形成幅度的"陷落"。经包络检波后会得到图 9.17(b) 所示的波形，它可看成是一直流与图 9.17(c) 所示的波形相减，而图 9.17(c) 所示的波形是具有一定脉冲形状的归零脉冲序列，含有码元同步的线谱分量，可用窄带滤波器取出。

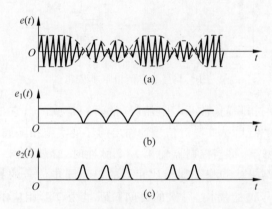

图 9.17 从 2PSK 信号中提取码元同步信息

3. 锁相法

码元同步锁相法的基本原理与载波同步类似，在接收端利用鉴相器比较接收码元和本地产生的码元同步信号的相位，若两者不一致（超前或滞后），鉴相器就产生误差信号去调整码元同步信号的相位，直至获得准确的码元同步信号为止。

1) 锁相法分类

前面介绍的滤波法中的窄带滤波器可以是简单的单调谐回路或晶体滤波器，也可以是锁相环路。采用锁相环来提取码元同步信号的方法称为锁相法，通常分两类，一类是环路中误差信号连续地调整码元同步信号的相位，这一类属于**模拟锁相法**；另有一类是采用高稳定度的振荡器（信号钟），从鉴相器所获得的与同步误差成比例的误差信号不是直接用于调整振荡器，而是通过一个控制器在信号钟输出的脉冲序列中附加或扣除一个或几个脉冲，这样同样可以调整加到减相器上的码元同步脉冲序列的相位，达到同步的目的。这种电路可以完全用数字电路构成全**数字锁相环路**。由于这种环路对码元同步信号相位的调整不是连续的,而是存在一个最小的调整单位,也就是说对码元同步信号的相位进行量化调整,故这种码元同步环又称为量化同步器。这种构成量化同步器的全数字环是数字锁相环的一种典型应用。

2) 全数字锁相环原理

用于码元同步的全数字锁相环的原理框图如图 9.18 所示,它由信号钟、控制器、分频器、相位比较器等组成,其中,信号钟包括一个高稳定度的振荡器(晶体)和整形电路,若接收码元的速率为 $F = 1/T$,那么振荡器频率设定在 nF,经整形电路之后,输出周期性脉冲序列,其周期为 $T_0 = 1/(nF) = T/n$。

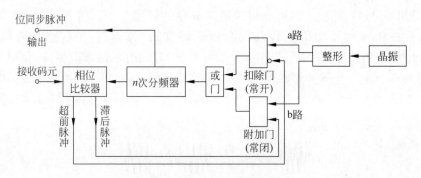

图 9.18 数字锁相原理框图

控制器包括图中的扣除门(常开)、附加门(常闭)和"或门",它根据比相器输出的控制脉冲("超前脉冲"或"滞后脉冲")对信号钟输出的序列实施扣除或添加脉冲。

分频器是一个计数器,每当控制器输出 n 个脉冲时,它就输出一个脉冲。控制器与分频器的共同作用的结果就调整了加至比相器的码元同步信号的相位,这种相位前、后移的调整量取决于信号钟的周期,每次的时间阶跃量为 T_0,相应的相位最小调整量为 $\Delta = 2\pi T_0/T = 2\pi/n$。

相位比较器将接收脉冲序列与码元同步信号进行相位比较,以判别码元同步信号究竟是超前还是滞后,若超前就输出超前脉冲,若滞后就输出滞后脉冲。

码元同步数字环的工作过程中,首先由高稳定晶体振荡器产生信号,经整形后得到周期为 T_0 和相位差 $T_0/2$ 的两个脉冲序列,如图 9.19(a)、(b)所示;然后脉冲序列(a)通过常开门、或门并经 n 次分频后,输出本地码元同步信号,如图 9.19(c)所示。

为了与发送端时钟同步,分频器输出与接收到的码元序列同时加到相位比较器进行比相。如果两者完全同步,此时相位比较器没有误差信号,本地码元同步信号作为同步时钟。如果本地码元同步信号相位超前于接收码元序列,相位比较器输出一个超前脉冲加到常开门(扣除门)的禁止端将其关闭,扣除一个 a 路脉冲(见图 9.19(d)),使分频器输出脉冲的相位滞后 $1/n$ 周期($360°/n$),如图 9.19(e)所示。如果本地同步脉冲相位滞后于接收码元脉冲,比相器输出一个滞后脉冲去打开常闭门(附加门),使脉冲序列 b 中的一个脉冲能通过此门及或门。正因为两脉冲序列 a 和 b 相差半个周期,所以脉冲序列 b 中的一个脉冲能插到"常开门"输出脉冲序列 a 中(见图 9.19(f)),使分频器输入端附加

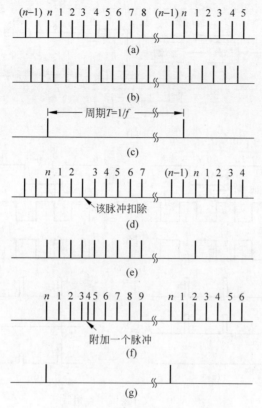

图 9.19 码元同步脉冲的相位调整

一个脉冲,于是分频器的输出相位就提前 $1/n$ 周期,如图 9.19(g)所示。经过若干次调整后,分频器输出的脉冲序列与接收码元序列达到同步,即实现了码元同步。

根据接收码元基准相位的获得方法和相位比较器的结构不同,全数字锁相环又分为微分整流型数字锁相环和同相正交积分型数字锁相环两种。这两种环路的区别仅仅是基准相位的获得方法和鉴相器的结构不同,其他部分工作原理相同。下面重点介绍鉴相器的具体构成及工作情况。

1) 微分整流型鉴相器

微分整流型鉴相器原理图如图 9.20(a)所示,假设接收信号为不归零脉冲(波形 a),将每个码元的宽度分为两个区,前半码元称为"滞后区",即若码元同步脉冲(波形 b′)落入此区,表示码元同步脉冲的相位滞后于接收码元的相位;同样,后半码元称为"超前区"。接收码元经过零检测(微分、整流)后输出一窄脉冲序列(波形 d),分频器输出两列相差 180° 的矩形脉冲 b 和 c。码元同步脉冲波形 b′ 是 n 次分频器 b 端的输出的上升沿形成的脉冲,位于超前区时,波形 d 和 b 使与门 A 产生一超前脉冲(波形 e),与此同时,与门 B 关闭,无脉冲输出。

码元同步脉冲超前的情况如图 9.20(b)所示,码元同步脉冲滞后的情况如图 9.20(c)所示。

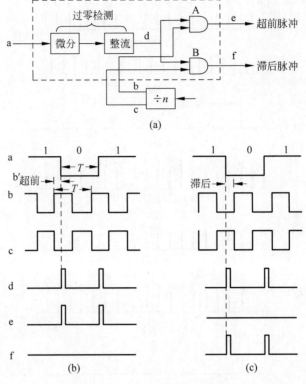

图 9.20　微分整流型鉴相器

2) 同相正交积分型鉴相器

采用微分整流型鉴相器的数字锁相环,是从基带信号的过零点中提取码元同步信息的。当信噪比较低时,过零点位置受干扰很大,不太可靠。如果应用匹配滤波的原理,先对输入的基带信号进行最佳接收,然后提取同步信号,可减少噪声干扰的影响,使码元同步性能有所改善。这种方案就是采用同相正交积分型鉴相器的数字锁相环。

图 9.21(a)所示为积分型鉴相器的原理框图。设接收的双极性不归零码元波形为图 9.21(b)中波形 a 所示,送入两个并联的积分器。积分器的积分时间都为码元周期 T,但加入这两个积分器作猝息用的定时脉冲的相位相差 $T/2$。这样,同相积分器的积分区间与码元同步脉冲的区间重合,而正交积分器的积分区间正好跨在两相邻码元同步脉冲的中点之间。这里的正交就是指两积分器的积分起止时刻相差半个码元宽度。在考虑了猝息作用后,两个积分器的输出波形如图 9.21(b)和(c)所示。

两个积分器的输出电压加于取样保持电路,对临猝息前的积分结果的极性进行取样,并保持一码元宽度时间 T,分别得到波形 d 和 e。波形 d 实际上就是由匹配滤波法检测所输出的信号波形。虽然输入的信号波形 a 可能由于受干扰影响变得不太规整,但原理图中 d 点的波形却是将干扰的影响大大减弱的规整信号。这正是同相正交积分型数字锁相优于微分整流型数字锁相的原因所在。d 点的波形极性取决于码元极性,与同步的超前或滞后无关,将它进行过零检测后,就可获得反映码元转换与否的信号 i。而正交积分保持输出 e 的极性,则不仅与码元转换的方向有关,还与同步的超前或滞后有关。对于同一种码元转换方向而言,同步超前与同步滞后时,e 的极性是不同的。因此,两个积分清除电路的输出经保持和硬限幅(保持极性)之和模 2 相加,可以得到判别同步信号是超前还是滞后的信号 h。此信号 h 加至与门 A 和 B,可控制码元转换信号从哪一路输出。在该电路中,在码元同步信号超前的情况下,当 i 脉冲到达时信号 h 为正极性,将与门 A 开启,送出超前脉冲,如图 9.21(b) 所示。在码元同步信号滞后的情况下,当 i 脉冲到达时 h 为负极性,反相后加至与门 B,使之开启,送出滞后脉冲,如图 9.21(c) 所示。

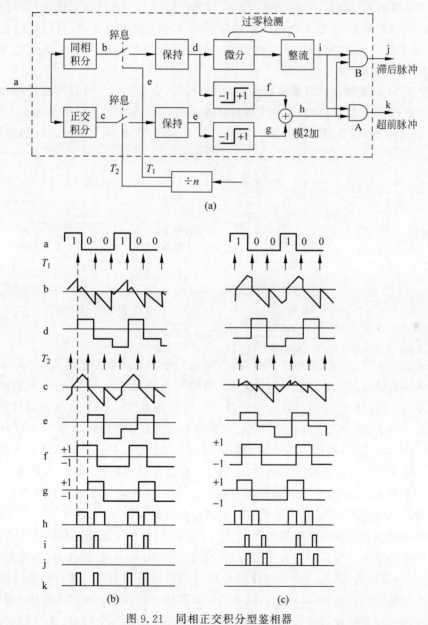

图 9.21　同相正交积分型鉴相器

积分型鉴相器由于采用了积分猝息电路以及保持电路,既充分利用了码元的能量,又有效地抑制了信道的高斯噪声,因而可在较低的信噪比条件下工作,性能上优于微分型鉴相器。

4. 数字锁相环抗干扰性能的改善

在前面的数字锁相法电路中,由于噪声的干扰,接收到的码元转换时间会产生随机抖动,甚至产生虚假的转换,相应在鉴相器输出端就有随机的超前或滞后脉冲,导致锁相环进行不必要的来回调整,引起码元同步信号的相位抖动。参照模拟锁相环鉴相器后加有环路滤波器的做法,在数字锁相环鉴相器后加入一个数字滤波器,可以滤除这些随机的超前、滞后脉冲,提高环路的抗干扰能力。这类环路常用的数字滤波器有"N 先于 M"滤波器和"随机徘徊"滤波器两种。

N 先于 M 滤波器结构原理图如图 9.22(a)所示,它包括一个计超前脉冲数和一个计滞后脉冲数的 N 计数器,超前脉冲或滞后脉冲还通过或门加于一 M 计数器。所谓 N 计数器或 M 计数器,就是当计数器置 0(即复位)后,输入 N 或 M 个脉冲,该计数器输出一个脉冲。

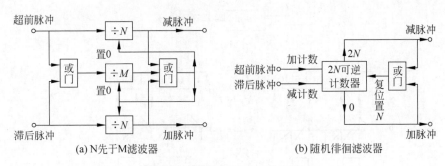

(a) N先于M滤波器   (b) 随机徘徊滤波器

图 9.22　两种数字式滤波方案

如果 $N < M < 2N$,无论哪个计数器计满,都会使所有计数器重新置 0。当鉴相器送出超前脉冲或滞后脉冲时,滤波器并不马上将它送去进行相位调整,而是分别对输入的超前脉冲(或滞后脉冲)进行计数。如果两个 N 计数器中的一个在 M 计数器计满的同时或之前就计满了,则滤波器就输出一个"减脉冲"(或"加脉冲")控制信号去进行相位调整,同时将 3 个计数器都置 0,准备再对后面的输入脉冲进行处理。如果由于干扰的作用使鉴相器输出零星的超前或滞后脉冲,而且这两种脉冲随机出现,那么,当两个 N 计数器的任何一个都未计满时,M 计数器就很可能已经计满了,并将 3 个计数器又置 0 了,滤波器没有输出,这样就消除了随机干扰对同步信号相位的调整。

随机徘徊滤波器结构原理图如图 9.22(b)所示,它是一个既能进行加法计数,又能进行减法计数的可逆计数器。当有超前脉冲(或滞后脉冲)输入时,触发器(未画出)使计数器接成加法(或减法)状态。如果超前脉冲超过滞后脉冲的数目达到计数容量 N 时,就输出一个"减脉冲"控制信号,通过控制器和分频器使码元同步信号相位后移;反之,如果滞后脉冲超过超前脉冲的数目达到计数容量 N 时,就输出一个"加脉冲"控制信号调整码元同步信号相位前移。在进入同步之后,没有因同步误差引起的超前或滞后脉冲进入滤波器;而噪声抖动则是正负对称的,由它引起的随机超前、滞后脉冲是零星的,不会是连续多个的。因此,随机超前与滞后脉冲数目之差达到计数容量 N 的概率很小,滤波器通常无输出。这样一来就滤除了这些零星的超前、滞后脉冲,即滤除了噪声对环路的干扰作用。

上述两种数字式滤波器的加入的确可以提高锁相环的抗干扰能力,但是由于它们应用了累计计数,输入 N 个脉冲才能输出一个加(或减)控制脉冲,必然使环路的同步建立过程加长。可见,提高锁相环抗干扰能力(希望 N 大)与加快相位调整速度(希望 N 小)是一对矛盾,为了缓和这一对矛盾,缩短相位调整时间,可如图 9.23 所示附加闭锁门电路。

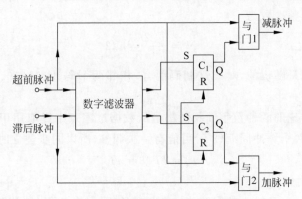

图 9.23　缩短相位调整时间原理图

当输入连续的超前(或滞后)脉冲多于 N 个后,数字滤波器输出一超前(或滞后)脉冲,使触发器 C_1(或 C_2)输出高电平,打开与门 1(或与门 2),输入的超前(或滞后)脉冲就通过与门加至相位调整电路。如鉴相器这时还连续输出超前(或滞后)脉冲,那么,由于这时触发器的输出已使与门打开,这些脉冲就可以连续地送至相位调整电路,而不需再待数字滤波器计满 N 个脉冲,这样就缩短了相位调整时间。对随机干扰来说,鉴相器输出的是零星的超前(或滞后)脉冲,这些零星脉冲会使触发器置 0,这时整个电路的作用就和一般数字滤波器的作用类同,仍具有较好的抗干扰性能。

9.3.3　码元同步系统的性能及其相位误差对性能的影响

与载波同步系统相似,码元同步系统的性能指标主要有相位误差、同步建立时间、同步保持时间及同步带宽等。下面结合数字锁相环介绍这些指标,并讨论相位误差对误码率的影响。

1. 码元同步系统的性能

1) 相位误差 θ_e

码元同步信号的平均相位和最佳相位之间的偏差称为静态相差。对于数字锁相法提取码元同步信号而言,相位误差主要是由于码元同步脉冲的相位在跳变地调整所引起的。每调整一步,相位改变化 $2\pi/n$(对应时间 T/n),n 是分频器的分频次数,故最大的相位误差为

$$\theta_e = 360°/n \tag{9-28}$$

若用时间差 T_e 来表示相位误差,因每码元的周期为 T,故得

$$T_e = T/n \tag{9-29}$$

2) 同步建立时间 t_s

同步建立时间是指开机或失去同步后重新建立同步所需的最长时间。由前面内容分析可知,当码元同步脉冲相位与接收基准相位差 π(对应时间 $T/2$)时,调整时间最长。这时所需的最大调整次数为

$$N = \frac{T/2}{T/n} = n/2 \tag{9-30}$$

由于接收码元是随机的,对二进制码而言,相邻两个码元(01、10、11、00)中,有或无过零点的情况各占一半。

前面内容所讨论的两种数字锁相法都是从数据过零点中提取用于比相的基准脉冲,因此平均来说,每两个脉冲周期($2T$)可能有一次调整,所以同步建立时间为

$$t_s = 2TN = nT \tag{9-31}$$

3) 同步保持时间 t_c

当同步建立后,一旦输入信号中断,或出现长连 0、连 1 码,锁相环就会失去调整作用。由于收发双方位定时脉冲的固有重复频率之间总存在频差 ΔF,接收端同步信号的相位就会逐渐发生漂移,时间越长,相位漂移量越大,直至漂移量超过某一准许的最大值而失去同步。由同步到失步所需要的时间称为同步保持时间。

设收发两端固有的码元周期分别为 $T_1 = 1/F_1$ 和 $T_2 = 1/F_2$,则每个周期的平均时间差为

$$\Delta T = |T_1 - T_2| = \left|\frac{1}{F_1} - \frac{1}{F_2}\right| = \frac{|F_2 - F_1|}{F_2 F_1} = \frac{\Delta F}{F_0^2} \tag{9-32}$$

式中,F_0 为收发两端固有码元重复频率的几何平均值,且有

$$T_0 = 1/F_0 \tag{9-33}$$

由式(9-32)可得

$$F_0 |T_1 - T_2| = \Delta F/F_0 \tag{9-34}$$

结合式(9-33),可得

$$\frac{|T_1 - T_2|}{T_0} = \frac{\Delta F}{F_0} \tag{9-35}$$

$\Delta F \neq 0$ 时,每经过 T_0 时间,收发两端就会产生 $|T_1 - T_2|$ 的时间漂移,单位时间内产生的误差为 $|T_1 - T_2|/T_0$。

若规定两端允许的最大时间漂移(误差)为 T_0/K(K 为一常数),则达到此误差的时

间就是同步保持时间 t_c,代入式(9-35)得

$$\frac{T_0/K}{t_c} = \frac{\Delta F}{F_0} \tag{9-36}$$

$$\Rightarrow t_c = 1/(\Delta F K) \tag{9-37}$$

若同步保持时间 t_c 给定,也可由式(9-37)求出对收发两端振荡器频率稳定度的要求为

$$\Delta F = 1/(t_c K) \tag{9-38}$$

此频率误差是由收发两端振荡器造成的。若两振荡器的频率稳定度相同,则要求每个振荡器的频率稳定度不能低于

$$\frac{\Delta F}{2F_0} = \pm \frac{1}{2t_c K F_0} \tag{9-39}$$

4) 同步带宽 Δf_s

同步带宽是指能够调整到同步状态所允许的收、发振荡器的最大频差。由于数字锁相环平均每两个周期($2T$)调整一次,每次所能调整的时间为 T/n($T/n \approx T_0/n$),所以在一个码元周期内平均最多可调整的时间为 $T_0/(2n)$。很显然,如果输入信号码元的周期与接收端固有位定时脉冲的周期之差为

$$|\Delta T| > T_0/2n \tag{9-40}$$

则锁相环将无法使接收端码元同步脉冲的相位与输入信号的相码元同步,这时,由频差所造成的相位差就会逐渐积累。因此,根据

$$\Delta T = \frac{T_0}{2n} = \frac{1}{2nF_0} \tag{9-41}$$

可求得

$$\frac{\Delta f_s}{F_0^2} = \frac{1}{2nF_0} \tag{9-42}$$

进而可解出

$$|\Delta f_s| = \frac{F_0}{2n} \tag{9-43}$$

式(9-43)就是求得同步带宽的公式。

2. 码元同步相位误差对性能的影响

码元同步的相位误差 θ_e 对性能的影响主要是造成位定时脉冲的位移,使抽样判决时刻偏离最佳位置。本书第 6 章和第 7 章推导出的误码率公式都是在最佳抽样判决时刻得到的,当码元同步存在相位误差 θ_e(或 T_e)时,必然使误码率 P_e 增大。

为了方便,可以用时差 T_e 代替相差 θ_e 分析对系统误码率的影响。设解调器输出的数字基带信号波形如图 9.24(a)所示,并假设采用匹配滤波器法检测,即对基带信号进行积分、取样和判决。若码元同步脉冲有相位误差 T_e,如图 9.24(b)所示,则脉冲的取样时刻就会偏离信号能量的最大点。

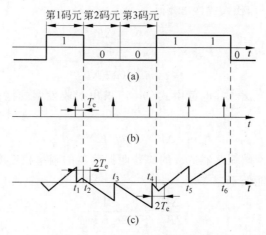

图 9.24 相位误差对性能的影响

从图 9.24(c)所示的波形可以看到,相邻码元的极性无交变时,码元同步的相位误差不影响取样点的积分输出能量值,在该点的取样值仍为整个码元能量 E,例如 t_4 和 t_6 时刻就是这种情况。而当相邻码元的极性交变时,码元同步的相位误差使得取样点的积分能量有所减小,例如 t_3 时刻的值只是 $T-2T_e$ 时间内的积分值。由于积分能量与时间成正比,故积分能量减小为了 $(1-2T_e/T)E$。

通常,随机二进制数字信号相邻码元有变化和无变化的概率各占 1/2,所以系统的误码率分为两部分来计算,相邻码元无变化时,仍按原来相应的误码率公式计算;相邻码元有变化时,按信噪比(或能量)下降的值计算。以 2PSK 信号最佳接收为例,考虑到相位误差影响,相邻码元有变化时,其误码率为

$$P_e = \frac{1}{4}\text{erfc}\left(\sqrt{\frac{E}{n_0}}\right) + \frac{1}{4}\text{erfc}\left(\sqrt{E\left(1-\frac{2T_e}{T}\right)/n_0}\right) \tag{9-44}$$

9.4 群同步

数字通信中一般以若干个码元组成一个字,若干个字组成一个句,即组成一个个的"群"进行传输。群同步的任务就是在码元同步的基础上识别出这些数字信息群(字、句、帧"开头"和"结尾"的时刻,使接收设备的群定时与接收到的信号中的群定时处于同步状态。要实现群同步,通常采用的方法是起止式同步法和插入特殊同步码组的同步法。插入特殊同步码组的方法有两种,一种为连贯式插入法,另一种为间隔式插入法。

9.4.1 起止式同步法

起止式同步法主要适用于电传打字机。在电传打字机中,一个字符由 5 个二进制码元组成,每个码元的长度相等,键盘输入每个字符之间的时间间隔不等。在无字符输入时,电传打字机的输出电压处于高电平状态。在输入字符时,需要于 5 个信息码元之前

加入一个低电平的"**起脉冲**",其宽度为一个码元的宽度 T,如图 9.25 所示。

图 9.25 起止式同步波形

为了保持字符间的间隔,又规定在"起脉冲"前的高电平宽度至少为 $1.5T$,并称它为"**止脉冲**"。所以通常将起止式同步的一个字符的长度定义为 $7.5T$。在手工操作输入字符时,止脉冲的长度是随机的,但是至少为 $1.5T$。所以**起止式同步**有时也称为**异步式**(asynchronous)**通信**,因为在其输出码元序列中码元的间隔不等。这种 7.5 单位码(码元的非整数倍)给数字通信的同步传输带来一定困难。另外,在这种同步方式中,7.5 个码元中只有 5 个码元用于传递消息,因此传输效率较低。由于每个字符的长度很短,所以本地时钟不需要很精确就能在这 5 个码元的周期内保持足够的准确。起止式同步的码组中,字符的数目不必须是 5 个,例如也可能采用 7 位的 ASCII 码。

9.4.2 连贯式插入法

连贯插入法,又称**集中插入法**,它是指在每一信息群的开头集中插入作为群同步码组的特殊码组,该码组应在信息码中很少出现,即使偶尔出现,也不可能依照群的规律周期出现,接收端按群的周期连续数次检测该特殊码组,便可获得群同步信息。

连贯式插入法的关键是寻找实现群同步的特殊码组,对该码组的基本要求是具有尖锐单峰特性的自相关函数,便于与信息码区别,码长适当以保证传输效率。

符合上述要求的特殊码组有全 0 码、全 1 码、1 与 0 交替码、巴克码、电话基群帧同步码 0011011。目前常用的群同步特殊码组是巴克码。

1. 巴克码

巴克码是一种有限长的非周期序列。它的定义为一个 n 位长的码组 $\{x_1, x_2, x_3, \cdots, x_n\}$,其中,$x_i$ 的取值为 $+1$ 或 -1,若它的局部自相关函数满足

$$R(j) = \sum_{i=1}^{n-j} x_i x_{i+j} = \begin{cases} n, & j=0 \\ 0 \text{ 或 } \pm 1, & 0 < j < n \\ 0, & j \geqslant n \end{cases} \tag{9-45}$$

则称这种码组为巴克码,其中 j 表示错开的位数。目前已找到的所有巴克码组如表 9.1 所示。其中的 +、- 号表示 x_i 的取值为 +1、-1,分别对应二进制码的"1"或"0"。

表 9.1 巴克码组

n	巴 克 码 组
2	++(11——3H)
3	++-(110——6H)
4	+++-(1110——EH);++-+(1101——DH)
5	+++-+(11101——1DH)
7	+++--+-(1110010——72H)
11	+++---+--+-(11100010010——712H)
13	+++++--++-+-+(1111100110101——1F35H)

以 7 位巴克码组{＋＋＋－－＋－}为例,当 $j=0$ 时,它的局部自相关函数为

$$R(j) = \sum_{i=1}^{7} x_i^2 = 1+1+1+1+1+1+1 = 7$$

当 $j=1$ 时,为

$$R(j) = \sum_{i=1}^{6} x_i x_{i+1} = 1+1-1+1-1-1 = 0$$

同样可求出 $j=3$、5、7 时 $R(j)=0$;$j=2$、4、6 时 $R(j)=-1$。根据这些值,利用偶函数性质,可以做出 7 位巴克码的 $R(j)$ 与 j 的关系曲线,如图 9.26 所示,可见,$j=0$ 时 $R(j)$ 具有尖锐的单峰特性。

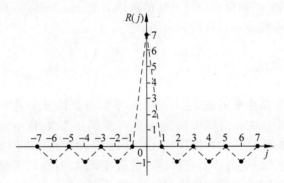

图 9.26　7 位巴克码的自相关函数

2. 巴克码识别器

仍以 7 位巴克码为例,用 7 级移位寄存器、相加器和判决器就可以组成一个巴克码识别器,如图 9.27 所示,当输入码元 1 进入某移位寄存器时,该移位寄存器的 1 端输出电平为＋1,0 端输出电平为－1;反之,进入 0 码时,该移位寄存器的 0 端输出电平为＋1,1 端输出电平为－1。各移位寄存器输出端的接法与巴克码的规律一致,这样识别器实际上是对输入的巴克码进行相关运算,当一帧信号到来时,首先进入识别器的是群同步码组,只当有 7 位巴克码在某一时刻,如图 9.28(a)中的 t_1 时刻,正好全部进入 7 位寄存器时,7 位移位寄存器输出端都输出＋1,相加后得最大输出＋7,其余情况相加结果均小于＋7。若判别器的判决门限电平定为＋6,那么就在 7 位巴克码的最后一位 0 进入识别器时,识别器输出一个同步脉冲表示一群的开头,如图 9.28(b)所示。

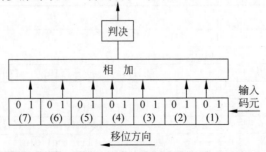

图 9.27　巴克码识别器

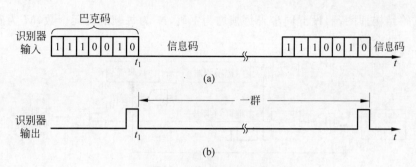

图 9.28 识别器的输出波形

巴克码用于群同步是常见的,但并不是唯一的,只要具有良好特性的码组均可用于群同步。例如,PCM30/32 路电话基群的连贯隔帧插入帧同步码 0011011 即非巴克码。

9.4.3 间隔式插入法

间隔式插入法又称为**分散插入法**,它将群同步码以分散的形式均匀插入信息码流中。这种方式比较多地用在多路数字电路系统中,如 PCM24 路基群设备以及一些简单的 ΔM 系统一般都采用 1、0 交替码型作为帧同步码间隔插入,即一帧插入 1 码,下一帧插入 0 码,如此交替。由于每帧只插一位码,那么它与信码混淆的概率则为 1/2,这样似乎无法识别同步码,但是这种插入方式在同步捕获时不是只检测一帧两帧,而是连续检测数十帧,每帧都符合 1、0 交替的规律才确认同步。

间隔式插入的最大特点是同步码不占用信息时隙,每帧的传输效率较高,但是同步捕获时间较长,它较适合于连续发送信号的通信系统;用于断续发送信号的通信系统,每次捕获同步需要较长的时间,会降低效率。

间隔式插入常用滑动同步检测电路实现。所谓滑动检测,基本原理是接收电路开机时处于捕捉态,当收到第 1 个与同步码相同的码元时,先暂认为它就是群同步码,按码同步周期检测下一帧相应位码元,如果也符合插入的同步码规律,则再检测第 3 帧相应位码元,如果连续检测 M 帧(数十帧),每帧均符合同步码规律,则确认同步码找到,电路进入同步状态。如果在捕捉态接收到的某个码元不符合同步码规律,则码元滑动一位,仍按上述规律周期性地检测,看它是否符合同步码规律,一旦检测不符合,就再滑动一位……如此反复进行下去。若一帧共有 N 个码元,则最多滑动 $N-1$ 位,一定能把同步码找到。

滑动同步检测可用软件实现,也可用硬件实现。软件方法分为移位搜索法和存储检测法。移位搜索法流程图如图 9.29 所示,图 9.30 所示为硬件实现滑动

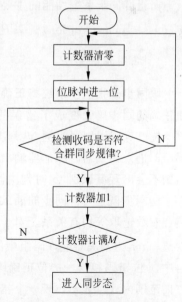

图 9.29 移位搜索法流程

检测的电路结构框图,假设群同步码每帧均为1码,N 为每帧的码元个数,M 为确认同步时需检测帧的个数。

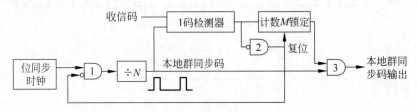

图 9.30　滑动同步检测

图 9.30 所示结构中,1 码检测器是在本地群同步码到来时检测信码,若信码为 1,则输出正脉冲;信码为 0,则输出负脉冲。如果本地群码与收码中的群同步码对齐,则 1 码检测器将连续输出正脉冲,计数器计满 M 个正脉冲后输出高电位并锁定,使与门 3 打开,本地群码输出,系统处于同步态。如果本地群码与收信码中的群同步码尚未对齐,1 码检测器只要检测到信码中的 0 码,便输出负脉冲,该负脉冲经非门 2 使计数器 M 复位,从而使与门 3 关闭,本地群码不输出,系统处于捕捉态;同时非门 2 输出的正脉冲延时 T 后封锁一个位脉冲,使本地群码滑动一位,随后 1 码检测器继续检测信码,若遇 0 码,本地群码又滑动一位,直到滑动到与信息码中的群同步码对齐,并连续检验 M 帧后进入同步态。图 9.30 所示是群同步码每帧均为 1 的情况,若群同步码为 0、1 码交替插入,则电路还要复杂些。

9.4.4　群同步系统的性能

衡量群同步系统性能的主要指标是同步可靠性及同步建立时间 t_s,可靠性包括漏同步(miss synchronization)概率 P_1 和假同步(false synchronization)概率 P_2。

1. 漏同步概率 P_1

漏同步是指同步系统将正确的同步位置漏过而没有捕捉到,主要原因是噪声的影响使正确的同步码元变成了错误的码元。出现漏同步的概率称为漏同步概率,记为 P_1。以 7 位巴克码识别器为例,设判决门限为 6,此时 7 位巴克码只要有一位码出错,7 位巴克码全部进入识别器时相加器输出由 7 变为 5,因而出现漏同步;如果将判决门限由 6 降为 4,则不会出现漏识别,这时判决器允许 7 位巴克码中有一位码出错。

漏同步概率与群同步的插入方式、群同步码的码组长度、系统的误码率及识别器电路和参数选取等均有关系。对于连贯式插入法,设 n 为同步码组的码元数,P_e 为码元错误概率,m 为判决器允许码组中的错误码元最大数,则 $P^r(1-P)^{n-r}$ 表示 n 码元同步码组中,r 位错码和 $(n-r)$ 位正确码同时发生的概率。当 $r \leqslant m$ 时,错码的位数在识别器允许的范围内,C_n^r 表示出现 r 个错误的组合数,所有这些情况都能被识别器识别,因此**未漏概率**为

$$\sum_{r=0}^{m} C_n^r P^r (1-P)^{n-r} \tag{9-46}$$

式中,$C_n^r = \dfrac{n!}{r!\,(n-r)!}$。故漏同步概率为

$$P_1 = 1 - \sum_{r=0}^{m} C_n^r P^r (1-P)^{n-r} \tag{9-47}$$

2. 假同步概率 P_2

假同步是指同步系统将错误的同步位置当作正确的同步位置捕捉。发生假同步的主要原因是由于噪声的影响使信息码元错成了同步码元,发生假同步的概率称为**假同步概率**,记为 P_2。假同步概率 P_2 是信息码元中能判为同步码组的组合数与所有可能的码组数之比。设二进制数字码流中 1、0 码等概率出现,则由其组合成 n 位长的所有可能的码组数为 2^n 个,而其中能被判为同步码组的组合数显然也与 m 有关。如果错 0 位时被判为同步码,则只有 C_n^0 个(即一个);如果出现 r 位错也被判为同步码的组合数为 C_n^r,则出现 $r \leqslant m$ 种错都被判为同步码的组合数为 $\sum\limits_{r=0}^{m} C_n^r$,因而可得假同步概率为

$$P_2 = 2^{-n} \sum_{r=0}^{m} C_n^r \tag{9-48}$$

比较式(9-47)和式(9-48)可见,**m 增大(即判决门限电平降低),P_1 减小,P_2 增大**,所以两者对判决门限电平的要求是矛盾的。另外,P_1 和 P_2 对同步码长 n 的要求也是矛盾的,因此在选择有关参数时,必须兼顾二者的要求。ITU-T **建议** PCM 基群帧同步码选择 7 位码。

3. 同步平均建立时间 t_s

同步平均建立时间是指从开始捕捉转变到保持态所需的时间。现以连贯式插入法为例进行分析。

假设漏同步和假同步都不发生,则由于在一个群同步周期内一定会有一次同步码组出现,所以按照流程,捕捉同步码组时最长需要等待一个周期的时间,最短则不需等待,立即捕到。平均而言,需要等待半个周期的时间。设 N 为每群的码元数目,其中群同步码元数目为 n,T 为码元持续时间,则一群的时间为 NT,它就是捕捉到同步码组需要的最长时间;而平均捕捉时间为 $NT/2$。

若考虑到出现一次漏同步或假同步大约需要多用 NT 的时间才能捕获到同步码组,故这时的群同步平均建立时间约为

$$t_s \approx (1/2 + P_1 + P_2)NT \tag{9-49}$$

对于**间隔式插入**,若每帧插入码元相同,则平均建立时间为

$$t_s \approx N^2 T \tag{9-50}$$

考虑到间隔式插入法通常采用1、0交替插入方式,所以有

$$t_s \approx (2N^2 - N - 1)T \qquad (9\text{-}51)$$

相比而言,由于连贯式插入同步的平均建立时间比较短,因而在数字传输系统中被广泛应用。

4. 群同步的保护

同步系统的稳定和可靠对于通信设备是十分重要的。为了保证同步系统的性能可靠,提高抗干扰能力,实际系统中要有相应的保护措施,这一保护措施也是根据群同步的规律而提出来的,它应尽量防止假同步混入,同时也要防止真同步漏掉。最常用的保护措施是将群同步的工作划分为两种状态,即捕捉态和维持态。

在群同步的性能分析中可以知道,漏同步和假同步都是影响同步系统稳定可靠工作的因素,为了保证同步系统的性能可靠,就必须要求漏同步概率 P_1 和假同步概率 P_2 都要低,但这一要求对于识别器判决门限的选择是矛盾的。因此,可以把同步过程分为两种不同的状态,便于在不同状态对识别器的判决门限电平提出不同的要求,达到降低漏同步和假同步的目的。

捕捉态判决门限提高,即 m 减小,使假同步概率 P_2 下降。维持态判决门限降低,即 m 增大,使漏同步概率 P_1 下降。例如,对于连贯式插入法群同步保护,原理图如图9.31所示,在同步未建立时,系统处于捕捉态,状态触发器 C 的 Q 端为低电平,此时同步码组识别器的判决电平较高,因而可以减小假同步的概率。

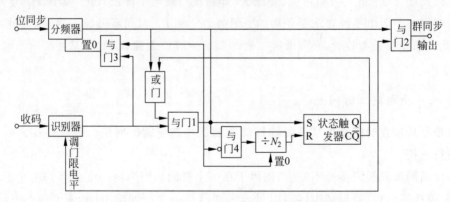

图 9.31　连贯式插入法群同步保护的原理图

一旦识别器有输出脉冲,由于触发器的 $\overline{Q}$ 端此时为高电平,于是经或门使与门 1 有输出,一路输出至分频器使之置 1,这时分频器就输出一个脉冲加至与门 2,该脉冲还分出一路经过或门又加至与门 1。与门 1 的另一路输出至状态触发器 C,使系统由捕捉态转为维持态,这时 Q 端变为高电平,打开与门 2,分频器输出的脉冲就通过与门 2 形成群同步脉冲输出,同步建立。

同步建立以后,系统处于维持态。为了提高系统的抗干扰和抗噪声的性能以减小漏同步概率,具体做法就是利用状态触发器在维持态时 Q 端输出高电平去降低识别器的判决门限电平,这样就可以减小漏同步概率。

另外,同步建立以后,若在分频器输出群同步脉冲的时刻识别器无输出,则可能是系统真的失去同步,也可能是由偶然的干扰引起的,只有连续出现 N_2(码元个数)次这种情况才能认为是真的失去同步。这时与门 1 连续无输出,经"非"后加至与门 4 的便是高电平,分频器每输出一脉冲,与门 4 就输出一脉冲。这样连续 N_2 个脉冲使"$\div N_2$"(计数器)电路计满,随即输出一个脉冲至状态触发器 C,使状态由维持态转为捕捉态。当与门 1 不是连续无输出时,"$\div N_2$"电路未计满就会被置 0,状态就不会转换,因此增加了系统在维持态时的抗干扰能力。

同步建立以后,信息码中的假同步码组也可能使识别器有输出而造成干扰,然而在维持态下,这种假识别的输出与分频器的输出是不会同时出现的,因而这时与门 1 就没有输出,故不会影响分频器的工作,因此这种干扰对系统没有影响。

9.4.5 自群同步

一般说来,接收端需要利用群同步码去划分接收码元序列。但是,有一类特殊的信息编码本身就具有分群的能力,不需要外加同步码组,如唯一可译码、可同步码、无逗号码。

1. 唯一可译码

假设现共有 4 种天气状态需要传输,将其用二进制编码表示,如表 9.2 所示。当接收端收到的数字序列为"1110110110…"时,它将可以唯一地译为"雨晴阴阴……"。

表 9.2 唯一可译码例 1

晴	云	阴	雨
0	101	110	111

保证唯一可译的充分条件是在编码中任何一个码字都不能是其他码字的前缀。满足这个条件的编码又称为**瞬时可译码**,其码字的边界可以由当前码字的末尾确定,而不必等待下一个码字的开头。例如,表 9.3 中的编码是唯一可译码,但不是瞬时可译码。

表 9.3 唯一可译码例 2

晴	阴	雨
0	10	100

例如,在收到"10"后,必须等待下一个符号是"0"还是"1",才能确定译为"雨"还是"阴"。在这种编码中,"晴(1)"是"阴(10)"的词头,并且"阴(10)"是"雨(100)"的词头。

唯一可译码的唯一可译性是有条件的,即必须正确接收到开头的第 1 个或前几个码元。例如,在表 9.2 的例子中,当发送序列是"1110110110…"时,若接收时丢失了第 1 个符号,则接收序列将变成"110110110…",这样它将被译为"阴阴阴……"。从这个例子可以看出,为了能正确接收丢失开头码元的信息序列,要求该编码不仅应该是唯一可译的,而且应该是可同步的。

2. 可同步码

可同步码构成的序列在接收时若丢失了开头的一个或几个码元,将变成是不可译的或经过对开头几个码元错译后能够自动获得正确同步及正确译码。例如,按照表9.4编码发送天气状态。当发送的天气状态是"云雨阴晴……"时,发送码元序列为"100110110101…",若第1个码元丢失,则收到的序列将为"00110110101…"。由于前两个码元为"00",无法译出,故得知同步有误,译码器将从第2个码元开始译码,即对"0110110101…"译码,并译为"晴阴阴晴……"。可以看出,这时前两个码元错译了,但是从第3个码元开始已自动恢复正确的同步。若前两个码元都丢失了,则收到的序列将是"0110110101…"。这时也是从第3个码元开始恢复正确的同步。

表9.4 可同步码举例

晴	云	阴	雨
01	100	101	1101

3. 无逗号码

在可同步码中,有一种码组长度均相等的码称为**无逗号码**。例如,表9.5中给出了一种三进制的码长等于3的无逗号码。可以验证,这8个码字中任何两个码字的拼合所形成的码长等于3的码字都和这8个码字不同。例如AB的编码为100101,从其中拼合出的3位码字有001、010,它们都不是表中的码字。所以这种编码能够自动正确地区分每个接收码字。目前无逗号码尚无一般的构造方法。

表9.5 无逗号码举例

A	B	C	D	F	G	H	I
100	101	102	200	201	202	211	212

9.4.6 扩谱通信系统的同步

在扩谱通信系统中,接收端需要产生一个与发送端相同的本地伪随机码用于解扩。两者不仅码字相同,而且必须严格同步。使接收端产生的本地伪随机码和发送端的本地伪随机码同步的方法分为两步。第1步是捕获,即达到两者粗略同步,相位误差小于一个码元;第2步是跟踪,即将相位误差减少到最小,并保持下去。

1. 捕获

捕获有不同的方法,下面以直接序列扩谱系统为例介绍几种方法。

1）串行搜索法

直接序列扩谱通信系统中采用串行搜索法建立伪随机码同步,原理框图如图 9.32 所示。在初始状态中,没有捕获到伪码时,接收高频扩谱信号在混频器中和扩谱的本地振荡电压相乘,得出类似噪声状的宽带的中频信号,它通过窄带中频放大器和解调器后,电压很小。因此,搜索控制器的输入电压很小,它控制伪码产生器,使其产生的伪码的相位不断地移动半个码片。

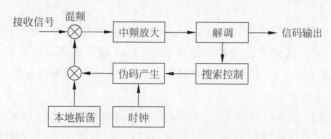

图 9.32 串行搜索法原理框图

当伪码产生器产生的伪码相位和接收信号的伪码相位相差不到一个码片时,混频器输出一个窄带中频信号,它经过中放和解调后,送给搜索控制器一个大的电压,使伪码产生器停止相位调整,于是系统捕获到伪码相位,并进入跟踪状态。上述串行搜索法的电路和运算较简单,但是当伪码的长度很长时,需要搜索的时间也随之增长。

2）并行搜索法

在并行搜索法中,将相位相隔半个码片时间 $T_c/2$ 的伪码序列同时在许多并行支路中和接收信号做相关运算,然后在比较器中比较各路的电压大小,选择电压最大的一路作为捕捉到的伪码相位。并行搜索法原理框图如图 9.33 所示,接收信号和本地伪码相乘实质上是进行相关运算,实现时也可以用匹配滤波器代替此相关运算。

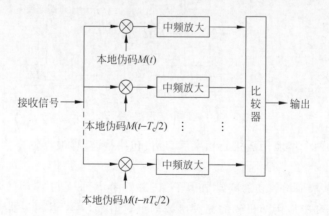

图 9.33 并行搜索法原理框图

在此方案中,若需要搜索 N 个码片,则需有 $2N$ 个支路。当 N 很大时,电路和运算相当复杂,所以于串行搜索法和并行搜索法的优缺点是互补的。

3）前置同步码法

采用串行搜索法和并行搜索法,当伪码的长度很长时,搜索时间也因之很长。为了缩短搜索时间,可以前置一个较短的同步码组,以缩短搜索时间。同步码组缩短后,搜索时间虽然短了,但是错误捕获的概率会增大。典型的前置同步码组的长度在几百至几千个码元,决定于系统的要求。

2. 跟踪

在捕捉到扩谱码之后,接收机产生的本地伪随机码和接收到的伪随机码之间相位误差已经小于一个码片,这时系统应转入跟踪状态,进行相位精确跟踪。跟踪环路有两种,一种为**延迟锁定跟踪环**,或称为**早-迟跟踪环**;另一种称为 **τ 抖动跟踪环**。

1）延迟锁定跟踪环

延迟锁定跟踪环原理框图如图 9.34 所示,接收机的伪随机码产生器将两个相差 1 码片时间(T_c)的本地伪随机码输出到两个相关器,分别和接收信号做相关运算。送到早相关器的伪随机码是 $p(t+T_c/2)$,送到迟相关器的伪随机码是 $p(t-T_c/2)$,而送入两个相关器的接收信号则是

$$s(t) = Ag(t)p(t+\tau)\cos(\omega_c t + \theta) \tag{9-52}$$

式中,A 为接收信号振幅;$g(t) = \pm 1$,为数字基带信号;$p(t+\tau)$ 为伪码;ω_c 为载波角频率;θ 为载波相位。

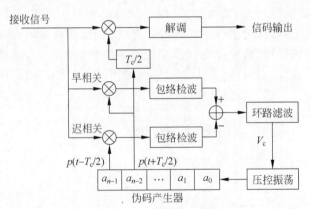

图 9.34　延迟锁定跟踪环原理框图

接收信号和两个本地伪随机码相乘后,经过包络检波,检波器输出为

$$E\{|Ag(t)|p(t+\tau) \cdot p(t \pm T_c/2)\}$$

其中,$E\{\cdot\}$ 表示求平均值。忽略常数因子 A,并且考虑到 $|g(t)| = 1$,则检波器输出就是接收伪随机码和本地伪随机码的相关函数的绝对值,即对于迟相关器支路,有

$$|R(\tau + T_c/2)| = E\{|Ag(t)|p(t+\tau)p(t-T_c/2)\} \tag{9-53}$$

对于早相关器支路,有

$$|R(\tau - T_c/2)| = E\{|Ag(t)|p(t+\tau)p(t+T_c/2)\} \tag{9-54}$$

由于接收伪随机码和本地伪随机码的结构相同,只是相位不同,所以式(9-53)和

式(9-54)中求的相关函数是自相关函数。这就是说,包络检波器的输出就是伪随机码的自相关函数的绝对值。这两个值在加法器中相减,得到的输出电压经过环路滤波后送给压控振荡器作为控制电压 V_c,控制其振荡频率。

控制电压 V_c 是两个自相关函数的绝对值之差,特性曲线如图 9.35 中所示粗实线画出。在理想跟踪状态下,跟踪误差 $\tau=0$,此时在控制电压特性曲线上应该工作在原点上。若 $\tau>0$,即接收伪码相位超前,则控制电压 V_c 为正值,使压控振荡器的振荡频率上升;若 $\tau<0$,即接收伪码相位滞后,则控制电压 V_c 为负值,使压控振荡器的振荡频率下降。这样就使跟踪环路锁定在接收伪随机码的相位上。

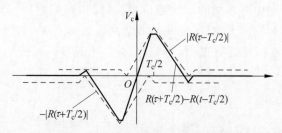

图 9.35　压控振荡器控制电压特性

为了对接收信号解扩,用早相关器的本地伪随机码加以延迟半个码片时间 $T_c/2$,使之和接收伪随机码同相,然后送到第 3 个相乘器和接收信号相乘,进行解扩。

2) τ 抖动跟踪环

延迟锁定跟踪环的缺点是两个支路特性必须精确相同,否则合成的控制电压特性曲线可能偏移,使 τ 为 0 时,控制电压 V_c 不为 0。此外,当跟踪准确使控制电压值长时间为 0 时,跟踪环路有可能发生不稳定现象,特别是在有自动调整环路增益的一些较复杂的跟踪环中,τ 抖动跟踪环克服了这些缺点,原理框图如图 9.36 所示。

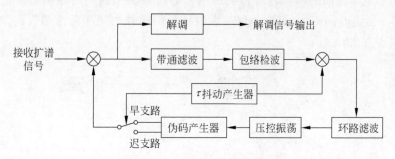

图 9.36　τ 抖动跟踪环原理框图

在这种方案中只有一个跟踪环路。它采用时分制的方法,使早相关器和迟相关器共用这个环路,从而避免了两个支路特性不一致的问题。此外,为了避免压控振荡器的控制电压长时间为 0,它在跟踪过程中,由 τ 抖动产生器使伪码产生器的时钟相位发生少许抖动,故意地产生少许误码,使跟踪误差 τ 值和控制电压 V_c 值在 0 附近抖动,而不会长时间为 0。由于抖动很小,对跟踪性能的影响可以忽略。

9.5 网同步

9.5.1 概述

网同步是指通信网中各站之间时钟的同步。网同步的目的是使全网各站能够互连互通,正确地接收信息码元。网同步在时分制数字通信和时分多址(TDMA)通信网中是一个重要的问题。对于单向通信系统,一般由接收设备调整自己的时钟,使之和发送设备的时钟同步。对于网中有多站的双向通信系统,同步则有两种不同的解决办法,一般可以分为同步网和异步网两大类,同步网要求全网各站具有统一时间标准;异步网也称为准同步网,容许各站的时钟有误差,但是可以通过调整码元速率的办法使全网协调工作。

1. 发射机同步方法

在同步网中,全网的同步可能由接收设备负责解决,也可能需要收发双方共同解决。这就是说,为了达到同步的目的,发射机的时钟也可能需要做出调整。在有一个中心站点和多个终端站的 TDMA 通信网中,例如图 9.37 所示的卫星通信网,有 4 个终端(地球)站,在中心站(卫星)S1 上接收地球站的 TDMA 信号的时隙安排如图 9.38 所示,因为每个地球站只允许在给定的一段时隙中发送信号,故地球站的发射机必须保证其发送的上行信号到达卫星时恰好是卫星中心站准备接收其信号的时间。由于各个地球站和卫星之间的距离不等,各个地球站发送上行信号的时钟也需要不同,所以不可能采用调整卫星中心站接收机时钟的办法达到和所有地球站上行信号同步的目的,这时需要各地球站根据自己和卫星之间的距离远近将发射信号的时钟调整到和卫星中心站接收机的时钟一致;由于延迟时间不同,各个地球站发射信号的时钟之间实际上是有误差的。这称为发射机同步方法。

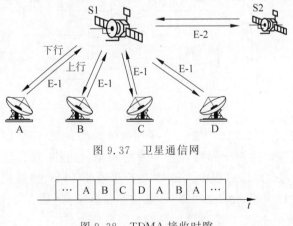

图 9.37　卫星通信网

图 9.38　TDMA 接收时隙

发射机同步方法可以分为开环和闭环两种。开环法不需要依靠中心站上接收信号到达时间的任何信息,终端站根据它所存储的关于链路长度等信息可以预先校正发送时间。终端站所存储的这些信息是有关单位提供的,也可以按照从中心站送回的信号加以修正。开环法依靠的是准确预测的链路长度等参量信息,如果链路的路径是确定的,这种方法很好;但是如果链路的路径不是确定的,或终端站只是断续接入时,这种方法就难于有效地使用。

开环法的优点主要是捕捉快、不需要反向链路也能工作和实时运算量小,缺点是需要有关单位提供所需的链路参量数据、缺乏灵活性。

闭环法则不需要预先得知链路参量的数据。在闭环法中,中心站需要测量来自终端站的信号的同步准确度,并将测量结果通过反向信道送给终端站。因此,闭环法需要一条反向信道传送此测量结果,并且终端站需要有根据此反馈信息适当调整时钟的能力。

闭环法的优点是不需要预先得知链路参量的数据,并且可以很容易地利用反向链路来及时适应路径和链路情况的变化;缺点是终端站需要有较高的实时处理能力,并且每个终端站和中心站之间要有双向链路。此外,捕捉同步也需要较长的时间。

2. 码速调整法

异步网采用的是码速调整法。仍以上述卫星通信网为例,若这时 4 个地球站的上行信号都是一次群信号 E-1,它们在卫星 S1 上被接收到后合并成二次群信号 E-2 再发送给卫星 S2,这时由于 4 个地球站的时钟间存在误差,虽然其码元标称速率都是 2048kbit/s,但是实际速率不同,在 S1 上合成的 E-2 群码元速率为 8448kbit/s,这个速率是以卫星 S_1 上的复接设备时钟为准的,将 8448kbit/s 平均分配到每个 E-1 群的码元速率为 2112kbit/s,高于 2048kbit/s。所以,尽管各地球站的时钟有误差,但是在卫星上的复接设备中合路时,平均将各路输入信号的码元速率都提高到以地球站时钟为准的 2112kbit/s 上,而不去管各路输入信号的码元速率存在的误差。

9.5.2 开环法

开环法又可以分为两类,一类需要利用反向链路提供的信息,另一类则不需要利用反向链路提供的信息。由于后者没有反馈信息需要处理,所以对处理能力没有要求,但是其通信性能显然受链路特性稳定性的影响。

下面结合卫星通信系统的性能做进一步的讨论,假设一个卫星通信系统,中心站在卫星上,终端站在地面,所有地面发射机的同步系统都需要预先校正信号的定时和频率,以求信号用预定的频率在预定的时间到达卫星接收机。

发射机需要计算信号的传输时间,即用电磁波的传播速率去除发射机和接收机间的距离,并将发射时间按计算结果适当提前。这样,信号到达中心站的时间为

$$T_a = T_t + \frac{d}{c} \tag{9-55}$$

式中，T_t 为实际发送开始时间；d 为传输距离；c 为光速。

同理可以得到预先校正发送频率，发射机需要考虑由于地面发射机和卫星接收机间的相对运动产生的多普勒频移。为了能够正确接收，发送频率应该等于

$$f \approx (1 - V/c) f_0 \tag{9-56}$$

式中，V 为相对速度(距离缩短时为正)；f_0 标称发射频率。

实际上，无论是时间还是频率都不能正确地预先校正，即终端站和中心站上的参考时间和参考频率都不能准确地预测。

时间预测的误差可以表示为

$$T_e = r_e/c + \Delta t \tag{9-57}$$

式中，r_e 为距离估值的误差；Δt 为发射机处和接收机处参考时间之差。

频率预测误差可以表示为

$$f_e = \frac{V_e f_0}{c} + \Delta f \tag{9-58}$$

式中，V_e 为发射机和接收机间相对速度的测量值误差或预测值误差；Δf 为发射机和接收机参考频率间的误差。

Δt 和 Δf 通常是由于参考频率的随机起伏引起的。发射机或接收机的参考时间通常来自参考频率的周期，故参考时间和参考频率的准确性有关。参考频率的起伏很难用统计方法表述，通常规定一个每天最大容许误差

$$\delta = \frac{\Delta f}{f_0} \quad ((\text{Hz}/\text{Hz})/\text{d}) \tag{9-59}$$

对于廉价的晶体振荡器来说，δ 值的典型范围为 $10^{-5} \sim 10^{-6}$；对于高质量的晶体振荡器，δ 值为 $10^{-9} \sim 10^{-11}$；对于铷原子钟，δ 值为 10^{-12}；对于铯原子钟，δ 值为 10^{-13}。在规定每天最大容许误差的情况下，若无外界干预，则频率偏移可能随时间线性地增大，表达式为

$$\Delta f(T) = f_0 \int_0^T \delta \mathrm{d}t + \Delta f(0) = f_0 \delta T + \Delta f(0) \quad (\text{Hz}) \tag{9-60}$$

式中，$\Delta f(T)$ 为在时间 T 内增大的频率偏移；$\Delta f(0)$ 为初始($t=0$ 时)频率偏移；T 为时间(天)。

然而，若参考时间是按计算周期得到的，则积累的时间偏差 $\Delta t(T)$ 和参考频率的积累相位误差有关，即

$$\Delta t(T) = \int_0^T \frac{\Delta f(t)}{f_0} \mathrm{d}t + \Delta t(0) = \int_0^T \delta t \mathrm{d}t + \int_0^T \frac{\Delta f(0)}{f_0} \mathrm{d}t + \Delta t(0)$$

$$= \frac{1}{2} \delta T^2 + \frac{\Delta f(0) T}{f_0} + \Delta t(0) \tag{9-61}$$

由式(9-61)可以看出，若没有外界干预，参考时间误差可以随时间按平方律增长。对于发射机开环同步系统，这个不断增长的时间误差限定了有关单位在多长时间内必须给予一次校正，或者更新终端站内关于中心站接收机的定时数据，或重新将中心站接收机和地球站发射机的参考时间设置到标称时间。

若发射机没有来自反向链路的信息,系统设计者能用式(9-57)和式(9-61)作为模型得出时间和频率偏离,决定两次校正之间的最大时间间隔。

准闭环发射机同步法的终端站能够利用对反向链路信号测量进行同步,显然比纯开环法更适应通信系统的变动性。

9.5.3 闭环法

闭环法需要终端站发送特殊的同步信号,用以决定信号的时间和频率误差。若中心站具有足够的处理能力,则中心站可以进行实际的误差测量。这种测量可以是给出偏离的量和方向,也可以是只给出方向。

这个信息用反向链路送回给终端站发射机,若中心站没有处理能力,则此时将特殊同步信号直接由反向链路送回终端站发射机,由终端站发射机自己解读返回信号。在中心站处理的优点是在反向链路上传送的误差测量结果可以是一个短的数字序列。当一条反向链路为大量终端站所时分复用时,这样有效地利用返回链路是非常重要的,在中心站上的误差测量手段能够被所有连到中心站的终端站共享,相当于大量节省了系统的处理能力。在终端站处理的优点是中心站不需要易于接入,并且中心站可以设计得较简单以提高可靠性;响应更快,因为没有在中心站处理带来的延迟,若链路的参量变化很快,这一点是很重要的。在终端站处理的缺点是反向信道的使用效率不高;返回信号可能难于解读——这种情况发生在中心站不仅是简单地转发信号,还对码元作判决,再在反向链路上发送判决结果,反向信号中含有时间和频率偏离的影响,即由码元判决产生的影响。

例如,设一个终端站采用 2FSK 向中心站发送信号,中心站采用非相干解调。这时的判决将决定于信号的能量。中心站接收的信号可以表示为

$$s(t) = \begin{cases} \sin[(\omega_0 + \omega_s + \Delta\omega)t + \theta], & 0 \leqslant t \leqslant \Delta t \\ \sin[(\omega_0 + \Delta\omega)t + \theta], & \Delta t < t \leqslant T \end{cases} \tag{9-62}$$

式中,T 为码元持续时间;ω_0 为 2FSK 信号的一个码元的角频率;$\omega_0 + \omega_s$ 为 2FSK 信号的另外一个码元的角频率;$\Delta\omega$ 为中心站接收信号的角频率误差;t 为中心站接收信号到达时间误差;θ 为任意初始相角。

现在,若中心站解调器的两个正交分量输出为

$$x = \frac{1}{T}\int_0^T s(t)\cos\omega_0 t \, dt \tag{9-63}$$

$$y = \frac{1}{T}\int_0^T s(t)\sin\omega_0 t \, dt \tag{9-64}$$

则解调信号的能量为

$$z^2 = x^2 + y^2 = \left(\frac{\sin[(\omega_s + \Delta\omega)\Delta t/2]}{(\omega_s + \Delta\omega)T}\right)^2 + \left(\frac{\sin[\Delta\omega(T - \Delta t)/2]}{\Delta\omega T}\right)^2 +$$

$$\frac{\cos(\Delta\omega\Delta t) + \cos[\Delta\omega T - (\omega_s + \Delta\omega)\Delta t] - \cos(\Delta\omega T) - \cos(\omega_s\Delta t)}{2\Delta\omega(\omega_s + \Delta\omega)T^2} \tag{9-65}$$

对于时间误差 Δt 为 0 的特殊情况,式(9-65)变为

$$z^2 = \left[\frac{\sin(\Delta\omega T/2)}{\Delta\omega T}\right]^2 \tag{9-66}$$

对于频率误差为 0 的特殊情况,式(9-66)变为

$$z^2 = \left(\frac{T-\Delta t}{2T}\right)^2 + \left[\frac{\sin(\omega_s\Delta t/2)}{\omega_s T}\right]^2 \tag{9-67}$$

从上述公式可以看出,无论存在任何时间误差、频率误差或者两者都存在,都将使码元的位置偏离解调器正确积分的位置,造成在 2FSK 信号积分的两个积分器中正确信号积分器得到的信号能量下降,部分能量移到另一个积分器中,误码率因而增大。

在上述 2FSK 系统示例中,由终端站发送一个连续的正弦波,频率等于 2FSK 信号两个频率的平均值;然后中心站将收到的这个信号检测后转发回终端站。由于这时在中心站接收机中的判决应是 1 和 0 出现概率相等的码元,故将其转发回终端站时将在反向链路中产生一个随机二进制序列,若原发送的连续正弦波没有频率误差,则终端站收到的序列中的两种符号概率相等。利用这种原理就能找到中心频率,从而在终端站上准确地预先校正频率。一旦找到正确的频率,终端站发射机再交替发送 1 和 0,以寻找正确的定时。这时,在半个码元时间内改变发送的定时,发射机就能找到给出最坏误码性能的时间。因为在中心站收到的码元位置和正确位置相差半个码元时,中心站 2FSK 接收机的两个检波器给出相等的能量,判决结果是随机的,故在反向链路上发回的二进制序列也将是随机的。终端站发射机可以用这种原理计算正确的定时,这种方法比用寻找误码性能最佳点更好,因为在任何设计良好的系统中,码元能量大得足够容许存在少许定时误差,所以即使定时不准,反向信号也可能没有误码。

9.5.4 准同步传输系统复接的码速调整法

在 PDH 体系中,低次群合成高次群时,复接设备需要将各支路输入低次群信号的时钟调整一致,再合并,这称为码速调整。码速调整方案主要有正码速调整法、负码速调整法、正/负码速调整法、正/零/负码速调整法等。下面将以二次群的正码速调整方案为例,介绍其基本原理。

在 PDH 系统二次群正码速调整中,复接设备对各支路输入低次群码元抽样时采用的抽样速率比各路码元速率略高,这样经过一段时间积累后,若不进行调整,则必将发生错误抽样,即将出现一个输入码元被抽样两次的情况,如图 9.39 所示,图 9.39(a)为复接设备一次群输入码元波形,图 9.39(b)为无误差抽样时刻,图 9.39(c)为抽样速率略高的抽样时刻。出现重复抽样时,需减少一次抽样,或将所抽样值舍去。

按照这种思路得出的二次群正码速调整方案(ITU 建议)如图 9.40 所示。

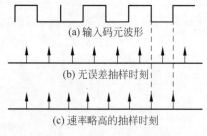

(a)输入码元波形

(b)无误差抽样时刻

(c)速率略高的抽样时刻

图 9.39 正码快调整时的抽样

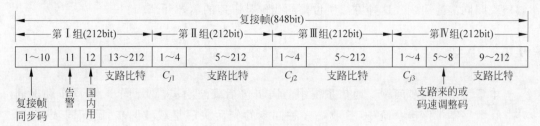

图 9.40 复接帧结构图

8.448Mbit/s 的二次群共有 4 个输入支路,每路速率为 2.048Mbit/s,复接帧长为 848bit,每帧分成 4 组,每组 212bit。在第 Ⅰ 组中,第 1～10 比特是复接帧同步码 1111010000,若连续 4 帧在此位置上没有收到正确的帧同步码,就认为失去了帧同步。在失步后,若连续 3 帧在此位置上又正确地收到帧同步码,则认为恢复了同步。第 11 比特用于向远端发送故障告警信号,发出告警信号时其状态由 0 变为 1。第 12 比特为国内通信用,在跨国链路上它置为 1。码速调整控制码 $C_{ji}(i=1,2,3)$ 分布在第 Ⅱ、Ⅲ 和 Ⅳ 组中,共计 12bit,每路 3bit,当某支路无须码速调整时,该支路的 3 个比特为 000;当需要进行码速调整时,为 111;并且当该支路的这 3 个比特不同时,建议对这 3 个比特采用多数判决。第 Ⅳ 组中的第 5～8 比特是用于码速调整的比特,它们分别为 4 个支路服务。当某支路无须码速调整时,该支路的这个比特将用于传输该支路输入的信息码;当某支路需要码速调整时,该支路的这个比特将用于插入调整比特,此比特在送到远端分接后将作为无用比特删除。

按照上述方案,在每个复接帧的 848bit 中可以有 824bit 用于传输支路输入信息码元,其他 24bit 为开销,故平均每支路有效负荷为 206bit。

因此,在以 8.448Mbit/s 的速率传输二次群信号时,用于传输有效信号负荷的传输速率分到每条支路约为 2052.226kbit/s,它略高于一次群的标称速率 2048kbit/s。所以可以用正码速调整的方法进行调整。

由于复接帧的重复速率为

$$\frac{8448\text{kbit/s}}{848\text{bit}} \approx 9962 \quad \text{帧/s} \tag{9-68}$$

且每个复接帧中至多能够为每条支路插入一个调整比特,所以支路的最大码速调整速率约为 10kbit/s。

在二次群中,以 2052.226kbit/s 的速率传输比特率为 2048kbit/s 的支路输入,所以需要在每支路输入的码元序列中插入 4.226kbit 的码速调整比特。

由于最高可能的插入速率是 9.962kbit/s,所以比值

$$\frac{4.226}{9.962} = 0.424 \tag{9-69}$$

称为**码速调整比**。它表示平均有 42.4% 的码速调整比特位置需要插入调整比特,而剩余的 57.6% 位置上可以传输支路输入比特。

在上述码速调整方案中,虽然没有使全网的时钟统一,但是用码速调整的方法也能

够解决网同步的问题。这种方法所付出的代价是码速的额外开销。

9.6 小结

本章讨论了同步问题。通信系统中的同步包括载波同步、码元同步、群同步和网同步。在数字基带传输系统中,接收端3种同步的先后次序是载波同步、码元同步、帧同步。网同步是通信网特有的。

载波同步在模拟和数字通信系统中均有采用,目的是在相干(同步)解调时,需要在接收端恢复相干载波,它应与发射端采用的载波同步(同频同相)。载波同步的方法可分为插入导频法和直接法两类,一般后者使用较多。直接法就是从接收端的已调信号中直接提取载波信息(频率),最常用的有平方环法和科斯塔斯环法,平方环法的主要优点是电路实现比较简单;科斯塔斯环法的主要优点是不需要平方电路,因而工作频率比较低。无论哪种方法,都存在相位模糊问题,提取载频电路中的窄带滤波器的带宽对于同步性能有很大的影响,恒定相位误差和随机误差对于带宽的要求是矛盾的,同步建立时间和保持时间对于带宽的要求也是矛盾的。

码元同步不准确将引起误码率增大。码元同步的目的是使每个码元得到最佳的解调和判决。码元同步可以分为外同步法和自同步法两大类。外同步法就是插入导频法,需要另外专门传输码元同步信息。自同步法从接收的数字信号中提取码元同步信号,主要有滤波法和锁相法,这种方法在数字通信中得到了最广泛的应用。

群同步的目的是能够正确地将接收码元分组,使接收信息能正确理解。实现群同步,通常采用的方法是起止式同步法和插入特殊同步码组的同步法。插入特殊同步码组的方法有两种,一种为连贯式插入法,另一种为间隔式插入法。为了建立正确的群同步,无论哪种方法,接收端的同步电路都有捕捉态和保持态两种状态。在捕捉态时,确认搜索到群同步码的条件必须规定得很高,以防发生假同步;在保持态时,为了防止因为噪声引起的个别错误导致认为失去同步,应该降低判断同步的条件,以使系统稳定工作。群同步的主要性能指标是假同步概率和漏同步概率。这两者是矛盾的,在设计时需折中考虑。

网同步的目的是解决通信网的时钟同步问题。从网同步的原理可以将通信网分为同步网和异步网两大类。在同步网中,单向通信网以及端对端的单条通信链路一般由接收机承担网同步任务。对于多用户接入系统,网同步则是整个终端站的事,即各终端站的发射机参数也要参与调整。终端站发射机同步方法可以分为开环和闭环两种。异步网中主要采用码速调整法解决网同步问题。

思考题 9

1. 对抑制载波的双边带信号、残留边带信号和单边带信号用插入导频法实现载波同步时,所插入的导频信号形式有何异同点?

2. 用四次方部件法和四相科斯塔斯环法提取四相移相信号中的载波,是否都存在相位含糊问题?

3. 对抑制载波的双边带信号,试叙述用插入导频法和直接法实现载波同步各有什么优缺点。

4. 在采用数字锁相法提取码元同步时,微分整流型和同相正交积分型方法在抗干扰能力、同步时间和同步精度上有何异同?

5. 一个采用非相干解调方式的数字通信系统是否必须有载波同步和码元同步?同步性能的好坏对通信系统的性能有何影响?

6. 已知由 3 个符号所组成的 3 位码最多能组成 8 个无逗号码字,若组成 4 位码,最多能组成多少无逗号码字? 若分别在这两种情况下将其中的第 1 位用作同步码元而实现连码移位法群同步,问最多能组成的可能码字分别为多少?

7. 当用滑动相关法和前置同步码法实现初始同步时,它们所花的搜索时间分别与什么因素有关?

8. 试画出双 Δ 值延迟锁定环跟踪的原理框图;画出它的复合相关特性并标出跟踪点。

9. 我国采用的数字复接等级中,二次群的码元速率为 8448kbit/s,它是由四个基群复合而成的,而基群的码元速率为 2048kbit/s,试解释为什么不使二次群的码元速率定为 8192kbit/s(基群码元速率的 4 倍)? 这里的码速调整是正码速调整还是负码速调整?

习题 9

1. 已知单边带信号的表达式为 $s(t) = m(t)\cos\omega_c t + \hat{m}(t)\sin\omega_c t$,试证明不能用图 9.1 所示的平方变换法提取载波。

2. 已知单边带信号的表达式为 $s(t) = m(t)\cos\omega_c t + \hat{m}(t)\sin\omega_c t$,若采用与抑制载波双边带信号导频插入完全相同的方法,试证明接收端可正确解调;若发送端插入的导频是调制载波,试证明解调输出中也含有直流分量,并求出该值。

3. 图 9.9 所示的插入导频法发送端框图中,如果 $a_c\sin\omega_c t$ 不经 90° 移相,直接与已调信号相加输出,试证明接收端的解调输出中含有直流分量。

4. 已知锁相环路的输入噪声相位方差为 $\overline{\theta_{ni}^2} = 1/2r_i$,试证明环路的输出相位方差 $\overline{\theta_{n0}^2}$ 与环路信噪比 r_L 之间的关系为 $\overline{\theta_{n0}^2} = 1/2r_L$。

5. 正交双边带调制的原理框图如图 9.41 所示,试讨论载波相位误差对该系统有什么影响。

6. 若 7 位巴克码组的前后全为 1,序列加于图 9.25 所示的码元输入端,且各移存器的初始状态均为零,试画出识别器的输出波形。

7. 若 7 位巴克码组的前后全为 0 序列加于图 9.25 所示的码元输入端,且各移存器的初始状态均为零,试画出识别器的输出波形。

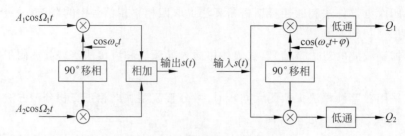

图 9.41　正交双边带调制原理框图

8. 传输速率为 1kbit/s 的一个通信系统,设误码率为 10^{-4},群同步采用连贯式插入的方法,同步码组的位数为 $n=7$,试分别计算 $m=0$ 和 $m=1$ 时漏同步概率 P_1 和假同步概率 P_2 各为多少。若每群中的信息位为 153bit,估算群同步的平均建立时间。

9. 在滑动相关法中,滑动速率的提高受相关器后面低通滤波器带宽的限制,为减少噪声,此带宽要窄,但带宽太窄会使滤波器阶跃响应的上升时间加长,该上升时间与带宽的关系为 $0.35/\mathrm{BW}$。设相对滑动的速率为 ΔR_c,那么为使相关器输出的峰值能通过低通滤波器,要求滑过两码元的时间大于滤波器的上升时间,即 $\dfrac{2}{\Delta R_c} \geqslant \dfrac{0.35}{\mathrm{BW}}$,现有一带宽为 1kHz 的低通滤波器。

(1) 试问最大的相对滑动速率为多少。

(2) 若所用伪随机码的周期长为 10^8,最坏情况下所需的搜索时间为多长?

10. 设一个数字通信网采用水库法进行码速调整,已知数据速率为 32Mbit/s,存储器的容量为 $2n=200$ 位,时钟的频率稳定度为 $\left|\pm\dfrac{\Delta f}{f}\right|=10^{-10}$,试计算每隔多长时间需对同步系统校正一次。

小测验 9

一、填空题

1. 通信系统中的同步包括_____、_____、_____和_____。

2. 已知 7 位巴克码为 1110010,则其局部自相关函数 $R(2)=$_____。

3. 发送端不发送专门的同步信息,而是设法从收到的信号中提取同步信息的方法称为_____。

4. 码元同步的目的是使每个码元得到最佳的_____和_____,码元同步不准确将引起误码率_____。

5. 对于 $[A_0+m(t)]\cos\omega_c t$ 信号,载波相位误差 φ 会使相干解调输出信号幅值衰减_____倍,解调输出信噪比下降_____倍。

6. BPSK 信号在接收端因为载波同步系统中的分频可能产生载波相位状态转移,发生对信号的错误解调,这种现象称为_____。

7. 对于 SSB、VSB 信号,载波相位误差会引起_____,而且还会引起_____。

8. 不论是数字的还是模拟的通信系统,只要进行相干解调,都需要预先完成_____。

9. 在数字通信系统中,码元同步的方法有_____、_____。

10. 若码元速率为 2400B,则码元定时脉冲的重复频率为_____。

11. 若增加帧同步码的位数,则识别器的漏同步率_____,假同步率_____。

二、判断题

1. 由于锁相环除了具有窄带滤波和记忆功能外,还有良好的跟踪性能,故平方环法提取的载波信号和接收的载波信号之间的相位差更小,载波质量更好。(   )

2. 载波同步就是获取与发送端用于调制的载频信号同频同相的本地载波信号的过程。(   )

3. 相对调相 DPSK 信号具有抗相位模糊的能力。(   )

4. "N 先于 M"和"随机徘徊"数字滤波器是用于减少或消除数字锁相环的相位抖动的。(   )

5. 单边带调制信号通常采用平方环法来提取相干载波信息。(   )

6. 连贯式插入法插入的是一个有一定长度的同步码组,分散插入式群同步系统一次插入很少的同步码,故连贯插入式群同步系统的传输效率必然低于分散式系统。(   )

三、计算题

1. 设载波同步相位误差等于 $10°$,信噪比为 $r = 10\text{dB}$,试求此时 2PSK 信号的误码率。

2. 已知 PCM30/32 路终端机帧同步周期为 $T_s = 250\mu s$,每帧比特数为 $N = 512$,帧同步码的长度为 7bit,试计算平均捕捉时间。

3. 设一数字基带传输系统采用的帧同步码组为 5 位巴克码(11101),采用连贯式插入帧同步码,系统的误码率为 P_e。

(1) 求该巴克码的局部自相关函数 $R(j)$,并画出 $R(j)$ 与 j 的关系曲线。

(2) 画出帧同步信号识别器的原理框图。

(3) 若识别器的判决电平设置在"允许至多有一位错码"的电平上,计算该识别器的漏同步概率和假同步概率。

4. 画出双滤波非相干检测法 2FSK 普通接收机原理框图,其信号传码率为 100B,发送信号的两个频率分别为 100.1kHz 和 99.9kHz。

(1) 该 2FSK 信号的第一零点带宽为多大?

(2) 给出图中接收滤波器频率特性和其位同步信号的频率。

第 10 章

差错控制编码

差错控制编码常称为纠错编码或信道编码,其目的是克服由信道噪声等加性干扰引起的误码,提高传输的可靠性。

在实际信道传输数字信号的过程中,引起传输差错的根本原因在于信道内存在的噪声以及信道传输特性不理想所造成的码间干扰。为了提高数字基带传输系统的可靠性,降低信息传输的差错率,可以利用均衡技术消除码间干扰,利用增大发射功率、降低接收设备本身的噪声、选择好的调制制度和解调方法、加强天线的方向性等措施,提高数字传输系统的抗噪性能,但上述措施也只能将传输差错减小到一定程度,要进一步提高数字基带传输系统的可靠性,可以采用差错控制编码,对可能或已经出现的差错进行控制。

在信息序列上附加一些监督码元,利用这些冗余的码元使原来不规律的或规律性不强的原始数字信号变为有规律的数字信号;差错控制译码则利用这些规律性来鉴别传输过程是否发生错误,或进而纠正错误。信道编码是通过增加数码,利用"冗余"来提高抗干扰能力的,即以降低信息传输速率为代价来减少错误,或者说是用削弱有效性来增强可靠性。

产生错码的原因可以分为两类。第1类,由乘性干扰引起的码间干扰会造成错码。码间干扰可以采用均衡的方法解决,从而减少或消除错码。第2类,加性干扰将使信噪比降低从而造成错码。提高发射功率和改用性能更优良的调制体制,是提高信噪比的基本手段。但是,信道编码等差错控制技术在降低误码率方面仍然是一种重要的手段。

本章主要介绍差错控制方式和编码分类,最小码距与纠检错能力,几种常用的简单编码,线性分组码的生成、监督和纠错,循环码的生成多项式、生成矩阵、编码和译码,卷积码的矩阵、多项式和图形描述方法,Turbo码,网格编码调制等内容。

10.1 概述

10.1.1 差错控制方式

从差错控制角度看,按照加性干扰引起的错码分布规律的不同,信道可以分为3类,即随机信道、突发信道和混合信道。在随机信道中错码的出现是随机的,即码元的出错具有独立性,与前后码元无关。一般在带有加性高斯白噪声的信道中发生错码,如一般情况下的微波信道和微波信道。在突发信道中错码是成串集中出现的,即在短时间段内有很多错码出现,而在这些短时间段之间有较长的无错码时间段。产生突发错码的主要原因是冲击噪声,例如电机的启动和停止、电器设备的电弧等。在混合信道中既存在随机错码又存在突发错码,每种信道中的错码特性不同,所以需要采用不同的差错控制技术来减少或消除其中的错码。常用的差错控制方式主要有以下4种。

1. 检错重发

检错(error detection)重发(retransmission),又称**自动请求重传**(Automatic Repeat Request,ARQ),在发送端加入差错控制码元,接收端利用这些码元检测到有错码时,利用反向通道通知发送端重新发送,直到正确传输为止。其特点是需要反馈信道,译码设备简单,对突发错误和信道干扰较严重时有效,但实时性差,主要在计算机数据通信中得到应用。利用检错重发技术时,通信系统需要由双向信道传送重发指令。

2. 前向纠错

前向纠错(Forword Error Correction,FEC),发送端发送能够纠正错误的码,接收端收到信码后自动地纠正传输中的错误。为了能够纠正错码,而不是仅检测错码,和检错重发相比,前向纠错方式往往需要加入更多的差错控制码元。前向纠错的特点是单向传输,实时性好,但译码设备较复杂。

3. 反馈校验

反馈校验(feedback checkout)方式不需要在发送序列中加入差错控制码元,接收端将接收到的信码原封不动地转发回发送端与原发送信码相比较,若发现有不同,就认为接收端收到的序列中有错码,发送端立即重发。这种技术的原理和设备都很简单,但需双向信道,且传输效率低。

4. 检错删除

检错删除和检错重发的区别在于接收端发现错码后立即将其删除,不要求重发。这种方法只适用于少数特定系统,在那里发送码元中有大量多余度,删除部分接收码元不影响应用。例如,循环重发某些遥控数据。

以上几种技术可以结合适用,例如检错和纠错技术结合使用,当接收端出现少量错码并有能力纠正时,采用前向纠错技术;当接收端出现较多错码没有能力纠正时,采用检错重发技术。

10.1.2 纠错编码

1. 纠错编码的分类

在差错控制系统中,信道编码存在着多种实现方式,同时信道编码也有多种分类方法。

(1) **按照信道编码的不同功能,可以将它分为检错码和纠错码。**

检错码仅能检测误码,例如在计算机串口通信中常用到的奇偶校验码等;纠错码可以纠正误码,当然同时具有检错的能力,当发现不可纠正的错误时可以发出出错指示。

(2) **按照信息码元和监督码元之间的检验关系,可以将它分为线性码和非线性码。**

若信息码元与监督码元之间的关系为线性关系,即满足一组线性方程式,则称为线性码;否则称为非线性码。

(3) **按照信息码元和监督码元之间的约束方式不同,可以将它分为分组码和卷积码。**

在分组码中,编码后的码元序列每 n 位分为一组,其中 k 位信息码元,r 个监督位,$r=n-k$,监督码元仅与本码字的信息码元有关。卷积码则不同,其中的监督码元不但与本信息码元有关,而且与前面码字的信息码元也有约束关系。

(4) 按照信息码元在编码后是否保持原来的形式,可以将它分为系统码和非系统码。

在系统码中,编码后的信息码元保持原样不变,而非系统码中的信息码元则发生了变化。除了个别情况,系统码的性能大体上与非系统码相同,但是非系统码的译码较为复杂,因此,系统码得到了更广泛的应用。

(5) 按照纠正错误的类型不同,可以将它分为纠正随机错误码和纠正突发错误码两种。

前者主要用于发生零星独立错误的信道,而后者用于对付以突发错误为主的信道。

(6) 按照信道编码所采用的数学方法不同,可以将它分为代数码、几何码和算术码。

其中,代数码是目前发展最为完善的编码,线性码就是代数码的一个重要的分支。

除上述信道编码的分类方法以外,还可以将它分为二进制信道编码和多进制信道编码等。同时,随着数字通信系统的发展,可以将信道编码器和调制器统一起来综合设计,这就是所谓的网格编码调制(Trellis Coded Modulation,TCM)。

2. 纠错编码的基本原理

1) 分组码

分组码一般可用 (n,k) 表示。其中,k 是每组二进制信息码元的数目,n 是编码码组的码元总位数,又称为码组长度,简称码长。$n-k=r$ 为每个码组中监督码元的数目。简单地说,分组码是对每段 k 位长的信息组以一定的规则增加 r 个监督码元,组成长为 n 的码字,结构规定如图 10.1 所示,前 k 位 $(a_{n-1}\cdots a_r)$ 为信息位,后面 r 位 $(a_{r-1}\cdots a_0)$ 为监督位。在二进制情况下,共有 2^k 个不同的信息组,相应地可得到 2^k 个不同的码字,称为许用码组;其余 2^n-2^k 个码字未被选用,称为禁用码组。

图 10.1 分组码的结构

在分组码中,非零码元的数目称为码字的**汉明重量**,简称码重(code weight)。例如,码字 10110,码重为 $w=3$。两个等长码组之间相应位取值不同的数目称为这两个码组的**汉明(Hamming)距离**,简称码距。例如,11000 与 10011 之间的距离为 $d=3$。码组集中任意两个码字之间距离的最小值称为码的最小距离,用 d_0 表示。最小码距是信道编码的一个重要参数,它是衡量信道编码检错、纠错能力的依据。

2) 检错和纠错能力

若分组码码字中的监督码元在信息码元之后,而且是信息码元的简单重复,则称该分组码为重复码。它是一种简单实用的检错码,并有一定的纠错能力。例如,(2,1)重复码,两个许用码组是 00 与 11,$d_0=2$,接收端译码出现 01、10 禁用码组时,可以发现传输中的一位错误；如果是(3,1)重复码，两个许用码组是 000 与 111，$d_0 = 3$，当接收端出现 2 个或 3 个 1 时，判为 1，否则判为 0。此时，可以纠正单个错误，或者说该码可以检出两个错误。

码的最小距离 d_0 直接关系码的检错和纠错能力；任一 (n, k) 分组码的检错和纠错能力总结如下。

（1）**检测 e 个随机错误，则要求码的最小距离 $d_0 \geqslant e+1$。**

设一个码组 A 位于 O 点，如图 10.2(a)所示。若码组 A 中发生一个错码，则可以认为 A 的位置将移动至以 O 点为圆心、以 1 为半径的圆上某点，但其位置不会超出此圆。若码组 A 中发生两位错码，则其位置不会超出以 O 点为圆心、以 2 为半径的圆。因此，只要最小码距不小于 3，码组 A 发生两位以下错码时不可能变成另一个准用码组，因而能检测错码的位数等于 2。同理，若一种编码的最小码距为 d_0，则将能检测 $d_0 - 1$ 个错码；反之，若要求检测 e 个错码，则最小码距 d_0 至少应不小于 $e+1$。

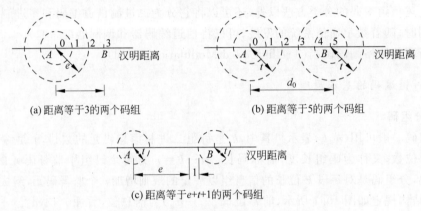

(a) 距离等于3的两个码组　　　(b) 距离等于5的两个码组

(c) 距离等于e+t+1的两个码组

图 10.2　码距与检错和纠错能力的关系

（2）**纠正 t 个随机错误，则要求码的最小距离 $d_0 \geqslant 2t+1$。**

如图 10.2(b)中所示示例，码组 A 和 B 的距离为 5，码组 A 或 B 若发生不多于两位错码，则其位置均不会超出半径为 2、以原位置为圆心的圆，这两个圆是不重叠的。判决规则为，若接收码组落于以 A 为圆心的圆上就判决收到的是码组 A，若落于以 B 为圆心的圆上就判决为码组 B，这样就能够纠正两位错码。若这种编码中除码组 A 和 B 外还有许多种不同码组，但任两码组之间的码距均不小于 5，则以各码组的位置为中心，以 2 为半径画出之圆都不会互相重叠，这样每种码组如果发生不超过两位错码都将能被纠正。因此，当最小码距 $d_0 = 5$ 时，能够纠正 2 个错码，且最多能纠正 2 个。若错码达到 3 个，就将落在另一圆上，从而发生错判。故一般说来，为纠正 t 个错码，最小码距应不小于 $2t+1$。

（3）**纠正 t 个同时检测 $e (\geqslant t)$ 个随机错误，则要求码的最小距离 $d_0 \geqslant t+e+1$。**

分析图 10.2(b)所示的示例，码组 A 和 B 之间距离为 5，按照检错能力公式，最多能检测 4 个错误，即 $e = d_0 - 1 = 5 - 1 = 4$；按照纠错能力公式，能纠正两个错码。但是，不能同时做到两者，因为当错码位数超过纠错能力时，该码组立即进入另一码组的圆内而被错误地"纠正"了。例如,码组 A 若错了 3 位,就会被误认为码组 B 错了两位造成的结果,从而被错"纠"为 B。这就是说,检错和纠错公式不能同时成立或同时运用。所以,为了在可以纠正 t 个错码的同时能够检测 e 个错码,就需要像图 10.2(c)所示那样,使某一码组(譬如码组 A)发生 e 个错误之后所处的位置与其他码组(如码组 B)的纠错圆之间的距离至少等于 1,不然将落在该纠错圆上从而发生错误地"纠正"。因此,由图可以直观看出,要求最小码距 $d_0 \geqslant t + e + 1$。这种纠错和检错结合的工作方式简称**纠检结合**。

3. 编码效率

用差错控制编码提高通信系统的可靠性,是以降低有效性为代价换来的。

编码效率简称**码率**,定义为信息码元数 k 与编码组的总码元数(即码长)n 的比值,即

$$R_c = k/n \tag{10-1}$$

其中,k 是信息元的个数;n 为码长。

冗余度定义为监督码元数$(n-k)$和信息码元数 k 的比值,即$(n-k)/n$。

编码增益定义为在保持误码率恒定的条件下,采用纠错编码所节省的信噪比。

对纠错码的基本要求是检错和纠错能力尽量强;编码效率尽量高;编码规律尽量简单。实际中要根据具体指标要求,保证有一定纠、检错能力和编码效率,并且易于实现。

10.2 简单的实用编码

1. 奇偶监督码

奇偶监督(parity check)码分为奇监督码和偶监督码,两者的原理相同,是一种最基本的检错码。它由 $n-1$ 位信息码元和 1 位监督码元组成,可以表示成为$(n, n-1)$。在偶监督码中,无论信息位多少,监督位只有 1 位,它使码组中 1 的数目为偶数,即满足

$$a_{n-1} \oplus a_{n-2} \oplus \cdots \oplus a_0 = 0 \tag{10-2}$$

式中,a_0 为监督位,其他位为信息位。这种编码能够检测奇数个错码。在接收端,按照上式求模 2 和,若计算结果为 1,就说明存在错码,结果为 0 就认为无错码。

如果是奇监督码,再附加上一个监督码元以后,码长为 n 的码字中 1 的个数为奇数个。奇监督码与偶监督码相似,只不过其码组中 1 的数目为奇数,即满足

$$a_{n-1} \oplus a_{n-2} \oplus \cdots \oplus a_0 = 1 \tag{10-3}$$

且其检错能力与偶数监督码的一样。

2. 二维奇偶监督码(方阵码)

二维奇偶监督码又称方阵码。它是先把奇偶监督码的若干码组排成矩阵,每一码组写成一行,然后再按列的方向增加第二维监督位,如图 10.3 所示。

$$
\begin{matrix}
a_{n-1}^1 & a_{n-2}^1 & \cdots & a_1^1 & a_0^1 \\
a_{n-1}^2 & a_{n-2}^2 & \cdots & a_1^2 & a_0^2 \\
\vdots & \vdots & \ddots & \vdots & \vdots \\
a_{n-1}^m & a_{n-2}^m & \cdots & a_1^m & a_0^m \\
c_{n-1} & c_{n-2} & \cdots & c_1 & c_0
\end{matrix}
$$

图 10.3 二维奇偶监督码

图中,$a_0^1, a_0^2, \cdots, a_0^m$ 为 m 行奇偶监督码中的 m 个监督位。$c_{n-1}, c_{n-2}, \cdots, c_1, c_0$ 为按列进行第 2 次编码所增加的监督位,它们构成了一监督位行。

这种编码有可能检测偶数个错码。因为每行的监督位虽然不能用于检测本行中的偶数个错码,但按列的方向有可能由 $c_{n-1}, c_{n-2}, \cdots, c_1, c_0$ 等监督位检测出来。有一些偶数错码不可能检测出来,例如构成矩形的 4 个错码,如图 10.3 所示示例中 a_{n-2}^2 a_1^2 a_{n-2}^m a_1^m 错了,就检测不出。

这种二维奇偶监督码适于检测突发错码。因为突发错码常常成串出现,随后有较长一段无错区间,所以在某一行中出现多个奇数或偶数错码的机会较多,而这种方阵码正适合于检测这类错码。前述的一维奇偶监督码一般只适合于检测随机错码。由于方阵码只对构成矩形四角的错码无法检测,故其检错能力较强。

二维奇偶监督码不仅可用来检错,还可以用来纠正一些错码。例如,仅在一行中有奇数个错码时。

3. 恒比码

在恒比码中,每个码组均含有相同数目的1(和0)。由于1的数目与0的数目之比保持恒定,故得此名。这种码在检测时,只要计算接收码组中1的数目是否对,就知道有无错码。恒比码的主要优点是简单,适于用来传输电传机或其他键盘设备产生的字母和符号。对于信源来的二进制随机数字序列,这种码就不适合使用了。

4. 正反码

正反码是一种简单的能够纠正错码的编码,其中的监督位数目与信息位数目相同,监督码元与信息码元相同还是相反由信息码元中1的个数而定。例如,若码长 $n=10$,其中信息位 $k=5$,监督位 $r=5$。其编码规则为,当信息位中有奇数个 1 时,监督位是信息位的简单重复;当信息位有偶数个 1 时,监督位是信息位的反码。例如,若信息位为11001,则码组为1100111001;若信息位为10001,则码组为1000101110。

接收端解码方法为,先将接收码组中的信息位和监督位按模 2 相加,得到一个 5 位(其他位数原理相同)的合成码组。然后,由此合成码组产生一个校验码组。若接收码组的信息位中有奇数个1,则合成码组就是校验码组;若接收码组的信息位中有偶数个1,则取合成码组的反码作为校验码组。最后,观察校验码组中1的个数,按表 10.1 进行判决及纠正可能发现的错码。

表 10.1 校验码组和错码的关系

序 号	校验码组的组成	错 码 情 况
1	全为 0	无错码
2	有 4 个 1 和 1 个 0	信息码中有 1 位错码,其位置对应校验码组中 0 的位置
3	有 4 个 0 和 1 个 1	监督码中有 1 位错码,其位置对应校验码组中 1 的位置
4	其他组成	错码多于 1 位

例如,若发送码组为 1100111001,接收码组中无错码,则合成码组应为 11001⊕11001=00000。由于接收码组信息位中有奇数个"1",所以校验码组就是 00000。按表 10.1 判决,结论是无错码。若传输中产生了差错,接收码组为 1000111001,则合成码组为 10001⊕11001=01000,接收码组中信息位有偶数个 1,所以校验码组应取合成码组的反码,即 10111,其中有 4 个 1 和 1 个 0,按表 10.1 判决,信息位中左边第 2 位为错码。若接收码组错成 1100101001,则合成码组变成 11001⊕01001=10000,接收码组中信息位有奇数个 1,故校验码组就是 10000,按表 10.1 判决,监督位中第 1 位为错码。若接收码组为 1001111001,则合成码组为 10011⊕11001=01010,校验码组与其相同,按表 10.1 判决,这时错码多于 1 个。

上述长度为 10 的正反码具有纠正 1 位错码的能力,并能检测全部两位以下的错码和大部分两位以上的错码。

10.3 线性分组码

从 10.2 节介绍的一些简单编码可以看出,每种编码所依据的原理各不相同,而且是大不相同,其中奇偶监督码的编码原理是利用代数关系式产生监督位。这类建立在代数学基础上的编码称为代数码。在代数码中,常见的是线性码。在线性码中信息位和监督位是由一些线性代数方程联系着的,或者说,线性码是按照一组线性方程构成的代数码。本节将以汉明码为例引入线性分组码的一般原理。

上述正反中,为了能够纠正 1 位错码,使用的监督位数和信息位一样多,即编码效率只有 50%。那么,为了纠正 1 位错码,在分组码中最少要增加多少位才行呢?编码效率能否提高呢?人们从这种思路出发进行研究,发明了汉明码。汉明码是一种能够纠正 1 位错码且编码效率较高的线性分组码。

10.3.1 汉明码的构造原理

汉明码是 1950 年由美国贝尔实验室提出来的,是一种用来纠正单个错误的线性分组码,汉明码及其变形已广泛应用于数字通信和数据存储系统中作为差错控制码。

在前面讨论奇偶校验时,由于在偶数监督码中使用了一位监督位 a_0,它和信息位 $a_{n-1}, \cdots, a_1$ 一起构成一个代数式

$$a_{n-1} \oplus a_{n-2} \oplus \cdots \oplus a_0 = 0 \tag{10-4}$$

在接收端解码时,实际上就是在计算

$$S = a_{n-1} \oplus a_{n-2} \oplus \cdots \oplus a_0 \tag{10-5}$$

若 $S=0$,就认为无错码;若 $S=1$,就认为有错。现将式(10-5)称为监督关系式,S 称为校正子(syndrome),又称为校验子、伴随式。由于校正子 S 只有两种取值,故它只能代表有错和无错这两种信息,而不能指出错码的位置。若监督位增加一位,即变成两位,则能

增加一个类似的监督关系式。两个校正子的可能值有 4 种组合 00、01、10、11,能表示 4 种不同的信息,若用其中 1 种组合表示无错,则其余 3 种组合就有可能指示一个错码的 3 种不同位置。同理,r 个监督关系式能指示一位错码的 $2^r - 1$ 个可能位置。

一般来说,若码长为 n,信息位数为 k,则监督位数 $r = n - k$,如果希望用 r 个监督位构造出 r 个监督关系式来指示 1 位错码的 n 种可能位置,则要求

$$2^r - 1 \geqslant n \quad \text{或} \quad 2^r \geqslant k + r + 1 \tag{10-6}$$

下面通过一个例子来说明如何具体构造这些监督关系式。

设分组码 (n, k) 中 $k = 4$,为了纠正 1 位错码,要求监督位数 $r \geqslant 3$。若取 $r = 3$,则 $n = k + r = 7$。这里用 $a_6, a_5, \cdots, a_0$ 表示这 7 个码元,用 S_1、S_2 和 S_3 表示 3 个监督关系式中的校正子,则 S_1、S_2 和 S_3 的值与错码位置的对应关系可以规定如表 10.2 所示。

表 10.2   校正子和错码位置的关系

$S_1 S_2 S_3$	错 码 位 置	$S_1 S_2 S_3$	错 码 位 置
001	a_0	101	a_4
010	a_1	110	a_5
100	a_2	111	a_6
011	a_3	000	无错码

由表中规定可见,仅当一位错码的位置在 a_2、a_4、a_5 或 a_6 时,校正子 S_1 为 1;否则 S_1 为零。这就意味着 a_2、a_4、a_5 或 a_6 4 个码元构成偶数监督关系

$$S_1 = a_6 \oplus a_5 \oplus a_4 \oplus a_2 \tag{10-7}$$

同理,a_1、a_3、a_5 和 a_6 构成偶数监督关系

$$S_2 = a_6 \oplus a_5 \oplus a_3 \oplus a_1 \tag{10-8}$$

a_0、a_3、a_4 和 a_6 构成偶数监督关系

$$S_3 = a_6 \oplus a_4 \oplus a_3 \oplus a_0 \tag{10-9}$$

在发送端编码时,信息位 a_6、a_5、a_4 和 a_3 的值决定于输入信号,因此它们是随机的。监督位 a_2、a_1 和 a_0 应根据信息位的取值按监督关系来确定,即监督位应使式(10-7)、式(10-8)、式(10-9)中 S_1、S_2 和 S_3 的值为 0(表示编成的码组中应无错码),即

$$\begin{cases} a_6 \oplus a_5 \oplus a_4 \oplus a_2 = 0 \\ a_6 \oplus a_5 \oplus a_3 \oplus a_1 = 0 \\ a_6 \oplus a_4 \oplus a_3 \oplus a_0 = 0 \end{cases} \tag{10-10}$$

给定信息位后,式(10-10)经过移项运算,可解出监督位为

$$\begin{cases} a_2 = a_6 \oplus a_5 \oplus a_4 \\ a_1 = a_6 \oplus a_5 \oplus a_3 \\ a_0 = a_6 \oplus a_4 \oplus a_3 \end{cases} \tag{10-11}$$

示例结果见表 10.3 所示。

表 10.3 监督位计算结果

信 息 位				监 督 位			信 息 位				监 督 位		
a_6	a_5	a_4	a_3	a_2	a_1	a_0	a_6	a_5	a_4	a_3	a_2	a_1	a_0
0	0	0	0	0	0	0	1	0	0	0	1	1	1
0	0	0	1	0	1	1	1	0	0	1	1	0	0
0	0	1	0	1	0	1	1	0	1	0	0	1	0
0	0	1	1	1	1	0	1	0	1	1	0	0	1
0	1	0	0	1	1	0	1	1	0	0	0	0	1
0	1	0	1	1	0	1	1	1	0	1	0	1	0
0	1	1	0	0	1	1	1	1	1	0	1	0	0
0	1	1	1	0	0	0	1	1	1	1	1	1	1

接收端收到每个码组后,先计算出 S_1、S_2 和 S_3,再查表判断错码情况。例如,若接收码组为 0000011,按上述公式计算可得 $S_1=0$,$S_2=1$,$S_3=1$。由于 $S_1S_2S_3$ 为 011,故查表可知在 a_3 位有 1 错码。表中所列为 (7,4) 汉明码,最小码距 $d_0=3$,因此这种码能够纠正 1 个错码或检测 2 个错码。

由于码率 $k/n=(n-r)/n=1-r/n$,故当 n 很大和 r 很小时,码率接近 1。可见,汉明码是一种高效码。

10.3.2 线性分组码的构造原理

线性分组码是指信息位和监督位满足一组线性代数方程的码。

通过已知的信息码元得到监督码元规则的一组方程称为监督方程。由于所有码元都按同一规则确定,又称为一致监督方程。由于监督方程是线性的,即监督元和信息元之间是线性运算关系,所以由线性监督方程所确定的分组码是线性分组码。

例如上述 (7,4) 汉明码可以改为

$$\begin{cases} a_6 \oplus a_5 \oplus a_4 \oplus a_2 = 0 \\ a_6 \oplus a_5 \oplus a_3 \oplus a_1 = 0 \\ a_6 \oplus a_4 \oplus a_3 \oplus a_0 = 0 \end{cases} \tag{10-12}$$

3 个监督方程式可以改写为线性方程组

$$\begin{cases} 1 \cdot a_6 + 1 \cdot a_5 + 1 \cdot a_4 + 0 \cdot a_3 + 1 \cdot a_2 + 0 \cdot a_1 + 0 \cdot a_0 = 0 \\ 1 \cdot a_6 + 1 \cdot a_5 + 0 \cdot a_4 + 1 \cdot a_3 + 0 \cdot a_2 + 1 \cdot a_1 + 0 \cdot a_0 = 0 \\ 1 \cdot a_6 + 0 \cdot a_5 + 1 \cdot a_4 + 1 \cdot a_3 + 0 \cdot a_2 + 0 \cdot a_1 + 1 \cdot a_0 = 0 \end{cases} \tag{10-13}$$

式 (10-13) 中已经将 $\oplus$ 简写成 $+$,在本章中,$+$ 即表示模 2 加法。式 (10-13) 可以表示成如下矩阵形式。

$$\begin{bmatrix} 1 & 1 & 1 & 0 & 1 & 0 & 0 \\ 1 & 1 & 0 & 1 & 0 & 1 & 0 \\ 1 & 0 & 1 & 1 & 0 & 0 & 1 \end{bmatrix} \begin{bmatrix} a_6 \\ a_5 \\ a_4 \\ a_3 \\ a_2 \\ a_1 \\ a_0 \end{bmatrix} = \begin{bmatrix} 0 \\ 0 \\ 0 \end{bmatrix} \quad (\text{模 } 2) \tag{10-14}$$

式(10-14)可以简记为

$$\boldsymbol{H A}^{\mathrm{T}} = \boldsymbol{0}^{\mathrm{T}} \quad \text{或} \quad \boldsymbol{A H}^{\mathrm{T}} = \boldsymbol{0} \tag{10-15}$$

式中，$\boldsymbol{H} = \begin{bmatrix} 1 & 1 & 1 & 0 & 1 & 0 & 0 \\ 1 & 1 & 0 & 1 & 0 & 1 & 0 \\ 1 & 0 & 1 & 1 & 0 & 0 & 1 \end{bmatrix}$；$\boldsymbol{A} = [a_6 \ a_5 \ a_4 \ a_3 \ a_2 \ a_1 \ a_0]$；$\boldsymbol{0} = [0 \ 0 \ 0]$；右上标

T 表示将矩阵转置(transpose)。例如，$\boldsymbol{H}^{\mathrm{T}}$ 是 $\boldsymbol{H}$ 的转置，即 $\boldsymbol{H}^{\mathrm{T}}$ 的第 1 行为 $\boldsymbol{H}$ 的第 1 列，$\boldsymbol{H}^{\mathrm{T}}$ 的第二行为 $\boldsymbol{H}$ 的第二列，等等。

$\boldsymbol{H}$ 称为线性分组码的**监督矩阵**(parity-check matrix)，只要监督矩阵 $\boldsymbol{H}$ 给定，编码时监督位和信息位的关系就完全确定了。监督矩阵 $\boldsymbol{H}$ 的行数就是监督关系式的数目，它等于监督位的数目 r。$\boldsymbol{H}$ 的每行中 1 的位置表示相应码元之间存在的监督关系，例如 $\boldsymbol{H}$ 的第一行 1110100 表示监督位 a_2 是由 $a_6 a_5 a_4$ 之和决定的。$\boldsymbol{H}$ 矩阵可以分成两部分，例如，

$$\boldsymbol{H} = \begin{bmatrix} 1 & 1 & 1 & 0 & 1 & 0 & 0 \\ 1 & 1 & 0 & 1 & 0 & 1 & 0 \\ 1 & 0 & 1 & 1 & 0 & 0 & 1 \end{bmatrix} = [\boldsymbol{P} \boldsymbol{I}_r] \tag{10-16}$$

式中，$\boldsymbol{P}$ 为 $r \times k$ 阶矩阵，$\boldsymbol{I}_r$ 为 $r \times r$ 阶单位方阵。具有 $[\boldsymbol{P} \boldsymbol{I}_r]$ 形式的 $\boldsymbol{H}$ 矩阵称为**典型阵**。

由代数理论可知，$\boldsymbol{H}$ 矩阵的各行应该是线性无关(linearly independent)的，否则将得不到 r 个线性无关的监督关系式，从而也得不到 r 个独立的监督位。若一矩阵能写成典型阵形式 $[\boldsymbol{P} \boldsymbol{I}_r]$，则其各行一定是线性无关的。因为容易验证 $[\boldsymbol{I}_r]$ 的各行是线性无关的，故 $[\boldsymbol{P} \boldsymbol{I}_r]$ 的各行也是线性无关的。

上述汉明码示例中的监督位公式为

$$\begin{cases} a_2 = a_6 \oplus a_5 \oplus a_4 \\ a_1 = a_6 \oplus a_5 \oplus a_3 \\ a_0 = a_6 \oplus a_4 \oplus a_3 \end{cases} \tag{10-17}$$

也可以改写成矩阵形式

$$\begin{bmatrix} a_2 \\ a_1 \\ a_0 \end{bmatrix} = \begin{bmatrix} 1 & 1 & 1 & 0 \\ 1 & 1 & 0 & 1 \\ 1 & 0 & 1 & 1 \end{bmatrix} \begin{bmatrix} a_6 \\ a_5 \\ a_4 \\ a_3 \end{bmatrix} \tag{10-18}$$

或者写成

$$[a_2 a_1 a_0] = [a_6 a_5 a_4 a_3] \begin{bmatrix} 1 & 1 & 1 \\ 1 & 1 & 0 \\ 1 & 0 & 1 \\ 0 & 1 & 1 \end{bmatrix} = [a_6 a_5 a_4 a_3] \boldsymbol{Q} \tag{10-19}$$

式中，$\boldsymbol{Q}$ 为一个 $k \times r$ 阶矩阵，它为 $\boldsymbol{P}$ 的转置，即

$$\boldsymbol{Q} = \boldsymbol{P}^{\mathrm{T}} \tag{10-20}$$

式(10-20)表示，在信息位给定后，用信息位的行矩阵乘矩阵 $\boldsymbol{Q}$ 就产生出监督位。

将 $\boldsymbol{Q}$ 的左边加上 1 个 $k \times k$ 阶单位方阵，就构成 1 个矩阵 $\boldsymbol{G}$，即

$$\boldsymbol{G} = [\boldsymbol{I}_k \boldsymbol{Q}] = \begin{bmatrix} 1 & 0 & 0 & 0 & \vdots & 1 & 1 & 1 \\ 0 & 1 & 0 & 0 & \vdots & 1 & 1 & 0 \\ 0 & 0 & 1 & 0 & \vdots & 1 & 0 & 1 \\ 0 & 0 & 0 & 1 & \vdots & 0 & 1 & 1 \end{bmatrix} \tag{10-21}$$

$\boldsymbol{G}$ 称为**生成矩阵**，因为由它可以产生整个码组，即有

$$[a_6 a_5 a_4 a_3 a_2 a_1 a_0] = [a_6 a_5 a_4 a_3] \boldsymbol{G} \tag{10-22}$$

或者

$$\boldsymbol{A} = [a_6 a_5 a_4 a_3] \boldsymbol{G} \tag{10-23}$$

因此，如果找到了码的生成矩阵 $\boldsymbol{G}$，则编码的方法就完全确定了。具有 $[\boldsymbol{I}_k \boldsymbol{Q}]$ 形式的生成矩阵称为**典型生成矩阵**。由典型生成矩阵得出的码组 $\boldsymbol{A}$ 中信息位的位置不变，监督位附加于其后，这种形式的码称为**系统码**(systematic code)。

与 $\boldsymbol{H}$ 矩阵相似，$\boldsymbol{G}$ 矩阵的各行是线性无关的。因为由式(10-22)可以看出，任一码组 $\boldsymbol{A}$ 都是 $\boldsymbol{G}$ 的各行的线性组合。$\boldsymbol{G}$ 共有 k 行，若它们线性无关，则可以组合出 2^k 种不同的码组 $\boldsymbol{A}$，它恰是有 k 位信息位的全部码组。若 $\boldsymbol{G}$ 的各行有的线性相关，则不可能由 $\boldsymbol{G}$ 生成 2^k 种不同的码组。实际上，$\boldsymbol{G}$ 的各行本身就是一个码组，因此，如果已有 k 个线性无关的码组，则可以用其组成生成矩阵 $\boldsymbol{G}$，并由它生成其余码组。

一般说来，$\boldsymbol{A}$ 为一个 n 列的行矩阵，此矩阵的 n 个元素就是码组中的 n 个码元，所以发送的码组就是 $\boldsymbol{A}$。此码组在传输中可能由于干扰引入差错，故接收码组一般说来与 $\boldsymbol{A}$ 不一定相同。

若设接收码组为一 n 列的行矩阵 $\boldsymbol{B}$，即

$$\boldsymbol{B} = [b_{n-1} b_{n-2} \cdots b_1 b_0] \tag{10-24}$$

则发送码组和接收码组之差为

$$\boldsymbol{B} - \boldsymbol{A} = \boldsymbol{E} \ (\text{模 } 2) \tag{10-25}$$

也可以改写成 $\boldsymbol{B} = \boldsymbol{A} + \boldsymbol{E}$。$\boldsymbol{E}$ 就是传输中产生的错码矩阵，

$$\boldsymbol{E} = [e_{n-1} e_{n-2} \cdots e_1 e_0] \tag{10-26}$$

式中，

$$e_i = \begin{cases} 0, & \text{当 } b_i = a_i \text{ 时} \\ 1, & \text{当 } b_i \neq a_i \text{ 时} \end{cases} \quad (i = 0, 1, \cdots, n-1)$$

因此,若 $e_i = 0$,表示该接收码元无错;若 $e_i = 1$,则表示该接收码元有错。

例如,发送码组 $\boldsymbol{A} = [1000111]$,错码矩阵 $\boldsymbol{E} = [0000100]$,则接收码组 $\boldsymbol{B} = [1000011]$。错码矩阵有时也称为错误图样(error pattern)。

当接收码组有错时,$\boldsymbol{E} \neq \boldsymbol{0}$,将 $\boldsymbol{B}$ 当作 $\boldsymbol{A}$ 代入式(10-15),该式不一定成立。在错码较多,超过这种编码的检错能力时,$\boldsymbol{B}$ 变为另一许用码组,该式仍能成立,这样的错码是不可检测的。在未超过检错能力时,代入式(10-15)不成立,即其右端不等于 $\boldsymbol{0}$。假设这时该式的右端为 $\boldsymbol{S}$,即

$$\boldsymbol{B} \cdot \boldsymbol{H}^{\mathrm{T}} = \boldsymbol{S} \tag{10-27}$$

将 $\boldsymbol{B} = \boldsymbol{A} + \boldsymbol{E}$ 代入式(10-27),可得

$$\boldsymbol{S} = (\boldsymbol{A} + \boldsymbol{E})\boldsymbol{H}^{\mathrm{T}} = \boldsymbol{A}\boldsymbol{H}^{\mathrm{T}} + \boldsymbol{E}\boldsymbol{H}^{\mathrm{T}}$$

由于 $\boldsymbol{A}\boldsymbol{H}^{\mathrm{T}} = \boldsymbol{0}$,所以

$$\boldsymbol{S} = \boldsymbol{E}\boldsymbol{H}^{\mathrm{T}} \tag{10-28}$$

式中,$\boldsymbol{S}$ 称为校正子,能用来指示错码的位置。校正子 $\boldsymbol{S}$ 只与错码 $\boldsymbol{E}$ 有关,与 $\boldsymbol{A}$ 无关,这就意味着 $\boldsymbol{S}$ 与 $\boldsymbol{E}$ 之间有确定的线性变换关系,若 $\boldsymbol{S}$ 和 $\boldsymbol{E}$ 之间一一对应,则 $\boldsymbol{S}$ 将能代表错码的位置。

线性分组码的一个重要性质就是它具有封闭性。封闭性是指一种线性码中的任意两个码组之和仍为这种码中的一个码组。这就是说,若 $\boldsymbol{A}_1$ 和 $\boldsymbol{A}_2$ 是一种线性码中的两个许用码组,则 $\boldsymbol{A}_1 + \boldsymbol{A}_2$ 仍为其中的一个码组。这一性质很容易证明。若 $\boldsymbol{A}_1$ 和 $\boldsymbol{A}_2$ 是两个码组,则有

$$\boldsymbol{A}_1\boldsymbol{H}^{\mathrm{T}} = \boldsymbol{0}, \quad \boldsymbol{A}_2\boldsymbol{H}^{\mathrm{T}} = \boldsymbol{0}$$

两式相加得

$$\boldsymbol{A}_1\boldsymbol{H}^{\mathrm{T}} + \boldsymbol{A}_2\boldsymbol{H}^{\mathrm{T}} = (\boldsymbol{A}_1 + \boldsymbol{A}_2)\boldsymbol{H}^{\mathrm{T}} = \boldsymbol{0} \tag{10-29}$$

所以 $\boldsymbol{A}_1 + \boldsymbol{A}_2$ 也是一个码组。

由于线性码具有封闭性,所以两个码组 $\boldsymbol{A}_1$ 和 $\boldsymbol{A}_2$ 之间的距离(即对应位不同的数目)必定是另一个码组 $\boldsymbol{A}_1 + \boldsymbol{A}_2$ 的重量(即1的数目)。因此,码的最小距离就是码的最小重量(除全0码组外)。

10.4 循环码

10.4.1 循环码原理

循环码(cyclic code)是研究最深入、理论最成熟、应用最广泛的一类线性分组码,具有优良的代数结构。循环码除了具有线性码的一般性质外,还具有循环性。循环性是指任一码组循环一位(即将最右端的一个码元移至左端,或反之)以后,仍为该码中的一个码组。在结构上,它的循环性更容易用数学语言来描述;在性能上,具有明确的纠、检错能力,对于给定的码长 n 和信息位数 k,已提出的各类循环码都有确定的纠、检错能力的理论计算值;在实现上,循环码的编码和解码设备都不太复杂,编码和译码都可以通过简

单的反馈移位寄存器来完成,并可使用多种简单而有效的译码方法。例如,表 10.4 所示的一种(7,3)循环码的全部码组第 2 码组向右移一位即得到第 5 码组;第 6 码组向右移一位即得到第 7 码组。

表 10.4　一种(7,3)循环码的全部码组

码组编号	信　息　位 $a_6 a_5 a_4$	监　督　位 $a_3 a_2 a_1 a_0$	码组编号	信　息　位 $a_6 a_5 a_4$	监　督　位 $a_3 a_2 a_1 a_0$
1	000	0000	5	100	1011
2	001	0111	6	101	1100
3	010	1110	7	110	0101
4	011	1001	8	111	0010

一般说来,若$(a_{n-1} a_{n-2} \cdots a_0)$是循环码的一个码组,则循环移位后的码组

$$(a_{n-2} a_{n-3} \cdots a_0 a_{n-1})$$

$$(a_{n-3} a_{n-4} \cdots a_{n-1} a_{n-2})$$

$$\cdots$$

$$(a_0 a_{n-1} \cdots a_2 a_1)$$

也都是该编码中的码组。

在代数编码理论中,为了便于计算,把这样的码组中各码元当作是一个多项式的系数,即把一个长度为 n 的码组表示为

$$A(x) = a_{n-1} x^{n-1} + a_{n-2} x^{n-2} + \cdots + a_1 x + a_0 \tag{10-30}$$

例如长度为 7 的任意一个码组可以表示为

$$A(x) = a_6 x^6 + a_5 x^5 + a_4 x^4 + a_3 x^3 + a_2 x^2 + a_1 x + a_0 \tag{10-31}$$

其中第 7 个码组可以表示为

$$A(x) = 1 \cdot x^6 + 1 \cdot x^5 + 0 \cdot x^4 + 0 \cdot x^3 + 1 \cdot x^2 + 0 \cdot x + 1 = x^6 + x^5 + x^2 + 1 \tag{10-32}$$

这种多项式中,x 仅是码元位置的标记,例如式(10-32)表示的第 7 码组中的 a_6、a_5、a_2 和 a_0 为 1,其他均为 0。因此并不需要关心 x 的取值。

在循环码中,若 $A(x)$ 是一个长为 n 的许用码组,则 $x_i A(x)$ 在按模 $x^n + 1$ 运算下,也是该编码中的一个许用码组,即若

$$x^i A(x) \equiv A'(x) \quad (\text{模}(x^n + 1)) \tag{10-33}$$

则 $A'(x)$ 也是该编码中的一个许用码组。也就是说,一个长为 n 的(n,k)分组码,它必定是按模 $x^n + 1$ 运算的一个余式。

【证】 若

$$A(x) = a_{n-1} x^{n-1} + a_{n-2} x^{n-2} + \cdots + a_1 x + a_0$$

则

$$x^i \cdot A(x) = a_{n-1} x^{n-1+i} + a_{n-2} x^{n-2+i} + \cdots + a_{n-1-i} x^{n-1} + \cdots + a_1 x^{1+i} + a_0 x^i$$

$$\equiv a_{n-1-i} x^{n-1} + a_{n-2-i} x^{n-2} + \cdots + a_0 x^i + a_{n-1} x^{i-1} + \cdots + a_{n-i} (\text{模}(x^n + 1))$$

因此,

$$A'(x) = a_{n-1-i}x^{n-1} + a_{n-2-i}x^{n-2} + \cdots + a_0 x^i + a_{n-1}x^{i-1} + \cdots + a_{n-i}$$
(10-34)

式中,$A'(x)$正是$A(x)$代表的码组向左循环移位i次的结果。因为原已假定$A(x)$是循环码的一个码组,所以$A'(x)$也必为该码中一个码组。例如,循环码组$A(x) = x^6 + x^5 + x^2 + 1$,其码长$n=7$。现给定$i=3$,则

$$x^3 \cdot A(x) = x^3(x^6 + x^5 + x^2 + 1) = x^9 + x^8 + x^5 + x$$
$$= x^5 + x^3 + x^2 + x \quad (\text{模 } x^7 + 1)$$
(10-35)

其对应的码组为0101110,它正是表中第3码组。

1. 循环码的生成矩阵 G

由式(10-22)可知,有了生成矩阵G,就可以由k个信息位得出整个码组,而且生成矩阵G的每一行都是一个码组。例如此示例,若$a_6 a_5 a_4 a_3 = 1000$,则码组A就等于G的第1行;若$a_6 a_5 a_4 a_3 = 0100$,则码组A就等于G的第2行;等等。由于G是k行n列的矩阵,因此若能找到k个已知码组,就能构成矩阵G。如前所述,这k个已知码组必须是线性不相关的,否则给定的信息位与编出的码组就不是一一对应的。

在循环码中,一个(n,k)码有2^k个不同的码组,若用$g(x)$表示其中前$(k-1)$位皆为0的码组,则$xg(x), x^2 g(x), \cdots, x^{k-1}g(x)$也都是码组,而且这$k$个码组是线性无关的,可以用来构成此循环码的生成矩阵G。

在循环码中,除全0码组外,再没有连续k位均为0的码组,即连0的长度最多只能有$k-1$位。否则,在经过若干次循环移位后将得到一个k位信息位全为0,但监督位不全为0的码组。这在线性码中显然是不可能的。因此,$g(x)$必须是一个常数项不为0的$n-k$次多项式,而且这个$g(x)$还是这种(n,k)码中次数为$n-k$的唯一多项式。因为如果有两个,则由码的封闭性,把这两个相加也应该是一个码组,且此码组多项式的次数将小于$n-k$,即连续0的个数多于$k-1$。显然,这是与前面的结论矛盾的,故是不可能的。这唯一的$n-k$次多项式$g(x)$称为码的生成多项式。一旦确定了$g(x)$,则整个(n,k)循环码就被确定了。因此,循环码的生成矩阵G可以写成

$$G(x) = \begin{bmatrix} x^{k-1}g(x) \\ x^{k-2}g(x) \\ \vdots \\ xg(x) \\ g(x) \end{bmatrix}$$
(10-36)

例如,表10.4所给出的(7,3)循环码示例,$n=7$,$k=3$,$n-k=4$,唯一的一个$n-k=4$次码多项式代表的码组是第二码组0010111,与它相对应的码多项式(即生成多项式)为$g(x) = x^4 + x^2 + x + 1$。将此$g(x)$代入式(10-36),可得

$$G(x) = \begin{bmatrix} x^2 g(x) \\ x g(x) \\ g(x) \end{bmatrix} \tag{10-37}$$

或

$$G(x) = \begin{bmatrix} 1 & 0 & 1 & 1 & 1 & 0 & 0 \\ 0 & 1 & 0 & 1 & 1 & 1 & 0 \\ 0 & 0 & 1 & 0 & 1 & 1 & 1 \end{bmatrix} \tag{10-38}$$

由于式(10-38)不符合 $G = [I_k Q]$ 的形式,所以它不是典型阵。不过,将它作线性变换,不难化成典型阵。

由此可以写出此循环码组,即

$$A(x) = [a_6 a_5 a_4] G(x) = [a_6 a_5 a_4] \begin{bmatrix} x^2 g(x) \\ x g(x) \\ g(x) \end{bmatrix}$$

$$= a_6 x^2 g(x) + a_5 x g(x) + a_4 g(x)$$

$$= (a_6 x^2 + a_5 x + a_4) g(x) \tag{10-39}$$

式(10-39)表明,所有码多项式 $A(x)$ 都可被 $g(x)$ 整除,而且任意一个次数不大于 $k-1$ 的多项式乘 $g(x)$ 都是码多项式。需要说明一点,两个矩阵相乘的结果应该仍是一个矩阵,式(10-39)中两个矩阵相乘的乘积是只有一个元素的一阶矩阵,这个元素就是 $A(x)$。为了简洁,式中直接将乘积写为此元素。

2. 如何寻找任一 (n,k) 循环码的生成多项式

由式(10-39)可知,任一循环码多项式 $T(x)$ 都是 $g(x)$ 的倍式,故它可以写成

$$A(x) = h(x) g(x) \tag{10-40}$$

而生成多项式 $g(x)$ 本身也是一个码组,即有

$$A'(x) = g(x) \tag{10-41}$$

由于码组 $A'(x)$ 是一个 $n-k$ 次多项式,故 $x^k A'(x)$ 是一个 n 次多项式。根据

$$x^i A(x) \equiv A'(x) \quad (\text{模 } x^n + 1) \tag{10-42}$$

可知,$x^k A'(x)$ 在模 $x^n + 1$ 运算下也是一个码组,故可以写成

$$\frac{x^k A'(x)}{x^n + 1} = Q(x) + \frac{A(x)}{x^n + 1} \tag{10-43}$$

式(10-43)左端的分子和分母都是 n 次多项式,故商式 $Q(x) = 1$。因此,可以化成

$$x^k A'(x) = (x^n + 1) + A(x) \tag{10-44}$$

将式(10-40)和式(10-41)代入式(10-44),经过化简后可得

$$x^n + 1 = g(x) [x^k + h(x)] \tag{10-45}$$

式(10-45)表明,生成多项式 $g(x)$ 应该是 $x^n + 1$ 的一个因子。这一结论为寻找循环码的生成多项式指出了一条道路,即循环码的生成多项式应该是 $x^n + 1$ 的一个 $n-k$ 次因式。

例如,x^7+1 可以分解为

$$x^7+1=(x+1)(x^3+x^2+1)(x^3+x+1) \tag{10-46}$$

为了求(7,3)循环码的生成多项式 $g(x)$,需要从式(10-46)中找到一个 $n-k=4$ 的因子。不难看出,这样的因子有两个,即

$$(x+1)(x^3+x^2+1)=x^4+x^2+x+1 \tag{10-47}$$

$$(x+1)(x^3+x+1)=x^4+x^3+x^2+1 \tag{10-48}$$

以上两式都可生成多项式 $g(x)$。不过,选用的生成多项式不同,产生出的循环码码组也不同。

10.4.2　循环码的编解码方法

1. 循环码的编码方法

在编码时,首先要根据给定的 (n,k) 值选定生成多项式 $g(x)$,即从 x^n+1 的因子中选一个 $n-k$ 次多项式作为 $g(x)$。

由于所有码多项式 $A(x)$ 都可以被 $g(x)$ 整除,根据这条原则,就可以对给定的信息位进行编码:设 $m(x)$ 为信息码多项式,其次数小于 k,用 x^{n-k} 乘 $m(x)$ 得到的 $x^{n-k}m(x)$ 的次数必定小于 n,用 $g(x)$ 除 $x^{n-k}m(x)$ 得到的余式 $r(x)$ 的次数必定小于 $g(x)$ 的次数,即小于 $(n-k)$。将余式 $r(x)$ 加于信息位之后作为监督位,即将 $r(x)$ 和 $x^{n-k}m(x)$ 相加,得到的多项式必定是一个码多项式,因为它必须能被 $g(x)$ 整除,且商的次数不大于 $(k-1)$。

根据上述原理,编码步骤可以归纳如下。

(1) 用 x^{n-k} 乘 $m(x)$。这一运算实际上是在信息码后附加 $n-k$ 个 0。例如,信息码为 110,它相当于 $m(x)=x^2+x$,当 $n-k=7-3=4$ 时,$x^{n-k}m(x)=x^4(x^2+x)=x^6+x^5$,相当于 1100000。

(2) 用 $g(x)$ 除 $x^{n-k}m(x)$,得到商 $Q(x)$ 和余式 $r(x)$,即

$$\frac{x^{n-k}m(x)}{g(x)}=Q(x)+\frac{r(x)}{g(x)} \tag{10-49}$$

例如,若选定 $g(x)=x^4+x^2+x+1$,则

$$\frac{x^{n-k}m(x)}{g(x)}=\frac{x^6+x^5}{x^4+x^2+x+1}=(x^2+x+1)+\frac{x^2+1}{x^4+x^2+x+1} \tag{10-50}$$

相当于

$$\frac{1100000}{10111}=111+\frac{101}{10111} \tag{10-51}$$

(3) 编出的码组 $A(x)$ 为

$$A(x)=x^{n-k}m(x)+r(x) \tag{10-52}$$

例如上例中,$A(x)=1100000+101=1100101$,它就是表 10.4 中的第 7 码组。

2. 循环码的解码方法

接收解码的要求有检错和纠错两个。达到检错的解码原理十分简单,由于任意一个码组多项式 $T(x)$ 都应该能被生成多项式 $g(x)$ 整除,故在接收端可以将接收码组 $R(x)$ 用原生成多项式 $g(x)$ 去除,如果传输中未发生错误,接收码组与发送码组相同,即 $R(x)=T(x)$,故接收码组 $R(x)$ 必定能被 $g(x)$ 整除;若码组在传输中发生错误,则 $R(x) \neq T(x)$,$R(x)$ 被 $g(x)$ 除时可能除不尽而有余项,即有

$$R(x)/g(x) = Q(x) + r(x)/g(x) \qquad (10\text{-}53)$$

因此,就以余项是否为零来判别接收码组中有无错码。

需要指出,有错码的接收码组也有可能被 $g(x)$ 整除,这时的错码就不能检出了,这种错误称为不可检错误。不可检错误中的误码数必定超过了这种编码的检错能力。

在接收端纠错而采用的解码方法自然比检错时复杂。为了能够纠错,要求每个可纠正的错误图样必须与一个特定余式有一一对应关系。因为只有存在一一对应的关系时,才可能由上述余式唯一地决定错误图样,从而纠正错码。因此,原则上纠错可按下述步骤进行。

(1) 用生成多项式 $g(x)$ 除接收码组 $R(x)$,得出余式 $r(x)$。

(2) 按余式 $r(x)$,用查表的方法或通过某种计算得到错误图样 $E(x)$;例如通过计算校正子 S 和查表,就可以确定错码的位置。

(3) 从 $R(x)$ 中减去 $E(x)$,便得到已经纠正错码的原发送码组 $T(x)$。

通常,一种编码可以有几种纠错解码方法,上述解码方法称为捕错解码法。随着数字信号处理的应用日益广泛,目前多采用软件运算实现上述编解码运算。

10.4.3 截短循环码

在设计纠错编码方案时,通常信息位数 k、码长 n 和纠错能力都是预先给定的。但是,并不一定有恰好满足这些条件的循环码存在。这时可以采用将码长截短的方法得出满足要求的编码。

设给定一个 (n,k) 循环码,它共有 2^k 种码组,现使其前 $i(0 < i < k)$ 个信息位全为 0,于是它变成仅有 2^{k-i} 种码组。然后从中删去这 i 位全 0 的信息位,最终得到一个 $(n-i, k-i)$ 线性码,这种码即称为**截短循环码**。

循环码截短前后至少具有相同的纠错能力,并且编解码方法仍和截短前一样。例如,要求构造一个能够纠正 1 位错码的 $(13,9)$ 码,可以由 $(15,11)$ 循环码的 11 种码组中选出前两个信息位均为 0 的码组,构成一个新的码组集合,发送时不发送这两位 0,于是发送码组成为 $(13,9)$ 截短循环码。

10.4.4 BCH 码

什么是 BCH 码? 它是一种获得广泛应用的能够纠正多个错码的循环码,是以 3 位

发明这种码的人的名字首字母(Bose,Chaudhuri,Hocquenghem)命名的。BCH 码的重要性在于它解决了生成多项式与纠错能力的关系问题,可以在给定纠错能力要求的条件下寻找到码的生成多项式,有了生成多项式,编码的基本问题也就随之解决了。

BCH 码可以分为两类,即本原 BCH 码和非本原 BCH 码。本原 BCH 码的生成多项式 $g(x)$ 中含有最高次数为 m 的本原多项式,且码长为 $n=2^m-1,(m\geqslant3,$ 为正整数)。非本原 BCH 码的生成多项式中不含这种本原多项式,且码长 n 是 2^m-1 的一个因子,即码长 n 一定除得尽 2^m-1。

BCH 码的码长 n 与监督位、纠错个数 t 之间的关系如下:对于正整数 $m(m\geqslant3)$ 和正整数 $t<m/2$,必定存在一个码长为 $n=2m-1$、监督位为 $n-k\leqslant mt$、能纠正所有不多于 t 个随机错误的 BCH 码。若码长 $n=(2m-1)/i(i>1$,且除得尽 $(2m-1))$,则为非本原 BCH 码。

前面介绍过的汉明码是能够纠正单个随机错误的码,可以证明,具有循环性质的汉明码就是能纠正单个随机错误的本原 BCH 码。例如,(7,4)汉明码就是以 $g_1(x)=x^3+x+1$ 或 $g_2(x)=x^3+x^2+1$ 生成的 BCH 码,而用 $g_3(x)=x^4+x+1$ 或 $g_4(x)=x^4+x^3+1$ 都能生成(15,11)汉明码。

在工程设计中,一般不需要用计算方法去寻找生成多项式 $g(x)$。因为前人早已将寻找到的 $g(x)$ 列成表,可以用查表法找到所需的生成多项式。表 10.5 给出了码长 $n\leqslant127$ 的二进制本原 BCH 码生成多项式,其中给出的生成多项式系数是用八进制数字列出的。例如,$g(x)=(13)_8$ 是指 $g(x)=x^3+x+1$,因为 $(13)_8=(1011)_2$,后者就是此 3 次方程 $g(x)$ 的各项系数。

表 10.5 $n\leqslant127$ 的二进制本原 BCH 码生成多项式

$n=3$			$n=63$			
k	t	$g(x)$	k	t		$g(x)$
1	1	7	57	1		103
$n=7$			51	2		12471
k	t	$g(x)$	45	3		170317
4	1	13	39	4		166623567
1	3	77	36	5		1033500423
$n=15$			30	6		157464165347
k	t	$g(x)$	24	7		17323260404441
11	1	23	18	10		1363026512351725
7	2	721	16	11		6331141367235453
5	3	2467	10	13		472622305527250155
1	7	7777	7	15		5231045543503271737
			1	31		全部为 1

k	t	g(x)	k	t	g(x)
	n=31			**n=127**	
26	1	45	120	1	211
21	2	3551	113	2	41567
16	3	107657	106	3	11554743
11	5	5423325	99	4	3447023271
6	7	313365047	92	5	624730022327
1	15	17777777777	85	6	130704476322273
			78	7	262300021661330115
			71	9	6255010713253127753
			64	10	120653402557077310045
			57	11	235265252507705053517721
			50	13	5444651252331401242150142
			43	15	1772177221365122752120574343
			36	≥15	3146074666522075044764574721735
			29	≥22	4031144613676706036675301411176155
			22	≥23	123376070404722522435445626637647043
			15	≥27	2205704244560455477052301376221760435
			8	≥31	7047264052751030651476224271567733130217
			1	63	全部为1

表 10.6 列出了部分非本原 BCH 码的生成多项式参数。

表 10.6 部分二进制非本原 BCH 码的生成多项式参数

n	k	t	g(x)	n	k	t	g(x)
17	9	2	727	47	24	5	43073357
21	12	2	1663	65	53	2	10761
23	12	3	5343	65	40	4	354300067
33	22	2	5145	73	46	4	1717773537
41	21	4	6647133				

(23,12)码称为**戈莱(Golay)码**,它能纠正 3 个随机错码,并且容易解码,实际应用较多。此外,BCH 码的长度都为奇数。在应用中,为了得到偶数长度的码,并增大检错能力,可以在 BCH 码生成多项式中乘一个因式 $x+1$,从而得到扩展 BCH 码$(n+1,k)$。扩展 BCH 码相当于在原 BCH 码上增加了一个校验位,因此码距比原 BCH 码增加 1。扩展 BCH 码已经不再具有循环性。例如,广泛实用的扩展戈莱码(24,12)就不再是循环码,其最小码距为 8,码率为 1/2,能够纠正 3 个错码和检测 4 个错码,它比汉明码的纠错能力强很多,付出的代价是解码更复杂,码率也比汉明码低。

10.4.5 RS 码

RS 码是用其发明人的名字 Reed 和 Solomon 的首字母组合命名的。它是一类具有很强的纠错能力的多进制 BCH 码。若仍用 n 表示 RS 码的码长,则对于 m 进制的 RS 码,其码长需要满足

$$n = m - 1 = 2^q - 1 \tag{10-54}$$

式中,$q \geqslant 2$,为整数。

对于能够纠正 t 个错误的 RS 码,其监督码元数目为

$$r = 2t \tag{10-55}$$

这时的最小码距为 $d_0 = 2t + 1$。

RS 码的生成多项式为

$$g(x) = (x + \alpha)(x + \alpha^2) \cdots (x + \alpha^{2t}) \tag{10-56}$$

式中,α 是伽罗华域 $GF(2^q)$ 中的本原元。

若将每个 m 进制码元表示成相应的 q 位二进制码元,则得到的二进制码的参数为

$$\begin{cases} \text{码长:} n = q(2^q - 1) \\ \text{监督码:} r = 2qt \end{cases}$$

由于 RS 码能够纠正 t 个 m 进制错码,或者说能够纠正码组中 t 个不超过 q 位连续的二进制错码,所以 RS 码特别适用于存在突发错误的信道,例如移动通信网等衰落信道中。此外,因为它是多进制纠错编码,所以特别适合用于多进制调制的场合。

10.5 卷积码

卷积码(convolutional code)是一种非分组码。通常它更适用于前向纠错,因为对于许多实际情况,它的性能优于分组码,而且运算较简单。卷积码在编码时虽然也是把 k 个比特的信息段编成 n 个比特的码组,但是监督码元不仅和当前的 k 比特信息段有关,而且还同前面 $m = (N-1)$ 个信息段有关。所以一个码组中的监督码元监督着 N 个信息段。通常将 N 称为**编码约束度**,并将 nN 称为**编码约束长度**。一般说来,对于卷积码,k 和 n 的值是比较小的整数将卷积码记作 (n, k, N),码率仍定义为 k/n。

10.5.1 卷积码的基本原理

图 10.4 所示为卷积码编码器的一般原理框图。

编码器由 3 种主要元件构成,包括 Nk 级移位寄存器、n 个模 2 加法器和一个旋转开关。每个模 2 加法器的输入端数目可以不同,它连接到一些移位寄存器的输出端。模 2 加法器的输出端接到旋转开关上。时间分成等间隔的时隙,每个时隙中有 k 比特从左端进入移位寄存器,并且移位寄存器暂存的信息向右移 k 位。旋转开关每个时隙旋转一

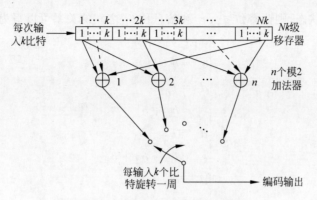

图 10.4 卷积码编码器一般原理框图

周,输出 n 比特$(n>k)$。

下面仅讨论最常见的卷积码,其 $k=1$。这时,移位寄存器共有 N 级。每个时隙中只有 1bit 输入信息进入移位寄存器,并且移位寄存器各级暂存的内容向右移 1 位,开关旋转一周输出 n 比特,所以码率为 $1/n$。图 10.5 所示实例是一个$(n,k,N)=(3,1,3)$卷积码编码器,其码率等于 $1/3$。下面以该实例为例进行较详细的讨论。

设输入信息比特序列是$\cdots b_{i-2}\ b_{i-1}\ b_i\ b_{i+1}\cdots$,则当输入 b_i 时,此编码器输出 3 比特 $c_i\,d_i\,e_i$,输入和输出的关系为

$$\begin{cases} c_i = b_i \\ d_i = b_i \oplus b_{i-2} \\ e_i = b_i \oplus b_{i-1} \oplus b_{i-2} \end{cases} \tag{10-57}$$

图 10.6 所示虚线为信息位 b_i 的监督位和各信息位之间的约束关系,这里的编码约束长度 nN 等于 9。

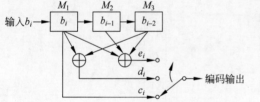

图 10.5 一种$(3,1,3)$卷积码编码器框图

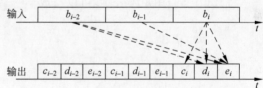

图 10.6 卷积码编码器的输入和输出举例

10.5.2 卷积码的代数表述

卷积码也是一种线性码。基于一个线性码完全由一个监督矩阵 H 或生成矩阵 G 所确定,下面就来寻找这两个矩阵。

1. 监督矩阵 H

现在仍从图 10.5 所示的实例开始分析,假设第 1 个信息位 b_1 进入编码器之前,各级

移存器都处于 0 状态,则监督位 d_i、e_i 和信息位 b_i 之间的关系可以写为

$$
\begin{cases}
d_1 = b_1 \\
e_1 = b_1 \\
d_2 = b_1 \\
e_2 = b_2 + b_1 \\
d_3 = b_3 + b_1 \\
e_3 = b_3 + b_2 + b_1 \\
d_4 = b_4 + b_2 \\
e_4 = b_4 + b_3 + b_2 \\
\cdots
\end{cases}
\tag{10-58}
$$

式(10-58)可以改写为

$$
\begin{cases}
b_1 + d_1 = 0 \\
b_1 + e_1 = 0 \\
b_1 + d_2 = 0 \\
b_1 + b_2 + e_2 = 0 \\
b_1 + b_3 + d_3 = 0 \\
b_1 + b_2 + b_3 + e_3 = 0 \\
b_2 + b_4 + d_4 = 0 \\
b_2 + b_3 + b_4 + e_4 = 0 \\
\cdots
\end{cases}
\tag{10-59}
$$

在式(10-58)和式(10-59)中,用+代替$\oplus$。

将式(10-59)用矩阵表示,可以写成

$$
\begin{bmatrix}
1 & 1 & & & & & & & & & & & \\
1 & 0 & 1 & & & & & & & & & & \\
0 & 0 & 0 & 1 & 1 & & & & & & & & \\
1 & 0 & 0 & 1 & 0 & 1 & & & & & & & \\
1 & 0 & 0 & 0 & 0 & 0 & 1 & 1 & & & & & \\
1 & 0 & 0 & 1 & 0 & 0 & 1 & 0 & 1 & & & & \\
0 & 0 & 0 & 1 & 0 & 0 & 0 & 0 & 0 & 1 & 1 & & \\
0 & 0 & 0 & 1 & 0 & 0 & 1 & 0 & 0 & 1 & 0 & 1 & \\
& & & & & \cdots & & & & & & &
\end{bmatrix}
\begin{bmatrix}
b_1 \\
d_1 \\
e_1 \\
b_2 \\
d_2 \\
e_2 \\
b_3 \\
d_3 \\
e_3 \\
b_4 \\
d_4 \\
e_4
\end{bmatrix}
= [0]
\tag{10-60}
$$

与公式 $\boldsymbol{H}\boldsymbol{A}^{\mathrm{T}}=\boldsymbol{0}^{\mathrm{T}}$ 对比,可以看出监督矩阵为

$$\boldsymbol{H}=\begin{bmatrix} 1 & 1 & & & & & & & & & \\ 1 & 0 & 1 & & & & & & & & \\ 0 & 0 & 0 & 1 & 1 & & & & & & \\ 1 & 0 & 0 & 1 & 0 & 1 & & & & & \\ 1 & 0 & 0 & 0 & 0 & 0 & 1 & 1 & & & \\ 1 & 0 & 0 & 1 & 0 & 0 & 1 & 0 & 1 & & \\ 0 & 0 & 0 & 1 & 0 & 0 & 0 & 0 & 0 & 1 & 1 \\ 0 & 0 & 0 & 1 & 0 & 0 & 1 & 0 & 0 & 1 & 0 & 1 \\ & & & & & \cdots & & & & & \end{bmatrix} \tag{10-61}$$

　　由此可见,卷积码的监督矩阵 $\boldsymbol{H}$ 是一个有头无尾的半无穷矩阵。此外,这个矩阵每
3 列的结构是相同的,只是后 3 列比前 3 列向下移了
两行。例如,第 4～6 列比第 1～3 列低两行。自第 7
行起,每两行的左端比上两行多了 3 个 0。虽然这样
的半无穷矩阵不便于研究,但是只要研究产生前 9 个
码元(9 为约束长度)的监督矩阵就足够了。不难看
出,这种截短监督矩阵的结构形式如图 10.7 所示。

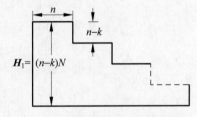

图 10.7　截短监督矩阵结构示意图

　　由此图可见,$\boldsymbol{H}_1$ 的最左边是 n 列$(n-k)N$ 行的
一个子矩阵,且向右的每 n 列均相对于前 n 列降低 $n-k$ 行。此例中码的截短监督矩阵
可以写为

$$\boldsymbol{H}_1=\begin{bmatrix} 1 & 1 & & & & & & \\ 1 & 0 & 1 & & & & & \\ 0 & 0 & 0 & 1 & 1 & & & \\ 1 & 0 & 0 & 1 & 0 & 1 & & \\ 1 & 0 & 0 & 0 & 0 & 0 & 1 & 1 \\ 1 & 0 & 0 & 1 & 0 & 0 & 1 & 0 & 1 \\ 0 & 0 & 0 & 1 & 0 & 0 & 0 & 0 & 0 & 1 & 1 \\ 0 & 0 & 0 & 1 & 0 & 0 & 1 & 0 & 0 & 1 & 0 & 1 \end{bmatrix} = \begin{bmatrix} \boldsymbol{P}_1 & \boldsymbol{I}_2 & & & & \\ \boldsymbol{P}_2 & \boldsymbol{0}_2 & \boldsymbol{P}_1 & \boldsymbol{I}_2 & & \\ \boldsymbol{P}_3 & \boldsymbol{0}_2 & \boldsymbol{P}_2 & \boldsymbol{0}_2 & \boldsymbol{P}_1 & \boldsymbol{I}_2 \end{bmatrix}$$

$$\tag{10-62}$$

式中,$\boldsymbol{I}_2=\begin{bmatrix} 1 & 0 \\ 0 & 1 \end{bmatrix}$ 为 2 阶单位方阵;$\boldsymbol{P}_i$ 为 1×2 阶矩阵,$i=1,2,3$;$\boldsymbol{0}_2$ 为 2 阶全零方阵。

　　一般说来,卷积码的截短监督矩阵形式为

$$\boldsymbol{H}_1=\begin{bmatrix} \boldsymbol{P}_1 & \boldsymbol{I}_{n-k} & & & & & & & \\ \boldsymbol{P}_2 & \boldsymbol{0}_{n-k} & \boldsymbol{P}_1 & \boldsymbol{I}_{n-k} & & & & & \\ \boldsymbol{P}_3 & \boldsymbol{0}_{n-k} & \boldsymbol{P}_2 & \boldsymbol{0}_{n-k} & \boldsymbol{P}_1 & \boldsymbol{I}_{n-k} & & & \\ \vdots & \vdots & \vdots & \vdots & \vdots & \vdots & & & \\ \boldsymbol{P}_N & \boldsymbol{0}_{n-k} & \boldsymbol{P}_{N-1} & \boldsymbol{0}_{n-k} & \boldsymbol{P}_{N-2} & \boldsymbol{0}_{n-k} & \cdots & \boldsymbol{P}_1 & \boldsymbol{I}_{n-k} \end{bmatrix} \tag{10-63}$$

式中，I_{n-k} 为 $n-k$ 阶单位方阵；P_i 为 $(n-k) \times k$ 阶矩阵；0_{n-k} 为 $n-k$ 阶全零方阵。

有时还将 H_1 的末行称为基本监督矩阵 h，表达式为

$$h = [P_N 0_{n-k} P_{N-1} 0_{n-k} P_{N-2} 0_{n-k} \cdots P_1 I_{n-k}] \tag{10-64}$$

h 是卷积码的一个最重要的矩阵，因为只要给定了 h，H_1 也就随之决定了。或者说，由给定的 h 不难构造出 H_1。

2. 生成矩阵 G

上例中的输出码元序列可以写成

$$[b_1 \, d_1 \, e_1 \, b_2 \, d_2 \, e_2 \, b_3 \, d_3 \, e_3 \, b_4 \, d_4 \, e_4 \cdots]$$

$$= [\, b_1 \, b_1 \, b_1 \, b_2 \, b_2 \,(b_2 + b_1)\, b_3 \,(b_3 + b_1)\,(b_3 + b_2 + b_1)\, b_4 \,(b_4 + b_2)\,(b_4 + b_3 + b_2)\cdots]$$

$$= [b_1 b_2 b_3 b_4 \cdots]
\begin{bmatrix}
111 & 001 & 011 & 000 & 0 & \cdots \\
000 & 111 & 001 & 011 & 0 & \cdots \\
000 & 000 & 111 & 001 & 0 & \cdots \\
000 & 000 & 000 & 111 & 0 & \cdots \\
000 & 000 & 000 & 000 & 1 & \cdots \\
000 & 000 & 000 & 000 & 0 & \cdots \\
000 & 000 & 000 & 000 & 0 & \cdots \\
\cdots & \cdots & \cdots & \cdots & \cdots & \cdots
\end{bmatrix} \tag{10-65}$$

此码的生成矩阵 G 即为上式最右矩阵，即

$$G =
\begin{bmatrix}
111 & 001 & 011 & 000 & 0 & \cdots \\
000 & 111 & 001 & 011 & 0 & \cdots \\
000 & 000 & 111 & 001 & 0 & \cdots \\
000 & 000 & 000 & 111 & 0 & \cdots \\
000 & 000 & 000 & 000 & 1 & \cdots \\
000 & 000 & 000 & 000 & 0 & \cdots \\
000 & 000 & 000 & 000 & 0 & \cdots \\
\cdots & \cdots & \cdots & \cdots & \cdots & \cdots
\end{bmatrix} \tag{10-66}$$

它也是一个半无穷矩阵，其特点是每一行的结构相同，只是比上一行向右退后 3 列（因现在 $n=3$）。

类似地，也有截短生成矩阵

$$G_1 =
\begin{bmatrix}
111 & 001 & 011 \\
000 & 111 & 001 \\
000 & 000 & 111
\end{bmatrix}
=
\begin{bmatrix}
I_1 & Q_1 & 0 & Q_2 & 0 & Q_3 \\
 & I_1 & Q_1 & 0 & Q_2 \\
 & & I_1 & Q_1
\end{bmatrix} \tag{10-67}$$

式中，I_1 为一阶单位方阵；Q_i 为 2×1 阶矩阵。与 H_1 矩阵比较可见，Q_i 是矩阵 P_i 的转置，即

$$Q_i = P_i^T, \quad i = 1, 2, \cdots \qquad (10\text{-}68)$$

一般说来,截短生成矩阵形式为

$$G_1 = \begin{bmatrix} I_k & Q_1 & 0_k & Q_2 & 0_k & Q_3 & \cdots & 0_k & Q_N \\ & I_k & Q_1 & 0_k & Q_2 & \cdots & 0_k & Q_{N-1} \\ & & I_k & Q_1 & \cdots & 0_k & Q_{N-2} \\ & & & & \cdots & \vdots \\ & & & & & I_k & Q_1 \end{bmatrix} \qquad (10\text{-}69)$$

式中,I_k 为 k 阶单位方阵;0_i 为 $(n-k) \times k$ 阶矩阵;0_k 为 k 阶全零方阵;矩阵第 1 行称为基本生成矩阵,即

$$g = [I_k Q_1 0_k Q_2 0_k Q_3 \cdots 0_k Q_N] \qquad (10\text{-}70)$$

同样,如果基本生成矩阵 g 已经给定,则可以从已知的信息位得到整个编码序列。

10.5.3 卷积码的解码

卷积码的解码方法可以分为**代数解码**和**概率解码**两类。代数解码是利用编码本身的代数结构进行解码,不考虑信道的统计特性。大数逻辑解码(又称门限解码)是卷积码代数解码最主要的一种方法,它也可以应用于循环码的解码,对于约束长度较短的卷积码最为有效,而且设备较简单。概率解码又称最大似然解码,它基于信道的统计特性和卷积码的特点进行计算,针对无记忆信道提出的序贯解码就是概率解码方法之一。另一种概率解码方法是维特比算法,当码的约束长度较短时,它比序贯解码算法的效率更高,速度更快,目前得到了更广泛的应用。

1. 大数逻辑解码

大数逻辑解码是基于卷积码的代数表述进行运算,其一般工作原理如图 10.8 所示,首先将接收信息位暂存于移存器中,并从接收码元的信息位和监督位计算校正子。然后将计算得出的校正子暂存,并用它来检测错码的位置。信息位移存器输出端接有一个模 2 加电路,当检测到输出的信息位有错时,在输出的信息位上加 1,从而纠正之。

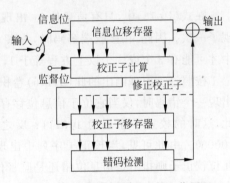

图 10.8 大数逻辑解码一般工作原理

这里的错码检测采用二进制码的大数逻辑解码算法,它利用一组"正交"校验方程进行计算。若被校验的那个信息位出现在校验方程组的每一个方程中,而其他信息位至多在一个方程中出现,则称这组方程为正交校验方程。这样就可以根据被错码影响了的方程数目在方程组中是否占多数来判断是否该信息位错。下面用一个实例来具体介绍这一过程。

例如图 10.9 所示的$(2,1,6)$卷积码编码器,当输入序列为 $b_1\,b_2\,b_3\,b_4\cdots$时,监督位为

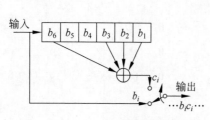

图 10.9 $(2,1,6)$卷积码编码器框图

$$\begin{cases} c_1=b_1 \\ c_2=b_2 \\ c_3=b_3 \\ c_4=b_1+b_4 \\ c_5=b_1+b_2+b_5 \\ c_6=b_1+b_2+b_3+b_6 \\ \cdots \end{cases} \tag{10-71}$$

参照式(10-5)所示的监督关系定义式,容易写出

$$\begin{cases} S_1=c_1+b_1 \\ S_2=c_2+b_2 \\ S_3=c_3+b_3 \\ S_4=c_4+b_1+b_4 \\ S_5=c_5+b_1+b_2+b_5 \\ S_6=c_6+b_1+b_2+b_3+b_6 \end{cases} \tag{10-72}$$

式中的 $S_i(i=1\sim6)$为校正子,经过简单线性变换后,可得出正交校验方程组

$$\begin{cases} S_1=c_1+b_1 \\ S_4=c_4+b_1+b_4 \\ S_5=c_5+b_1+b_2+b_5 \\ S_2+S_6=c_2+c_6+b_1+b_3+b_6 \end{cases} \tag{10-73}$$

在式(10-73)中,只有信息位 b_1 出现在每个方程中,监督位和其他信息位均最多只出现了一次。因此,在接收端解码时,考察 $b_1\sim b_6$ 和 $c_1\sim c_6$ 12 个码元,仅当 b_1 出错时,式中才可能有 3 个或 3 个以上方程等于 1,从而能够纠正 b_1 的错误。

按照这一原理画出的此$(2,1,6)$卷积码解码器框图如图 10.10 所示,可见,当信息位出现一个错码时,仅当它位于信息位移存器的第 6、3、2 和 1 级时,才使校正子等于 1,因此,这时的校正子序列为 100111;反之,当监督位出现一个错码时,校正子序列将为 100000。由此可见,当校正子序列中出现第一个 1 时,表示已经检出一个错码。后面的几位校正子则指出是信息位错还是监督位错了。图 10.10 中门限电路的输入代表式中 4 个方程的 4 个电压,门限电路将这 4 个电压(非模 2)相加,当相加结果大于或等于 3 时,门限电路输出 1,它除了送到输出端模 2 加法器上纠正输出码元 b_1 的错码外,还送到校正子移存器纠正其中的错误。此卷积码除了能够纠正两位在约束长度中的随机错误外,还能纠正部分多于两位的错误。

2. 卷积码的几何表述

大数逻辑解码法基于卷积码的代数表述,卷积码的维特比解码算法则是基于卷积码

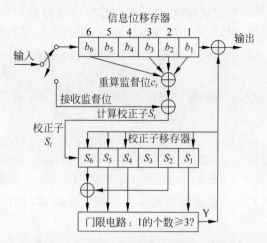

图 10.10 (2,1,6)卷积码解码器框图

的几何表述。所以,在介绍卷积码的解码算法之前,先引入卷积码的 3 种几何表述方法。

1) 码树图

现仍以图 10.5 所示的(3,1,3)码为例,图 10.11 所示为其码树图(code tree diagram),将图 10.5 中移存器 M_1、M_2 和 M_3 的初始状态 000 作为码树的起点,现在规定输入信息位为 0,则状态向上支路移动;输入信息位为 1,则状态向下支路移动,于是可以得出图中所示的码树。设现在的输入码元序列为 1101,则当第 1 个信息位 $b_1=1$ 输入后,各移存器存储的信息分别为 $M_1=1$、$M_2=M_3=0$,此时的输出为 $c_1 d_1 e_1=111$,码树的状态将从起点 a 向下到达状态 b;此后,第 2 个输入信息位 $b_2=1$,故码树状态将从状态 b 向下到达状态 d,这时 $M_2=1$,$M_3=0$,$c_2 d_2 e_2=110$。第 3 位和后继各位输入时,编

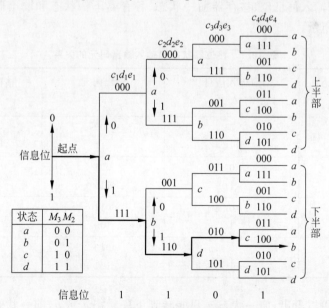

图 10.11 (3,1,3)卷积码的码树图

码器将按照图中粗线所示的路径前进,最后得到输出序列为111110010100…。

由此码树图还可以看到,从第4级支路开始,码树的上半部和下半部相同,这意味着从第4个输入信息位开始输出码元已经与第1位输入信息位无关,即此编码器的约束度为 $N=3$。

若观察在新码元输入时编码器的过去状态,即观察 $M_2 M_3$ 的状态和输入信息位的关系,则可以得出图中的 a、b、c 和 d 4种状态及其 $M_2 M_3$ 的关系。

码树图原则上还可以用于解码。在解码时,按照汉明距离最小的准则沿上面的码树进行搜索。例如,接收码元序列为111010010110…,和发送序列相比可知第4和第11码元为错码。当接收到第4~6个码元010时,将这3个码元和对应的第2级的上下两个支路进行比较,它和上支路001的汉明距离等于2,和下支路110的汉明距离等于1,所以选择走下支路。

类似地,当接收到第10~12个码元110时,和第4级的上下支路比较,它和上支路的011的汉明距离等于2,和下支路100的汉明距离等于1,所以走下支路,这样就能够纠正这两个错码。

一般说来,码树搜索解码法并不实用,因为随着信息序列的增长,码树分支数目按指数规律增长,例如上述示例码树图中只有4个信息位,但分支已有24=16个。但是它为以后的实用解码算法奠定了初步基础。

2) 状态图

上述示例码树图可以改进为状态图(state diagram)。由上述示例编码器结构可知,输出码元 $c_i d_i e_i$ 决定于当前输入信息位 b_i 和前两位信息位 b_{i-1} 和 b_{i-2}(即移存器 M_2 和 M_3 的状态),图10.11中已经为 M_2 和 M_3 的4种状态规定了代表符号 a、b、c 和 d,所以可以将当前输入信息位、移存器前一状态、移存器下一状态和输出码元之间的关系归纳如表10.7所示。

表 10.7 移位器状态和输入输出码元的关系

移存器前一状态 $M_3 M_2$	当前输入信息位 b_i	输出码元 $c_i d_i e_i$	移存器下一状态 $M_3 M_2$
$a(00)$	0	000	$a(00)$
	1	111	$b(01)$
$b(01)$	0	001	$c(10)$
	1	110	$d(11)$
$c(10)$	0	011	$a(00)$
	1	100	$b(01)$
$d(11)$	0	010	$c(10)$
	1	101	$d(11)$

由表10.7可以看出,前一状态 a 只能转到下一状态 a 或 b,前一状态 b 只能转到下一状态 c 或 d,等等。按照表10.7归纳的规律,可以画出状态图如图10.12所示,虚线表

示输入信息位为0时状态转变的路线；实线表示输入信息位为1时状态转变的路线,线条旁的3位数字是编码输出码元。利用这种状态图可以方便地从输入序列得到输出序列。

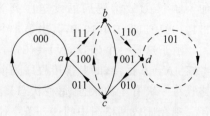

图 10.12 （3,1,3）卷积码状态图

3) 网格图

将状态图在时间上展开,可以得到网格图（trellis diagram）,如图 10.13 所示（画出了 5 个时隙）,仍用虚线表示输入信息位为0时状态转变的路线；实线表示输入信息位为1时状态转变的路线。可以看出,在第4时隙以后的网格图形完全是重复第3时隙的图形。这也反映了此（3,1,3）卷积码的约束长度为3。

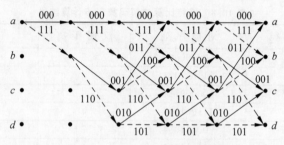

图 10.13 （3,1,3）卷积码网格图

图 10.14 所示为输入信息位为 11010 时网格图中的编码路径,这时的输出编码元序列是 111110010100011…。可见,用网格图表示编码过程和输入输出关系比用码树图更为简练。有了状态图和网格图,就可以讨论维特比解码算法了。

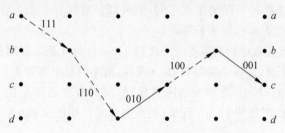

图 10.14 （3,1,3）卷积码编码路径举例

3. 维特比解码算法

维特比解码算法是维特比于 1967 年提出的。这种解码方法比较简单,计算快,故得到广泛应用,特别是在卫星通信和蜂窝网通信系统中。这种算法的基本原理是将接收到的信号序列和所有可能的发送信号序列比较,选择其中汉明距离最小的序列作为当前发送信号序列。若发送一个 k 位序列,则有 2^k 种可能的发送序列。计算机应存储这些序列,以便用作比较,当 k 较大时,存储量太大,使实用性受到了限制。维特比算法对此做了简化,使之能够更实用。现在仍用上述（3,1,3）卷积码示例来说明维特比算法的原理。

设现在的发送信息位为1101,为了使图中移存器的信息位全部移出,在信息位后面加入 3 个 0,故编码后的发送序列为 1111110010100001011000。并且假设接收序列为 111010010110001011000,其中第 4 个和第 11 个码元为错码。

由于这是一个 $(n,k,N)=(3,1,3)$ 卷积码,发送序列的约束度为 $N=3$,所以首先需考察 $nN=9$ 比特,即考察接收序列前 9 位 111010010。由此码的网格图 10.13 可见,沿路径每一级有 4 种状态,每种状态只有两条路径可以到达,故 4 种状态共有 8 条到达路径。现在比较网格图中的这 8 条路径和接收序列之间的汉明距离。例如,由出发点状态 a 经过 3 级路径后到达状态 a 的两条路径中上面一条为 000000000,它和接收序列 111010010 的汉明距离等于 5;下面一条为 111001011,它和接收序列的汉明距离等于 3。同样,由出发点状态 a 经过 3 级路径后到达状态 b、c 和 d 的路径分别都有两条,故总共有 8 条路径。表 10.8 所示为这 8 条路径和其汉明距离。

表 10.8 维特比算法解码第一步计算结果

序 号	路 径	对应序列	汉明距离	幸 存 否
1	$aaaa$	000000000	5	否
2	$abca$	111001011	3	是
3	$aaab$	000000111	6	否
4	$abcb$	111001100	4	是
5	$aabc$	000111001	7	否
6	$abdc$	111110010	1	是
7	$aabd$	000111110	6	否
8	$abdd$	111110101	4	是

现在将到达每个状态的两条路径的汉明距离做比较,将距离小的一条路径保留,称为幸存路径。若两条路径的汉明距离相同,则可以任意保存一条。这样就剩下 4 条路径了,即表中第 2、第 4、第 6 和第 8 条路径。

第 2 步继续考察接收序列的后继 3 个比特 110。计算 4 条幸存路径上增加 1 级后的 8 条可能路径的汉明距离,计算结果如表 10.9 所列,最小的总距离等于 2,其路径是 $abdc+b$,相应序列为 111111010100。它和发送序列相同,故对应发送信息位 1101。按照表 10.9 得到的幸存路径网格图如图 10.15 所示,粗线路径是汉明距离最小(等于 2)的路径。

表 10.9 维特比算法解码第 2 步计算结果

序 号	路 径	原幸存路径的距离	新增路径段	新 增 距 离	总 距 离	幸 存 否
1	$abca+a$	3	aa	2	5	否
2	$abdc+a$	1	ca	2	3	是
3	$abca+b$	3	ab	1	4	否
4	$abdc+b$	1	cb	1	2	是
5	$abcb+c$	4	bc	3	7	否
6	$abdd+c$	4	dc	1	5	是
7	$abcb+d$	4	bd	0	4	是
8	$abdd+d$	4	dd	2	6	否

正如前面内容所说,为了使输入的信息位全部通过编码器的移存器,使移存器回到初始状态,在信息位 1101 后面加了 3 个 0,若把这 3 个 0 仍然看作信息位,则可以按照上述算法继续解码,得到的幸存路径网格图如图 10.16 所示,粗线仍然是汉明距离最小的路径。但是,若已知这 3 个码元是(为结尾而补充的)0,则在解码计算时就预先知道在接收这 3 个 0 码元后路径必然

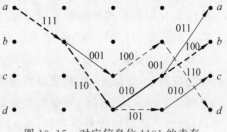

图 10.15　对应信息位 1101 的幸存
路径网格图

回到状态 a,而且由图可见,只有两条路径可以回到 a 状态,所以这时图 10.16 可以简化成图 10.17。

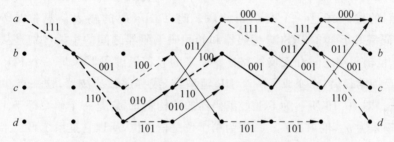

图 10.16　对应信息位 1101000 的幸存路径网格图

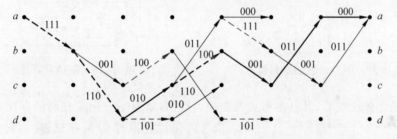

图 10.17　对应信息位 1101 以及 000 结束的幸存路径简化网格图

在上述示例中卷积码的约束度为 $N=3$,需要存储和计算 8 条路径的参量。由此可见,维特比解码算法的复杂度随约束长度 N 按指数形式 2^N 增长。故维特比解码算法适合于约束度较小($N \leqslant 10$)的编码。对于约束度大的卷积码,可以采用其他解码算法。

10.6　Turbo 码

1. Turbo 码的基本原理

什么是 Turbo 码? 它是 1993 年才发明的一种特殊的链接码(concatenated code)。由于其性能接近信息理论上能够达到的最好性能,所以在编码理论上带有革命性的进步。这种码,特别是解码运算非常复杂,这里只对其基本概念做简明介绍。

由于分组码和卷积码的复杂度随码组长度或约束度的增大按指数规律增长,所以为了提高纠错能力,人们大多不是单纯增大一种码的长度,而是将两种或多种简单的编码组合形成复合编码。Turbo 码的编码器在两个并联或串联的分量码编码器之间增加了一个交织器(interleaver),使之具有很大的码组长度,能在低信噪比条件下得到接近理想的性能。Turbo 码的译码器有两个分量码译码器,译码在两个分量译码器之间进行迭代译码,故整个译码过程类似涡轮(turbo)工作,所以又形象地称为 Turbo 码。

2. Turbo 码的基本结构

图 10.18 所示为 Turbo 码的一种基本结构,它由一对递归系统卷积码(Recursive Systematic Convolution Code,RSCC)编码器和一个交织器组成。两个 RSCC 编码器是相同的,它们的输入经过一个交织器并联。此 Turbo 码的输入信息位是 b_i,输出是 $b_i c_{1i} c_{2i}$,故码率等于 1/3。RSCC 编码器和卷积码编码器之间的主要区别是从移存器输出端到信息位输入端之间有无反馈路径。原来的卷积码编码器像是一个 FIR 数字滤波器,增加了反馈路径后,它变成了一个 IIR 滤波器,或称递归滤波器,这一点和 Turbo 码的特征有关。图 10.19 所示为 RSCC 编码器的结构示意,它是一个码率等于 1/2 的卷积码编码器,输入为 b_i,输出为 $b_i c_i$。因为第 1 位是信息位,所以它是系统码。

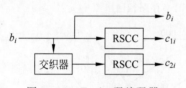

图 10.18　Turbo 码编码器

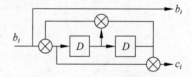

图 10.19　RSCC 编码器

一种是矩阵交织器,其基本形式是矩阵,它由容量为 $(n-1)m$ 比特的存储器构成,将信号码元按行顺序输入存储器,再按列顺序输出。图 10.20 所示为交织码原理图,输入码元序列是 $a_{11} a_{12} \cdots a_{1m} a_{21} a_{22} \cdots a_{2m} \cdots a_{n1} \cdots a_{nm}$,输出序列是 $a_{11} a_{21} \cdots a_{n1} a_{12} a_{22} \cdots a_{n2} \cdots a_{1m} \cdots a_{nm}$。交织的目的是将突发错码分散开,变成随机错码。例如,若图 10.20 中第 1 行的 m 个码元构成一个码组,并且连续发送到信道上,则当遇到脉

a_{11}	a_{12}	...	...	...	a_{1m}
a_{21}	a_{22}	...	...	...	a_{2m}
...	...	...	...	...	...
a_{n1}	a_{n2}	...	...	...	a_{nm}

图 10.20　交织器原理图

冲干扰,造成大量错码时,可能因超出纠错能力而无法纠正错误。但是,若在发送前进行了交织,按列发送,则能够将集中的错码分散到各个码组,从而有利于纠错。这种交织器常用于分组码。

另一种交织器称为卷积交织器,图 10.21 所示为一个简单例子,由 3 个移存器构成。第 1 个移存器只有 1bit 容量;第 2 个移存器可以存 2bit;第 3 个移存器可以存 3bit。交织器的输入码元依次进入各个移存器。例如图 10.21(a)所示,第 1 个输入码元没有经过

存储而直接输出；第 2 个输入码元存入第 1 个移存器中；第 3 个输入码元存入第 2 个移存器中；第 4 个码元存入第 3 个移存器中。在这 4 个码元期间，交织器的输出为 $1xxx$。这里的 x 表示移存器初始的随机状态。如图 10.21(b) 所示为第 5~8 个码元输入时的工作状态。图 10.21(c) 和(d) 所示为第 9~12 个码元以及第 13~16 个码元输入时的工作状态。这样，交织器输出码元的次序将是 $1xxx52xx963x131074$。接收端解交织器的工作过程与此相反，如图 10.21 所示，解交织器的输出码元的次序将是 $xxxxxxxxxxxx1234$，其中前面接收的 12 个码元无意义，从第 13 个码元开始才是有效码元。

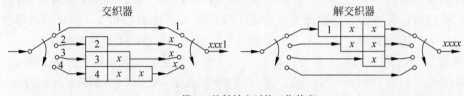
(a) 第1~4比特输入时的工作状态

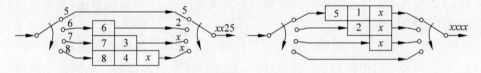
(b) 第5~8比特输入时的工作状态

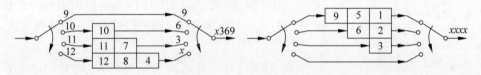
(c) 第9~12比特输入时的工作状态

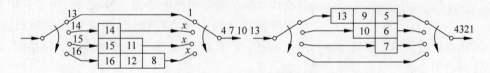
(d) 第13~16比特输入时的工作状态

图 10.21　卷积交织器原理框图

　　一般说来，卷积交织器第 1 个移存器的容量可以是 k 比特，第 2 个移存器的容量是 $2k$ 比特，第 3 个移存器的容量是 $3k$ 比特，…，直至第 N 个移存器的容量是 Nk 比特。

　　卷积交织法和矩阵交织法相比，主要优点是延迟时间短和需要的存储容量小。卷积交织法端到端的总延迟时间和两端所需的总存储容量均为 $k(N+1)N$ 个码元，是矩阵交织法的一半。

　　交织器容量和误码率关系是，交织器容量大时误码率低，这是因为交织范围大可以使交织器输入码元得到更好的随机化。

10.7　网格编码调制

10.7.1　网格编码调制的基本概念

应用纠错编码可以在不增加功率的条件下降低误码率,但是付出的代价是增大了占用的带宽。如何才能同时节省功率和带宽,是人们长期研究的课题,将纠错编码和调制相结合的网格编码调制(Trellis Coded Modulation,TCM)就是解决这个问题的途径之一。这种调制在保持信息传输速率和带宽不变的条件下能够获得 3～6dB 的功率增益,因而得到了广泛的关注和应用。下面将利用一个示例给出 TCM 的基本概念。

例如,QPSK 系统的每个码元传输 2bit 信息。若在接收端判决时因干扰而将信号相位错判至相邻相位,则将出现错码。现在,将系统改成 8PSK,它的每个码元可以传输 3bit 信息,仍然令每个码元传输 2bit 信息,第 3bit 用于纠错码。例如,采用码率为 2/3 的卷积码,这时接收端的解调和解码是作为一个步骤完成的,不像传统做法,先解调得到基带信号后再为纠错去解码。

在纠错编码理论中,码组间的最小汉明距离决定着这种编码的纠错能力。在 TCM 中,由于是直接对于已调信号(现在是 8PSK 信号)解码,码元之间的差别是载波相位之差,这个差别是欧氏距离。

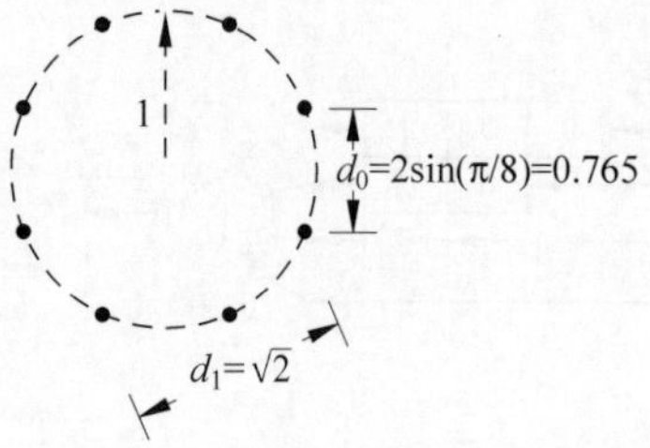

图 10.22 所示为 8PSK 信号星座图中的 8 个信号点,假设信号振幅等于 1,相邻两信号点的欧氏距离 d_0 等于 0.765。

图 10.22　8PSK 信号的欧氏距离

$d_0 = 2\sin(\pi/8) = 0.765$

$d_1 = \sqrt{2}$

两个信号序列的欧氏距离越大,即它们的差别越大,则因干扰造成互相混淆的可能性越小。图中的信号点代表某个确定相位的已调信号波形。为了利用卷积码维特比解码的优点,这时仍然需要用到网格图。但是,和卷积码维特比解码时的网格图相比,在 TCM 中是将这些波形映射为网格图,故 TCM 网格图中的各状态是波形的状态。

10.7.2　TCM 信号的产生

TCM 的编码和调制方法是建立在 Ungerboeck 提出的集划分方法的基础上的。集划分方法的基本原则是将信号星座图划分成若干子集,使子集中的信号点间距离比原来的大。每划分一次,新的子集中信号点间的距离就增大一次。例如图 10.23 所示 8PSK 信号星座图划分的示例,A_0 是 8PSK 信号的星座图,其中任意两个信号点间的距离为 d_0,这个星座图被划分为 B_0 和 B_1 两个子集,在子集中相邻信号点间的距离为 d_1。

将这两个子集再划分一次,得到 4 个子集 C_0、C_1、C_2、C_3,它们中相邻信号点间的距离为 $d_2 = 2$。显然,$d_2 > d_1 > d_0$。在这个例子中,需要根据已编码的 3 个比特来选择信

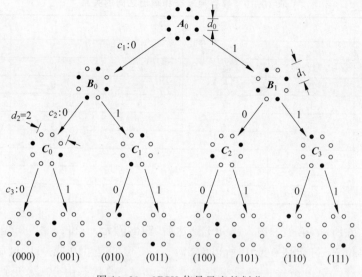

图 10.23 8PSK 信号星座的划分

号点,即选择波形的相位。c_1、c_2 和 c_3 表示已编码的 3 个码元,图中最下一行注明了 $(c_1 c_2 c_3)$ 的值。若 c_1 等于 0,则从 A_0 向左分支走向 B_0;若 c_1 等于 1,则从 A_0 向右分支走向 B_1。第 2 个和第 3 个码元 c_2 和 c_3 也按照这一原则选择下一级的信号点。例如图 10.24 所示编码器,这个卷积码的约束长度等于 3,编码器输出的前两个比特 c_1 和 c_2 用来选择星座图划分的路径,最后 1 个比特 c_3 用于选定星座图第 3 级(最低级)的信号点。

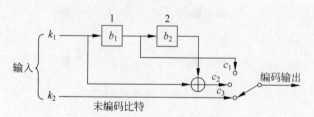

图 10.24 一种 TCM 编码器框图

一般说来,TCM 编码器框图如图 10.25 所示,将 k 比特输入信息段分为 k_1 和 k_2 两段,前 k_1 比特通过一个 (n_1, k_1, m) 卷积码编码器产生 n_1 比特输出,用于选择信号星座图中划分之一;后面的 k_2 比特用于选定星座图中的信号点。这表明星座图被划分为了 2^{n_1} 个子集,每个子集

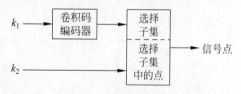

图 10.25 TCM 编码器的一般框图

中含有 2^{k_2} 个信号点。在 10.24 所示示例编码器框图中 $k_1 = k_2 = 1$。

由于未编码比特有两种取值,所以每个状态下有两根线。例如,设初始状态 $b_1 b_2 = 00$,$k_1 = k_2 = 1$。当输入信号序列 k_1 为 0110100 时,移存器状态和输出 c_1 与 c_2 之间的关系如表 10.10 所示。

表 10.10　移存器状态和输出之间的关系

k_1	b_1	b_2	状 态	c_1	c_2
	0	0	a	0	0
0	0	0	a	0	0
1	0	0	a	0	1
1	1	0	b	1	1
0	1	1	d	1	1
1	0	1	c	0	0
0	1	0	b	1	0
0	0	1	c	0	1
0	0	0	a	0	0

如图 10.26 所示,第 1 个输入码元 1 到达后,输出码元 c_1 和 c_2 由 00 变成 01,但是这时的输入信息位 k_2 可能是 0 或 1,所以输出 $c_1c_2c_3$ 可能是 010 或 011,这就是图中最高的两条平行虚线。第 1 个输入码元 1 进入 b_1 后,b_1b_2 的状态由 00(a)变到 10(b),输出 $c_1c_2c_3$ 可能是 110 或 111,b_1b_2 的状态由 b 变到 d,如图中虚线所示。以此类推。

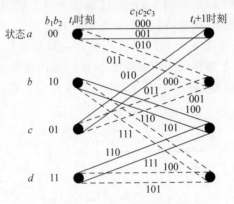

图 10.26　8PSK 编码器的网格图

每对平行转移必须对应最下一级划分同一子集中的两个信号点。例如,图 10.26 中的 000 和 001 同属于子集 C_0,010 和 011 同属于子集 C_1,等等。这些对信号点具有最大的欧氏距离($d_2=2$)。

从某一状态出发或到达某一状态的所有转移必须属于同一上级子集。例如,图 10.26 中从状态 a 出发的转移 000、001、010 和 011 都属于子集 B_0,或者说,此两对平行转移应具有最大的欧氏距离。

10.7.3　TCM 信号的解调

TCM 信号的解调算法通常采用维特比算法,但是现在的网格图表示的状态是波形,而不是码组。解码器的任务是计算接收信号序列路径和各种可能的编码网格路径间的距离,若所有发送信号序列是等概率的,则判定与接收序列距离最小的可能路径(又称为最大似然路径)为发送序列。

因为卷积码是线性码,具有封闭性,故要考察的路径距离与所用的测试序列无关。所以,不失一般性,可以选用全 0 序列作为测试序列。以 8PSK 信号解调为例,如图 10.27 所示,用全 0 序列作为测试序列时,路径如图中虚线 U 所示;实线示为另一许用波形序列路径 V,它从全 0 序列路径分开又回到全 0 序列路径。若发送序列是全 0 序列,但是接收序列有错误,使接收序列路径离开全 0 路径然后又回到全 0 序列,且中间没有返回状态 a,则解码器需要比较此接收序列路径和 U 的距离与接收序列路径和 V 的距离之大小,若后者小,则将发生一次错误判决。这里的距离是指欧氏距离。

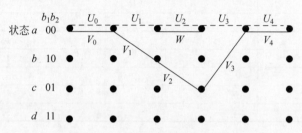

图 10.27　8PSK 信号解码路径示意图

这里,将引入自由欧氏距离的概念。自由欧氏距离是指许用波形序列集合中各元素之间的最小距离。它决定了产生错误判决的概率。自由欧氏距离越大,错误判决概率越小。在图 10.27 所示示例中,U 和 V 两条路径间的欧氏距离 d 为

$$d^2 = d^2(U_1, V_1) + d^2(U_2, V_2) + d^2(U_3, V_3)$$
$$= d^2(000, 010) + d^2(000, 100) + d^2(000, 010)$$
$$= (\sqrt{2})^2 + (0.765)^2 + (\sqrt{2})^2 = 2 + 0.585 + 2 = 4.585 \tag{10-74}$$

式(10-74)是按照在欧氏空间求矢量和的方法计算的。因此,

$$d = \sqrt{4.585} = 2.14 \tag{10-75}$$

另外一种许用波形序列的路径是 $U_1 W U_3$,它和 V 序列相似,从状态 a 开始,离开 U(虚线路径),再回到状态 a。这个路径和 U 的距离为

$$d^2 = d^2(U_1, U_1) + d^2(U_2, W) + d^2(U_3, U_3)$$
$$= d^2(000, 000) + d^2(000, 001) + d^2(000, 010)$$
$$= 0 + (2)^2 + 0 = 4 \tag{10-76}$$

即 $d = 2$。

比较上述两条路径可见,路径 $U_1 W U_3$ 和路径 V 相比,前者和路径 U 的距离更小。并且,可以逐个验证,这是和路径 U 距离最小的许用序列的路径。因此,按照上述定义,式(10-76)中的距离就是这种编码的自由欧氏距离,故可以将其写为

$$d_{\text{Fed}} = 2 \tag{10-77}$$

另外,未编码的 QPSK 信号的相继码元(波形)没有约束。若将其自由欧氏距离作为参考距离 d_{ref},则由图 10.22 可知

$$d_{\text{ref}} = d_1 = \sqrt{2} \tag{10-78}$$

所以,可以证明,和未编码 QPSK 系统相比,8PSK 的 TCM 系统可以获得的渐近编码增益为

$$G_{8PSK/QPSK} = 20\lg(d_{\text{Fed}}/d_{\text{ref}}) = 3.01(\text{dB}) \tag{10-79}$$

表 10.11 所示为通过大量仿真计算得出的部分 8PSK/TCM 系统的(渐近)编码增益。

表 10.11　8PSK/TCM 的编码增益

状态数目	k	$G_{8PSK/QPSK}$
4	1	3.01
8	2	3.60
16	2	4.13
32	2	4.59
64	2	5.01
128	2	5.17
256	2	5.75

10.8　小结

信道编码的目的是提高信号传输的可靠性,基本原理是在信号码元序列中增加监督码元,并利用监督码元去发现或纠正传输中的错误。在信道编码只有发现错码能力而无纠正错码能力时,必须结合其他措施来纠正错码,否则只能将发现位错码的码元删除。这些手段称为差错控制。

按照加性干扰造成错码的统计特性不同,可以将信道分为随机信道、突发信道和混合信道。每种信道中的错码特性不同,所以需要采用不同的差错控制技术来减少或消除其中的错码。差错控制技术有 3 种,即检错重发、前向纠错和混合方式。

纠错码可以分为分组码和卷积码。在分组码中,编码后的码元序列每 n 位分为一组,其中 k 位信息位,r 个监督位,$r = n - k$。监督码元仅与本码字的信息码元有关。卷积码则不同,监督码元不但与本信息码元有关,而且与前面码字的信息码元也有约束关系。由代数关系式确监督位的分组码为代数码。在代数码中,若监督位和信息位的关系是由线性代数方程式决定的,则称这种编码为线性分组码。奇偶监督码就是一种最常用的线性分组码。汉明码是一种能够纠正 1 位错码的效率较高的线性分组码。具有循环特性的线性分组码称为循环码。BCH 码是能够纠正多个随机错码的循环码,而 RS 码则是一种具有很强纠错能力的多进制 BCH 码。

循环码是在严密的代数学理论基础上建立起来的。循环码的编码和解码设备都不太复杂,而且检(纠)错的能力较强。循环码除了具有线性码的一般性质外,还具有循环性。循环性是指任一码组循环一位(即将最右端的一个码元移至左端,或反之)以后,仍为该码中的一个码组。

BCH 码的重要性在于它解决了生成多项式与纠错能力的关系问题,可以在给定纠错能力要求的条件下寻找到码的生成多项式。BCH 码可以分为两类,即本原 BCH 码和非本原 BCH 码。为了得到偶数长度的码,并增大检错能力,可以在 BCH 码生成多项式中乘上一个因式 $x+1$,从而得到扩展 BCH 码 $(n+1,k)$。

卷积码是一种非分组码。通常它更适用于前向纠错,因为对于许多实际情况,它的性能优于分组码,而且运算较简单。卷积码的监督码元不仅和当前的 k 比特信息段有关,而且还同前面 $m=N-1$ 个信息段有关。所以一个码组中的监督码元监督着 N 个信息段。通常将 N 称为编码约束度,并将 nN 称为编码约束长度。一般说来,对于卷积码,k 和 n 的值是比较小的整数,将卷积码记作 (n,k,N)。码率则仍定义为 k/n。

RS 码是一类具有很强纠错能力的多进制 BCH 码,特别适用于存在突发错误的信道,例如移动通信网等衰落信道。此外,因为它是多进制纠错编码,所以特别适合用于多进制调制的场合。

Turbo 码是一种特殊的链接码。由于其性能接近信息理论上能够达到的最好性能,所以在编码理论上是带有革命性的进步。

TCM 码是一种将纠错编码和调制结合在一起的体制,它能同时节省功率和带宽,是人们长期追求的目标。

思考题 10

1. 在通信系统中,采用差错控制的目的是什么?
2. 什么是随机信道?什么是突发信道?什么是混合信道?
3. 常用的差错控制方法有哪些?
4. 什么是分组码?其结构特点如何?
5. 码的最小码距与其检、纠错能力有何关系?
6. 什么叫作奇偶监督码?其检错能力如何?
7. 什么是方阵码?其检、纠错能力如何?
8. 什么是正反码?其检、纠错能力如何?
9. 什么是线性码?它具有哪些重要性质?
10. 什么是循环码?循环码的生成多项如何确定?
11. 什么是系统分组码?试举例说明。
12. 什么是截短循环码?它有何优点?
13. 什么是 BCH 码?什么是本原 BCH 码?什么是非本原 BCH 码?
14. 什么是 RS 码?它与 BCH 码的关系如何?
15. 什么是卷积码?什么是卷积码的码树图、网格图和状态图?
16. 卷积码和分组码之间有何异同点?卷积码是否为线性码?
17. 卷积码适合用于纠正哪类错误?
18. 什么是 Turbo 码?它有哪些特点?

19. 什么是 TCM？它有何特点？

20. 解释 4 状态网格 8PSK 编码调制的星座图集划分法和计算最小欧氏距离。

习题 10

1. 已知码集合中有 8 个码组为(000000)、(001110)、(010101)、(011011)、(10001l)、(101101)、(110110)、(111000)，求该码集合的最小码距。

2. 上题给出的码集合若用于检错，能检出几位错码？若用于纠错，能纠正几位错码？若同时用于检错与纠错，问其纠错、检错的性能如何？

3. 已知两码组为(0000)和(1111)。若该码集合用于检错，能检出几位错码？若用于纠错，能纠正几位错码？若同时用于检错与纠错，问各能纠、检几位错码？

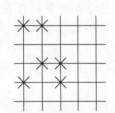

图 10.28　码元错误情况

4. 若方阵码中的码元错误情况如图 10.28 所示，试问能否检测出来？

5. 一码长为 $n=15$ 的汉明码，监督位 r 应为多少？编码效率为多少？试写出监督码元与信息码元之间的关系。

6. 已知某线性码监督矩阵为 $\boldsymbol{H}=\begin{bmatrix} 1 & 1 & 1 & 0 & 1 & 0 & 0 \\ 1 & 1 & 0 & 1 & 0 & 1 & 0 \\ 1 & 0 & 1 & 1 & 0 & 0 & 1 \end{bmatrix}$，求生成矩阵，并列出所有许用码组。

7. 已知(7,3)码的生成矩阵为 $\boldsymbol{G}=\begin{bmatrix} 1 & 0 & 0 & 1 & 1 & 1 & 0 \\ 0 & 1 & 0 & 0 & 1 & 1 & 1 \\ 0 & 0 & 1 & 1 & 0 & 0 & 1 \end{bmatrix}$，列出其所有许用码组，并求监督矩阵。

8. 已知(7,4)循环码的全部码组为 0000000　1000101　0001011　1001110　0010110　1010011　0011101　1011000　0100111　1100010　0101100　1101001　0110001　1110100　0111010　11111111，试写出该循环码的生成多项式 $g(x)$ 和生成矩阵 $\boldsymbol{G}(x)$，并将 $\boldsymbol{G}(x)$ 化成典型阵。

9. 由题 8 写出 $\boldsymbol{H}$ 矩阵和其典型阵。

10. 已知(15,11)汉明码的生成多项式为 $g(x)=x^4+x^3+1$，试求其生成矩阵和监督矩阵。

11. 已知 $x^{15}+1=(x+1)(x^4+x+1)(x^4+x^3+1)(x^4+x^3+x^2+x+1)(x^2+x+1)$。试问由它共可构成多少种码长为 15 的循环码？列出它们的生成多项式。

12. 已知(7,3)循环码的监督关系式为 $x_6+x_3+x_2+x_1=0$，$x_5+x_2+x_1+x_0=0$，$x_6+x_5+x_1=0$，$x_5+x_4+x_0=0$，试求该循环码的监督矩阵和生成矩阵。

13. 证明 $x^{10}+x^8+x^5+x^4+x^2+x+1$ 为(15,5)循环码的生成多项式。求出该码的生成矩阵，并写出信息码为 $m(x)=x^4+x+1$ 时的码多项式。

14. 若要产生题 13 所给出的(15,5)循环码,试画出编码器电路。

15. (15,7)循环码由 $g(x)=x^8+x^7+x^6+x^4+1$ 生成,接收码组 $T(x)=x^{14}+x^5+x+1$,试问其中有无错码。

16. 已知 $g_1(x)=x^3+x^2+1$;$g_2(x)=x^3+x+1$;$g_3(x)=x+1$。试分别讨论 $g(x)=g_1(x)g_2(x)$ 和 $g(x)=g_3(x)g_2(x)$ 两种情况下,由 $g(x)$ 生成的 7 位循环码能检测出哪些类型的单个错误和突发错误?

17. 一卷积码编码器如图 10.29 所示,已知 $k=1,n=2,N=3$。试写出生成矩阵 G 的表达式。

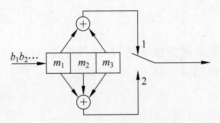

图 10.29　卷积码编码器

18. 已知卷积码 $k=1,r=2,N=4$,其基本生成矩阵为 $g=[11010001]$。试求该卷积码的生成矩阵 G 和监督矩阵 H。

19. 已知一卷积码的参量为 $N=4,n=3,k=1$,其基本生成矩阵为 $g=[111001010011]$。试求该卷积码的生成矩阵 G 和截短监督矩阵,并写出输入码为(1001…)时的输出码。

20. 已知(2,1,2)卷积码编码器的输出与 m_1、m_2 和 m_3 的关系为 $y_1=m_1+m_2$,$y_2=m_2+m_3$。试确定编码器电路;确定卷积码的码树图、状态图及网格图。

21. 已知(2,1,2)卷积码编码器的输出与 m_1、m_2 和 m_3 的关系为 $y_1=m_1+m_2$,$y_2=m_1+m_2+m_3$。当接收码序列为 1 0 0 0 1 0 0 0 0 0 时,试用维特比解码法求解发送信息序列。

小测验 10

一、填空题

1. 若信息码元为 1011010,则奇监督码为_____,偶监督码为_____。

2. 已知循环码的生成多项式为 x^4+x^2+x+1,此循环码可纠正_____位错误码元,可检出_____位错误码元。

3. 线性分组码(63,51)的编码效率为_____,卷积码(2,1,7)的编码效率为_____。

4. 码组 0100110 的码重为_____,它与码组 0011011 之间的码距是_____。

5. 码长为 $n=15$ 的汉明码监督位应是_____位。

6. 已知(5,1)重复码,它的两个码组分别为 00000 和 11111,则(5,1)重复码的最小码距为_____。若只用于检错,能检出_____位错码。

7. 一分组码的最小码距为 $d_0 = 6$,若该分组码用于纠错,可以保证纠正_____位错码;若用于检错,可以保证检出_____位错码。

8. 在数字通信系统中,采用差错控制编码的目的是_____。

9. 已知两分组码为1111、0000。若用于检错,能检出_____位错码;若用于纠错,能纠正_____位错码。

10. 线性分组码的生成矩阵为 $\boldsymbol{G} = \begin{bmatrix} 1 & 1 & 1 & 0 & 1 & 0 & 0 \\ 0 & 1 & 0 & 1 & 0 & 1 & 0 \\ 0 & 0 & 1 & 1 & 1 & 0 & 1 \end{bmatrix}$,该码监督位_____位,编码效率为_____。

11. 按照对信息序列的处理方法不同,差错码可分为_____和_____两类。

12. 最流行的卷积码译码算法是_____算法。

二、判断题

1. 汉明码是一种线性分组码。(　　　)

2. 循环码也是一种线性分组码。(　　　)

3. 卷积码是一种特殊的线性码。(　　　)

4. 最小码距 $d_{\min}$ 越大,编码的纠/检错能力越弱。(　　　)

5. 卷积码译码时在译码端所用的记忆单元越少,则获得的译码差错概率越小。(　　　)

三、计算题

1. 已知(7,3)循环码的生成矩阵为 $\boldsymbol{G} = \begin{bmatrix} 1 & 0 & 1 & 1 & 1 & 0 & 0 \\ 0 & 1 & 0 & 1 & 1 & 1 & 0 \\ 0 & 0 & 1 & 0 & 1 & 1 & 1 \end{bmatrix}$。

(1) 试写出该(7,3)循环码的生成多项式 $g(x)$ 和监督矩阵 $\boldsymbol{H}$。

(2) 若输入信息码为011,试写出对应的循环码码组。

(3) 该码能纠正几位错误?

2. 设一线性码的生成矩阵为 $\boldsymbol{G} = \begin{bmatrix} 0 & 0 & 1 & 0 & 1 & 1 \\ 1 & 0 & 0 & 1 & 0 & 1 \\ 0 & 1 & 0 & 1 & 1 & 0 \end{bmatrix}$。

(1) 求出监督矩阵 $\boldsymbol{H}$,确定 (n, k) 码中的 n 和 k。

(2) 写出监督关系式及该 (n, k) 码的所有码组。

(3) 确定最小码距。

3. 已知(7,4)循环码的生成多项式为 $g(x) = x^3 + x^2 + 1$。

(1) 试求该(7,4)循环码的典型生成矩阵和典型监督矩阵。

(2) 若输入信息码元为0011,求编码后的系统码码组。

参 考 文 献

[1]　樊昌信,曹丽娜.通信原理[M].6版.北京:国防工业出版社,2006.

[2]　张辉,曹丽娜.现代通信原理与技术[M].2版.西安:西安电子科技大学出版社,2008.

[3]　曹志刚,钱亚生.现代通信原理[M].北京:清华大学出版社,2002.

[4]　周炯磐,庞沁华,续大我,等.通信原理[M].3版.北京:北京邮电大学出版社,2008.

[5]　王福昌,熊兆飞,黄本雄.通信原理[M].北京:清华大学出版社,2006.

[6]　王兴亮.数字通信原理与技术[M].2版.西安:西安电子科技大学出版社,2003.

[7]　曹丽娜,樊昌信.通信原理(第6版)学习辅导与考研指导[M].北京:国防工业出版社,2007.

[8]　张辉,曹丽娜.通信原理学习指导[M].西安:西安电子科技大学出版社,2003.

[9]　张辉,曹丽娜,王勇.通信原理辅导[M].修订版.西安:西安电子科技大学出版社,2003.

[10]　肖闽进,陈莹,沈润泉.通信原理教程[M].北京:电子工业出版社,2006.

[11]　王秉钧,王少勇,王彦杰.通信原理基本教程[M].北京:北京邮电大学出版社,2005.

[12]　李建东,郭梯云,邬国扬.移动通信[M].4版.西安:西安电子科技大学出版社,2006.

[13]　张厥盛,郑继禹,万心平.锁相技术[M].西安:西安电子科技大学出版社,2004.

[14]　龙光利.一种2DPSK调制解调电路的CPLD设计[J].电讯技术,2009,49(4):29-31.

[15]　龙光利.基于嵌入式系统的GPRS设计[J].微计算机信息,2008,24(14):50-51.

[16]　龙光利.基于嵌入式微处理器的无线传输系统的设计[J].半导体技术,2009,34(1):21-23.

[17]　龙光利.基于嵌入式系统的数字扩频收发信机的设计[J].现代电子技术,2009,32(5):93-95.

[18]　龙光利.基于CPLD的HDB3码编解码电路的设计[J].微计算机信息,2010,26(2):169-171.

[19]　龙光利.一种基于CPLD的QDPSK调制解调电路的设计[J].电子设计工程,2010,18(11):131-135.

[20]　龙光利.巴克码识别器的设计与FPGA的实现[J].科技广场,2006,18(4):110-112.

[21]　樊昌信,曹丽娜.通信原理[M].7版.北京:国防工业出版社,2016.

[22]　陈善学,李方伟.矢量量化与图像处理[M].北京:科学出版社,2009.

[23]　仝子一.图像信源压缩编码及信道传输理论与新技术[M].北京:北京工业大学出版社,2006.

[24]　张春田.数字图像压缩编码[M].北京:清华大学出版社,2006.

[25]　张辉,曹丽娜.现代通信原理与技术[M].3版.西安:西安电子科技大学出版社,2013.

[26]　李晓峰,周宁,周亮.通信原理[M].北京:清华大学出版社,2012.

[27]　曹丽娜,樊昌信.通信原理学习辅导与考研指导[M].北京:国防工业出版社,2013.

[28]　李白萍,张鸣,龙光利.数字通信原理[M].西安:西安电子科技大学出版社,2012.

[29]　王兴亮.数字通信原理与技术[M].3版.西安:西安电子科技大学出版社,2009.

[30]　郝建军,尹长川,刘丹普.通信原理考研指导[M].2版.北京:北京邮电大学出版社,2006.

[31]　王兴亮,李伟.通信原理学习辅导与考研精细[M].西安:西安电子科技大学出版社,2011.

附录 A 误差函数表

$$\mathrm{erf}(x) = \frac{2}{\pi}\int_0^x \mathrm{e}^{-z^2}\,\mathrm{d}z$$

x	0	1	2	3	4	5	6	7	8	9
1.00	0.842 70	84 312	84 353	84 394	84 435	84 477	84 518	84 559	84 600	84640
1.01	0.846 81	84 722	84 762	84 803	84 843	84 883	84 924	84 964	85 004	85 044
1.02	0.850 84	85 124	85 163	85 203	85 243	85 282	85 322	85 361	85 400	85 439
1.03	0.854 78	85 517	85 556	85 595	85 634	85 673	85 711	85 750	85 788	85 827
1.04	0.858 65	85 903	85 941	86 979	86 017	86 055	86 093	86 131	86 169	86 206
1.05	0.862 44	86 281	86 318	86 356	86 393	86 430	86 467	86 504	86 541	86 578
1.06	0.866 14	86 651	86 688	86 724	86 760	86 797	86 833	86 869	86 905	86 941
1.07	0.869 77	87 013	87 049	87 085	87 120	87 156	87 191	87 227	87 262	87 297
1.08	0.873 33	87 368	87 403	87 438	87 473	87 507	87 542	87 577	87 611	87 646
1.09	0.876 80	87 715	87 749	87 783	87 817	87 851	87 885	87 919	87 953	87 987
1.10	0.880 21	88 054	88 088	88 121	88 155	88 188	88 221	88 254	88 287	88 320
1.11	0.883 53	88 386	88 419	88 452	88 484	88 517	88 549	88 582	88 614	88 647
1.12	0.886 79	88 711	88 743	88 775	88 807	88 839	88 871	88 902	88 934	88 966
1.13	0.889 97	89 029	89 060	89 091	89 122	89 154	89 185	89 216	89 247	89 277
1.14	0.893 08	89 339	89 370	89 400	89 431	89 461	89 492	89 552	89 552	89 582
1.15	0.896 12	89 642	89 672	89 702	89 732	89 762	89 792	89 821	89 851	89 880
1.16	0.899 10	89 939	89 968	89 997	90 027	90 056	90 085	90 114	90 142	90 171
1.17	0.902 00	90 229	90 257	90 286	90 314	90 343	90 371	90 399	90 428	90 456
1.18	0.904 84	90 512	90 540	90 568	90 595	90 623	90 651	90 678	90 706	90 733
1.19	0.907 61	90 788	90 815	90 843	90 870	90 897	90 924	90 951	90 978	91 005
1.20	0.910 31	91 058	91 085	91 111	91 138	91 164	91 191	91 217	91 243	91 269
1.21	0.912 96	91 322	91 348	91 374	91 399	91 425	91 451	91 477	91 502	91 528
1.22	0.915 53	91 579	91 604	91 630	91 655	91 680	91 705	91 730	91 755	91 780
1.23	0.918 05	91 830	91 855	91 879	91 904	91 929	91 953	91 978	92 002	92 026
1.24	0.920 51	92 075	92 099	92 123	92 147	92 171	92 195	92 219	92 243	92 266
1.25	0.922 90	92 314	92 337	92 361	92 384	92 408	92 431	92 454	92 477	92 500
1.26	0.925 24	92 547	92 570	92 593	92 615	92 638	92 661	92 684	92 706	92 729
1.27	0.927 51	92 774	92 796	92 819	92 841	92 863	92 885	92 907	92 929	92 951
1.28	0.929 73	92 995	93 017	93 039	93 061	93 082	93 104	93 126	93 147	93 168
1.29	0.931 90	93 211	93 232	93 254	93 275	93 296	93 317	93 338	93 359	93 380

x	0	1	2	3	4	5	6	7	8	9
1.30	0.934 01	93 422	93 442	93 463	93 484	93 504	93 525	93 545	93 566	93 586
1.31	0.936 06	93 627	93 647	93 667	93 687	93 707	93 727	93 747	93 767	93 787
1.32	0.938 07	93 826	93 846	93 866	93 885	93 905	93 924	93 944	93 963	93 982
1.33	0.940 02	94 021	94 040	94 059	94 078	94 097	94 116	94 135	94 154	94 173
1.34	0.941 91	94 210	94 229	94 247	94 266	94 284	94 303	94 321	94 340	94 358
1.35	0.943 76	94 394	94 413	94 431	94 449	94 467	94 485	94 503	94 521	94 538
1.36	0.945 56	94 574	94 592	94 609	94 627	94 644	94 662	94 679	94 697	94 714
1.37	0.947 31	94 748	94 766	94 783	94 800	94 817	94 834	94 851	94 868	94 885
1.38	0.949 02	94 918	94 935	94 952	94 968	94 985	95 002	95 018	95 035	95 051
1.39	0.950 67	95 084	95 100	95 116	95 132	95 148	95 165	95 181	95 197	95 213
1.40	0.952 29	95 244	95 260	95 276	95 292	95 307	95 323	95 339	95 354	95 370
1.41	0.953 85	95 401	95 416	95 431	95 447	95 462	95 477	95 492	95 507	95 523
1.42	0.955 38	95 553	95 568	95 582	95 597	95 612	95 627	95 642	95 656	95 671
1.43	0.956 86	95 700	95 715	95 729	95 744	95 758	95 773	95 787	95 801	95 815
1.44	0.958 30	95 844	95 858	95 872	95 886	95 900	95 914	95 928	95 942	95 956
1.45	0.959 70	95 983	95 997	96 011	96 024	96 038	96 051	96 063	96 078	96 092
1.46	0.961 05	96 119	96 132	96 145	96 159	96 172	96 185	96 198	96 211	96 224
1.47	0.962 37	96 250	96 263	96 276	96 289	96 302	96 315	96 327	96 340	96 353
1.48	0.963 65	96 378	96 391	96 403	96 416	96 428	96 440	96 453	96 456	96 478
1.49	0.964 90	96 502	96 514	96 526	96 539	96 551	96 563	96 575	96 587	96 599

x	0	2	4	6	8	x	0	2	4	6	8
1.50	0.96 611	96 634	96 658	96 681	96 705	1.68	0.98 249	98 263	98 276	98 289	98 302
1.51	0.96 728	96 751	96 774	96 796	96 819	1.69	0.98 315	98 328	98 341	98 354	98 366
1.52	0.96 841	96 864	96 886	96 908	96 930	1.70	0.98 379	98 392	98 404	98 416	98 429
1.53	0.96 952	96 973	96 995	97 016	97 037	1.71	0.98 441	98 453	98 465	98 477	98 489
1.54	0.97 059	97 080	97 100	97 121	97 142	1.72	0.98 500	98 512	98 524	98 535	98 546
1.55	0.97 162	97 183	97 203	97 223	97 243	1.73	0.98 558	98 569	98 580	98 591	98 602
1.56	0.97 263	97 283	97 302	97 322	97 341	1.74	0.98 613	98 624	98 635	98 646	98 657
1.57	0.97 360	97 379	97 398	97 417	97 436	1.75	0.98 667	98 678	98 688	98 699	98 709
1.58	0.97 455	97 473	97 492	97 510	97 528	1.76	0.98 719	98 729	98 739	98 749	98 759
1.59	0.97 546	97 564	97 582	97 600	97 617	1.77	0.98 769	98 779	98 789	98 798	98 808
1.60	0.97 635	97 652	97 670	97 687	97 704	1.78	0.98 817	98 827	98 836	98 846	98 855
1.61	0.97 721	97 738	97 754	97 771	97 787	1.79	0.98 864	98 873	98 882	98 891	98 900
1.62	0.97 804	97 820	97 836	97 852	97 868	1.80	0.98 909	98 918	98 927	98 935	98 944
1.63	0.97 884	97 900	97 916	97 931	97 947	1.81	0.98 952	98 961	98 969	98 978	98 986
1.64	0.97 962	97 977	97 993	98 008	98 023	1.82	0.98 994	99 003	99 011	99 019	99 027
1.65	0.98 038	98 052	98 067	98 082	98 096	1.83	0.99 035	99 043	99 050	99 058	99 066
1.66	0.98 110	98 125	98 139	98 153	98 167	1.84	0.99 074	99 081	99 089	99 096	99 104
1.67	0.98 181	98 195	98 209	98 222	98 236	1.85	0.99 111	99 118	99 126	99 133	99 140

续表

x	0	2	4	6	8	x	0	2	4	6	8
1.86	0.99 147	99 154	99 161	99 168	99 175	2.19	0.99 805	99 806	99 808	99 810	99 812
1.87	0.99 182	99 189	99 196	99 202	99 209	2.20	0.99 814	99 815	99 817	99 819	99 821
1.88	0.99 216	99 222	99 229	99 235	99 242	2.21	0.99 822	99 824	99 826	99 827	99 829
1.89	0.99 248	99 254	99 261	99 267	99 273	2.22	0.99 831	99 832	99 834	99 836	99 837
1.90	0.99 279	99 285	99 291	99 297	99 303	2.23	0.99 839	99 840	99 842	99 843	99 845
1.91	0.99 309	99 315	99 321	99 326	99 332	2.24	0.99 846	99 848	99 849	99 851	99 852
1.92	0.99 338	99 343	99 349	99 355	99 360	2.25	0.99 854	99 855	99 857	99 858	99 859
1.93	0.99 366	99 371	99 376	99 382	99 387	2.26	0.99 861	99 862	99 863	99 865	99 866
1.94	0.99 392	99 397	99 403	99 408	99 413	2.27	0.99 867	99 869	99 870	99 871	99 873
1.95	0.99 418	99 423	99 428	99 433	99 438	2.28	0.99 874	99 875	99 876	99 877	99 879
1.96	0.99 443	99 447	99 452	99 457	99 462	2.29	0.99 880	99 881	99 882	99 883	99 885
1.97	0.99 466	99 471	99 476	99 480	99 485	2.30	0.99 886	99 887	99 888	99 889	99 890
1.98	0.99 489	99 494	99 498	99 502	99 507	2.31	0.99 891	99 892	99 893	99 894	99 896
1.99	0.99 511	99 515	99 520	99 524	99 528	2.32	0.99 897	99 898	99 899	99 900	99 901
2.00	0.99 532	99 536	99 540	99 544	99 548	2.33	0.99 902	99 903	99 904	99 905	99 906
2.01	0.99 552	99 556	99 560	99 564	99 568	2.34	0.99 906	99 907	99 908	99 909	99 910
2.02	0.99 572	99 576	99 580	99 583	99 587	2.35	0.99 911	99 912	99 913	99 914	99 915
2.03	0.99 591	99 594	99 598	99 601	99 605	2.36	0.99 915	99 916	99 917	99 918	99 919
2.04	0.99 609	99 612	99 616	99 619	99 622	2.37	0.99 920	99 920	99 921	99 922	99 923
2.05	0.99 626	99 629	99 633	99 636	99 639	2.38	0.99 924	99 924	99 925	99 926	99 927
2.06	0.99 642	99 646	99 649	99 652	99 655	2.39	0.99 928	99 928	99 929	99 930	99 930
2.07	0.99 658	99 661	99 664	99 667	99 670	2.40	0.99 931	99 932	99 933	99 933	99 934
2.08	0.99 673	99 676	99 679	99 682	99 685	2.41	0.99 935	99 935	99 936	99 937	99 937
2.09	0.99 688	99 691	99 694	99 697	99 699	2.42	0.99 938	99 939	99 939	99 940	99 940
2.10	0.99 702	99 705	99 707	99 710	99 713	2.43	0.99 941	99 942	99 942	99 943	99 943
2.11	0.99 715	99 718	99 721	99 723	99 726	2.44	0.99 944	99 945	99 945	99 946	99 946
2.12	0.99 728	99 731	99 733	99 736	99 738	2.45	0.99 947	99 947	99 948	99 949	99 949
2.13	0.99 741	99 743	99 745	99 748	99 750	2.46	0.99 950	99 950	99 951	99 951	99 952
2.14	0.99 753	99 755	99 757	99 759	99 762	2.47	0.99 952	99 953	99 953	99 954	99 954
2.15	0.99 764	99 766	99 768	99 770	99 773	2.48	0.99 955	99 955	99 956	99 956	99 957
2.16	0.99 775	99 777	99 779	99 781	99 783	2.49	0.99 957	99 958	99 958	99 958	99 959
2.17	0.99 785	99 787	99 789	99 791	99 793	2.50	0.99 959	99 960	99 960	99 961	99 961
2.18	0.99 795	99 797	99 799	99 801	99 803						

x	0	1	2	3	4	5	6	7	8	9
2.50	0.999 59	99 961	99 963	99 965	99 967	99 969	99 971	99 972	99 974	99 975
2.60	0.999 76	99 978	99 979	99 980	99 981	99 982	99 983	99 984	99 985	99 986
2.70	0.999 87	99 987	99 988	99 989	99 989	99 990	99 991	99 991	99 992	99 992
2.80	0.999 92	99 993	99 993	99 994	99 994	99 994	99 995	99 995	99 995	99 996
2.90	0.999 96	99 996	99 996	99 997	99 997	99 997	99 997	99 997	99 997	99 998
3.00	0.999 98	99 998	99 998	99 998	99 998	99 998	99 998	99 998	99 998	99 999

附录 B 贝塞尔函数值表

$$J_n(\beta)$$

n β	0.5	1	2	3	4	6	8	10	12
0	0.9385	0.7652	0.2239	-0.2601	-0.3971	0.1506	0.1717	-0.2459	0.0477
1	0.2423	0.4401	0.5767	0.3391	-0.0660	-0.2767	0.2436	0.0435	-0.2234
2	0.0306	0.1149	0.3528	0.4861	0.3641	-0.2429	-0.1130	0.2546	-0.0849
3	0.0026	0.0196	0.1289	0.3091	0.4302	0.1148	-0.2911	0.0584	0.1951
4	0.0002	0.0025	0.0340	0.1320	0.2811	0.3576	-0.1054	-0.2196	0.1825
5	—	0.0002	0.0070	0.0430	0.1321	0.3621	0.1858	-0.2341	-0.0735
6		—	0.0012	0.0114	0.0491	0.2458	0.3376	-0.0145	-0.2437
7			0.0002	0.0025	0.0152	0.1296	0.3206	0.2167	-0.7103
8			—	0.0005	0.0040	0.0565	0.2235	0.3179	0.0451
9				0.0001	0.0009	0.0212	0.1263	0.2919	0.2304
10				—	0.0002	0.0070	0.0608	0.2075	0.3005
11					—	0.0020	0.0256	0.1231	0.2704
12						0.0005	0.0096	0.0634	0.1953
13						0.0001	0.0033	0.0290	0.1201
14						—	0.0010	0.0120	0.0650

附录 C 帕塞瓦尔定理

1. 能量信号的帕塞瓦尔(Parseval)定理

设 $x(t)$ 是一个能量信号，$x^*(t)$ 是 $x(t)$ 的共轭函数，则有

$$\int_{-\infty}^{\infty} x^*(t)h(t+\tau)\mathrm{d}t = \int_{-\infty}^{\infty} x^*(t)\left[\int_{-\infty}^{\infty} H(f)\mathrm{e}^{\mathrm{j}\omega(t+\tau)}\mathrm{d}f\right]\mathrm{d}t =$$

$$\int_{-\infty}^{\infty}\left[\int_{-\infty}^{\infty} x^*(t)\mathrm{e}^{\mathrm{j}\omega t}\mathrm{d}t\right]H(f)\mathrm{e}^{\mathrm{j}\omega\tau}\mathrm{d}f = \int_{-\infty}^{\infty} X^*(f)H(f)\mathrm{e}^{\mathrm{j}\omega\tau}\mathrm{d}f \qquad \text{(C-1)}$$

式(C-1)对于任何 τ 值都正确，所以可以令 $\tau=0$。这样，式(C-1)可以简化为

$$\int_{-\infty}^{\infty} x^*(t)h(t)\mathrm{d}t = \int_{-\infty}^{\infty} X^*(f)H(f)\mathrm{d}f \qquad \text{(C-2)}$$

若 $x(t)=h(t)$，则式(C-2)可以改写为

$$\int_{-\infty}^{\infty} |x(t)|^2\mathrm{d}t = \int_{-\infty}^{\infty} |X(f)|^2\mathrm{d}f \qquad \text{(C-3)}$$

若 $x(t)$ 为实函数，则式(C-3)可以改写为

$$\int_{-\infty}^{\infty} x^2(t)\mathrm{d}t = \int_{-\infty}^{\infty} |X(f)|^2\mathrm{d}f \qquad \text{(C-4)}$$

式(C-3)是能量信号的帕塞瓦尔定理；式(C-4)是实能量信号的帕塞瓦尔定理。

能量信号的帕塞瓦尔定理表明，由于一个实信号平方的积分或一个复信号振幅平方的积分等于信号的能量，所以信号频谱密度的模的平方 $|X(f)|^2$ 对 f 的积分也等于信号的能量。故称 $|X(f)|^2$ 为信号的能量谱密度。

2. 周期性功率信号的帕塞瓦尔定理

设 $x(t)$ 是周期性实功率信号，周期等于 T_0，基频为 $f_0=1/T_0$，则有傅里叶级数展开式

$$x(t) = \sum_{n=-\infty}^{\infty} C_n\mathrm{e}^{\mathrm{j}2\pi nf_0 t} \qquad \text{(C-5)}$$

所以，其平均功率可以写为

$$\frac{1}{T_0}\int_{-T_0/2}^{T_0/2} x^2(t)\mathrm{d}t = \frac{1}{T_0}\int_{-T_0/2}^{T_0/2} x(t)\left[\sum_{n=-\infty}^{\infty} C_n\mathrm{e}^{\mathrm{j}2\pi nf_0 t}\right]\mathrm{d}t$$

$$= \sum_{n=-\infty}^{\infty} C_n \frac{1}{T_0}\int_{-T_0/2}^{T_0/2} x(t)\mathrm{e}^{\mathrm{j}2\pi nf_0 t}\mathrm{d}t = \sum_{n=-\infty}^{\infty} C_n C_n^* = \sum_{n=-\infty}^{\infty} |C_n|^2$$

$$\text{(C-6)}$$

式(C-6)就是周期性功率信号的帕塞瓦尔定理。它表示周期性功率信号的平均功率等于其频谱的模的平方和。

附录 D 部分习题答案

第 1 章

1. (1) 0.415bit，2bit；(2) 0.811bit/符号。

2. 2.375bit/符号。

3. 200bit/s，198.5bit/s。

4. 8.028×10^{6} bit，8.352×10^{6} bit。

5. B 系统。

6. 略。

7. 10^{-4}。

8. (1) 6.95kbit/s；(2) 8kbit/s。

第 2 章

1. $E_{\xi}(1) = 1, R_{\xi}(0,1) = 2$。

2. (1) $E[Y(t)] = 0, E[Y^{2}(t)] = \sigma^{2}$；

(2) $f(y) = \dfrac{1}{\sqrt{2\pi}\sigma} \exp\left(-\dfrac{y^{2}}{2\sigma^{2}}\right)$；

(3) $B(t_{1}, t_{2}) = R(t_{1}, t_{2}) = \sigma^{2}\cos\omega_{0}\tau$。

3. (1) $R_{z}(t_{1}, t_{2}) = R_{x}(\tau)R_{y}(\tau)$；(2) $R_{z}(t_{1}, t_{2}) = R_{x}(\tau) + R_{y}(\tau) + 2a_{x}a_{y}$。

4. (1) $E[z(t)] = 0, R_{z}(t_{1}, t_{2}) = R_{z}(\tau)$，平稳；(2) $R_{z}(\tau) = \dfrac{1}{2}R_{m}(\tau)\cos\omega_{0}\tau$；(3) $S = R_{z}(0) = \dfrac{1}{2}$。

5. (1) 略；

(2) $R_{y}(\tau) = 2R_{x}(\tau) + R_{x}(\tau - T) + R_{x}(\tau + T)$；$P_{y}(f) = 2(1 + \cos\omega T)P_{x}(f)$。

6. (1) $R_{0}(\tau) = n_{0}B\mathrm{Sa}(\pi B\tau)\cos 2\pi f_{c}\tau$；(2) $N_{0} = R_{0}(0) = n_{0}B$；

(3) $f(x) = \dfrac{1}{\sqrt{2\pi n_{0}B}} \exp\left(-\dfrac{x^{2}}{2n_{0}B}\right)$。

7. (1) $P_{0}(\omega) = \dfrac{n_{0}}{2} \cdot \dfrac{1}{1 + (\omega rc)^{2}}, R_{0}(\tau) = \dfrac{n_{0}}{4RC} \exp\left(-\dfrac{|\tau|}{RC}\right)$；

(2) $f(x) = \sqrt{\dfrac{4RC}{2\pi n_0}} \exp\left(-\dfrac{2RC}{n_0} x^2\right)$。

8. $E[x(t)] = \bar{a} = 0$；$R(t_1, t_1+\tau) = \dfrac{4\sin 5\tau}{5\tau}$，$\overline{R(\tau)} = \dfrac{A^2}{2}\cos\omega\tau$；$x(t)$ 广义平稳不具有各态历经。

9. 略。

10. $P_{12}(\omega) = \displaystyle\int_{-\infty}^{\infty} h_1(\alpha)\mathrm{e}^{\mathrm{j}\omega\alpha}\,\mathrm{d}\alpha \int_{-\infty}^{\infty} h_2(\beta)\mathrm{e}^{-\mathrm{j}\omega\beta}\,\mathrm{d}\beta \int_{-\infty}^{\infty} R_\eta(\tau)\mathrm{e}^{-\mathrm{j}\omega\tau}\,\mathrm{d}\tau$

$\qquad = H_1^*(\omega)H_2(\omega)P_\eta(\omega)$。

11. $R_x(\tau)\cos\omega_0\tau$。

12. (1) $Y(t)$ 也平稳；(2) $P_y(f) = 2\omega^2(1+\cos\omega T)P_x(f)$。

13. $P_x(\omega) = \pi\displaystyle\sum_n \mathrm{Sa}^2\left(\dfrac{n\pi}{2}\right)\delta(\omega - n\pi)$。

14. 略。

15. (1) $f(v) = \dfrac{1}{2\sigma_n^2}\exp\left[-\dfrac{1}{2\sigma_n^2}(v+A^2)\right]I_0\left[\dfrac{A\sqrt{v}}{\sigma_n^2}\right]$，$v\geqslant 0$；

(2) $f(v) = \dfrac{1}{2\sigma_n^2}\exp\left[-\dfrac{v}{2\sigma_n^2}\right]$，$v\geqslant 0$。

第3章

1. $s_o(t) = K_0 s(t-t_d)$，无幅频失真和相频失真。

2. $s_o(t) = s(t-t_d) + \dfrac{1}{2}s(t-T_0-t_d) + \dfrac{1}{2}s(t+T_0-t_d)$，有幅频失真,无相频失真。

3. $H(\omega) = \dfrac{\mathrm{j}\omega RC}{1+\mathrm{j}\omega RC}$；

4. 略。

5. $f = \dfrac{n}{\tau} = n\,\mathrm{kHz}$($n$ 为整数)时,对传输信号最有利；$f = \left(n+\dfrac{1}{2}\right)\dfrac{1}{\tau} = \left(n+\dfrac{1}{2}\right)\mathrm{kHz}$($n$ 为整数)时,对传输信号衰耗最大。

6. $(9\sim15)\,\mathrm{ms}$。

7. $1.932\times10^{-19}\,\mathrm{W/Hz}$。

8. $1.95\times10^7\,\mathrm{bit/s}$。

9. $2.4\times10^4\,\mathrm{bit/s}$,0。

10. 至少应为 $4.49\times10^3\,\mathrm{Hz}$。

第4章

1. $s_{\mathrm{AM}}(t) = 4A_0\cos10^4\pi t + 2\cos12\,000\pi t + 2\cos8000\pi t$；

$s_{\mathrm{DSB}}(t)=2\cos 12\,000\pi t+2\cos 8000\pi t$; $s_{\mathrm{USB}}(t)=2\cos 12\,000\pi t$; $s_{\mathrm{LSB}}(t)=2\cos 8000\pi t$。

2. 略。

3. $s_{\mathrm{USB}}(t)=\cos 12\,000\pi t+\cos 14\,000\pi t$; $s_{\mathrm{LSB}}(t)=\cos 8000\pi t+\cos 6000\pi t$。

4. $s_{\mathrm{VSB}}(t)=\dfrac{1}{2}A_0\cos 20\,000\pi t+\dfrac{A}{2}[0.55\sin 20\,100\pi t-0.45\sin 19\,900\pi t+\sin 26\,000\pi t]$。

5. $c_1(t)=\cos\omega_0 t,c_2(t)=\sin\omega_0 t$。

6. (1) 中心频率为 100kHz，通带宽度为 10kHz。

(2) $H(f)=\begin{cases}k(\text{常数}),&95\mathrm{kHz}\leqslant|f|\leqslant 105\mathrm{kHz}\\0,&\text{其他}\end{cases}$; (3) $S_{\mathrm{i}}/N_{\mathrm{i}}=1000,S_{\mathrm{o}}/N_{\mathrm{o}}=2000$;

(4) $P_{n_0}(f)=\dfrac{N_0}{2f_{\mathrm{H}}}=2.5\times 10^{-4}\mathrm{W/Hz},|f|\leqslant 5\mathrm{kHz}$。

7. (1) 中心频率为 102.5kHz; (2) $H(f)=\begin{cases}k(\text{常数}),&100\mathrm{kHz}\leqslant|f|\leqslant 105\mathrm{kHz}\\0,&\text{其他}\end{cases}$;

(3) $S_{\mathrm{i}}/N_{\mathrm{i}}=S_{\mathrm{o}}/N_{\mathrm{o}}=2000$。

8. (1) 2000W; (2) 4000W。

9. 略。

10. (1) 略; (2) $S_{\mathrm{i}}/N_{\mathrm{i}}=5000(37\mathrm{dB}),S_{\mathrm{o}}/N_{\mathrm{o}}=2000(33\mathrm{dB})$; (3) $G=2/5=0.4$。

11. $S_{\mathrm{o}}/N_{\mathrm{o}}=n_m/(4n_0)$。

13. (1) $s_{\mathrm{FM}}(t)=10\cos(2\pi\times 10^6 t+10\sin 2\pi\times 10^3 t)$;

(2) $\Delta f=10\mathrm{kHz},m_f=10,B\approx 22\mathrm{kHz}$;

(3) $\Delta f=10\mathrm{kHz},m_f=5,B\approx 24\mathrm{kHz}$。

14. (1) 略; (2) $H(f)=\begin{cases}k(\text{常数}),&99.92\mathrm{MHz}\leqslant|f|\leqslant 100.08\mathrm{MHz}\\0,&\text{其他}\end{cases}$;

(3) $S_{\mathrm{i}}/N_{\mathrm{i}}=31.2\mathrm{dB},S_{\mathrm{o}}/N_{\mathrm{o}}=37\,500\mathrm{dB}$;

(4) $B_{\mathrm{AM}}=2f_m=10\mathrm{kHz}<B_{\mathrm{FM}}=160\mathrm{kHz}$; $\left(\dfrac{S_{\mathrm{o}}}{N_{\mathrm{o}}}\right)_{\mathrm{AM}}=500<\left(\dfrac{S_{\mathrm{o}}}{N_{\mathrm{o}}}\right)_{\mathrm{FM}}=37\,500$。

15. (1) $B_{\mathrm{AM}}=16\mathrm{MHz},S_{\mathrm{AM}}=1200\mathrm{W}$; (2) $B_{\mathrm{FM}}=96\mathrm{MHz},S_{\mathrm{FM}}=10.67\mathrm{W}$。

16. (1) $B_{60}=240\mathrm{kHz}$; (2) $B_{\mathrm{FM}}=1440\mathrm{kHz}$。

第 5 章

1. $m_{\mathrm{H}}(t)=\displaystyle\sum_{n=-\infty}^{\infty}m(t)\delta(t-nT_{\mathrm{s}})*q(t)$; $M_{\mathrm{H}}(f)=\dfrac{2\tau}{T_{\mathrm{s}}}\displaystyle\sum_{n=-\infty}^{+\infty}\mathrm{Sa}(2\pi f\tau)M(f-nf_{\mathrm{s}})$。

2. 最小抽样速率 $=1000\mathrm{Hz}$。

3. (1) 抽样间隔应小于 0.25s;

(2) $M_s(f) = 5 \sum\limits_{n=-\infty}^{\infty} M(f - 5n)$（频谱图略）。

4. (1) 信号与量化噪声功率比为 $\text{SNR}_q = S/N_q = 8$；(2) 量化间隔为 $\Delta = 1/4$；量化电平分别为 $-7/8$、$-5/8$、$-3/8$、$-1/8$、$1/8$、$3/8$、$5/8$、$7/8$；(3) 量化电平依次为 -0.75、-0.40、-0.21、-0.07、0.07、0.21、0.40、0.75。压缩特性曲线如图 D-1 所示。

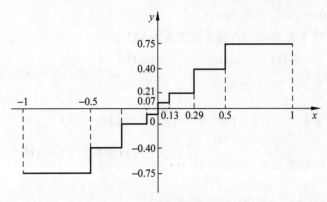

图 D-1　压缩特性曲线

5. $N = 6$；$\Delta = 0.5\text{V}$。

6. (1) 输出码组 11100011，编码误差为 27Δ，译码误差 11Δ；

(2) 编码线性码 01001100000，译码线性码 01001110000。

7. (1) 译码 -328Δ，编码 -320Δ；(2) 译码 00101001000，编码 00101000000。

8. (1) 00110111；(2) 00001011100（编码），00001011110（译码）。

9. (1) 时间宽度为 $27.8\mu s$，码元宽度为 $3.5\mu s$；

(2) 最小传输带宽为 $B_c = R_b/2 = 144\text{kHz}$。

11. 约 17kHz。

12. 240kHz。

13. (1) 24kHz；(2) 56kHz。

14. (1) 288kHz；(2) 672kHz。

15. 约 5MHz。

第 6 章

1. 略。

2. (1) 功率谱 $P_s(\omega) = 4f_2 p(1-p)G^2(f) + f_s^2(2p-1)^2 \sum\limits_{n=-\infty}^{\infty} |G(mf_s)|^2 \delta(f - mf_s)$，功率 $S = 4f_s p(1-p) \int_{-\infty}^{+\infty} \left[G^2(f)\mathrm{d}f + f_s^2(2p-1)^2 \sum\limits_{n=-\infty}^{\infty} |G(mf_s)|^2 \right]$；

(2) 不存在；(3) 存在。

3. (1) $P_u(\omega)=\begin{cases}\dfrac{T_s}{16}\left(1+\cos\dfrac{\omega T_s}{2}\right)^2, & |\omega|\leqslant\dfrac{2\pi}{T_s}\\[3mm]0, & |\omega|>\dfrac{2\pi}{T_s}\end{cases}$；(2) 不存在定时分量；

(3) $R_B=1/T_s=1000B, B=1/T_s=1000Hz$。

4. AMI：$+1-10000+1-10000+1-1$（或相反）；HDB$_3$：$+1-1000-V+1-1+B00+V-1+1$（或相反）。

5. 双相码：10 01 10 10 01 01 10 01 10；CMI：11 01 00 11 01 01 00 01 11。

6. (1) 能够实现无码间干扰传输；(2) $B=(1+\alpha)f_0, \eta=\dfrac{2}{1+\alpha}$。

7. (a)、(b)、(d)不满足，(c)满足。

8. (1) 基带信号带宽不在信道带宽范围内，不能直接传输；

(2) DSB：$1500Hz\leqslant f_0\leqslant 1800Hz$。

SSB：采用上边带，$300Hz\leqslant f_0\leqslant 1800Hz$，采用下边带，$1500Hz\leqslant f_0\leqslant 3000Hz$。

9. (1) $R_B=1600B$；(2) $\tau=62ms$。

10. (1) $S_0=\dfrac{n_0}{2}$；(2) $P_e=\dfrac{1}{2}\exp\left(-\dfrac{A}{2\lambda}\right)$。

11. 能传输。

12. (1) $H(\omega)=\dfrac{T_s}{2}Sa^2\left(\dfrac{\omega T_s}{4}\right)e^{-j\omega\frac{T_s}{2}}$；

(2) $G_T(\omega)=G_R(\omega)=\sqrt{H(\omega)}=\sqrt{\dfrac{T_s}{2}}Sa\left(\dfrac{\omega T_s}{4}\right)e^{-j\omega\frac{T_s}{4}}$。

13. (1) 6.21×10^{-3}；(2) $A\geqslant 8.6\sigma_n=1.72V$。

14. (1) 2.87×10^{-7}；(2) $A\geqslant 4.3\sigma_n=0.86V$。

16. (1) $h(t)=Sa\left(\dfrac{\pi t}{T_s}\right)-Sa\left(\dfrac{\pi(t-2T_s)}{T_s}\right), |H(\omega)|=\begin{cases}2T_s\sin\omega T_s, & |\omega|\leqslant\dfrac{\pi}{T_s}\\[3mm]0, & |\omega|>\dfrac{\pi}{T_s}\end{cases}$

(2) 3个，7个。

17. $37/48, 71/480$。

18. (1) $C_{-1}=-0.1779, C_0=0.8897, C_1=0.2847$；

(2) $D_0=0.06766, D=0.6, D/D_0=8.87$。

第7章

1. 略

2. (1) 略;(2) 相干解调。

3. (1) 略;(2) 略;(3) $P_{2PSK}(f) = 288\left[\left|G(f+f_c)\right|^2 + \left|G(f-f_c)\right|^2\right] + 0.01\left[\delta(f+f_c)+\delta(f-f_c)\right]$,其中 $f_c = 2400$,$G(f) = T_s \text{Sa}(\pi f T_s)$。

4. 略。

5. 略。

6. $r = 33.33$;(1) 1.24×10^{-4};(2) 2.36×10^{-5}。

7. (1) 4.4MHz;(2) 3×10^{-8};(3) 4×10^{-9}。

8. (1) 4×10^{-6};(2) 8×10^{-6};(3) 2.27×10^{-5}。

9. (1) $S_i = 1.44 \times 10^{-5}\text{W}$;(2) $S_i = 8.64 \times 10^{-6}\text{W}$。

(3) $S_i = 4.32 \times 10^{-6}\text{W}$;(4) $S_i = 3.66 \times 10^{-6}\text{W}$。

10. 略。

11. $P_{\text{eQPSK}} = 8.1 \times 10^{-6}$;$P_{\text{eQDPSK}} = 6.66 \times 10^{-4}$;$B = 1200\text{Hz}$;16PSK 或 16QAM。

12. (1) 23;(2) 68。

14. (1) $f_0 = 2100\text{Hz} = 7/4\,R_B$;$f_1 = 2700\text{Hz} = 9/4\,R_B$。

15. (1) $h(t) = \dfrac{\sqrt{\pi}}{\alpha}\exp\left[-\left(\dfrac{\pi}{\alpha}t\right)^2\right]$;$H(f) = \exp(-\alpha^2 f^2)$,式中,$\alpha = 2.453 \times 10^{-4}$。

(2) $g(t) = b(t) * h(t) = \dfrac{1}{T_s}\displaystyle\int_{-\frac{T_s}{2}}^{\frac{T_s}{2}} \dfrac{\sqrt{\pi}}{\alpha}\exp\left[-\left(\dfrac{\pi}{\alpha}\tau\right)^2\right]d\tau$,式中,$b(t) = \begin{cases} \dfrac{1}{T_s}, & |t| \leqslant \dfrac{T_s}{2} \\ 0, & \text{其他} \end{cases}$。

第 8 章

1. $P_e = \dfrac{1}{2}\text{erfc}(\sqrt{E_b/(4n_0)})$。

2. (1) 略;(2) 略;(3) $P_e = \dfrac{1}{2}\text{erfc}\left[A\sqrt{T_s/(4n_0)}\right]$。

3. 最佳接收机:3.9×10^{-6};普通接收机:3.4×10^{-2}。

4. 555B。

5. 100.8W。

6. (1) $t_0 \geqslant T$;(2) $h(t) = \begin{cases} -A, & 0 \leqslant t \leqslant \dfrac{T}{2} \\ A, & \dfrac{T}{2} < t \leqslant T \\ 0, & \text{其他} \end{cases}$,$y(t) = \begin{cases} -A^2 t, & 0 \leqslant t \leqslant \dfrac{T}{2} \\ A^2(3t-2T), & \dfrac{T}{2} < t \leqslant T \\ A^2(4T-3t), & T < t \leqslant \dfrac{3T}{2} \\ A^2(t-2T), & \dfrac{3T}{2} < t \leqslant 2T \\ 0, & \text{其他} \end{cases}$;

(3) $r_{0\max} = \dfrac{2E}{n_0} = \dfrac{2A^2T}{n_0}$。

7. (1) 略；(2) $h_1(t) = s(3T/2 - t)$；$h_2(t) = s(T - t)$，都是。

8. (1) 略；(2) $h_1(t) = s_1(T - t)$；$h_2(t) = s_2(T - t)$。

(3) $P_e = \dfrac{1}{2}\mathrm{erfc}\left(\dfrac{A_0}{2}\sqrt{T/n_0}\right)$。

9. (1) 略；(2) 略；(3) $P_e = \dfrac{1}{2}\exp\left(-\dfrac{A^2T}{4n_0}\right)$。

10. (1) $\sigma^2 = \dfrac{n_0}{2}$，(2) $P_e = \dfrac{L-1}{L}\mathrm{erfc}\sqrt{\dfrac{3}{L^2-1}\dfrac{E}{n_0}}$。

第 9 章

1. 略。

2. 解调出中含直流分量为 $\dfrac{1}{2}a_c$。

3. 略。

4. 略。

5. $Q_1 = \dfrac{1}{2}A_1\cos\Omega_1 t\cos\varphi + \dfrac{1}{2}A_2\cos\Omega_2 t\sin\varphi$，$Q_1$ 第 1 项多了一个因子 $\cos\varphi$，它使信号功率降低，第 2 项与有用信号无关，可以理解为干扰；$Q_2 = \dfrac{1}{2}A_1\cos\Omega_1 t\sin\varphi + \dfrac{1}{2}A_2\cos\Omega_2 t\cos\varphi$，$Q_2$ 第 1 项多了一个因子 $\sin\varphi$，它使信号功率降低，第 2 项与有用信号无关，可以理解为干扰。

6. 略。

7. 略。

8. 当 $m = 0$ 时，$P_1 \approx 7 \times 10^{-4}$，$P_2 \approx 7.8 \times 10^{-3}$，$t_s = 161.4\mathrm{ms}$；

当 $m = 1$ 时，$P_1 \approx 42 \times 10^{-8}$，$P_2 \approx 6.24 \times 10^{-2}$，$t_s = 170\mathrm{ms}$。

9. 0.175×10^{-3}，$1.75 \times 10^4\mathrm{s}$。

10. 8 小时 40 分。

第 10 章

1. $d_0 = 3$。

2. 检错时：$e = 2$；纠错时：$t = 1$；不能同时检错和纠错。

3. 检错时：$e = 3$；纠错时：$t = 1$；同时检错和纠错时：$e = 2, t = 1$。

4. 不能，因为其行与列的错码均为偶数。

5. $r=4$；码率 $=11/15$。

6. $G = \begin{bmatrix} 1 & 0 & 0 & 0 & 1 & 1 & 1 \\ 0 & 1 & 0 & 0 & 1 & 1 & 0 \\ 0 & 0 & 1 & 0 & 1 & 0 & 1 \\ 0 & 0 & 0 & 1 & 0 & 1 & 1 \end{bmatrix}$，所有可能的码组：0000000，0010101，0100110，

0110011，1000111，1010010，1100001，1110100，0001011，0011110，0101101，0111000，1001100，1011010，1101010，1111111。

7. 许用码组：0000000，0011101，0100111，0111010，1001110，1010011，1101001，

1110100；$H = \begin{bmatrix} 1 & 0 & 1 & 1 & 0 & 0 & 0 \\ 1 & 1 & 1 & 0 & 1 & 0 & 0 \\ 1 & 1 & 0 & 0 & 0 & 1 & 0 \\ 0 & 1 & 1 & 0 & 0 & 0 & 1 \end{bmatrix}$。

8. 循环码生成多项式：$g(x)=x^3+x+1$；生成矩阵：$G = \begin{bmatrix} 1 & 0 & 1 & 1 & 0 & 0 & 0 \\ 0 & 1 & 0 & 1 & 1 & 0 & 0 \\ 0 & 0 & 1 & 0 & 1 & 1 & 0 \\ 0 & 0 & 0 & 1 & 0 & 1 & 1 \end{bmatrix}$；

G 的典型阵：$G = \begin{bmatrix} 1 & 0 & 0 & 0 & 1 & 0 & 1 \\ 0 & 1 & 0 & 0 & 1 & 1 & 1 \\ 0 & 0 & 1 & 0 & 1 & 1 & 0 \\ 0 & 0 & 0 & 1 & 0 & 1 & 1 \end{bmatrix}$。

9. $H = \begin{bmatrix} 1 & 1 & 0 & 1 & 0 & 0 \\ 0 & 1 & 1 & 1 & 0 & 1 & 0 \\ 0 & 0 & 1 & 1 & 1 & 0 & 1 \end{bmatrix}$，典型阵为 $H = \begin{bmatrix} 1 & 1 & 0 & 1 & 0 & 0 \\ 0 & 1 & 1 & 1 & 0 & 1 & 0 \\ 1 & 1 & 0 & 1 & 0 & 0 & 1 \end{bmatrix}$。

12. $H = \begin{bmatrix} 1 & 0 & 1 & 1 & 0 & 0 & 0 \\ 1 & 1 & 1 & 0 & 1 & 0 & 0 \\ 1 & 1 & 0 & 0 & 0 & 1 & 0 \\ 0 & 1 & 1 & 0 & 0 & 0 & 1 \end{bmatrix}$，$G = \begin{bmatrix} 1 & 0 & 0 & 1 & 1 & 1 & 0 \\ 0 & 1 & 0 & 0 & 1 & 1 & 1 \\ 0 & 0 & 1 & 1 & 1 & 0 & 1 \end{bmatrix}$。

15. 错码。

16. （1）最小码距 $d_0=7$；用于检错,可检测 6 位错码；用于纠错,可纠正 3 位错码；用于纠检结合有两种情况,纠正 1 位错码同时检测 5 位错码,或纠正两位错码同时检测 4 位错码。

（2）最小码距 $d_0=4$；用于检错,可检测 3 位错码；用于纠错,可纠正 1 位错码；用于纠检结合时纠正 1 位错码,同时检测 2 位错码。

17. $G = \begin{bmatrix} 1 & 1 & 0 & 1 & 1 & 1 \\ 0 & 1 & 1 & 1 & 0 & 1 \\ 0 & 0 & 0 & 0 & 1 & 1 \end{bmatrix}$。

18. 生成矩阵: $G = \begin{bmatrix} 1 & 1 & 0 & 1 & 0 & 0 & 0 & 1 \\ & 1 & 1 & 0 & 1 & 0 & 0 \\ & & 1 & 1 & 0 & 1 \\ & & & 1 & 1 \end{bmatrix}$; 监督矩阵: $H = \begin{bmatrix} 1 & 1 & & & & & & \\ 1 & 0 & 1 & 1 & & & & \\ 0 & 0 & 1 & 0 & 1 & 1 & & \\ 1 & 0 & 0 & 0 & 1 & 0 & 1 & 1 \end{bmatrix}$。

19. 输出码为 111001010100…

附录 E 部分小测验答案

第 1 章

一、1. 物理表现,物理内涵。　　　2. 基带传输,频带(带通)传输。

3. 单工,半双工,全双工。　　　4. 小,大。

5. 3。　　　　　　　　　　　　6. NlbM bit/s。

7. 有效性,可靠性。　　　　　　8. 有效传输频带,最终输出信噪比(或均方误差)。

9. 传输速率和频带利用率,差错率。

10. 数字化,综合化,智能化,移动化,宽带化,个人化。

二、略。

三、1. 0.81bit/符号。　　　　　2. 2.048B,7.32×10⁻⁷。

3. 1.75bit/符号,1750bit/s

4. (1) 1.875bit/s,2.32bit/s;

(2) 自然二进码 5 种状态分别对应 000、001、010、011、100;(3) 375s。

第 2 章

一、1. 时间,时间间隔。　　　　　2. 平稳高斯,0,σ^2。

3. 瑞利分布,均匀分布。　　　　4. 同一时刻。

5. 高斯。　　　　　　　　　　　6. 瑞利分布,高斯分布,莱斯分布。

7. $\dfrac{1}{\sqrt{2\pi c^2}}\exp\left[-\dfrac{(y-d)^2}{2c^2}\right]$。　　8. $R_x(\tau)\cos\omega_0\tau$,其中 $P_x(\omega)\Leftrightarrow R_x(\tau)$。

9. $f(v)=\dfrac{v}{\sigma^2}\exp\left(-\dfrac{v^2}{2\sigma^2}\right)$,其中 $\sigma^2=n_0B,v\geqslant0$。

10. $\displaystyle\int_{-\infty}^{\infty}h(\tau)\xi_i(t-\tau)\mathrm{d}\tau$。

二、5. "窄带"的含义:①频带宽度远小于中心频率($B\ll f_c$);②中心频率远离零频($|f_c|\gg0$)。

"高斯"的含义:噪声的瞬时值服从正态分布。

"白"的含义:噪声的功率谱密度在通带范围 B 内是平坦的(为已知常数)。

三、1. (1) $R(\tau)=1+f_{\mathrm{H}}\mathrm{Sa}^2(\pi f_{\mathrm{H}}\tau)$；(2) $R(\infty)=1$；(3) $\sigma^2=R(0)-R(\infty)=f_{\mathrm{H}}$。

2. (1) $E[s_m(t)]=0$；$R(t,t+\tau)=\dfrac{1}{2}R_m(\tau)\cdot\cos\omega_c\tau$，故平稳；

(2) $P_s(f)=\dfrac{1}{2}[P_{\mathrm{m}}(f+f_c)+P_{\mathrm{m}}(f-f_c)]$。

3. (1) $E[\xi(t)]=0,\sigma^2=R(0)-R(\infty)=\dfrac{A^2}{2}$；

(2) $R(\tau)=\dfrac{A^2}{2}\cos\omega_c\tau,P_\xi(f)=\dfrac{A^2}{4}[\delta(f-f_c)+\delta(f+f_c)]$。

4. (1) $P_n(\omega)=\dfrac{k^2}{k^2+\omega^2},N=R_n(0)=\dfrac{k}{2}$。

(2) 略。

5. (1) $P_o(f)=\begin{cases}\dfrac{n_0}{2}k^2,&f_c-\dfrac{B}{2}\leqslant|f|\leqslant f_c+\dfrac{B}{2}\\[2mm]0,&\text{其他}\end{cases},N_0=n_0Bk^2$；

(2) $R_i(\tau)=\dfrac{n_0}{2}\delta(\tau),R_0(\tau)=n_0Bk^2\mathrm{Sa}(\pi B\tau)\cos2\pi f_c\tau$。

第 3 章

一、1. 恒参信道,随参信道,随参。　　2. 恒参信道,随参信道。

3. 调制信道,编码信道。　　　　　　4. 幅频失真,相频失真。

5. 多径衰落。　　　　　　　　　　　6. $12\sim20\mu\mathrm{s}$。

7. 增大信号带宽,香农信道容量公式。　8. $C=B\log_2\left(1+\dfrac{S}{n_0B}\right),\lim\limits_{B\to\infty}C\approx1.44\dfrac{S}{n_0}$。

二、1. D；2. D；3. A；4. D；5. B；6. B。

三、1. $s_o(t)=s(t)+s(t-t_{\mathrm{d}})$。　　2. $B_{\min}=3.3\mathrm{MHz}$。

3. $s_o(t)=A\left[s(t-t_{\mathrm{d}})+s\left(t-t_{\mathrm{d}}-\dfrac{T}{4}\right)\right]$。

第 4 章

一、1. 在包络检波且小信噪比时。

2. $H_{\mathrm{VSB}}(\omega+\omega_c)+H_{\mathrm{VSB}}(\omega-\omega_c)=$ 常数$,|\omega|\leqslant\omega_{\mathrm{H}}$,式中$,\omega_{\mathrm{H}}$ 是调制信号的最高频率。

3. 相干解调(同步检波),高频载波相位有 $180°$ 的突变。

4. 在 f_c 附近具有陡峭的截止特性。

5. 相干解调法相同,门限效应。

6. 相干解调输出的两倍,包络检波。

7. $\left|k_f\left[\int_{-\infty}^{t}m(\tau)\mathrm{d}\tau\right]\right|\ll\dfrac{\pi}{6}$(或 0.5)。

8. 分配给每个边频分量,调频指数 m_f。

9. 非线性的解调作用,工作在门限值以上。

二、5. $S=50\mathrm{W}$,$f_c=0.5\mathrm{MHz}$,$m_f=8$,$\Delta f=4\mathrm{kHz}$,$m(t)=-40\pi\sin(10^3\pi t)$。

三、1. (1) $300\mathrm{W}$;(2) $900\mathrm{W}$。

2. (1) 略;(2) $S_o/N_o=300$;(3) $G_{\mathrm{DSB}}=2$,$G_{\mathrm{AM}}=1/3$。

3. $B_{\mathrm{FM}}=96\mathrm{MHz}$,$B_{\mathrm{AM}}=16\mathrm{MHz}$,$S_{\mathrm{FM}}=1.067\mathrm{W}$,$S_{\mathrm{AM}}=120\mathrm{W}$。

4. (1) 略;(2) 略;(3) $S_o/N_o=S_i/N_i=2000(30\mathrm{dB})$。

5. (1) 略;(2) $S_i=f_m n_m/4$,$S_o=f_m n_m/8$,(3) $S_o/N_o=n_m/(4n_0)$。

第 5 章

一、1. 抽样,量化,编码。　　　　2. $216\mathrm{Hz}$。

3. 压扩。　　　　　　　　　　4. 01000000。

5. 235.55。　　　　　　　　　6. 帧同步信息,信令信息。

7. 过载失真。　　　　　　　　8. 自然二进码,折叠二进码,格雷二进码。

9. 差分脉冲编码调制,32kbit/s,64kbit/s,以较低的速率获得高编码质量。

10. 同步复接,准同步复接,异步复接。

三、1. $f_s=576\mathrm{kHz}$。

2. $K=\dfrac{50+12-4.8}{6.02}\approx9.5$,取 $K=10$,即编码字长为 10bit。

3. (1) $F_s(\omega)=250\displaystyle\sum_{n=-\infty}^{\infty}F(\omega-n\cdot500\pi)\tau$;(2) $W_m\geqslant220\pi(\mathrm{rad/s})$。

(3) $f_s=220\mathrm{Hz}$;(4) $f_{\mathrm{smin}}=44\mathrm{Hz}$。

4. (1) $0.2\mathrm{V}$;(2) $R_B=48\,000\mathrm{B}$;(3) 582 159;

5. (1) 判决器输出序列 11111101;(2) $B=24f_s$;(3) $2\mathrm{bit/(s\cdot Hz)}$。

第 6 章

一、1. 码间干(串)扰。　　　　2. 频带宽度,频谱分量,直流分量,定时分量。

3. 1B/1T 码,1B/2B 码,块编码。 4. 码间干扰,随机噪声。

5. $h(kT_s)=\begin{cases}1(\text{或为常数}),&k=0\\0,&k\text{ 为其他整数}\end{cases}$

6. 奈奎斯特(Nyquist)第一准则。 7. 奈奎斯特带宽,奈奎斯特速率,奈奎斯特间隔。

8. 奈奎斯特第二准则。

9. 细而清晰的大"眼睛",迹线杂乱、"眼睛"张开得较小且眼图不端正,比较模糊的带状的线。

10. 峰值失真准则,均方失真准则。

二、1. AMI:$+1-10+10000-100+1-10000+1$;HDB3:$+1-10+1000+V-100+1-1000-V+1$。

2. 10100001000011000101。

3. "00" 11 01 00 01 11 00 01。

4. a 系统:$\eta=2$B/Hz;b 系统:$\eta=4/3$B/Hz。

三、1. (1) 带宽 $B=1200$Hz,直流功率:$S_v=\int_{-\infty}^{\infty}P_v(0)\mathrm{d}f=0.36A^2$;(2) 无定时信号。

2. (1) $R_{B\max}=3/T$(B),$\eta_{\max}=1$(B/Hz);(2) $1/T,3/T$,可以。

3. (1) $\{b_k\}=\{0\ \ 0\ \ 2\ \ 1\ \ 5\ \ 1\ \ 8\ \ 1\ \ 8\ \ 2\ \ 8\ \ 5\ \ 10\ \ 5\ \ 12\ \ 6\}$,$\{c_k\}=\{2\ \ 1\ \ -1\ \ 0\ \ -1\ \ 0\ \ 0\ \ 1\ \ 0\ \ -1\ \ 2\ \ 0-2\ \ 1\}$,$\{a'_k\}=\{2\ \ 1\ \ 3\ \ 0\ \ 3\ \ 0\ \ 0\ \ 1\ \ 0\ \ 3\ \ 2\ \ 0\ \ 2\ \ 1\}$;(2)$7,3$。

4. (1) $N_0=n_0B$;(2) $P_e=\frac{1}{2}\mathrm{erfc}\left(\frac{A}{2\sqrt{2}\sigma_n}\right)$;(3) $V_d^*=\frac{A}{2}+\frac{\sigma_n^2}{A}\ln\frac{P(0)}{P(1)}$。

5. (1) $h(t)=C_{-1}\delta(t)+C_0\delta(t-T_s)$;$H(\omega)=C_{-1}+C_0\mathrm{e}^{-\mathrm{j}\omega T_s}+C_1\mathrm{e}^{-\mathrm{j}\omega 2T_s}$;
(2) $C_1=0.2847$;(3) $D_0=0.6,D=0.0794$。

第7章

一、1. 2PSK、2DPSK、2FSK、2ASK。　　2. $10\log_2 M$kbit/s。

3. 倒 π 现象。　　4. 1B/Hz,500Hz。

5. 小于,连续。　　6. 提高,降低。

7. 4MHz,2MHz。　　8. 2400Hz。

9. 2.4MHz。　　10. 11101110 或 00010001。

二、4. $r=10$;4×10^{-2};3.93×10^{-6}。　　5. 32kHz;2bit/(s・Hz)。

三、1. (3) $B_{2\mathrm{ASK}}=B_{2\mathrm{PSK}}=B_{2\mathrm{DPSK}}=2400$Hz,$\eta_b=0.5$B/Hz;$B_{2\mathrm{FSK}}=3600$Hz,$\eta_b=0.33$B/Hz。

2. (1) 略;(2) $b^*=a/2$,$P_e=\frac{1}{2}\mathrm{erfc}\left(\sqrt{\frac{r}{4}}\right)$,其中,$r=\frac{a^2}{2\sigma_n^2}$,$\sigma_n^2=n_0B=n_02R_B$;

(3) $b^*=\frac{a}{2}+\frac{\sigma_n^2}{a}\ln\frac{P(0)}{P(1)}$,误码率增大。

3. (1) 略;(2) 略;(3) $P_e=2.27\times10^{-5}$。

5. (1) $s_{\mathrm{MSK}}(t)=\cos\left(6000\pi t+\frac{a_k\pi}{2T_s}t+\varphi_k\right)$,$(k-1)T_s<t\leqslant kT_s$,式中,$a_k=\pm1$;

$1/T_s = R_B = 2000B$；φ_k 为第 k 个码元的初始相位；（2）$f_1 = 3500\text{Hz} = 1.75$ 周载波；$f_0 = 2500\text{Hz} = 1.25$ 周载波。

第8章

一、1. $2E/n_0$。　　　　　　　　2. 先验概率,似然函数。

3. 输出信噪比最大准则,差错概率最小准则。

4. 似然比准则。　　　　　　　5. 信号检测理论,数学描述,组成原理框图。

6. 匹配滤波器。　　　　　　　7. 镜像 $s(-t)$。

8. $t = T$ 时刻。　　　　　　　9. 0V。

10. $C(f) \neq$ 常数,$G_R(f) = G_T^*(f)C^*(f)$。

二、2.
$$
\begin{cases}
\dfrac{f_{s_1}(y)}{f_{s_2}(y)} > \dfrac{P(s_2)}{P(s_1)}, & \text{判为 } s_1 \\[3mm]
\dfrac{f_{s_1}(y)}{f_{s_2}(y)} < \dfrac{P(s_2)}{P(s_1)}, & \text{判为 } s_2
\end{cases}
$$

三、1. （1）$h(t) = Ks(T-t)$；（2）略；（3）$r_{0\max} = \dfrac{2E}{n_0} = \dfrac{3A^2T}{2n_0}$。

2. （1）$s_1(t) = \begin{cases} A, & 0 \leqslant t \leqslant T \\ 0, & \text{其他} \end{cases}$。

（2）$s_{01}(t) = \begin{cases} A^2 t, & 0 \leqslant t \leqslant T \\ A^2(2T-t), & T \leqslant t \leqslant 2T \\ 0, & \text{其他} \end{cases}$；$s_{02}(t) = \begin{cases} -A^2 t, & 0 \leqslant t \leqslant T \\ A^2(t-2T), & T \leqslant t \leqslant 2T \\ 0, & \text{其他} \end{cases}$；

最佳判决时刻：$t_0 = T$；输出信噪 $r_{0\max} = \dfrac{2E}{n_0} = \dfrac{2A^2T}{n_0}$。

（3）$\rho = -1$，$P_e = \dfrac{1}{2}\text{erfc}\left(\sqrt{\dfrac{E_b}{n_0}}\right) = \dfrac{1}{2}\text{erfc}\left(\sqrt{\dfrac{A^2T}{n_0}}\right)$。

3. （1）$G_R(\omega) = G_T^*(\omega) = \begin{cases} \sqrt{\dfrac{1}{2}\left(1 + \cos\dfrac{\omega T_s}{2}\right)}, & |\omega| \leqslant \dfrac{2\pi}{T_s} \\[3mm] 0, & |\omega| \leqslant \dfrac{2\pi}{T_s} \end{cases}$；（2）$R_B = 1/T_s$；

（3）$V_d^* = 0$，$P_e = \dfrac{1}{2}\text{erfc}\left(\sqrt{\dfrac{E}{n_0}}\right)$。

4. （1）略；（2）略；（3）$P_e = \dfrac{1}{2}\text{erfc}\left(\sqrt{\dfrac{E_b}{n_0}}\right) = \dfrac{1}{2}\text{erfc}\left(\sqrt{\dfrac{2A^2T}{3n_0}}\right)$。

第9章

一、1. 载波同步,码元同步,群同步,网同步。 2. -1。

3. 自同步法。 4. 解调,判决,增大。

5. $\cos\varphi$, $\cos^2\varphi$。 6. 相位模糊。

7. 信噪比下降,输出波形失真。 8. 载波同步。

9. 外同步法,自同步法。 10. 2400Hz。

11. 增大,减小。

二、1. $\checkmark$; 2. $\checkmark$; 3. $\checkmark$; 4. $\checkmark$; 5. $\times$; 6. $\times$。

三、1. $P_e = 6 \times 10^{-6}$。 2. 65.54ms。

3. (1) $R(0)=5$,$R(1)=R(3)=R(-1)=R(-3)=0$,$R(2)=R(4)=R(-2)=R(-4)=1$。

(2) 略。

(3) 漏同步概率 $P_1 = 1-(1-P_e)^5-5P_e(1-P_e)^4$; 假同步概率 $P_2 = 5/32$。

第10章

一、1. 1,0。 2. 1,3。

3. 51/63,1/2。 4. 3,5。

5. 4。 6. 5,$\leqslant 4$。

7. 2,5。 8. 降低信道的误码率。

9. 3,1。 10. 4,3/7。

11. 分组码,卷积码。 12. 维特比(Viterbi)。

二、1. $\checkmark$; 2. $\checkmark$; 3. $\times$; 4. $\times$; 5. $\times$。

三、1. (1) $g(x)=x^4+x^2+x+1$; $\boldsymbol{H}=\begin{bmatrix} 1 & 1 & 0 & 1 & 0 & 0 & 0 \\ 0 & 1 & 1 & 0 & 1 & 0 & 0 \\ 1 & 1 & 1 & 0 & 0 & 1 & 0 \\ 0 & 0 & 1 & 0 & 0 & 0 & 1 \end{bmatrix}$; (2) 1100101;

(3) 能纠 1 位错码。

2. (1) 监督矩阵 $\boldsymbol{H}=\begin{bmatrix} 1 & 1 & 0 & 1 & 0 & 0 \\ 0 & 1 & 1 & 0 & 1 & 0 \\ 1 & 0 & 1 & 0 & 0 & 1 \end{bmatrix}$,$n=6$,$k=3$; (2) 监督关系式为 $a_2 = a_5+a_4$,$a_1=a_4+a_3$,$a_0=a_5+a_3$; 所有码组:000000,100101,001011,101110,010110,110011,011101,111000。

(3) 最小码距 $d_0 = 3$。

3. (1) 典型生成矩阵 $G = \begin{bmatrix} 1 & 0 & 0 & 0 & 1 & 1 & 0 \\ 0 & 1 & 0 & 0 & 0 & 1 & 1 \\ 0 & 0 & 1 & 0 & 1 & 1 & 1 \\ 0 & 0 & 0 & 1 & 1 & 0 & 1 \end{bmatrix}$；典型监督矩阵 $H = \begin{bmatrix} 1 & 0 & 1 & 1 & 1 & 0 & 0 \\ 1 & 1 & 1 & 0 & 0 & 1 & 0 \\ 0 & 1 & 1 & 1 & 0 & 0 & 1 \end{bmatrix}$；

(2) 0011010。

图书资源支持

感谢您一直以来对清华版图书的支持和爱护。为了配合本书的使用,本书提供配套的资源,有需求的读者请扫描下方的"书圈"微信公众号二维码,在图书专区下载,也可以拨打电话或发送电子邮件咨询。

如果您在使用本书的过程中遇到了什么问题,或者有相关图书出版计划,也请您发邮件告诉我们,以便我们更好地为您服务。

我们的联系方式:

地　　址:北京市海淀区双清路学研大厦 A 座 701

邮　　编:100084

电　　话:010-83470236　　010-83470237

资源下载:http://www.tup.com.cn

客服邮箱:2301891038@qq.com

QQ:2301891038(请写明您的单位和姓名)

资源下载、样书申请

书圈

扫一扫,获取最新目录

课程直播

用微信扫一扫右边的二维码,即可关注清华大学出版社公众号"书圈"。